SPSS로 하는 다층모형분석

Multilevel Modeling Using SPSS

김욱진 저

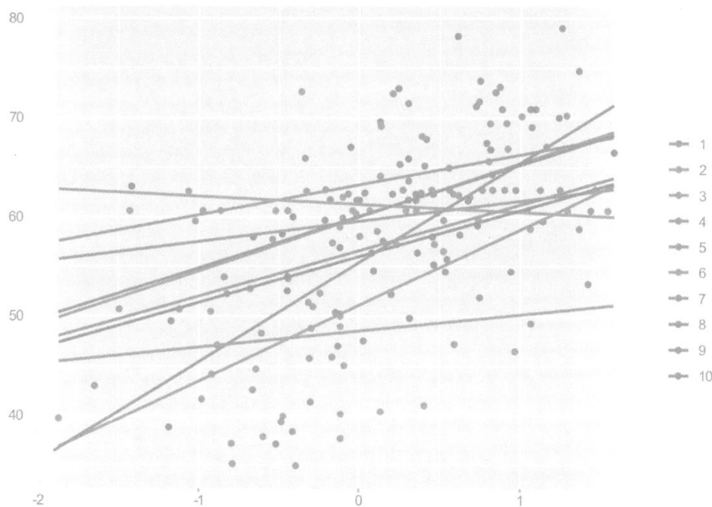

학지사

머리말

1990년대 초반까지만 해도 다층모형분석은 사회과학에서 생소한 통계 방법론으로 여겨졌다. 그러나 2000년대에 접어들어 다양한 사회과학 분야에서 애용되며 널리 알려지기 시작했다. 대중화가 가능했던 것은 SPSS, SAS, STATA 같은 유명 통계패키지프로그램들이 다층모형분석 기능을 하나둘 탑재했기 때문이다.

그런데 관련 통계패키지가 많아진 것과 별개로, 다층모형분석의 구체적 실시 방법과 절차를 독자 편의적 관점에서 설명한 교과서는 지금껏 그리 많지 않았다. 읽기 편한 글과 이해하기 쉬운 그림으로 프로그래밍 논리와 코딩을 서술한 좋은 교과서의 부족 현상은 국내뿐 아니라 해외에서도 마찬가지여서, 이는 가용 통계패키지의 확산에도 불구하고 다층모형분석의 진입장벽을 기초통계의 일반적 회기분석 수준으로까지 떨어뜨리지 못하게 만든 원인 중 하나가 되었다.

한편, 다층모형분석에 관한 시중의 교과서는 HLM이나 R 같은 통계패키지프로그램을 주로 다룬다. HLM, R 등은 연구자에게 다층모형분석 실시를 위한 좋은 기술적 환경을 구축해 준다. 그러나 접근성이 떨어진다는 단점이 있다. HLM, R에서 통계분석 작업을 해 본 독자라면 이 말이 무슨 뜻인지 곧바로 이해할 것이다. 분석에 필요한 코딩을 짜고 있노라면 내가 지금 사회현상을 조사하는 사회과학 연구자인지 아니면 코딩을 전문으로 하는 프로그래머인지 헷갈릴 때가 있다. 내가 원하는 것은 사회현상에 대한 설명과 예측인데 엉뚱하게 코딩에 더 많은 시간을 투자하며 머리를 싸매는 모습을 보고 있자면 허탈감이 오는 것을 막을 수 없다.

이러한 문제를 고려하여 이 책에서는 사회과학 연구자들에게 진입장벽 0에 가까운, 다른 말로 접근성 100%에 가까운 통계패키지프로그램인 SPSS로 다층모형분석의 기본 논리, 실시 방법 및 절차를 설명하였다. SPSS는 사용자 인터페이스가 직관적이어서 통계분석 초보자도 쉽게 사용할 수 있다. 특히 드래그앤드롭 인터페이스를 활용하면 코딩 경험이 없는 초보자도 다층모형분석을 손쉽게 구사할 수 있다는 접근성 측면의 이점이 크다.

SPSS는 version 11부터 다층모형분석과 관련된 기능을 선보이기 시작했다. 해당 기능은 선형 혼합(Linear Mixed)과 일반화 선형 혼합(Generalized Linear Mixed) 프로시저에서 찾아볼 수 있다. 전자는 종속변인이 연속형일 때, 후자는 비연속형일 때 사용하는데, 이 책에서는 선형 혼합에 한정하여 다층모형분석을 서술하였다. 이는 모수추정 함수를 비롯해 선형 혼합과 일반화 선형 혼합 프로시저의 운영상 차이점이 크기 때문에 하나의 책에서 둘을 동시에 다루기 어렵다는 현실적 고민을 반영한 선택이었다. 종속변인이 이항, 다항, 가산형 등 비연속형인 경우 로짓, 프로빗, 음이항, 포와송 등의 함수를 이용해 모형을 추정하는 일반화 선형 혼합 프로시저에 대해서는 향후 출간 예정인 이 책의 후속작에서 다룰 것임을 약속한다.

또한 이 책에서는 종속변인이 하나인 단변량(univariate) 모형에 한정하여 다층모형분석을 다루었다. 종속변인이 둘 이상인 다변량(multivariate) 다층모형분석은 조만간 선보일 이 책의 개정 증보판에서 다룰 예정이다.

저자는 학위논문을 준비 중인 대학원생을 이 책의 주 독자층으로 염두에 두었다. 무엇보다 이 책을 완독한 후 다른 사람의 도움 없이도 혼자서 다층모형분석을 수행할 능력을 갖추길 바라는 마음에서 글을 썼다. 그래서 다층모형분석의 이론과 개념을 자세히 다루는 한편, 가능하면 예제를 통해 실전에서 마주칠 수 있는 다양한 상황을 가정하고 각 상황에서의 대처 방안을 서술하는 데 초점을 맞춰 책의 차례를 구성하고 내용을 기획하였다.

구체적으로, 제1장과 제2장에서는 다층모형분석의 주요 개념과 논리를 이론적으로 살피면서 모형의 단계별 구축 전략에 관한 현실적 조언과 해법의 말들을 넣었다. 이후 제3장부터는 실전 예제를 중심으로 설명을 이어 갔다. 제3장에서는 주어진 데이터를 다층모형분석에 적합한 형태로 클리닝하는 법을 설명하였고, 제4장과 제5장에서는 이수준 및 삼수준 모형의 단계별 구축 전략과 추정 결과의 해석법을 설명하였다. 제6장에서는 패널조사 및 실험설계조사에서 얻은 반복측정 데이터로 다층모형을 분석하는 일반적 방법을 설명하였고, 제7장에서는 삼수준 성장 모형, 회귀 불연속 설계 모형(regression discontinuity design model), 분할 성장 모형(pairwise growth model) 등에 입각한 다층종단분석의 응용 방법을 설명하였다. 각 장의 주요 내용에는 그림을 부연하여 독자의 이해를 도왔고, 무엇보다 연구자의 입장에서 실전에서 마주칠 수 있는 다양한 상황과 질문의 대응 방안에 초점을 맞춰 서술하였다.

저자는 사회복지 전공자이다. 그래서 실습 예제들을 전부 사회복지 관련 주제로 채워 넣었다. 따라서 비전공 독자는 이 책에서 제시한 예제상의 연구 문제나 연구 상황을 완벽히 이해하기 어려울 수 있다. 그렇지만 각 절의 예제 모두에서 해당 주제에 관한 배경 설명을 충분히 제공했으므로 주제에 대한 선행지식 부족으로 다층모형분석에 관한 설명을 이해하지 못하는 불상사는 발생하지 않을 것으로 생각한다. 이 책은 통계방법론 책이다. 따라서 중요한 것은 예제에서 다루는 주제 자체가 아닌, 예제의 연구 상황에서 다층모형을 구축, 분석하고 결과를 해석하는 방법을 습득한 후 각자의 연구주제와 문제에 맞춰 이를 적절히 녹여 내는 적용 능력의 함양에 있다.

예제를 중심으로 서술했지만, 저자는 이 책 모든 장에서 이론 및 개념에 대해서도 나름대로 꼼꼼히 설명하였다. 이론과 개념의 이해는 중요하고 필요하다. 그렇지만 다층모형분석 입문자는 이를 다소 어렵게 받아들일 수 있다. 따라서 초심자는 이 책의 최초 일독 시 이론 및 개념 부분은 통독으로 훑어 넘기고, 그림과 함께 제시된 SPSS 코맨드 설명 부분을 집중적으로 읽으면서 제시된 코맨드를 하나하나 따라 해 보는 연습을 먼저 해 볼 것을 권장한다. 그림의 지시사항을 읽고 그대로 따라 하며 이를 여러 번 반복하다 보면, SPSS의 다층모형분석 코맨드에 자신도 모르는 새 익숙해질 것이다. 코맨드에 익숙해지고 나면, 이전에 훑고 지나간 이론과 개념 부분으로 다시 돌아와 해당 부분의 설명을 정독하는 순서로 이 책을 전략적으로 활용하길 바란다.

이 책은 방법론 비전공자인 저자가 방법론에 관해 쓴 첫 번째 작업물이다. 그런 만큼 오류를 범하지 않으려고 최대한 주의하며 집필하였다. 그럼에도 일부 독자의 마음에 들지 않는 미진한 모습이 원고에 남아 있지 않을까 하는 두려움이 있다. 저자가 저지른 실수와 고치지 못한 채 내놓은 오류들을 독자들이 날카롭게 지적하고 비판해 주시면, 겸허히 수용하여 조만간 출간할 개정 증보판에 반영해 이 책의 완성도를 높이는 데 소중히 활용하겠다. 과거에 출간한 다른 책의 머리말에서도 똑같이 말한 적이 있는데, 완벽한 글을 쓴다는 것이 얼마나 어렵고 또 많은 공부를 요하는 일인지 이 책을 준비하는 과정에서 다시 한번 절실히 느꼈다.

마지막으로, 졸고를 준비하는 저자에게 조언과 격려의 말씀을 아끼지 않으신 서울시립대학교 사회복지학과 교수님들께 감사드린다. 또한 초고의 잘못된 부분을 짚어 주고 개선 의견을 준 대학원생들에게 고맙다는 말을 전한다. 부족한 원고를 지원해 주시고 세상에 나올 수 있게 기회를 주신 학지사 관계자 여러분께도 감사드린다. 부족함이 많고 아쉬움도 크지만, 아무쪼록 이 책의 출간을 계기로 SPSS를 이용한 다층모형분석이 우리나라 사회과학 연구자들 사이에서 좀 더 널리 활용될 수 있기를 기대해 본다.

2023년

저자 김욱진

차례

제2장 다층성장모형을 이용한 종단분석 37

제3장 다층분석을 위한 자료의 준비 61

제4장 다층분석 실습: 이수준 모형 119

제5장 다층분석 실습: 삼수준 모형 187

제6장 다층분석 실습: 성장 모형 235

제7장 다층분석 실습: 성장 모형 응용 343

제 1 장

다층선형모형분석의 이해

1. 다층분석의 기본 개념
2. 다층분석 모형 구축의 방법론적 전략
3. 모형 간 적합도 비교

다층선형모형분석[multi-level linear model analysis, 이하 다층분석(multi-level analysis)]은 주어진 자료가 다수준 혹은 위계적인 층 구조로 이루어졌을 때 각 층에서의 변인 관계와 층 간 상호작용의 관계를 모형화하는 데 적합한 통계분석기법이다(Raudenbush & Bryk, 2002).[1)]

다층분석은 최소자승법에 의거한 전통적 회귀분석의 한계를 극복하기 위해 고안되었다(Bickel, 2007). 새로운 기법의 핵심은 분석 대상의 결괏값을 예측하는 데 하나의 고정된 모형만 존재하는 것이 아니라, 분석 대상이 속한 집단의 속성 그리고 분석 대상 자체가 갖는 고유의 개별적 속성에 따라 서로 다른 통계모형이 있을 수 있다는 아이디어에 있다. 이는 분석 대상들이 개별적으로 비슷한 속성을 지니더라도 소속 집단이 다른 경우, 반대로 같은 집단에 소속되더라도 개별적으로 다른 속성을 지닌 경우를 동시 분석하는 데 다층분석이 유용할 수 있다는 것을 함의한다.

다층분석은 다양한 분야에서 활용된다. 예를 들면, 교육학에서는 고등학생의 학업성취도에 영향을 미치는 요인으로 사회경제적요인(SES)을 주로 거론한다. 그런데 SES는 개별 학생 수준(level-1)에도 존재하지만 학급 수준(level-2)과 학교 수준(level-3)에도 존재하는 특성 요인이다. 많은 부모가 경쟁이 심하더라도 입시 결과가 좋은 학교로 자녀를 진학시키고 그 학교 안에서도 우등반에 보내고자 욕심내는 까닭은 학업성취도에 학생 개인의 특성뿐 아니라 학생을 둘러싼 환경적 특성도 큰 영향을 미침을 잘 알기 때문이다. 실제로 여러 경험적 연구결과들을 보면, 학업성취도는 학생 개인이 보유한 SES에 의해 영향을 받음과 동시에

1) 다층선형모형은 무엇을 강조하는지에 따라 다양한 이름으로 불린다(Snijders, 2011). 예컨대, 자료의 위계성을 강조할 때는 위계적 선형모형(hierarchical linear model), 자료의 위계성과 더불어 고정효과 및 무선효과의 동시 추정을 강조할 때는 선형혼합모형(linear mixed model), 개체 간 차이에 기인하는 무선효과를 강조할 때는 무선계수모형(random coefficient model), 분산의 층별 구분을 강조할 때는 분산성분모형(variance component model)으로 불리는 등 그 명칭이 다양하다.

해당 학생이 속한 학급의 평균적 SES, 나아가 학교 전체의 평균적 SES에 의해 영향받는다는 사실을 알 수 있다(Hoover-Dempsey, Bassler, & Brissie, 1987). 다층분석은 이렇게 수준(층, 위계)을 달리하는 독립변인들(개인의 SES, 집단의 SES, 그보다 더 큰 집단의 SES)이 종속변인인 학업성취도에 미치는 영향이 각기 어떻게 다른지 알아보고자 할 때 사용하면 효과적이다.

다층분석이 활용되는 분야는 이 외에도 많다. 몇 가지 예를 더 들면, 사회복지학에서 사회복지사 소진(burn-out)에 영향을 미치는 요인을 사회복지사 요인(예: 성별), 복지관 요인(예: 복지관 성비), 법인 요인(예: 재단의 성별 관련 인사관리정책 특징) 등 삼수준(three levels)으로 나누어 분석한다든지, 경영학에서 회사 근로자의 생산성에 영향을 미치는 요인을 근로자의 근로 태도와 회사의 재정자원 등 이수준(two levels)으로 나누어 분석한다든지, 아니면 비교사회학에서 시민참여에 영향을 미치는 요인을 시민 개인이 내재화한 민주주의적 소양과 해당 국가의 민주주의 제도화 정도 등 이수준으로 나누어 분석하는 경우들이 이에 해당한다.

요약하면, 다층분석은 하나의 고정된 모형을 토대로 결괏값을 예측하는 기존 회귀분석이 제한적이라는 문제의식을 바탕으로, 집단 간 그리고 개인 간에 서로 다른 모형이 존재할 수 있음을 통계적으로 구현한 분석기법이다. 다층분석의 용어를 빌려 이를 다시 표현하면, 최소자승법에 입각한 전통적인 회귀분석에서는 [그림 1-1]에서와 같이 회귀선이 단일하게 도출된다. 즉, 오로지 고정효과(고정절편, 고정기울기)만 추정된다. 그렇지만 다층분석에서는 [그림 1-2]에서와 같이 여러 개의 회기선이 복수로 존재할 수 있다는 임의성(randomness)이 통계모형에 반영된다. 즉, 고정효과뿐 아니라 무선효과(무선절편, 무선기울기)도 함께 추정되어 보다 정확한 모수 추정을 할 수 있다.

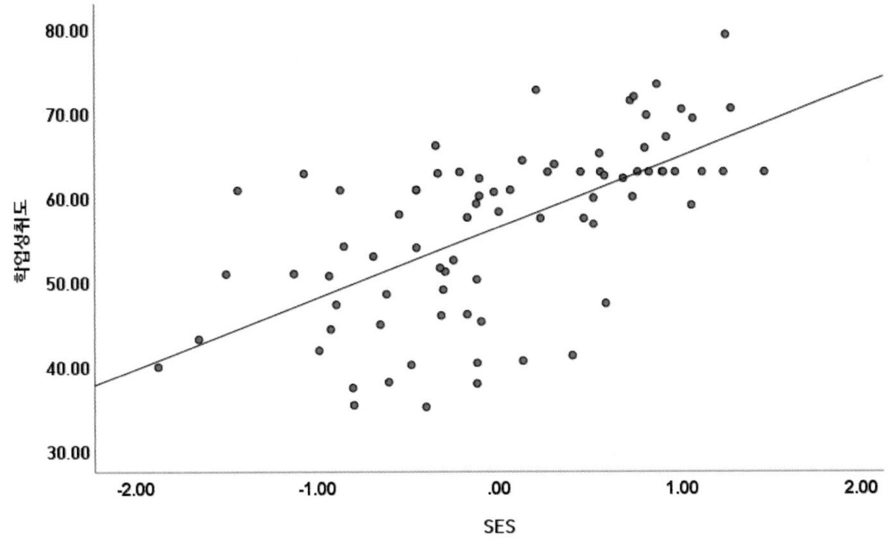

[그림 1-1] 일반적인 선형모형분석의 회귀선

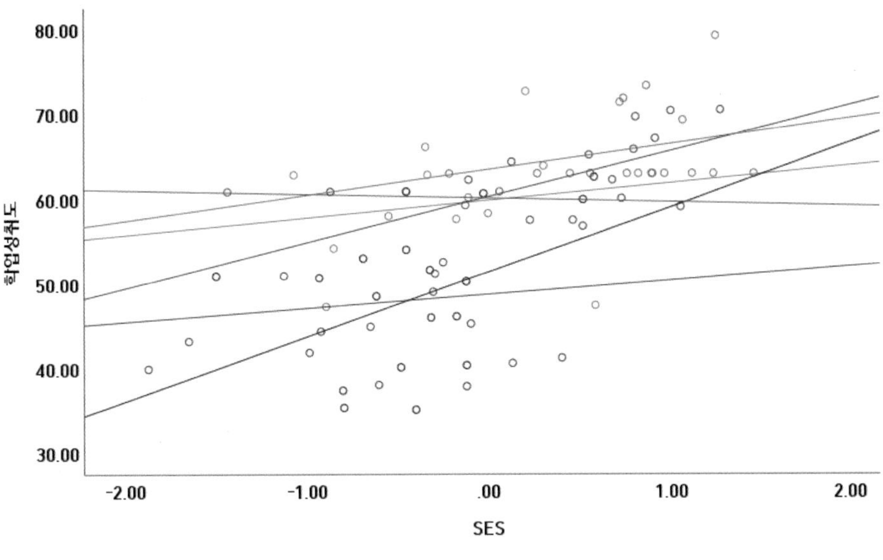

[그림 1-2] 다층분석의 회귀선

[그림 1-2]는 SES가 학생의 학업성취도에 미치는 영향이 여섯 개 학교별로 다를 수 있고, 그래서 회귀 추정 선은 이론적으로 여섯 개가 존재할 수 있으며, 따라서 이 같은 집단 간 차이의 가능성을 반영하지 않고 두 변인의 관계를 회귀선 한 개로 단일하게, 즉 고정적으로 표현하는 것은 문제가 있을 수 있다는 것을 예시한다.

다층분석의 핵심은 집단 간 차이에서 비롯되는 이 같은 회귀선의 비고정성을 포착하고 그것의 통계적 유의성을 검증하는 데 있다. 검증 결과 만약 그 비고정성이 유의미하지 않다고 드러나면 회귀선을 여섯 개나 도출하는 일은 불필요하며, 하나의 회귀선만으로 변인 관계를 표현해 내는 것이 효율적이라는 결론에 도달한다. 그러나 반대로 만약 유의미하다고 확인되면 일반적인 선형모형분석의 회귀선은 적용이 부적절하다. 그래서 다층분석의 나머지 작업은 회귀선에 비고정성, 즉 임의성(무작위성)을 부여한 요인이 무엇인지 알아내고 그에 대한 지식을 바탕으로 회귀모형의 모수를 보다 정확하게 추정하는 일에 집중하는 쪽으로 전개된다.

이와 같이 간략한 설명을 배경지식으로, 다음에서는 다층분석을 좀 더 심층적으로 이해하기 위해 필요한 핵심 개념을 세 개 꼭지(자료의 위계성, 분산 분할, 고정효과와 무선효과의 구분)로 나누어 살펴보기로 한다.

 1. 다층분석의 기본 개념

1) 자료의 위계성

다층분석은 위계적 층 구조를 띠는 자료에서 서로 다른 층에 속한 독립변인들이 종속변인에 각기 어떠한 영향을 미치는지 알아보고자 할 때 사용하면 효과적인 분석기법이다(Snijders & Bosker, 2011). 이는 단층자료(single-level data)를 다루는 일반적 분석과 달리, 다층분석에서는 개별 관측치들이 상위수준의 집단 혹은 개체 안에 위계적으로 배속되어 있음이 가정되고 이것이 분석에 반영된다는 것을 시사한다.

예를 들어 설명해 보면, 여기 서울시민의 시민참여 행태에 관심을 가진 어느 한 연구자가 있다고 가정해 보자. 이 연구자는 서울시 426개 행정동에서 각 10~20명씩의 동 주민을 모집하여 N=5,000의 크기로 표본을 구성하고 최종 분석자료를 구축하였다. 그리고 연구참여자가 보유한 사회적 자본을 시민참여 행태에 영향을 미치는 독립변인으로 선정한 후 모형 설정을 마무리 지었다.

물론 개인이 보유한 사회적 자본이 시민참여에 미치는 영향은 결정적일 수 있다. 그렇지만 시민참여 행태는 해당 개인이 거주하는 지역의 생태적, 환경적 특성 요인에 의해서도 영향받을 수 있다. 예컨대, 행정동 수준에서 측정된 평균 SES, 범죄 발생률, 주거안정성 수준,

시민단체 숫자 등등이 바로 그것이다. 여기서는 행정동 수준에서 측정된 사회적 자본 총량을 예로 들어 보겠다.

예컨대, A라는 사람과 B라는 사람이 있고, 이 둘은 상호독립적인 존재이며, 그럼에도 둘의 개인적 특성들은 매우 유사한 상황을 가정해 보자. 상호독립적이지만 개인의 특성 차원에서는 유사하기 때문에 둘의 시민참여 행태는 비슷할 것으로 예상된다. 그렇지만 A는 P동에, B는 Q동에 거주한다. 그리고 사회적 자본의 총량은 행정동 P가 행정동 Q보다 월등히 많다. 그렇다면 논리적으로 P동에 산다는 이유만으로 A가 B보다 좀 더 친(pro) 시민참여적 행태를 보일 가능성이 클 것으로 유추해 볼 수 있다. 환경의 영향을 무시할 수 없기 때문이다. 이런 점들을 고려하면 연구자는 개인이 보유한 사회적 자본뿐 아니라 해당 개인이 거주하는 행정동의 사회적 자본 총량도 별개의 유력한 독립변인으로 가정하고 연구모형에 포함해야 마땅하다.

이 예는 하위수준 관측값(시민참여)이 상위수준(행정동) 안에서 일정한 패턴(행정동별 사회적 자본 총량)에 따라 군집(clustering)되어 있음에도 불구하고, 즉 자료가 서로 다른 수준(층)에서 위계적으로 구조화되어 있음에도 불구하고, 하위수준 관측값이 상위수준과 아무 관련이 없다는 식으로, 즉 집단적 뭉침(grouping) 현상 없이 상호독립적으로 존재하는 것처럼 간주하고 분석을 진행하는 것이 부적절한 접근방식일 수 있다는 점을 보여 준다. 다층분석은 바로 이와 같은 문제의식, 즉 주어진 자료가 다층적 성격을 띰에도 불구하고 마치 단층적인 것인 양 다루는 기존 분석기법들의 타당성에 대한 의문에서부터 시작한다.

다층분석에서는 조사 대상들이 속성별로 군집한 상태에서 측정된 결과를 상위수준 관측치, 군집하지 않고 개별적으로 존재한 상태에서 측정된 결과를 하위수준 관측치라고 부른다. 그리고 이렇게 상위수준과 하위수준 관측치들이 합쳐져서 만들어진 자료를 다층적(multi-level) 혹은 위계적(hierarchical) 혹은 배속(nested) 자료라고 일컫는다.

기본적으로 이수준 자료를 가장 많이 쓰며, 연구주제에 따라 삼수준 자료를 쓰는 경우도 드물지 않다. 앞서 언급한 사회복지사-사회복지관이라든지 동주민-행정동의 사례는 이수준 자료, 학생-학급-학교, 근로자-소속부서-회사, 시민-도시-국가의 사례는 삼수준 자료를 각각 예시한다.

다층분석 방법론이 학계에 널리 퍼지기 이전 연구들은 상당수가 논리적인 오류를 보였다. 이는 상이한 수준에서 측정된 현상을 마치 동일 수준에서 측정된 것처럼 간주하고 분석을 진행한 데 따른 결과였다(Diez-Roux, 1998).

예를 들어, 서울시 426개 행정동 중 P동의 범죄율이 평균 4.5%라 해 보자. 이 4.5%라는 수치는 P동 고유의 특성이지, P동 주민, 가령 홍길동, 김철수, 박영희 씨 등등의 개인적 특성은 아니다. 그런데도 다층분석 방법론이 개발, 보급되기 이전의 많은 연구는 이와 같은 명백한 측정 수준 간 특성 차이를 구분하지 않은 채 단층자료에 적합한 단일 연구모형에 다층자료를 적합시켜 분석을 돌렸고, 이로써 행정동의 고유한 특성이 마치 개별 주민의 특성인 양 처리하는 우를 범하였다.

이처럼 집단의 특성을 개인의 특성으로 치환하는 것, 다시 말해 개인 수준으로 환원될 수 없는 집단적 속성을 개인에게 할당하는 것을 통계학에서는 분해 혹은 비집계(disaggregation)라고 일컫는다. 논리학에서는 관련 오류를 생태적 오류(ecological fallacy)라고 부른다(Diez, 2002).

한편, 이 방식과는 다르게 오로지 서울시 426개 행정동의 평균 범죄율만 갖고서 분석을 진행할 수도 있다. 이처럼 하위수준의 관측값들을 토대로 상위수준의 평균(혹은 중앙값)을 구하고 그다음부터는 오로지 이 평균만으로 분석을 진행하는 것을 통계학에서는 집계(aggregation)라고 부른다. 논리에서는 관련 오류를 집계 혹은 집합화의 오류(aggregation fallacy)라고 부른다(Van de Vijver & Poortinga, 2002). 집계의 오류 역시 문제가 많다. 집계와 동시에 하위수준이 갖고 있던 원자료 정보의 상당량이 소실되기 때문이다. 무작정 집계를 해 버리면, 이후 분석에서는 홍길동, 김철수, 박영희 씨 등등 개인에 대한 정보가 제외되는데, 이는 애당초 연구자가 원하던 바가 아니었을 것이다.

요약하면, 하위수준 관측값이 상위수준 안에서 일정한 패턴에 따라 군집해 존재함에도 하위수준 관측값이 마치 상위수준과 무관한 것인 양, 다시 말해 집단적 뭉침 현상 없이 상호 독립적으로 존재하는 것인 양 간주하고 자료를 분석한다면, 그 결과물에는 생태적 오류라는 심각한 편의(bias)가 끼게 된다. 반대로 이러한 문제점을 피하기 위하여 하위수준 관측값들을 상위수준에서 묶은 후 오로지 상위수준 값들만을 갖고서 자료를 분석하면, 하위수준에 관한 식별 정보가 소실되어 결과물의 유용성은 심각하게 훼손된다.

다층분석은 이와 같은 문제점, 즉 전통적 회귀분석이 복수의 분석단위를 가지는 다층자료를 다룰 시 하위수준과 상위수준으로 분산[2]을 구분하지 않음으로써, 상위수준의 집단 특성에 따라 하위수준의 개인 특성이 변하는 구조적 관계를 규명하지 못하게 되어 버리는 점

---

2) 분산(variance)이란 관측치들이 평균을 중심으로 퍼져 있는(spread) 정도, 즉 산포를 알게 해 주는 통계지표이다. 평균을 기대되는 바, 설명되는 바 혹은 연구자가 예측하는 바로 정의한다면, 분산은 기대할 수 없는 것, 설명될 수 없는 것 혹은 연구자가 예측할 수 없는 것으로 정의할 수 있다. 대부분의 통계분석에서는 분산을 추정하는 데 심혈을 기울이는데, 그 까닭은 통계분석의 성패는 기대되지 않고 설명되지도 않으며 예측되지 않는 이 분산이라는 것을 최대한 어떻게 설명(accounting for)해서 없애 버리느냐에 달려 있기 때문이다.

을 해결하기 위해 고안된 통계기법이다(Pettigrew, 2006).

이를 위해 다층분석은 연구모형 설정 시, 각 층에 오차항(error terms)을 별개로 부여하는 방식으로 기존 분석기법의 한계를 극복한다(Hox & Kreft, 1994). 구체적으로, 종속변인의 총 분산을 하층에서 변이하는 부분과 상층에서 변이하는 부분으로 분할하고, 각각에서 설명되지 못하고 남은 부분을 따로 추정한다.[3), 4)] 추정 결과, 특히 후자, 즉 상층에서 변이하는 종속변인의 미설명 분산 추정치[5)]가 통계적으로 유의미한 것으로 확인되면, 이를 설명해 주리라 예상되는 잠재적 영향요인(하위수준 영향요인뿐 아니라 상위수준 영향요인)들을 모형에 차례대로 투입하여 유의미한 영향요인을 추려 낸다.

제시된 분석 방식을 살펴보기에 앞서, 다음에서는 먼저 종속변인 분산의 층별 구분에 대해 좀 더 자세히 알아보기로 한다.

2) 종속변인의 분산 분할

앞서 언급하였듯 다층분석이 기존 회귀분석과 구별되는 가장 큰 차이점은 연구모형 설정 시 오차항을 층별로 따로 특정하고 그 값을 별개로 추정한다는 점이다. 구체적으로, 종속변인의 미설명 분산을 하위수준(예컨대, 제1수준)에서 변이하는 부분과 상위수준(예컨대, 제2수준)에서 변이하는 부분으로 분할(partitioning variance components)한 후, 상위수준에서 변이하는 부분, 즉 상위수준 오차항(예컨대, 제2수준 오차항)이 통계적으로 유의미한지 확인하는 작업을 실시한다(Goldstein, Browne, & Rasbash, 2002).[6)]

하위수준에서 변이하는 부분을 집단 내 분산(within-group variance), 상위수준에서 변이하는 부분을 집단 간 분산(between-group variance)이라고 부른다. 전자는 특정 개인이 전체 개인의 평균에서 벗어남에 따라 발생하는, 다시 말해 개인들 간 차이(individual differences or within-group differences)에 기인하는 분산을, 후자는 특정 집단이 전체 집단의 평균에서 벗어남에 따라 발생하는, 다시 말해 집단들 간 차이(between-group differences)에 기인하는

3) 하위수준, 예컨대 제1수준에서 변이하는 종속변인의 설명되지 못하고 남아 있는 분산, 즉 제1수준 오차는 전통적인 선형회귀분석에서 흔히 사용하는 잔차(ϵ_{ij})로 잡아낼 수 있다.

4) 상위수준, 예컨대 제2수준에서 변이하는 종속변인의 설명되지 못하고 남아 있는 분산, 즉 제2수준 오차는 무선절편(μ_{0j})과 무선기울기(μ_{1j}, μ_{2j}, …)의 추정치를 통해 잡아낼 수 있다.

5) 다음에서 얘기하겠지만, 이것이 곧 무선효과이다.

6) 참고로 이 책에서는 종속변인이 하나인 경우만 다루는데, 종속변인이 둘 이상인 경우도 다층분석 범위 안에서 다룰 수 있다. 다변량(multivariate) 다층분석에 관한 내용은 곧 출간할 이 책의 개정 증보판에서 다루겠다.

분산을 가리킨다.

만약 종속변인의 총분산 중 집단 간 차이에 기인하는 분산의 추정치가 유의미하지 않다고 확인되면, 연구자는 굳이 자료의 위계성을 전제하는 다층분석을 실시할 필요가 없다. 굳이 그런 수고를 할 필요 없이, 단층자료를 전제하는 전통적 선형회귀분석을 실시하면 그것으로 족하다. 그러나 만약 종속변인의 총분산 중 집단 간 차이에 기인하는 미설명 분산의 추정치가 유의미하다고 확인되면,[7] 연구자는 자신이 다루는 자료가 층별로 나뉘어 있으며, 따라서 다층분석을 실시하는 것이 타당하다는 결론을 내릴 수 있다.

한편, 집단 간 차이에 기인하는 분산의 추정치가 $\alpha = 0.05$에서 통계적으로 유의미함을 확인하는 일도 중요하지만, 그와 동시에 종속변인의 총분산에서 집단 간 차이에 기인하는 분산이 차지하는 비율이 일정 수준 이상 되는지 확인하는 일 역시 다층분석 실시의 타당성 확보 작업에서 중요한 절차이다. 급내상관계수(intra-class correlation: ICC)라고 불리는 이 비율은 다음 식을 통해 계산할 수 있다(Hox, 1998).

$$\rho = \frac{\sigma^2_{between}}{\sigma^2_{between} + \sigma^2_{within}}$$

$\sigma^2_{between}$=집단 간 분산, σ^2_{within}=집단 내 분산

ICC가 크다는 것은 종속변인의 총분산에서 집단 내 차이보다 집단 간 차이에 기인하는 분산이 상대적으로 큰 비중을 차지함을 뜻한다. 다시 말하면, 상위수준에 존재하는 어떤 특성 요인들로 설명될 수 있는—그러나 아직 설명되지 않은—종속변인의 분산 분($\sigma^2_{between}$)이, 하위수준에 존재하는 어떤 특성 요인들로 설명될 수 있는—그러나 아직 설명되지 않은—종속변인의 분산 분(σ^2_{within})보다 상대적으로 크다는 얘기이다.[8]

그렇다면 ICC가 얼마나 커야 유의하게 크다고 말할 수 있을까? 이와 관련하여 확실하게 어떤 기준이 정해져 있지는 않다. 그렇지만 0.05를 분할점(cutoff point)으로 잡는 것이 일반적이다(Hox, 1998). 이 말인즉슨, 종속변인의 총분산 중 집단 간 차이에 기인하는 분산의 비중이 5% 이상 되면, 다층분석을 실시하는 데 임상적으로 별문제가 없다는 뜻이다.

---

7) 종속변인의 총분산 중 집단 간 차이에 기인하는 미설명 분산의 추정치를 무선효과라고 부르는데, 특히 절편의 무선효과 추정치(μ_{0j})가 통계적으로 유의미한지 여부의 확인이 중요하다. 무선기울기($\mu_{1j}, \mu_{2j, ...}$)가 유의미하지 않더라도 무선절편이 유의미한 것으로 확인되면 다층분석 실시의 타당성은 확보된다.

8) 또한 ICC가 크다는 것은 집단 간 이질성과 집단 내(개인 간) 동질성이 크다는 것, 반대로 ICC가 작다는 것은 집단 간 동질성과 집단 내(개인 간) 이질성이 크다는 것을 의미하기도 한다.

요약하면, 다층분석에서는 통계모형 특정 시 회귀식 내에 집단 내 분산을 반영하는 오차항(ϵ_{ij})과 함께 집단 간 분산을 반영하는 오차항(무선절편 μ_{0j} 혹은 무선기울기 $\mu_{1j}, \mu_{2j}, \cdots$)들을 따로 설정하고 이들을 각기 추정한다. 추정 결과, 첫째, 집단 간 차이에 기인하는 종속변인 분산의 추정치, 즉 무선효과가 통계적으로 유의미하고, 둘째, 급내상관계수(ICC)가 0.05 이상인 것으로 확인되면, 연구자는 종속변인의 변이를 설명하는 데 있어 오로지 집단 내 차이, 즉 상호독립적이고 이질적인 개인들의 특성 요인이 만들어 내는 차이만 고려할 것이 아니라, 집단 간 차이, 즉 동질적 개인들로 구성된 이질적 집단들의 특성 요인이 만들어 내는 차이도 함께 고려해야 한다는 사실을 확인하게 된다. 이와 같은 실증적 근거가 갖추어졌을 때야 비로소 연구자는 다층분석 실시를 경험적으로 정당화할 수 있다.

3) 고정효과와 무선효과

회귀분석을 위한 통계모형 수립 시 연구자는 회귀 등식을 작성한다. 이때 회귀식 우측에 놓인 각 항은 일정한 효과[9]를 발생시킨다.

회귀식의 우측에 놓인 각 항의 효과는 모형추정 전까지는 알 수 없다. 회기식 내 이러한 불가지(unknown) 값을 우리는 모수(parameter)라고 부른다. 이 모수가 자료의 층에 상관없이 하나로 정해져 도출될 때, 우리는 그 단일 추정치를 고정효과(fixed effect)라고 부른다.

일반적인 회귀분석에서 모수 추정치는 하나의 값으로 정해져 도출된다. 왜 그럴까? 자료가 단층이기 때문이다. 그런데 다층분석에서 사용하는 자료는 말 그대로 다수준이다. 자료가 집단별로 뭉쳐져 있는 만큼, 하위수준에서 발생하는 효과가 상위수준별로 다르게 나타날 수 있다. 그래서 다층분석에서는 모수가 하나의 값으로 고정되어 나오는 것이 있는 한편, 집단별로 다르게 나오는 것이 있기도 하다. 다층분석의 특징이자 장점은 바로 이러한 부분, 즉 모수가 하나로 정해져 나오는 것이 아니라 집단별로 다르게 도출되어 나오는지를 살피고, 만약 있다면 그 다름의 정도의 총량을 층별 모형 구축이라는 특별한 방법을 통해 연구자에게 알려 준다는 점이다.

층별로 구분된 모형들을 특정한 후 이를 자료에 적합(fitting)시키면, 연구자는 성격이 다른 두 개의 추정치를 얻게 된다. 하나는 층과 관계없이 하나의 값을 갖는 고정효과이고, 다른 하나는 층이 둘(삼수준이라면 셋)로 나뉘어 있음으로 인해 앞서 구한 고정효과가 상위수

9) 효과(effect)는 회귀식 우측에 놓인 항이 좌측에 놓인 종속변인의 분산을 설명하는 데 기여하는 정도로 이해할 수 있다.

준에서 변이할 수 있음을 반영하는 무선효과(random effect)이다.

고정효과는 상위수준의 변이에 따라 모수 추정치가 변하지 않는 상황을 포착한다. 따라서 가령 이수준 모형에서의 경우 모형추정 후 도출되는 고정효과는 ① 집단 내 차이, 즉 개인 특성에 기인하는 효과와 ② 집단 자체의 특성에 기인하는 효과, 둘로 나뉘어 나타나게 된다. 여기서 주안점은, 이 두 개의 고정효과는 상위수준의 변이에 따라 변하지 않고 고정된 값을 가지며, 따라서 모평균 효과(population-average effect)라는 점이다(Holodinsky, Austin, & Williamson, 2020).

이와 달리 무선효과는 상위수준의 변이로 말미암아 모수 추정치가 어느 하나에 고정되지 않고 변이하는 상황을 포착한다. 따라서 가령 상위수준이 하나밖에 없는 이수준 모형의 경우, 모형추정 후 도출되는 무선효과는 집단 간 차이에 기인하는 비고정적 효과(들)의 총량으로 나타나게 된다. 여기서 주안점은, 이 비고정적 효과(들)는, 첫째, 집단 간 차이에 기인하긴 기인하되 정확하게 어떠한 집단 특성에서 기인한 것인지 아직 알 수 없는 종속변인의 제2수준 미설명 분산 추정치라는 점이고, 둘째, 하나의 고정된 값을 갖는 모평균 효과가 아닌, 상위수준의 변이에 따라 집단별로 값이 달라짐을 반영하는 집단특이적 효과(group-specific effect)와 관련됐다는 점이다(Sinclair, 2011).

요약하면, 다층분석의 가장 큰 특징이자 장점은 다수준 자료를 갖고 분석을 진행하는 연구자에게 특정 모수의 고정값을 추정하게 해 줌과 동시에, 해당 모수가 상위수준에서 집단 간에 변동하는 전반적인 정도[10] 및 그것의 통계적 유의성을 파악할 수 있게끔 해 준다는 것이다. 다층분석에서 구축하는 통계모형을 흔히 혼합모형(mixed model)이라고 일컫는 까닭은 하층 모형과 상층 모형을 나누는 것 때문이기도 하고, 이렇게 나눈 층별 모형을 바탕으로 고정효과와 무선효과를 동시에 추정하는 방법론적 유연성 때문이기도 하다.

참고로 고정효과만 추정하는 모형을 고정효과모형(fixed effect model)이라고 부른다. 고정효과모형은 집단 간 차이를 반영하는 상층 변인을 포함하지만 이를 고정적인 모평균 효과 측면에서만 규정하고 무선적인 집단 특이적 효과 측면에서는 규정하지 않음으로써 결과적으로 모형의 과소추정(under-estimation)을 초래할 수 있다는 문제점을 안고 있다. 그래서 분석자료에 집단별 뭉침 현상이 끼어 있는 경우 고정효과모형은 혼합모형보다 모수 추정 정확도가 떨어진다[11]는 단점을 갖게 된다(Snijders, 2005).

10) ICC를 통하여 얼마나 많이 변이하는지 알 수 있다.

11) 특히 표준오차가 과소추정되면 관련된 회기계수들의 t-값이 본래보다 크게 도출되는데, 이는 기각되어야 할 가설과 모형을 기각하지 못하는 결과, 즉 제2종 오류(type II error)의 발생으로 이어지게 되어 문제이다.

 2. 다층분석 모형 구축의 방법론적 전략

다층분석의 기본 개념에 대한 설명과 이해를 마쳤으므로, 이번 절에서는 다층분석의 단계별 절차에 대해 알아보고자 한다.

사실 다층분석을 실시하는 데 있어 어떤 정형화된 절차가 있는 것은 아니다. 연구목적이나 내용에 따라 얼마든지 분석 절차를 융통성 있게 가져갈 수 있다. 그렇지만 다층분석을 활용한 연구결과물들을 유심히 살펴보면, 대체로 다음의 순서로 분석을 진행한다는 것을 알 수 있다(Peugh & Enders, 2005).

첫째, 종속변인의 총분산을 집단 간 차이에 따른 부분과 집단 내 차이에 따른 부분으로 분할하기

둘째, 집단 간 차이에 따른 종속변인의 미설명 분산이 통계적으로 유의한지 확인하기

셋째, 종속변인의 분산을 설명해 줄 것으로 예측되는 잠재적 영향요인들을 층별로 모형에 투입하기

넷째, 유의미한 영향요인 선정하기

다음 박스는 상기 절차를 좀 더 체계적으로 도식화한 것이다. 기초모형(base model)이자 무조건모형(unconditional model)인 모형 I의 검증은 다층분석 실시를 경험적으로 정당화하기 위해 꼭 필요한 과정이므로 빠뜨려서는 안 된다. 그렇지만 모형 II부터 모형 V까지는 연구의 목적이나 내용에 따라 연구자가 포함 여부나 검증 순서 등을 재량껏 선택하고 조정할 수 있는 조건모형(conditional model)이다. 참고로 각 모형의 검증은 이전 단계 모형 검증이 완료된 후 실시하는 축차적 과업으로 이해할 수 있다. 또한 박스에서 굵은 글씨로 강조한 부분은 각 모형의 검증 단계에서 추가적으로 실시해야 하는 작업을 명시한다.

모형 I – 독립변인 없음
/ 절편의 무선효과 check

모형 II – 제1수준 독립변인 투입 후 기울기의 고정효과 check
/ 절편의 무선효과 check

모형 III – 제2수준 독립변인 투입 후 기울기의 고정효과 check
/ 제1수준 독립변인 기울기의 고정효과 check
/ 절편의 무선효과 check

모형 IV – 새로 투입하는 변인 없이, 제2수준 독립변인 기울기의 고정효과 check
/ 제1수준 독립변인 기울기의 고정효과 및 무선효과 check
/ 절편의 무선효과 check

모형 V – 층위 간 상호작용항 투입 후 상호작용항의 고정효과 check
/ 제2수준 독립변인 기울기의 고정효과 check
/ 제1수준 독립변인 기울기의 고정효과 및 무선효과 check
/ 절편의 무선효과 check

다음에서는 박스에 표시한 다층분석의 단계별 분석 작업을 이론적 차원에서 좀 더 구체적으로 살펴보고자 한다. 독자의 이해를 돕기 위해 이수준 모형을 중심으로 종속변인(Y)은 사회복지사 '소진', 제1수준 독립변인(level-1 X)은 사회복지사 '업무환경인식', 제2수준 독립변인이자 조절변인(level-2 W)은 사회복지관 '조직문화'로 정해 설명을 이어 나가고자 한다.

'업무환경인식'은 복지관의 수직적, 비민주적 의사소통에 대한 사회복지사 개인의 인식 수준을, '조직문화'는 복지관의 수직적, 비민주적 의사소통 문화에 대한 복지관 차원에서의 평가를 각각 가리킨다. 따라서 여기서 다루는 예제는 수직적, 비민주적 의사소통에 대한 사회복지사 개인의 인식이 해당 사회복지사의 소진에 미치는 영향을 살피는 한편, 그와 같은 개인적 인식과 별개로 의사소통 문화가 수직적, 비민주적인 복지관에서 일을 하면 해당 사회복지사의 소진이 그러한 환경적 요인에 의해 어떠한 영향을 받는지 살피는 것을 목적으로 한다고 이해하면 적절할 것이다.

1) 모형 I-절편의 무선효과를 점검하는 기초모형

모형 I은 다층분석의 실시 여부를 결정하기 위해 가장 먼저 살피는 기초모형 혹은 무조건 모형이다. 여기서 무조건이라 함은 종속변인의 분산을 설명하기 위해 어떤 특별한 독립변인을 투입하지 않았다는 것을 의미한다.

독립변인을 투입하지 않기 때문에 종속변인의 총분산($\sigma^2_{between+}\sigma^2_{within}$)은 설명되지 못한 부분, 즉 오차($\mu_{ij}+\epsilon_{ij}$)로만 오롯이 구성된다. 이러한 측면에서 모형 I은 종속변인의 분산을 제1수준(ϵ_{ij})과 제2수준(μ_{0j}) 오차항으로 구분한 후, 각각을 개별적으로 추정하는 것을 주된 목적으로 삼는다고 볼 수 있다.

모형 I을 등식으로 표현하면,

$$Y_{ij} = \beta_{0j} + \epsilon_{ij}$$ …… 〈식 1-1〉

Y는 소진, i는 제1수준 사회복지사(개인), j는 제2수준 사회복지관(집단)을 가리킨다. 따라서 앞의 식은 j번째 집단에 속한 i번째 개인의 소진 점수(Y_{ij})는 집단 j의 평균 소진 점수(β_{0j})에 개인 i가 그 집단 평균에서 벗어난 정도(ϵ_{ij}, 제1수준 오차)를 더한 값으로 이해할 수 있다.

한편, 집단 j의 평균 소진 점수(β_{0j})는 모든 집단을 대상으로 구한 전체평균 소진 점수(γ_{00})와 이 전체평균에서 집단 j가 벗어난 정도(μ_{0j}, 제2수준 오차)로 세분화해 볼 수 있다. 이를 등식으로 나타내면,

$$\beta_{0j} = \gamma_{00} + \mu_{0j}$$ …… 〈식 1-2〉

γ_{00}는 모든 집단을 대상으로 구한 전체평균 소진 점수로서(grand mean), 해당 집단보다 높은 상위수준에서의 변이가 없으며 그 값은 일정하게 도출된다. 이러한 성격을 지닌 항 γ_{00}을 고정절편(fixed intercept)이라고 부른다.

고정절편 γ_{00}에서 집단 j의 평균 소진 점수(γ_{0j})가 벗어난 정도, 즉 제2수준 오차는 μ_{0j}을 통해 가늠할 수 있다. μ_{0j}는 일정한 값 없이 개인이 소속된 집단마다 달리 도출된다. 이렇게 고정된 값을 갖지 않고 소속 집단에 따라 개체마다 다른 값을 갖는 절편의 한 부분 μ_{0j}를 무선절편(random intercept)이라고 부른다.

〈식 1−2〉를 〈식 1−1〉에 대입하면, 모형 I은 다음과 같이 정리될 수 있다.

$$Y_{ij} = \gamma_{00} + \mu_{0j} + \epsilon_{ij} \qquad \cdots\cdots \langle 식\ 1\text{-}3 \rangle$$

〈식 1−3〉은 종속변인의 개별 관측치(Y_{ij})가 고정절편(γ_{00}) 외에 두 개 요소, 구체적으로 제1수준 오차항(ϵ_{ij})과 제2수준 오차항(μ_{0j})으로 나뉜다는 것을 보여 준다. 따라서 모형 I에서 추정해야 할 모수는 다음과 같이 총 세 개이다.

γ_{00}: 모든 집단의 전체평균 소진 점수 → 절편의 고정효과 → 고정절편
μ_{0j}: γ_{00}에서 각 집단 평균 소진 점수(γ_{0j})가 벗어나는 정도(제2수준 오차항) → 절편의 무선효과 → 무선절편
ϵ_{ij}: $\gamma_{00} + \mu_{0j}$에서 개인의 개별 소진 점수(Y_{ij})가 벗어나는 정도(제1수준 오차항) → 제1수준 잔차

모형 I의 검증 결과를 보면서 연구자는 특히 제2수준 오차항, 즉 무선절편(μ_{0j})에서 추정된 분산 추정치가 통계적으로 유의미한지를 확인한다. 만약 이 값이 통계적으로 유의미하면, 연구자는 종속변인의 분산 중 여전히 설명되지 못하고 남아 있는 부분이 제2수준에서 상당하다는 결론을 내릴 수 있다.

종속변인의 분산 중 상당 부분이 아직도 제2수준에서 변이하는 집단 간 차이에 기인하고 있음(그러나 여전히 설명되지 않고 있음)을 확인[12)]한 연구자는 추후 종속변인의 분산을 좀 더 효과적으로 설명해 내기 위해 개인 특성 외 집단 특성 요인의 투입을 고려하는 것이 필요하다는 주장을 펼칠 수 있다. 다층분석은 이러한 경험적 분석결과에 따라 실시 정당성을 확보할 수 있다.

12) 무선절편의 통계적 유의성을 확인하는 것 외에도 집단 간 차이에 기인하는 제2수준 미설명 분산이 종속변인의 총분산에서 차지하는 비율, 즉 ICC가 0.05를 넘는지도 함께 확인해야만 한다.

2) 모형 II-제1수준 독립변인의 고정효과를 점검하는 연구모형

모형 I의 추정 결과에 따라 다층분석 실시의 경험적 근거를 확보한 연구자는 다음 단계인 모형 II로 넘어간다. 모형 II는 기초모형인 모형 I에 제1수준 독립변인(X)을 추가한 조건부 모형이다. 여기서 조건부라 함은 종속변인의 분산을 설명하기 위해 특정 독립변인을 이전 단계의 모형에 추가하였음을 의미한다.

설명의 편의를 위해 여기서는 여러 개의 독립변인을 추가하기보다 단 하나의 변인('업무환경인식')만 추가하도록 하겠다. 물론 실제 분석에서는 다수의 제1수준 독립변인을 하나씩 또는 한꺼번에 투입하여 각각의 유의성이나 상대적 중요도를 살필 수 있다.

또한 여기서는 제1수준 독립변인을 먼저 투입하지만, 연구의 목적이나 내용에 따라 제2수준 독립변인을 먼저 투입할 수도 있다. 즉, 모형 II와 모형 III의 검증 순서를 뒤바꿔도 무방하다. 다만 다층분석은 제1수준 독립변인만으로는 종속변인의 분산을 설명하는 것이 불충분하며 제2수준 독립변인도 함께 고려했을 때에야 비로소 종속변인을 제대로 이해할 수 있다는 인식에 기초해 개발된 통계기법인 만큼, 제1수준 독립변인을 먼저 투입해 분석을 마친 다음 제2수준 독립변인을 투입해 분석을 진행하는 전개가 논리적으로 더 효과적인 분석 전략이라는 점을 강조하는 바이다. 이렇게 단계식으로 모형을 구축하고 검증하면, '봐라, 제1수준(개인 수준) 독립변인만으로는 부족하지 않냐, 그러니까 이제 제2수준(집단 수준) 독립변인을 한번 중요하게 다루어 보자!'라는 식의 주장을 더욱 쉽게 풀어낼 수 있다.

독립변인이 종속변수의 분산을 설명하는 정도, 다시 말해 종속변수에 대한 독립변인의 효과는 회기계수, 즉 기울기(slope)를 통해 알 수 있다. 다층분석의 특징은 이 기울기가 하나로 정해져 있으면서 동시에 하나로 정해져 있지 않다는 데 있다. 즉, 하위수준 독립변인이 종속변인에 발생시키는 효과가 상위수준에서의 어떤 변이로 말미암아 고정적으로뿐 아니라 무선적으로도 주어진다고 간주한다는 점이다.

따라서 모형 II에서는 제1수준 독립변인 X의 기울기를 고정적인 부분과 무선적인 부분 둘로 나누고 각각의 크기와 통계적 유의성을 살피는 것이 이론적으로 가능하다. 그렇지만 다층모형을 단계적으로 확장해 가는 모형 II와 같은 분석 초기 단계에서는 제1수준 독립변인의 무선효과, 즉 무선기울기는 가급적 고려하지 않는 것이 전략적으로 바람직하다. 분석 초반부에서는 제1수준 독립변인의 고정효과만 살피고 무선효과는 분석 후반부에서 살피는 것이, 상위수준인 제2수준에서의 변이에 의해 종속변인의 분산이 더욱 효과적으로 설명될 수 있다는 다층분석 고유의 논리를 선명하게 드러낼 수 있는 좀 더 좋은 전략이 되기 때문이다.

제1수준 독립변인 X의 고정효과를 검증하는 모형 II를 등식으로 표현하면,

$$Y_{ij} = \beta_{0j} + \beta_{1j}X_{ij} + \epsilon_{ij} \qquad \cdots\cdots \langle 식\ 1\text{-}4 \rangle$$

β_{1j}는 X가 Y에 발생시키는 효과, 즉 X의 기울기이다. 모형 II에서는 이 기울기의 고정효과만을 고려하기로 하였다. 따라서

$$\beta_{1j} = \gamma_{10} \qquad \cdots\cdots \langle 식\ 1\text{-}5 \rangle$$

〈식 1-5〉는 j번째 집단에서 X가 Y에 발생시키는 효과, 즉 기울기(β_{1j})를 집단 구분 없이 X가 Y에 발생시키는 효과의 평균치(γ_{10})에 고정시켰다는 것을 말해 준다. 전체 집단을 통틀어서 X가 Y에 발생시키는 효과의 평균을 구한 후, 각 집단에서 X가 Y에 미치는 효과가 그 전체 집단의 평균과 동일하도록 고정시켰다는 뜻이다. 이는 기울기에 집단 간(제2수준에서의) 변이를 반영하지 않겠다는 것, 뒤집어 말하면 오로지 집단 내(제1수준에서의) 변이만 반영하겠다는 것을 함의한다. 모형 II에서 X의 기울기를 고정기울기(fixed slope)라고 부르고, X가 오로지 고정효과만 발생시킨다고 말하는 까닭은 바로 이러한 맥락에서이다.

한편, 절편(β_{0j})과 관련해서는 특별한 변형을 가하지 않을 예정이므로, 모형 I의 〈식 1-2〉를 그대로 가져다 쓴다. 따라서 절편에 관한 〈식 1-2〉와 기울기에 관한 〈식 1-5〉를 조건모형 〈식 1-4〉에 대입하고 변인명을 써넣으면, 모형 II는 다음과 같이 정리될 수 있다.

$$Y_{ij} = \gamma_{00} + \mu_{0j} + \gamma_{10}X_{ij} + \epsilon_{ij}$$
$$\leftrightarrow\ Y_{ij} = \gamma_{00} + \gamma_{10}업무환경인식_{ij} + \mu_{0j} + \epsilon_{ij} \qquad \cdots\cdots \langle 식\ 1\text{-}6 \rangle$$

〈식 1-6〉에서 추정 대상이 되는 모수는 총 네 개이다. 이 가운데 고정효과를 반영하는 모수가 두 개, 무선효과를 반영하는 모수가 한 개이다.

γ_{00}: 모든 집단의 전체평균 소진 점수 → 절편의 고정효과 → 고정절편
γ_{10}: 모든 집단을 통틀어 업무환경인식(제1수준 독립변인 X)이 소진(Y)에 미치는 평균 효과 → 제1수준 독립변인의 고정효과 → 고정기울기
μ_{0j}: γ_{00}에서 각 집단 평균 소진 점수(γ_{0j})가 벗어나는 정도(제2수준 오차항) → 절편의 무선효과 → 무선절편
ϵ_{ij}: $\gamma_{00}+\mu_{0j}$에서 개인의 개별 소진 점수(Y_{ij})가 벗어나는 정도(제1수준 오차항) → 제1수준 잔차

모형 I에서와 마찬가지로, 연구자는 모형 II의 분석결과를 보면서 절편의 무선효과(μ_{0j})가 통계적으로 유의미한지를 확인한다. 만약 이 값이 통계적으로 유의미하면, 연구자는 종속변인의 분산 중 여전히 설명되지 못하고 남아 있는 부분이 제2수준에서 상당하다는 결론을 내릴 수 있다.

이러한 분석결과를 바탕으로 연구자는 종속변인의 미설명 분산을 설명하기 위하여 집단 간 차이를 고려하는 일이 필요하고 또 합당하다는 주장을 펼칠 수 있다. 즉, 무선절편(μ_{0j})이 유의미한 수준으로 줄어들어 없어질 때까지 집단 간 차이를 반영하는 조치를 모형에 계속해서 가해야 한다는 주장을 펼칠 수 있다.

3) 모형 III-제2수준 독립변인의 고정효과를 점검하는 연구모형

만약 모형 II 추정 결과 여전히 종속변인의 총분산 중 집단 간 차이에 기인하는 미설명 부분(μ_{0j})이 통계적으로 유의미하게 크다는 결론을 얻었다면, 이 부분을 설명해 없애 버리기 위해 연구자는 다음 단계인 모형 III의 검증으로 넘어가 상위수준의 독립변인, 여기서는 제2수준 독립변인(W)의 투입 작업에 착수할 수 있다.

원칙적으로 모형 II의 〈식 1-4〉에 제2수준 독립변인 W를 투입하면, 절편(β_{0j})과 제1수준 독립변인 X의 기울기(β_{1j})가 동시에 영향을 받는다. 그런데 기울기(β_{1j})가 영향을 받는다고 해 버리면 결국 층위 간 상호작용항을 설정하게 되는 셈인데, 이렇게 모형 III에서 성급하게 층위 간 상호작용항을 설정해 버리면 모형 IV에서 기울기의 무선효과를 우선 확인한 후 이 무선효과가 제2수준에서 기인한 것임을 모형 V에서 입증하겠다는, 앞에서 수립한 방법론적 전략에 차질이 생기고 만다. 제1수준 독립변인을 갖고서 종속변인을 최대한 설명해 보고, 그럼에도 설명되지 못하고 남은 종속변인의 분산 분을 제2수준 조절변인을 통해 설명하는 방법론적 전략을 계속 가져가고 싶다면, 일단 모형 III에서는 제2수준 변인 W의 투입이

절편에만 영향을 미치고 제1수준 독립변인 X의 기울기에는 영향을 미치지는 않는다는 식으로 모형구축 작업을 진행하는 것이 바람직하다.

W의 투입에 따라 〈식 1-2〉의 절편은 다음과 같이 구성이 바뀐다.

$$\beta_{0j} = \gamma_{00} + \gamma_{01} W_j + \mu_{0j} \qquad \text{…… 〈식 1-7〉}$$

〈식 1-7〉에 따르면, 집단 j의 평균 소진 점수(절편, β_{0j})는 전체집단 평균 소진 점수(γ_{00})에 제2수준 독립변인 W 투입으로 새롭게 발생하는 소진의 전체집단적 효과(γ_{01})를 추가한 값에서 집단 j가 벗어난 정도(μ_{0j})를 한 번 더 추가한 값으로 이해할 수 있다.

절편에 관한 〈식 1-7〉과 기울기에 관한 이전 〈식 1-5〉를 기본 모형 〈식 1-4〉에 대입하고 변인명을 써넣으면, 모형 III의 통계식은 다음과 같이 정리된다.

$$Y_{ij} = \gamma_{00} + \gamma_{01} W_j + \gamma_{10} X_{ij} + \mu_{0j} + \epsilon_{ij}$$
$$\leftrightarrow\ Y_{ij} = \gamma_{00} + \gamma_{01}\text{조직문화}_j + \gamma_{10}\text{업무환경인식}_{ij} + \mu_{0j} + \epsilon_{ij} \qquad \text{…… 〈식 1-8〉}$$

〈식 1-8〉에서 추정 대상이 되는 모수는 총 다섯 개이다. 이 중 고정효과를 반영하는 모수가 세 개, 무선효과를 반영하는 모수가 한 개이다.

γ_{00}: 모든 집단의 전체평균 소진 점수 → 절편의 고정효과 → 고정절편

γ_{01}: 모든 집단을 통틀어 조직문화(제2수준 독립변인 W)가 소진(Y)에 미치는 평균 효과 → 제2수준 독립변인의 고정효과 → 고정기울기

γ_{10}: 모든 집단을 통틀어 업무환경인식(제1수준 독립변인 X)이 소진(Y)에 미치는 평균 효과 → 제1수준 독립변인의 고정효과 → 고정기울기

μ_{0j}: γ_{00}에서 각 집단 평균 소진 점수(γ_{0j})가 벗어나는 정도(제2수준 오차항) → 절편의 무선효과 → 무선절편

ϵ_{ij}: $\gamma_{00} + \mu_{0j}$에서 개인의 개별 소진 점수(Y_{ij})가 벗어나는 정도(제1수준 오차항) → 제1수준 잔차

모형 III의 분석결과를 보면서, 연구자는 무선절편(μ_{0j})의 공분산 추정치가 통계적으로 유의미한지를 확인한다. 만약 이 값이 통계적으로 유의미하면, 연구자는 종속변인의 총분산 중 여전히 설명되지 못하고 남아 있는 부분이 제2수준에서 상당하다는 결론을 내릴 수 있다.

이러한 분석결과를 바탕으로, 연구자는 종속변인의 분산을 설명하기 위해 제2수준에서의 변이와 관련된 집단 간 차이를 고려하는 것은 여전히 필요하고 합당하며, 무선절편(μ_{0j})이 통계적 유의성을 상실할 때까지 계속해서 집단 간 차이를 반영하는 조치를 모형에 가해야 한다는 주장을 펼칠 수 있게 된다.

여기서 한 가지, 단계적으로 모형을 구축하고 성공적으로 잘 추정해 오다가 만약 모형 III 단계에 이르러 무선절편(μ_{0j})의 공분산 추정치가 통계적 유의성을 상실해 버린다면 이는 무엇을 의미할까? 무선절편의 통계적 유의성 상실은 모형 III에서 새롭게 투입한 제2수준 독립변인 W가 종속변인 Y 분산의 상당 부분, 특히 집단 간 차이에 기인하는 분산의 상당 부분을 설명해 준다는 것을 뜻한다. 이 말인즉슨, 연구자는 제1수준 독립변인 X 외에 제2수준 독립변인 W 역시 종속변인을 설명하는 유의미한 영향요인 혹은 예측요인이라는 결론을 내릴 수 있다는 얘기이다.[13] 여기서는 '업무환경인식'이라는 사회복지사 개인의 주관적 느낌과 더불어 사회복지사가 일하는 복지관의 전반적인 '조직문화'가 사회복지사의 소진을 설명해 주는 유력한 영향요인이라는 것을 알 수 있다.

4) 모형 IV-제1수준 독립변인의 무선효과를 점검하는 연구모형

지금까지 종속변인 Y의 분산 중 집단 간 차이에 기인하는 부분을 오로지 절편(μ_{0j})의 측면, 즉 무선절편의 측면에서만 살폈다. 구체적으로, 모형 I에서는 독립변인의 투입 없이 단순히 절편의 분산에 집단 간 차이에 기인하는 부분이 존재하는지를, 모형 II에서는 제1수준 독립변인 X를 투입한 후 절편의 분산에 집단 간 차이에 기인하는 부분이 존재하는지를, 모형 III에서는 제1수준 독립변인 X와 제2수준 독립변인 W를 투입한 후 절편의 분산에 집단 간 차이에 기인하는 부분이 존재하는지를 각각 살폈다.

이제부터는 집단 간 차이에 기인하는 Y의 분산을 절편(무선절편)뿐 아니라 기울기(무선기울기)의 측면에서도 살피고자 한다. 구체적으로, 모형 IV에서는 제1수준 독립변인 X와 제2수준 독립변인 W를 투입한 상태에서, X가 Y에 발생시키는 효과(기울기)에 집단 간에 차이가 있는지를 추가적으로 살피고자 한다. 즉, 절편의 무선효과(무선절편, random intercept)와 X 기울기의 무선효과(무선기울기, random slope) 크기 및 통계적 유의성을 동시에 고려하고자 한다.

---

13) 물론 이러한 결론을 내리려면, 무선절편의 통계적 유의성 상실과 더불어 각 독립변인의 통계적 유의성 확보가 동시에 확인되어야만 할 것이다.

제1수준 독립변인 X의 기울기(β_{1j})가 고정효과뿐 아니라 무선효과까지 발생시키는 것으로 가정하므로, 모형 II에서 처음 설정한 기울기에 관한 〈식 1-5〉를 다음과 같이 바꿔 써준다.

$$\beta_{1j} = \gamma_{10} + \mu_{1j}$$ …… 〈식 1-9〉

〈식 1-9〉에 따르면, X가 Y에 발생시키는 효과, 즉 기울기(β_{1j})는 전체 집단을 통틀어서 X가 Y에 발생시키는 평균적인 효과(γ_{10})와 그 평균에서 집단 j의 평균적인 효과(γ_{1j})가 벗어난 정도(μ_{1j})를 합친 것임을 알 수 있다.

새롭게 만든 기울기에 관한 〈식 1-9〉를 이전 단계에서 만든 절편의 〈식 1-7〉과 함께 기초 모형 〈식 1-4〉에 대입하고 변인명을 써넣으면, 모형 IV의 최종 등식은 다음과 같이 정리된다.

$$Y_{ij} = \gamma_{00} + \gamma_{01}W_j + \gamma_{10}X_{ij} + \mu_{1j}X_{ij} + \mu_{0j} + \epsilon_{ij}$$
$$\leftrightarrow\ Y_{ij} = \gamma_{00} + \gamma_{01}\text{조직문화}_j + \gamma_{10}\text{업무환경인식}_{ij} + \mu_{1j}\text{업무환경인식}_{ij} + \mu_{0j} + \epsilon_{ij}$$
…… 〈식 1-10〉

모형 IV에서 추정하고자 하는 모수는 총 여섯 개이다. 이 가운데 고정효과를 반영하는 모수가 세 개, 무선효과를 반영하는 모수가 두 개이다. 무선효과는 절편과 제1수준 독립변인 X의 기울기에 각각 반영되어 있다.

γ_{00}: 모든 집단의 전체평균 소진 점수 → 절편의 고정효과 → 고정절편
γ_{01}: 모든 집단을 통틀어 조직문화(제2수준 독립변인 W)가 소진(Y)에 미치는 평균 효과 → 제2수준 독립변인의 고정효과 → 고정기울기
γ_{10}: 모든 집단을 통틀어 업무환경인식(제1수준 독립변인 X)이 소진(Y)에 미치는 평균 효과 → 제1수준 독립변인의 고정효과 → 고정기울기
μ_{0j}: γ_{00}에서 각 집단 평균 소진 점수(γ_{0j})가 벗어나는 정도(제2수준 오차항) → 절편의 무선효과 → 무선절편
μ_{1j}: γ_{10}에서 각 집단 평균 효과(γ_{1j})가 벗어나는 정도 → 제1수준 독립변인의 무선효과 → 무선기울기
ϵ_{ij}: $\gamma_{00} + \mu_{0j}$에서 개인들의 개별 소진 점수(Y_{ij})가 벗어나는 정도(제1수준 오차항) → 제1수준 잔차

모형 IV의 분석결과를 보면서, 연구자는 무선절편(μ_{0j})과 무선기울기(μ_{1j})의 공분산 추정치가 통계적으로 유의미한지를 확인한다. 만약 이 값들 중 어느 하나라도 통계적으로 유의미하면, 연구자는 종속변인의 분산이 제2수준에서 상당량 존재한다는 것을 알 수 있다. 이는 제2수준에서 변이하는 집단 특성 요인에 의해 종속변인 분산이 설명될 여지가 아직 여전히 많다는 것을 시사한다.

따라서 연구자는 이와 같은 분석결과를 바탕으로 종속변인의 분산을 만족할 만한 수준에서 설명해 낼 때까지, 다른 말로 무선절편(μ_{0j})과 무선기울기(μ_{1j})가 통계적 유의성을 상실할 때까지 집단 간 차이를 반영하는 조치를 계속해서 모형에 가해야 한다는 주장을 펼칠 수 있다.

5) 모형 V-층위 간 상호작용효과를 점검하는 연구모형

만약 모형 IV의 추정 결과 무선효과가 여전히 통계적으로 유의미한 것으로 확인되면, 그리하여 종속변인의 분산 중 상당량이 상위수준, 여기서는 제2수준에서 변이하는 집단 특성 요인에 의해 아직 좀 더 설명될 수 있을 것으로 예상되면, 연구자는 최종 모형(full model)인 모형 V 검증에 착수한다.

모형 V의 핵심은 제1수준 독립변인 X가 종속변인 Y에 발생시키는 효과에 제2수준 독립변인 W가 개입하여 Y와 X의 관계 방향, 세기, 유의성 등이 바뀔 수 있다는 이른바 조절효과의 검증에 있다. 종속변인이 하위수준 독립변인과 맺는 관계의 양상이 상위수준 조절변인에 의해 변할 수 있다는 다층분석에서의 조절효과 검증에는 층위 간 상호작용항(cross-level interaction term)을 사용한다.

앞서 모형 III의 구축 과정을 설명하면서, 제2수준 독립변인 W를 투입하면 절편(β_{0j})과 제1수준 독립변인 X의 기울기(β_{1j})가 동시에 영향받는다고 하였다. 그러면서 모형 III은 최종 모형을 구축해 나가는 중간단계, 즉 빌드업 과정이란 점을 감안하여 일단 제2수준 독립변인 W 투입이 절편에만 영향을 미치는 상황만 살피고 기울기에 영향을 미치는 상황은 모형 V에서 살피겠다고 하였다.

이제 모형 구축의 맨 마지막 단계에 이른 만큼, 모형 V에서는 W의 투입이 단순히 절편(β_{0j})의 구성뿐만 아니라 기울기(β_{1j})의 구성에도 변화를 일으키게 될 것임을 모형에 반영하고자 한다. W를 Y와 X의 관계에 변화를 가하는 상위수준 조절변인으로 간주하고, 층위 간 상호작용항을 통해 그 효과를 가늠하겠다는 뜻이다.

이를 위해 모형 IV에서 설정한 제1수준 독립변인 X 기울기 관련 〈식 1-9〉를 다음과 같이 갱신한다.

$$\beta_{1j} = \gamma_{10} + \gamma_{11} W_j + \mu_{1j} \qquad \cdots\cdots \langle 식\ 1\text{-}11 \rangle$$

〈식 1-11〉은 집단 j에서 X가 Y에 발생시키는 효과, 즉 X의 기울기(β_{1j})는 전체 집단을 통틀어서 X가 Y에 발생시키는 평균적인 효과(γ_{10})와 그 평균에서 집단 j의 평균적인 효과(γ_{1j})가 벗어난 정도(μ_{1j})를 합치고, 여기에 전체 집단을 통틀어 W 투입에 따라 발생한 X의 평균적인 효과(γ_{11})를 추가한 것임을 보여 준다.

갱신된 기울기 〈식 1-11〉을 이전 단계 절편에 관한 〈식 1-7〉과 함께 기초모형 〈식 1-4〉에 대입하고 변인명을 써넣어 주면, 모형 V의 최종 통계모형은 다음과 같이 정리된다.

$$Y_{ij} = \gamma_{00} + \gamma_{01} W_j + \gamma_{10} X_{ij} + \gamma_{11} (W_j \times X_{ij}) + \mu_{1j} X_{ij} + \mu_{0j} + \epsilon_{ij} \qquad \cdots\cdots \langle 식\ 1\text{-}12 \rangle$$

$$\begin{aligned} \leftrightarrow\ Y_{ij} = {} & \gamma_{00} + \gamma_{01} 조직문화_j + \gamma_{10} 업무환경인식_{ij} \\ & + \gamma_{11}(조직문화_j \times 업무환경인식_{ij}) + \mu_{1j} 업무환경인식_{ij} + \mu_{0j} + \epsilon_{ij} \end{aligned} \qquad \cdots\cdots \langle 식\ 1\text{-}13 \rangle$$

모형 V에서 추정해야 할 모수는 총 일곱 개이다. 이 가운데 고정효과를 반영하는 모수는 네 개, 무선효과를 반영하는 모수는 두 개이다.[14)]

14) 그런데 이는 기본적인 공분산 구조(covariance structure) 추정법, 예컨대 대각공분산(diagonal covariance) 같은 기본 추정법을 선택하였을 때의 추정 대상 모수 개수이다. 만약 연구자가 좀 더 복잡한 완전비구조화(completely unstructured) 같은 비제약적 추정법을 선택한다면, 무선효과를 반영하는 모수는 총 세 개로 하나가 더 추가된다. 추가되는 모수는 무선기울기와 무선절편 간 공분산 분을 반영한다. 공분산 구조의 종류, 특징, 선택기준, 그에 따른 추정 대상 모수 총 개수 등에 대해서는 차차 설명하도록 한다.

γ_{00}: 모든 집단의 전체평균 소진 점수 → 절편의 고정효과 → 고정절편

γ_{01}: 모든 집단을 통틀어 조직문화(제2수준 독립변인 W)가 소진(Y)에 미치는 평균 효과 → 제2수준 독립변인의 고정효과 → 고정기울기

γ_{10}: 모든 집단을 통틀어 업무환경인식(제1수준 독립변인 X)이 소진(Y)에 미치는 평균 효과 → 제1수준 독립변인의 고정효과 → 고정기울기

γ_{11}: 모든 집단을 통틀어 업무환경인식(제1수준 독립변인 X)이 조직문화(제2수준 조절변인 W)와 상호작용해 소진(Y)에 미치는 평균 효과 → 제2수준 조절변인의 고정효과 → 층위 간 상호작용 효과

μ_{0j}: γ_{00}에서 각 집단 평균 소진 점수(γ_{0j})가 벗어나는 정도(제2수준 오차항) → 절편의 무선효과 → 무선절편

μ_{1j}: γ_{10}에서 각 집단 평균 효과(γ_{1j})가 벗어나는 정도 → 제1수준 독립변인의 무선효과 → 무선기울기

ϵ_{ij}: $\gamma_{00}+\mu_{0j}$에서 개인들의 개별 소진 점수(Y_{ij})가 벗어나는 정도(제1수준 오차항) → 제1수준 잔차

모형추정 결과, 만약 해당 회기계수, 즉 층위 간 상호작용효과(γ_{11})가 유의미한 것으로 나타났다면, 이는 사회복지사 개인의 주관적 '업무환경인식'(제1수준)이 소진에 미치는 영향이 복지관별 '조직문화'(제2수준)에 따라 다르다는 것, 즉 층간 조절효과가 존재한다는 것을 말해 준다.

한편, 만약 단계적으로 모형을 구축하고 성공적으로 추정을 잘 해 오다가 모형 V에 이르러 무선절편(μ_{0j})과 무선기울기(μ_{1j})의 공분산 추정치가 둘 다 혹은 둘 중 하나가 통계적으로 유의미하지 않게 전환되었다면, 연구자는 층위 간 상호작용항이 종속변인의 분산을 설명하는 데 있어 의미 있는 역할을 수행했다는 결론을 내릴 수 있다.

3. 모형 간 적합도 비교

각 모형에 포함된 모수의 통계적 유의성 및 ICC를 확인하는 작업을 마친 후에는 모형 간 적합도를 비교한다(Browne & Draper, 2006). 이는 다층분석의 가장 마지막 단계로서, 그 목적은 여러 모형을 비교하면서 어떠한 모형이 주어진 자료에 가장 높은 적합도를 보이는지 파악하는 데 있다.

만약 앞에서 살펴본 것처럼 모형 I에서부터 모형 V까지 연쇄적으로 모형을 확장(successive specification of models)하는 경우라면, 우도비 검증(likelihood ratio test)을 통해 기준모형과

연구모형 간 적합도를 비교한다(Peugh, 2010). 그러나 만약 단계적으로 모형을 확장하는 것이 아니고 동일한 종속변인을 설명, 예측하고자 상이한 독립변인들을 선택적으로 투입하는 경우라면, 즉 비연쇄적인 모형들을 비교하는 경우라면 AIC(Akaike's Information Criterion)나 BIC(Schwarz's Bayesian Criterion) 같은 지표들을 이용하여 적합도를 살핀다.

먼저 우도비 검증부터 알아보자. 다층분석은 모수 추정을 위해 주로 최대우도법(maximum likelihood)을 사용한다(Hox & Roberts, 2011). 최대우도법이란 말 그대로 어떤 자료가 있을 때 그와 같은 자료를 얻을 확률(우도)이 가장 높은 모수를 추정하는 방식이다. 확률은 0에서 1의 범위에서 움직인다. 따라서 지표로서의 효용성을 담보하기 위해 보통은 계산된 우도에 자연대수를 취한 후 −2를 곱한 값인 −2LL(−2×log likelihood)을 사용한다. 우도가 클수록, 즉 1에 가까울수록 자료와 모수의 적합도가 좋다는 것을 뜻한다. 따라서 −2LL은 반대로 그 값이 작을수록, 즉 0에 가까울수록 모형의 적합도가 우수하다.

우도비 검증이란 비교하고자 하는 모형 두 개가 있을 때 각각의 −2LL을 구한 후 그 차이에 대한 χ^2 검증을 실시하는 것이다. 기준이 되는 모형은 보통 기초모형 혹은 무조건모형으로 불리는 모형 I이다. 연구자는 기준모형과 후속 모형들(모형 II~ V)에 대한 우도비 검증 결과를 바탕으로 기준모형에 비해 후속모형의 적합도가 유의미하게 개선되었는지를 살핀다. 만약 우도비 검증 결과에서 확인된 p값이 0.05보다 작으면 기준모형에 비해 후속모형의 적합도가 유의미하게 개선되었음을, 0.05보다 크면 개선된 바가 없다는 결론을 내릴 수 있다.

단계적으로 모형을 확장하는 경우가 아니고 동일 종속변인을 설명, 예측하기 위해 상이한 독립변인들을 선택적으로 투입하는 경우, 즉 비연쇄적 모형들을 상호 비교하는 경우라면, AIC나 BIC 같은 지표들을 사용하여 모형 간 적합도를 비교한다. 추정 대상이 되는 모수 개수에 상관없이 AIC와 BIC는 그 값이 작을수록 모형 적합도가 좋다고 판단한다.

제 2 장

다층성장모형을 이용한 종단분석

1. 다층종단분석의 기본 개념
2. 다층분석을 위한 성장 모형 구축의 방법론적 전략
3. 시간 변인의 코딩

연구를 수행하다 보면 일정한 시차를 두고 종속변인을 반복 측정해야 할 때가 있다. 그리고 시간의 변화에 따라 해당 종속변인의 평균에 유의미한 변화가 생기는지 알아보아야 할 때가 있다.[1] 이러한 경우 연구자는 종단분석 실시를 고려할 수 있다.

종단분석에는 다양한 기법이 사용된다. 이 가운데 사회과학자들에 의해 오래전부터 애용되어 온 것으로 일반선형모형(general linear model)에 바탕을 둔 반복측정 분산분석(repeated measures analysis of variance: RM-ANOVA)이 있다.[2] 그런데 RM-ANOVA는 높은 유용성에도 불구하고 최근 사회과학계에서는 사용 빈도가 다소 떨어졌다. 사회현상을 분석하는 데 있어 RM-ANOVA 실시에 필요한 몇 가지 조건을 충족시키기 어렵다는 현실적 이유 때문이다(Vasey & Thayer, 1987).

예컨대, 반복측정의 시간적 간격이 일정해야 한다는 조건이 있고, 각 시점에서 측정한 종속변인의 분산이 개체 간 차이(between-subject differences)와 관계없이 같아야 한다는 등분산(homogeneity of variance) 조건이 있다.[3] 결측치가 없어야 한다는 조건도 있다. 모두 완벽

1) 일정한 시차를 두고 반복적으로 종속변인을 측정하는 유형의 연구설계를 반복측정연구설계(repeated measures design)라고 한다. 그리고 여기서 얻은 자료를 반복측정자료(repeated measures data)라고 부른다.

2) SPSS에서 RM-ANOVA를 실시하려면, 분석 메뉴에서 ① 일반선형모형(general linear model) → ② 반복측도(repeated measures)를 선택한다. 만약 종속변인이 연속형이 아닌 비연속형(이항, 다항, 계수형 등)인 경우라면, 분석 메뉴에서 ① 일반화선형모형(generalized linear model) → ② 일반화추정모형(generalized estimation model)을 선택한다.

3) 이를 구형도(sphericity) 가정이라고 부른다. 구형도가 위반되면 분산 계산이 왜곡되어 F-비 값이 부풀려질 수 있다. 구형도 가정은 모클리(Mauchly)의 구형도 검증(sphericity test)으로 충족 여부를 확인할 수 있으며, 검증 결과 구형도 가정이 충족되지 않는 것으로 확인되면 연구자는 반복측정 일변량분산분석 대신 다변량 분산분석(MANOVA)을 선택하거나, 아니면 이 책에서 다루는 다층분석으로 선회하는 대안을 검토할 수 있다(Armstrong, 2017). 물론 이 책에서는 다층분석을 추천한다. 다층분석은 설사 구형도 가정이 충족되지 않는다고 하더라도 이를 피해서 갈 수 있는 다양한 제1수준 공분산 구조(예: 대각, 이질, 비구조 등) 옵션을 제공하는 유연성이 장점이다(Wolfinger, 1996).

히 충족시키기가 현실적으로 녹록지 않은 것들이다.

무엇보다 가장 큰 약점은, 개체 간 차이를 반영하는 고층위 변인을 모형 내에 포함하지만 이를 오로지 개체들 전부의 평균적 특성에 기인하는 고정적인 효과, 즉 모평균 효과(population-average effect) 측면에서만 정의하고, 개체 간 차이에 기인하는 무선적 효과, 즉 개체 특이적 효과(unit-specific effect) 측면에서는 정의하지 않음으로써, 결과적으로 모형의 과소추정을 명시적으로 허용한다는 점이다.[4] 이처럼 모형에 고정효과만 들어가 있고 무선효과가 빠져 있어 RM-ANOVA에서 추정되는 모수들의 신뢰성은 전반적으로 떨어진다.[5]

이러한 단점들이 부각되면서 최근 사회과학계에서는 종단자료 분석 시 RM-ANOVA보다는 다른 분석기법을 더 많이 이용하는 추세이다. 앞에서 언급한 단점들을 극복하는 대안적 방법으로는 현재까지 두 가지가 대표적으로 손꼽아 언급되고 있는데(Curran & Muthén, 1999), 하나는 구조방정식모형에 입각한 잠재변화분석[latent change(or, curve) analysis]이고 다른 하나는 지금 여기서 다루고 있는 다층성장모형(multi-level growth model)에 입각한 다층종단분석이 그것이다.

다층종단분석에는 당연히 종단자료가 활용된다. 그래서 횡단자료를 전제로 다층분석의 기본 개념과 절차를 설명한 제1장 내용과 비교하면 다층종단분석이 마치 완전히 다른 분석기법인 양 느껴질 법도 하다. 그렇지만 사실 둘은 다르지 않다. 개념과 절차가 똑같다. 차이가 나는 것은 단 하나, 앞서 살펴본 횡단적 다층분석에서는 가장 하층의 기본 분석단위가 집단에 소속된 개인들(individuals belonged to groups)이었다면, 지금부터 살펴볼 다층적 종단분석에서는 가장 하층의 기본 분석단위가 개체에 배속된 시간(time nested within subjects)이라는 점뿐이다.

---

4) 특히 표준오차가 과소추정되면 관련된 회기계수들의 t-값이 본래보다 크게 도출되는데, 이는 기각되어야 할 가설과 모형을 기각하지 못하는 결과, 즉 제2종 오류의 발생으로 이어지게 되어 문제이다.

5) 예를 들어, 시간이 지남에 따라 10대 청소년의 여드름 개수가 늘어나는 상황을 가정해 보자. 이때 시간은 개체 내 시간변이적 요인으로서(시간은 개체 간에 다르게 흐르지 않고 똑같이 흐른다는 뜻), 당연히 여드름 개수에 정적인 영향을 미친다. 그런데 여드름 개수의 시간적 변화 양상은 성별과 같은 시간적으로 변화하지 않는 해당 학생 개인의 특성 요인에 따라 달라질 수도 있다. 즉, 시간이 흘러 여드름이 느는 추세 속에서도 남학생이냐 여학생이냐 같은 개인 특성 요인에 따라 여드름 개수에 차이가 발생할 수 있다는 것이다. 그런데 RM-ANOVA는 이러한 개인 특성 요인(개체 특이적 차이)은 고려하지 않고, 시간의 변화에 따른 여드름 개수의 변화에는 개체 간 차이가 없다는 식으로, 즉 고정적인 평균값을 갖는 것으로 간주해 버림으로써(무선효과 무시) 결과적으로 모수를 제대로 추정하지 못한다는 한계를 갖는다.

 1. 다층종단분석의 기본 개념

1) 종단분석의 연구문제

다층성장모형을 활용하여 종단분석을 실시하는 연구자가 던지는 질문은 기본적으로 다음 네 가지이다.6)

첫째, 시간(및 기타 시변요인)의 변화에 따라 종속변인이 변화하는가?

둘째, 종속변인의 변화 궤적(=변화율, 성장률)은 어떠한가? 선형적인가 아니면 비선형적인가?

셋째, 종속변인의 변화 궤적에 개체 간 차이가 존재하는가?

넷째, 어떠한 개체 특성 요인(들)이 종속변인의 변화 궤적에 영향을 미치는가?

2) 종속변인의 분산 분할

앞서 제시한 질문에 답하기 위해 가장 먼저 할 일은 종속변인의 분산을 분할(partitioning variance component)하는 것이다(Qian & Shen, 2007). 다층종단분석에서 종속변인(Y)은 시간의 변화에 따라 변이하는 무엇이다. 가령 한국복지패널에는 조사대상 패널의 우울감을 묻는 문항이 포함되어 있는데, 이 우울감을 7차 연도부터 16차 연도까지 10년간 추적한 결과 자료 같은 것이 시간의 흐름에 따라 변이하는 사회적 현상의 한 가지 예이다.

종속변인의 총분산은 개체 내 차이에 기인하는 부분(within-subject variance)과 개체 간 차이에 기인하는 부분(between-subject variance)으로 구분된다. 가령 10년에 걸쳐 변이한 우울감(Y)의 경우 그 전체 분산 안에는 개인들이 각자 내부적으로 어떤 변화를 경험한 데 따라 발생한 분산 분이 있고, 그와 별개로 우울감의 발생에 영향을 미치는 개인 특성 요인 때문에 발생한 분산 분이 있다. 다층종단분석에서는 이 둘을 구분하고, 특히 후자, 즉 개체 간 차이에 기인하는 종속변인의 미설명 분산을 추정하는 작업을 매우 중요하게 간주하여 진행한다.

---

6) 앞에서 한 번 설명하였듯이 이 책에서는 종속변인이 둘 이상인 다변량 다층분석은 다루지 않는다. 여기서 제시한 예시를 포함해 이하 모든 내용은 종속변인이 하나인 경우만을 전제로 설명이 이루어진다.

3) 시변요인과 시불변요인

개체 내부에서 변이하는 가장 대표적인 요인으로 시간(time)이 있다. 예컨대, 한국복지패널 7차 연도부터 16차 연도 자료를 병합한 10년치 종단자료에서 패널들(N=8,415)이 각자 내부적으로 경험하는 변화가 무엇이냐고 묻는다면, 단적으로 시간(t=1, 2, 3, … 10)이라고 답할 것이다. 시간은 팔천사백십오 명의 패널 개개인 모두가 똑같이 내부적으로 변화를 경험하는 것이면서 모두에게 똑같이 흐른다. 개체 간에 달리 흐르는 시간은 상상할 수 없다.

변화가 개체 내부적으로만 일어나고 개체 간에는 일어나지 않는 시간과 같은 요인을 제1수준 시변 독립변인(time-varying factor at level-1, simply α)이라고 부른다(McCoach & Kaniskan, 2010). 그리고 이 α가 조사대상 기간(예컨대, 한국복지패널 7차 연도부터 16차 연도까지 10년의 기간) 중 Y에 미치는 평균적인 연도별 영향을 개체 내 차이에 기인하는 α의 고정효과라고 부른다.

시간 외에도 시간변이적 특성을 지닌 요인에는 여러 가지가 있을 수 있다. 가령 개인의 생활만족도, 흡연량, 음주량 같은 생활습관 등이 매년 바뀔 수 있는 제1수준 시변요인의 흔한 예이다. 복지의식, 근로의욕, 타인에 대한 신뢰감 같은 지표도 시간이 변하면서 같이 곧잘 바뀌는 시변요인이다. 소득수준, 취업, 탈빈곤 여부 등 인구사회학적, 경제적 요인들은 쉽게 바뀌지는 않지만 이론적으로 매년 변할 수 있는 제1수준 시변인이다.

그런데 시간을 제외한 기타 시변요인들은 개체 내부적으로 변이함과 동시에 개체 간에도 변이할 수 있는 여지가 있다. 가령 대학생 음주량의 경우, 보통 신입생 때 음주량이 많다가 2, 3, 4학년으로 올라갈수록 줄어드는 패턴을 나타내는데, 사실 음주량 자체는 애당초 개인의 생물학적, 건강행태적, 일상생활적 요인에 따라 사람마다 다를 수 있어서, 시간의 흐름에 따라 음주량이 감소하는 패턴 자체가 어떤 사람에게는 전혀 나타나지 않을 수도 있다. 따라서 연구자는 연구모형을 수립하기에 앞서 관련 이론 및 선행연구에 대한 면밀한 검토 그리고 확보한 자료에 대한 철저한 사전분석을 실시하고, 그 결과를 토대로 음주량이 시변요인인지 여부를 미리 결정해야만 한다. 만약 시변요인이 아니라고 판단되면, 연구자는 음주량을 시불변요인으로 설정하고 그에 맞는 조치를 취해야만 한다.

한편, 시간이 흘러도 개체 내부적으로 변하지 않는, 오로지 개체 간에만 변화가 감지되는 요인도 있다. 성별이 대표적인 예이다. 물론 최근에는 수술로 성별이 바뀌는 경우가 있지만 이는 매우 드문 사례이고, 현실적으로 재작년에 남자였다가 작년에 여자였다가 올해 다시 남자로 바뀌는 일은 거의 없다.

또 다른 예로 학력, 혼인상태, 종교, 장애 여부 같은 요인들을 생각해 볼 수 있다. 이러한 요인의 경우 시간의 흐름에 따라 개체 내부적으로 다소 변할 수는 있다. 그렇지만 생각보다 쉽게 바뀌지 않는다. 따라서 보통 특정 시점 관측치(예: 기저 시점인 7차 연도 복지패널에서 확인된 관측값, 또는 7차부터 16차까지 10년치 자료를 평균 낸 값)를 기준으로 정하여, 즉 시간에 따라 변하지 않고 개체 간에만 변하는 요인으로 전제하고 분석을 진행하는 것이 일반적이다.

이처럼 변화가 개체 내부적으로는 일어나지 않고 개체 간에만 존재하는 성별 같은 요인을 제2수준 시불변 독립변인(time-invariant at level-2, simply C)이라고 일컫는다(McCoach & Kaniskan, 2010). 그리고 이 C가 Y에 미치는 평균적인 영향을 개체 간 차이에 기인하는 C의 고정효과라고 부른다.

4) 오차항의 층별 구분과 무선효과

앞서 말했다시피 종속변인(Y)의 총분산은 개체 내 차이에 기인하는 부분과 개체 간 차이에 기인하는 부분, 둘로 구성된다. 이 가운데 개체 내 차이에 기인하는 분산은 일차적으로 제1수준 시변 독립변인(α)에 의해 설명될 수 있고, 설명되지 못하고 남은 부분은 제1수준 오차항을 통해 잡아낼 수 있는 것으로 회기식상에 설정된다. 마찬가지로, 종속변인의 총분산 중 개체 간 차이에 기인하는 부분은 일차적으로 제2수준 시불변 독립변인(C)에 의해 설명될 수 있고, 설명되지 못하고 남은 부분은 제2수준 오차항으로 잡아낼 수 있는 것으로 회기식상에 설정된다. 여기서 다시 한번 상기해야 할 사항은, 다층종단분석에서 무선효과란 바로 이 제2수준 오차항에 대한 공분산 추정치를 가리킨다는 사실이다.

만약 이 무선효과가 통계적으로 유의미한 것으로 확인되면, 연구자는 종속변인의 변화가 개체 내부의 변이, 즉 시간의 변화에 의한 것뿐만 아니라 개체 간 차이, 다시 말해 시불변적 개체 특성 요인(아직 미특정 상태임)에 의해서도 발생한 것임을 통계적으로 유추할 수 있다. 나아가 종속변인의 총분산에서 개체 간 차이에 기인하는 부분이 얼마나 되는지 그 비중과 총량도 가늠할 수 있다.

따라서 이후 작업은 어떠한 요인(들)이 종속변인의 분산을 설명해 주는지 알아내기 위해 다양한 독립변인(들), 특히 제2수준 시불변 개체 특성 요인들을 모형에 차례대로 투입하는 데 집중된다. 이 작업은 무선효과의 통계적 유의성이 상실될 때까지 계속된다.[7)]

---

7) 지금까지는 전부 이수준 모형을 중심으로 설명하였다. 그렇지만 횡단적 다층분석에서처럼 종단적 다층분석에서도 삼수준 모형을 설정하는 것이 얼마든지 가능하다. 예컨대, 종속변인(Y)으로 우울감을, 제1수준 시변

5) 예시

다음에서는 간단한 예시를 통해 지금까지 설명한 내용을 좀 더 구체적으로 살펴보기로 한다. 시각적 이해를 돕기 위해 다층분석에 활용되는 종단자료의 전형적 구조[8)]를 띠는 가상 데이터를 만들어 〈표 2-1〉에 제시하였다.

〈표 2-1〉 다층종단분석의 자료의 구조 예시: 우울감의 변화 양상 분석

개인 일련 번호	측정 회차	종속변인 Y (우울감 점수)	제1수준 시변 독립변인		제2수준 시불변 독립변인	
			α (시간)	α^2 (시간^2)	C1 (성별)	C2 (종교)
	1	87	0	0		
1	2	89	1	1	0	1
	3	92	2	4		
	1	85	0	0		
2	2	87	1	1	1	0
	3	89	2	4		
	1	78	0	0		
3	2	85	1	1	1	0
	3	96	2	4		
	1	79	0	0		
4	2	85	1	1	1	1
	3	89	2	4		

독립변인(α)으로 시간을, 제2수준 시불변 개인 특성 독립변인(C)으로 성별을 설정한 상태에서, 사회복지관 조직문화를 제3수준 집단(조직) 특성 독립변인(CC)으로 추가로 설정함으로써, 시간의 변화에 따른 우울감의 변화가 성별로 그리고 사회복지관의 조직문화별로 다른지, 만약 다르다면 그 양상은 어떠한지 등을 분석할 수 있다.

8) 이수준 모형을 기준으로, 종단자료는 크게 두 개의 덩어리로 구성된다. 하나는 분석대상인 개체, 다른 하나는 각 개체에게서 반복 측정한 회차별 측정값이다. 앞에서 종단적 다층분석이 횡단적 다층분석과 다를 바가 없다고 하면서 개체에 배속된 시간(time nested within a subject)이라는 말을 썼는데, 횡단분석에서 얘기하는 집단과 각 집단에 속한 개인을 각각 개체 및 회차별 측정값으로 바꿔 생각해 보면 이 말이 뜻하는 바가 무엇인지 쉽게 이해할 수 있을 것이다.

5	1	83	0	0	0	1
	2	87	1	1		
	3	97	2	4		
6	1	80	0	0	0	1
	2	83	1	1		
	3	86	2	4		
7	1	90	0	0	0	0
	2	91	1	1		
	3	93	2	4		
8	1	89	0	0	1	1
	2	93	1	1		
	3	96	2	4		
9	1	79	0	0	0	0
	2	86	1	1		
	3	88	2	4		
10	1	73	0	0	1	0
	2	80	1	1		
	3	87	2	4		

표에서 연구참여자는 열 명(일련번호 1~10)이고, 이들을 대상으로 우울감(종속변인 Y)을 3회 반복 측정한 것을 볼 수 있다. 이와 더불어 제1수준 독립변인으로 분류되는 시간 변인(α)도 볼 수 있다.

여기서 눈여겨보아야 할 사항은 시간 변인 α의 코딩이다. 연구목적이나 내용에 따라 α를 코딩하는 법에는 다소 차이가 있을 수 있다. 다양한 방법이 있는데, 일반적으로 가장 많이 쓰는 방법은 측정 1회차에 해당하는 시간을 0, 2회차에 해당하는 시간을 1, 3회차에 해당하는 시간을 2로 코딩하는 법, 즉 초깃값 0을 기준으로 시간이 등간격으로 증가함을 가정하고 코딩하는 방법이다($t=0, 1, 2, 3, \cdots$).

시간이 0, 1, 2, 3, …으로 증가, 다시 말해 0부터 일정한 간격을 두고 증가한다는 것은 종속변인이 시간과 기본적으로 선형적 관계를 맺는다는 가정을 전제한다. 그런데 종속변인이 시간과 항상 선형적 관계만 맺는 것은 아니다. 시간이 일정하게 증가할 때 종속변인은 때로 급격하게 증가하거나 반대로 급격하게 감소하는 패턴을 나타낼 수 있다. 즉, 비선형적 곡선 관계를 맺을 수 있다.

이처럼 종속변인과 시간의 비선형적 곡선 관계를 드러내야만 하는 상황에서는 시간 코딩을 0, 1, 2, 3, …으로 하는 데 더하여 제곱 값인 0, 1, 4, 9, …를 추가하는 작업이 요구된다. 이렇게 하면 시간과 종속변인은 2차 곡선적 관계를 맺는 것으로 가정된다. 〈표 2-1〉에 α 외에 α^2 값을 추가하여 제1수준 시변 독립변인을 두 개 제시한 것은 바로 이 때문이다. 표에는 시불변요인으로서의 제2수준 독립변인인 성별(C1)과 종교(C2)도 포함되어 있다.

이와 같은 종단자료를 확보한 연구자가 다층분석을 실시할 때 던질 수 있는 질문은 다음과 같다.

첫째, 시간의 변화에 따른 우울감의 변화는 어떠한가? 다시 말해, 시간은 우울감에 어떠한 영향을 미치는가?

둘째, 우울감의 변화 궤적은 어떠한가? 선형적인가 아니면 비선형적인가?

셋째, 우울감의 변화 궤적에 개인차가 존재하는가?

넷째, 우울감의 변화 궤적에 영향을 미치는 개인 특성 요인은 무엇인가?

이 예에서 시간 변인(α)은 오로지 개체 내부적으로만 변이한다. 따라서 시간은 우울감(Y)의 총분산 중 개체 내 차이에 기인하는 부분을 설명해 줄 수 있다. 시간이 설명해 주는 우울감의 분산 추정치란 시간이 우울감에 발생시키는 평균적인 효과(effect), 즉 시간의 기울기(slope)이며, 이때의 효과 또는 기울기는 상위수준, 여기서는 제2수준 개체마다 다르지 않고 모든 개체를 아울러 같은 값으로 일정하게 도출되어 나온다. 따라서 이때의 효과 혹은 기울기를 시간(α)의 고정효과 혹은 고정기울기라고 부른다.

이와 대조적으로 성별(C1)과 종교(C2)는 개체 내부적으로는 변하지 않고 개체 간에만 변한다. 따라서 성별과 종교는 우울감(Y)의 총분산 중 개체 간 차이에 기인하는 분산 일부를 각각 설명해 줄 수 있다. 성별과 종교가 각각 설명해 주는 우울감의 분산 추정치는 해당 독립변인이 종속변인에 발생시키는 평균적인 효과로서, 성별의 기울기 및 종교의 기울기로 달리 이해할 수 있다. 이때의 효과 혹은 기울기는 상위수준에 따라 다르지 않고[9] 모든 개체를 아울러 같은 값으로 일정하게 도출되어 나온다. 따라서 이때의 효과 혹은 기울기를 성별

9) 여기서 상위수준이란 해당 개인이 속한 어떤 조직이나 단체, 즉 제3수준을 가리킨다. 그런데 여기 예시에서는 이러한 제3수준 집단의 존재 가능성 자체를 아예 언급조차 하지 않았다.

및 종교의 고정효과 혹은 고정기울기라고 부른다.

한편, 다층분석의 회기식에는 종속변인의 총분산 중 설명이 되는 부분을 제외하고 남은 미설명 분산 분을 잡아내기 위한 오차항이 설정되어 들어간다. 중요한 점은 이 오차항이 모형에 하나로 뭉뚱그려 들어가는 것이 아니라, 개체 내 차이를 반영하는 부분(제1수준 오차항)과 개체 간 차이를 반영하는 부분(제2수준 오차항) 둘로 나뉘어 들어가고, 각각이 별개로 추정된다는 점이다.

여기서 특히 제2수준 오차항의 공분산 추정치를 무선효과라고 부르는데, 이 무선효과가 통계적으로 유의미한 것으로 확인되면, 연구자는 종속변인의 변화가 개체 내부의 변화, 즉 시간의 흐름이나 또는 시간변이적 속성을 갖는 변인에 의해서만 촉발되는 것이 아니고, 시간불변적인 개체 간 차이 요인에 의해서도 기인한다는 것을 통계적으로 확신할 수 있게 된다. 이는 구체적으로 시간의 변화에 따른 우울감의 변화, 즉 우울감의 변화율(change rate) 또는 성장률(growth rate)이 개인의 성별에 따라 그리고 종교 유무에 따라 달라질 수 있다는 것을 의미한다.

2. 다층분석을 위한 성장 모형 구축의 방법론적 전략

횡단적 다층분석에서와 마찬가지로 종단적 다층분석에서도 단계별로 모형 구축을 진행한다(Holt, 2008).[10] 다층종단분석에 사용되는 기본적인 제1수준 통계모형은 다음과 같다.

$$Y_{ti} = \pi_{0i} + \pi_{1i}a_{ti} + \pi_{2i}a_{ti}^2 + \epsilon_{ti} \qquad \cdots\cdots \langle 식\ 2\text{-}1 \rangle$$

〈식 2-1〉에서 i는 제2수준 분석단위로서의 개체, t는 제1수준 분석단위로서의 데이터 관측 회차 혹은 측정 시점을 가리킨다. 따라서 Y_{ti}는 개체 i에게서 얻은 t번째 관측값이다.

〈식 2-1〉은 Y_{ti}가 일정한 변화(=성장) 궤적과 오차의 함수임을 보여 준다.[11] 하나씩 구

10) 횡단적 다층분석에서와 마찬가지로 종단적 다층분석에서도 모형 구축에 어떤 정형화된 절차가 있지는 않다. 다층분석의 활용이 타당한지 살피는 기초모형 구축을 가장 먼저 그리고 반드시 실시해야 한다는 규칙을 지키는 선에서, 연구목적이나 내용에 따라 이후 모형들의 구축 및 순서 등은 연구자가 얼마든지 융통성 있게 조정, 선택할 수 있다. 다만 이 책에서 제안하는 절차에 따라 모형을 구축하면 전체적인 연구모형의 검증 결과를 보다 설득력 있게 논리적으로 제시할 수 있다는 것이 저자의 개인적인 생각이다.

체적으로 살펴보면, π_{0i}는 절편으로, 개체 i에게서 얻은 모든 회차 관측치를 평균 낸 값(average Y across t occasions)이다. 즉, 측정 회차와 무관하게 개체 i를 대상으로 얻은 모든 관측치의 평균이다. 절편에는 시간의 효과가 반영되어 있지 않으며, 따라서 절편은 통상 종속변인의 초깃값을 의미한다.12)

π_{1i}는 제1수준 시변 독립변인 X, 즉 시간(α)의 기울기로서, 시간의 한 단위 증가에 따른 개체 i 관측치의 선형적인 평균적인 증감 정도를 나타낸다. 이는 개체 i의 선형적 변화율(또는 성장률)(linear change or growth rate)로 이해할 수 있다.

π_{2i}는 시간제곱(α^2)의 기울기로서, 시간의 한 단위 증가에 따른 개체 i 관측치의 평균적인 2차 곡선적 증감 정도를 나타낸다. 이는 개체 i의 2차 곡선적 변화율(또는 성장률)(quadratic growth or change rate)로 이해할 수 있다. 한편, π_{2i}는 선형적 성장률 π_{1i}이 가속하는가 또는 감속하는가를 보여 주기도 한다는 측면에서 π_{1i}의 변화(또는 성장) 정도로 이해할 수도 있다.

마지막으로 ϵ_{ti}는 오차항으로, 종속변인의 총분산에서 절편 및 시간 그리고 시간제곱에 의해 설명된 부분을 제외하고 남은 미설명 분산 분을 나타낸다.

1) 모형 I-절편의 무선효과와 시간관련 변인들의 고정효과를 점검하는 기초모형

기초모형인 모형 I에서는 절편의 무선효과(무선절편)와 시간관련 변인들의 고정효과(고정기울기)를 동시에 점검하는 방향으로 모형을 구축한다. 그러나 설명의 편의를 위해 일단 시간관련 변인들을 제외한 무조건모형부터 시작하고, 이를 통해 다층분석을 활용하는 것이 타당한지 살피는 데 초점을 맞춰 모형 구축 작업을 진행하도록 한다. 다층분석을 활용하는 것이 타당한지 살핀다는 것은, 첫째, 종속변인의 총분산 중 개체 간 차이에 기인하는 미설명 분산의 추정치가 통계적으로 유의미한지를 따지고, 둘째, 이것이 총분산에서 차지하는 비중이 5% 이상 되는지 따진다는 것을 뜻한다.

---

11) 측정 횟수가 총 k회일 때 변화 궤적은 $(k-1)$차 식으로 표현될 수 있다. 따라서 측정을 가령 다섯 번 했다고 가정하면 이론적으로 변화 궤적은 최대 4차에 달하는 고차 다항식으로까지 표현할 수 있다. 그렇지만 여기 설명에서는 측정 횟수에 개의치 않고 변화 궤적을 단순하게 2차 곡선까지로만 설정하고 모형을 구축한다.

12) 모든 회차라는 것은 회차 무관을 뜻하고, 회차 무관이란 시간 개념을 고려하지 않는다는 것을 뜻한다. 시간 개념을 고려하지 않는다는 것은 시간이 0일 때, 즉 최초 측정 시점을 말한다. 최초 측정 시점은 통계모형상으로 시간 변인(α)이 Y축과 맞닿뜨리는 지점이다. 따라서 다층종단분석에서 절편(π_{0i})은 통상 종속변인의 초깃값(initial value)을 의미한다.

다층종단분석의 기본 통계모형인 〈식 2-1〉에서 시간관련 변인들을 제거하면,

$$Y_{ti} = \pi_{0i} + \epsilon_{ti} \qquad \cdots\cdots \text{〈식 2-2〉}$$

〈식 2-2〉는 개체 i의 t번째 관측치(Y_{ti})는 해당 개체 i의 모든 시점($t=0, 1, 2, 3, \cdots$) 관측치 평균(π_{0i})에서 t번째 관측치(π_{ti})가 벗어난 정도(ϵ_{ti})를 더한 값임을 보여 준다.

그런데 개체 i의 모든 시점 관측치 평균(π_{0i})은, 모든 개체의 모든 시점 관측치 평균(β_{00})에서 개체 i의 모든 시점 관측치 평균(β_{0i})이 벗어난 정도(μ_{0i})로 나누어진다. 따라서

$$\pi_{0i} = \beta_{00} + \mu_{0i} \qquad \cdots\cdots \text{〈식 2-3〉}$$

〈식 2-2〉와 〈식 2-3〉을 합치면, 시간관련 변인들은 제외한 무조건모형으로서 모형 I의 통계모형은 다음과 같이 정리된다.

$$Y_{ti} = \beta_{00} + \mu_{0i} + \epsilon_{ti} \qquad \cdots\cdots \text{〈식 2-4〉}$$

〈식 2-4〉는 개체 i의 t번째 관측치(Y_{ti})는 모든 개체의 모든 시점 관측치 평균(β_{00})과, 그 평균에서 개체 i의 모든 시점 관측치 평균(β_{0i})이 벗어난 정도(μ_{0i})에, 개체 i의 모든 시점 관측치 평균(β_{0i})에서 t번째 시점의 관측치가 벗어난 정도(ϵ_{ti})를 더한 값임을 보여 준다.

시간(α)이 고려되지 않은 결과(Y)의 평균, 즉 모든 개체의 모든 시점 관측치 평균 β_{00}은 절편으로서, 그 값이 개체마다 다르지 않고 일정하다. 따라서 절편의 고정효과라고 부른다. 이 고정절편에서 개체 i의 모든 시점 관측치 평균(β_{0i})이 벗어난 정도는 μ_{0i}로 가늠한다. μ_{0i}는 그 값이 일정하지 않고 개체마다 다르게 변이한다. 따라서 절편의 무선효과, 즉 무선절편이라고 부른다. ϵ_{ti}는 개체 i의 모든 시점 관측치 평균(β_{0i})에서 t번째 시점의 관측치가 벗어난 정도로서, 개체 내부적으로 설명되지 못하고 남아 있는 종속변인의 분산 분을 가리킨다. 그래서 제1수준 오차항이라고 부른다.

절편의 고정효과(β_{00})와 제1수준 오차항(ϵ_{ti})을 갖고 종속변인의 관측값을 설명한 이후에도 여전히 남는 종속변인의 분산은 오롯이 절편의 무선효과(μ_{0i})에 투영된다. 무선절편 μ_{0i}는 개체 간 차이에 기인하는 종속변인의 미설명 분산 분이다. 그래서 제2수준 오차항이라고 부른다.

만약 이 무선절편(μ_{0i})의 공분산 추정치가 통계적으로 유의미한 것으로 확인되면, 다층분

석을 실시하기 위한 경험적 증거를 확보한 것이다. 따라서 연구자는 무선절편 μ_{0i}가 통계적 유의미성을 상실할 때까지 다양한 독립변인, 특히 제2수준 독립변인(C1, C2, …)을 모형에 차례로 투입하고, 이 가운데 종속변인의 분산, 특히 개체 간 차이에 기인하는 종속변인의 분산을 효과적으로 설명해 주는 요인을 솎아 내는 데 초점을 맞춰 이후 분석을 진행할 수 있다.

그런데 〈식 2-4〉로 기초모형의 구축을 끝내 버리면, 다층분석 실시를 경험적으로 정당화할 수는 있을지언정, 시간관련 변인들이 종속변인을 설명해 주는지 여부는 전혀 알 수 없게 된다. 지금 여기서는 다층분석뿐 아니라 종단분석을 위한 기초모형 구축 작업을 진행하고 있다. 따라서 무조건모형인 〈식 2-4〉를 그대로 쓰기보다, 여기에 시간관련 변인들을 추가한 대안적인 기초모형을 제안하고자 한다.

대안적 기초모형을 구축하기 위해서는 먼저 다층종단분석의 제1수준 기본 통계모형 〈식 2-1〉의 시간관련 변인들을 다음과 같이 재정의한다.

$$\pi_{1i} = \beta_{10} \qquad \cdots\cdots \langle 식\ 2\text{-}5 \rangle$$

$$\pi_{2i} = \beta_{20} \qquad \cdots\cdots \langle 식\ 2\text{-}6 \rangle$$

〈식 2-5〉는 제1수준 시변 독립변인(X) 시간(α)의 기울기(π_{1i}), 즉 시간의 한 단위 증가에 따른 개체 i 관측치의 선형적인 평균 증감 수준(=개체 i의 선형적 변화율)을 모든 개체의 평균적인 증감 수준(β_{10})과 같도록 고정하였다는 것을 보여 준다. 마찬가지로 〈식 2-6〉은 시간제곱(α^2) 변인의 기울기(π_{2i}), 즉 시간의 한 단위 증가에 따른 개체 i 관측치의 2차 곡선적 평균 증감 수준(=개체 i의 2차 곡선적 변화율)을 모든 개체의 평균적인 증감 수준(β_{20})과 같도록 고정하였다는 것을 보여 준다.

선형적이든 곡선적이든, 개체 i의 변화율을 모든 개체의 변화율과 같도록 고정하였다는 것은 시간관련 변인들이 발생시키는 효과에 개체 간 차이가 나지 않도록 조치하였다는 것을 뜻한다. 이렇게 조치하면 시간의 기울기는 오로지 고정효과 측면에서만 정의되고 무선효과 측면은 배제된다.[13] 이는 연구자가 기울기에 개체 특이적(unit-specific) 효과는 미반

13) 시간관련 변인들의 기울기에 개체 간 차이가 나도록 하려면 회기식에 무선효과를 반영하는 제2수준 오차항들을 삽입해 주어야만 한다. 그러나 앞에서 언급하였듯이, 지금 단계에서의 우선 과제는 시간관련 변인들이 개체 내에서 유의미한 효과를 발생시키는지 알아보고 이를 통해 종단분석 실시가 의미 있는 일인지 확인하는 것이다. 즉, 시간의 변화에 따라 종속변인에 유의미한 변화가 발생하는지 확인하는 것이 시급한 과제이

영하고 오로지 모든 개체가 통으로 발생시키는 모평균(population-average) 효과만 반영하기로 결정하였다는 것을 말해 준다.

최종적으로, 다층종단분석의 기초 제1수준 통계모형 〈식 2-1〉에 절편에 관한 〈식 2-3〉과 시간관련 변인들에 관한 〈식 2-5〉, 〈식 2-6〉을 차례로 대입해 넣으면, 대안적인 기초모형 I의 등식은 다음과 같이 정리된다.

$$Y_{ti} = \beta_{00} + \beta_{10}\alpha_{ti} + \beta_{20}\alpha_{ti}^2 + \mu_{0i} + \epsilon_{ti} \qquad \cdots\cdots \text{〈식 2-7〉}$$

β_{00}: 모든 개체의 모든 시점 관측치 평균 → 절편의 고정효과 → 고정절편

β_{10}: 모든 개체의 평균적인 선형적 변화율 → 모든 개체를 통틀어 제1수준 시변 독립변인 X, 즉 시간(α)이 종속변인(Y)에 발생시키는 평균적인 효과 → 고정기울기

β_{20}: 모든 개체의 평균적인 2차 곡선적 변화율 → 모든 개체를 통틀어 제1수준 시변 독립변인 X, 즉 시간의 제곱(α^2)이 종속변인(Y)에 발생시키는 평균적인 효과 → 고정기울기

μ_{0i}: β_{00}에서 개체 i의 모든 시점 관측치 평균(β_{0i})이 벗어나는 정도(제2수준 오차항) → 절편의 무선효과 → 무선절편

ϵ_{ti}: $\beta_{00}+\mu_{0i}$에서 개체 i의 t번째 관측치(Y_{ti})가 벗어나는 정도(제1수준 오차항) → 잔차

만약 모형 I 추정 결과 제1수준 시변 독립변인들(α, α^2)의 고정기울기가 통계적으로 유의미하다고 확인되면, 시간의 변화에 따라 종속변인에 유의미한 변화가 생긴다는 결론을 내릴 수 있다. 즉, 시간은 종속변인에 유의한 영향을 미친다고 말할 수 있다. 이는 앞서 제시한 연구문제 1번에 대한 답이 된다.

이와 더불어, 종속변인의 유의미한 변화 궤적이 선형적인지 곡선적인지에 대해서도 결론을 내릴 수 있다. 이는 연구문제 2번에 대한 답이 된다. 만약 α와 α^2이 동시에 통계적으로 유의한 것으로 확인되면, 시간의 변화에 따른 종속변인의 변화가 선형적 패턴과 2차 곡선적 패턴을 동시에 나타낸다는 해석을 할 수 있다.

덧붙여, 모형 I의 추정 결과 만약 무선절편 μ_{0i}가 통계적으로 유의미한 것으로 확인되면, 다층분석 실시가 경험적으로 정당화된다. 따라서 이제 연구자에게 남은 일은 μ_{0i}가 통계적

다. 그래서 시간 변인들의 기울기에 무선효과를 부여하는 작업은 일단 여기서는 생략하고, 오로지 고정효과만 살피는 데 집중하기로 하였다.

유의성을 상실할 때까지 다양한 독립변인, 특히 제2수준 독립변인들(C1, C2, …)을 모형에 차례로 투입하고, 이 가운데 종속변인의 분산, 특히 개체 간 차이에 기인하는 부분을 효과적으로 설명해 주는 요인이 무엇인지 알아내는 것이다.

2) 모형 II-시간관련 변인들의 무선효과를 점검하는 연구모형

물론 다양한 제2수준 독립변인을 회기식에 투입하여 종속변인을 설명하는 요인을 선별해 내는 작업이 중요하지만, 종단분석인 점을 감안하면 그 전에 먼저 시간관련 변인들의 무선효과를 점검하는 절차를 밟는 것이 전략적으로 보다 효과적이다.[14] 다음에서는 시간관련 변인들에 무선효과를 부여하는 방법에 대해 알아보도록 하겠다.

〈식 2-5〉와 〈식 2-6〉에서는 시간관련 변인(α, α^2)들에 고정효과만을 부여하였다. 여기에 무선효과를 추가하면,

$$\pi_{1i} = \beta_{10} + \mu_{1i} \qquad \cdots\cdots \text{〈식 2-8〉}$$

$$\pi_{2i} = \beta_{20} + \mu_{2i} \qquad \cdots\cdots \text{〈식 2-9〉}$$

〈식 2-8〉은 개체 i의 선형적 변화율(π_{1i})은 모든 개체의 평균적인 선형적 변화율(β_{10})에 개체 i가 그 평균에서 벗어난 정도(μ_{1i})를 더한 것임을 보여 준다. 〈식 2-9〉는 개체 i의 2차 곡선적 변화율(π_{2i})은 모든 개체의 평균적인 2차 곡선적 변화율(β_{20})에 개체 i가 그 평균에서 벗어난 정도(μ_{2i})를 더한 것임을 보여 준다.

무선기울기를 회기식에 반영함으로써 연구자는 이제 비로소 시간이 종속변인에 발생시키는 효과, 다시 말해 시간의 변화(X의 한 단위 증가)에 따른 종속변인의 변화(Y의 증감)에 개체 간 차이가 나는지 여부를 확인할 수 있다. 시간에 따른 선형적 변화율 혹은 곡선적 변화율이 개체마다 다른지 여부를 확인하는 길을 튼다는 점에서, 시간관련 변인들의 기울기에 무선효과를 부여하는 작업은 종단분석에서 매우 중요한 일이라고 할 수 있다.

그런데 다층종단분석에서 무선효과를 나타내는 제2수준 오차항(μ_{1i}, μ_{2i}, …)은 회기식에 아무렇게나 넣을 수 있는 것이 아니다. 관련 통계이론에 따르면, 종속변인을 관측한 총횟수

14) 물론 제2수준 시불변 독립변인들을 먼저 투입하고 그다음에 시간관련 변인들의 무선효과를 점검하는 순서를 취한다고 해도 틀린 것은 아니다. 모형 구축의 순서는 연구자가 선호하는 논문의 전체적인 논리 구성에 따라 얼마든지 다르게 가져갈 수 있다.

(k)에서 1을 뺀 $(k-1)$개만큼의 무선효과 모수만 하나의 회기식에 집어넣을 수 있다(Heck, Thomas, & Tabata, 2013). 가령 종속변인을 총 3회에 걸쳐 측정하였다면 $(3-1)=2$, 즉 두 개의 무선효과 모수만 회기식에 집어넣을 수 있는 것이다.

〈표 2-1〉의 예시 자료를 보면, 종속변인인 우울감을 총 3회에 걸쳐 측정한 것을 볼 수 있다. 따라서 회기식에는 무선효과 모수를 오로지 두 개만 넣을 수 있다는 제약이 가해진다. 그런데 다층분석 실시를 정당화하기 위해 모형 I에서 무선절편(μ_{0i})을 회기식에 집어넣어 이미 한 개의 무선효과 모수를 사용하였다. 따라서 다음 단계인 모형 II를 구축하는 과정에서는 무선효과 모수를 사용할 기회가 한 번밖에 남지 않았다.

이렇게 선형적 시간 기울기와 2차 곡선적 시간제곱 기울기 중 한쪽만을 택해 무선효과를 부여해야 하는 상황에 맞닥뜨린 경우, 특별한 해법이 있는 것은 아니다. 그렇지만 보통은 선형적 시간 기울기에 무선효과를 부여하는 것이 일반적이고 일차적인 대처이다.[15] 여기서도 이러한 기본 대처 방안에 따라, 시간 변인(α)에만 무선효과를 부여하여 모형 II의 통계식을 정리하고자 한다.

기초모형인 〈식 2-1〉에 절편 관련 〈식 2-3〉과 시간제곱 변인 관련 〈식 2-6〉 및 시간 변인 관련 〈식 2-8〉을 차례로 대입해 넣으면, 모형 II의 통계식은 최종적으로 다음과 같이 정리된다.

$$Y_{ti} = \beta_{00} + \beta_{10}a_{ti} + \beta_{20}a_{ti}^2 + \mu_{1i}\alpha_{ti} + \mu_{0i} + \epsilon_{ti} \qquad \cdots\cdots \langle 식\ 2\text{-}10 \rangle$$

β_{00}: 모든 개체의 모든 시점 관측치 평균 → 절편의 고정효과 → 고정절편

β_{10}: 모든 개체의 평균적인 선형적 변화율 → 모든 개체를 통틀어 제1수준 시변 독립변인 X, 즉 시간(α)이 종속변인(Y)에 발생시키는 평균적인 효과 → 고정기울기

β_{20}: 모든 개체의 평균적인 2차 곡선적 변화율 → 모든 개체를 통틀어 제1수준 시변 독립변인 X, 즉 시간의 제곱(α^2)이 종속변인(Y)에 발생시키는 평균적인 효과 → 고정기울기

μ_{1i}: 모든 개체의 평균적인 선형적 변화율(β_{10})에서 개체 i의 평균적인 선형적 변화율(β_{1i})이 벗어나는 정도 → 제1수준 시변 독립변인 X, 즉 시간(α)의 무선효과 → 무선기울기

μ_{0i}: β_{00}에서 개체 i의 모든 시점 관측치 평균(β_{0i})이 벗어나는 정도(제2수준 오차항) → 절편의 무선효과 → 무선절편

ϵ_{ti}: $\beta_{00}+\mu_{0i}$에서 개체 i의 t번째 관측치(Y_{ti})가 벗어나는 정도(제1수준 오차항) → 잔차

---

15) 물론 데이터에 대한 사전분석 결과 시간이 종속변인과 2차 곡선적 관계를 맺는다는 사실이 시각적으로 뚜렷하게 확인되었다면, 시간제곱 기울기 쪽에 무선효과를 부여하는 것이 보다 합당한 결정일 것이다.

모형추정 결과, 제1수준 시변 독립변인(X)인 시간(α)의 무선효과(μ_{1i})가 통계적으로 유의미하다고 확인되면, 시간의 변화에 따른 종속변인의 변화가 개체별로 다르다는 결론을 내릴 수 있다. 시간 변인의 선형적 변화율이 개체마다 다르다는 것은 시간이 종속변인에 발생시키는 효과가 모든 개체에 일정하지 않고 개체마다 상이함을 의미한다.

무선기울기(μ_{1i})가 통계적으로 유의미한지를 확인한 후, 또 다른 무선효과 부분인 무선절편(μ_{0i})이 통계적으로 유의미한지도 확인한다. 만약 무선기울기와 무선절편 모두 통계적으로 유의미하지 않다면,[16] 다음 단계의 모형 III으로 넘어갈 필요가 없고, 여기서 다층분석을 중단한다.

그러나 만약 둘 중 어느 하나만이라도 통계적 유의성을 보인다면, 이는 개체 간 차이에 기인하는 종속변인의 분산이 완전히 설명되지 못하고 상당량 잔존한다는 것을 뜻한다. 따라서 연구자는 다양한 독립변인, 특히 종속변인을 설명해 줄 것으로 예상되는 제2수준의 여러 시불변 개체 특성 요인들을 투입하여, 이들이 종속변인의 분산, 특히 개체 간 차이에 기인하는 분산을 얼마만큼 효과적으로 설명해 줄지 가늠한다. 이와 같은 작업은 다음 단계의 모형 III에서 수행할 수 있다.

3) 모형 III-개체 특성 요인(들)의 고정효과 및 층위 간 상호작용효과를 점검하는 연구모형

다층종단분석에서 제2수준 독립변인은 시불변 개체 특성 요인이다. 이러한 제2수준 독립변인을 다층종단분석의 회기식에 투입하면, 절편의 구성, 즉 개체 i의 모든 시점 관측치 평균(π_{0i})이 우선적으로 변한다. 그런데 이뿐만 아니라 시간 변인(α)의 기울기 구성, 즉 개체 i의 선형적 변화율(π_{1i})도 변한다. 특히 시간 변인 기울기의 경우, 투입된 제2수준 독립변인(C)과 상호작용하는 효과가 추가된다. 이 말인즉슨, 제2수준 변인이 가지는 시불변적인 어떤 개체 특성으로 말미암아, 시간적으로 변이하는 어떤 현상이나 결과에서 다른 개체들과 구분되는 독자적 변화율을 보이는 개체가 생겨난다는 뜻이다.

예를 들어, 한국복지패널 7차 연도부터 16차 연도까지 10년치 패널자료로 우울감의 종단적 변화 추이를 분석하는 상황을 가정해 보자. 최초 측정 시점인 7차 연도에서 패널들의 우울감 점수 평균을 3점이라고 했을 때, 이 값은 성별로 다를 수 있다. 가령 남성의 우울감 초

16) 모형 I에 무선기울기만 추가했기 때문에 실제로 분석을 하다가 이런 경우에 맞닥뜨릴 확률은 매우 낮을 것이다.

깃값 평균은 2.5점, 여성은 4.5점일 수 있다. 이렇게 성별이라는 시불변적 개체 특성 요인을 고려하면, 특정 측정 시점에서의 평균적인 우울감 점수를 남녀에 따라 달리 계산하는 것이 가능해진다. 연구자는 이 같은 차이를 회기식 내 절편의 구성을 달리함으로써 연구모형에 반영할 수 있다.

마찬가지로, 매년 시간이 흐르면서 우울감이 변화하는 정도, 즉 우울감의 평균 변화율(= 시간 변인 α의 기울기)을 +1.5라고 했을 때, 우울감의 평균 성장률 역시 성별로 다를 수 있다. 가령 남성은 +2.5, 여성은 +0.5일 수 있다. 우리는 이와 같은 경우를 시간과 종속변인의 관계를 성별이라는 시불변적 개체 특성 요인이 조절하는 경우라고 표현한다. 그런데 제1수준 시변 독립변인(X) 시간(α)이 종속변인(Y)에 발생시키는 효과를 제2수준 시불변 독립변인(C)인 개체 특성 요인이 조절하기 위해서는 층위 간 상호작용항(cross-level interaction term)이라는 특별한 장치가 있어야만 한다. 연구자는 이 같은 장치를 회기식 내 시간 변인의 구성을 달리함으로써 구현할 수 있다.

요약하면, 제2수준 시불변 독립변인(C)을 기존의 다층종단분석 회기식에 투입하면 절편(π_{0i})(〈식 2-3〉)과 시간 변인 α의 기울기(π_{1i})(〈식 2-8〉) 구성이 바뀐다. 이 변화를 등식으로 나타내면,[17]

$$\pi_{0i} = \beta_{00} + \beta_{01}C1_i + \beta_{02}C2_i + \mu_{0i} \qquad \cdots\cdots \text{〈식 2-11〉}$$

$$\pi_{1i} = \beta_{10} + \beta_{11}C1_i + \beta_{12}C2_i + \mu_{1i} \qquad \cdots\cdots \text{〈식 2-12〉}$$

절편에 관한 〈식 2-11〉과 시간 변인의 기울기에 관한 〈식 2-12〉, 그리고 시간제곱 변인에 관한 〈식 2-6〉을 기초모형인 〈식 2-1〉에 넣고 정리하면, 모형 III은 다음과 같이 정리된다.

$$\begin{aligned} Y_{ti} = {} & \beta_{00} + \beta_{01}C1_i + \beta_{02}C2_i + \beta_{10}\alpha_{ti} + \beta_{11}(C1_i \times \alpha_{ti}) + \beta_{12}(C2_i \times \alpha_{ti}) \\ & + \beta_{20}\alpha_{ti}^2 + \mu_{1i}\alpha_{ti} + \mu_{0i} + \epsilon_{ti} \qquad \cdots\cdots \text{〈식 2-13〉} \end{aligned}$$

17) 식에는 개체 특성을 나타내는 제2수준 시불변 독립변인으로 C1과 C2를 넣었다. 〈표 2-1〉을 준용하면 C1은 성별, C2는 종교 유무를 가리킨다.

β_{00}: 모든 개체의 모든 시점 관측치 평균 → 절편의 고정효과 → 고정절편

β_{01}: 모든 개체를 통틀어 C1이 종속변인(Y)에 발생시키는 평균적인 효과 → 제2수준 시불변 독립변인 C1의 고정효과 → 고정기울기

β_{02}: 모든 개체를 통틀어 C2가 종속변인(Y)에 발생시키는 평균적인 효과 → 제2수준 시불변 독립변인 C2의 고정효과 → 고정기울기

β_{10}: 모든 개체의 평균적인 선형적 변화율 → 모든 개체를 통틀어 제1수준 시변 독립변인 X, 즉 시간(α)이 종속변인(Y)에 발생시키는 평균적인 고정효과 → 고정기울기

β_{11}: 모든 개체를 통틀어 제2수준 개체 특성 요인인 C1이 제1수준 시변 독립변인 X, 즉 시간 변인(α)과 상호작용하여 종속변인(Y)에 발생시키는 평균적인 효과 → X와 C1의 층위 간 상호작용효과(고정효과)

β_{12}: 모든 개체를 통틀어 제2수준 개체 특성 요인인 C2가 제1수준 시변 독립변인 X, 즉 시간 변인(α)과 상호작용하여 종속변인(Y)에 발생시키는 평균적인 효과 → X와 C2의 층위 간 상호작용효과(고정효과)

β_{20}: 모든 개체의 평균적인 2차 곡선적 변화율 → 모든 개체를 통틀어 제1수준 시변 독립변인 X, 즉 시간의 제곱(α^2)이 종속변인(Y)에 발생시키는 평균적인 고정효과 → 고정기울기

μ_{1i}: 모든 개체의 평균적인 선형적 변화율(β_{10})에서 개체 i의 평균적인 선형적 변화율(β_{1i})이 벗어나는 정도 → 제1수준 시변 독립변인 X, 즉 시간(α)의 무선효과 → 무선기울기

μ_{0i}: β_{00}에서 개체 i의 모든 시점 관측치 평균(β_{0i})이 벗어나는 정도(제2수준 오차항) → 절편의 무선효과 → 무선절편

ϵ_{ti}: $\beta_{00}+\mu_{0i}$에서 개체 i의 t번째 관측치(Y_{ti})가 벗어나는 정도(제1수준 오차항) → 잔차

모형 II에서 연구자는 시간의 변화에 따른 종속변인의 변화 정도가 개체마다 다르다는 점을 확인하였다. 그렇다면 어떠한 개체 특성으로 말미암아 일정해야 할 선형적 성장률이 개체마다 다른지 살펴봐야만 한다. 모형 III에서는 이를 층위 간 상호작용항을 추가함으로써 살펴보았다.

모형 III 검증 결과 만약 층위 간 상호작용효과(β_{11}, β_{12})가 통계적으로 유의미한 것으로 확인되면, 연구자는 선형적 변화율이 개체마다 다른 이유를 모형에 새로 투입한 C1과 C2에서 찾을 수 있다. 즉, 시간과 종속변인의 고정적 관계를 제2수준 시불변 독립변인인 C1과 C2가 바꾼다는 이른바 조절효과의 존재를 증명할 수 있다. 예컨대, 시간의 흐름에 따른 우울감의 증가가 모든 개체에서 일정하지 않고 성별에 따라 그리고 종교 유무에 따라 다를 수 있다는 해석을 내놓을 수 있다.[18)]

3. 시간 변인의 코딩

앞서 우리는 시간 변인(a)이 발생시키는 효과를 고정효과와 무선효과로 나누어 살펴보았다. 다층분석에서는 시간의 변화에 따른 종속변인의 변화가 개체마다 다른지 여부를 보여 주는 무선효과(μ_{1i})의 추정이 일차적으로 중요하다. 그러나 시간이 종속변인을 상대로 발생시키는 평균적인 효과, 즉 고정효과의 추정치(β_{10}) 역시 매우 중요하다. 이 값을 정확히 알아야만 시간의 한 단위 증가에 따른 종속변인의 평균적인 증감 정도를 확실히 파악할 수 있다.

그런데 여기서 한 가지 유념해야 할 사항이 있다. 시간 변인의 코딩 방법에 따라 β_{10}의 추정치가 달라질 수 있다는 점이 바로 그것이다. 따라서 β_{10}을 최대한 정확하게 추정하기 위하여 연구자는 시간 변인의 코딩에 많은 신경을 써야만 할 것이다. 다음에서는 시간 변인의 코딩과 관련해 알아 두면 도움이 될 만한 사항 두 가지를 설명한다.

1) 직교코딩

측정 횟수가 총 k번이고 측정 간격이 일정한 종단자료를 분석할 때, 연구자는 선형적 시간 변인(a)에 보통 0, 1, 2, 3, …, k의 속성값을 부여한다. 이 경우 2차 곡선적 시간 변인(a^2)에 상응하는 속성값은 당연히 0, 1, 4, 9, … , k^2이 된다.

그런데 종단분석을 하다 보면 하나의 회기식에서 a만이 아닌, a와 a^2을 동시에 추정해야 하는 상황에 종종 맞닥뜨리게 된다. 문제는 이때 두 변인의 상관도가 높음으로 말미암아 회기계수가 불안정하게 추정되는 이른바 다중공선성(multicollinearity) 문제가 발생할 수 있다는 점이다.

측정 간격이 일정한 두 시간관련 변인 간의 높은 상관도와 그에 수반되는 다중공선성 문제를 해결하는 방법으로 통계학자들은 직교코딩(orthogonal coding)을 제안한다(Hox, Moerbeek, & Van de Schoot, 2017). 직교코딩은 어떤 한 변인이 갖는 속성값들을 전부 더했을 때 그 합이 0으로 도출되는 코딩 변환 방식으로서, 일종의 중심화(centering) 작업으로 이해할 수 있다.

〈표 2-2〉는 등간격 반복측정 자료에 대한 직교코딩 값을 시간 변인의 차수(1차 선형~4차 곡선)와 측정 횟수(k)에 따라 정리한 것이다. 만약 측정 횟수가 총 3회(k=3)이고 모형에 시

18) 남자와 여자의 변화율 중 어느 쪽이, 그리고 종교인과 비종교인의 변화율 중 어느 쪽이 더 크고 유효한지는 층위 간 상호작용 효과의 부호(+ 또는 −), 크기 및 유의수준 등의 분석결과를 보고 판단한다.

간 변인과 시간제곱 변인을 동시에 집어넣어야만 하는 상황이라면, 연구자는 〈표 2-2〉를 참고하여 시간 변인의 속성값을 0, 1, 2에서 −1, 0, 1로, 시간제곱 변인의 속성값을 0, 1, 4에서 1, −2, 1로 각각 변경한다. 이렇게 일종의 중심화 작업을 해 준 다음, 직교코딩이 완료된 두 변인을 하나의 모형에 넣고 자료에 적합시키면 다중공선성 문제는 해결된다. 다만 이렇게 할 경우 절편(고정절편)은 시간이 0일 때, 즉 최초 관측 시점에서의 종속변인 예측값이 아닌, 평균적인 관측 시점, 여기서는 3회차 중 가운데 시점인 2회차 측정 시점에서의 종속변인 예측값이 되어 버리므로, 절편 해석에 각별히 주의를 기울여야만 한다. 직교코딩의 구체적 활용법에 대해서는 추후 예제를 통해 좀 더 자세하게 설명하기로 한다.

〈표 2-2〉 등간격 반복측정 자료에 대한 직교코딩 계수

k	구분	1	2	3	4	5	6	7	8	9	10
3	1차	−1	0	1							
	2차	1	−2	1							
4	1차	−3	−1	1	3						
	2차	1	−1	−1	1						
	3차	−1	3	−3	1						
5	1차	−2	−1	0	1	2					
	2차	2	−1	−2	−1	2					
	3차	−1	2	0	−2	1					
	4차	1	−4	6	−4	1					
6	1차	−5	−3	−1	1	3	5				
	2차	5	−1	−4	−4	−1	5				
	3차	−5	7	4	−4	−7	5				
	4차	1	−3	2	2	−3	1				
7	1차	−3	−2	−1	0	1	2	3			
	2차	5	0	−3	−4	−3	0	5			
	3차	−1	1	1	0	−1	−1	1			
	4차	3	−7	1	6	1	−7	3			

8	1차	−7	−5	−3	−1	1	3	5	7		
	2차	7	1	−3	−5	−5	−3	1	7		
	3차	−7	5	7	3	−3	−7	−5	7		
	4차	7	−13	−3	9	9	−3	−13	7		
9	1차	−4	−3	−2	−1	0	1	2	3	4	
	2차	28	7	−8	−17	−20	−17	−8	7	28	
	3차	−14	7	13	9	0	−9	−13	−7	14	
	4차	14	−21	−11	9	18	9	−11	−21	14	
10	1차	−9	−7	−5	−3	−1	1	3	5	7	9
	2차	6	2	−1	−3	−4	−4	−3	−1	2	6
	3차	−42	14	35	31	12	−12	−31	−35	−14	42
	4차	18	−22	−17	3	18	18	3	−17	−22	18

출처: Guilford & Frunchter (1978).

2) 비등간격 비율코딩

하나의 회기식에서 α와 α^2을 동시에 추정해야만 한다면, 앞서 설명한 바와 같이 직교코딩을 통해 시간 변인들의 속성값을 변환한 후 모형을 추정한다. 그러나 모형은 간단할수록 좋다. 따라서 연구모형 추정 결과 α와 α^2이 동시에 통계적으로 유의미한 것으로 확인되었다면, 모형의 간명성(parsimony) 제고라는 측면에서 시간의 선형적 효과와 2차 곡선적 효과를 합쳐 하나의 시간 변인에 반영하는 안, 다시 말해 시간 변인을 리코딩하여 그 차수를 비선형적 1차로 바꿔 주고 이를 최종모형(final model)으로 채택하는 안을 검토해 봄 직하다(Heck et al., 2013).

선형적 시간 변인과 비선형적 시간제곱 변인을 합쳐서 하나의 비선형적 시간 변인(차수 1)을 만들기 위하여 우선 시간 변인의 초깃값을 0, 최종값을 1로 코딩한다. 그다음, 관심 현상을 총 k번 측정한 경우 $k-2$번 측정 회차에 대응하는 종속변인의 값(들)이 시간 변인과 2차 곡선의 관계를 가지도록 0~1의 범위에서 시간 변인의 속성값(들)을 적절하게 리코드한다. 즉, 동일했던 측정 간격을 다르게 조정해 준다. 이렇게 시간을 0과 1 사이 어딘가 위치한 값들로 비(非)등간격 비율로 코딩하면, 시간의 흐름에 따른(0 → 1) 종속변인의 변화를 조사대상 전 기간에 걸친 변화, 즉 전반적 경향(trend)의 관점에서 파악할 수 있는 이점이 생긴다.

예컨대, 관심 현상을 총 세 번 측정했고, 모형추정 결과 시간의 변화에 따른 종속변인의 변화가 측정 초반과 중반 사이, 그리고 중반과 후반 사이에 서로 같지 않았다고 한다면, 시간 변인의 코딩을 원래의 등간격, 즉 $t=0, 1, 2$에서 비(非)등간격 비율로 리코딩해 주는 식이다. 구체적으로, 만약 측정 초반부터 중반까지 급격하게 증가하다가 중반부터 후반까지 완만하게 증가하는 모습을 나타내는 자료(감속 자료)라면 $t=0, 0.6, 1$ 또는 $t=0, 0.8, 1$로 해 주면 될 것이고, 반대로 초반부터 중반까지 완만하게 증가하다가 중반부터 후반까지 급격하게 증가하는 모습을 나타내는 자료(가속 자료)라면 $t=0, 0.2, 1$ 또는 $t=0, 0.4, 1$로 해 주면 될 것이다. 이렇게 하면 하나의 회기식 안에 α와 α^2을 동시에 추정해야 할 필요가 사라지고, 회기식에는 α' 하나만 남길 수 있어 모형의 간명성을 제고할 길이 열리게 된다.

여기서 주안점은 시간 변인의 속성(t)값을 0과 1 사이에서 어떻게 리코딩할 것이냐, 즉 어떻게 간격을 조정할 것이냐의 문제이다. 사실 잠재성장모형에 입각한 구조방정식모형분석에서는 기울기의 요인계수를 통해 이 t 값을 금세 알 수 있다(McArdle & Anderson, 1990). 그런데 다층성장모형에 입각한 종단분석에서는 그 값을 한 번에 계산할 방법이 없다. 오로지 이전 단계의 연구모형 검증 결과에서 얻은 α와 α^2의 고정기울기 추정값들을 토대로 시간과 종속변인의 2차 곡선적 관계(=비선형적 변화율)가 가속하는지(+) 혹은 감속하는지(−) 패턴을 파악한 후, 모형에 시간 변인의 리코딩 값을 적절하게 하나씩 집어넣어 가면서 각각의 AIC, BIC 지수들을 계산하여 비교하고, 이를 토대로 가장 준수한 적합도를 보이는 모형의 t 값을 선택하는, 다분히 수동적이고 지루한 반복 작업을 해 주는 수밖에 없다.

예컨대, 관심 현상을 총 세 번 측정했고, 모형추정 결과 시간의 변화에 따른 종속변인의 변화가 측정 초반에는 가팔랐다가 후반에 완만해지는 패턴으로 확인되었다면, 비선형적 단일 시간 변인의 코딩을 0, 0.7, 1로 해 주는 게 나을지, 0.75, 1로 해 주는 게 나을지, 아니면 0, 0.8, 1이나 0, 0.9, 1로 해 주는 게 나을지 무엇이 합당할지 정확하게 알기 어렵다. 이 경우 t의 예상값들을 모형에 집어넣고 추정한 결과 도출된 적합도 지수들을 비교한 후 가장 준수한 적합도를 보이는 모형의 속성값을 선택하는 것이 비선형적 단일 시간 변인의 코딩 문제를 해결하는 최선의 방법이 된다. 비선형적 시간 변인의 차수가 1인 다층성장모형의 수립 및 검증에 관한 구체적인 방법은 추후 예제를 통해 더욱 자세하게 설명하기로 한다.

제 3 장

다층분석을 위한 자료의 준비

1. 다층분석 자료의 정리와 재구성

지금까지 다층분석에 대한 기초적인 개념과 단계별 모형 구축 절차를 공부하였다. 이러한 이해를 바탕으로 제3장에서는 SPSS를 이용하여 다층분석에 적합한 형태로 주어진 연구자료를 클리닝하는 방법과 절차를 살펴보고자 한다.

SPSS를 이용해 다층분석 자료를 클리닝하다 보면 다양한 SPSS 명령어를 사용해야만 하는 상황에 놓이게 된다. 물론 이 명령어들을 여기서 모두 다 설명한다면 좋을 것이다. 그러나 이 책의 독자들은 아마도 이러한 기본 명령어 사용에 숙달한 상태일 것이라고 생각한다. 따라서 다음에서는 다층분석을 실제 수행하는 과정에서 활용 빈도가 특히 높은 SPSS 명령어 몇 개만 선별하여 이것들 위주로 다층분석 자료의 클리닝 방법 및 절차를 설명하고자 한다. 제3장에서 다룰 SPSS 명령어와 각 명령어에 대한 간단한 정의는 다음 박스에 제시된 바와 같다.

다른 변수로 코딩변경(Recode)
: 기존 변수의 값을 수정한 후 새로운 이름으로 변경, 저장

변수 계산(Compute)
: 새로운 수치변수를 생성하거나, 기존 문자변수 혹은 수치변수의 값을 수정

파일 합치기-변수추가(Match Files-Add Variables)
: SPSS 데이터 파일에서 변수를 추가

데이터 통합(Aggregate)
: 다수 집단의 개별 사례들을 단순 요약 사례들로 통합하고, 통합된 사례들로 새로운 변수를 생성하거나 새 데이터세트 혹은 새 파일을 만듦

구조변환(Varstocases)
: 단일 사례에 관한 정보가 복수의 변수(열, column)로 저장된 자료를 단일 변수 내 복수의 사례(행, row)로 구성된 자료로 바꾸거나 혹은 그 반대로 바꾸는 기능

순위변수 생성(Rank Cases)
: 수치변수의 값에 대해 순서를 부여하고 순위변수를 생성하는 기능

실습을 위한 예제파일은 모두 세 개로, 각각 〈제3장 사회복지사 스트레스_수평 구조.sav〉, 〈제3장 사회복지사 스트레스_수직 구조.sav〉, 〈제3장 사회복지관 조직문화.sav〉이다.

〈제3장 사회복지사 스트레스_수평 구조.sav〉에는 총 3회에 걸쳐 반복 측정한 개별 사회복지사들의 스트레스 점수('스트레스1', '스트레스2', '스트레스3'), 스트레스 완화 프로그램(들)에 대한 효과성 인식('프로그램효과'), 이수한 스트레스 완화 프로그램 개수('프로그램이수'), 성별('성별'), 그리고 소속 사회복지관 내 수직적, 비민주적 의사소통에 대한 인식 수준('업무환경인식') 변인이 포함되어 있다. 또한 사회복지사와 그들이 속한 사회복지관 일련번호('복지사_id', '복지관_id')도 포함되어 있다. 사례 수는 사회복지관의 경우 N=525개이고, 사회복지사는 N=8,335명이다. 〈표 3-1〉은 해당 파일에 포함된 각 변인의 측정과 구성을 보여 준다.

〈표 3-1〉 변수측정 및 구성

변인명	수준	설명	값/범위	측정수준
복지관_id	복지관 (제2수준)	사회복지관 일련번호(525개)	1~525	명목
복지사_id	개인 (제1수준)	사회복지사 일련번호(8,335명)	1~8670	명목
스트레스1		사회복지사 스트레스 측정 1회차 점수	24.35~69.25	비율
스트레스2		사회복지사 스트레스 측정 2회차 점수	27.48~74.78	비율
스트레스3		사회복지사 스트레스 측정 3회차 점수	26.96~79.72	비율
프로그램효과		스트레스 완화 프로그램(들)에 대한 효과성 인식	0: 효과 없음 1: 효과 있음	명목
프로그램이수		이수한 스트레스 완화 프로그램의 개수	0~4	순서
성별		사회복지사 성별	0: 남자 1: 여자	명목
업무환경인식		복지관 내 비민주적 의사소통에 대한 인식 수준. 표준화 점수	−2.41~1.87	비율

〈제3장 사회복지사 스트레스_수직 구조.sav〉는 〈제3장 사회복지사 스트레스_수평 구조.sav〉를 전치한 데이터파일로, 실질적인 내용은 같고, 형태만 수평에서 수직 구조로 바뀐 것이다. 각 구조의 특징과 차이점에 대한 자세한 설명은 SPSS의 구조변환(Varstocases) 명령어 부분(87쪽)에서 다루도록 한다.

마지막으로 〈제3장 사회복지관 조직문화.sav〉는 사회복지관 수준(제2수준)에서 측정된 자료들만 담은 데이터파일이다. 여기에는 두 개의 제2수준 변인이 포함되어 있는데, 하나는 사회복지관 일련번호('복지관_id')이고, 다른 하나는 각 사회복지관의 비민주적 의사소통 문화('조직문화')이다.

제2수준 변인 '조직문화'는 총량변수(aggregate variable)로서, 제1수준 변인 '업무환경인식'을 복지관별로 통합해 만든 평균값들로 정의된다. 그런데 여기 파일에는 약간의 사전 작업을 통해 이 평균값 그대로가 아닌, 표준점수화한 값으로 해당 변인을 정의하였다. '조직문화'의 최솟값은 −1.23, 최댓값은 4.78이고, 표준화했으므로 평균은 0.00, 표준편차는 1.00이다. 해당 파일의 총 사례 수는 N=525개이다. 총량변수에 대한 자세한 설명은 SPSS의 통합(Aggregate) 명령어 부분(82쪽)에서 다루도록 하겠다.

1. 다층분석 자료의 정리와 재구성

1) 다른 변수로 코딩변경(Recode)

Recode는 기존 변인의 코딩을 바꾸어 새로운 명칭의 변인으로 저장하라는 명령어이다.

(1) 이전 값을 새로운 값으로 리코드하기

Recode 명령어의 첫 번째 실습으로 0, 1, 2로 코딩된 '시간' 변인을 0, 1, 4의 값을 갖는 '시간제곱' 변인으로 리코드하는 연습을 해 보자. 즉, '시간' 변인의 0, 1, 2 속성값을 0, 1, 4로 바꾸고, 이를 '시간제곱'에 저장해 보자는 것이다.

예제파일 〈제3장 사회복지사 스트레스_수직 구조.sav〉를 열어 **변환** 메뉴에서 **다른 변수로 코딩변경**을 선택한다.

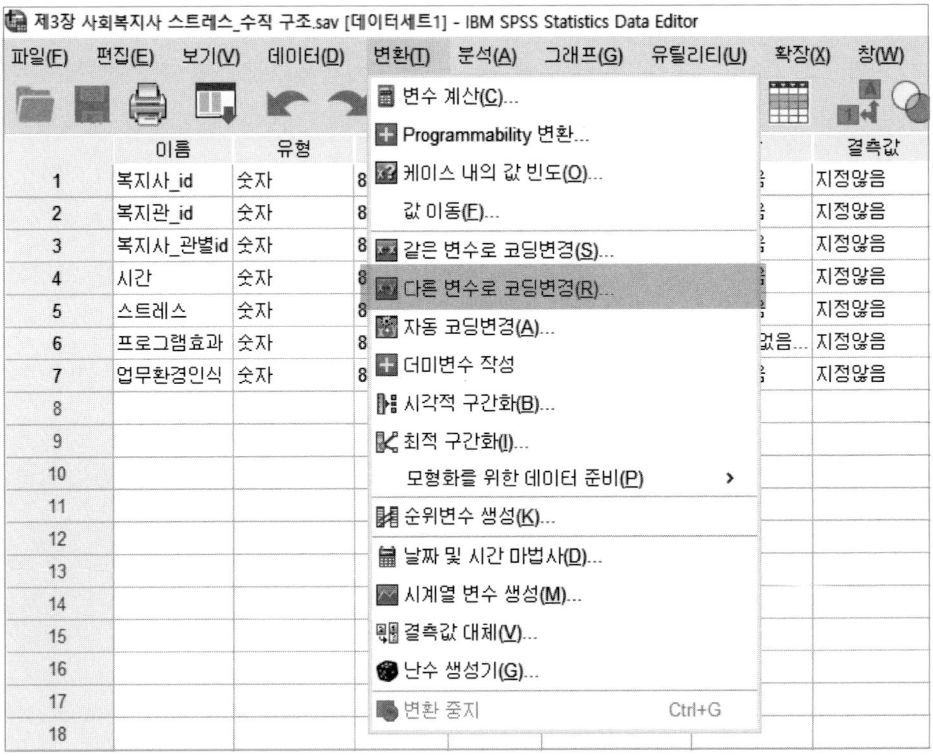

제3장 사회복지사 스트레스_수직 구조.sav [데이터세트1] - IBM SPSS Statistics Data Editor

파일(F) 편집(E) 보기(V) 데이터(D) 변환(T) 분석(A) 그래프(G) 유틸리티(U) 확장(X) 창(W)

변수 계산(C)...
Programmability 변환...
케이스 내의 값 빈도(O)...
값 이동(F)...
같은 변수로 코딩변경(S)...
다른 변수로 코딩변경(R)...
자동 코딩변경(A)...
더미변수 작성
시각적 구간화(B)...
최적 구간화(I)...
모형화를 위한 데이터 준비(P)
순위변수 생성(K)...
날짜 및 시간 마법사(D)...
시계열 변수 생성(M)...
결측값 대체(V)...
난수 생성기(G)...
변환 중지 Ctrl+G

	이름	유형	결측값
1	복지사_id	숫자	지정않음
2	복지관_id	숫자	지정않음
3	복지사_관별id	숫자	지정않음
4	시간	숫자	지정않음
5	스트레스	숫자	지정않음
6	프로그램효과	숫자	지정않음
7	업무환경인식	숫자	지정않음

창이 뜨면,

ㄱ: 왼쪽 변인 목록에서 '시간'을 클릭하여 오른쪽의 **입력변수 → 출력변수** 칸에 옮겨 넣는다.

ㄴ: 출력변수의 이름 칸에 '시간제곱'을 써 주고

ㄷ: **변경**을 누른다.

ㄹ: **기존값 및 새로운 값**을 클릭한다.

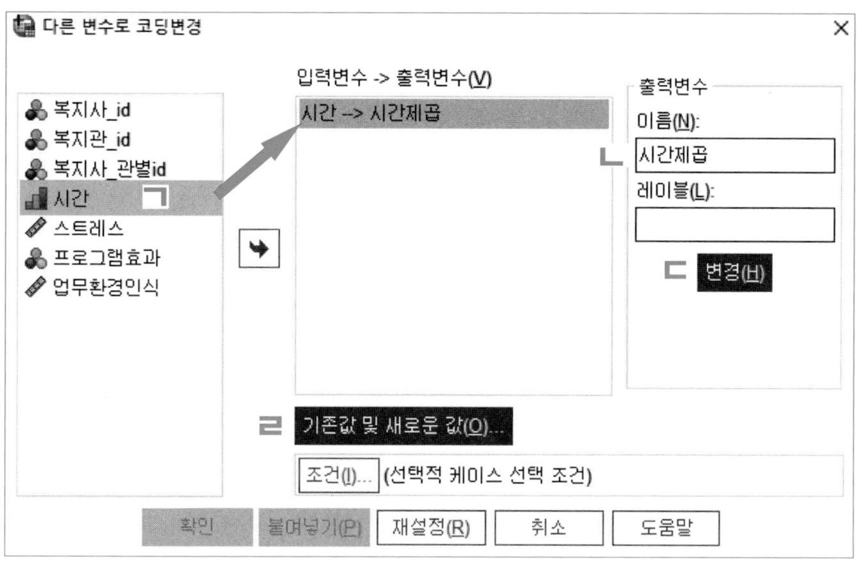

창이 뜨면,

ㄱ: 기존값의 값에 기존 '시간' 변인의 코딩인 0을 써 주고

ㄴ: 새로운 값의 값에 0을 써 준 후

ㄷ: 추가를 누른다. 오른쪽 박스를 보면 '시간' 변인의 0이 '시간제곱' 변인에서 0으로 리코드되는 것을 볼 수 있다(0 → 0).

ㄹ: ㄱ ~ ㄷ의 작업을 반복하여 1은 1로, 2는 4로 리코딩해 준다.

ㅁ: 작업이 끝나면 맨 밑에 계속을 누른다.

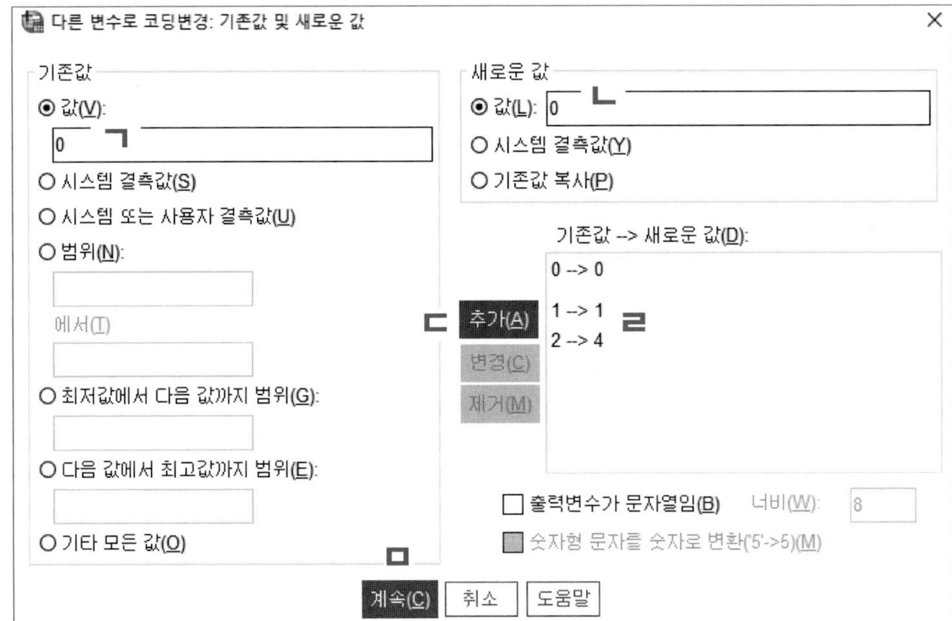

이전 창으로 돌아와서 확인을 클릭한다.

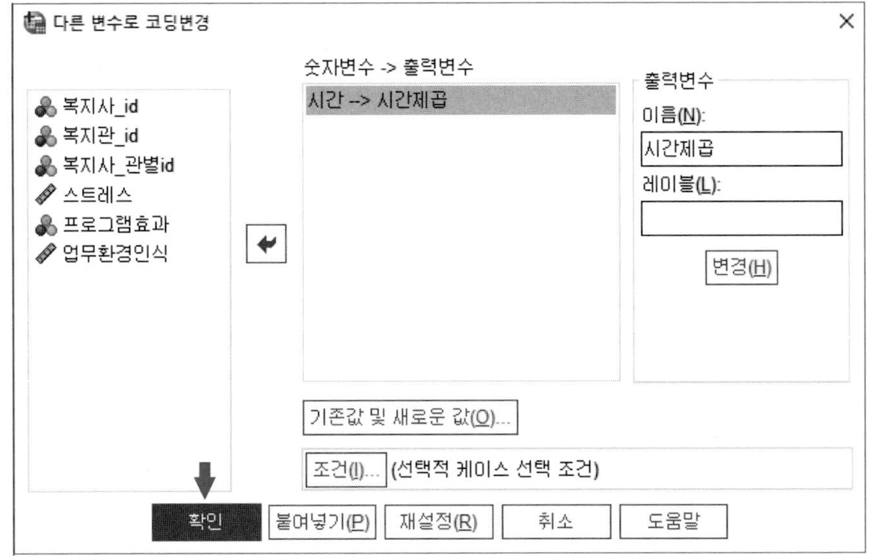

데이터 보기 탭을 클릭하여 데이터 창을 열어 보면, '시간제곱'이라는 변인이 새로 생성됐고, 그 값은 '시간' 변인의 본래 값들을 제곱한 결과(0, 1, 2 → 0, 1, 4)라는 것을 볼 수 있다.[1)]

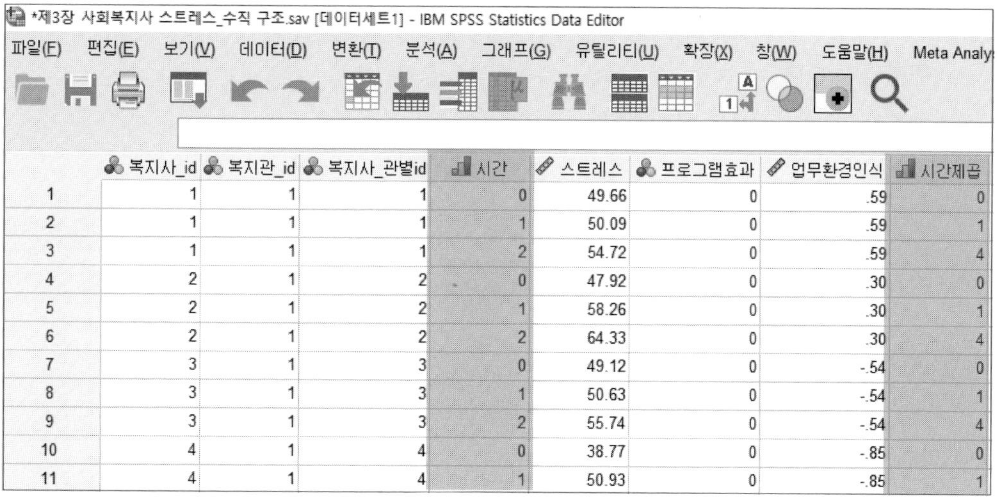

*제3장 사회복지사 스트레스_수직 구조.sav [데이터세트1] - IBM SPSS Statistics Data Editor

파일(F) 편집(E) 보기(V) 데이터(D) 변환(T) 분석(A) 그래프(G) 유틸리티(U) 확장(X) 창(W) 도움말(H) Meta Analy

	복지사_id	복지관_id	복지사_관별id	시간	스트레스	프로그램효과	업무환경인식	시간제곱
1	1	1	1	0	49.66	0	.59	0
2	1	1	1	1	50.09	0	.59	1
3	1	1	1	2	54.72	0	.59	4
4	2	1	2	0	47.92	0	.30	0
5	2	1	2	1	58.26	0	.30	1
6	2	1	2	2	64.33	0	.30	4
7	3	1	3	0	49.12	0	-.54	0
8	3	1	3	1	50.63	0	-.54	1
9	3	1	3	2	55.74	0	-.54	4
10	4	1	4	0	38.77	0	-.85	0
11	4	1	4	1	50.93	0	-.85	1

(2) 범위를 지정하여 이전 값을 새로운 값으로 리코드하기

다음으로 연속변수인 '업무환경인식'을 사분위수(quartile)를 바탕으로 네 개의 코딩 값(0, 1, 2, 3)을 갖는 범주변수('업무환경인식_cat')로 리코드하는 법을 실습해 보자. '업무환경인식'의 제1, 제2, 제3사분위수는 각각 −0.520, 0.030, 0.610이다.[2)]

예제파일 〈제3장 사회복지사 스트레스_수평 구조.sav〉를 열어 66쪽에서 했던 것처럼 변환 메뉴에서 다른 변수로 코딩변경을 선택한다.

1) 새로운 변수가 생성됐을 때 SPSS는 디폴트로 소수점 이하 두 자리를 보여 준다. 여기 사례에서는 소수점 이하 정보가 불필요하므로, 변수보기 창에서 '시간제곱'의 소수점이하자리를 0으로 바꿔 준다.

2) 분석 → 기술통계량 → 빈도분석 → '업무환경인식' 변수로 이동 → 통계량 → 백분위 값에서 사분위수 체크 → 계속 → 확인

창이 뜨면,

ㄱ: 왼쪽 변인 목록에서 '업무환경인식'을 클릭하여 오른쪽의 **입력변수 → 출력변수** 칸에 옮겨 넣는다.

ㄴ: **출력변수**의 **이름** 칸에 '업무환경인식_cat'을 써 주고

ㄷ: **변경**을 누른다.

ㄹ: **기존값 및 새로운 값**을 클릭한다.

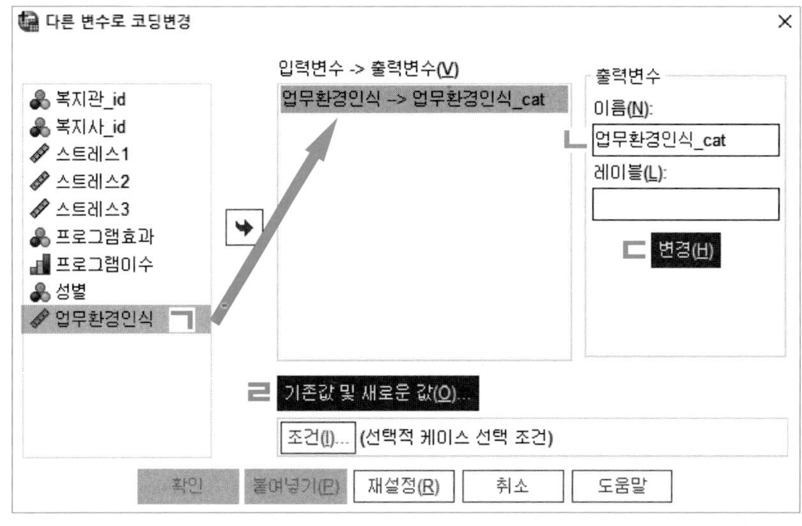

창이 열리면,

ㄱ: 기존값의 최저값에서 다음 값까지 범위에 '업무환경인식'의 제1사분위수 직전값인 −0.519를 써 주고

ㄴ: 새로운 값의 값에 0을 써 준 후

ㄷ: 추가를 누른다. 오른쪽 박스를 보면 '업무환경인식'의 최젓값에서 −0.519까지가 '업무환경인식_cat'에서 0으로 리코드되는 것을 볼 수 있다.

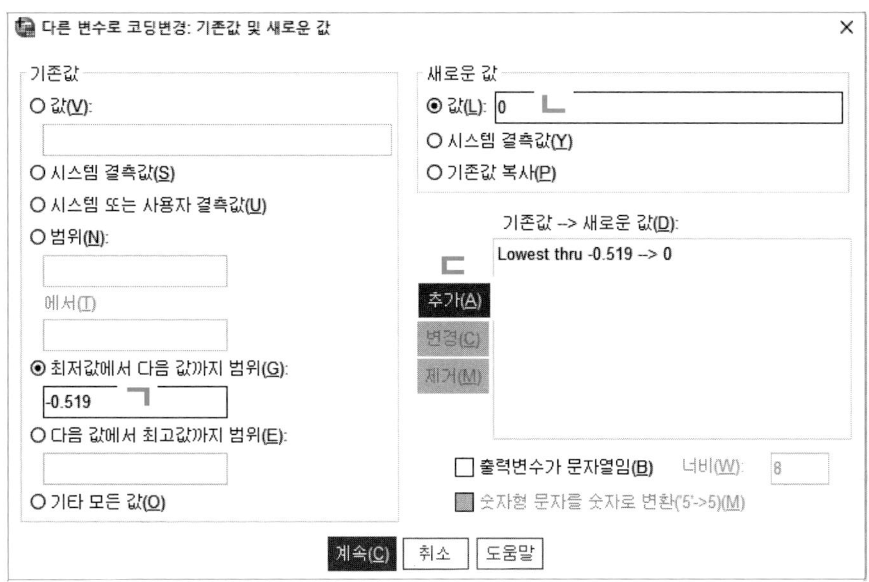

같은 창에서,

ㄱ: 기존값의 범위에 '업무환경인식'의 제1사분위 값과 제2사분위 직전값인 −0.520과 0.029를 각각 써 주고

ㄴ: 새로운 값의 값에 1을 써 준 후

ㄷ: 추가를 누른다. 오른쪽 박스를 보면 '업무환경인식'의 −0.520에서 0.029까지가 '업무환경인식_cat'에서 1로 리코드되는 것을 볼 수 있다.

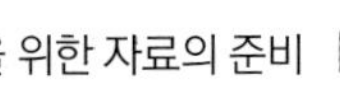

다른 변수로 코딩변경: 기존값 및 새로운 값

기존값
○ 값(V):
○ 시스템 결측값(S)
○ 시스템 또는 사용자 결측값(U)
◉ 범위(N): ㄱ
-0.520
에서(T)
0.029
○ 최저값에서 다음 값까지 범위(G):
○ 다음 값에서 최고값까지 범위(E):
○ 기타 모든 값(O)

새로운 값
◉ 값(L): 1 ㄴ
○ 시스템 결측값(Y)
○ 기존값 복사(P)

기존값 --> 새로운 값(D):
Lowest thru -0.519 --> 0
-0.520 thru 0.029 --> 1

ㄷ
추가(A)
변경(C)
제거(M)

☐ 출력변수가 문자열임(B) 너비(W): 8
☐ 숫자형 문자를 숫자로 변환('5'->5)(M)

계속(C) 취소 도움말

마찬가지 작업을 '업무환경인식'의 제2사분위 값과 제3사분위 직전값인 0.030과 0.609를 대상으로 한 번 더 진행한다. 리코드되는 값은 2로 써 준다. 해당 작업에 대한 그림 설명은 생략한다.

같은 창을 유지하면서,

ㄱ: 기존값의 다음 값에서 최고값까지 범위에 '업무환경인식'의 제3사분위 값인 0.610을 써 주고

ㄴ: 새로운 값의 값에 3을 써 준 후

ㄷ: 추가를 누른다. 오른쪽 박스를 보면 '업무환경인식'의 0.610부터 최곳값까지가 '업무환경인식_cat'에서 3으로 리코드되는 것을 볼 수 있다.

ㄹ: 계속을 클릭한다.

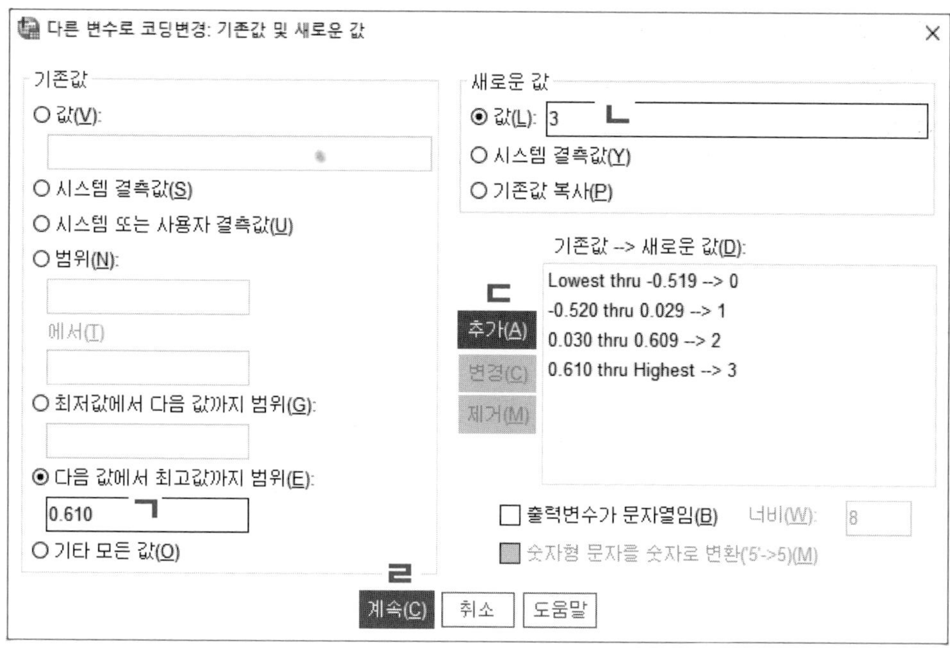
다른 변수로 코딩변경: 기존값 및 새로운 값
기존값
값(V):
시스템 결측값(S)
시스템 또는 사용자 결측값(U)
범위(N):
에서(T)
최저값에서 다음 값까지 범위(G):
다음 값에서 최고값까지 범위(E):
0.610
ㄱ
기타 모든 값(O)
새로운 값
값(L): 3
ㄴ
시스템 결측값(Y)
기존값 복사(P)
기존값 --> 새로운 값(D):
ㄷ
추가(A)
변경(C)
제거(M)
Lowest thru -0.519 --> 0
-0.520 thru 0.029 --> 1
0.030 thru 0.609 --> 2
0.610 thru Highest --> 3
출력변수가 문자열임(B)
너비(W): 8
숫자형 문자를 숫자로 변환('5'->5)(M)
ㄹ
계속(C)
취소
도움말

확인을 클릭한다.

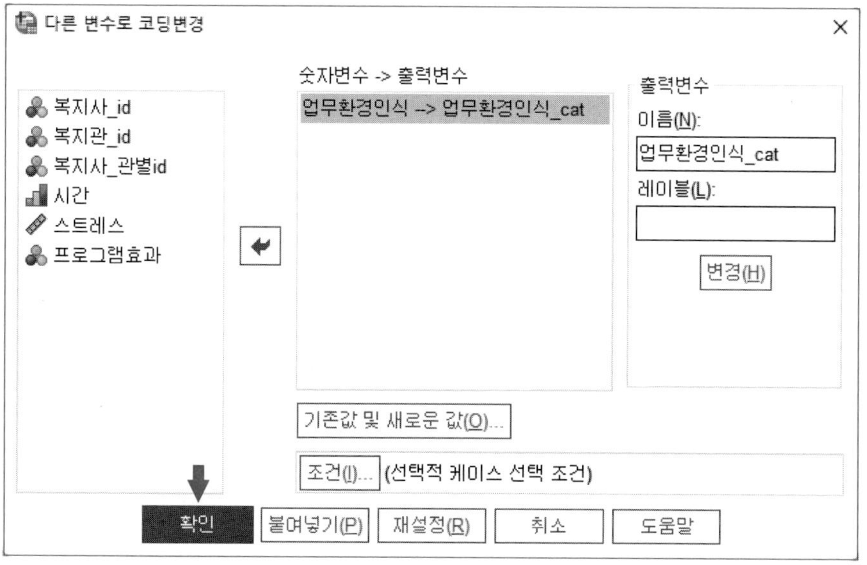
다른 변수로 코딩변경
복지사_id
복지관_id
복지사_관별id
시간
스트레스
프로그램효과
숫자변수 -> 출력변수
업무환경인식 --> 업무환경인식_cat
출력변수
이름(N):
업무환경인식_cat
레이블(L):
변경(H)
기존값 및 새로운 값(O)...
조건(I)...
(선택적 케이스 선택 조건)
확인
붙여넣기(P)
재설정(R)
취소
도움말

데이터 보기 탭을 클릭하여 데이터 창을 열어 보면, '업무환경인식_cat'이라는 범주변인이 새로 생성됐고, 그 값은 연속변수인 '업무환경인식'의 본래 값들을 사분위수에 따라 0, 1, 2, 3으로 리코드한 것임을 확인할 수 있다.

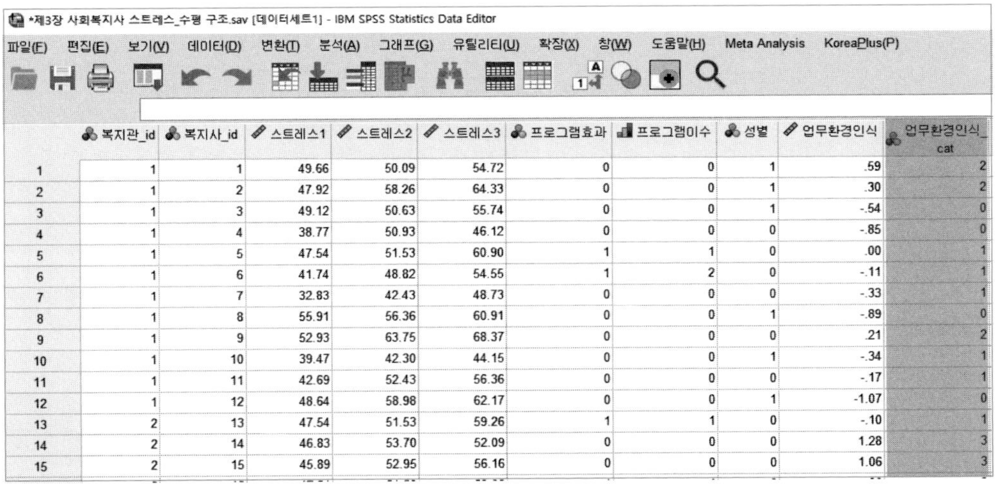

*제3장 사회복지사 스트레스_수평 구조.sav [데이터세트1] - IBM SPSS Statistics Data Editor

파일(F) 편집(E) 보기(V) 데이터(D) 변환(T) 분석(A) 그래프(G) 유틸리티(U) 확장(X) 창(W) 도움말(H) Meta Analysis KoreaPlus(P)

	복지관_id	복지사_id	스트레스1	스트레스2	스트레스3	프로그램효과	프로그램이수	성별	업무환경인식	업무환경인식_cat
1	1	1	49.66	50.09	54.72	0	0	1	.59	2
2	1	2	47.92	58.26	64.33	0	0	1	.30	2
3	1	3	49.12	50.63	55.74	0	0	1	-.54	0
4	1	4	38.77	50.93	46.12	0	0	0	-.85	0
5	1	5	47.54	51.53	60.90	1	1	0	.00	1
6	1	6	41.74	48.82	54.55	1	2	0	-.11	1
7	1	7	32.83	42.43	48.73	0	0	0	-.33	1
8	1	8	55.91	56.36	60.91	0	0	1	-.89	0
9	1	9	52.93	63.75	68.37	0	0	0	.21	2
10	1	10	39.47	42.30	44.15	0	0	1	-.34	1
11	1	11	42.69	52.43	56.36	0	0	0	-.17	1
12	1	12	48.64	58.98	62.17	0	0	1	-1.07	0
13	2	13	47.54	51.53	59.26	1	1	0	-.10	1
14	2	14	46.83	53.70	52.09	0	0	0	1.28	3
15	2	15	45.89	52.95	56.16	0	0	0	1.06	3

2) 변수 계산(Compute)

Compute는 새로운 수치변수를 생성하거나 기존 문자변수 혹은 수치변수의 값을 수정하는 명령어이다. 다음에서는 3회 반복 측정한 사회복지사 '스트레스' 점수 평균을 계산하여 그 값을 새로운 변인에 저장하는 연습을 해 보자.

예제파일 〈제3장 사회복지사 스트레스_수평 구조.sav〉를 열어 **변환** 메뉴에서 **변수 계산**을 선택한다.

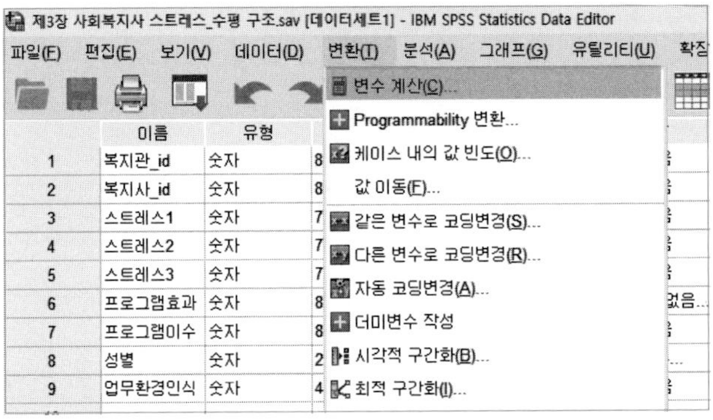

제3장 사회복지사 스트레스_수평 구조.sav [데이터세트1] - IBM SPSS Statistics Data Editor

파일(F) 편집(E) 보기(V) 데이터(D) 변환(T) 분석(A) 그래프(G) 유틸리티(U) 확장

	이름	유형
1	복지관_id	숫자
2	복지사_id	숫자
3	스트레스1	숫자
4	스트레스2	숫자
5	스트레스3	숫자
6	프로그램효과	숫자
7	프로그램이수	숫자
8	성별	숫자
9	업무환경인식	숫자

변수 계산(C)...
Programmability 변환...
케이스 내의 값 빈도(O)...
값 이동(F)...
같은 변수로 코딩변경(S)...
다른 변수로 코딩변경(R)...
자동 코딩변경(A)...
더미변수 작성
시각적 구간화(B)...
최적 구간화(I)...

창이 뜨면,

ㄱ: 목표변수에 '스트레스_평균'을 기입한다.

ㄴ: 함수 집단에서 통계를 찾아 클릭하고

ㄷ: 함수 및 특수변수에서 Mean을 찾아 클릭한다.

ㄹ: 화살표 아이콘을 누르면 MEAN(?,?)이 숫자표현식 박스에 뜬다.

ㅁ: 왼쪽 변인 목록에서 '스트레스1', '스트레스2', '스트레스3'을 선택해 오른쪽 숫자표현식의 괄호 안에 차례대로 넣어 준다. 변인 사이에 쉼표(,)가 반드시 들어가도록 주의해서 기입한다.

ㅂ: 확인을 클릭한다.

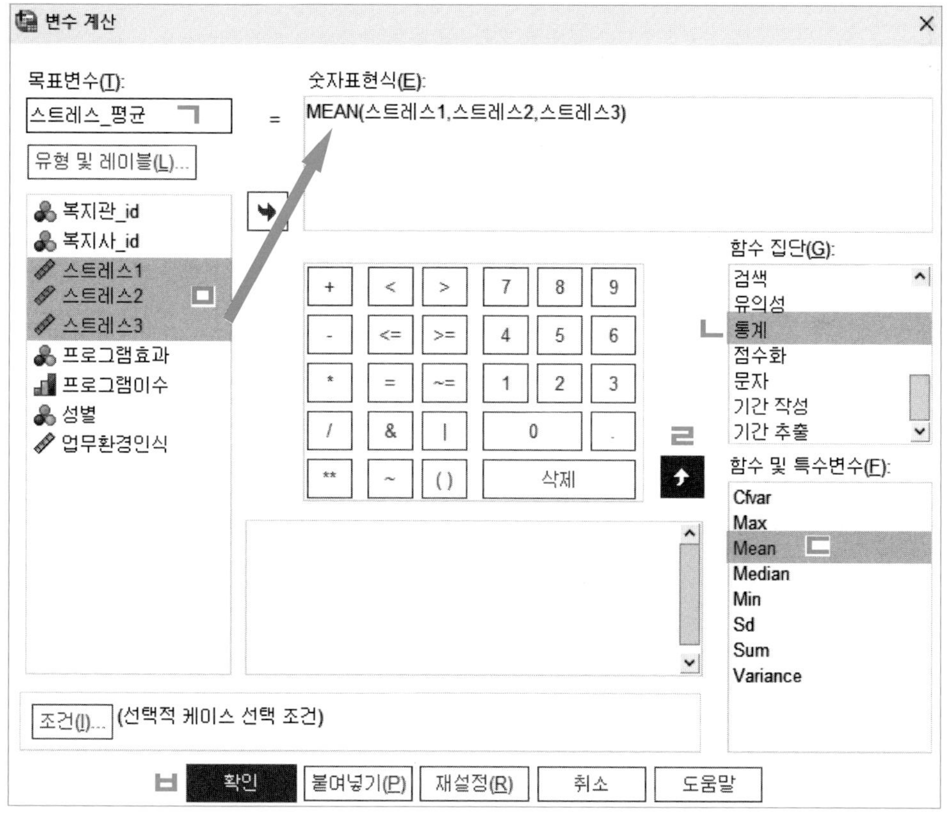

데이터 보기 탭을 클릭하여 데이터 창을 열어 보면, '스트레스_평균'이라는 변인이 새로 생성됐고, 그 값은 '스트레스1', '스트레스2', '스트레스3'의 평균이라는 점을 확인할 수 있다.

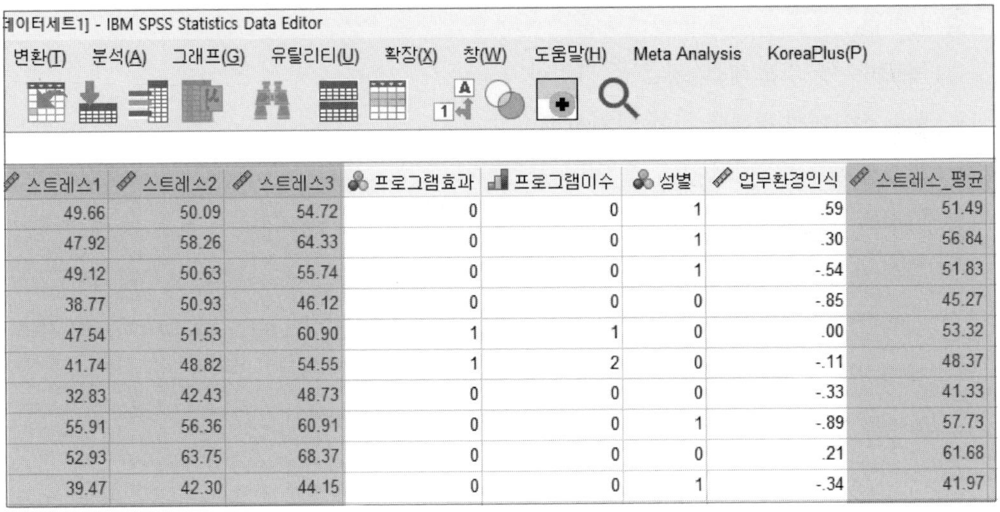

|데이터세트1] - IBM SPSS Statistics Data Editor

변환(T) 분석(A) 그래프(G) 유틸리티(U) 확장(X) 창(W) 도움말(H) Meta Analysis KoreaPlus(P)

스트레스1	스트레스2	스트레스3	프로그램효과	프로그램이수	성별	업무환경인식	스트레스_평균
49.66	50.09	54.72	0	0	1	.59	51.49
47.92	58.26	64.33	0	0	1	.30	56.84
49.12	50.63	55.74	0	0	1	-.54	51.83
38.77	50.93	46.12	0	0	0	-.85	45.27
47.54	51.53	60.90	1	1	0	.00	53.32
41.74	48.82	54.55	1	2	0	-.11	48.37
32.83	42.43	48.73	0	0	0	-.33	41.33
55.91	56.36	60.91	0	0	1	-.89	57.73
52.93	63.75	68.37	0	0	0	.21	61.68
39.47	42.30	44.15	0	0	1	-.34	41.97

3) 파일 합치기(Match Files)

SPSS를 이용하여 다층분석 연구를 수행하다 보면, 하위수준 변인과 상위수준 변인들이 잘 정돈, 대응되어 하나의 데이터파일로 주어져 있을 때도 있지만, 하위수준 변인을 담은 데이터파일 따로, 상위수준 변인을 담은 데이터파일 따로, 전부 산재한 상태로 주어질 때도 적지 않다는 것을 종종 경험할 것이다. 이는 자료의 출처가 달라 나타나는 현상이다.

가령 서울 시민의 사회서비스 이용 행태에 관한 다층분석 연구를 수행한다고 했을 때, 연구자가 관심 있어 하는 다양한 개인 수준, 즉 제1수준 데이터는 서울복지패널에, 자치구(집단) 수준, 즉 제2수준 데이터는 서울서베이에 분리되어 존재하는 경우가 이에 해당한다.

이렇게 하나의 데이터세트가 아닌, 분리된 데이터세트를 갖고서는 SPSS에서 다층분석을 실시할 수 없다. SPSS의 기술적 설정상, 다층분석을 하려면 하나의 데이터파일 안에 상하위수준 변인들이 반드시 함께 들어가 있어야 하며, 이것이 하나의 데이터세트 안에서 다루어질 수 있어야만 한다.

다음에서는 별개의 자료원에서 얻은, 수준이 다른 변인들을 포함한 두 개의 데이터파일을 합쳐 하나의 다층분석용 데이터파일로 만드는 방법을 SPSS Match Files 명령어의 adding variables(변수 추가) 옵션을 통해 공부해 보기로 한다.[3]

---

3) Match Files 명령어에는 본래 두 가지 옵션이 있다. 하나는 똑같은 변인을 공유하는 두 개 데이터파일의 사례를 합치는 옵션(adding cases, 케이스 추가), 다른 하나는 사례는 건드리지 않고 서로 다른 변인을 담은 두 개의 데이터파일을 합쳐 결과적으로 변인을 추가하는 옵션(adding variables, 변수 추가)이다. 지금 여기서는

adding variables 옵션을 통해 두 개의 데이터파일을 하나로 합칠 때는 각 파일 안에 이름이 같은 기준변인(merge key variable)이 반드시 공통되게 들어가 있어야만 한다. 이 기준변인은 하위수준 변인(들)이 포함된 데이터파일과 상위수준 변인(들)이 포함된 데이터파일을 잇는 연결 고리 역할을 담당하며, 따라서 모든 파일에서 그 이름이 같아야만 한다. 명칭이 다르면 SPSS는 해당 변인을 기준변인으로 인식하지 못하며, Match Files 명령어는 실행될 수 없다.

실습에는 두 개의 예제파일을 활용한다. 하나는 사회복지사 개인에 관한 정보를 담은 제1수준 데이터파일 〈제3장 사회복지사 스트레스_수평 구조.sav〉, 다른 하나는 사회복지관에 관한 정보를 담은 제2수준 데이터파일 〈제3장 사회복지관 조직문화.sav〉이다.

먼저 〈제3장 사회복지관 조직문화.sav〉 파일을 연다. 그다음 〈제3장 사회복지관 스트레스_수평 구조.sav〉 파일을 연다.[4] 파일을 순서대로 열었으면 〈제3장 사회복지관 스트레스_수평 구조.sav〉가 열린 창 화면에서 **데이터** 메뉴의 **파일 합치기**, **변수 추가**를 차례로 선택한다.

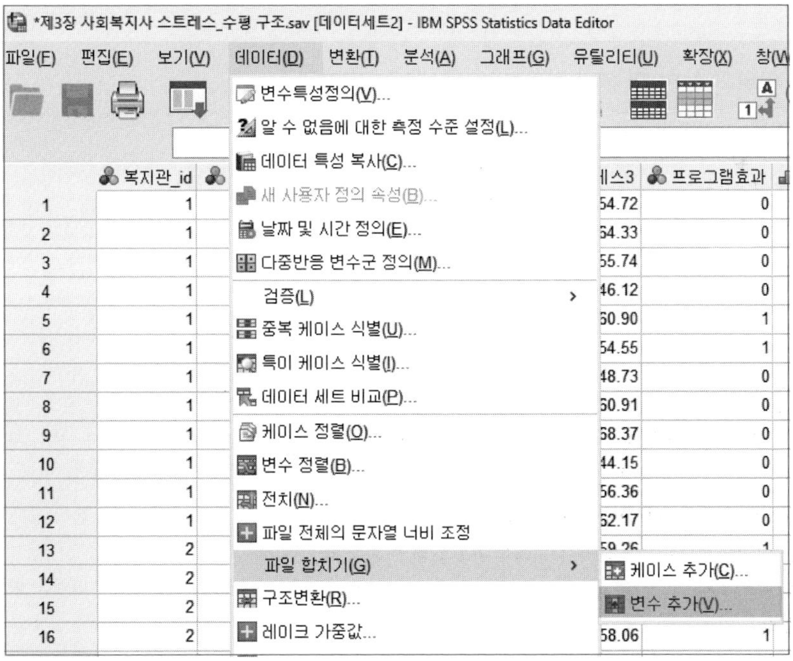

출처가 다르고 수준이 다른 변인을 담은 서로 다른 데이터파일을 하나로 합치는 것에 대해 얘기하고 있다. 즉, 변수 추가에 관해 얘기를 하는 중이다. 다층분석을 위한 자료 준비 과정에는 Match Files 명령어의 바로 이 변수 추가 옵션만 활용한다.

4) 파일 여는 순서를 반드시 지킨다.

변수 추가 창이 뜨면,

ㄱ: 열려 있는 데이터 세트가 디폴트로 선택되어 있는 것을 확인하고[5], [6]

ㄴ: 제3장 사회복지관 조직문화.sav를 클릭한 다음

ㄷ: 계속을 누른다.

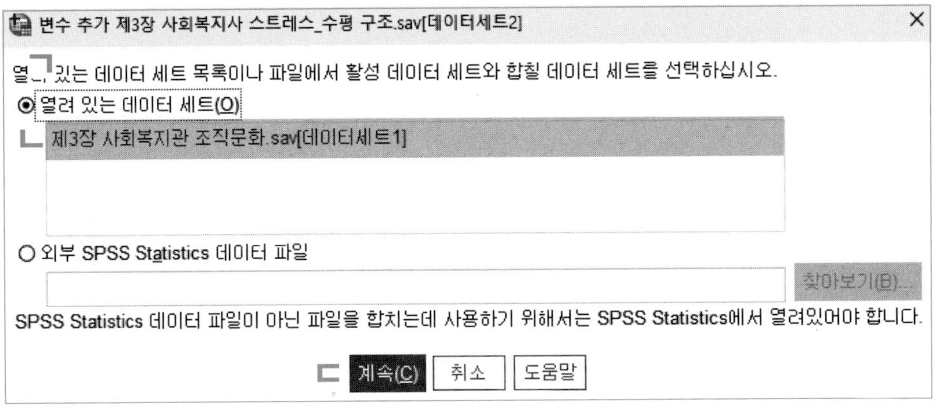

변수 추가 제3장 사회복지사 스트레스_수평 구조.sav[데이터세트2]

열려 있는 데이터 세트 목록이나 파일에서 활성 데이터 세트와 합칠 데이터 세트를 선택하십시오.

ㄱ ◉ 열려 있는 데이터 세트(O)

ㄴ 제3장 사회복지관 조직문화.sav[데이터세트1]

○ 외부 SPSS Statistics 데이터 파일

찾아보기(B)...

SPSS Statistics 데이터 파일이 아닌 파일을 합치는데 사용하기 위해서는 SPSS Statistics에서 열려있어야 합니다.

ㄷ 계속(C) 취소 도움말

변수 추가 위치 창이 뜨면 합치기 방법 탭에서

ㄱ: 키 값을 기반으로 하는 일대다 합치기[7]를 선택하고

ㄴ: 검색 표 선택에서 데이터세트1[8]을 체크한다.

---

5) 열려 있는 데이터 세트란 현재 화면에서 보고 있는 활성화된 데이터세트(active dataset)가 아닌, 사용자가 열어는 놓았으나 현재 화면에서 보고 있지 않은 비활성(non-active) 데이터세트를 의미한다. 현재 〈제3장 사회복지관 조직문화.sav〉를 화면에서 보고 있지는 않지만 종료하지 않고 뒷배경에 열어 놓은 상태이기 때문에 여기서는 이 데이터파일의 데이터세트가 비활성화된 열려 있는 데이터 세트가 된다.

6) 만약 데이터세트가 아닌 데이터파일을 병합하고자 한다면, 외부 SPSS Statistics 데이터 파일을 클릭해서 외부 데이터파일을 가져온다.

7) 다수의 사회복지사에 대한 제1수준 데이터와 그보다 적은 숫자의 사회복지관에 관한 제2수준 데이터를 병합하는 작업을 진행 중이다. 그러므로 일대다 합치기를 선택한다. 만약 일대일 합치기를 선택하면 제1수준 사회복지사 데이터 쪽에서 매칭되지 못한 셀들이 생기게 되고, 이에 따라 최종 병합된 데이터세트에는 다수의 결측치가 발생하게 된다.

8) 비활성화된 데이터세트를 선택해 주면 된다. 여기서는 〈제3장 사회복지관 조직문화.sav〉가 비활성 데이터세트이다. 활성화된 데이터세트를 선택하면 기준변인이 식별되지 않아 병합을 할 수 없다.

ㄷ: 그다음, 합치기 전에 키 값 기준으로 파일 정렬[9])을 선택하고

ㄹ: 기준변수[10])로 '복지관_id'를 선택한다.

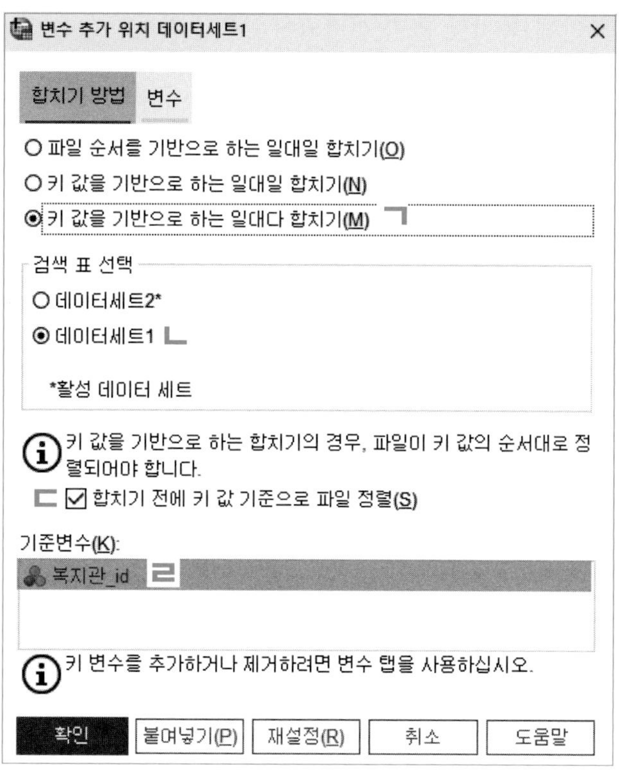

9) Match Files를 하기 전에 반드시 기준변인을 이용해서 합치고자 하는 파일들의 케이스 정렬(sorting)을 해 주어야만 한다. 구버전 SPSS에서는 Match Files 실행 전에 케이스 정렬을 따로 해 주어야만 했는데, 최신 버전 SPSS에서는 ㄷ 옵션이 추가되어 사용자 편의성이 높아졌다.

10) 기준변인은 서로 다른 두 개 파일을 연결해 주는 고리 역할을 맡는다. 따라서 각 파일에 반드시 똑같은 이름으로 들어가 있어야만 한다.

다음으로,

ㄱ: 합치기 방법 옆의 변수 탭을 클릭해서

ㄴ: 제외된 변수가 없음을 확인하고[11]

ㄷ: 기준변수 박스 안에 '복지관_id'가 선택되어 있음을 확인한 다음

ㄹ: 확인을 클릭한다.

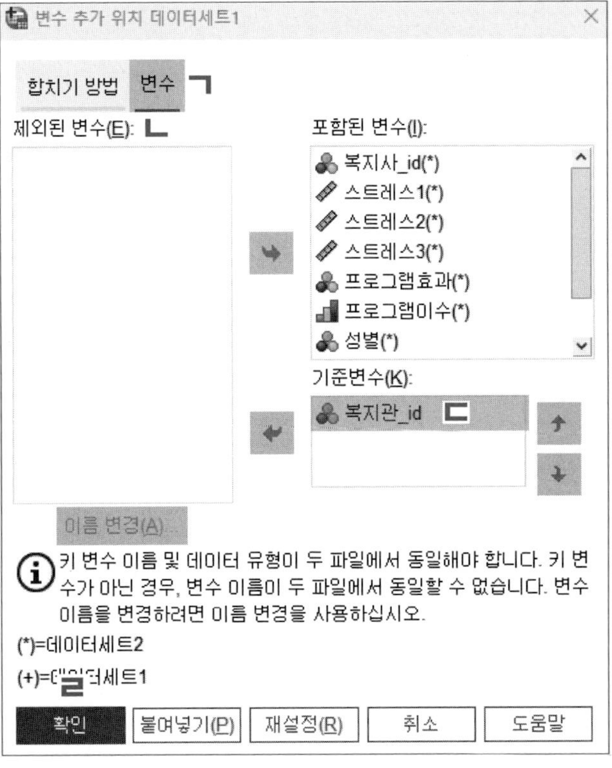

11) 최종 병합된 데이트세트에서 제외하고 싶은 변인이 있다면 이 단계에서 제외한다. 굳이 제외할 필요가 없다면 여기서와 같이 비워 둔다.

활성화된 데이터세트로 되돌아와 데이터 보기 탭을 클릭하여 창을 열어 보면, 〈제3장 사회복지관 조직문화.sav〉에 들어 있던 변인('조직문화')이 기준변인('복지관_id')에 따라 〈제3장 사회복지사 스트레스_수평 구조.sav〉 맨 마지막 열에 추가된 것을 볼 수 있다.

*제3장 사회복지사 스트레스_수평 구조.sav [데이터세트2] - IBM SPSS Statistics Data Editor

파일(F) 편집(E) 보기(V) 데이터(D) 변환(T) 분석(A) 그래프(G) 유틸리티(U) 확장(X) 창(W) 도움말(H) Meta Analysis KoreaPlus(P)

	복지관_id	복지사_id	스트레스1	스트레스2	스트레스3	프로그램효과	프로그램이수	성별	업무환경인식	조직문화
1	1	1	49.66	50.09	54.72	0	0	1	.59	-.60326
2	1	2	47.92	58.26	64.33	0	0	1	.30	-.60326
3	1	3	49.12	50.63	55.74	0	0	1	-.54	-.60326
4	1	4	38.77	50.93	46.12	0	0	0	-.85	-.60326
5	1	5	47.54	51.53	60.90	1	1	0	.00	-.60326
6	1	6	41.74	48.82	54.55	1	2	0	-.11	-.60326
7	1	7	32.83	42.43	48.73	0	0	0	-.33	-.60326
8	1	8	55.91	56.36	60.91	0	0	1	-.89	-.60326
9	1	9	52.93	63.75	68.37	0	0	0	.21	-.60326
10	1	10	39.47	42.30	44.15	0	0	1	-.34	-.60326
11	1	11	42.69	52.43	56.36	0	0	0	-.17	-.60326
12	1	12	48.64	58.98	62.17	0	0	1	-1.07	-.60326
13	2	13	47.54	51.53	59.26	1	1	0	-.10	-.65142
14	2	14	46.83	53.70	52.09	0	0	0	1.28	-.65142
15	2	15	45.89	52.95	56.16	0	0	0	1.06	-.65142
16	2	16	47.54	51.53	58.06	1	1	0	.80	-.65142

병합된 데이터에서 눈여겨보아야 할 부분은, 모든 사례에서 사회복지사 개인에 관한 정보(제1수준 자료)는 다르지만, 소속 사회복지관에 관한 정보(제2수준 자료)는 똑같이 공유된다는 점이다. 가령 사회복지사 1번부터 12번까지의 '스트레스' 점수나 '성별' 등 개인 인적 사항은 다르지만, 이들이 속한 1번 사회복지관의 기관정보인 '조직문화' 점수는 −0.60326으로 다 같고, 사회복지사 13번부터 25번까지의 '스트레스' 점수나 '성별' 등 개인 인적 사항은 마찬가지로 다르지만, 이들이 속한 2번 사회복지관의 기관정보인 '조직문화' 점수는 −0.65142로 다 같다. 수준이 다른 변인을 포함한 서로 다른 데이터파일을 위와 같이 하나로 합치면, 연구자는 개인(제1수준) 자료에 집단(제2수준) 자료가 얹혀 있다는 것, 즉 하나의 데이터파일 안에 데이터가 층별로 구분되어 있음을 시각적으로 확인 가능하다.

병합이 완료된 데이터세트는 새롭게 이름을 지정하여 작업 폴더에 저장해 준다. 파일로 가서 데이터를 다른 이름으로 저장을 누른 후, 새롭게 만들어진 데이터세트를 〈제3장 사회복지사 스트레스_수평 구조_사회복지관 조직문화 병합.sav〉로 저장해 준다.

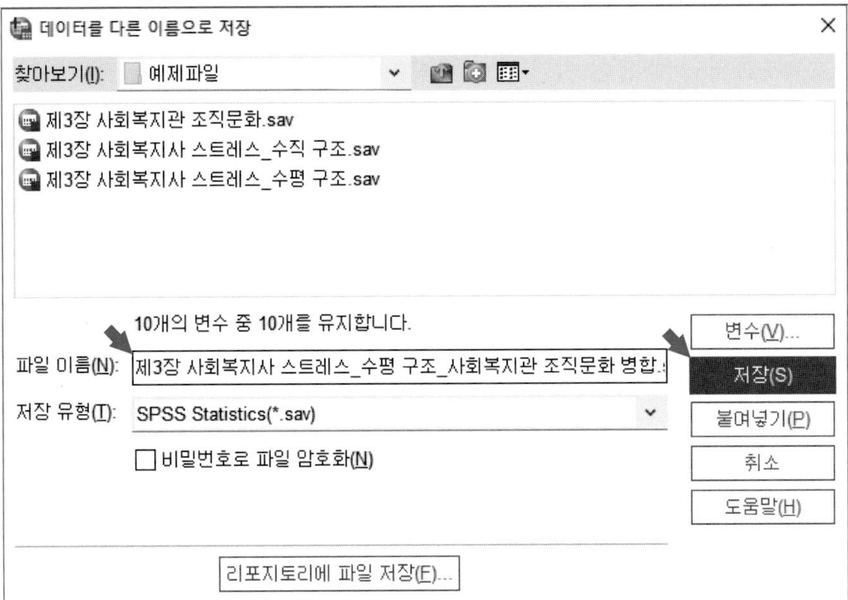

4) 데이터 통합(Aggregate)

다층분석을 하다 보면 Aggregate 명령어를 꽤 빈번하게 사용하게 된다. 이는 다층분석이 구성효과(compositional effect)의 검증에 최적화된 분석기법이기 때문이다. 구성효과란 하위수준에 존재하는 개인들의 개별적 특성이 기계적으로 합쳐졌을 때 발생하는 효과로서, 개인의 개별적 특성으로 환원될 수 있는 집단 특성에서 비롯되는 상위수준의 효과를 가리킨다(김욱진, 2015; Diez, 2002; Pickett & Pearl, 2001).

구성효과는 어떤 한 집단에 소속된 개인들의 행동적 혹은 심리적 결과가 집단적 수준에서 어떤 특징적 모습을 나타낸다면, 이는 애당초 그 집단에 그와 같은 행동적, 심리적 특징을 강하게 드러내는 개인이 많이 몰려 있기 때문이라고 보는 것과 관련된 개념이다. 예컨대, A 지역과 B 지역의 심장병 발병률이 유의미하게 다른 상황을 가정해 보자. 이유를 조사해 보았더니 A는 은퇴한 70대 이상 노인이 다수를 차지하는 지역이었고, B는 20대 초반의 대학생들이 다수를 차지하는 지역인 것으로 드러났다. 이러한 경우 A 지역과 B 지역의 심장병 발병률이 차이를 보이는 까닭은 A 지역 혹은 B 지역에 내재한 고유하고 독특한 속성 때문이 아닌, 심장병 발병률이 원래 높은 개인들이 A 지역에 집중적으로 몰려 있기 때문에, 그리고 심장병 발병률이 원래 낮은 개인들이 B 지역에 집중적으로 몰려 있기 때문이라고 설명할 수 있다. 이처럼 집단의 고유하고 독특한 특성 그 자체에서 비롯된 집단 효과가 아닌, 집단을 구성하는 개개인이 보유한 개별적 특성에서 비롯되는 집단 효과를 구성효과라고 한다.

이와 대조적으로 맥락효과(contextual effect)라는 개념이 있다. 맥락효과란 어떤 한 집단에 소속된 개인들의 행동적 혹은 심리적 결과가 집단적 수준에서 어떤 특징적 모습을 띤다면, 그 이유가 해당 집단이 자체적으로 보유한 독특하고 고유한 속성 때문이라고 보는 것과 관련된 개념이다. 예를 들어, 만약 A 지역과 B 지역의 폐암 발병률에 유의미한 차이가 있어 그 이유를 조사해 보았더니, A 지역에는 유해 물질을 뿜어내는 굴뚝 공장이 여러 개 준설돼 있던 반면, B 지역에는 공원 등 삼림이 울창한 것이 주된 이유로 판명되었다고 가정해 보자. 이러한 경우 두 지역의 폐암 발병률에 유의미한 차이가 나는 것은 각 지역에 거주하는 개개 주민들의 어떤 특징적인 속성 차이에서 기인했다기보다, 해당 지역 자체가 가진 고유하고 독특한 특성 차이에서 기인했다고 보는 것이 타당하다. 이처럼 집단을 구성하는 개개인이 보유한 개별적 특성에서 비롯되는 집단 효과가 아닌, 집단의 고유하고 독특한 특성 그 자체에서 비롯되는 집단 효과를 맥락효과라고 한다.

Aggregate 명령어는 복수 집단의 개별 사례들을 단순 요약 사례들로 통합하고, 통합된 사례들에서 나온 정보를 토대로 새로운 변수를 생성하거나 새 데이터세트 혹은 새 파일을 만드는 기능을 수행한다. 그래서 다층분석에서 주로 보는 구성효과를 나타내는 변인을 생성하는 작업에 유용하고 빈번하게 활용된다. Aggregate 명령어를 이용해 만든 생성변인은 보통 뭔가를 합쳤다는 의미를 담고 있어서 총량변인 또는 집계변인(aggregate variable)이라는 이름으로 부르기도 한다.

다음에서는 Aggregate 명령어를 연습해 보는 차원에서, 사회복지관별 사회복지사들의 '성별'과 '업무환경인식' 평균을 구하고, 그 결과를 기존 데이터세트에 첨가하는 작업을 수행해 보고자 한다. '성별'과 '업무환경인식' 평균을 사회복지관별로 구하기 위해서는 구분변인(break variable)이 필요하다. 여기서는 '복지관_id'를 구분변인으로 활용한다.

앞서 병합을 마친 후 다른 이름으로 저장한 예제파일 〈제3장 사회복지사 스트레스_수평 구조_사회복지관 조직문화 병합.sav〉를 열어 **데이터** 메뉴에서 **데이터 통합**을 선택한다.

창이 뜨면,

ㄱ: 왼쪽 변인 목록에서 '복지관_id'를 선택해 오른쪽 구분변수 칸으로 옮긴다.

ㄴ: 왼쪽 변인 목록에서 '성별'과 '업무환경인식'을 선택해 오른쪽 통합변수 내 변수 요약 칸으로 옮긴다. 함수를 따로 설정하지 않아도 '성비=MEAN(성별)'과 '업무환경인식_mean=MEAN(업무환경인식)'이 디폴트로 자동 설정될 것이다. 여기서는 사회복지관별 '성별' 평균과 사회복지사들의 '업무환경인식' 평균을 구하는 것이 목적이므로, 디폴트를 건드리지 말고 그대로 놓아둔다.

ㄷ: 변수 이름 및 레이블을 눌러서 '성별_mean'과 '업무환경인식_mean'의 변수명을 각각 '성비', '업무환경인식_평균'으로 바꿔 준다.

ㄹ: 확인을 클릭한다.

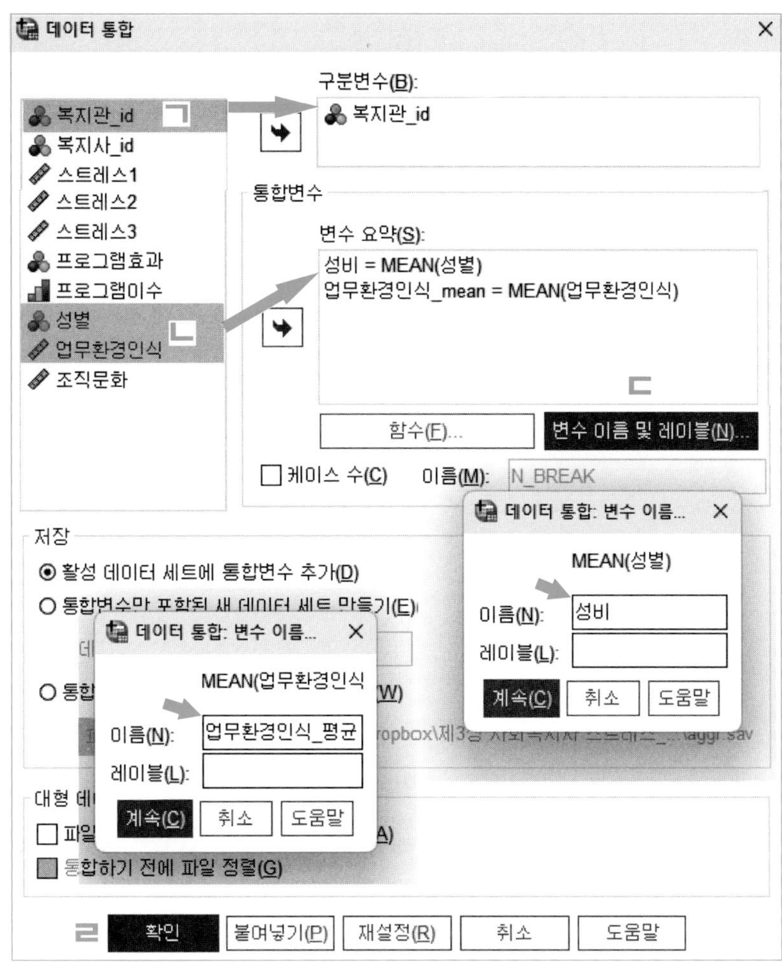

데이터 보기 탭을 클릭하여 데이터 창을 열어 보면, '성비'와 '업무환경인식_평균'이라는 총량변인이 새로 생성되어 각 행의 맨 오른쪽에 추가된 것을 볼 수 있다. 구체적으로, 1번 사회복지관의 성별 비율은 남녀가 반반이고(0.5) 업무환경인식의 평균 점수는 −0.27이다. 1번 사회복지관에 소속된 12명의 사회복지사는 이러한 집단 정보를 모두 똑같이 공유한다. 다음으로, 2번 사회복지관은 전원 남성으로 이루어졌고(0.0) 업무환경인식 평균 점수는 0.68이다. 2번 사회복지관에 소속된 13명의 사회복지사는 이러한 집단 정보를 모두 똑같이 공유한다. 이는 앞의 '조직문화'와 마찬가지로 '성비'와 '업무환경인식_평균' 역시 사회복지관(제2수준) 변인이고 사회복지사 개인(제1수준) 자료에 얹혀 있다는 것, 다시 말해 하나의 데이터 파일 안에 데이터가 층별로 구분되어 있다는 것을 시각적으로 확인시켜 준다.

	복지관_id	복지사_id	스트레스1	스트레스2	스트레스3	프로그램효과	프로그램이수	성별	업무환경인식	조직문화	성비	업무환경인식_평균
1	1	1	49.66	50.09	54.72	0	0	1	.59	-.60326	.50	-.27
2	1	2	47.92	58.26	64.33	0	0	1	.30	-.60326	.50	-.27
3	1	3	49.12	50.63	55.74	0	0	1	-.54	-.60326	.50	-.27
4	1	4	38.77	50.93	46.12	0	0	0	-.85	-.60326	.50	-.27
5	1	5	47.54	51.53	60.90	1	1	0	.00	-.60326	.50	-.27
6	1	6	41.74	48.82	54.55	1	2	0	-.11	-.60326	.50	-.27
7	1	7	32.83	42.43	48.73	0	0	0	-.33	-.60326	.50	-.27
8	1	8	55.91	56.36	60.91	0	0	1	-.89	-.60326	.50	-.27
9	1	9	52.93	63.75	68.37	0	0	0	.21	-.60326	.50	-.27
10	1	10	39.47	42.30	44.15	0	0	1	-.34	-.60326	.50	-.27
11	1	11	42.69	52.43	56.36	0	0	0	-.17	-.60326	.50	-.27
12	1	12	48.64	58.98	62.17	0	0	1	-1.07	-.60326	.50	-.27
13	2	13	47.54	51.53	59.26	1	1	0	-.10	-.65142	.00	.68
14	2	14	46.83	53.70	52.09	0	0	0	1.28	-.65142	.00	.68
15	2	15	45.89	52.95	56.16	0	0	0	1.06	-.65142	.00	.68
16	2	16	47.54	51.53	58.06	1	1	0	.80	-.65142	.00	.68
17	2	17	34.11	51.72	43.65	0	0	0	.73	-.65142	.00	.68
18	2	18	47.54	51.53	60.87	1	1	0	.13	-.65142	.00	.68
19	2	19	40.04	35.03	34.99	0	0	0	.68	-.65142	.00	.68
20	2	20	36.94	43.72	48.66	0	0	0	.92	-.65142	.00	.68
21	2	21	29.58	40.52	37.41	0	0	0	.81	-.65142	.00	.68
22	2	22	62.91	72.84	67.57	1	3	0	.52	-.65142	.00	.68
23	2	23	45.64	29.42	52.45	0	0	0	.46	-.65142	.00	.68
24	2	24	47.56	51.58	50.05	1	1	0	.55	-.65142	.00	.68
25	2	25	47.56	51.58	53.25	1	1	0	1.00	-.65142	.00	.68
26	3	26	44.94	49.97	55.60	0	0	1	-.30	-.81194	.61	-.55
27	3	27	52.69	69.16	69.89	0	0	1	-.65	-.81194	.61	-.55
28	3	28	42.10	43.42	54.22	0	0	1	-.45	-.81194	.61	-.55
29	3	29	49.29	57.56	59.51	0	0	1	-.10	-.81194	.61	-.55
30	3	30	47.56	51.58	57.74	1	1	1	-.29	-.81194	.61	-.55
31	3	31	47.56	51.58	60.78	1	1	0	-1.65	-.81194	.61	-.55

다시 한번 강조하지만, Aggregate 명령어로 생성한 '성비'와 '업무환경인식_평균'은 사회복지관 차원의 제2수준 변인이긴 하나, 복지관 자체의 고유한 속성을 드러낸다기보다 복지관을 구성하는 사회복지사 개인들의 개별적 특성으로 환원이 가능한, 구성효과를 보여 주는 변인들로 이해해야만 한다.

작업을 완료하였으면 **파일**로 가서 **저장**을 눌러 〈제3장 사회복지사 스트레스_수평 구조_사회복지관 조직문화 병합.sav〉를 갱신해 준다.

5) 구조변환(Varstocases)

다층분석 자료는 집단(상위수준)에 관한 정보와 집단에 소속된 개인(하위수준)에 관한 정보로 구성되어 있다. 이렇게 수준별로 구분된 다층분석 자료를 SPSS의 데이터 창에서 열어보면 그 구조가 외형상 수평적(horizontal) 형태를 띤다는 것을 알 수 있다. 여기서 수평적이라 함은 데이터 창의 행(row)에는 사례(case)가, 열(column)에는 수준별 변인이 나열되고, 행과 열이 교차하는 셀(cell)에는 각 사례에서 측정된 수준별 변인들의 속성값이 채워진 형상을 띤다는 것을 뜻한다.

앞서 살펴본 86쪽 그림의 데이터세트가 이러한 수평적 배열을 예시한다. 국내외 저명 패널자료를 포함하여 대부분의 공개된 로데이터를 보면, 그 배열 구조가 대체로 86쪽 그림에서 볼 수 있는 것과 같이 수평적임을 확인할 수 있다.

만약 집단(제2수준 혹은 제3수준)과 집단에 소속된 개인(제1수준)에 관한 다층분석을 SPSS에서 수행하는 경우라면 특별한 가공 없이 수평적 구조를 띠는 데이터세트를 본래 모습 그대로 이용해도 문제가 없다. 그러나 만약 개체(제2수준)와 개체에 배속된 시간(제1수준)에 관한 종단적 다층분석 혹은 집단(제3수준)과 집단에 소속된 개체(제2수준) 및 개체에 배속된 시간(제1수준)에 관한 종단적 다층분석을 SPSS에서 수행하는 경우라면, 수평적 구조를 띠는 데이터세트를 수직적(vertical)으로 바꿔 준 후 분석을 돌려야만 제대로 된 결과를 얻을 수 있다.

수평적 구조의 데이터세트와 마찬가지로 수직적 구조의 데이터세트 역시 데이터 창의 행에 사례가, 열에 수준별 변인이 나열되고, 행과 열이 교차하는 셀에 각 사례에서 측정(관측)된 수준별 변인들의 값이 채워진 형상을 나타낸다. 그런데 여기서 사례는 단순히 개체를 가리키는 것이 아니라, 각 개체를 대상으로 반복적으로 실시된 측정 시도 하나하나를 가리킨다는 점에서 둘은 구분된다.

종단자료에서는 개체의 행태(=변인)를 여러 차례에 걸쳐 반복 측정한다. 따라서 개체마다 복수의 측정값이 기록되는데, 다층종단분석에서는 이 행태(=변인)의 반복측정 시도 하나하나를 사례로 간주한다. 따라서 가령 만약 1,000명의 연구참여자를 대상으로 10회에 걸쳐 반복적으로 혈압을 측정하였다면, 총 사례 수는 1,000×10=10,000이 된다. 횡단 자료에서 N=1,000이었다면, SPSS에서 다층종단분석을 실시할 때는 혈압이라는 변인을 총 10회 반복 측정했기 때문에 표본 크기가 N=10,000으로 열 배 커진다.

요컨대, SPSS에서 종단적 다층분석을 실시할 때는 시변인(들)을 대상으로 반복 측정한 값들을 하나씩 사례로 만들어 주는 작업을 우선 실시해야만 한다.[12] 데이터세트의 배열 구조

12) 데이터 구조를 바꿔 주어야만 하는 이유를 추가적으로 설명하면, 종단분석에서는 개체(subjects)가 제1수준이 아닌 제2수준의 지위를 갖기 때문이다. 횡단적 자료에서 개체(individuals)는 제1수준 분석단위로서 제2수준의 집단(groups)에 배속된다. 따라서 횡단적 다층분석에서 개체는 그 자체가 사례로 간주된다. 그런데 종단적 다층분석에서 개체는 제1수준이 아닌 제2수준 분석단위로서, 제1수준의 시간관련 정보를 배태(nesting)한다. 이러한 측면에서 다층종단분석의 사례란 개체가 아닌, 개체들의 행태(=변인)를 대상으로 반복 측정한 각각의 시도를 의미한다고 이해할 수 있다. 따라서 반복측정 값들을 사례로 바꿔 주는 작업을 먼저 해 주지 않으면 제대로 된 다층분석 결과가 나올 리 만무하다. 요약하면, 데이터 구조를 수평에서 수직

를 수평에서 수직으로 바꾼다는 것은 바로 이러한 작업의 실시를 의미한다. 이렇게 구조를 바꾸면, 표본의 크기(총 사례 수)는 기존 사례 수에 측정(관측) 횟수를 곱한 만큼 커진다.

데이터 구조변환은 글로 설명하기보다 실제로 해 보고 시각적으로 확인하는 것이 이해가 빠르다. 다음에서는 수평적 구조를 띤 데이터세트를 SPSS의 Varstocases로 수직적 구조를 띤 데이터세트로 바꾸는 법을 연습해 보겠다. 실습을 위해 앞에서 작업을 마치고 저장해 둔 〈제3장 사회복지사 스트레스_수평 구조_사회복지관 조직문화 병합.sav〉를 다시 불러온다.

파일을 연 후, 데이터 보기 탭을 눌러 데이터의 모습을 유심히 살펴보자. 이 데이터세트는 현재 수평적으로 구조화되어 있다. 구체적으로, 행에는 사회복지사 8,335명의 사례가 나열돼 있고, 열에는 제1수준과 제2수준[13] 변인들이 나열돼 있으며, 행과 열이 만나는 셀에는 각 사례를 대상으로 기록된 수준별 변인의 관측치들이 수평적으로 차례대로 기입돼 있다.

특히 눈여겨보아야 할 부분은 반복 측정된 관측치들을 담은 '스트레스1', '스트레스2', '스트레스3' 변인이다. SPSS에서 다층종단분석을 실시하려면, 이 세 개의 변인 밑에 차례대로 기입된 반복측정 관측치들을 사례로 변환해 주는 작업, 즉 데이터의 배열을 수평에서 수직 구조로 바꿔 주는 작업을 우선 진행해야만 한다. '스트레스'를 총 3회 측정하였으므로, 만약 데이터세트의 구조를 수평에서 수직으로 바꾼다면 총 사례 수는 기존 N=8,335에서 3을 곱한 N=25,005가 될 것이다.

으로 바꾼다는 것은 시변인에 대한 관측치를 하나하나 사례로 바꾼다는 것과 그 뜻이 같다.

13) 제2수준 변인은 '복지관_id', '조직문화', '성비', '업무환경인식_평균'으로 모두 네 개이다. 나머지는 전부 제1수준 변인이다.

데이터 메뉴에서 구조변환을 선택한다.

데이터 구조변환 마법사 시작 창이 뜨면,

ㄱ: 선택한 변수를 케이스로 구조변환[14]을 클릭하고

ㄴ: 다음을 누른다.

14) 행(row)에 수평적으로 기입된 각 변인의 관측값들을 열(column)로 옮겨서 수직적 모습을 띠게끔 바꾸겠다는 명령어이다.

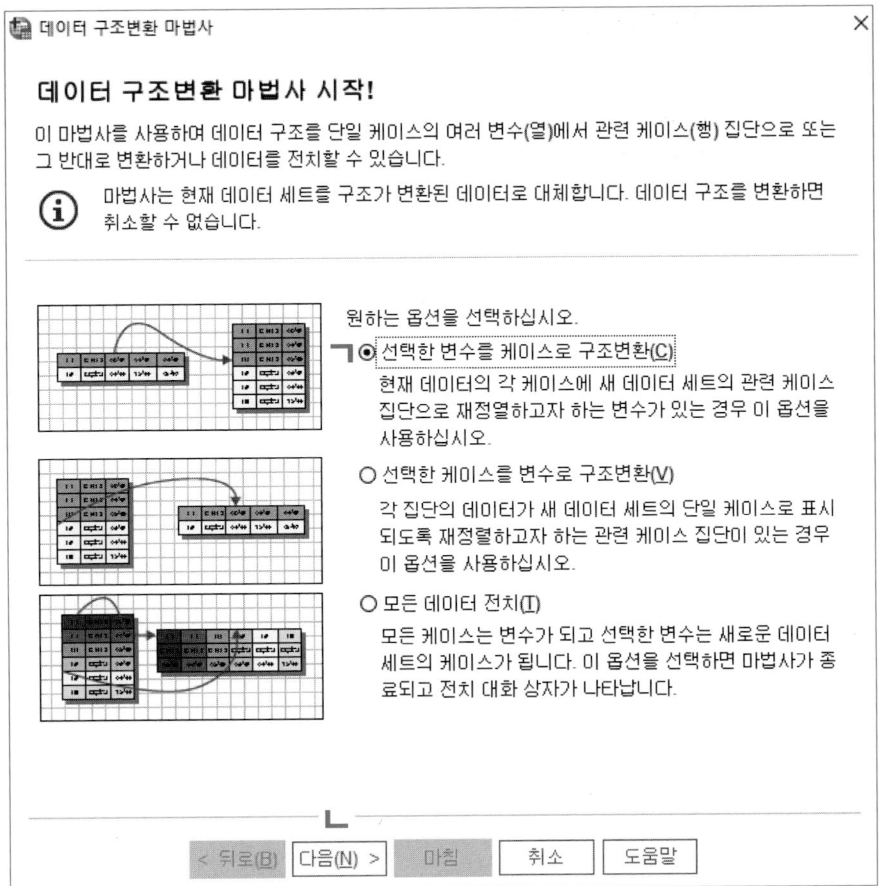

데이터 구조변환 마법사 2단계 창이 뜨면,

ㄱ: 구조를 변환하고자 하는 변수 집단 수 선택에서 한 개[15]를 클릭하고

ㄴ: 다음을 누른다.

15) 데이터세트에 시변인이 하나만 있으면 한 개를 선택하고, 둘 이상 있으면 두 개 이상을 택한 후 총 개수를 써준다. 지금 다루고 있는 예제파일 데이터세트에는 시변인이 하나(스트레스1, 2, 3을 합친 스트레스 변인)만 있으므로 한 개를 선택한다. 그런데 만약 데이터세트에 가령 우울감이라는 시변인(우울감1, 2, 3을 합친 우울감 변인)이 포함되어 있고 이를 스트레스와 함께 분석하고자 하는 상황이라면, 두 개 이상을 선택하고 아래 빈칸에 2를 기입한다. 그러면 다음 화면으로 넘어갔을 때 전치될 변수의 목표변수에 trans가 두 개 뜰 것이다.

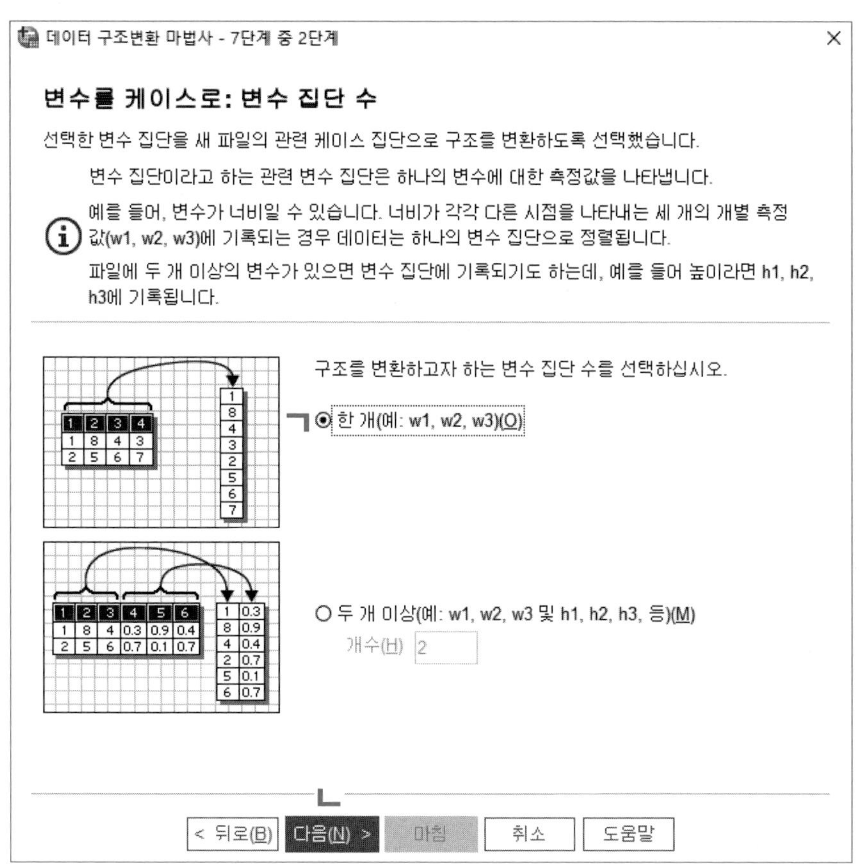

데이터 구조변환 마법사 3단계 창이 뜨면,

ㄱ: 케이스 집단 식별에서 케이스 번호 사용을 그대로 놓아두고 식별변인 이름으로 '복지사_Rid'를 써넣는다.16)

ㄴ: 전치될 변수의 목표변수 이름을 디폴트 명칭인 trans에서 '스트레스'로 바꿔 준다.

ㄷ: 왼쪽 변인 목록 박스에서 '스트레스1', '스트레스2', '스트레스3'을 선택해 오른쪽의 전

---

16) 현재 데이터세트에서는 사례(case)를 식별하는 변인으로 '복지사_id'가 사용되고 있는데, 구조변환이 끝난 이후 만들어질 새로운 데이터세트에서는 이 기존의 사례 식별변인('복지사_id') 이름을 '복지사_Rid'로 바꾸겠다는 뜻이다. 참고로, 현재 데이터세트에는 총 8,335명의 사회복지사가 등록되어 있다. 그런데 이들의 일련번호는 1~8,670번으로 매겨져 있어서 총 사례 수와 일련번호가 정확히 매칭되지 않는 상황이다. 중간중간에, 예컨대 120번, 132번 등의 사회복지사 사례에 대해 일련번호가 제대로 부여되지 않아서 이러한 갭이 발생하였다. 구조변환을 해서 새롭게 만들 데이터세트에는 누락된 사례에 일련번호가 순서대로 부여되어 깔끔하게 정리될 것이다. 정리된 일련번호는 기존 식별변인인 '복지사_id'를 recode했음을 강조한다는 차원에서 '복지사_Rid'로 재명명할 것이다.

치될 변수 박스 안으로 옮긴다.[17]

ㄹ: 고정변수는 그대로 놓아두고 다음을 누른다.

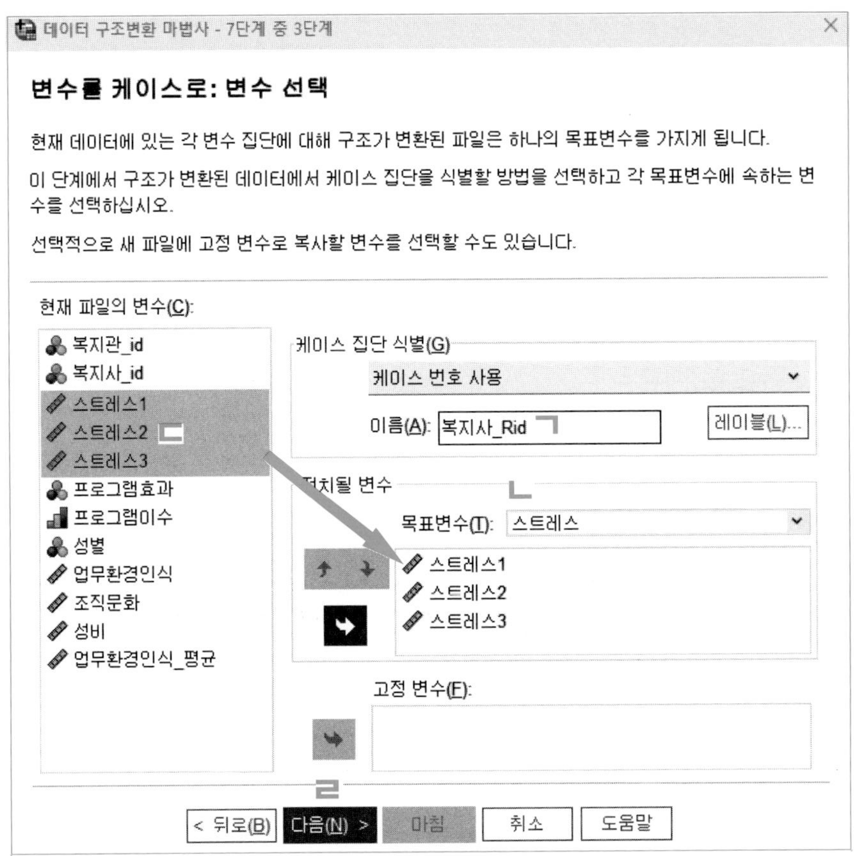

데이터 구조변환 마법사 4단계 창이 뜨면,

ㄱ: 작성하고자 하는 지수 변수 수 선택에서 한 개를 클릭하고[18]

---

17) 만약 앞의 데이터 구조변환 마법사 2단계에서 변수 집단 수를 두 개 이상으로 선택하고 2를 기입했다면, 목표변수 오른쪽에 위치한 드롭다운 메뉴를 눌러 펼쳐 보면 trans1과 trans2가 뜨는 것을 볼 수 있을 것이다. 이 경우 trans1은 스트레스, trans2는 우울감으로 이름을 바꿔 준다.

18) 지수(index)는 구조변환이 끝난 이후 만들어질 새로운 데이터세트에서의 행(row), 즉 사례(case)를 식별하는 조건을 뜻한다. 구조변환된 데이터세트 내 사례는 각 개체를 대상으로 한 관측 시도로서, 다층종단분석에서 사례를 식별하는 조건은 모든 개체에 동일하게 적용되는 시간이라는 요인 하나뿐이다. 시간은 개체마다 동일하게 흐른다. 즉, 시간은 하나만 존재할 뿐이며 둘 이상 있을 수 없다. 따라서 여기서는 지수변수의 개수를 한 개로 정한다.

ㄴ: 다음을 누른다.

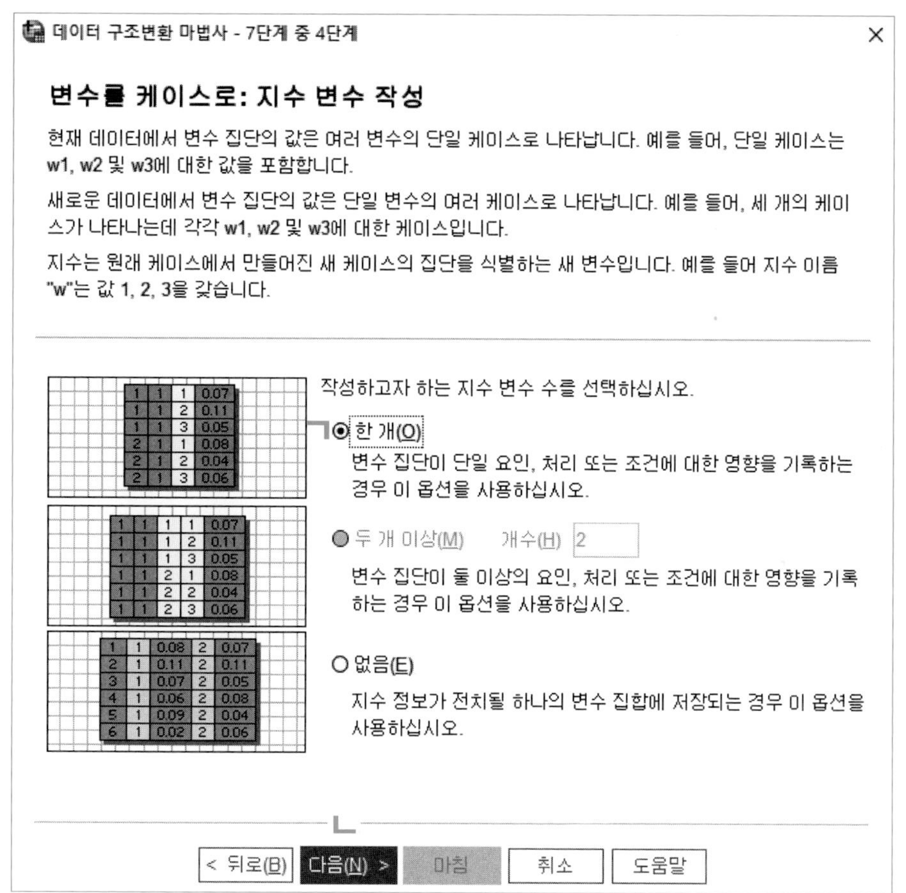

데이터 구조변환 마법사 5단계 창이 뜨면,

ㄱ: 원하는 지수 값 유형에서 순차 번호를 선택하고

ㄴ: 지수 변수 이름 편집에서 디폴트로 뜬 '지수1'을 '시간'으로 바꿔 써넣은 후

ㄷ: 다음을 누른다.

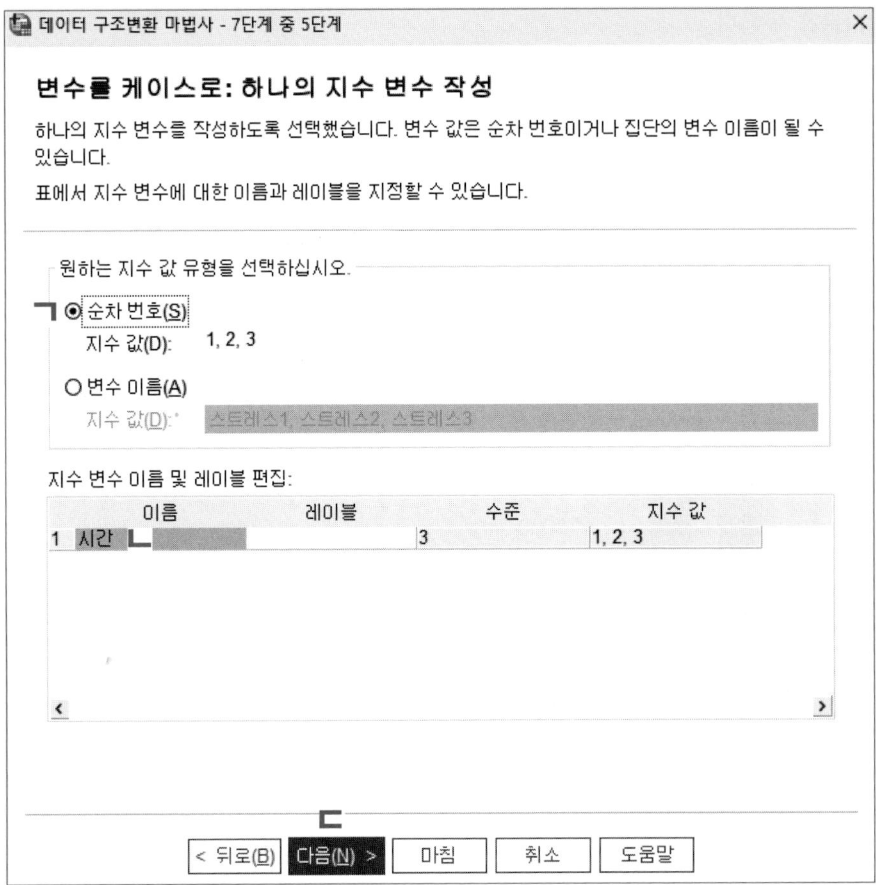

데이터 구조변환 마법사 6단계 창이 뜨면,

ㄱ: 선택되지 않은 변수 처리에서 고정 변수로 유지 및 처리를 선택하고[19]

ㄴ: 시스템 결측값 또는 공백값에서 새 파일에 케이스 작성을 클릭한 후

ㄷ: 마침을 누른다.[20]

---

19) 앞의 3단계에서 선택하지 않은 변인들을 어떻게 처리할지 묻는 것인데, 특별한 이유가 없다면 구조변환 이전 데이터세트에 포함된 변인들을 구조변환 이후에도 모두 유지하는 게 권장되므로 포함시킨다.

20) 명령문(syntax)을 명령문 창에 붙여넣기 할 것이 아니라면, 마지막 7단계로 넘어갈 필요 없이 6단계에서 마법사 설정을 마친다.

작은 알림창이 뜰 텐데, 무시하고 확인을 누른다.

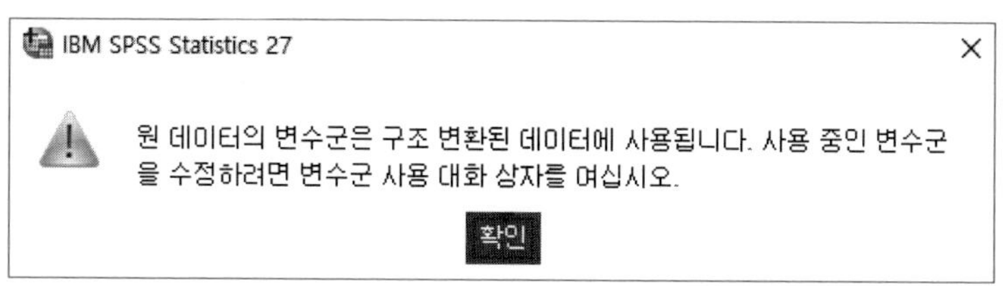

데이터 보기 탭을 클릭하여 데이터 창을 열어 보면, 개별 사회복지사의 일련번호를 나타내는 식별변인으로 '복지사_Rid'가 새로 생성되었고, 각 사회복지사를 대상으로 기록된 관측값들을 식별하는 조건으로서의 '시간' 변인도 새롭게 생성된 것을 볼 수 있다.

구조변환 전 데이터세트와 비교했을 때 가장 큰 변화는, 기존에 수평적으로 기입돼 있던

'스트레스1', '스트레스2', '스트레스3'의 관측값들이 '스트레스'라는 새로운 단일 시변인으로 묶여 사례 형태로 수직 기입되었다는 점이다. 이에 원래 N=8,335이었던 사례 수는 N=25,005로 세 배 늘었다.

구조변환 이후 데이트세트에서 특히 눈여겨보아야 할 부분은 세 가지이다. 첫째, '시간'과 '스트레스'는 제1수준 시변인으로서, 개체(사회복지사) 내부적으로 변이한다. 둘째, '프로그램효과', '프로그램이수', '성별', '업무환경인식'은 제2수준 시불변 요인으로서, 개체 간에만 변이하고 개체 내부적으로는 변이하지 않는다. 셋째, '조직문화', '성비', '업무환경인식_평균'은 제3수준 시불변 요인으로서, 집단(사회복지관) 간에만 변이하고 개체 간 및 개체 내부적으로는 변이하지 않는다. 이는 구조변환 이후 수평적으로 이수준이었던 데이터세트가 수직적으로 삼수준으로 변화하였다는 것, 따라서 연구자는 이제 삼수준 다층분석 실시를 고려할 수 있다는 점을 시사한다.

	복지사_Rid	복지관_id	복지사_id	프로그램효과	프로그램이수	성별	업무환경인식	조직문화	성비	업무환경인식_평균	시간	스트레스
1	1	1	1	0	0	1	.59	-.60326	.50	-.27	1	49.66
2	1	1	1	0	0	1	.59	-.60326	.50	-.27	2	50.09
3	1	1	1	0	0	1	.59	-.60326	.50	-.27	3	54.72
4	2	1	2	0	0	1	.30	-.60326	.50	-.27	1	47.92
5	2	1	2	0	0	1	.30	-.60326	.50	-.27	2	58.26
6	2	1	2	0	0	1	.30	-.60326	.50	-.27	3	64.33
7	3	1	3	0	0	1	-.54	-.60326	.50	-.27	1	49.12
8	3	1	3	0	0	1	-.54	-.60326	.50	-.27	2	50.63
9	3	1	3	0	0	1	-.54	-.60326	.50	-.27	3	55.74
10	4	1	4	0	0	0	-.85	-.60326	.50	-.27	1	38.77
11	4	1	4	0	0	0	-.85	-.60326	.50	-.27	2	50.93
12	4	1	4	0	0	0	-.85	-.60326	.50	-.27	3	46.12
13	5	1	5	1	1	0	.00	-.60326	.50	-.27	1	47.54
14	5	1	5	1	1	0	.00	-.60326	.50	-.27	2	51.53
15	5	1	5	1	1	0	.00	-.60326	.50	-.27	3	60.90
16	6	1	6	1	2	0	-.11	-.60326	.50	-.27	1	41.74
17	6	1	6	1	2	0	-.11	-.60326	.50	-.27	2	48.82
18	6	1	6	1	2	0	-.11	-.60326	.50	-.27	3	54.55
19	7	1	7	0	0	0	-.33	-.60326	.50	-.27	1	32.83
20	7	1	7	0	0	0	-.33	-.60326	.50	-.27	2	42.43
21	7	1	7	0	0	0	-.33	-.60326	.50	-.27	3	48.73
22	8	1	8	0	0	1	-.89	-.60326	.50	-.27	1	55.91
23	8	1	8	0	0	1	-.89	-.60326	.50	-.27	2	56.36
24	8	1	8	0	0	1	-.89	-.60326	.50	-.27	3	60.91
25	9	1	9	0	0	0	.21	-.60326	.50	-.27	1	52.93
26	9	1	9	0	0	0	.21	-.60326	.50	-.27	2	63.75
27	9	1	9	0	0	0	.21	-.60326	.50	-.27	3	68.37
28	10	1	10	0	0	1	-.34	-.60326	.50	-.27	1	39.47
29	10	1	10	0	0	1	-.34	-.60326	.50	-.27	2	42.30
30	10	1	10	0	0	1	-.34	-.60326	.50	-.27	3	44.15

다음 단계로 넘어가기 전에, 데이터를 다른 이름으로 저장으로 가서 구조변환을 마친 데이터세트를 〈제3장 사회복지사 스트레스_구조변환 완료.sav〉로 이름을 바꿔 폴더에 저장한다.

6) 변수 계산(Compute)과 순위변수 생성(Rank Cases)으로 일련번호 부여하기

SPSS에서 다층분석을 실시할 때 사례들에 대한 일련번호(identifier)를 부여하는 작업이 중요하다. 비록 자료가 층별로 나뉘어 있다고는 하지만, 제1, 제2, 제3수준 사례를 구분하는 어떤 나름의 기준을 연구자가 미리 마련해 놓지 않으면, 자료를 다루는 과정에서 상당한 시각적 혼란을 느낄 수 있기 때문이다.

그런데 연구자의 시각적 혼란은 차치하고, 만약 일련번호를 층별로 정돈하여 깔끔하게 매겨 놓지 않으면 SPSS 프로그램의 실행시간(running time)이 길어지는 문제가 발생한다. 이 같은 지체 현상은 선형모형보다 로짓모형(일반화선형모형)[21]을 이용한 다층분석에서 두드러지는데, 깔끔하게 정리되지 않은 자료를 갖고 다층로짓분석을 하면 결과를 얻기까지 몇 분에서 몇십 분, 심지어 몇 시간 기다려야만 하는 경우가 더러 생긴다. 이뿐만 아니라 일련번호를 잘못 매긴 상태에서 SPSS를 돌리면, 프로그램이 실행되지 않고 에러 메시지가 뜨기도 한다.

사례에 일련번호를 부여하는 작업은 두 가지 옵션을 이용하여 진행할 수 있다. 하나는 Compute의 $Casenum 함수기능이고, 다른 하나는 Rank Cases의 Sequential Ranks for Unique Values(유일한 값에 대한 연속적 순위) 옵션이다. 둘 중 어떠한 옵션을 사용해야 하는지는 주어진 자료의 형태에 따라 결정할 수 있다.

(1) 변수 계산(Compute)으로 전체 사례에 일련번호 부여하기

연구 초기에 확보한 로데이터는 대부분 클리닝이 되어 있지 않다. 일련번호가 처음부터 끝까지 깨끗하게, 수준별로 체계적으로 부여되지 못한 것은 클리닝 안 된 로데이터의 전형적인 모습이다.

관련 예는 앞서 작업을 마친 〈제3장 사회복지사 스트레스_구조변환 완료.sav〉에서 확인할 수 있다. 데이터 보기 창을 열어서 변인 목록과 관측값을 유심히 살펴보면, 제3수준 자료에 해당하는 525개 사회복지관의 일련번호('복지관_id')와 제2수준 자료에 해당하는 8,335명 사회복지사의 일련번호('복지사_Rid' 또는 '복지사_id')는 있는데, 제1수준 자료에 해당하는 25,005개 반복측정 값, 즉 전체 25,005개 사례에 대한 일련번호는 없다는 것을 볼 수 있다.

다층분석을 하다 보면 전체 사례에 대한 일련번호가 필요한 때가 많다. 이러한 때를 대비

---

21) 종속변인이 연속형이면 선형모형을, 비연속형(명목형 또는 가산형 등)이면 일반화선형모형을 택해 다층분석을 실시한다. 이 책에서는 종속변인이 비연속형인 경우는 다루지 않는다.

하여 다음에서는 전체 사례에 대해 일련번호를 매기는 방법을 연습해 보고자 한다. 실습을 위해 앞에서 작업을 마치고 저장한 〈제3장 사회복지사 스트레스_구조변환 완료.sav〉를 다시 불러온다.

변환 메뉴로 가서 변수 계산을 선택한다.

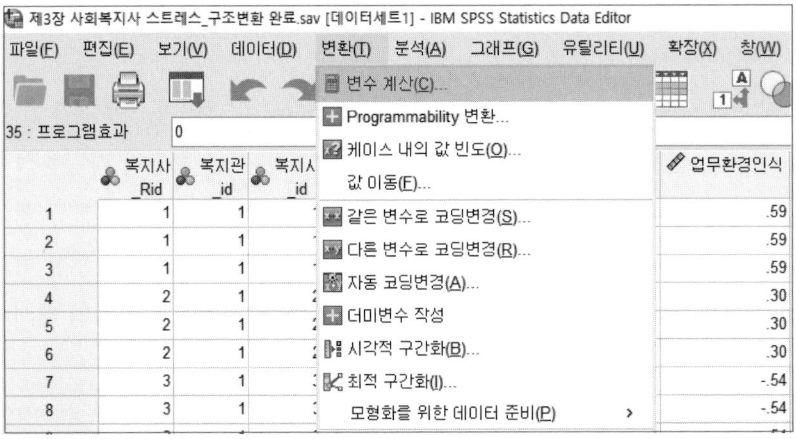

변수 계산 창이 뜨면,

ㄱ: 목표변수에 'id'를 기입하고

ㄴ: 함수 집단에서 모두를 선택한 후

ㄷ: 함수 및 특수변수에서 $Casenum을 선택한다.

ㄹ: 위쪽을 지시하는 화살표를 클릭하면, $CASENUM이 숫자표현식 박스 안으로 올라온다.

ㅁ: 확인을 누른다.

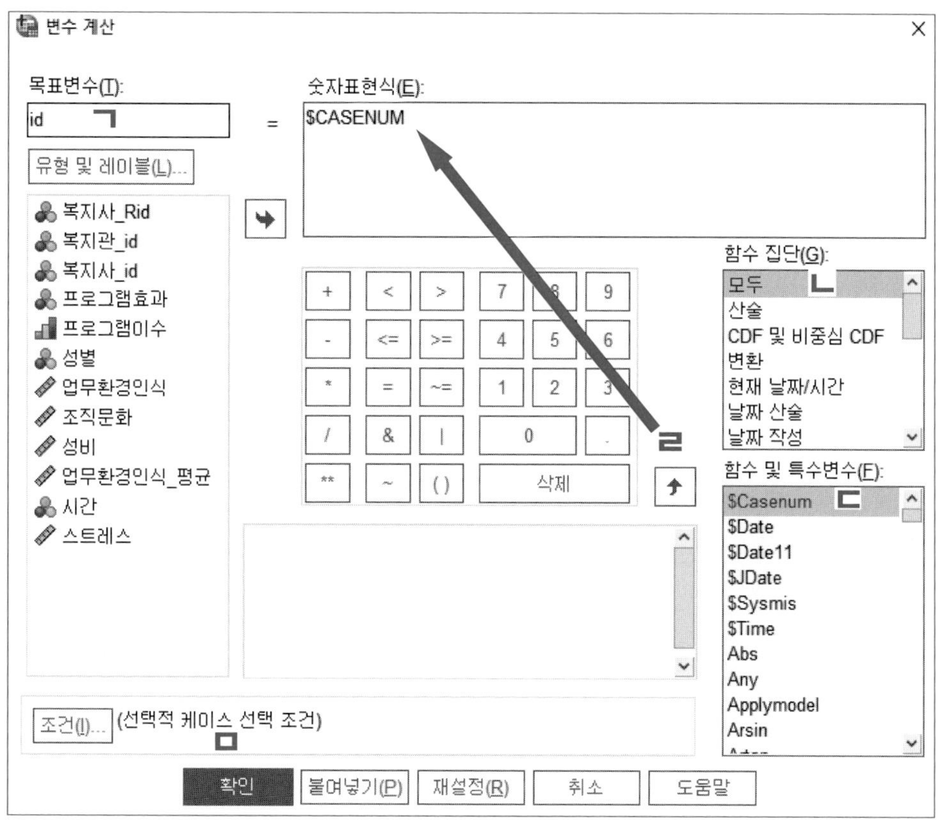

데이터 보기 탭을 클릭하여 데이터 창을 열어 보면, 전체 사례, 즉 전체 반복측정 값에 대한 일련번호 변인인 'id'가 새로 생성된 것을 볼 수 있다(범위: 1~25,005). **변수 보기** 창으로 가서 불필요한 **소수점이하자리**를 0으로 설정해 주고 **측도**를 **명목형**으로 바꿔 준 다음, 'id'의 위치를 변인 목록 맨 위 '복지사_Rid' 앞으로 조정해 준다.

*제3장 사회복지사 스트레스_구조변환 완료.sav [데이터세트1] - IBM SPSS Statistics Data Editor

파일(F) 편집(E) 보기(V) 데이터(D) 변환(T) 분석(A) 그래프(G) 유틸리티(U) 확장(X)

	id	복지사_Rid	복지관_id	복지사_id	프로그램효과	프로그램이수	성별
1	1	1	1	1	0	0	1
2	2	1	1	1	0	0	1
3	3	1	1	1	0	0	1
4	4	2	1	2	0	0	1
5	5	2	1	2	0	0	1
6	6	2	1	2	0	0	1
7	7	3	1	3	0	0	1
8	8	3	1	3	0	0	1
9	9	3	1	3	0	0	1
10	10	4	1	4	0	0	0
11	11	4	1	4	0	0	0
12	12	4	1	4	0	0	0
13	13	5	1	5	1	1	0
14	14	5	1	5	1	1	0
15	15	5	1	5	1	1	0

(2) 순위변수 생성(Rank Cases)으로 자료의 수준에 따라 사례에 일련번호 부여하기

예제파일 〈제3장 사회복지사 스트레스_구조변환 완료.sav〉는 총 세 개의 수준으로 구성된 다층자료이다. 구체적으로, 제1수준은 시변 정보를 담으며[22] 이 정보는 사회복지사 내부적으로 변이한다. 제2수준은 사회복지사 개인에 관한 시불변 정보를 담으며[23] 이 정보는 사회복지사 간에는 변이하나 사회복지사 내부적으로는 변이하지 않는다. 제3수준은 사회복지관에 관한 시불변 정보를 담으며[24] 이 정보는 사회복지관 간(집단 간)에는 변이하나 사회복지사 간(집단 내 또는 개체 간) 및 사회복지사 내부적으로는(개체 내) 변이하지 않는다.

자료의 다층성에 대한 이와 같은 이해를 바탕으로, 다음에서는 자료의 수준에 따라 사례에 체계적으로 일련번호를 매기는 법을 연습해 보자. 먼저 전체 사례(제1수준)를 사회복지관(제3수준)별로 끊어서 일련번호를 부여하고, 다음으로 전체 사례(제1수준)를 각 사회복지관(제3수준) 내 사회복지사(제2수준)별로 끊어서 일련번호를 부여하며, 마지막으로 전체 사

22) '시간', '스트레스'

23) '복지사_Rid', '복지사_id', '프로그램효과', '프로그램이수', '성별', '업무환경인식'

24) '복지관_id', '조직문화', '성비', '업무환경인식_평균'

레(제1수준)를 사회복지관 구분 없이 사회복지사(제2수준)별로만 끊어서 일련번호를 부여하는 연습을 해 보겠다.

연습에는 〈제3장 사회복지사 스트레스_구조변환 완료.sav〉를 계속 사용한다. 연습에 들어가기에 앞서, 연습 종료 이후 새롭게 생성될 일련번호 변인들과 중복되는 내용을 담고 있는 '복지사_Rid'와 '복지사_id'를 먼저 삭제한다.

ㄱ: **변수 보기** 탭을 클릭하여 변수 창에서 '복지사_Rid'와 '복지사_id'를 선택한 후

ㄴ: 마우스 오른쪽 버튼을 눌러서 **지우기** 옵션을 누른다.

*제3장 사회복지사 스트레스_구조변환 완료.sav [데이터세트1] - IBM SPSS Statistics Data Editor

파일(F) 편집(E) 보기(V) 데이터(D) 변환(T) 분석(A) 그래프(G) 유틸리티(U) 확장(

	이름	유형	너비	소수점이...	레이블	값
1	id	숫자	8	0		지정않음
2	복지사_Rid	숫자	8	0		지정않음
ㄱ	복지관_id	숫자	8	0		지정않음
4	복지사_id	숫자	8	0		지정않음
5	프로그램효과	숫자	8	(		{0, 효과없음...
6	프로그램이수	숫자	8	(		지정않음
7	성별	숫자	2	(		{0, 남성}...
8	업무환경인식	숫자	4	2		지정않음
9	조직문화	숫자	11	5		지정않음
10	성비	숫자	8	2		지정않음
11	업무환경인...	숫자	8	2		지정않음
12	시간	숫자	4	(		지정않음
13	스트레스	숫자	7	2		지정않음

복사(C)
붙여넣기(P)
지우기(E) ㄴ
변수 삽입(A)
변수 붙여넣기(V)...
변수 정보(V)...
기술통계량(D)

변수 보기 창의 변인 목록에서 '복지사_Rid'와 '복지사_id'가 삭제된 것을 확인한 다음, **변환** 메뉴에서 **순위변수 생성**을 선택한다.

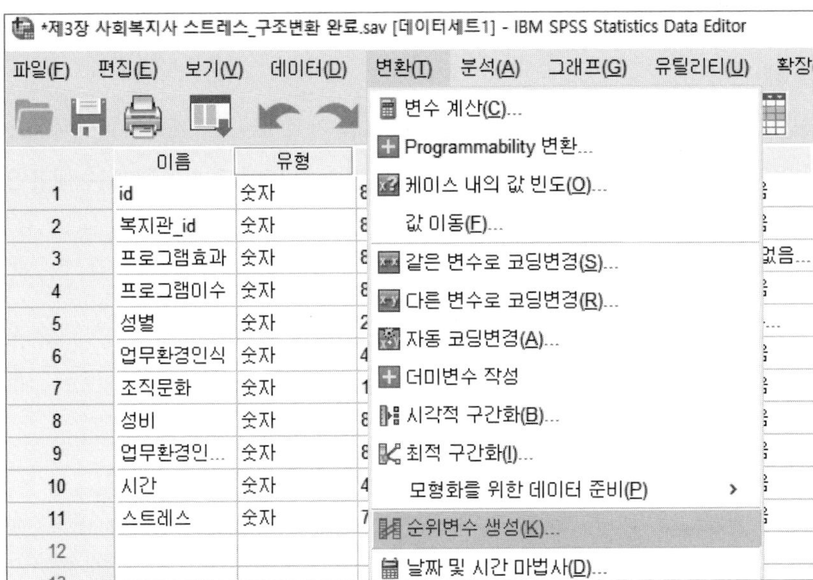

순위변수 생성 창이 뜨면,

ㄱ: 왼쪽 변인 목록에서 'id'를 선택해 오른쪽의 변수 박스로 옮긴다.

ㄴ: 왼쪽 변인 목록에서 '복지관_id'를 선택해 오른쪽의 증가폭 박스로 옮긴다.[25)]

ㄷ: 순위 1을 할당할 값에서 가장 작은 값을 선택한 다음[26)]

ㄹ: 순위 유형을 클릭한다.

ㅁ: 유형 창이 뜨면 순위를 체크하고[27)]

ㅂ: 계속을 누른다.

ㅅ: 원래의 순위변수 생성 창으로 돌아가서 이번에는 등순위를 누른다.

ㅇ: 등순위 창이 뜨면 유일한 값에 대한 연속적 순위를 체크하고[28)]

ㅈ: 계속을 누른다.

ㅊ: 확인을 누른다.

---

25) 전체 사례, 즉 전체 반복측정 값('id')의 일련번호를 사회복지관('복지관_id')별로 매기라는 명령이다.

26) 전체 사례, 즉 전체 반복측정 값의 사회복지관별 일련번호를 오름차순으로 매기라는 명령이다.

27) 일련번호를 부여하는 방법으로 단순하게 등수를 매기는 방법(1, 2, 3, 4, …)을 선택한다는 옵션이다. 지수분포를 기준으로 하는 방법(Savage), 사례를 가중치 합계로 나누는 방법(분수순위를 %로 표시) 등 다양한 계산 방법이 있는데, 여기서는 전부 불필요한 옵션이다.

28) 혹시 일련번호가 같게 나오면 이를 어떻게 처리할지 묻는 옵션이다. 각 사례는 개별 사회복지사들을 대상으로 기록된 반복 측정값이므로 일련번호를 공유할 수 없고 각자 고유의 번호를 부여받아야만 한다. 따라서 다른 옵션은 무시하고 유일한 값에 대한 연속적 순위를 선택한다.

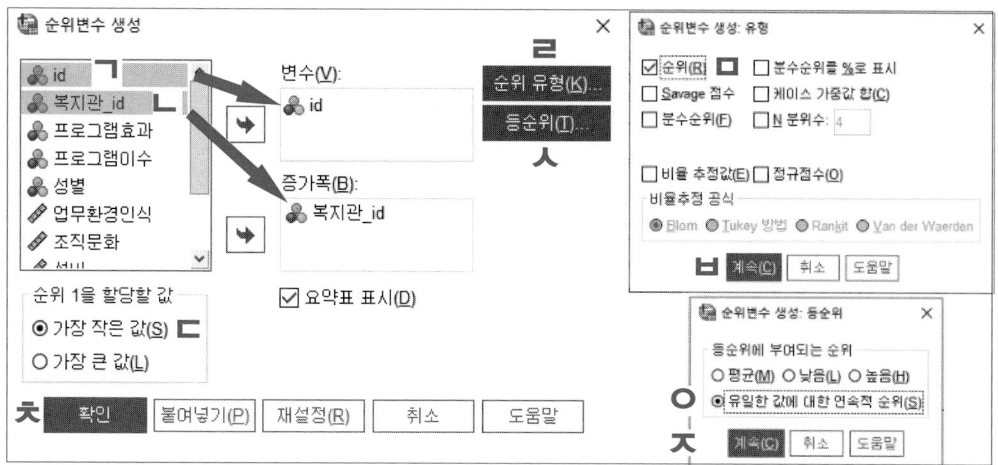

데이터 보기 탭을 클릭하여 데이터 창을 열어 보면, SPSS가 자체적으로 'Rid'라는 새로운 순위변인을 생성한 것을 확인할 수 있다. **변수보기** 창으로 가서 이 'Rid'의 변인명을 'id_복지관별'로, **소수점이하자리**를 0으로, **측도**를 **명목형**으로 각각 바꿔 준다. 그다음, 일련번호와 관련된 변인들을 논리적으로 그리고 시각적으로 보기 좋게 만든다는 차원에서 새로 만든 'id_복지관별'을 드래그하여 'id'와 '복지관_id' 다음에 위치시킨다.

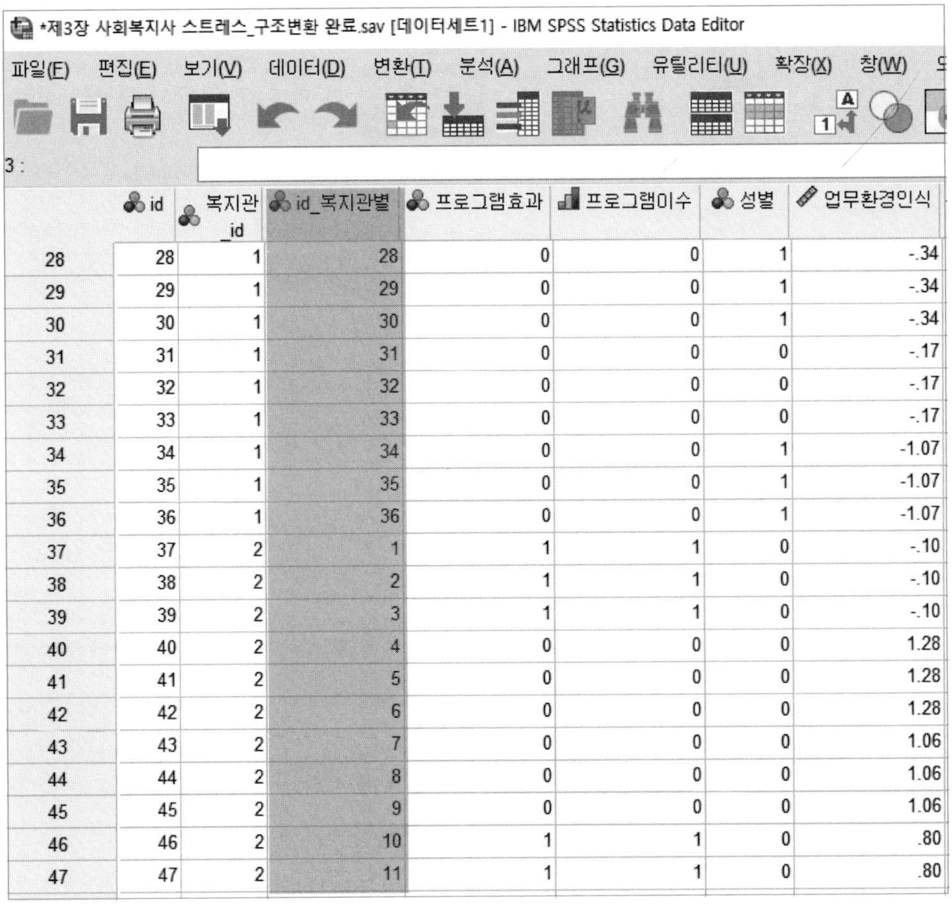

*제3장 사회복지사 스트레스_구조변환 완료.sav [데이터세트1] - IBM SPSS Statistics Data Editor

파일(F) 편집(E) 보기(V) 데이터(D) 변환(T) 분석(A) 그래프(G) 유틸리티(U) 확장(X) 창(W)

3 :

	id	복지관_id	id_복지관별	프로그램효과	프로그램이수	성별	업무환경인식
28	28	1	28	0	0	1	-.34
29	29	1	29	0	0	1	-.34
30	30	1	30	0	0	1	-.34
31	31	1	31	0	0	0	-.17
32	32	1	32	0	0	0	-.17
33	33	1	33	0	0	0	-.17
34	34	1	34	0	0	1	-1.07
35	35	1	35	0	0	1	-1.07
36	36	1	36	0	0	1	-1.07
37	37	2	1	1	1	0	-.10
38	38	2	2	1	1	0	-.10
39	39	2	3	1	1	0	-.10
40	40	2	4	0	0	0	1.28
41	41	2	5	0	0	0	1.28
42	42	2	6	0	0	0	1.28
43	43	2	7	0	0	0	1.06
44	44	2	8	0	0	0	1.06
45	45	2	9	0	0	0	1.06
46	46	2	10	1	1	0	.80
47	47	2	11	1	1	0	.80

이 그림을 보면, 'id'는 전체 25,005개 사례(제1수준)의 일련번호를 담고, '복지관_id'는 525개 사회복지관(제3수준)의 일련번호를 담으며, 'id_복지관별'은 전체 사례(제1수준)를 사회복지관(제3수준)별로 끊은 일련번호를 담는다는 것을 확인할 수 있다.

다음으로, 전체 사례(제1수준)를 각 사회복지관(제3수준) 소속 사회복지사(제2수준)별로 끊어서 일련번호를 부여하는 방법을 연습해 보자.

변환 메뉴에서 **순위변수 생성**을 선택한다. **순위변수 생성** 창이 뜨면, 바로 앞에서 수행한 작업이 그대로 남아 있는 것을 볼 수 있다. 다른 옵션들은 그대로 놓아둔 채,

ㄱ: 왼쪽 변인 목록에서 '시간'을 선택해 오른쪽의 **증가폭** 박스로 옮긴 후

ㄴ: **확인**을 누른다.

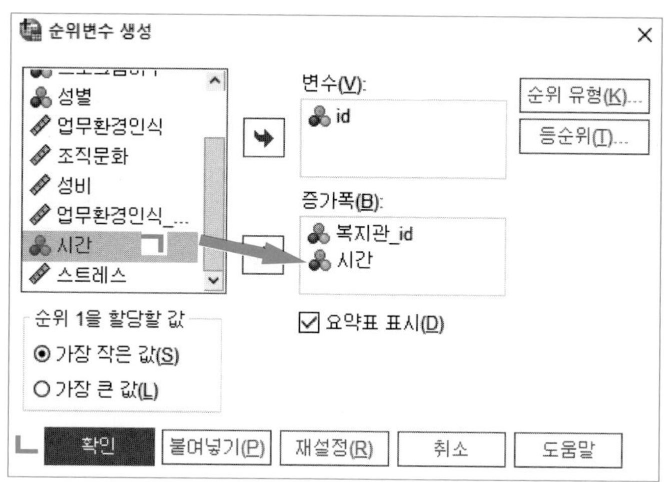

데이터 보기 탭을 클릭하여 데이터 창을 열어 보면, SPSS가 자체적으로 'Rid'라는 새로운 순위변인을 생성한 것을 확인할 수 있다. **변수보기** 창으로 가서 이 'Rid'의 변인명을 '복지사_복지관별id'로, **소수점이하자리**를 0으로, **측도**를 **명목형**으로 각각 바꿔 준다. 그다음, 일련번호와 관련된 변인들을 논리적으로 그리고 시각적으로 보기 좋게 만든다는 차원에서 새로 만든 '복지사_복지관별id'를 드래그하여 'id', '복지관_id', 'id_복지관별' 다음에 위치시킨다.

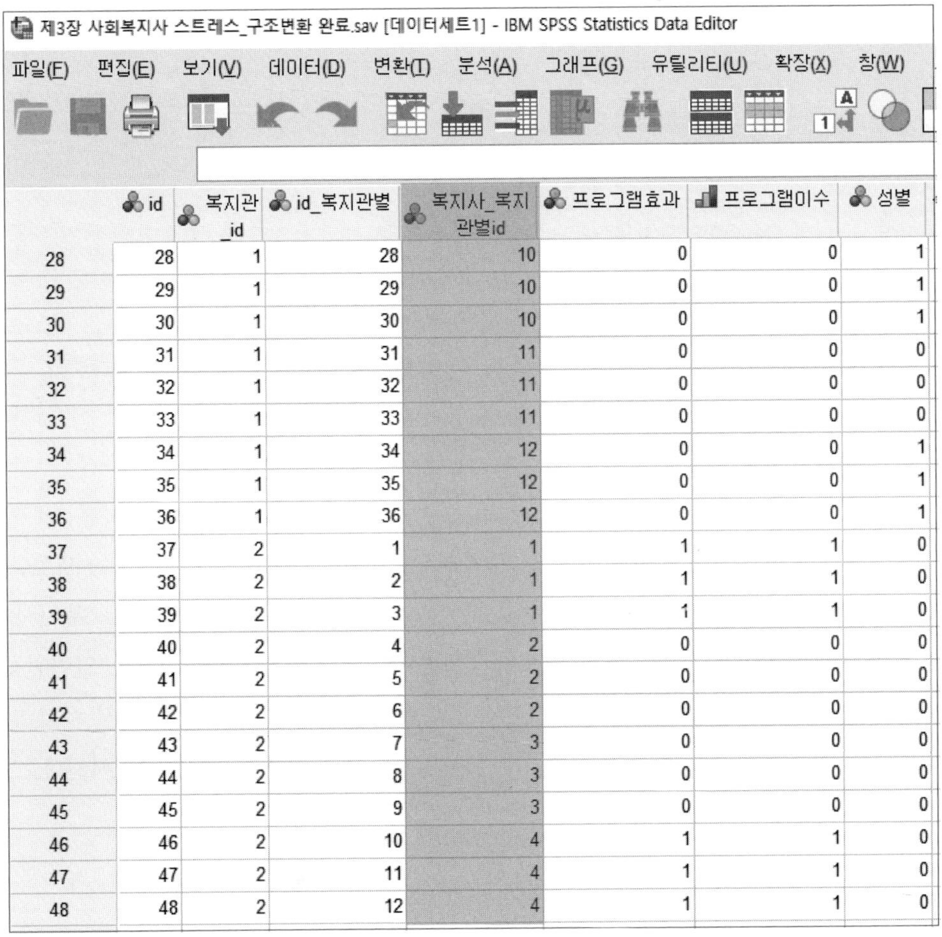

제3장 사회복지사 스트레스_구조변환 완료.sav [데이터세트1] - IBM SPSS Statistics Data Editor

파일(F) 편집(E) 보기(V) 데이터(D) 변환(T) 분석(A) 그래프(G) 유틸리티(U) 확장(X) 창(W)

	id	복지관_id	id_복지관별	복지사_복지관별id	프로그램효과	프로그램이수	성별
28	28	1	28	10	0	0	1
29	29	1	29	10	0	0	1
30	30	1	30	10	0	0	1
31	31	1	31	11	0	0	0
32	32	1	32	11	0	0	0
33	33	1	33	11	0	0	0
34	34	1	34	12	0	0	1
35	35	1	35	12	0	0	1
36	36	1	36	12	0	0	1
37	37	2	1	1	1	1	0
38	38	2	2	1	1	1	0
39	39	2	3	1	1	1	0
40	40	2	4	2	0	0	0
41	41	2	5	2	0	0	0
42	42	2	6	2	0	0	0
43	43	2	7	3	0	0	0
44	44	2	8	3	0	0	0
45	45	2	9	3	0	0	0
46	46	2	10	4	1	1	0
47	47	2	11	4	1	1	0
48	48	2	12	4	1	1	0

이 그림을 보면, 'id'는 전체 25,005개 사례(제1수준)의 일련번호를 담고, '복지관_id'는 525개 사회복지관(제3수준)의 일련번호를 담으며, 'id_복지관별'은 전체 사례(제1수준)를 사회복지관(제3수준)별로 끊은 일련번호를 담는다. 한편, '복지사_복지관별id'는 전체 사례(제1수준)를 각 사회복지관(제3수준) 소속 사회복지사(제2수준)별로 끊은 일련번호를 담는다는 것을 확인할 수 있다.

마지막으로, 전체 사례(제1수준)를 소속 사회복지관 구분 없이 사회복지사(제2수준)별로만 끊어서 일련번호를 부여하는 법을 연습해 보자.

변환 메뉴에서 **순위변수 생성**을 선택한다. **순위변수 생성** 창이 뜨면, 바로 앞에서 수행한 작업이 그대로 남아 있는 것을 볼 수 있다. 다른 옵션들은 그대로 놓아둔 채,

ㄱ: 오른쪽 **증가폭** 박스에서 '복지관_id'를 왼쪽의 변인 목록으로 옮겨(삭제) '시간' 변인 하나만 남겨 둔 후

ㄴ: **확인**을 누른다.

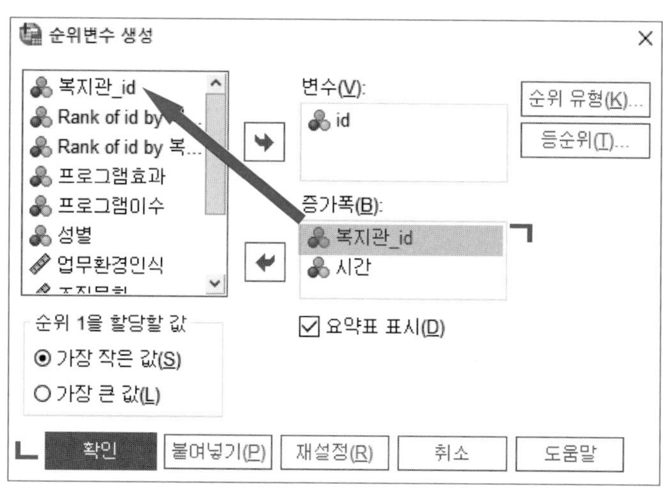

데이터 보기 탭을 클릭하여 데이터 창을 열어 보면, SPSS가 자체적으로 'Rid'라는 새로운 순위변인을 생성한 것을 확인할 수 있다. **변수보기** 창으로 가서 이 'Rid'의 변인명을 '복지사_id'로, **소수점이하자리**를 0으로, **척도**를 **명목형**으로 각각 바꿔 준다. 그다음, 일련번호와 관련된 변인들을 논리적으로 그리고 시각적으로 보기 좋게 만든다는 차원에서 새로 만든 '복지사_id'를 드래그하여 'id', '복지관_id', 'id_복지관별', '복지사_복지관별id' 다음에 위치시킨다.

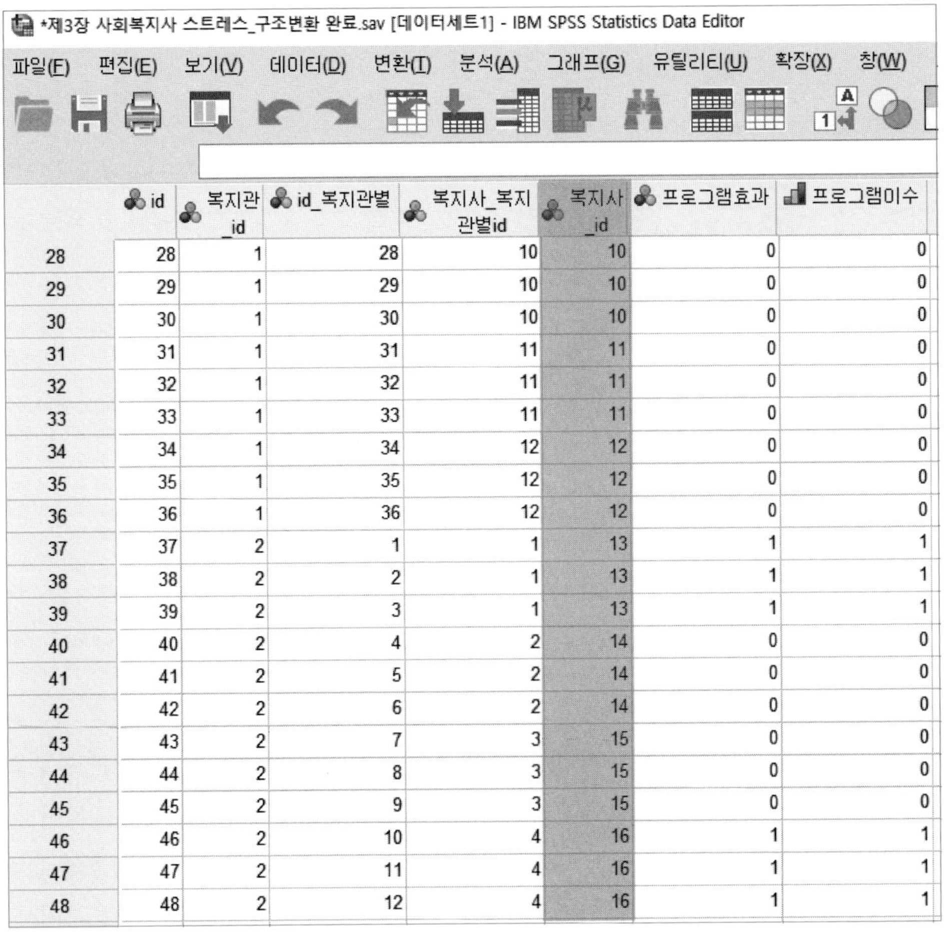

*제3장 사회복지사 스트레스_구조변환 완료.sav [데이터세트1] - IBM SPSS Statistics Data Editor

파일(F) 편집(E) 보기(V) 데이터(D) 변환(T) 분석(A) 그래프(G) 유틸리티(U) 확장(X) 창(W)

	id	복지관_id	id_복지관별	복지사_복지관별id	복지사_id	프로그램효과	프로그램이수
28	28	1	28	10	10	0	0
29	29	1	29	10	10	0	0
30	30	1	30	10	10	0	0
31	31	1	31	11	11	0	0
32	32	1	32	11	11	0	0
33	33	1	33	11	11	0	0
34	34	1	34	12	12	0	0
35	35	1	35	12	12	0	0
36	36	1	36	12	12	0	0
37	37	2	1	1	13	1	1
38	38	2	2	1	13	1	1
39	39	2	3	1	13	1	1
40	40	2	4	2	14	0	0
41	41	2	5	2	14	0	0
42	42	2	6	2	14	0	0
43	43	2	7	3	15	0	0
44	44	2	8	3	15	0	0
45	45	2	9	3	15	0	0
46	46	2	10	4	16	1	1
47	47	2	11	4	16	1	1
48	48	2	12	4	16	1	1

이 그림을 보면, 'id'는 전체 25,005개 사례(제1수준)의 일련번호를 담고, '복지관_id'는 525개 사회복지관(제3수준)의 일련번호를 담으며, 'id_복지관별'은 전체 사례(제1수준)를 사회복지관(제3수준)별로 끊은 일련번호를 담는다. 한편, '복지사_복지관별id'는 전체 사례(제1수준)를 각 사회복지관(제3수준) 소속 사회복지사(제2수준)별로 끊은 일련번호를 담고, '복지사_id'는 전체 사례(제1수준)를 사회복지사(제2수준)별로 끊은 일련번호를 담는다는 것을 확인할 수 있다.

이로써 자료의 다층적 구조가 논리정연하게 정리되었다. 이렇게 만든 수준별 체계적 일련번호들을 실제 다층분석에서는 상황에 맞게 적절히 활용한다. 다시 한번 말하지만, 이렇게 층별로 질서정연하게 일련번호를 부여하지 않고 무작정 SPSS에 다층분석을 지시하면, 실행시간이 엄청나게 길어질 수 있음을 명심하자.

7) 변수 계산(Compute)으로 평균중심화하기(Mean-Centering)

기초통계에서는 절편을 그다지 중요하게 다루지 않는다. 그렇지만 다층분석에서는 절편의 추정치 해석을 중요하게 다룰 때가 많다.

절편은 독립변수 X가 0일 때 예상되는 Y의 평균 예상치이다. 그런데 X가 0의 값을 가질 때는 생각보다 흔치 않다. 물론 종단분석에서는 X가 0일 때가 흔하다. X가 시간인 경우가 특히 그러하다. 예컨대, 실험 처치 이전 상황(pre-test)에서 시간을 0으로 잡는 일은 빈번하며, 이는 이론적으로 가능하고 현실적으로도 말이 된다. 시간이 0일 때 예상되는 Y의 평균을 흔히 종속변인의 초깃값(initial value)이라고 부른다.

그런데 횡단분석에서 X에 0 값을 부여하는 것은 이론적으로는 가능할지 몰라도 현실적으로 별 의미가 없는 경우가 대부분이다. 예컨대, 소득이나 학력에 0 값을 부여할 수는 있을지언정, 이것이 현실적으로 어떤 의미가 있는지 생각해 보면(즉, 소득이 0원이고 학력이 0년인 것이 실제로 무엇을 의미하는지 생각해 보면) 고개를 갸우뚱할 수밖에 없다. 이러한 경우 절편의 추정치는 아무 쓸모가 없다. X가 0일 때 예상되는 종속변인의 평균, 즉 절편이 횡단분석에서 그리 많이 언급되지 않는 것은 바로 이 때문이다.

그러나 독립변인 X를 평균중심화(mean-centering)하면 절편은 이내 실질적으로 의미가 있고 쓸모가 있는 것으로 바뀌게 된다. 평균중심화란 변인의 실측값에서 해당 변인의 평균을 빼 주는 것을 의미한다.

기초통계에서는 평균중심화를 주로 회기식 내 다중공선성의 해결 방법으로 제안한다. 그런데 평균중심화는 이 외에도 회기식 내 절편이 실질적 의미를 갖게 만들기 위한 목적에도 유용하게 이용될 수 있다.

〈표 3-2〉는 예제파일 〈제3장 사회복지사 스트레스_수평 구조.sav〉에서 스트레스1'을 독립변인, '스트레스3'을 종속변인으로 설정한 후 단순선형회귀분석을 돌린 결과를 보여 준다. 표에 따르면 회기식의 절편은 13.272, '스트레스1'의 기울기는 0.920이다. 이는 '스트레스1'이 0점일 때 '스트레스3'은 평균 13.272점이고, '스트레스1'이 1점씩 증가할 때 '스트레스3'은 평균 0.920점씩 증가한다는 것을 뜻한다. 물론 '스트레스1'이 0점일 수는 있다. 그런데 현실적으로 스트레스를 하나도 느끼지 않는 것이 가능한가? 아마도 아닐 것이다. 전혀 스트레스를 느끼지 않는 것은 이론상으로만 가능하다. 따라서 '스트레스1'이 0점일 때 예상되는 '스트레스3'의 평균, 즉 절편 13.272점은 실질적으로 아무 의미를 갖지 않는다고 말할 수 있다.

〈표 3-2〉 '스트레스1'에 대한 '스트레스3'의 단순회귀 분석결과

모형		비표준화 계수		표준화 계수	t	유의확률
		B	표준화 오류	베타		
1	(상수)	13.272	.620		21.414	.000
	스트레스1	.920	.013	.616	71.351	.000

a. 종속변수: 스트레스3

절편이 실질적인 의미를 갖도록 만들기 위해서는 '스트레스1'을 평균중심화해 주어야만 한다. 이를 위해 원래의 '스트레스1'에서 '스트레스1'의 평균(=47.6439)을 뺀 후 그 결과를 '스트레스1_MC'에 저장한다.

〈표 3-3〉은 '스트레스1_MC'를 독립변인, '스트레스3'을 종속변인으로 설정한 후 단순선형회귀분석을 돌린 결과를 보여 준다. 표에 따르면 회기식의 절편은 57.109, '스트레스1_MC'의 기울기는 0.920이다. 기울기는 '스트레스1'이 독립변인일 때와 똑같다. 즉, '스트레스1'과 마찬가지로 '스트레스1_MC'가 1점 증가할 때 '스트레스3'은 0.920점 증가하는 건 동일하다. 차이점은 절편에 있는데, 구체적으로 앞에서는 '스트레스1'이 0점일 때 '스트레스3'의 예상 평균이 13.272점이었다면, 여기서는 '스트레스1'이 평균(=47.6439)일 때 '스트레스3'의 예상 평균은 57.109점이라는 것이다. 대부분의 사회복지사는 스트레스를 평균값 언저리에서 느끼고 있을 것이므로, 1차 측정에서 평균적 수준의 스트레스(대략 47.6점)를 느끼는 사회복지사를 대상으로 3회차에 재측정하면 해당 사회복지사의 스트레스 점수 평균이 57.109점일 것이라는 이 해석은 현실적으로 가능하고 합당하며 실질적 의미를 가진다고 말할 수 있다.

〈표 3-3〉 '스트레스1_MC'에 대한 '스트레스3'의 단순회귀 분석결과

모형		비표준화 계수		표준화 계수	t	유의확률
		B	표준화 오류	베타		
1	(상수)	57.109	.082		700.256	.000
	스트레스1_MC	.920	.013	.616	71.351	.000

a. 종속변수: 스트레스3

다층분석에서 평균중심화를 하는 방법에는 두 가지가 있다. 하나는 전체 집단 관측치를 바탕으로 전체 집단평균을 구한 후 개별 관측치에서 전체 집단평균을 빼는 방법[29]이고, 다른 하나는 집단 j의 평균을 구한 후 집단 j에 소속된 개인 i의 관측치에서 집단 j의 평균을 빼는 방법[30]이다. 전자를 전체평균중심화(grand mean-centering), 후자를 집단평균중심화(group mean-centering)라고 부른다.

전자와 후자의 차이점은 절편에 상응하는 독립변인(들)의 값이 전체 집단 관측치의 평균값인지 아니면 집단 j 관측치의 평균값인지에 있다. 즉, 전체평균중심화를 한 경우 추정된 회기식의 절편은 독립변인이 전체 집단 관측치의 평균값일 때 예상되는 종속변인의 평균값을 가리키는 데 반하여, 집단평균중심화를 한 경우 추정된 회기식의 절편은 독립변인이 집단(j)별 관측치의 평균값일 때 예상되는 종속변인의 평균값을 가리킨다는 것이 둘의 차이점이다.

저자의 경험을 토대로 보았을 때 다층분석을 활용한 연구들은 대체로 집단평균중심화보다 전체평균중심화를 주로 이용하는데, 둘 중 무엇을 쓰느냐에 따라 모형추정 결과와 모수해석에 상당한 차이가 발생하므로,[31] 평균중심화를 할 때는 두 가지 방법 중 무엇을 선택할 것인지 연구목적과 의도에 비추어 신중히 생각해야만 한다.[32]

각 방법의 선택과 그에 따른 절편의 해석상 차이에 대해서는 이어지는 장에서 차차 설명하기로 하고, 여기서는 SPSS를 이용해 전체평균 및 집단평균중심화를 하는 방법에 대해서만 알아보기로 한다.

(1) 전체평균중심화

먼저 전체평균중심화를 하는 방법을 연습해 보자. 실습을 위해 예제파일 〈제3장 사회복지사 스트레스_수평 구조.sav〉를 열어 **변환** 메뉴에서 **변수 계산**을 선택한다.

---

29) 이렇게 하면 개인 간 차이가 보정된 상태로 절편과 기울기 값이 도출된다.

30) 반면, 이렇게 하면 개인 간 차이가 보정되지 않은 상태로 절편과 기울기 값이 도출된다.

31) 이러한 차이가 발생하는 까닭은 전체 관측치를 대상으로 평균중심화했을 때는 변인의 분산이 이전과 똑같은 수준을 유지하지만, 집단 내 관측치를 대상으로 평균중심화했을 때 변인의 분산이 이전과 달라지기 때문이다.

32) 다층분석에서 평균중심화 관련한 좀 더 자세한 설명은 Enders와 Tofighi(2007), Paccagnella(2006) 등을 참고하기 바란다.

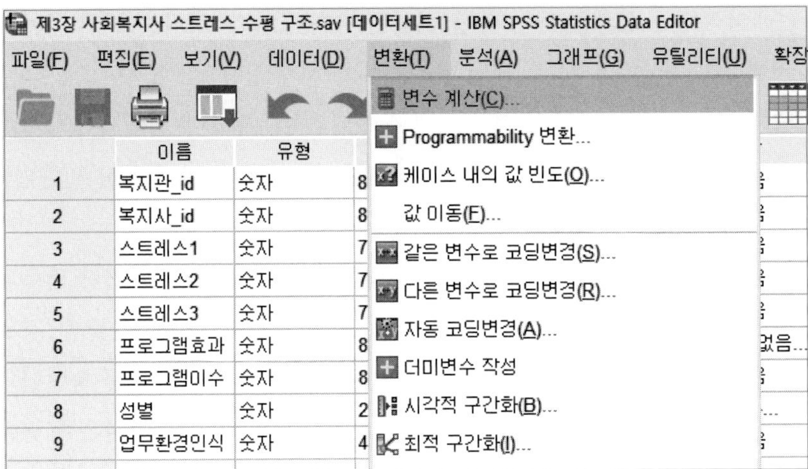

창이 뜨면,

ㄱ: **목표변수**에 '스트레스1_GMC'[33]를 기입한다.

ㄴ: 왼쪽 변인 목록에서 '스트레스1'을 선택해 오른쪽의 **숫자표현식** 박스로 옮긴다.

ㄷ: **숫자표현식** 박스 내 '스트레스1' 뒤에 빼기 부호(−)와 47.6439[34]를 차례로 기입한다.

ㄹ: **확인**을 클릭한다.

33) GMC는 grand mean-centering의 약자이다.

34) 기술통계분석을 통해 전체 사례를 토대로 계산된 '스트레스1'의 평균값이 47.6439라는 걸 미리 알고 넣은 것이다.

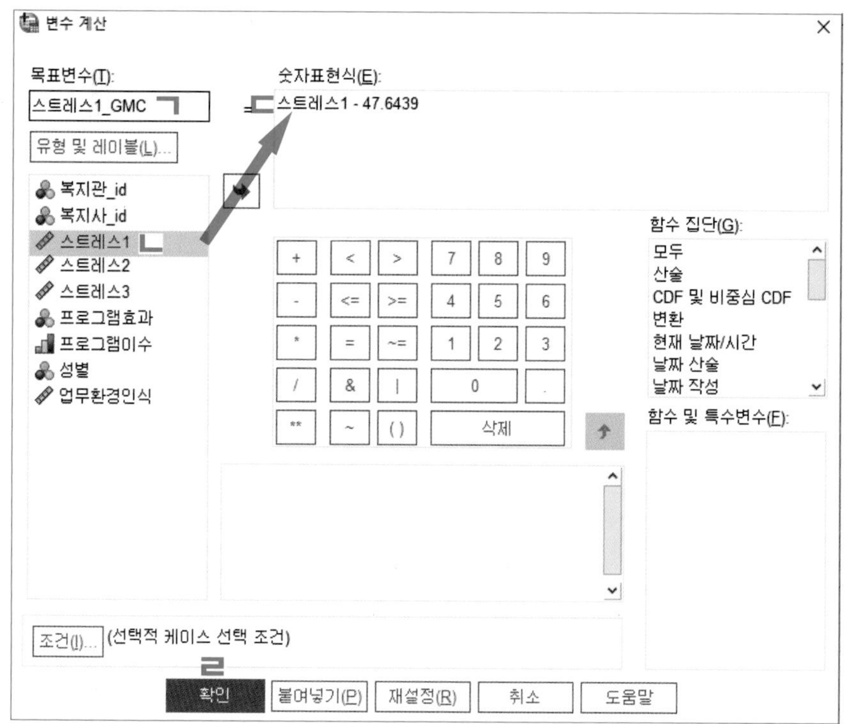

데이터 보기 탭을 클릭하여 데이터 창을 열어서 '스트레스1_GMC'가 생성된 것을 확인한다.

*제3장 사회복지사 스트레스_수평 구조.sav [데이터세트1] - IBM SPSS Statistics Data Editor

파일(F) 편집(E) 보기(V) 데이터(D) 변환(T) 분석(A) 그래프(G) 유틸리티(U) 확장(X) 창(W) 도움말(H) Meta Analysis KoreaPlus(P)

23 :

	복지관_id	복지사_id	스트레스1	스트레스2	스트레스3	프로그램효과	프로그램이수	성별	업무환경인식	스트레스1_GMC
1	1	1	49.66	50.09	54.72	0	0	1	.59	2.02
2	1	2	47.92	58.26	64.33	0	0	1	.30	.28
3	1	3	49.12	50.63	55.74	0	0	1	-.54	1.48
4	1	4	38.77	50.93	46.12	0	0	0	-.85	-8.87
5	1	5	47.54	51.53	60.90	1	1	0	.00	-.10
6	1	6	41.74	48.82	54.55	1	2	0	-.11	-5.90
7	1	7	32.83	42.43	48.73	0	0	0	-.33	-14.81
8	1	8	55.91	56.36	60.91	0	0	1	-.89	8.27
9	1	9	52.93	63.75	68.37	0	0	0	.21	5.29
10	1	10	39.47	42.30	44.15	0	0	1	-.34	-8.17
11	1	11	42.69	52.43	56.36	0	0	0	-.17	-4.95
12	1	12	48.64	58.98	62.17	0	0	1	-1.07	1.00
13	2	13	47.54	51.53	59.26	1	1	0	-.10	-.10
14	2	14	46.83	53.70	52.09	0	0	0	1.28	-.81
15	2	15	45.89	52.95	56.16	0	0	0	1.06	-1.75

(2) 집단평균중심화

집단평균중심화는 먼저 Aggregate 명령어로 관심 변인의 집단별 평균을 구하고, 그다음 Compute 명령어로 개별 사례의 관측치에서 해당 사례의 소속 집단 평균을 빼 주는 방식으로, 두 단계에 걸쳐 진행한다. 다음에서는 '스트레스1' 변인을 집단평균중심화하는 방법을 연습해 본다.

계속해서 예제파일 〈제3장 사회복지사 스트레스_수평 구조.sav〉를 이용한다. 데이터 메뉴에서 데이터 통합을 선택한다.

데이터 통합 창이 뜨면,

ㄱ: 왼쪽 변인 목록에서 '복지관_id'를 선택해 오른쪽의 **구분변수** 박스로 옮긴다.

ㄴ: 왼쪽 변인 목록에서 '스트레스1'을 선택해 오른쪽의 **통합변수 내 변수 요약** 박스로 옮긴다.

ㄷ: **변수 이름 및 레이블**을 클릭하여 '스트레스1_mean'으로 되어 있는 디폴트 변인 이름을 '스트레스1_GPM'35)으로 바꿔 준 후 **계속**을 누른다.

ㄹ: **확인**을 누른다.

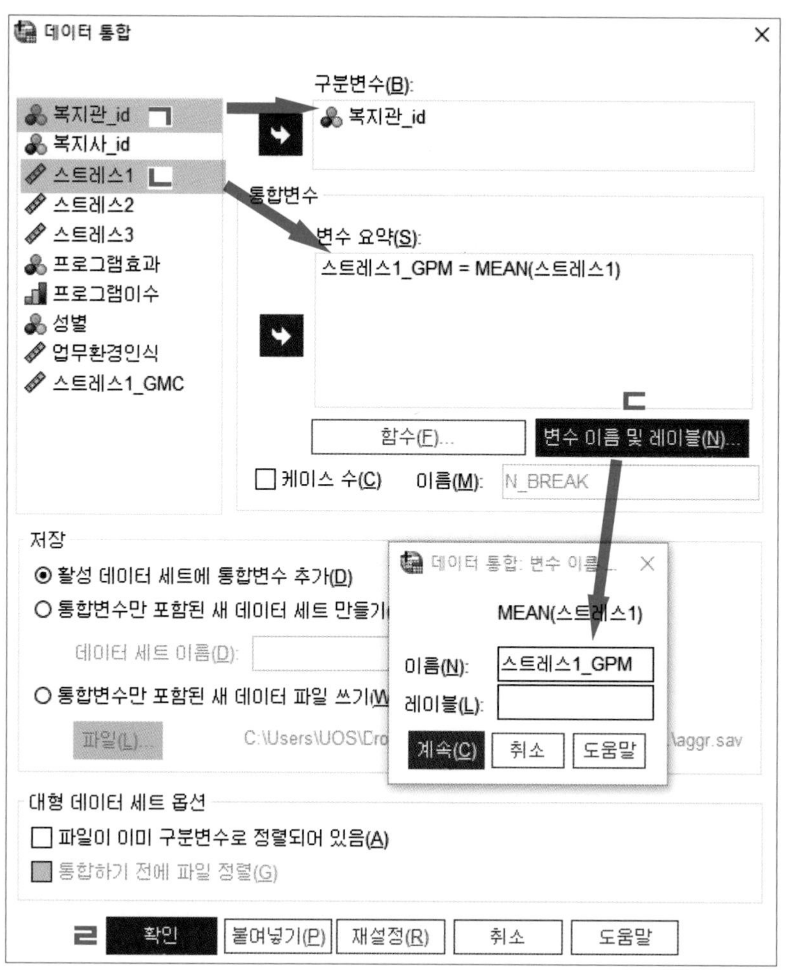

35) GPM은 group mean의 약자이다.

데이터 보기 탭을 클릭하여 데이터 창을 열어 보면, 사회복지사들의 '스트레스1' 점수 평균이 소속 사회복지관별로 계산되어 도출된 것('스트레스1_GPM')을 확인할 수 있다.

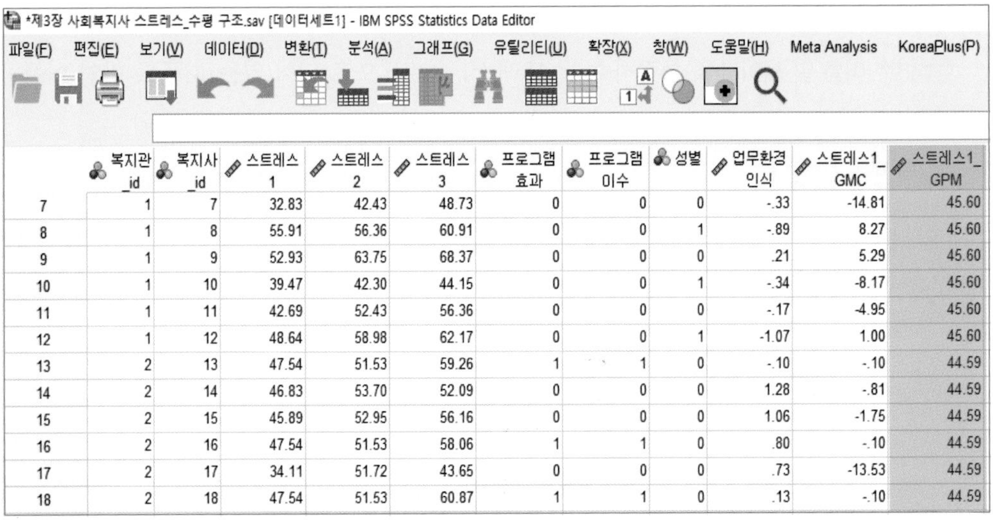

*제3장 사회복지사 스트레스_수평 구조.sav [데이터세트1] - IBM SPSS Statistics Data Editor

파일(F) 편집(E) 보기(V) 데이터(D) 변환(T) 분석(A) 그래프(G) 유틸리티(U) 확장(X) 창(W) 도움말(H) Meta Analysis KoreaPlus(P)

	복지관_id	복지사_id	스트레스1	스트레스2	스트레스3	프로그램효과	프로그램이수	성별	업무환경인식	스트레스1_GMC	스트레스1_GPM
7	1	7	32.83	42.43	48.73	0	0	0	-.33	-14.81	45.60
8	1	8	55.91	56.36	60.91	0	0	1	-.89	8.27	45.60
9	1	9	52.93	63.75	68.37	0	0	0	.21	5.29	45.60
10	1	10	39.47	42.30	44.15	0	0	1	-.34	-8.17	45.60
11	1	11	42.69	52.43	56.36	0	0	0	-.17	-4.95	45.60
12	1	12	48.64	58.98	62.17	0	0	1	-1.07	1.00	45.60
13	2	13	47.54	51.53	59.26	1	1	0	-.10	-.10	44.59
14	2	14	46.83	53.70	52.09	0	0	0	1.28	-.81	44.59
15	2	15	45.89	52.95	56.16	0	0	0	1.06	-1.75	44.59
16	2	16	47.54	51.53	58.06	1	1	0	.80	-.10	44.59
17	2	17	34.11	51.72	43.65	0	0	0	.73	-13.53	44.59
18	2	18	47.54	51.53	60.87	1	1	0	.13	-.10	44.59

다음으로 변환 메뉴에서 변수 계산을 선택한다. 변수 계산 창이 뜨면,

ㄱ: 목표변수에 '스트레스1_GPMC'를 기입한다.36)

ㄴ: 왼쪽 변인 목록에서 '스트레스1'을 선택해 오른쪽의 숫자표현식 박스로 옮긴다.

ㄷ: 숫자표현식 박스 내 '스트레스1' 뒤에 빼기 부호(−)를 기입한 후, 왼쪽 변인 목록에서 '스트레스1_GPM'을 선택해 빼기 부호(−) 뒤로 옮긴다.

ㄹ: 확인을 클릭한다.

---

36) GPMC는 group mean-centering의 약자이다.

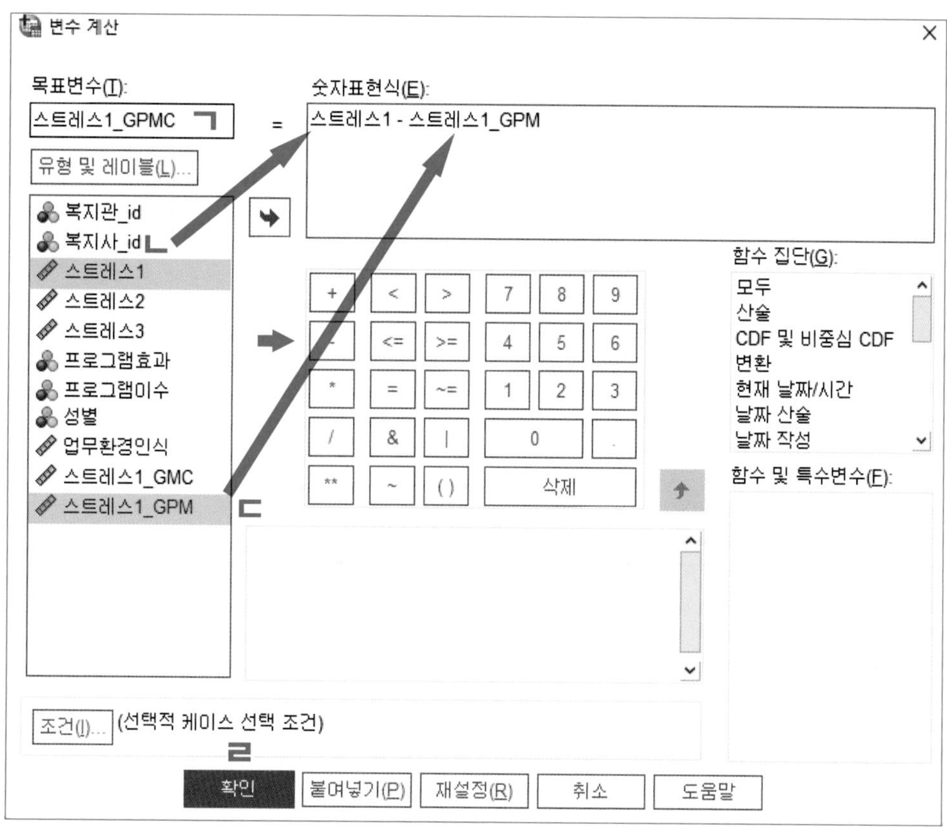

데이터 보기 탭을 클릭하여 데이터 창을 열어 보면, 개별 사회복지사들의 '스트레스1' 점수에서 소속 사회복지관의 점수 평균을 뺀 값이 나열된 것('스트레스1_GPMC')을 볼 수 있다.

*제3장 사회복지사 스트레스_수평 구조.sav [데이터세트1] - IBM SPSS Statistics Data Editor

파일(F) 편집(E) 보기(V) 데이터(D) 변환(T) 분석(A) 그래프(G) 유틸리티(U) 확장(X) 창(W) 도움말(H) Meta Analysis KoreaPlus(P)

31 :

	복지관_id	복지사_id	스트레스1	스트레스2	스트레스3	프로그램효과	프로그램이수	성별	업무환경인식	스트레스1_GMC	스트레스1_GPM	스트레스1_GPMC
1	1	1	49.66	50.09	54.72	0	0	1	.59	2.02	45.60	4.06
2	1	2	47.92	58.26	64.33	0	0	1	.30	.28	45.60	2.32
3	1	3	49.12	50.63	55.74	0	0	1	-.54	1.48	45.60	3.52
4	1	4	38.77	50.93	46.12	0	0	0	-.85	-8.87	45.60	-6.83
5	1	5	47.54	51.53	60.90	1	1	0	.00	-.10	45.60	1.94
6	1	6	41.74	48.82	54.55	1	2	0	-.11	-5.90	45.60	-3.86
7	1	7	32.83	42.43	48.73	0	0	0	-.33	-14.81	45.60	-12.77
8	1	8	55.91	56.36	60.91	0	0	1	-.89	8.27	45.60	10.31
9	1	9	52.93	63.75	68.37	0	0	0	.21	5.29	45.60	7.33
10	1	10	39.47	42.30	44.15	0	0	1	-.34	-8.17	45.60	-6.13
11	1	11	42.69	52.43	56.36	0	0	0	-.17	-4.95	45.60	-2.91

〈표 3-4〉는 '스트레스1'과 이를 전체평균중심화한 '스트레스1_GMC', 그리고 집단평균중심화한 '스트레스1_GPMC'의 기술분석 결과를 비교해 보여 준다. 표에 따르면, '스트레스1_GMC'는 '스트레스1'과 분포는 같지만(같은 표준편차) 평균은 다르고, '스트레스1_GPMC'는 '스트레스1'과 분포도 다르고(다른 표준편차) 평균도 다른 것으로 나온다. 이는 전체평균중심화를 하면 원래의 분포가 형태는 그대로 유지하면서 눈금(scale)만 바뀌지만, 집단평균중심화를 하면 눈금뿐 아니라 분포의 형태도 달라진다는 것을 말해 준다. 앞서 집단평균중심화를 한 후 모형을 추정하면 분석결과 및 모수에 대한 해석이 평균중심화를 하지 않았을 때나 전체평균중심화를 했을 때와 비교해 사뭇 달라진다고 말한 까닭은 바로 이러한 차이를 배경으로 한다.

〈표 3-4〉 '스트레스1'의 원점수, 전체평균화, 집단평균화 값 비교

변수	N	최솟값	최댓값	평균	표준편차
스트레스1	8335	24.35	69.25	47.6439	6.32466
스트레스1_GMC	8335	-23.29	21.61	.0000	6.32466
스트레스1_GPMC	8335	-22.90	22.90	.0000	5.87943

제 4 장

다층분석 실습: 이수준 모형

1. 이수준 다층분석 실습

지금까지 다층분석의 기본 개념, 단계별 모형 구축 절차 및 자료 준비 방법을 알아보았다. 다층분석을 위한 사전 작업이 모두 끝났으니, 이제 다층분석을 실제로 직접 해 보자!

1. 이수준 다층분석 실습

1) 연구문제 및 변수의 조작적 정의

제4장에서는 이수준 모형 분석을 연습한다. 구체적으로, 사회복지사의 소진(burn-out)에 영향을 미치는 요인을 살펴본다.

사회복지사의 소진에는 다양한 요인이 영향을 미친다. 여기서는 사회복지사 개인이 자신이 소속된 복지관의 의사소통 방식 및 문화가 수직적(비민주적)이라고 인식하면 소진이 높아지는지를 일차적으로 점검하고자 한다. 그다음, 수직적 업무환경 인식이 소진을 높이는 패턴이 복지관별로 다르게 나타나는지 살펴보고자 한다. 마지막으로, 만약 그 패턴이 복지관별로 정말 다르다면, 그와 같은 차이에 영향을 미치는 복지관 특성 요인이 무엇인지도 함께 알아보고자 한다. 여기서는 관련 복지관 특성 요인을 소진예방프로그램 실시 여부, 복지관 전반에 퍼진 수직적(비민주적) 의사소통 문화 수준, 신규 입사직원 초기 유지(retention) 수준에서 찾는다.

〈표 4-1〉은 제4장에서 다룰 연구문제와 그에 상응하는 연구모형 번호를 보여 준다.

〈표 4-1〉 연구문제 및 연구모형

연구문제	모형
1. 사회복지사의 소진은 복지관별로 다른가?	모형 I
2. 업무환경인식은 사회복지사의 소진에 어떠한 영향을 미치는가?	모형 II
3. 복지관의 소진예방프로그램 실시 여부, 조직문화, 신규채용직원의 6개월 후 퇴사율은 각각 사회복지사의 소진에 어떠한 영향을 미치는가?	모형 III
4. 업무환경인식이 사회복지사의 소진에 미치는 영향은 복지관별로 다른가?	모형 IV
5. 복지관의 소진예방프로그램 실시 여부는 업무환경인식과 사회복지사 소진의 관계에 어떠한 영향을 미치는가?	모형 V

표에서 볼 수 있듯 제4장 예제의 종속변인(Y)은 사회복지사 소진, 제1수준 독립변인(level-1 X)은 사회복지사 업무환경인식이다. 그리고 층위 간 상호작용효과를 발생시키는 조절변인이자 제2수준 독립변인(level-2 W)은 복지관의 소진예방프로그램 실시 여부(W1), 수직적 조직문화(W2), 신규 채용직원의 6개월 후 퇴사율(W3)이다.

실습에는 예제파일 〈제4장 사회복지사 소진.sav〉를 사용한다. 파일을 불러온 후 **변수 보기**와 **데이터 보기** 창을 차례로 눌러 데이터의 생김새를 파악한 다음 간단한 기술분석을 해 보면, 해당 파일의 데이터세트는 419개 사례의 제1수준(사회복지관) 데이터, 그리고 6,871개(명) 사례의 제2수준(사회복지사) 데이터, 두 개의 층으로 나뉘어 있다는 것을 볼 수 있다.

독자들의 이해를 돕기 위해 예제파일에 포함된 각 변인에 대한 상세 설명을 〈표 4-2〉에 요약, 정리하였다.

〈표 4-2〉 변수측정 및 구성

변인명	수준	설명	값/범위	측정 수준
복지관_id	복지관 (제2수준)	복지관 일련번호(419개)	1~419	명목
복지사_복지관별id	개인 (제1수준)	각 복지관 내 사회복지사 일련번호	1~37	명목
복지사_id		사회복지사 일련번호(6,871명)	1~6871	명목
소진		사회복지사 소진 점수	27.42~99.98	비율
성별		사회복지사 성별	0: 남성 1: 여성	명목 (이항)
업무환경인식		복지관의 수직적(비민주적) 의사소통에 대한 사회복지사 개인의 인식 수준. 표준화 점수	−2.41~1.87	비율

예방프로그램	복지관 (제2수준)	소진예방프로그램 실시 여부	0: 미실시 1: 실시	명목 (이항)
조직문화		복지관의 수직적(비민주적) 의사소통 문화에 대한 복지관 수준에서의 평가. 데이터 통합 기능을 이용하여 '업무환경인식'을 복지관별로 평균 낸 값.[1] 이 값이 클수록 복지관의 의사소통 문화가 수직적(비민주적)이라고 생각하는 사회복지사들이 해당 복지관에 많이 몰려 있다는 것을 의미	−1.30~1.44	비율
퇴사율		신규 입사한 직원의 6개월 후 퇴사율. 이 값이 클수록 해당 복지관에는 신입사원이 버티기 힘든 무엇인가가 있다는 것을 의미하며, 해당 복지관의 고용 유지(retention) 혹은 안정 수준이 떨어진다고 해석할 수 있음	0.00~1.00	비율

2) 자료의 시각적 이해

다층분석을 실시하기 위해서는 먼저 종속변인(Y)이 상위수준에서 변이하는지 확인해야 한다. 만약 종속변인의 총분산에서 상위수준에서 변이하는 부분이 차지하는 비율이 5% 미만이라든가 또는 상위수준에서 변이하는 분산 추정치가 통계적으로 유의미하지 않다면, 다층분석 실시 이유를 경험적으로 확보하지 못하게 된다. 이 경우 최소자승회귀법에 따른 전통적인 회귀분석을 실시하는 것으로 족하다.

그렇다면 종속변인이 상위수준에서 충분히 그리고 유의미하게 변이한다는 것은 구체적으로 무엇을 의미하는가? 이는 종속변인의 절편 또는 기울기가 하나로 고정되지 않고 상위수준 자료의 뭉침(grouping)에 따라 비고정적으로(randomly) 도출된다는 것을 뜻한다. 이와 같은 비고정성을 다층분석에서는 회기식 내 상위수준 오차항(들)을 통해 담아내며, 그 추정치는 절편 또는 기울기의 무선효과라고 부른다.

다시 예제로 돌아오자. 예제에서도 바로 이러한 부분들을 집중적으로 묻는다. 구체적으로, 연구문제 1번에서는 사회복지사의 '소진'(Y)이 복지관별로 다른지 물음으로써 절편에 무선효과가 존재하는지 살피고, 연구문제 4번에서는 사회복지사의 '업무환경인식'(제1수준

1) 데이터 → 데이터 통합 → '업무환경인식'을 변수 요약으로, '복지관_id'를 구분변수로 이동 → 확인 → 변인명을 '조직문화'로 수정

X)과 '소진'(Y)의 관계가 복지관별로 달리 나타나는지 물음으로써 기울기에 무선효과가 존재하는지 살핀다.

다음에서는 각 연구문제와 그에 상응하는 연구모형을 구축 및 검증하기에 앞서, 먼저 독자들의 이해를 돕기 위해 '소진' 및 '업무환경인식'과 '소진'의 관계가 복지관별로 다르다는 것이 무엇을 의미하는지 도표를 통해 시각적으로 확인시켜 주고자 한다.

예제파일 〈제4장 사회복지사 소진.sav〉를 열어 데이터 메뉴에서 케이스 선택을 누른다.

제4장 사회복지사 소진.sav [데이터세트1] - IBM SPSS Statistics Data Editor

파일(F) 편집(E) 보기(V) 데이터(D) 변환(T) 분석(A) 그래프(G) 유틸리티(U) 확장(

- 변수특성정의(V)...
- 알 수 없음에 대한 측정 수준 설정(L)...
- 데이터 특성 복사(C)...
- 새 사용자 정의 속성(B)...
- 날짜 및 시간 정의(E)...
- 다중반응 변수군 정의(M)...
- 검증(L) ›
- 중복 케이스 식별(U)...
- 특이 케이스 식별(I)...
- 데이터 세트 비교(P)...
- 케이스 정렬(O)...
- 변수 정렬(B)...
- 전치(N)...
- 파일 전체의 문자열 너비 조정
- 파일 합치기(G) ›
- 구조변환(R)...
- 레이크 가중값...
- 성향 점수 매칭...
- 케이스 대조 매칭...
- 데이터 통합(A)...
- 직교계획(H) ›
- 파일로 분할
- 데이터 세트 복사(D)
- 파일분할(F)...
- 케이스 선택(S)...
- 가중 케이스(W)...

	복지관_id	경	예방프로그램
1	1	59	0
2	1	30	0
3	1	54	0
4	1	85	0
5	1	00	0
6	1	11	0
7	1	33	0
8	1	89	0
9	1	21	0
10	1	34	0
11	1	17	0
12	1	07	0
13	2	11	0
14	2	28	0
15	2	06	0
16	2	80	0
17	2	73	0
18	2	13	0
19	2	68	0
20	2	92	0
21	2	81	0
22	2	52	0
23	2	46	0
24	2	55	0
25	2	00	0
26	3	30	0

케이스 선택 창이 뜨면,

ㄱ: 오른쪽 선택 박스에서 시간 또는 케이스 범위를 기준으로를 클릭하고

ㄴ: 범위를 클릭하여

ㄷ: 관측값 칸에 '1'과 '80'을 각각 기입한 후

ㄹ: 확인을 누른다.

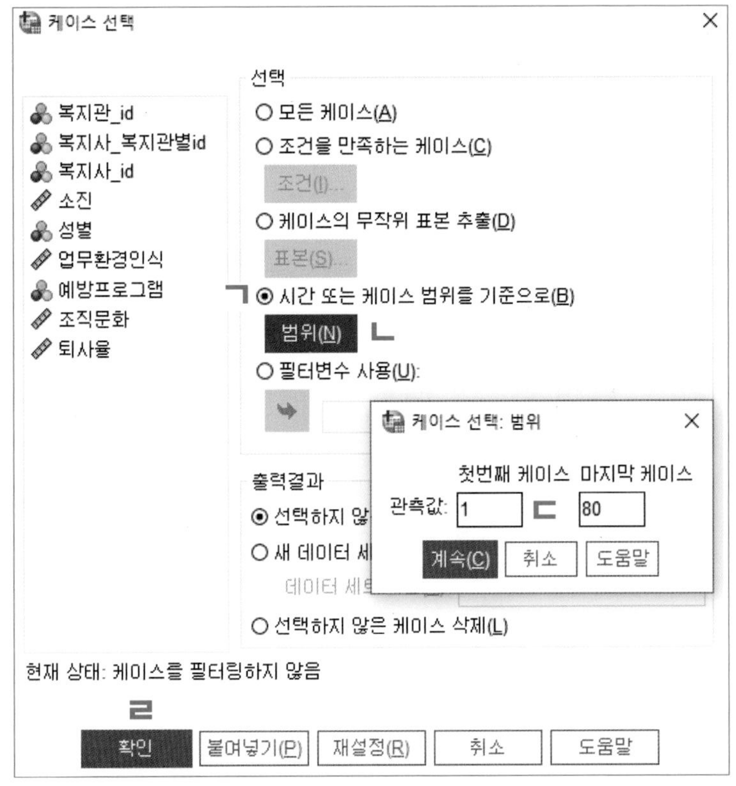

데이터 보기 창을 통해 보면 전체 6,871개 사례 중 1번부터 80번까지 80개 사례만 선택된 것을 확인할 수 있다.

다음으로, 그래프 메뉴에서 레거시 대화 상자를 하이라이트하고, 드롭다운 메뉴가 내려오면 산점도/점도표를 클릭한다. 이후 산점도/점도표 선택 창이 뜨면 단순 산점도를 선택 후 정의를 누른다.

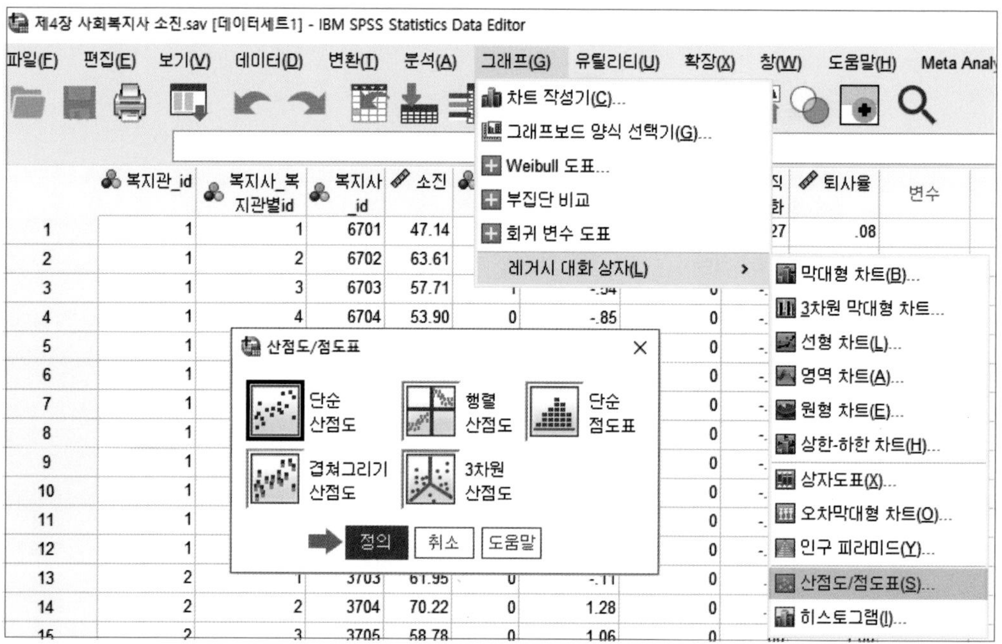

단순 산점도 창이 뜨면,

ㄱ: 왼쪽의 변인 목록 박스에서 '소진'을 클릭해 오른쪽의 Y축 칸으로 옮긴다.

ㄴ: 마찬가지로 '업무환경인식'을 클릭해 X축 칸으로 옮긴다.

ㄷ: 확인을 클릭한다.

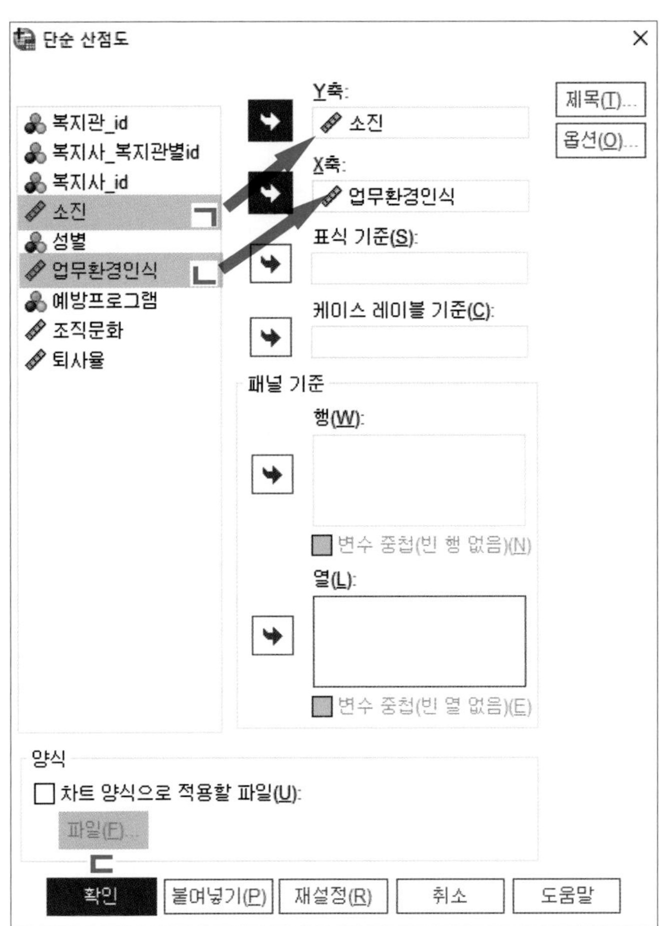

출력결과 창에 산점도가 나타난다. 산점도 이미지 위에 마우스 커서를 올려놓고 더블클릭을 하면 도표 편집기가 열린다.

도표 편집기 창이 뜨면,

ㄱ: 격자선 숨김을 누르고

ㄴ: 전체 회귀선 적합 추가를 누른 후

ㄷ: 도표 편집기 상단 오른쪽의 x 버튼을 클릭하여 창을 닫는다.

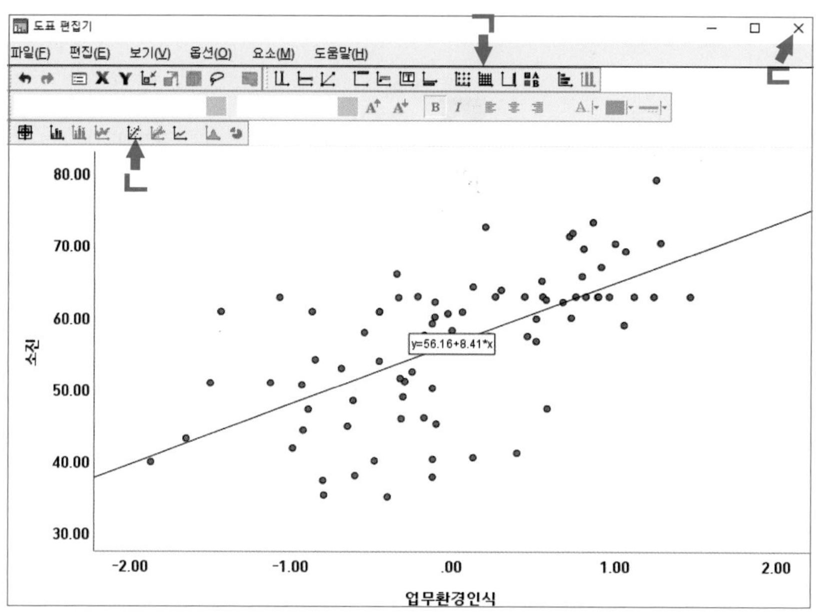

출력결과 창의 산점도가 다음 그림과 같이 원래 형태에서 살짝 바뀌고 회귀선도 새로 그려진 것을 볼 수 있다. 회귀식은 $\widehat{소진}_i = 56.16 + 8.41 \times (업무환경인식)_i$이다.

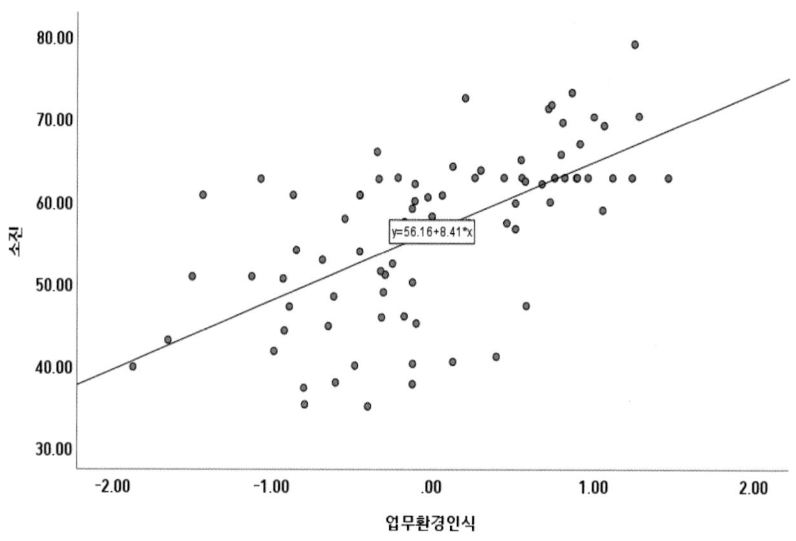

이 그림에서 눈여겨보아야 할 사항은, 절편과 기울기의 추정값(각각 56.16, 8.41)이 최소자승법에 의거하여 도출된 회기계수라는 점이다. 즉, 집단별로 절편이나 기울기가 다를 수 있

다는 가능성이 반영되지 않고, 표본에서 추정된 평균이 곧 모집단 평균이라는 가정 아래 절편과 기울기 추정값이 단일 값으로 고정되어 도출되었다는 것이다.

최소자승법에 의한 전통적인 단층적 회귀분석 결과가 신뢰할 수 있는 것이 되기 위해서는, 자료수집 과정에서부터 엄격한 단순무작위표집 전략이 전제되어야 하고 실제로도 그렇게 표집되어야만 한다. 그래서 자료에 어떤 체계적인 뭉침 현상이 껴 있을 가능성이 처음부터 철저히 배제되어야만 한다.

그러나 현실적으로 대부분의 데이터는 특정한 집단별 속성에 따라 본래부터 뭉쳐진 상태로 존재한다. 또는 연구자의 전략적 의도나 판단에 따라 자료수집 단계에서부터 어느 정도의 뭉침이 전제된 상태에서 표집이 이루어진다. 이러한 데이터를 갖고서 연구를 진행한다면, 해당 연구의 표본에서 추정된 평균(단일의 고정된 값)을 비편의(unbiased) 모수라고 결론짓기는 매우 곤란한 일이 되고 만다.

다층분석은 이 같은 불확실성을 제거하기 위해 고안된 통계분석 기법으로, 종속변인의 결과에 집단 수준에서의 특성이 영향을 미칠 수 있다는 가능성, 다시 말해 절편이나 기울기 값이 집단별로 다를 수 있다는 가능성을 모형에 반영한다는 것이 특징이다. 다음에서는 바로 이 특징, 즉 집단별로 절편이나 기울기가 다를 수 있다는 것이 무엇을 의미하는지 시각적으로 표현해 보고자 한다.

앞에서 다룬 예제파일을 계속해서 사용한다. **그래프** 메뉴에서 **레거시 대화 상자**를 선택하고, 드롭다운 메뉴에서 **산점도/점도표**를 선택한다.

단순 산점도 창이 뜨면,

ㄱ: 왼쪽의 변인 목록 박스에서 '복지관_id'를 선택해 오른쪽 **표식 기준**으로 옮긴 후[2)]

ㄴ: **확인**을 클릭한다.

---

2) 표식 기준을 '복지관_id'로 정함으로써, SPSS는 산점도를 그릴 때 '업무환경인식'과 '소진'의 관계를 복지관별로 다르게 그리게 된다.

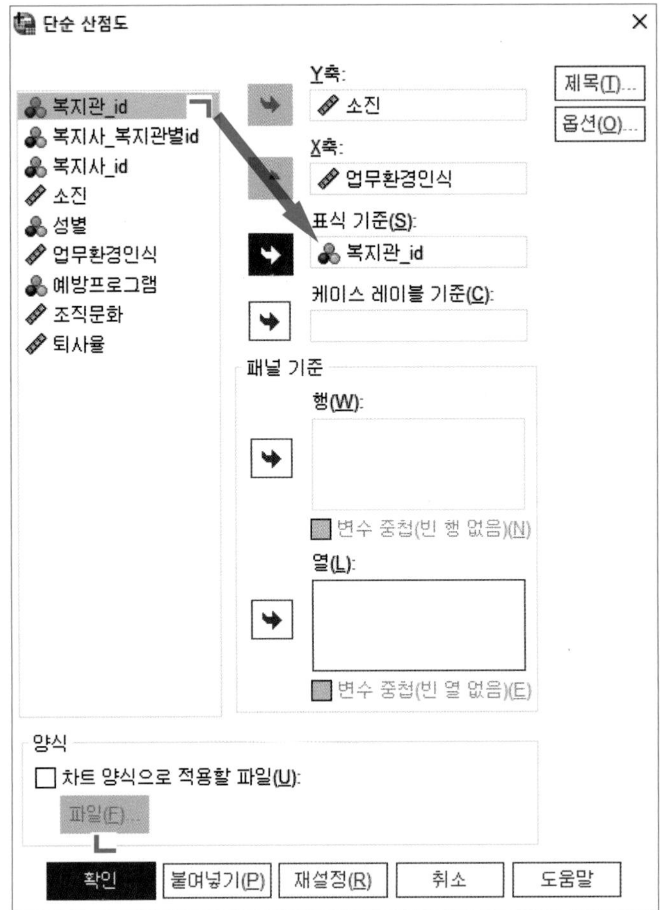

출력결과 창에 산점도가 나타난다. 이미지 위에 마우스 커서를 올리고 더블클릭을 하면 도표 편집기가 열린다.

도표 편집기 창이 뜨면,

ㄱ: 격자선 숨김을 누르고

ㄴ: 부집단 회귀선 적합 추가를 누른 후

ㄷ: 도표 편집기 상단 오른쪽의 x 버튼을 클릭하여 창을 닫는다.

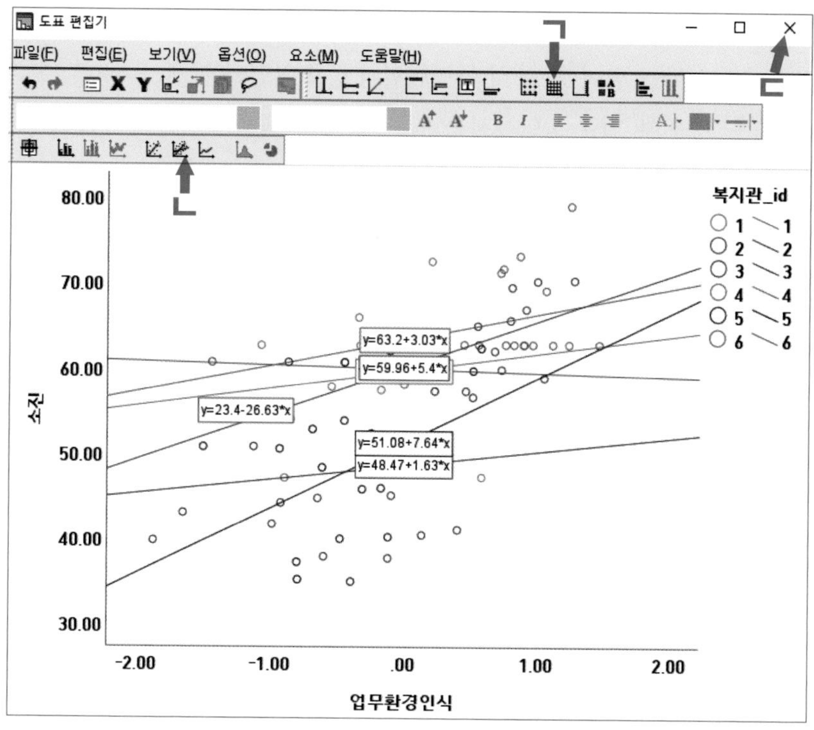

출력결과 창의 산점도가 다음과 같이 원래 형태에서 살짝 바뀌고 여섯 개의 회귀선이 새롭게 그려진 것을 볼 수 있다.

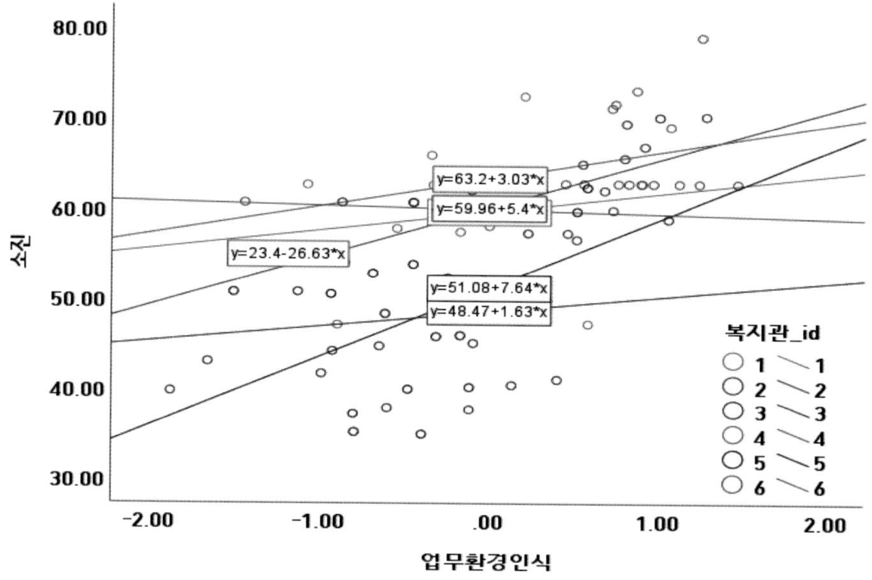

이 그림에서 눈여겨보아야 할 사항은, 절편과 기울기가 하나의 값에 고정되지 않고 여섯 개로 달리 도출되었다는 점이다. 특히 독립변인과 종속변인의 관계가 전체적으로 정(+)의 방향성을 보이는 가운데, 일부 집단에서는 부(−)로 나타나는 등 일관되지 않다는 점이 눈에 띈다.

예컨대, 초록색으로 표시된 집단 6을 살펴보자. 집단 6의 회귀식은 $\widehat{\text{소진}}_{i6} = 23.4 - 26.63 \times$ 업무환경인식$_{i6}$인데, 나머지 다섯 개 집단에서 '업무환경인식'의 기울기가 모두 +인 것과 다르게 여기서는 그 기울기가 − 값을 가져 혼자 튀는 패턴이 분명하게 드러난다.

여섯 개 집단의 회기식이 서로 다를 뿐 아니라, 각 집단의 회기식은 집단 구분을 하지 않고 통으로 계산해 도출한 앞선 128쪽 그림의 회귀식 $\widehat{\text{소진}}_i = 56.16 + 8.41 \times$(업무환경인식)$_i$과 비교해도 현저하게 다르다.

절편과 기울기에서의 이 같은 차이는 왜 발생할까? 데이터가 층별로 구조화되었기 때문이다. 데이터가 단층이 아닌 다층적 구조를 띨 때, 즉 하위수준 관측치들이 상위수준의 어떤 특성에 따라 체계적으로 뭉쳐 있을 때, 절편이든 기울기든 그 값은 고정된 전체평균(표본에서 얻어진 모집단 추정 평균)을 중심으로 바로 그 상위수준의 어떤 특성이 그리는 패턴에 따라 일정한 분포를 그리게 된다. 상위수준의 특성 요인에서 비롯된 이 분포가 통계적으로 유의미할 때, 연구자는 자연스럽게 상위수준의 특성이 하위수준의 관측치 분포에 미치는 영향력이 정확히 얼마나 되는지에 대해 의문을 품게 된다. 이 같은 의문은 절편과 기울기에 껴 있는 비고정적 무선효과의 크기와 그것의 통계적 유의성을 가늠함으로써 답할 수 있다.

요약하면, 최소자승법에 입각한 전통적인 회귀분석은 변인 간 관계가 집단별로 다를 수 있음을 고려하지 않는다. 집단 구분 없이 전체 사례를 통으로 계산한다. 즉, 모수가 모평균 효과의 측면에서만 정의되어 그 값이 하나로만 고정되어 도출된다. 그런데 변인 간 관계는 집단별로 다를 수 있다. 데이터가 뚜렷이 다층적 구조를 띨 때 그러하다. 따라서 집단별 차이를 감안하지 않고 통으로 도출된 추정치, 가령 집단특이적 효과가 미반영된 표준오차는 과소추정되었을 확률이 높고, 이 경우 제2종 오류를 범할 가능성은 급격히 커진다.

따라서 좀 더 정밀하고 정확한 분석을 희망하는 연구자라면, 변인 간 관계가 집단별로 다를 수 있음을 통계모형에 반영해야만 한다. 나아가 만약 집단별로 다르다는 점이 확인되었다면 그 내용과 양상이 어떠한지도 명확하게 제시할 수 있어야만 한다.

다층분석은 이러한 문제의식을 기술적으로 보정하여 반영한 통계기법이다. 구체적으로, 절편과 기울기의 추정값이 고정된 부분과 무작위로 변이하는 부분으로 구성된다는 가정 아래, 종속변인의 총분산 중 무선적으로 변이하는 부분이 통계적으로 유의미한지, 차지하는 비중은 얼마나 되는지를 추정한다. 추정 결과 만약 무선 분산이 통계적으로 유의미하고 그 비중도 상당한 것으로 확인되면(ICC≥0.05), 고정된 추정값이 갖는 설명력 혹은 예측력의 의미는 다소 퇴색한다. 따라서 이후 분석 작업은 무선적으로 변이하는 부분이 차지하는 비중을 줄이고, 이를 통해 고정된 추정값이 갖는 설명력 혹은 예측력을 제고하는 데 집중된다.

3) 단계별 모형 구축 및 검증

다층분석의 모형 구축 절차에 어떤 정형화된 방법이 있는 것은 아니다. 연구목적, 내용, 질문(가설) 등에 따라 얼마든지 그 절차를 달리 가져갈 수 있다. 그럼에도 연구 논리를 좀 더 날카롭게 세우고 연구결과를 더욱 효과적으로 보여 줄 수 있는 특별한 절차를 제1장에서 자세히 설명한 바 있다. 다음에서는 제1장에서 설명, 제시한 바로 그 절차에 따라 연구모형을 수립, 검증하는 연습을 해 보고자 한다.

(1) 모형 I–절편의 무선효과를 점검하는 기초모형

다층분석의 첫 단계는 어떠한 독립변인도 투입하지 않은 무조건모형, 즉 기초모형을 구축하는 것이다. 기초모형을 검증함으로써 연구자는 종속변인의 전체 분산을 집단 내 차이에 의해 설명될 수 있는 부분(σ^2_{within})과 집단 간 차이에 의해 설명될 수 있는 부분($\sigma^2_{between}$), 둘로 분할하여 파악할 수 있다.

그런데 독립변인을 전혀 투입하지 않은 상태이므로, 집단 내 분산(σ^2_{within})은 실질적으로 집단 내 차이에 의해 설명되지 못하고 남은 부분(ϵ_{ij})이 되고, 집단 간 분산($\sigma^2_{between}$)은 집단 간 차이에 의해 설명되지 못하고 남은 부분이 되어 버린다. 특히 후자는 전체 집단을 대상으로 계산된 종속변인의 추정 평균(γ_{00}), 즉 고정절편을 둘러싼 집단 간 차이에 기인하는 변이 부분을 가리킨다는 측면에서 절편의 무선효과(μ_{0j})라고 부른다.

만약 집단 간 차이에 기인하는 절편의 분산 분, 즉 무선절편(μ_{0j})의 추정치가 통계적으로 유의미한 것으로 확인되면, 연구자는 종속변인을 좀 더 효과적으로 설명하기 위해 개인 특성 요인 외 집단 특성 요인을 별개로 고려하는 일이 필요하다는 주장을 펼칠 수 있다. 즉, 다층분석 실시에 대한 경험적 정당화를 주장할 수 있다.

무선절편(μ_{0j})의 통계적 유의성을 확인하는 것과 더불어, 연구자는 ICC를 살핌으로써 다층분석을 경험적으로 정당화할 수 있다. 급내상관계수(intra-class correlation: ICC)는 종속변인의 총분산에서 집단 간 차이에 기인하는 부분이 차지하는 비중을 가리킨다.3) 따라서 ICC가 가령 0.20이면, 종속변인의 총분산 중 집단 간 차이에 의해 설명될 수 있는 부분이 20%라는 것을 수치적으로 파악할 수 있다.

ICC의 임상적 분할점은 0.05이며, 통상 그 이상이 되어야 연구자는 안심하고 다층분석을 실시할 수 있다. ICC가 크면 집단 간 차이는 큰 반면 집단 내 차이는 작고(이질적 집단과 동질적 개인), 반대로 ICC 값이 작으면 집단 간 차이는 작은 반면 집단 내 차이는 크다(동질적 집단과 이질적 개인)고 본다.

다음에서는 기초모형인 모형 I을 구축한 후 이를 검증하고 추정 결과를 해석하는 연습을 실시한다.

예제파일 〈제4장 사회복지사 소진.sav〉를 열어 분석 메뉴에서 혼합 모형을 선택하고 드롭다운 메뉴가 뜨면 선형을 선택한다.

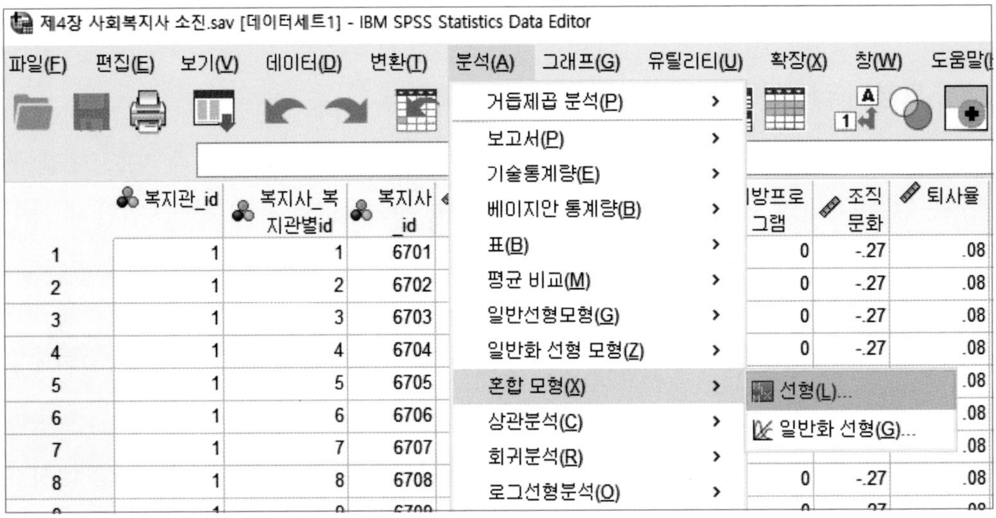

제4장 사회복지사 소진.sav [데이터세트1] - IBM SPSS Statistics Data Editor

파일(F) 편집(E) 보기(V) 데이터(D) 변환(T) 분석(A) 그래프(G) 유틸리티(U) 확장(X) 창(W) 도움말(H)

거듭제곱 분석(P) ›
보고서(P) ›
기술통계량(E) ›
베이지안 통계량(B) ›
표(B) ›
평균 비교(M) ›
일반선형모형(G) ›
일반화 선형 모형(Z) ›
혼합 모형(X) › 선형(L)... / 일반화 선형(G)...
상관분석(C) ›
회귀분석(R) ›
로그선형분석(O) ›

	복지관_id	복지사_복지관별id	복지사_id	방프로그램	조직문화	퇴사율
1	1	1	6701	0	-.27	.08
2	1	2	6702	0	-.27	.08
3	1	3	6703	0	-.27	.08
4	1	4	6704	0	-.27	.08
5	1	5	6705			.08
6	1	6	6706			.08
7	1	7	6707			.08
8	1	8	6708	0	-.27	.08

3) 급내상관계수(ICC) $\rho = \frac{\sigma^2_{between}}{\sigma^2_{between}+\sigma^2_{within}}$

선형 혼합 모형: 개체 및 반복 지정 창이 뜨면,

ㄱ: 왼쪽의 변인 목록 박스에서 '복지관_id'를 선택해 오른쪽의 개체[4] 박스로 옮기고

ㄴ: 계속을 누른다.

4) 개체란 무선효과를 발생시키는 독립적인 관측 대상을 가리킨다. 여기 예제에서는 복지관이 그러한 관측 대상이다.

이어서 선형 혼합 모형 창이 뜨면,

ㄱ: 왼쪽의 변인 목록 박스에서 '소진'을 선택해 오른쪽의 **종속변수** 박스로 옮기고

ㄴ: **변량**을 누른다.5)

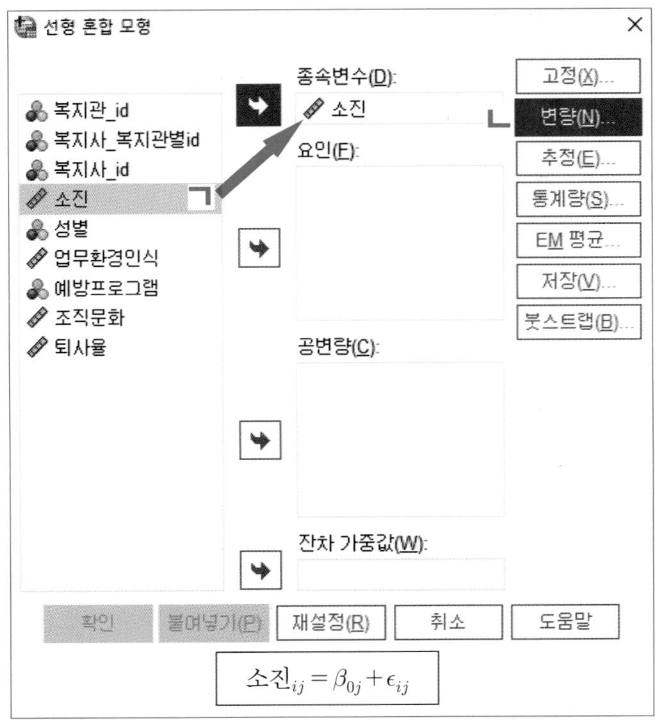

선형 혼합 모형: 변량효과 창이 뜨면,

ㄱ: **변량효과의 공분산 유형**에서 디폴트 설정인 **분산성분**6)을 선택하고

---

5) 변량은 무선효과를 설정하고자 할 때 사용하는 명령어 옵션이다.

6) 무선효과를 추정하기 위해서는 공분산 구조를 설정해 주어야만 한다. 여기서는 다양한 공분산 구조 가운데 SPSS에서 디폴트로 설정한 분산성분(variance component) 구조를 사용한다. 분산성분은 공변량=0을 전제하는 대각 매트릭스(diagonal matrix) 구조를 바탕으로 한다. 그래서 각 무선효과에 대한 분산 추정치를 개별적으로 제공할 수 있지만, 무선효과'들' 간 공분산 추정치는 제공하지 못한다는 한계가 있다. 그런데 지금 다루는 예제의 모형 I에서는 무선효과가 절편(μ_{0j})에만 존재하는 것으로 설정되어 있다. 따라서 분산성분을 사용하는 것은 합당한 결정이다. 그렇지만 만약 모형에 무선효과가 무선절편 외 무선기울기(들)까지 두 개 혹은 그 이상 존재한다면, 분산성분은 적절한 공분산 구조가 될 수 없다. 이 경우 가장 적합하면서 많이 쓰이는 유형은 비구조(unstructured)이다. 비구조 공분산 구조는 개별 무선효과에 대한 분산 추정치를 제공함과 동시에 무선효과 간 공분산 추정치도 제공한다. 따라서 무선효과가 두 개 이상인 경우 사용하면 모수 추정에 정확도를 기할 수 있다. 그렇지만 비구조 공분산 구조는 효과 크기가 작으면 정확한 추정치를 내놓지 못하고 에

ㄴ: 변량효과에서 절편 포함[7])을 체크한다.

ㄷ: 개체 집단의 개체 박스에 들어 있는 '복지관_id'를 오른쪽 조합 박스로 옮긴다.[8])

ㄹ: 계속을 누른다.

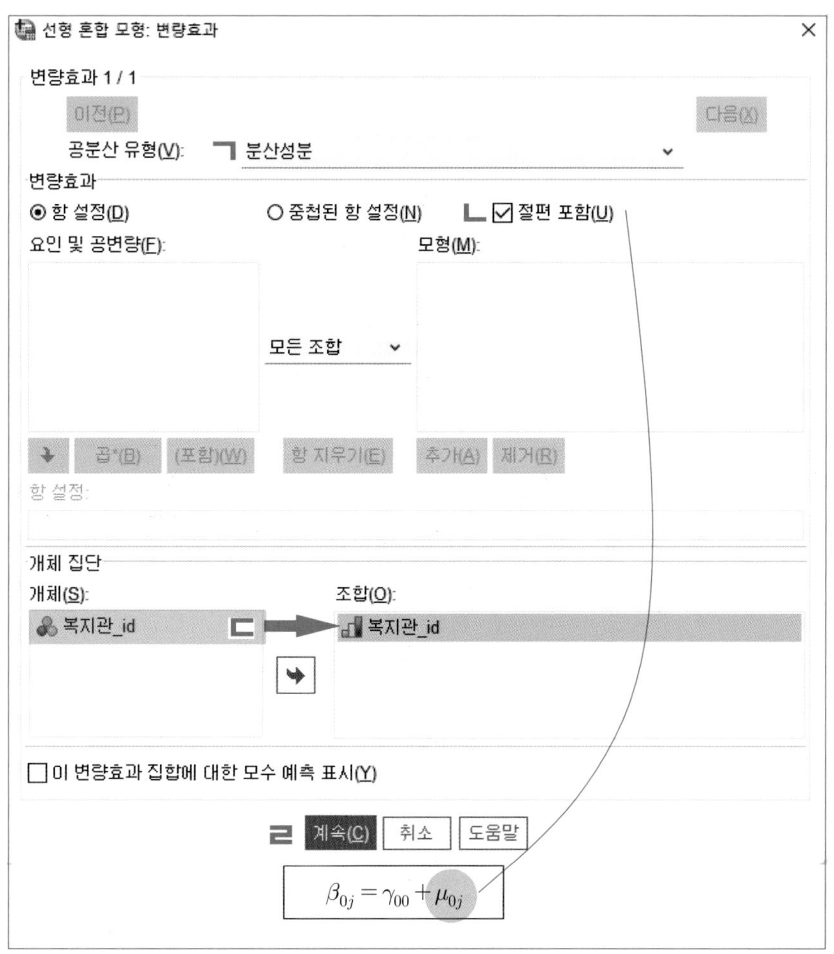

러 메시지가 뜨는 등 적용이 다소 까다롭다는 단점을 갖는다. 또한 측정 회차가 통상 5회를 넘어가면 분석결과가 과도하게 복잡해져서 해석이 까다로워진다는 것도 흠이다. 아무튼 여기서는 일단 무선효과를 추정하는 데 가장 기본이 되는 공분산 구조인 분산성분을 선택해 활용하겠다는 정도만 언급하고 넘어가겠다. 공분산의 정의 및 유형에 대해서는 제6장 1. 종단적 다층분석 실습-첫 번째 시나리오-5) 다층종단분석을 위한 성장 모형 구축 및 검증-(2) 제1수준 공분산 구조에서 좀 더 상세하게 설명하겠다.

7) 절편(β_{0j})의 구성에 무선효과(μ_{0j})를 추가하라는 명령이다. 한편, 절편의 고정효과(γ_{00})는 선형 혼합 모형 창의 고정 옵션에서 디폴트로 설정되어 있으므로 따로 SPSS에 명령하지 않아도 된다. 각주 13)을 참고하길 바란다.

8) 절편에 무선효과를 발생시키는 상위수준의 분석단위(개체)로 '복지관_id'를 사용하라는 명령이다.

앞의 선형 혼합 모형 창이 다시 나타난다. 이때,

ㄱ: 추정을 누른다.

ㄴ: 선형 혼합 모형: 추정 창이 뜨면, 방법에서 디폴트로 표시되어 있는 제한최대우도[9] 옵션을 확인한 후

ㄷ: 나머지 옵션은 그대로 놔둔 채 계속을 누른다.

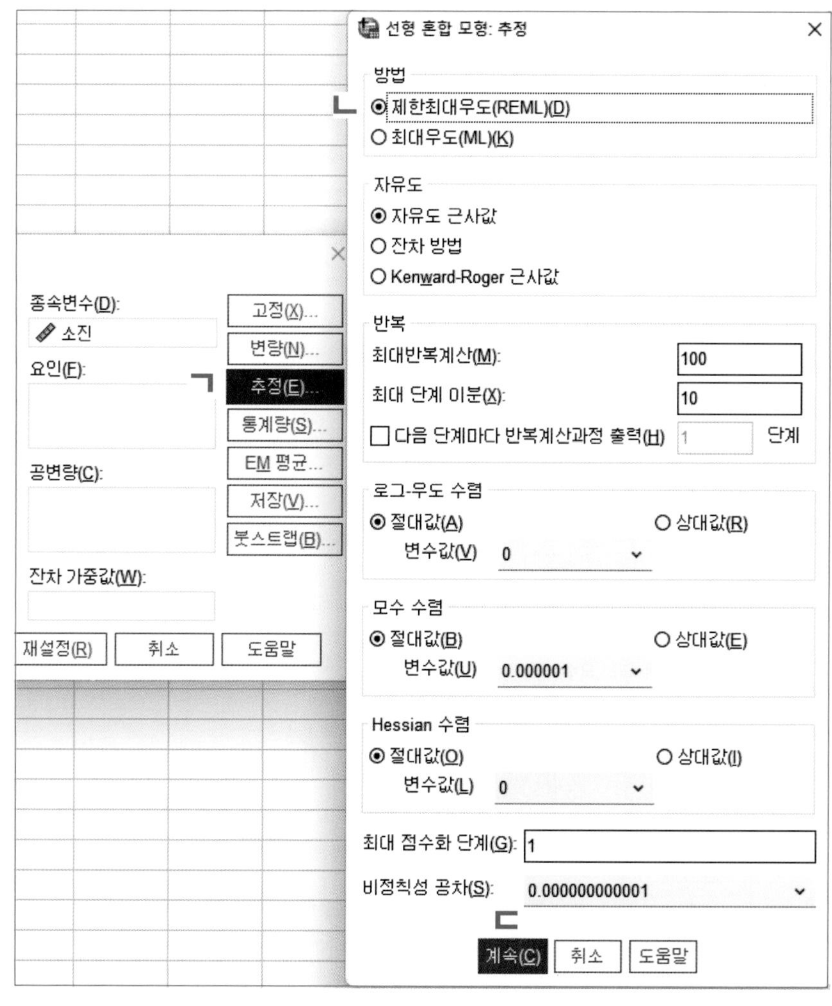

9) 모형추정법으로 제한최대우도를 사용하라는 명령이다. 표본의 공분산 매트릭스와 모형의 공분산 매트릭스의 차이를 최소화할 때, 즉 우도 함수를 최대화할 때 회기계수와 분산 요소를 모두 포함하여 모형을 추정하는 방법을 최대우도법이라고 하고, 분산 요소만 포함하여 모형을 추정하는 방법을 제한최대우도법이라고 한다. 제한최대우도법이 최대우도법에 비해 훨씬 느슨한 추정 방식이긴 하나, 상위수준 사례가 충분히 많을 때(통상, 30개 이상)는 결괏값상 양자의 차이가 거의 없다.

앞의 선형 혼합 모형 창이 다시 나타난다. 이때,

ㄱ: 통계량을 누른다.

ㄴ: 선형 혼합 모형: 통계량 창이 뜨면, 모형 통계량에서 고정 효과에 대한 모수 추정값, 공분산 모수 검정, 변량효과 공분산을 차례로 체크한 후

ㄷ: 계속을 누른다.

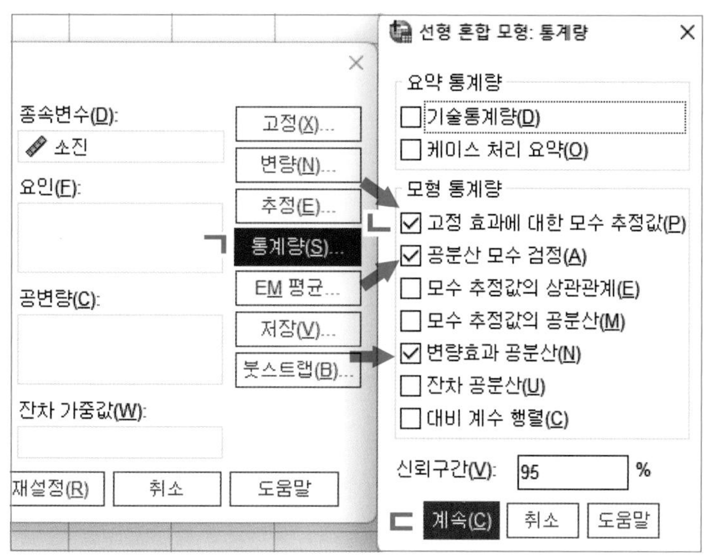

앞의 선형 혼합 모형 창이 다시 나타난다. 모든 설정이 완료되었으므로,

ㄱ: 확인을 누른다.

지금까지 수행한 작업을 등식으로 표현하면 다음 그림 하단의 회기식과 같다.

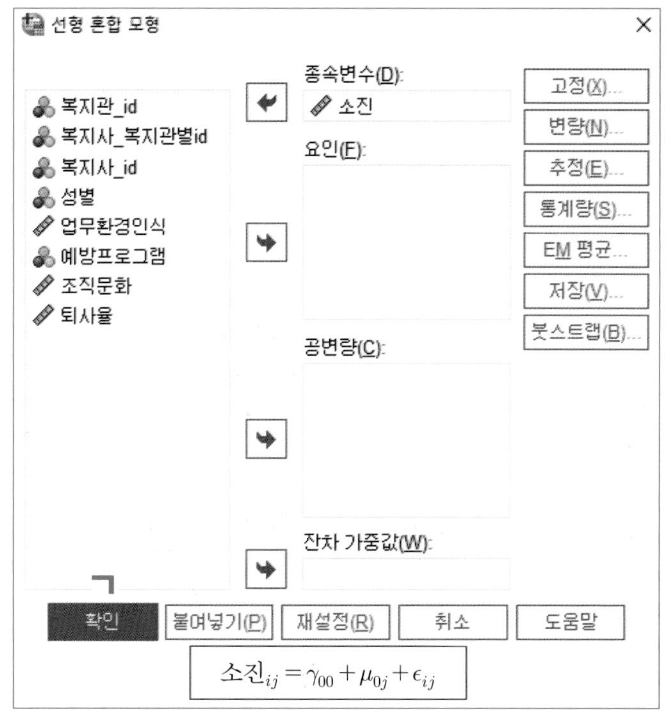

출력결과 창을 열면 혼합 모형 분석 결과를 볼 수 있다.

먼저 〈표 4-3〉 모형 차원을 확인한다. 표에서 '수준 수'는 고정효과와 무선효과의 개수를 가리킨다. 137쪽 그림과 바로 위 그림 하단 회귀식에 나와 있듯이, 이 예제의 모형 I에는 고정효과와 무선효과가 절편에 각 1개씩 설정되어 있다. 따라서 전체 수준 수는 2이다.

다음으로 '공분산 구조'는 무선효과의 공분산 매트릭스가 차원화되는 방식을 가리킨다. 각주 6)에서 설명하였다시피, 이 예제의 모형 I에는 무선효과가 절편에 한 개만 존재하고 기울기에는 없는 것으로 설정되어 있다. 따라서 가장 기본이 되는 분산성분을 사용해도 무방하며, 실제로도 분산성분을 사용하였다.

'모수의 수'는 모형 I에서 추정된 모수의 전체 개수를 뜻한다. 바로 위 그림 하단 회귀식에서 확인할 수 있다시피 모형 I의 추정 대상 모수는 총 세 개로, 구체적으로 절편의 고정효과, 절편의 무선효과(제2수준 오차항), 제1수준 오차항, 각 한 개씩이다.

마지막으로 '개체 변수'란, 하위수준(제1수준) 관측치에 영향을 미치는 상위수준(제2수준) 분석단위를 식별하는 기준변인을 가리킨다. 여기서는 '복지관_id'가 바로 그러한 기준변인이다.

〈표 4-3〉 모형 차원

		수준 수	공분산 구조	모수의 수	개체 변수
고정효과	절편	1		1	
변량효과	절편	1	분산성분	1	복지관_id
잔차				1	
전체		2		3	

다음으로 〈표 4-4〉의 정보 기준을 확인한다. 연구자는 이 표에 나온 내용을 바탕으로 자신이 설정한 연구모형이 주어진 데이터와 얼마만큼 잘 맞는지(fit) 가늠할 수 있다. 다양한 모형 적합도 지표 중 −2×log likelihood, 줄여서 보통 −2LL이라고 부르는 지표는 두 개의 연쇄적(successive) 혹은 배태적(nested) 모형 비교 시 기준모형에 비해 후속모형이 얼마나 개선되었는가를 확인하는 우도비 검증에 사용될 수 있다.[10] 이 외에도 AIC와 BIC 등 여러 지표가 도출되는데, −2LL을 포함한 모형 적합도 지표들은 모두 그 값이 작으면 작을수록 모형과 데이터가 잘 맞는다는 것을 의미한다.

〈표 4-4〉 정보 기준

적합도 평가지표	값
−2 제한 로그 우도	48877.256
Akaike 정보 기준(AIC)	48881.256
Hurvich & Tsai 기준(AICC)	48881.257
Bozdogan 기준(CAIC)	48896.925
Schwartz 베이지안 기준(BIC)	48894.925

다음으로 모형 I의 고정효과 추정치를 보여 주는 〈표 4−5〉를 확인한다. 표는 절편의 추정값(γ_{00}), 즉 419개 복지관을 대상으로 계산된 '소진'의 전체평균(grand mean)이 57.674임

10) 두 모형 간 적합도가 유의미하게 개선되었는지 확인하려면 각 모형에서 도출된 −2LL의 변화량에 대한 χ^2 검증인 우도비 검증(likelihood ratio test)을 실시한다. 이에 관해서는 제1장 3. 모형 간 적합도 비교에서 설명한 바 있다. 단, 모형추정 시 최대우도(ML)가 아닌 제한최대우도(REML)법을 사용하였다면, −2LL을 이용한 우도비 검증은 적용 불가이다. −2LL을 이용한 우도비 검증은 모형검증 방법으로 최대우도법을 선택했을 때만 실시 가능하다. 여기 예제에서는 모형 I부터 모형 V까지 모두 제한최대우도법을 사용할 것이기 때문에 −2LL 우도비 검증은 실시가 불가능하다는 점을 미리 일러 둔다.

을 보여 준다. 여기서 유의해야 할 부분은 이 값을 계산할 때 사용된 분석단위는 사회복지관이지 사회복지사가 아니라는 것이다. 분석단위를 6,871명 사회복지사로 잡으면 소진 점수 평균은 57.734로 살짝 다르게 도출된다.[11)]

〈표 4-5〉 고정효과 추정값

모수	추정값	표준오차	자유도	t	유의확률	95% 신뢰구간	
						하한	상한
절편	57.674234	.188266	416.066	306.344	.000	57.304162	58.044306

다음으로, 모형 I의 분산성분 출력 결과를 보여 주는 〈표 4-6〉을 확인한다. 표에 따르면, 종속변인 '소진'의 총분산($\sigma^2_{between+}\sigma^2_{within}$)은 77.193(66.550+10.642)이고, 이 가운데 복지관별 차이(집단 간 차이)에 기인하는 부분, 즉 절편(β_{0j})에 껴 있는 제2수준 오차인 무선절편(μ_{0j})은 10.642로, 비율(ICC)로 따지면 13.8%이다.[12)] ICC의 분할점은 통상 0.05이다. 따라서 여기에서 구한 ICC=0.138을 토대로, 연구자는 사회복지사 소진을 설명하는 데 있어 사회복지사 개인 특성 요인과 더불어 복지관 특성 요인을 별개로 고려하는 것은 의미가 있고 또 필요하다는 판단을 내릴 수 있다.

〈표 4-6〉 공분산 모수 추정값

모수		추정값	표준오차	Wald Z	유의확률	95% 신뢰구간	
						하한	상한
잔차		66.550655	1.171618	56.802	.000	64.293492	68.887062
절편(개체=복지관_id)	분산	10.642209	1.028666	10.346	.000	8.805529	12.861989

11) 개인, 즉 사회복지사들을 대상으로 소진 평균을 구하려면, 분석 → 기술통계량 → 기술통계 → 왼쪽 변인 목록에서 '소진'을 선택해 오른쪽 변인 박스로 옮기고 확인을 클릭한다.

12) 그런데 이 말은, 뒤집어서 생각하면 종속변인의 86.2%가 사회복지사 개인 특성 요인에 의해 설명될 수 있다는 것을 의미하기도 한다. 따라서 사회복지사 소진은 거의 대부분 개인 요인으로 설명될 수 있음을 유추해 볼 수 있다. 실제로 〈표 4-6〉의 첫 번째 줄 결과를 보면 제1수준 잔차(ϵ_{ij})가 66.551로 통계적으로도 유의미하게 나타나($p=0.000$) 종속변인의 총분산 중 상당 부분이 개인적 요인에서 비롯된다는 주장이 다시 한번 뒷받침된다. 다만 여기서 얘기하고자 하는 바는, 13.8%는 집단 특성 요인으로 설명될 수 있는데, 그 비중이 만만치 않으니 집단 특성 요인도 개인 특성 요인만큼이나 진지하게 고려해 보자는 것이다.

0.05 이상의 ICC가 계산된 것 외에도, 절편의 무선효과(μ_{0j} =10.642) 자체도 통계적으로 유의미하다(p =0.000).

요약하면, 모형 I의 추정 결과들, 특히 〈표 4-6〉에 제시된 정보를 토대로 연구자는 종속변인을 좀 더 효과적으로 설명하기 위해 사회복지사 개인 요인뿐 아니라 복지관이라는 집단 요인을 별개로 그리고 동시에 고려하는 다층모형을 구축하고 그에 따른 분석을 실시하는 것이 경험적으로 합당하고 또 필요하다는 주장을 펼칠 수 있다.

(2) 모형 II–제1수준 독립변인의 고정효과를 점검하는 연구모형

모형 II에서는 모형 I에 제1수준 독립변인인 '업무환경인식'을 새로 투입함에 따라 종속변인 '소진'의 총분산이 얼마나 설명되어 없어지는지, 다시 말해 '업무환경인식'이 '소진'에 얼마만큼의 효과를 발생시키는지를 주되게 살펴본다.

차근차근 모형을 확장해 나가는 중이고 아직 분석 초기 단계이니만큼, 모형 II에서는 제1수준 독립변인의 고정효과(고정기울기)만 살피고 무선효과(무선기울기)는 살피지 않는다.

분석 메뉴로 가서 혼합 모형을 선택하고 드롭다운 메뉴가 뜨면 선형을 선택한다.

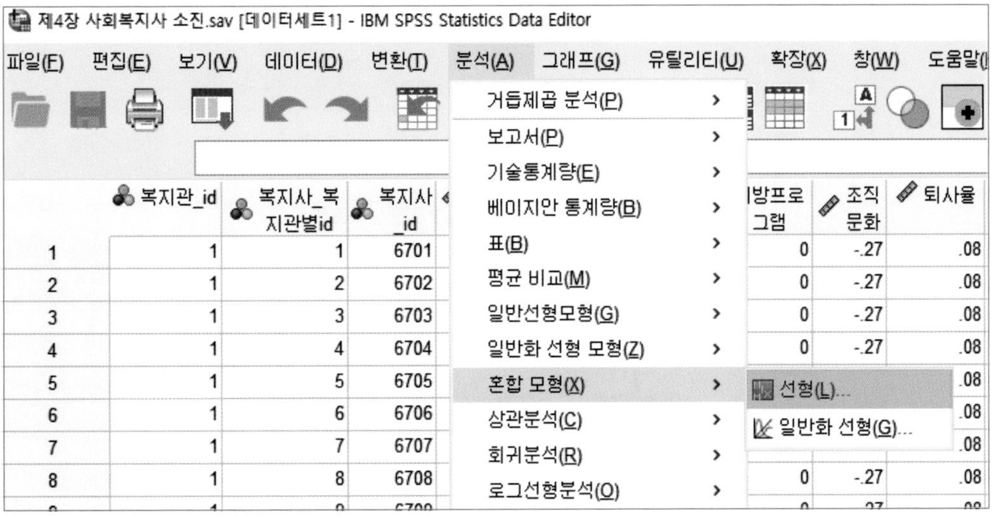

선형 혼합 모형: 개체 및 반복 지정 창이 뜨면, 모형 I의 설정을 그대로 놓아둔 상태에서, ㄱ: 계속을 누른다.

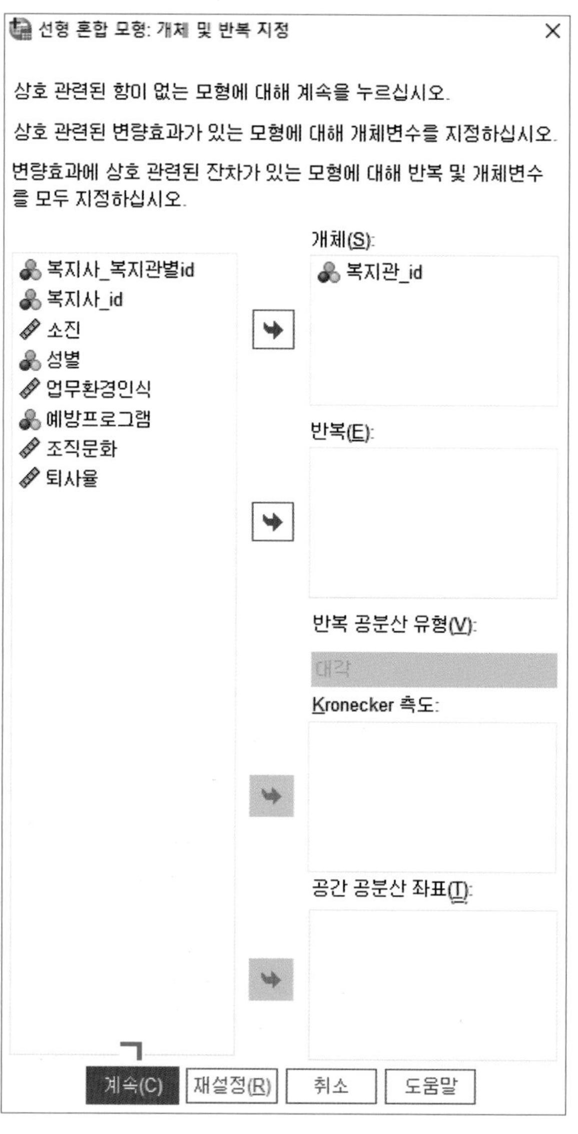

선형 혼합 모형 창이 뜨면, 이전 설정을 그대로 놓아둔 상태에서,

ㄱ: 왼쪽의 변인 목록 박스에서 '업무환경인식'을 선택해 오른쪽의 공변량 칸으로 옮기고,

ㄴ: 고정을 클릭한다.

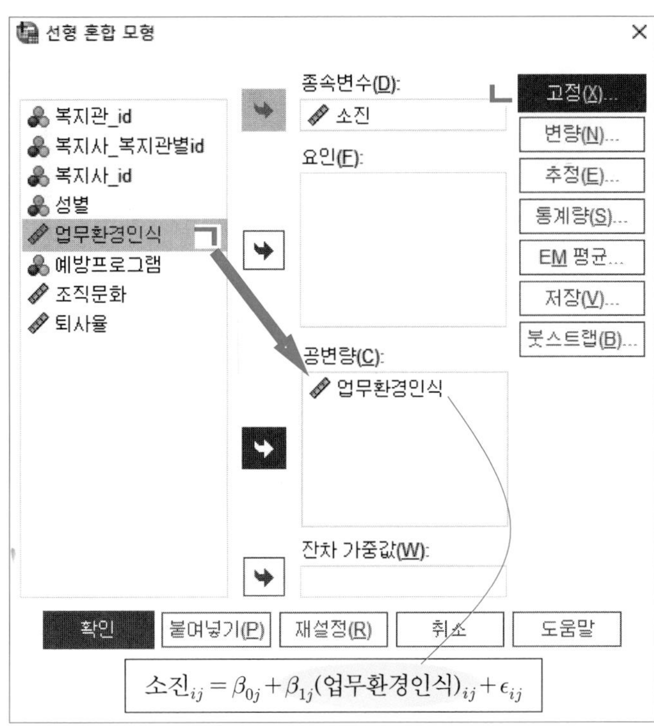

선형 혼합 모형: 고정 효과 창이 뜨면, 맨 아래 왼쪽에 절편 포함이 디폴트로 표시된 것을 확인한 후,[13)]

ㄱ: 왼쪽의 요인 및 공변량 박스에서 '업무환경인식'을 클릭하고

ㄴ: 가운데 모든 조합을 눌러서 드롭다운 메뉴가 떨어지면 주효과를 선택한 다음

ㄷ: 오른쪽 모형 박스 밑의 추가 버튼을 클릭한다.

ㄹ: '업무환경인식'이 모형 박스로 옮겨진 것을 확인한 후 계속을 클릭한다.[14)]

---

13) 앞에서 절편(β_{0j})의 고정효과(γ_{00})는 선형 혼합 모형 창의 고정 옵션에 디폴트로 설정되어 있어서 따로 SPSS에 명령하지 않아도 된다고 설명하였다. 그 디폴트 설정이 된 곳이 바로 여기이다.

14) 모형 II에서는 '업무환경인식'의 고정효과(γ_{10})만 보기로 했고 무선효과(μ_{1j})는 보지 않기로 했다. 따라서 앞의 선형 혼합 모형 창의 변량 옵션을 눌러서 '업무환경인식'에 무선효과를 줄 필요가 없다. 147쪽 그림 하단 식이 보여 주듯, 모형 II에서 '업무환경인식'은 오로지 고정기울기로만 다루어진다.

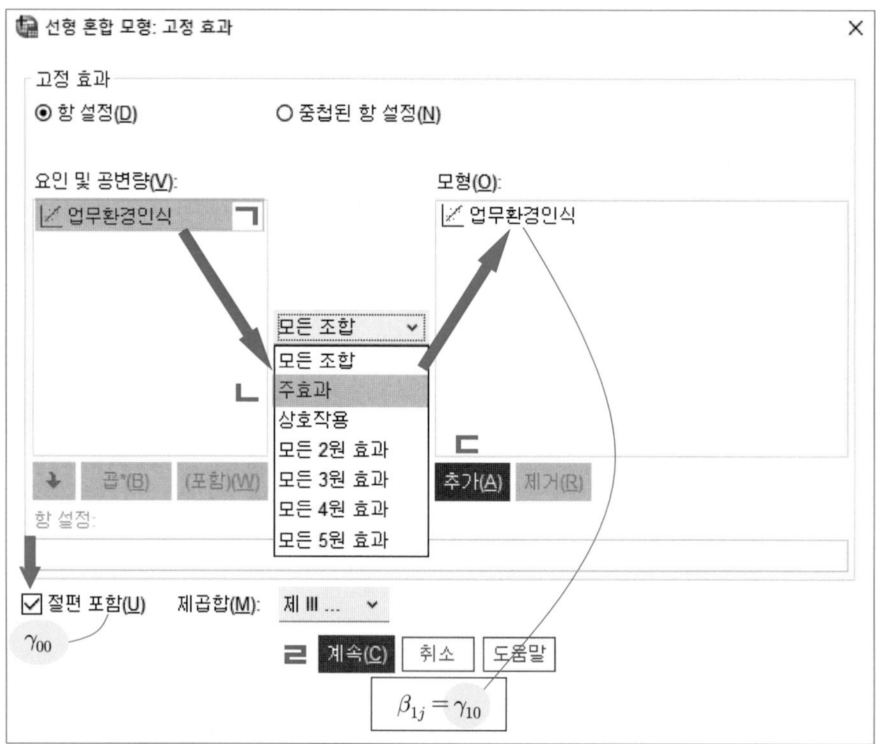

앞의 선형 혼합 모형 창이 다시 나타난다. 추정과 통계량 내 옵션은 이전 설정을 그대로 유지한 상태에서,

ㄱ: 확인을 누른다.

지금까지 수행한 작업을 등식으로 표현하면 다음 그림 하단의 회기식과 같다.

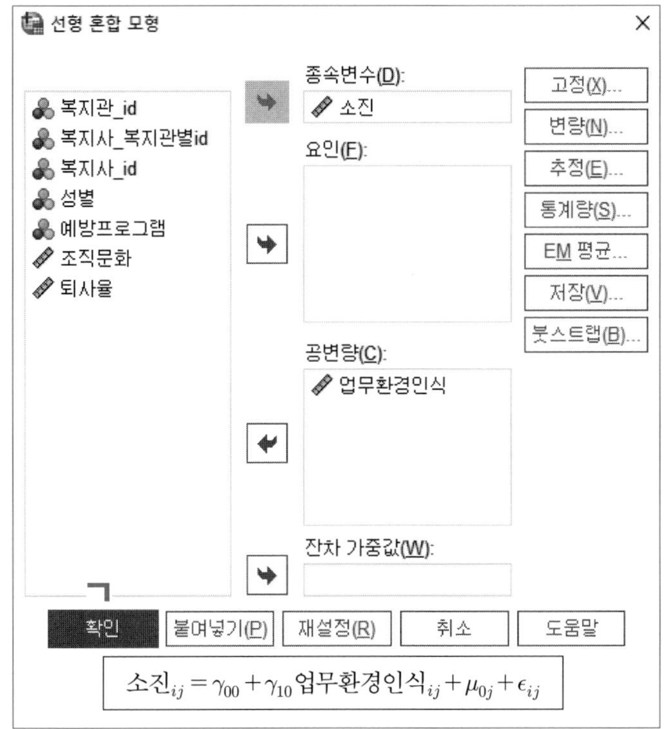

출력결과 창을 열면 혼합 모형 분석 결과를 볼 수 있다.

먼저 〈표 4-7〉 모형 차원을 확인한다. 표에 의하면 모형 내 추정 대상 '모수의 수'는 총 네 개이다. 이는 앞서 제시한 그림 하단에 제시된 회귀식 설정에 따른 결과로, 구체적으로 절편의 고정효과, 제1수준 독립변인의 고정효과, 절편의 무선효과, 제1수준 오차항, 각 한 개씩이다.

〈표 4-7〉 모형 차원

		수준 수	공분산 구조	모수의 수	개체 변수
고정효과	절편	1		1	
	업무환경인식	1		1	
변량효과	절편	1	분산성분	1	복지관_id
잔차				1	
전체		3		4	

다음으로 〈표 4-8〉 제III유형 고정효과 검정을 확인한다. 이 표는 모형에 포함된 고정 모수들의 통계적 유의성을 살피는 전형적인 분산분석(ANOVA) 결과를 보여 준다.

먼저 '업무환경인식'과 관련된 *F* 값이 803.954로 상당히 큰 것으로 나오는데, 이는 '업무환경인식'이 사회복지사 '소진'을 설명해 주는 유의미한 예측변인이라는 점을 말해 준다. 한편, 절편에 관한 사항, 특히 *F* 값에 대한 유의성 검증은 절편이 0이냐 아니냐를 판가름하는 목적을 가지며, 보통은 관심 대상이 아니다. 굳이 해석하자면 절편이 0이라는 영가설이 유의수준 $\alpha=0.05$에서 기각된다는 정보 정도만을 알려 준다.[15)]

〈표 4-8〉 제III유형 고정효과 검정

소스	분자 자유도	분모 자유도	*F*	유의확률
절편	1	375.699	187802.817	.000
업무환경인식	1	3914.638	803.954	.000

다음으로 〈표 4-9〉 고정효과 추정값을 확인한다. 표에 의하면, '업무환경인식'을 감안한 절편의 추정값, 즉 419개 복지관의 '소진' 점수 전체평균은 57.596이다. 표준오차는 0.133이고 t 값은 433.362로 통계적으로 유의미하다($p=0.000$). 그러나 앞서 말했듯이 절편의 유의성 검증은 큰 의미를 갖지 않는다.

〈표 4-9〉 고정효과 추정값

모수	추정값	표준오차	자유도	*t*	유의확률	95% 신뢰구간	
						하한	상한
절편	57.595965	.132905	375.699	433.362	.000	57.334634	57.857296
업무환경인식	3.873861	.136624	3914.638	28.354	.000	3.605999	4.141722

한편, 같은 데이터를 가지고 최소자승법에 의한 전통적인 단층 회기분석을 실시하면[16), 17)] 절편의 추정값은 57.598로 나와, 단층선형모형의 최소자승법이든 다층혼합선형모형의 (제

15) 앞서 고정절편 값을 대략 57.6으로 예상한 바가 있어, 0과는 크게 차이가 난다는 것을 우리는 이미 잘 알고 있다.

16) 분석 → 회귀분석 → 선형 → 종속변수로 '소진', 독립변수로 '업무환경인식'을 선택 → 확인

17) $\widehat{소진}_i=57.598+4.25\times(업무환경인식)_i$

한)최대우도법이든 결과는 매우 비슷하다는 것을 확인할 수 있다. 그렇지만 표준오차는 다소 달라서, 선형모형의 최소자승법에서는 표준오차가 0.098로 나온 데 반하여 다층혼합선형모형의 최대우도법에서는 0.133으로 나와서, 후자에서 약 36% 더 크게 도출된다는 것을 확인할 수 있다. 이는 전자에서는 사회복지사들이 소속된 집단, 즉 사회복지관을 고려하지 않았고, 반대로 후자에서는 사회복지관별 데이터 뭉침을 고려한 데 따라 발생한 차이로 해석할 수 있다. 이 같은 차이는 눈여겨볼 필요가 있는데, 그 까닭은 전자에서는 모형이 과소추정되기 쉽고, 그래서 애당초 기각되어야 할 가설이 기각되지 않고 채택되는 이른바 제2종 오류의 발생 가능성이 크다는 것을 함의하기 때문이다.[18] 이는 거꾸로 보면 다층분석이 일반적인 회귀분석보다 우수하다는 것을 뜻하는 것이기도 하다.

〈표 4-9〉는 제1수준 독립변인의 추정 결과도 보여 준다. 표에 의하면, '업무환경인식'의 추정치는 3.874이다. 이는 '업무환경인식'이 한 단위 증가할 때, 해당 사회복지사의 '소진' 점수는 평균 3.874점씩 증가함을 뜻한다. 표준오차는 0.137인데, 이는 단층선형모형의 최소자승법으로 구한 표준오차 0.126보다 8.7%가량 크다. 결국 절편의 표준오차에서와 마찬가지로, 기울기의 표준오차 역시 다층선형혼합모형의 최대우도법(또는 제한최대우도법)이 아닌 단층선형모형의 최소자승법으로 구하면 그 값이 과소추정된다는 점이 여기서도 다시 한 번 잘 확인된다. 이는 다층분석에 비해 전통적인 단층 회기분석이 제2종 오류를 범할 가능성이 크다는 것을 함의한다.

마지막으로 〈표 4-10〉은 모형 내 무선 모수에 관한 정보를 보여 준다. 표에 의하면, 모형 I에서 66.551이었던(〈표 4-6〉 참조) 제1수준 잔차(ϵ_{ij})의 추정치가 '업무환경인식'을 새로 투입함에 따라 모형 II에서 62.807로, 5.6% 감소하였다.[19] 이는 제1수준 독립변인 '업무환경인식'이 종속변인 '소진'의 총분산 중 집단 내(개인) 차이에 기인하는 부분(σ^2_{within})의 5.6%를 설명한다는 것을 함의한다.

---

18) 물론 절편에 대한 유의성 검증은 가설이 기각되든 채택되든 큰 의미가 없어서 제2종 오류가 발생해도 별문제는 안 된다. 그러나 아래 문단에서 언급한 기울기에 대한 유의성 검증의 경우, 표준오차가 과소추정되면 기각되어야만 할 가설이 기각이 안 되고 채택되는 제2종 오류가 발생하는데, 이는 유의미하지 않은 독립변인을 유의미한 것으로 받아들이는 것으로서 문제가 될 수 있다.

19) $\frac{62.807-66.551}{66.551}=-0.056$

〈표 4-10〉 공분산 모수 추정값

모수		추정값	표준오차	Wald Z	유의확률	95% 신뢰구간	
						하한	상한
잔차		62.807187	1.108877	56.640	.000	60.671000	65.018587
절편(개체=복지관_id)	분산	3.469256	.538821	6.439	.000	2.558783	4.703696

한편, 제1수준 독립변인을 새로 투입하면 제1수준 잔차(ϵ_{ij})만 감소하는 것이 아니고 절편(β_{0j})에 껴 있는 제2수준 오차, 즉 무선절편(μ_{0j})도 영향을 받는다.[20] 구체적으로, 〈표 4-10〉 두 번째 줄을 보면, 모형 I에서 10.642였던(〈표 4-6〉 참조) 제2수준 오차, 즉 무선절편의 공산분 추정치가 모형 II에서 3.469로, 67.4% 감소한 것을 확인할 수 있다.[21] 이는 제1수준 독립변인 '업무환경인식'이 종속변인 '소진'의 총분산 중 집단 간 차이에 기인하는 부분($\sigma^2_{between}$)의 67.4%를 설명한다는 것을 함의한다.

이렇게 제1수준 독립변인인 '업무환경인식'이 종속변인의 총분산 중 집단 내 차이에 기인하는 분산과 집단 간 차이에 기인하는 분산의 일부를 각각 해치워 없앰에 따라 ICC도 바뀌게 된다. 특히 집단 간 차이에 기인하는 종속변인의 미설명 분산 분, 즉 절편의 무선효과를 크게 줄여 버림에 따라 ICC가 대폭 줄어들 것으로 기대된다. 실제로 ICC를 계산해 보면, 독립변인을 전혀 투입하지 않은 모형 I의 ICC 0.138에 비해, 제1수준 독립변인을 투입한 모형 II의 ICC는 0.052로 현저히 줄어든 것을 확인할 수 있다.[22]

그러나 ICC가 크게 줄긴 줄었어도 종속변인의 총분산 중 집단 간 분산이 차지하는 비율은 여전히 5% 이상이다. 이뿐만 아니라 〈표 4-10〉에서 볼 수 있듯이 설명되지 못한 집단 내 분산과 집단 간 분산은 여전히 통계적으로 유의미하게 잔존해 있다(각각, Wald Z=56.640, p=0.000; Wald Z=6.439, p=0.000). 따라서 이러한 분석결과를 토대로 연구자는 종속변인의

20) 하위수준 변인을 모형에 투입하면 하위수준 분산만 줄어드는(설명되는) 것이 아니라 상위수준 분산도 같이 줄어든다(설명된다). 그러나 그 반대는 성립하지 않는다. 즉, 상위수준 변인을 모형에 투입하면 해당 수준의 분산만 줄어들고(설명되고) 하위수준 분산은 줄어들지(설명되지) 않는다. 따라서 만약 분산의 제거(설명)가 연구의 주요 목적인 경우라면 상위수준 변인에 앞서 하위수준 변인부터 모형에 우선 투입하는 것이 전략적으로 효과적이라고 할 수 있다.

21) $\frac{3.469-10.642}{10.642}=-0.674$

22) $\frac{3.469}{62.807+3.469}=0.052$

미설명 분산을 설명하고 없애 버리기 위해 다양한 제1수준 변인과 제2수준 변인을 투입하며 모형의 확장을 계속해서 시도해야 한다는 주장을 펼칠 수 있다.

다음에서는 제1수준 독립변인(성별, 교육수준, 사회복지사 1급 자격증 취득여부 등)은 투입하지 않고, 〈표 4-1〉 연구문제에서 제시한 세 개의 제2수준 독립변인('예방프로그램', '조직문화', '퇴사율')을 투입하면서 다층선형혼합모형의 단계별 구축과 검증을 연습해 보겠다.

(3) 모형 III-제2수준 독립변인의 고정효과를 점검하는 연구모형

모형 III에서는 종속변인의 총분산 중 집단 간 차이에 기인하는 부분, 그중에서도 특히 절편에 껴 있는 집단 간 분산 부분(μ_{0j})을 설명해 없애기 위해 다양한 제2수준 독립변인(W)들을 추가로 투입한다. 새로 투입하는 변인은 〈표 4-1〉 연구문제 3번에서 예고한 바와 같이 복지관의 소진 '예방프로그램'(W1) 실시 여부, 복지관 전반에 퍼진 수직적이고 비민주적인 의사소통 '조직문화'(W2), 신규 채용직원에 대한 복지관의 고용 유지력, 구체적으로 신입사원의 6개월 내 '퇴사율'(W3)로, 모두 세 개이다.

한편, 제1장에서 이미 상술하였다시피, 제2수준 독립변인(W)들을 투입하면 원칙적으로 절편(β_{0j})과 제1수준 독립변인 X의 기울기(β_{1j})가 동시에 영향을 받는다. 특히 제1수준 독립변인의 경우, 제2수준 독립변인에 의해 영향을 받는 것으로 설정하면 곧바로 층위 간 상호작용항이 생성되어 모형에 포함된다. 그런데 지금은 최종 모형을 구축하기 위한 논리—무선효과, 특히 무선기울기의 유의성을 줄이기 위해 다양한 제1, 제2수준 독립변인들을 투입했으나 여전히 무선기울기의 유의성이 줄지 않으므로 제2수준 조절변인을 투입하여 무선기울기의 유의성이 사라지도록 조치를 취할 필요가 있다는 논리—를 개발하는 단계에 있다. 더더군다나 무선기울기는 모형에 들어가 있지도 않은 상태이다. 따라서 층위 간 상호작용항을 만들 수 있는 상황이 아니다. 이런 부분들을 고려하여, 모형 III에서는 제2수준 독립변인 W 투입에 따른 모형 변화를 오로지 절편의 측면에서만 보고, 기울기에 미치는 영향, 즉 층위 간 상호작용효과에 대해서는 최종 모형 V에서 다루도록 하겠다.

모형 II의 설정을 그대로 유지한 상태에서, **분석** 메뉴로 가서 **혼합 모형**을 선택하고 드롭다운 메뉴가 뜨면 **선형**을 선택한다.

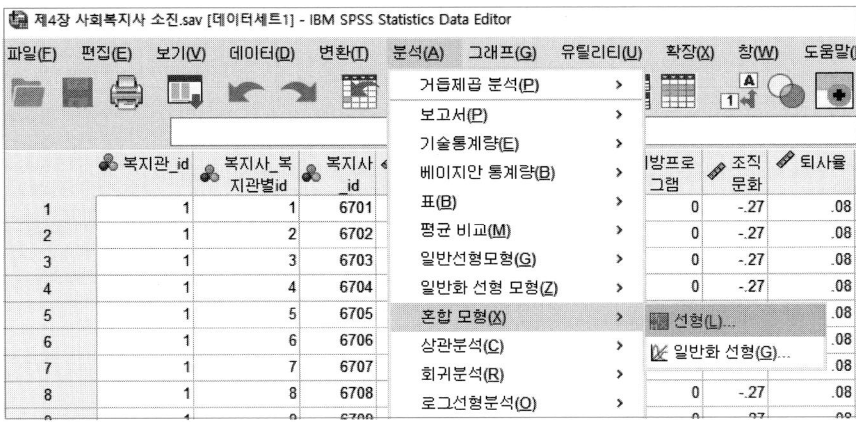

선형 혼합 모형: 개체 및 반복 지정 창이 뜨면, 이전 설정을 그대로 놓아둔 상태에서, ㄱ: 계속을 누른다.

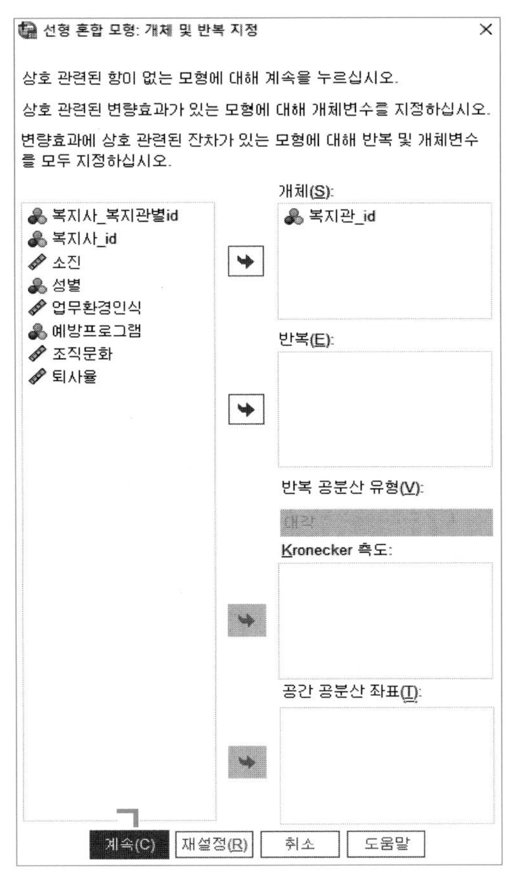

선형 혼합 모형 창이 뜨면, 이전 설정을 그대로 놓아둔 상태에서,

ㄱ: 왼쪽의 변인 목록 박스에서 '예방프로그램', '조직문화', '퇴사율'을 선택해 오른쪽의 공변량 박스로 옮기고[23)]

ㄴ: 고정을 클릭한다.

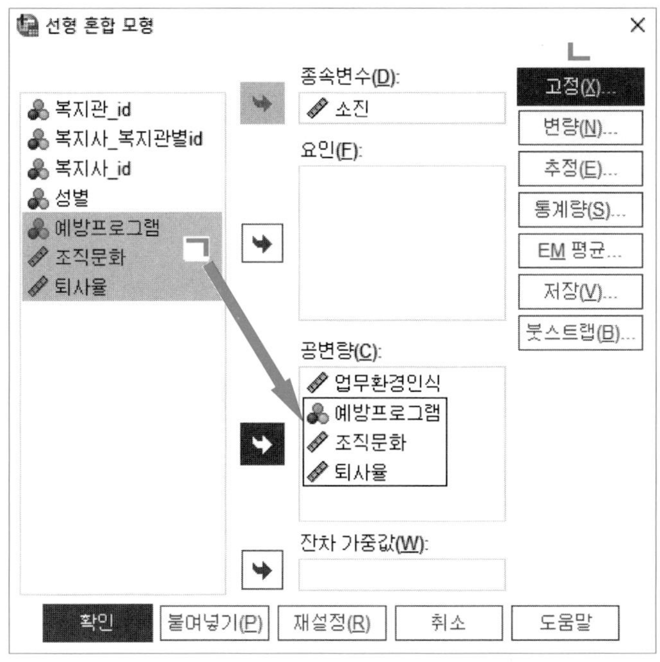

선형 혼합 모형: 고정 효과 창이 뜨면, 맨 아래 왼쪽에 절편 포함이 디폴트로 표시된 것을 확인한 후,

ㄱ: 왼쪽의 요인 및 공변량 박스에서 '예방프로그램', '조직문화', '퇴사율'을 클릭하고

ㄴ: 가운데 드롭다운 메뉴에서 주효과를 선택한 다음

ㄷ: 오른쪽 모형 박스 밑의 추가 버튼을 클릭한다.

---

23) 본래 '예방프로그램'은 범주형 변인이므로 SPSS에서 공변량이 아닌 요인으로 취급해야만 한다. 그러나 여기에서와 같이 0(프로그램 미실시)과 1(프로그램 실시)로 이분형(dichotomy)으로 코딩된 경우에는 해당 범주형 변인을 요인이 아닌 공변량으로 취급하는 것이 해석상 편리하고 직관적으로 이해도 빠르다. 물론 범주가 세 개 이상이라면 해당 변인을 반드시 요인 취급해야만 한다. 참고로 SPSS의 혼합모형 분석 명령어(MIXED)에서 요인으로 투입된 변인에 대한 디폴트 참조집단(reference group)은 가장 큰 숫자로 코딩된 범주이다. 예컨대, 0, 1, 2, 3으로 코딩된 범주형 변인을 요인으로 투입하면 3으로 코딩된 범주가 참조집단으로 디폴트 설정된다.

ㄹ: '예방프로그램', '조직문화', '퇴사율'이 **모형** 박스로 옮겨진 것을 확인한 후 **계속**을 클릭한다.

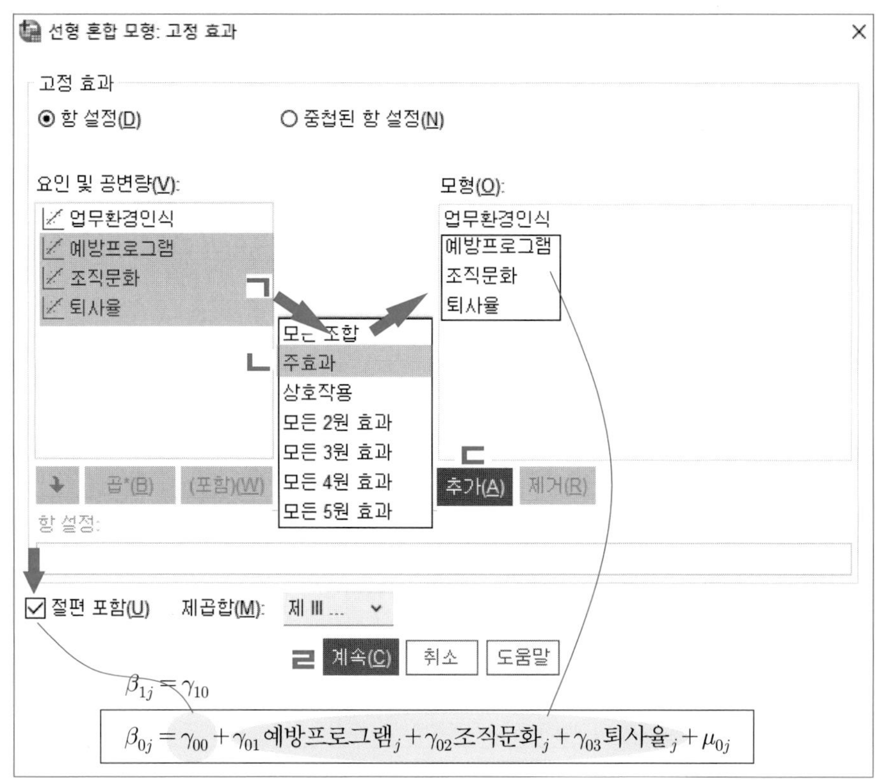

참고로 모형 III에서는 제2수준 독립변인들(W1, W2, W3)의 신규 투입에 따른 변화를 절편(β_{0j})의 측면에서만 다루고 제1수준 독립변인(X) '업무환경인식'의 기울기(β_{1j}) 측면에서는 다루지 않겠다고 하였는데, 앞 그림의 하단 회기식은 이러한 모형의 선별적 변화를 등식 차원에서 반영한다.

앞의 **선형 혼합 모형** 창이 다시 나타난다. **추정**과 **통계량** 내 옵션은 이전 설정을 그대로 유지한 상태에서,

ㄱ: **확인**을 누른다.

지금까지 수행한 작업을 등식으로 표현하면 다음 그림 하단의 회기식과 같다.

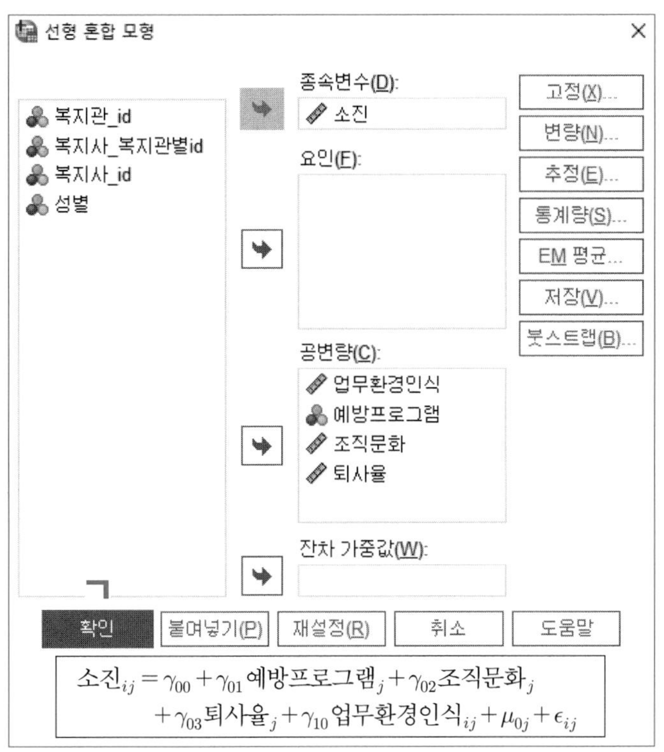

출력결과 창을 열어 혼합 모형 분석 결과를 본다.

모형 차원 표에서는 추정 대상이 되는 모수가 일곱 개이고, 정보 기준 표에서는 −2LL 등 모형적합도 지표가 제시된 것을 확인할 수 있다. 특이사항이 없으므로 바로 고정효과 검증 결과로 넘어간다.

〈표 4-11〉은 모형 III의 고정모수 추정값들을 보여 준다. 여기서 주안점은 제2수준 독립변인들이 각 복지관 소속 사회복지사들의 '소진'에 발생시키는 효과의 양상이다.

하나씩 살펴보면, 기타 변인들을 통제했을 때, 소진 '예방프로그램'의 실시 여부는 사회복지사 '소진'에 별다른 영향을 미치지 않았다($\gamma_{01}=-0.164$, $p=0.552$).[24] 회기계수가 음(−) 값을 나타내어 예방프로그램을 실시한 경우 소진이 살짝 줄어들긴 했으나 이는 통계적으로 의미 있는 감소는 아니었다. 복지관 전반에 퍼진 수직적 의사소통에 관한 '조직문화'는 사회복지사 개인이 소속 복지관에서 개별적으로 느끼는 수직적 의사소통에 관한 인식('업무환경

24) 바로 앞에서도 말했지만, 만약 '예방프로그램'을 여기서처럼 공변량이 아닌 요인으로 처리했다면 참조집단은 프로그램 미실시 복지관(0)이 아닌 프로그램 실시 복지관(1)이 되었을 것이고, 해당 고정회기계수값은 음이 아닌, 정반대 양의 값을 나타냈을 것이다.

인식')을 통제한 후에도 여전히 해당 사회복지사의 '소진'에 유의미한 정적(+) 영향을 미쳤다(γ_{02}=2.473, p=0.000). 신입직원의 6개월 이내 '퇴사율'도 사회복지사 '소진'에 유의미한 정적(+) 영향을 미쳤다(γ_{03}=1.420, p=0.003). 정리하면, '조직문화'와 '퇴사율'은 사회복지사 '소진'을 유의미하게 높인 반면 '예방프로그램'은 그렇지 않았다. 분석결과를 토대로 연구자는 사회복지사 소진 '예방프로그램'이 '소진'을 완화하는 데 그리 도움이 되지 않는다는 결론을 잠정적으로 내릴 수 있다.

〈표 4-11〉 고정효과 추정값

모수	추정값	표준오차	자유도	t	유의확률	95% 신뢰구간	
						하한	상한
절편	56.441552	.474433	421.055	118.966	.000	55.509001	57.374104
업무환경인식	3.190801	.157803	6448.937	20.220	.000	2.881455	3.500147
예방프로그램	−.164264	.275903	409.345	−.595	.552	−.706627	.378098
조직문화	2.473244	.306897	709.247	8.059	.000	1.870709	3.075779
퇴사율	1.419812	.471391	413.879	3.012	.003	.493192	2.346432

〈표 4-11〉의 결과를 바탕으로 앞 그림에 제시된 회기식을 오차항 없이 재정리하면 다음과 같다.

$$\widehat{소진}_{ij} = 56.442 - 0.164(예방프로그램_j) + 2.473(조직문화_j) + 1.420(퇴사율_j) \\ + 3.191(업무환경인식_{ij})$$

이 추정식을 바탕으로 독립변인들이 소진에 발생시키는 효과를 좀 더 구체적으로 살펴보자. 먼저, 모든 독립변인의 값이 전부 0일 때, 절편의 예상값은 56.442이다. 그런데 '예방프로그램'=0은 소진예방프로그램 미실시를, '조직문화'=0은 419개 복지관들의 수직적 의사소통 평균값[25]을, '퇴사율'=0은 지난 6개월간 퇴사한 신입직원이 없었던 경우를, '업무환경인식'=0은 복지관 내 수직적 의사소통에 대한 개별 사회복지사들 평균적[26] 인식을 각각 의미한다. 따라서 절편의 예상값 56.442란, 직원을 대상으로 소진예방프로그램을 실시한 바

25) '조직문화'는 원점수가 아닌 표준화 점수이다.
26) '업무환경인식' 역시 원점수가 아닌 표준화 점수이다.

없고, 수직적 의사소통 수준이 전체 복지관들 평균이며, 지난 6개월간 퇴직한 신입사원이 0명인 복지관 소속 사회복지사 가운데 수직적 의사소통에 대한 인식 수준이 전체 사회복지사 평균인 사회복지사 '소진' 점수를 가리킨다.

그렇다면 직원을 대상으로 소진예방프로그램을 실시한 바 없고, 수직적 의사소통 수준이 전체 복지관 평균이며, 지난 6개월간 신규 채용한 직원이 전부 퇴사한, 즉 '퇴사율' 1.0인 복지관 소속 사회복지사 가운데 수직적 의사소통에 대한 인식 수준이 전체 사회복지사 평균인 사회복지사 '소진' 점수는 얼마일까? 앞의 추정식을 이용해 계산해 보면, 그 값은 57.862이다.[27)]

이와 유사하게, 직원을 대상으로 소진예방프로그램을 실시한 바 없고, 수직적 의사소통 수준이 전체 복지관 평균보다 1 표준편차 크며, 지난 6개월간 퇴사한 신규 채용직원이 0명인 복지관 소속 사회복지사 가운데 수직적 의사소통에 대한 인식 수준이 전체 사회복지사 평균인 사회복지사 소진 점수는 58.915이다.[28)]

모든 시나리오에 대해 이런 계산을 일일이 할 수는 없다. 그렇지만 연구를 하다 보면 간혹 구체적인 상황을 묘사하고 그에 따른 예상 종속변인 값을 구해야만 할 때가 있다. 이러한 때 연구자는 앞에 묘사한 산정 방식을 통해 원하는 예상값을 구할 수 있다.

참고로 〈표 4-9〉에서 수직적 업무환경에 대한 사회복지사 개인의 인식, 즉 제1수준 독립변인 '업무환경인식' 추정치는 3.874였다. 그런데 〈표 4-11〉에서 이 '업무환경인식' 추정치가 3.191로 크기가 줄었다. 후속 모형 III에서 제1수준 독립변인의 회기계수 크기가 감소한 것은 선행 모형 II에 제2수준 독립변인들을 추가 투입한 데 따른 결과로 이해할 수 있다.

한편, 모형 III에서 수직적 업무환경과 관련된 개인 수준의 요인('업무환경인식')과 집단 수준의 요인('조직문화')이 둘 다 통계적으로 유의하였다($p<0.000$). 특히 '조직문화'의 통계적 유의성을 눈여겨볼 필요가 있는데, 그 까닭은 이것이 개인 수준의 데이터가 종속변인에 발생시키는 효과를 통제한 후에도 그러한 효과를 발생시키는 개인들이 하나의 집단에 몰려 있음으로써 집단 수준에서 종속변인에 발생시키는 효과가 추가로 발생하였다는 것을 뜻하기 때문이다. 특별한 속성을 지닌 개인들이 하나의 집단에 몰려 있음으로써 발생하는 집단 수준의 특별한 효과를 구성효과(compositional effect)라고 부른다고 제3장에서 설명한 바 있다.

---

27) $\widehat{소진}_{ij}=56.442+1.420(1.0)=57.862$

28) $\widehat{소진}_{ij}=56.442+2.473(1.0)=58.915$

마지막으로 〈표 4-12〉의 분산성분 출력 결과를 살펴보면, 모형 III에서 제1수준과 제2수준 독립변인을 새로 투입함에 따라 집단 수준에 존재하던 분산이 현저히 감소한 것이 눈에 띈다. 구체적으로, 집단 수준에 존재하는 분산이 기초모형(모형 I)과 비교하여(〈표 4-6〉 참조) 모형 III에서 77.5% 줄었다.[29] 이는 제1수준 독립변인 '업무환경인식'과 제2수준 독립변인 '예방프로그램', '조직문화', '퇴사율'이 다 합쳐져서 종속변인 '소진'의 총분산 중 집단 간 차이에 기인하는 분산의 77.5%를 설명하였다는 것을 말해 준다.

그렇지만 개인 수준에서 존재하던 분산은 기초모형(모형 I)과 비교하여(〈표 4-6〉 참조) 모형 III에서 6% 정도만 줄어들어[30] 〈표 4-10〉에서 설명했던 모형 I에 대한 모형 II의 잔차 감소율 5.6%와 거의 엇비슷한 것이 확인되었다. 추가 설명력은 고작 0.4%에 불과할 뿐이다. 이 같은 결과는 모형 III에서 세 개의 제2수준 독립변인들을 새로 투입했지만, 이 같은 추가 투입이 종속변인 '소진'의 총분산 중 집단 내 차이에 기인하는 분산을 모형 II에 비해 뚜렷하게 추가적으로 설명해 주지는 못했다는 것을 시사한다.[31]

〈표 4-12〉 공분산 모수 추정값

모수		추정값	표준오차	Wald Z	유의확률	95% 신뢰구간	
						하한	상한
잔차		62.630370	1.102966	56.784	.000	60.505479	64.829885
절편(개체=복지관_id)	분산	2.395178	.443654	5.399	.000	1.665987	3.443531

요약하면, 모형 III에서 제2수준 독립변인들의 추가 투입은 '소진'의 총분산 중 집단 내 차이에 기인하는 분산 부분을 뚜렷하게 설명해 주지는 못하였다. 그렇지만 집단 간 차이에 기인하는 분산 부분은 어느 정도 설명하여 제거, 감소하는 효과를 발생시켰다. 이는 제2수준 오차, 즉 절편의 무선효과 크기가 감소하였다는 것을 의미한다. 이에 따라 ICC 역시 다소 감소할 것으로 예상된다. 실제로 ICC를 계산해 보면, 제1수준 독립변인 '업무환경인식'만 투입한 모형 II의 ICC는 0.052였던 데 비해, 제2수준 독립변인들을 세 개 추가 투입한 모형

29) $\frac{2.395-10.642}{10.642}=-0.775$

30) $\frac{62.630-66.551}{66.551}=-0.059$

31) 각주 20)의 설명을 다시 찾아보면 왜 이러한 결과가 나왔는지 곧바로 이해할 수 있을 것이다. 상위수준의 변인을 투입해 봤자 하위수준의 분산은 좀처럼 설명되지 않는다.

III의 ICC는 0.037로 줄어든 것을 확인할 수 있다.[32)]

모형 III에 이르러 ICC는 이제 3%대로 줄어들었다.[33)] 앞서 언급하였다시피 ICC가 5% 미만이면 다층분석을 실시할 경험적 이유는 거의 사라졌다고 보아도 무방하다.

그러나 다층분석 실시의 경험적 정당화는 오로지 ICC로만 판단하지 않는다. 또 다른 판단 기준으로 절편 및 기울기의 무선효과 유의성을 별개로 확인한다. 그런데 〈표 4-12〉를 보면 무선절편이 여전히 통계적으로 유의미한 것으로 나온다(Wald Z=5.399, p=0.000). 이는 종속변인을 설명하는 데 있어 제2수준 독립변인들의 역할이 여전히 남아 있음을 뜻하는 것이다. 따라서 다음에서는 상기 분석결과에 의거하여 모형 확장을 계속 시도한다.

(4) 모형 IV–제1수준 독립변인의 무선효과를 점검하는 연구모형

모형 III에서 종속변인 '소진'을 설명하는 데 제2수준 독립변인들의 역할이 여전히 남았음을 통계적 유의성이 좀처럼 사라지지 않는 무선절편의 공분산 추정치를 통해 확인하였다. 이에 다음 연구모형인 모형 IV에서는 제1수준 독립변인 '업무환경인식'이 종속변인 '소진'에 발생시키는 효과에 제2수준 독립변인들이 어떠한 역할을 하는지 살피고자 한다. 즉, 집단수준에 존재하는 어떤—현재까지는 미지의—특성 차이로 인해 개인 수준('업무환경인식') 변인의 기울기가 집단(복지관)별로 달라질 수 있다는 가능성을 상정하고 이를 검증해 보겠다는 얘기이다. 이는 집단 간 차이에 기인하는 종속변인의 분산 중 제1수준 독립변인 '업무환경인식'과 관련된 부분(μ_{1j}), 다시 말해 무선기울기의 크기 및 통계적 유의성을 살펴보겠다는 말과 같다.

모형 III의 설정을 그대로 유지한 상태에서, **분석** 메뉴로 가서 **혼합 모형**을 선택하고 드롭다운 메뉴가 뜨면 **선형**을 선택한다.

---

32) $\frac{2.395}{62.630+2.395}=0.037$

33) ICC가 5% 미만으로 떨어졌기 때문에 다음 연구모형인 모형 IV와 모형 V에서는 ICC를 굳이 계산해서 제시할 필요가 없다.

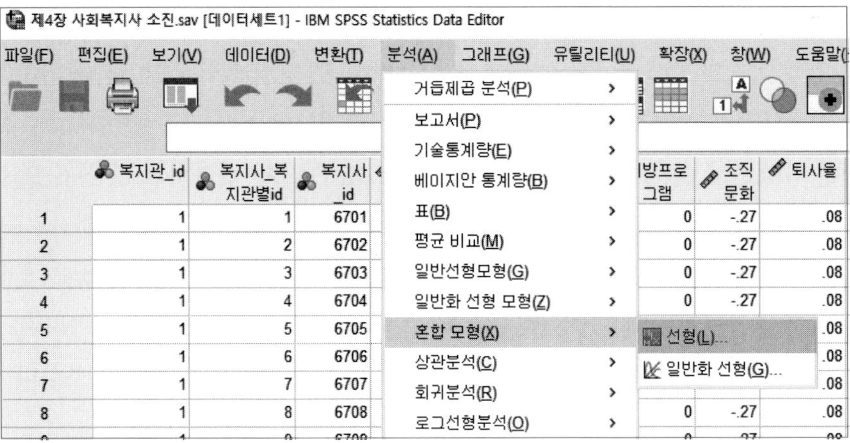

선형 혼합 모형: 개체 및 반복 지정 창이 뜨면, 이전의 설정을 그대로 놓아둔 상태에서, ㄱ: 계속을 누른다.

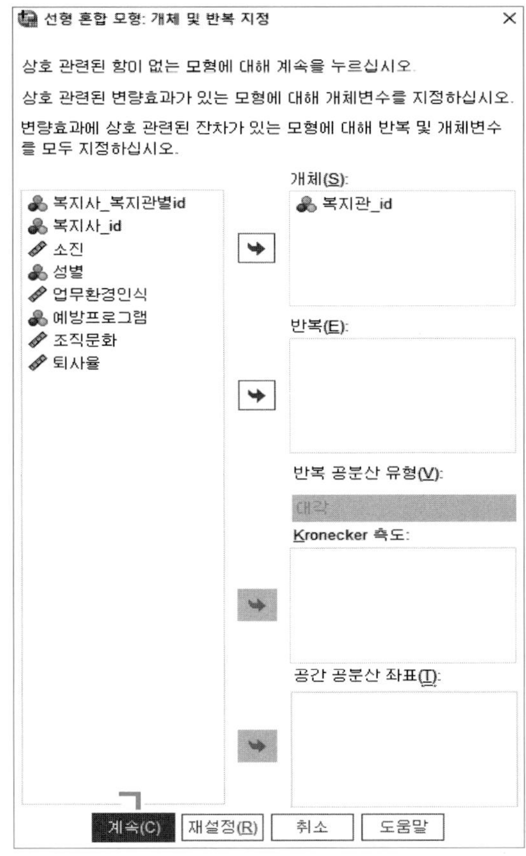

선형 혼합 모형 창이 뜨면, 이전 설정을 그대로 놓아둔 상태에서,

ㄱ: 변량을 누른다.

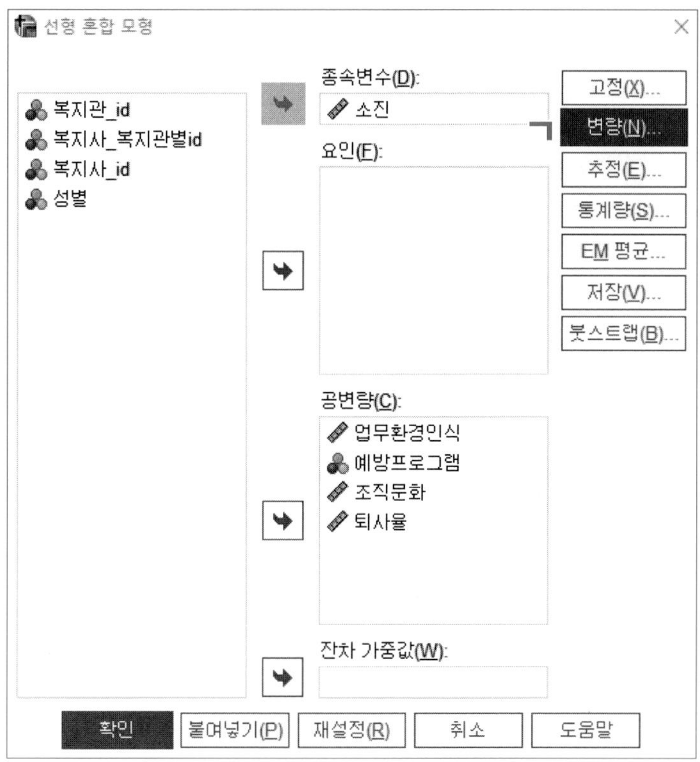

선형 혼합 모형: 변량효과 창이 뜨면, 앞에서 설정한 대로 공분산 유형에 분산성분[34]이 선택되어 있고, 변량효과에 절편 포함이 표시되어 있는지를 확인한다. 그다음

ㄱ: 왼쪽의 요인 및 공변량에서 '업무환경인식'을 클릭하고,

ㄴ: 가운데 드롭다운 메뉴에서 주효과를 선택한 다음

ㄷ: 오른쪽 모형 박스 밑의 추가 버튼을 클릭한다.

---

34) 모형 IV는 사실 절편뿐 아니라 기울기의 무선효과도 살피는 연구모형이기 때문에 개별 무선효과와 더불어 무선효과 간 공변량을 추정하는 비구조(unstructured) 공분산 구조를 선택, 적용하는 것이 가장 바람직하다. 그러나 비구조 구조는 추정값이 작으면 모형이 수렴되지 않는다. 실제로 여기 예제에서 비구조를 선택한 후 모형을 돌려 보면 수렴 실패를 알리는 에러 메시지가 뜨는 것을 볼 수 있다. 따라서 차선책으로, 그보다 좀 더 단순한 행렬구조[무선효과에 대한 대각 행렬(diagonal matrix)]를 가진—그래서 정확도가 다소 떨어지는—분산성분을 선택하여 사용하기로 한다.

ㄹ: '업무환경인식'이 모형 박스로 옮겨진 것을 확인하고, 개체 집단의 조합에 '복지관_id'가 선택되어 있음을 확인한 후, 계속을 클릭한다.

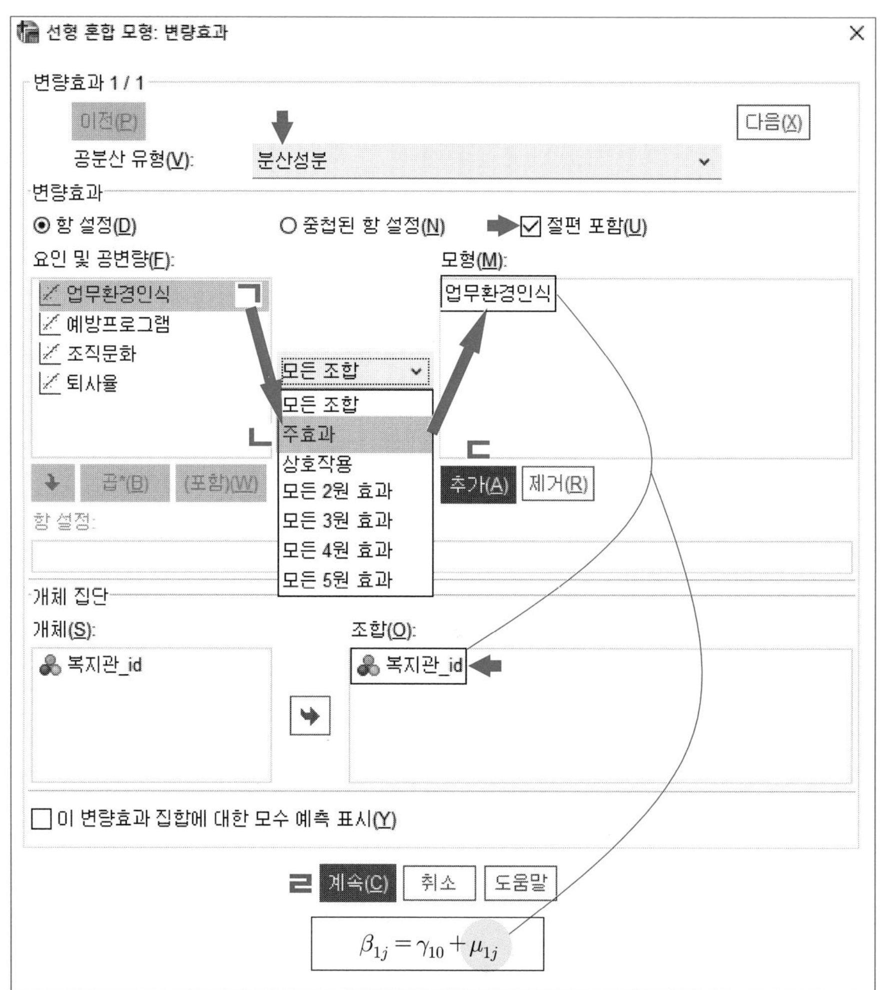

이전 모형 II과 모형 III에서는 제1수준 독립변인 '업무환경인식'이 종속변인 '소진'에 발생시키는 효과(β_{1j})를 고정적인 측면(γ_{10})에서만 살폈다(146쪽 그림 참조). 이전 모형과 모형 IV의 차이점은 이 효과를 무선적인 측면(μ_{1j})에서도 동시에 살핀다는 점이다. 앞 그림 하단 회기식의 동그라미 친 부분은 모형 IV에서 새롭게 추가된 '업무환경인식'의 무선기울기를 표시한다.

앞의 **선형 혼합 모형** 창이 다시 나타난다. 이전의 설정을 그대로 유지한 상태에서,
ㄱ: **확인**을 누른다.

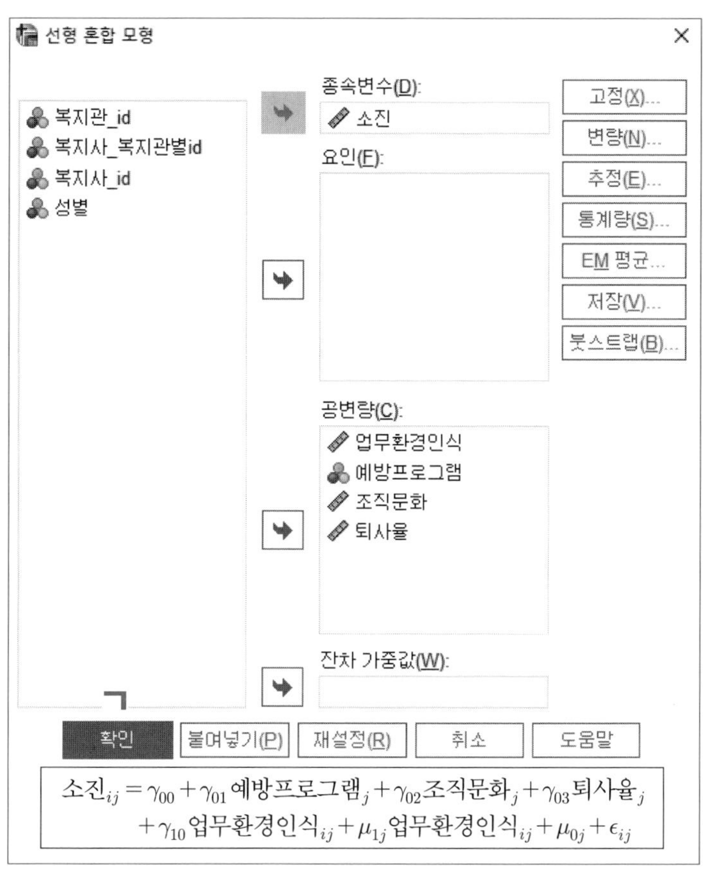

출력결과 창을 열어 혼합 모형 분석 결과를 본다. 우선, **모형 차원** 표에서 추정 대상 모수가 여덟 개인 것을 확인할 수 있다. 모형 III에서 일곱 개였던 모수가 하나 늘어난 것은 기울기에 무선효과(μ_{1j})를 추가한 데 따른 결과이다. 그다음, **정보 기준** 표에서 −2LL 등 모형적합도 지표들이 이것저것 제시된 것을 볼 수 있다. 특이사항이 없으므로 바로 고정효과 검증 결과로 넘어간다.

〈표 4−13〉은 모형 IV의 고정효과 추정값들을 보여 준다. '업무환경인식'을 고정효과 측면에서만 살핀 바로 앞의 모형 III과 마찬가지로, '업무환경인식'을 고정효과와 무선효과 측면에서 동시에 살핀 모형 IV에서도 각 변인에 대한 고정효과의 추정값들이 '예방프로그램'을 제외하고는 모두 통계적으로 유의미하게 나타났다. 그러나 실제 추정값은 이전 모형과

조금 달라서, 모형 III에서 3.19였던 '업무환경인식'의 회기계수(γ_{10})가 모형 IV에서 3.16으로 미세하게 줄어든 것이 살짝 눈에 띈다. 절편을 비롯한 나머지 변인들의 고정효과 추정값도 이전 모형에 비해 조금씩 바뀌었다. 다시 한번 말하지만 이는 기울기에 무선효과를 추가한 데 따른 변화이다.

〈표 4-13〉 고정효과 추정값

모수	추정값	표준오차	자유도	t	유의확률	95% 신뢰구간	
						하한	상한
절편	56.469785	.471568	419.501	119.749	.000	55.542854	57.396716
업무환경인식	3.163898	.168888	635.541	18.734	.000	2.832252	3.495544
예방프로그램	−.119986	.274402	407.915	−.437	.662	−.659405	.419433
조직문화	2.659588	.313631	698.064	8.480	.000	2.043815	3.275361
퇴사율	1.360179	.467933	410.212	2.907	.004	.440334	2.280025

기울기에 무선효과를 추가한 데 따른 변화는 분산성분 출력 결과 부분에서 분명하게 드러난다. 분산성분 출력 결과를 보여 주는 〈표 4-14〉를 보면, 모형 III에서 62.63이었던 집단 내(=개인 간) 차이에 기인하는 종속변인 분산 분, 즉 제1수준 잔차는 모형 IV에서 62.11로 다소 줄었고, 모형 III에서 2.40이었던 집단 간 차이에 기인하는 절편에 낀 종속변인 분산, 즉 무선절편은 모형 IV에서 2.11로 준 것을 볼 수 있다.[35)]

〈표 4-14〉에서 가장 주목해야 할 부분은 모형 IV에서 새롭게 추정된 제1수준 독립변인 '업무환경인식'의 무선기울기 값이다. 기울기에 낀 종속변인 분산 중 집단 간 차이에 기인하는 부분인 '업무환경인식'의 무선효과는 $\alpha=0.05$에서 통계적으로 유의미하였다(Wald=1.314, $p=0.020$). 이는 '업무환경인식'이 사회복지사 '소진'에 발생시키는 효과가 복지관별로 유의미하게 다르다는 것을 의미하는 결과이다. 이 같은 분석결과에 의거하여 연구자는 기울기에 낀 종속변인 분산 중 집단 간 차이에 기인하는 분산 분을 설명하고 없애기 위해 후속 연구모형에서 층위 간 상호작용항을 만들어 넣는 것이 타당하다는 주장을 할 수 있다.

35) 참고로 절편의 무선효과는 모형 IV에서도 여전히 통계적으로 유의미하게 나타났는데(Wald=4.741, $p=0.000$), 이는 종속변인을 설명하기 위해 투입한 세 개의 집단 수준 독립변인('예방프로그램', '조직문화', '퇴사율') 외 또 다른 집단 수준 독립변인(들)을 추가 투입하는 것이 필요하다는 주장의 경험적 증거로 이용할 수 있다.

〈표 4-14〉 공분산 모수 추정값

모수		추정값	표준오차	Wald Z	유의확률	95% 신뢰구간	
						하한	상한
잔차		62.114614	1.111312	55.893	.000	59.974229	64.331386
절편(개체=복지관_id)	분산	2.112261	.445499	4.741	.000	1.397075	3.193563
업무환경인식 (개체=복지관_id)	분산	1.314246	.566455	2.320	.020	.564675	3.058824

한편, 모형 IV의 ICC는 제시하지 않고 그냥 넘어가도록 한다. 각주 33)에서 말했다시피, ICC는 이미 모형 III에서 5% 미만으로 떨어져서 모형 IV부터는 굳이 계산할 필요가 없기 때문이다.

(5) 모형 V–층위 간 상호작용효과를 점검하는 연구모형

모형 IV의 추정 결과로부터, 종속변인의 총분산에서 집단 간 차이에 기인하는 미설명 분산 분(=제2수준 오차=무선효과)이 차지하는 비율이 5% 미만으로 떨어졌지만 분산 추정치 자체는 여전히 통계적으로 유의미하다는 점을 확인하였다. 특히 집단 간 차이에 기인하는 종속변인의 유의미한 미설명 분산 중 제1수준 독립변인 '업무환경인식'과 관련된 부분('업무환경인식'의 무선기울기)을 설명하는 데 있어 제2수준 독립변인들[36]의 역할이 여전히 상당히 남았다는 사실도 확인하였다.

이에 최종 연구모형인 모형 V에서는 '업무환경인식'(X)이 사회복지사 '소진'(Y)에 발생시키는 효과에서 '예방프로그램'(W1)이 어떠한 영향을 미치는지를 살피고자 한다(연구문제 5번). 즉, 사회복지사 개인은 자신이 일하는 복지관의 의사소통 방식이 수직적이라고 생각할수록 소진을 많이 느끼는데, 두 변인의 이와 같은 관련성이 사회복지사 소진예방프로그램을 실시하는 복지관과 그렇지 않은 복지관에서 어떻게 다른지 한번 살펴보겠다는 얘기이다. 이는 '예방프로그램'(W1)의 층위 간 조절효과를 살펴보겠다는 말과 같다.[37), 38)]

36) 사실 모형 V에서는 제2수준 독립변인이 아닌 제2수준 조절변인이라고 해야 정확한 표현이다.

37) 제1수준 독립변인 X가 종속변인 Y에 발생시키는 효과에서 제2수준 독립변인 W가 개입하여 Y와 X의 관계 방향, 세기, 유의성 등을 바꾸는 현상을 조절효과라고 부르고, 이렇게 조절효과를 일으키는 변인을 조절변인이라고 부른다. 다층분석에서는 조절효과를 검증하기 위해 회기식 안에 층위 간 상호작용항을 삽입한다.

38) 따라서 엄밀히 말해 여기서 다루고 있는 '예방프로그램'은 제2수준 독립변인이면서 동시에 제2수준 조절변인이라고 불러야 맞다.

그런데 그 전에 먼저, '예방프로그램'과 더불어 '조직문화'(W2)와 '퇴사율'(W3)도 '업무환경인식'(X)과 '소진'(Y)의 관계에 영향을 미칠 수 있는 제2수준 조절변인으로 간주, 일단 함께 투입해 모형을 돌려 보고자 한다. 즉, '업무환경인식'과 '소진'의 관련성이 소통문화 전반이 수직적인 복지관과 그렇지 않은 복지관에서 어떻게 달라지는지, 나아가 신입사원 퇴사율이 높은 복지관과 그렇지 않은 복지관에서 어떻게 달라지는지도 같이 살펴보겠다는 뜻이다. 이는 '조직문화'(W2)와 '퇴사율'(W3)의 층위 간 조절효과를 살펴보겠다는 말과 같다.

따라서 결과적으로 모형 V에는 세 개의 제2수준 조절변인과 더불어 세 개의 층위 간 상호작용항('업무환경인식×예방프로그램', '업무환경인식×조직문화', '업무환경인식×퇴사율')이 투입될 예정이다.

사실 '조직문화'와 '퇴사율'의 층위 간 조절효과 검증은 이 예제의 연구문제 1~5번에서는 전혀 언급하지 않은 내용이다. 그렇지만 독자들의 학습을 돕기 위해 좀 더 많은 연습이 필요하다고 생각하여 연구문제와는 별개로 관련 내용을 준비하였다.

정리하면, 일단 세 개의 제2수준 조절변인들(W1, W2, W3)과 해당 상호작용항을 한꺼번에 투입해 모형을 돌린 다음, 보여 주기가 끝나면 '조직문화'(W2)와 '퇴사율'(W3) 및 해당 상호작용항을 삭제하고, 본래 연구문제 5번에서 설정한 '예방프로그램'(W1) 및 해당 상호작용항만 넣고 모형을 돌려 최종 모형을 확정 짓는 순서로 실습을 진행하겠다.

모형 IV의 설정을 그대로 유지한 상태에서, 분석 메뉴로 가서 혼합 모형을 선택하고 드롭다운 메뉴가 뜨면 선형을 선택한다.

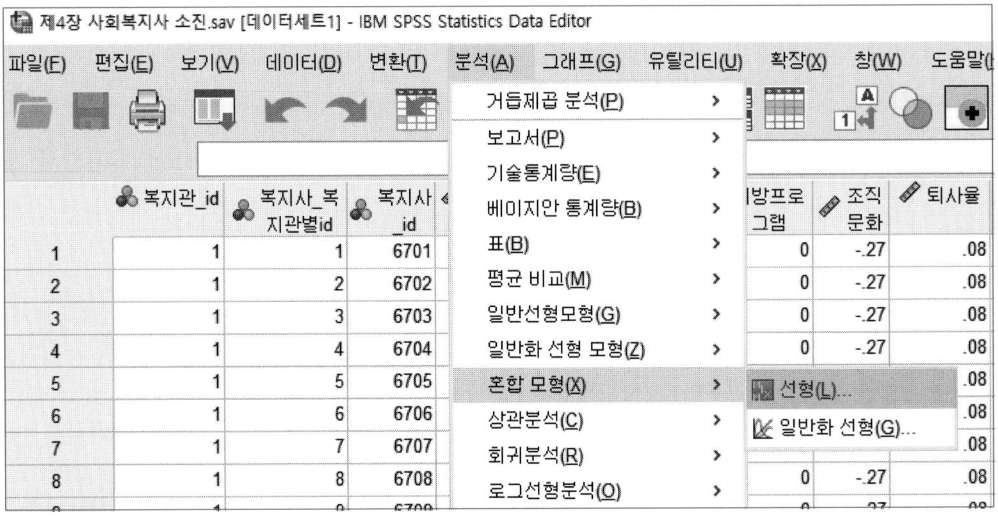

제4장 사회복지사 소진.sav [데이터세트1] - IBM SPSS Statistics Data Editor

파일(F) 편집(E) 보기(V) 데이터(D) 변환(T) 분석(A) 그래프(G) 유틸리티(U) 확장(X) 창(W) 도움말(H)

거듭제곱 분석(P) >
보고서(P) >
기술통계량(E) >
베이지안 통계량(B) >
표(B) >
평균 비교(M) >
일반선형모형(G) >
일반화 선형 모형(Z) >
혼합 모형(X) > 선형(L)... / 일반화 선형(G)...
상관분석(C) >
회귀분석(R) >
로그선형분석(O) >

	복지관_id	복지사_복지관별id	복지사_id	예방프로그램	조직문화	퇴사율
1	1	1	6701	0	-.27	.08
2	1	2	6702	0	-.27	.08
3	1	3	6703	0	-.27	.08
4	1	4	6704	0	-.27	.08
5	1	5	6705			.08
6	1	6	6706			.08
7	1	7	6707			.08
8	1	8	6708	0	-.27	.08

선형 혼합 모형: 개체 및 반복 지정 창이 뜨면, 이전의 설정을 그대로 놓아둔 상태에서,
ㄱ: 계속을 누른다.

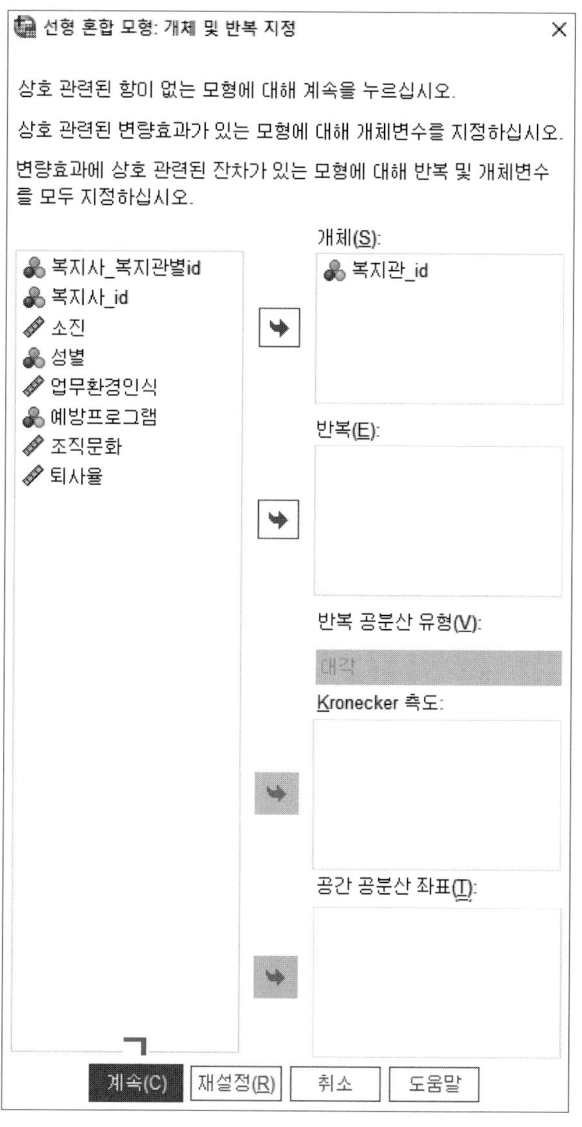

선형 혼합 모형 창이 뜨면, 이전 설정을 그대로 놓아둔 상태에서,

ㄱ: 고정을 클릭한다.

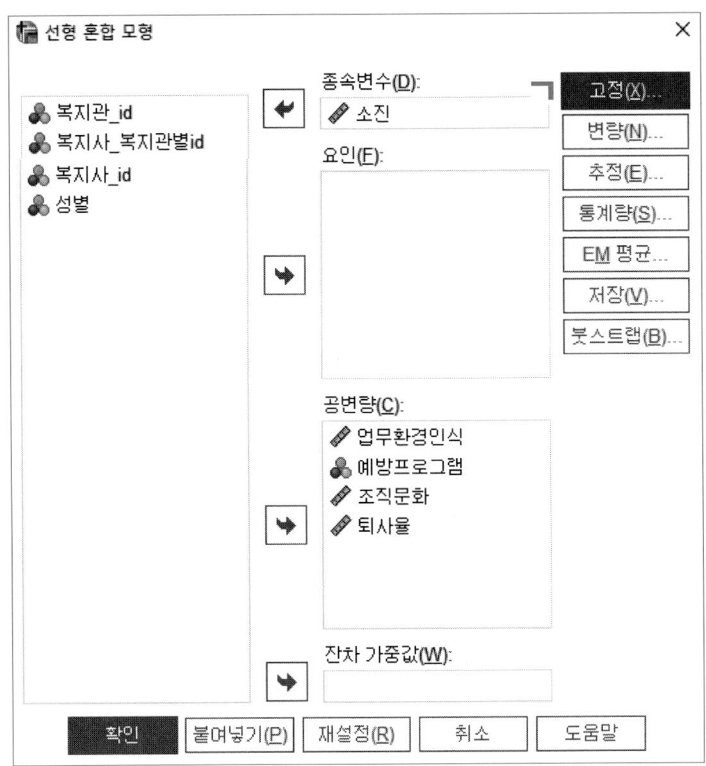

선형 혼합 모형: 고정 효과 창이 뜨면, 이전 설정을 그대로 놓아둔 상태에서,

ㄱ: **고정 효과**에서 **항 설정**을 클릭하고,39)

ㄴ: **요인 및 공변량**에서 Ctrl 키를 누르고 '업무환경인식'과 '예방프로그램'을 동시에 선택하여 둘을 한꺼번에 하이라이트한 후,

ㄷ: 가운데 드롭다운 메뉴에서 **상호작용**을 선택하고

ㄹ: 오른쪽 **모형** 박스 밑의 **추가** 버튼을 클릭하여 박스 안에 '업무환경인식×예방프로그램' 항이 새롭게 생성되는 것을 확인한다.

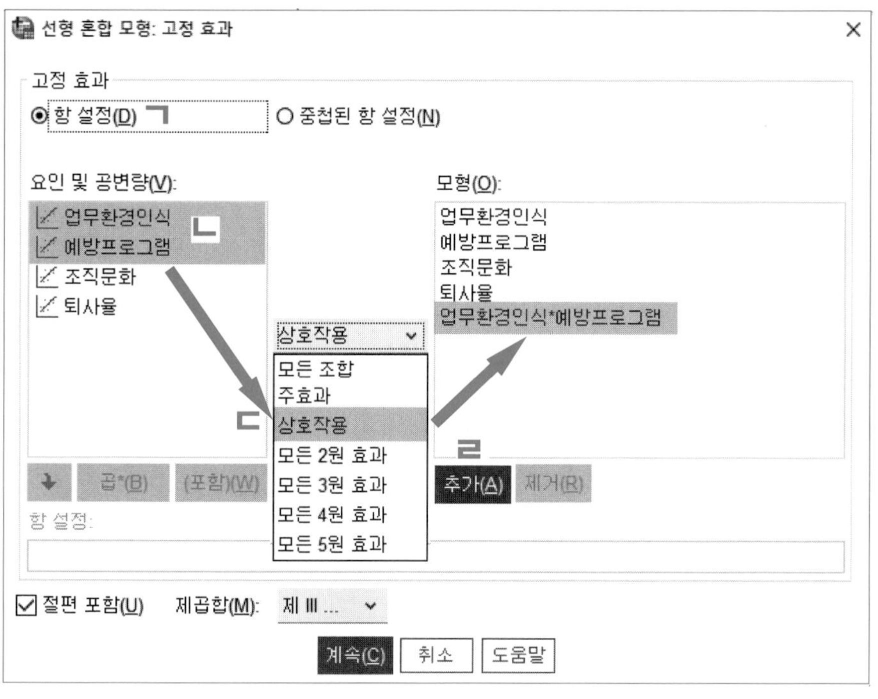

39) 항설정 대신 중첩된 항설정을 통해서도 상호작용항을 생성할 수 있다. 이 경우 앞에 설명한 절차 대신 '업무환경인식' 클릭 → [↓] → [곱*(B)] → '예방프로그램' 클릭 → [↓] → [추가(A)]의 순서를 따른다.

이러한 과정을 통해 '업무환경인식×예방프로그램'이라는 층위 간 상호작용항을 만들 수 있다.

'업무환경인식×조직문화'와 '업무환경인식×퇴사율' 항 역시 이와 같은 과정을 두 번 반복하여 새로 만든다. 그림 설명은 생략한다.

필요한 세 개의 층위 간 상호작용항을 모두 생성하였으면,

ㄱ: 계속을 클릭한다.

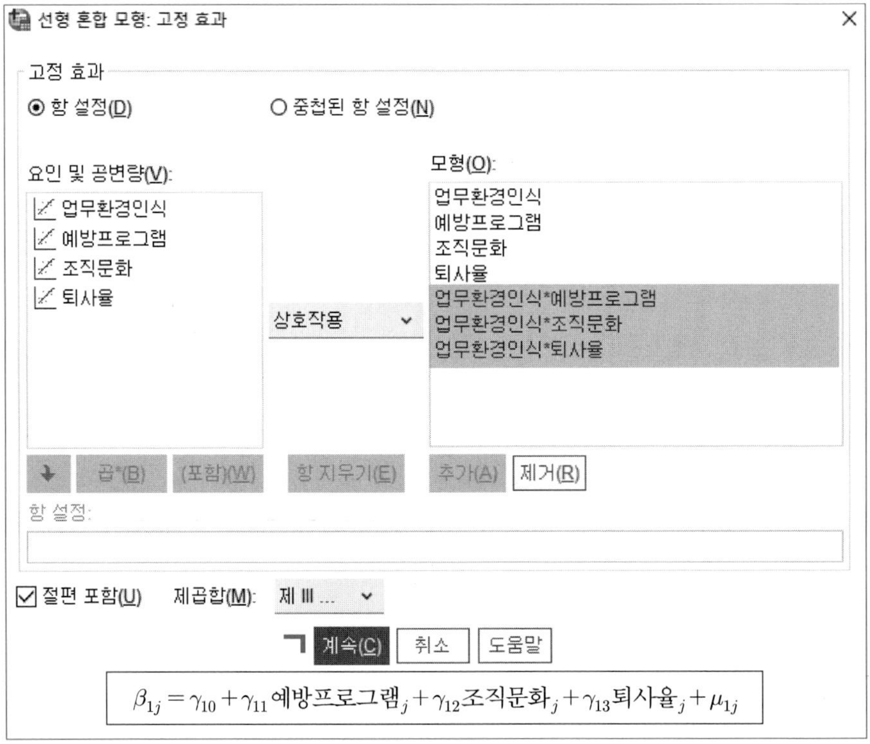

앞 그림 하단의 회기식은 제2수준 조절변인들을 추가 투입함에 따른 제1수준 독립변인 '업무환경인식'의 기울기 구성 변화를 보여 준다. '업무환경인식'의 기울기 구성이 바뀜에 따라 최종 모형의 식에는 세 개의 상호작용항이 추가되며, 그 결과는 다음 그림 하단 회기식에서 확인할 수 있다

앞의 **선형 혼합 모형** 창이 다시 나타난다. 이전의 설정을 그대로 유지한 상태에서,

ㄱ: **확인**을 누른다.

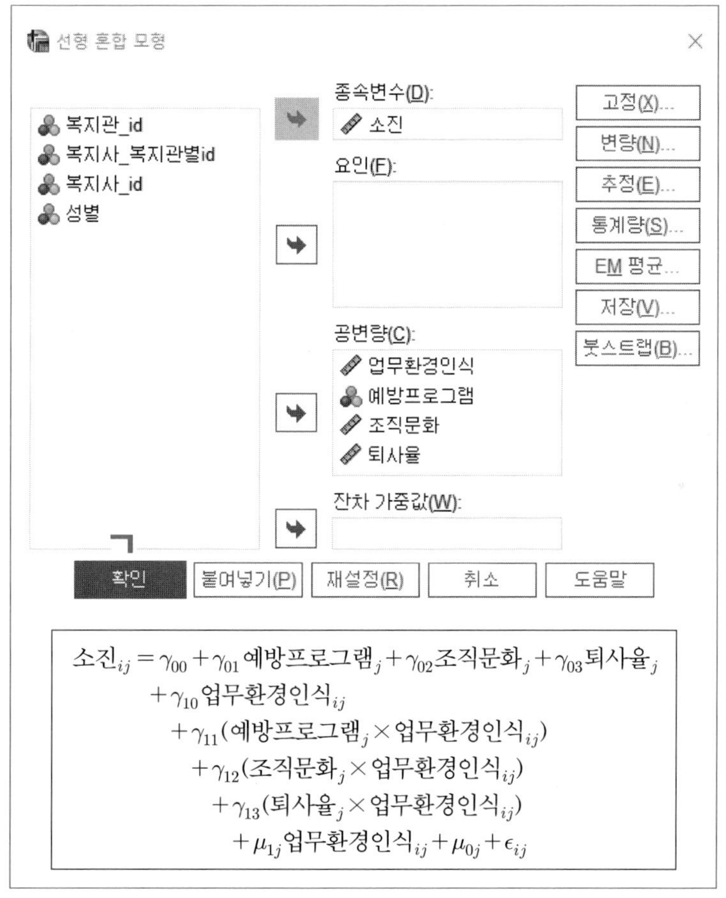

$$
\begin{aligned}
소진_{ij} = \gamma_{00} &+ \gamma_{01}예방프로그램_j + \gamma_{02}조직문화_j + \gamma_{03}퇴사율_j \\
&+ \gamma_{10}업무환경인식_{ij} \\
&+ \gamma_{11}(예방프로그램_j \times 업무환경인식_{ij}) \\
&+ \gamma_{12}(조직문화_j \times 업무환경인식_{ij}) \\
&+ \gamma_{13}(퇴사율_j \times 업무환경인식_{ij}) \\
&+ \mu_{1j}업무환경인식_{ij} + \mu_{0j} + \epsilon_{ij}
\end{aligned}
$$

출력결과 창을 열어 혼합 모형 분석 결과를 본다. 〈표 4-15〉의 **모형 차원**을 보면, 추정 대상 모수가 11개인 것을 확인할 수 있다. 모형 IV에서 여덟 개였던 모수가 모형 V에서 세 개 늘어 11개가 된 것은 모형의 고정효과 부분에 층위 간 상호작용항을 세 개 추가한 데 따른 결과이다.

〈표 4-15〉 모형 차원

		수준 수	공분산 구조	모수의 수	개체 변수
고정효과	절편	1		1	
	업무환경인식	1		1	
	예방프로그램	1		1	
	조직문화	1		1	
	퇴사율	1		1	
	업무환경인식×예방프로그램	1		1	
	업무환경인식×조직문화	1		1	
	업무환경인식×퇴사율	1		1	
변량효과	절편+업무환경인식	2	분산성분	2	복지관_id
잔차				1	
	전체	10		11	

그리고 모형 IV에서 이미 설명하였지만(각주 34) 참조), 모형 V에서도 공분산 구조 유형으로 수렴이 실패되는 비구조(unstructured) 대신, 다소 정확도는 떨어지더라도 모형이 성공적으로 수렴되는 분산성분(variance component)을 선택해 모형을 돌렸다는 것을 다시 한번 짚고 넘어간다.

그다음, 정보 기준 표를 보면 −2LL 등 모형적합도 지표들이 이것저것 제시된 것을 볼 수 있다. 특이사항이 없으므로 바로 고정효과 검증 결과로 넘어간다.

〈표 4-16〉은 모형 V의 고정효과 추정값들을 보여 준다. 모형 IV에서와 마찬가지로 모형 V에서도 '예방프로그램'을 제외한 주요 변인들('업무환경인식', '조직문화', '퇴사율')의 고정효과 추정값은 모두 통계적으로 유의미하다. 물론 구체적인 값은 모형 IV와 비교해 미세하게 다른데 이는 층위 간 상호작용항들을 추가한 데 따른 변화이다.

〈표 4-16〉 고정효과 추정값

모수	추정값	표준오차	자유도	t	유의확률	95% 신뢰구간	
						하한	상한
절편	56.505254	.485329	450.229	116.427	.000	55.551462	57.459046
업무환경인식	3.757343	.605681	518.400	6.203	.000	2.567451	4.947235
예방프로그램	−.119925	.274238	405.467	−.437	.662	−.659031	.419182
조직문화	2.706473	.324107	759.554	8.351	.000	2.070222	3.342724
퇴사율	1.361887	.479336	439.899	2.841	.005	.419814	2.303960
업무환경인식 ×예방프로그램	−.668237	.331145	404.838	−2.018	.044	−1.319216	−.017258
업무환경인식 ×조직문화	−.136539	.298571	303.798	−.457	.648	−.724069	.450990
업무환경인식×퇴사율	−.130132	.592163	479.307	−.220	.826	−1.293688	1.033423

〈표 4-16〉에서 가장 눈여겨보아야 할 부분은 층위 간 상호작용항의 고정효과 추정치들이다. 먼저 '조직문화'부터 살펴보면, 제2수준 변인인 '조직문화'가 제1수준 '업무환경인식'과 상호작용함으로써 사회복지사 '소진'에 발생시키는 부적(−) 효과는 유의미하지 않았다($\gamma_{12}=-0.137$, $p=0.648$). 이는 복지관의 '조직문화'는 '업무환경인식'과 '소진'의 정적(+) 관계를 조절하지 않는다는 것을 뜻하는 결과이다. 풀어서 말하면, 사회복지사는 자신이 일하는 복지관의 의사소통 방식이 수직적이라고 생각할수록 소진을 많이 느끼는데, 이러한 양상이 사회복지관의 의사소통 문화가 수직적인 곳에서 다소 누그러들긴 하지만 그 정도가 통계적으로 유의미하지는 않다는 얘기이다. 이러한 분석결과를 토대로, 연구자는 단독으로는 '소진'에 유의한 영향을 미치지만 '업무환경인식'과 상호작용해서는 유의한 영향을 미치지 못하는 '조직문화'를 조절변인이 아니라고 판단한다.

'퇴사율'도 마찬가지이다. 퇴사율은 단독으로는 사회복지사 소진에 정적(+) 영향을 미치지만, '업무환경인식'과 상호작용해서는 그 계수(γ_{13})가 −0.130으로 $\alpha=0.05$에서 유의하지 않다($p=0.826$). 따라서 조절변인이 아니다.

조절효과를 발생시키지 않은 앞의 두 제2수준 변인과 달리, '예방프로그램'은 '업무환경인식'과 상호작용했을 때 '소진'에 유의한 부적 영향을 미치는 것으로 나타났다($\gamma_{11}=-0.668$, $p=0.05$). 복지관에서 시행하는 '예방프로그램'이 '업무환경인식'과 '소진'의 정적(+) 관계를 부적(−)으로 조절한다는 것은, 쉽게 말하면 사회복지사는 자신이 일하는 복지관의 의사소통이 수직적이라고 생각할수록 소진을 많이 느끼는데, 이러한 양상이 프로그램을 시행하는 복지관에서는 현저히 완화된다는 얘기이다. 따라서 정책적 차원에서, 사회복지사들을 대상으로 한 소진예방프로그램은 비록 직접적으로 소진을 낮추는 효과를 발생시키지는 못하더라도 업무환경인식과 소진의 관계를 부적으로 조절함으로써 소진을 낮추는 완충 효과를 발생시킨다는 측면에서 중요하고 또 필요하다는 결론을 도출할 수 있다.[40]

층위 간 상호작용효과를 숫자를 통해 좀 더 구체적으로 살펴보면, 다른 모든 변인들을 통제한 상태에서, '업무환경인식'이 한 단위 증가할 때 프로그램 미실시('예방프로그램'=0) 복지관 소속 사회복지사들의 '소진'은 평균 3.76점[3.757+(−0.668)(0)=3.757]씩 증가한 데 반해, 프로그램 실시('예방프로그램'=1) 복지관 소속 사회복지사들의 '소진'은 평균 3.09점[3.757+(−0.668)(1)=3.089]씩 증가하였다. 이는 소진예방프로그램을 미실시하는 것과 비교해 실시하는 것이 사회복지사들의 '소진'을 평균적으로 0.668점 유의미하게 떨어뜨리는 효과를 고정적으로 발생시킨다는 것을 의미한다.

마지막으로 〈표 4-17〉은 모형 V의 분산성분 출력 결과를 보여 준다. 표에 따르면, 집단 수준의 변인들을 다 통제한 이후에도, 집단 간 차이에 기인하는 종속변인의 분산이 절편과 기울기에 유의미하게 껴 있는 것으로 나온다(μ_{0j}=2.087, p=0.000, μ_{1j}=1.345, p=0.018). 이 같은 결과는 집단 간 차이에 기인하는 종속변인의 분산을 설명해서 없애기 위해 기초모형부터 다섯 번째 연구모형까지 각 회기식 안에 무선효과와 고정효과, 제1수준 변인과 제2수준 변인 등을 차곡차곡 반영하며 단계적으로 노력해 왔지만, 여전히 설명하지 못한 분산이 남았다는 것을 보여 준다.

그렇지만 종속변인의 분산을 완벽하게 설명해서 제거하지 못했다고 해서 지금까지의 노력이 헛됐다고 할 수는 없다. 종속변인의 총분산에서 집단 간 차이에 기인하는 부분이 차지하는 비중, 즉 ICC를 모형 III에서 이미 5% 이내로 낮추었고, 이후 모형 IV와 모형 V에서 그 비율을 현저하게 줄이지는 못했지만 제1수준 변인의 기울기에 무선효과가 유의미하게 존재한다는 것 그리고 층위 간 상호작용항에서 고정효과가 유의미하게 발생한다는 것을 추가로 밝혀낸 것은 의미 있는 성과이기 때문이다.

40) 이렇게 자체적으로는 종속변인에 영향력을 발휘하지 못하지만, 다른 변인과 상호작용하면 영향을 미치는 '예방프로그램' 같은 모형 내 요인을 순수조절변인(pure moderator)이라고 부른다. 이와 대조적으로 단독으로뿐 아니라 타 변인과의 상호작용을 통해 종속변인에 영향을 미치는 모형 내 요인을 유사조절변인(quasi moderator)이라고 부른다(Sharma, Durand, & Gur-Arie, 1981).

〈표 4-17〉 공분산 모수 추정값

모수		추정값	표준오차	Wald Z	유의확률	95% 신뢰구간	
						하한	상한
잔차		62.101323	1.111295	55.882	.000	59.960979	64.318068
절편(개체=복지관_id)	분산	2.087257	.445340	4.687	.000	1.373924	3.170949
업무환경인식 (개체=복지관_id)	분산	1.345094	.566327	2.375	.018	.589346	3.069979

앞서 말했던 대로 '업무환경인식×조직문화'와 '업무환경인식×퇴사율' 두 개의 층위 간 상호작용항은 연습용이었다. 심지어 이 둘은 통계적으로 유의하지도 않았다. 그러므로 이 두 개의 상호작용항은 삭제하고, 본래 계획대로 '업무환경인식×예방프로그램'만 남겨 두고 모형검증을 다시 하겠다. 다음이 진짜 모형 V의 검증 절차이다.

이전 설정을 그대로 유지한 상태에서, 분석 메뉴로 가서 혼합 모형을 선택하고 드롭다운 메뉴가 뜨면 선형을 선택한다.

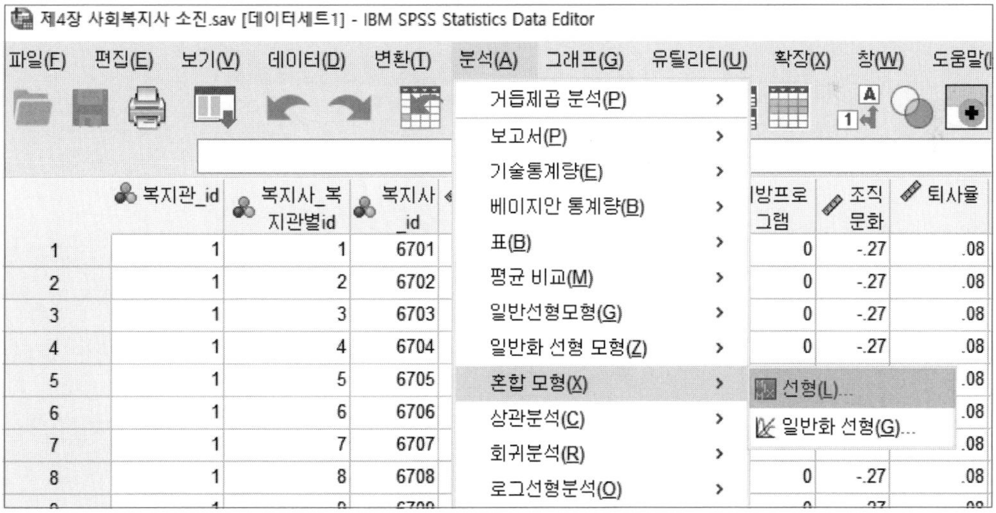

선형 혼합 모형: 개체 및 반복 지정 창이 뜨면, 이전의 설정을 그대로 놓아둔 상태에서, ㄱ: 계속을 누른다.

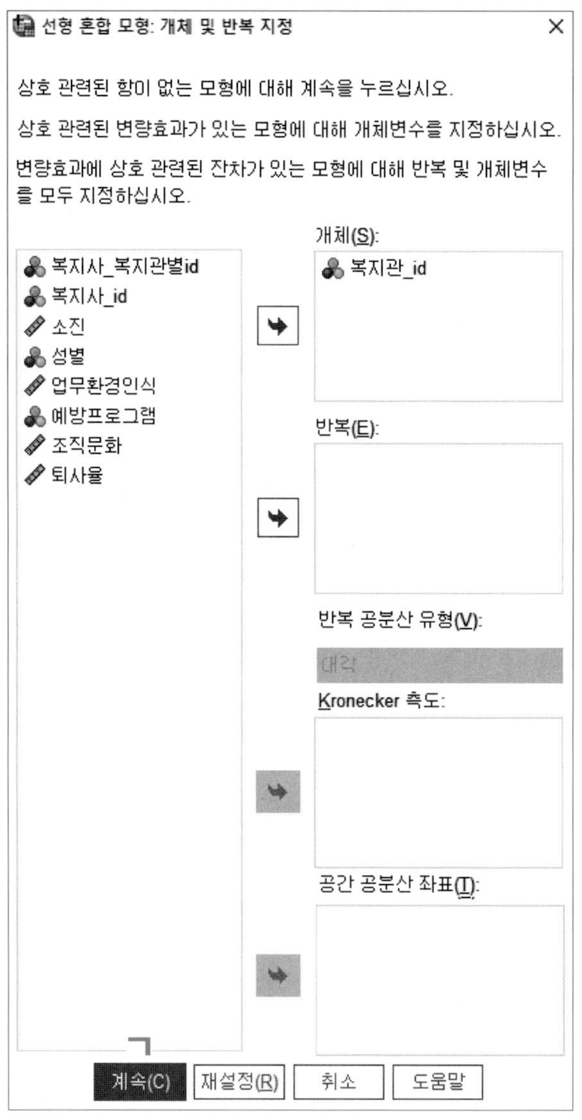

선형 혼합 모형 창이 뜨면 이전 설정을 그대로 놓아둔 상태에서,

ㄱ: 고정을 클릭한다.

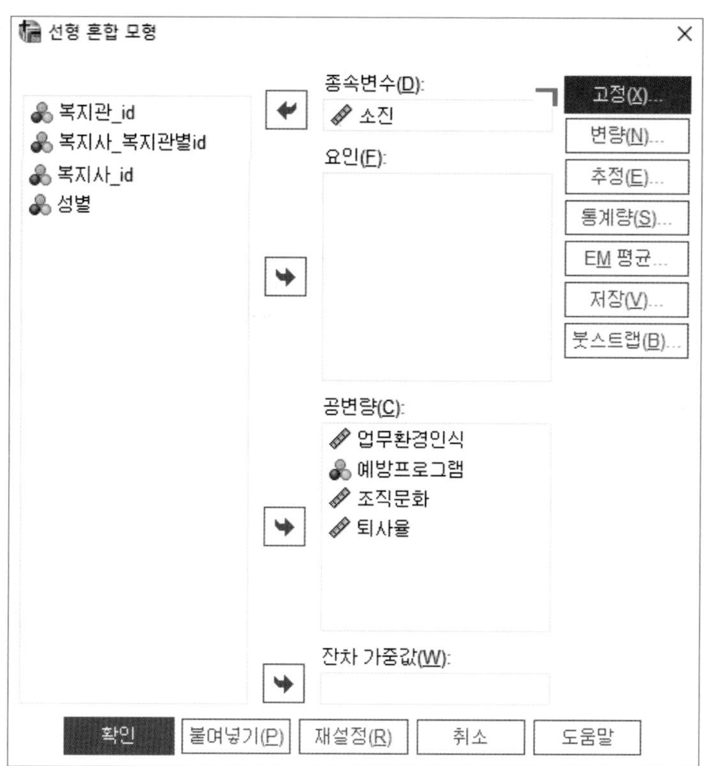

선형 혼합 모형: 고정 효과 창이 뜨면 이전 설정을 그대로 놓아둔 상태에서,

ㄱ: 모형 박스에서 '업무환경인식×조직문화'와 '업무환경인식×퇴사율'을 선택하여 하이라이트한 후,

ㄴ: 제거 아이콘을 눌러 두 개의 상호작용항을 삭제한다.

ㄷ: '조직문화'와 '퇴사율'이 왼쪽의 요인 및 공변량 박스 쪽으로 자동으로 이동한다. 회색 박스에서 볼 수 있는 것과 같이 고정효과 항이 다섯 개만 남는 것을 확인한 후,

ㄹ: 계속을 클릭한다.

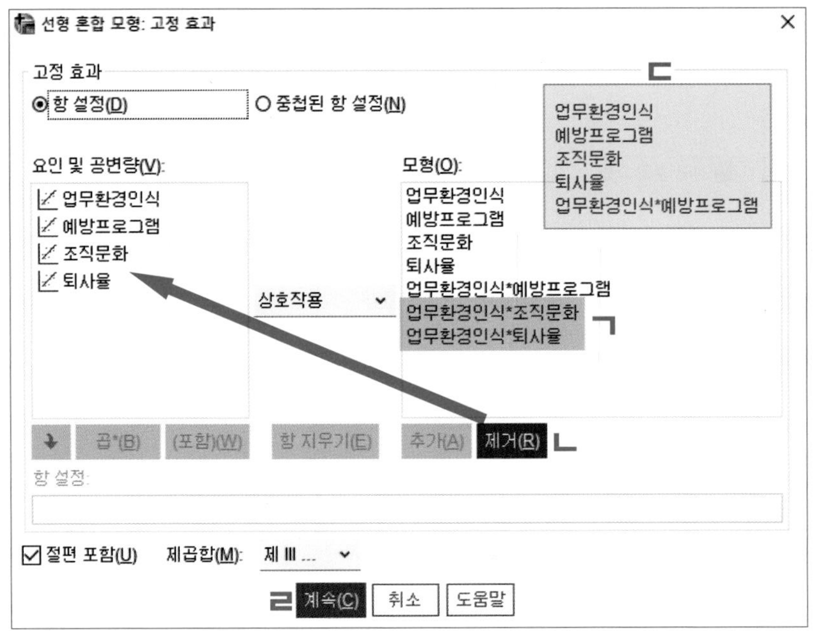

앞의 선형 혼합 모형 창이 다시 나타난다. 이전의 설정을 그대로 유지한 상태에서, ㄱ: 확인을 누른다.

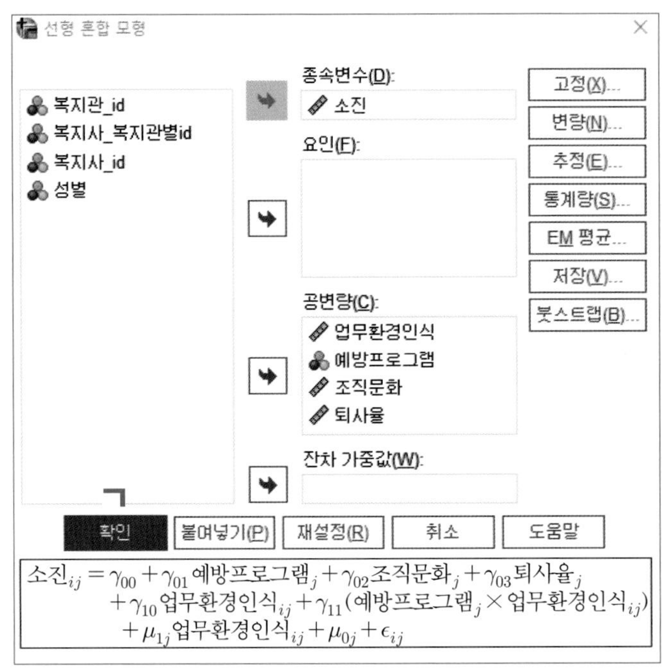

<표 4-18>은 모든 분석을 완료하고 도출해 낸 최종 모형이자 간소화 모형(reduced, final model)의 고정효과 추정값들을 정리한 것이다. <표 4-16>에 나온 숫자와 다소 다르지만, 이는 층위 간 상호작용항 둘을 제외한 데 따른 결과로서, 전체적인 효과 크기나 통계적 유의성은 거의 흡사하게 유지되는 것을 볼 수 있다.

<표 4-18> 고정효과 추정값

모수	추정값	표준오차	자유도	t	유의확률	95% 신뢰구간	
						하한	상한
절편	56.440337	.470907	418.862	119.855	.000	55.514701	57.365972
업무환경인식	3.659485	.292123	461.438	12.527	.000	3.085429	4.233542
예방프로그램	−.123093	.273888	406.624	−.449	.653	−.661507	.415320
조직문화	2.659142	.313166	697.326	8.491	.000	2.044280	3.274004
퇴사율	1.404177	.467536	410.165	3.003	.003	.485112	2.323242
업무환경인식 × 예방프로그램	−.682460	.328354	395.850	−2.078	.038	−1.327996	−.036925

그 밖에 공분산 모수 추정값도 앞서 살펴본 확장모형(full model)의 결과(<표 4-17> 참조)와 크게 다를 바 없다. 따라서 따로 표로 제시하는 것은 생략한다.

이제 모든 연구모형의 추정 작업이 끝났다. 남은 일은 지금까지 한 모든 분석결과를 <표 4-19>와 같이 정리하여 표로 제시하는 것뿐이다.

〈표 4-19〉 사회복지사의 소진에 영향을 미치는 요인에 관한 다층분석 결과(N_1 =6,871, N_2 =419)

	모형 I	모형 II	모형 III	모형 IV	모형 V
절편	57.674*** (0.188)	57.596*** (0.133)	56.442*** (0.474)	56.470*** (0.472)	56.440*** (0.471)
제1수준 고정효과					
업무환경인식	–	3.874*** (0.137)	3.191*** (0.158)	3.164*** (0.169)	3.659*** (0.292)
제2수준 고정효과					
예방프로그램	–	–	−0.164 (0.276)	−0.120 (0.274)	−0.123 (0.273)
조직문화	–	–	2.473*** (0.307)	2.660** (0.314)	2.659*** (0.313)
퇴사율	–	–	1.420*** (0.471)	1.360*** (0.468)	1.404*** (0.467)
층위 간 상호작용 고정효과					
업무환경인식× 예방프로그램	–	–	–	–	−0.682* (0.328)
무선효과					
절편($\sigma^2_{\mu_{0j}}$)	10.642*** (0.064)	3.469*** (0.539)	2.395*** (0.444)	2.112*** (0.445)	2.091*** (0.444)
업무환경인식($\sigma^2_{\mu_{1j}}$)	–	–	–	1.314* (0.566)	1.308* (0.562)
급내상관계수(ICC)	0.138	0.052	0.037	–	–
모형적합도					
−2LL	48877.256	48215.440	48128.899	48121.839	48117.911
AIC	48881.256	48219.440	48132.899	48127.839	48123.911
BIC	48894.925	48233.109	48146.568	48148.342	48144.414

*$p<0.05$, **$p<0.01$, ***$p<0.001$

주: 괄호 안은 표준오차임.

4) 층위 간 상호작용효과의 시각적 이해

모형 V 검증 결과, 제1수준 변인 '업무환경인식'과 제2수준 변인 '예방프로그램' 사이에 고정적인 층위 간 상호작용효과가 실제 존재하는 것으로 나타났다. 구체적으로, 다른 모든 변인을 통제한 상태에서, '업무환경인식'이 한 단위 증가할 때 프로그램 미실시('예방프로그램'=0) 복지관 소속 사회복지사들의 '소진'은 평균 3.659점[3.659+(−0.682)(0)=3.659]씩 증가하였고, 프로그램 실시('예방프로그램'=1) 복지관 소속 사회복지사들의 '소진'은 평균 3.09점[3.659+(−0.682)(1)=3.09]씩 증가하였다. 이는 소진예방프로그램을 미실시하는 것과 비교해 실시하는 것이 소속 사회복지사들의 소진을 평균적으로 0.682점 떨어뜨리는 효과를 고정적으로 발생시키며, 이 효과는 통계적으로 유의하다는 것을 의미한다.

다음에서는 이 0.682점만큼의 고정적 층위 간 상호작용효과가 의미하는 바를 도표로 나타내어 조절효과에 대한 독자의 이해를 시각적 차원에서 돕고자 한다.

연습을 위해 따로 예제파일 〈제4장 사회복지사 소진_층위 간 상호작용항 도표작성.sav〉를 제공하였다. 상호작용효과의 고정적 양상을 시각적으로 확인하는 것이 이번 연습 활동의 목표인 점을 감안하여, 개별 사회복지사들에 대한 데이터는 없애 버리고, 개별 사회복지사들의 데이터를 그들이 소속된 복지관별로 평균[41] 낸 복지관 데이터(제2수준 데이터, N=419)만 남겨 놓는 식으로 파일 구조를 단순화하였다.

예제파일을 열고 데이터의 구조를 확인한 후, 메뉴의 **그래프**로 가서 **레거시 대화 상자**를 하이라이트한 다음 **산점도/점도표**를 클릭한다. **산점도/점도표** 선택 창이 뜨면 **단순 산점도**를 선택한 후 **정의**를 누른다.

---

41) 총량변수인 '업무환경인식_평균'은 개별 사회복지사들의 '업무환경인식' 값을 그들의 소속 사회복지관별로 평균 낸 값, '소진_평균'은 개별 사회복지사들의 소진 점수를 그들의 소속 사회복지관별로 평균 낸 값이다. 총량변수를 생성하는 데에는 메뉴의 데이터에 있는 **데이터 통합(aggregate)** 기능을 활용하였다.

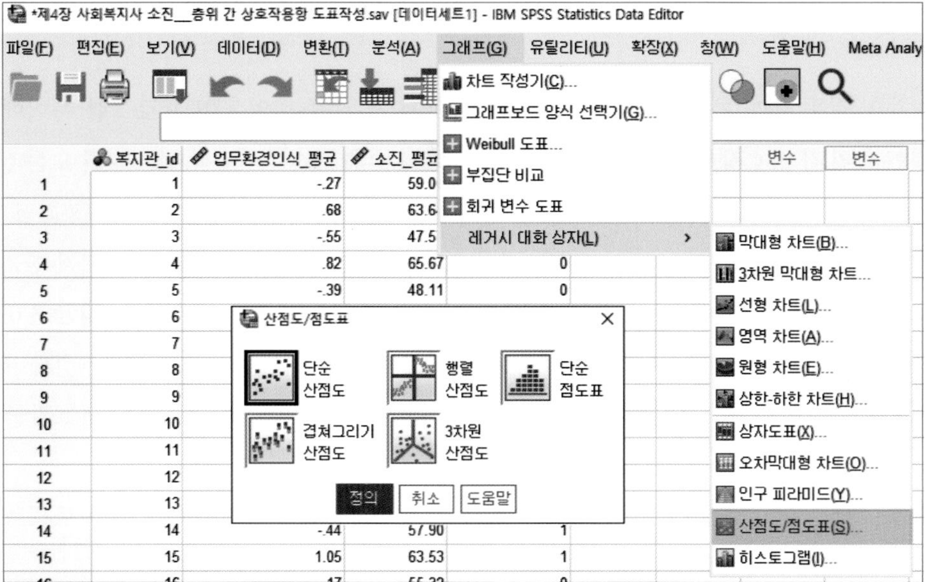

단순 산점도 창이 뜨면,

ㄱ: 왼쪽의 변인 목록 박스에서 '소진_평균'을 클릭해 오른쪽의 Y축 칸으로 옮긴다.

ㄴ: 마찬가지로 '업무환경인식_평균'을 클릭해 X축 칸으로 옮긴다.

ㄷ: '예방프로그램'을 클릭해 표식 기준으로 옮긴다.[42)]

ㄹ: 확인을 클릭한다.

42) '업무환경인식_평균'과 '소진_평균'의 관계를 '예방프로그램'을 실시하는 복지관과 미실시 복지관으로 나누어서 그림으로 그리라는 명령이다.

출력결과 창에 산점도가 나타난다. 산점도 이미지 위에 마우스 커서를 올려놓고 더블클릭을 하면 **도표 편집기**가 열린다.

도표 편집기 창이 뜨면,

ㄱ: **격자선 숨김**을 누르고

ㄴ: **부집단 회귀선 적합 추가**를 누른다.

ㄷ: 그러면 회귀선이 두 줄 생기면서 **특성** 창이 열리는데, 여기서 **회귀선 적합** 탭을 클릭한 다음,

ㄹ: 하단의 **선에 레이블 추가**라고 되어 있는 곳의 ✓ 체크를 해제해 준다.

ㅁ: 그다음 **적용**과 **닫기** 버튼을 차례로 누르고

ㅂ: **도표 편집기** 창의 상단 오른쪽 x를 눌러 창을 닫는다.

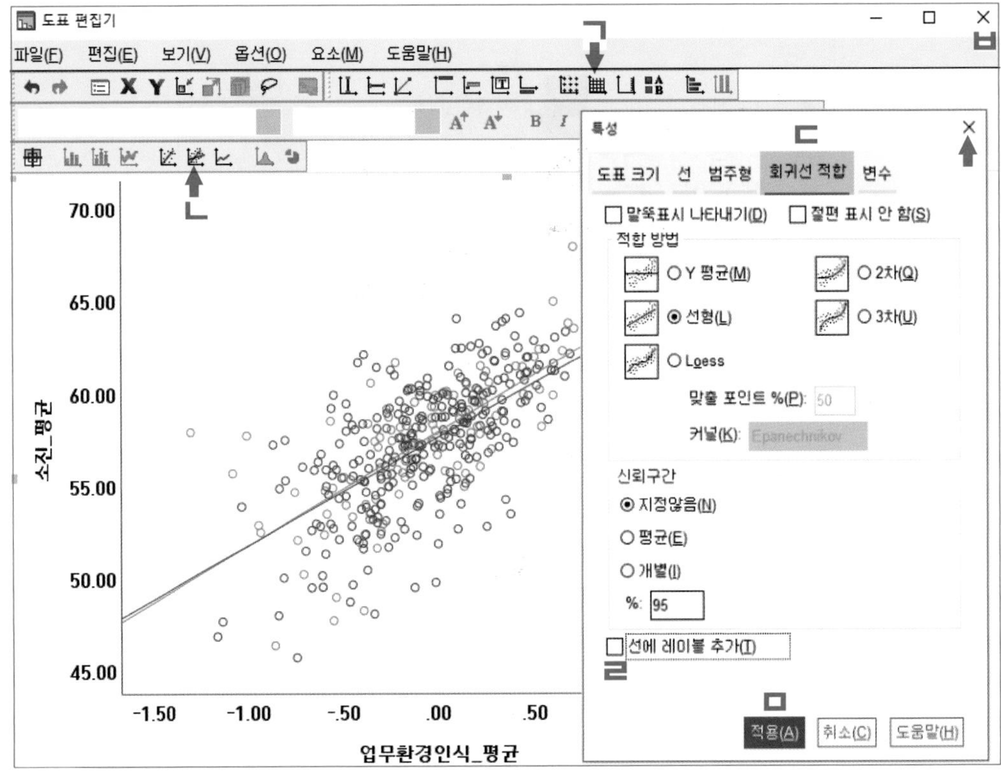

출력결과 창의 산점도가 다음 그림과 같이 원래 형태에서 살짝 바뀌고 두 개의 회귀선이 그려진 것을 볼 수 있다.

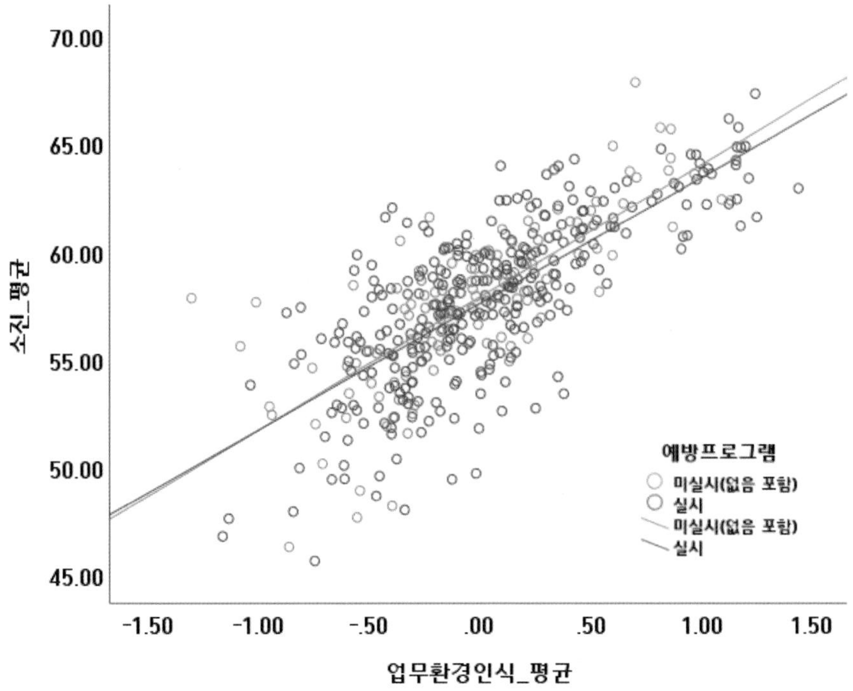

앞서 제시한 그림에서 소진예방프로그램을 미실시하는 복지관 소속 사회복지사들의 평균적인 소진 점수는 파란색 선으로, 실시하는 복지관 소속 사회복지사들의 평균적인 소진 점수는 초록색 선으로 표시되어 있다. 그림은 예방프로그램 미실시 복지관의 경우 실시 복지관에 비해 '소진_평균'에 대한 '업무환경인식_평균'의 기울기가 0.3만큼 더 가파르다(6.16−5.86=0.3)는 것을 보여 준다.[43]

마지막으로 한 가지 사항만 더 언급하고 도표에 관한 설명을 마치고자 한다. 앞의 그림을 통해 '업무환경인식'과 '소진'의 관계가 복지관의 특성('예방프로그램' 실시 여부)에 따라 어떻게 달라지는지 확인하였다. 그런데 다른 한편으로, 모형 V의 검증 결과를 통해 '업무환경인식' 기울기의 무선효과, 즉 무선기울기가 통계적으로 여전히 유의하다는 점도 확인하였다. 이는 앞의 그림에서 살펴본 고정적 기울기가 여전히 소진에 관한 모든 것을 설명해 주지 않는다는 것, 즉 이 고정기울기가 확정적이라고 말할 수 없으며, 또 다른 복지관 차원의 특성

43) 이 그림을 그리는 데 사용된 변인들은 제2수준이기 때문에 엄밀히 말해서 대응된다고 말할 수는 없지만, 〈표 4−18〉에서 제1수준 '업무환경인식'이 3.659485, '업무환경인식×예방프로그램'이 −0.682460이며 둘의 차이가 2.977025라는 점을 감안하면, 이 그림에서 구한 '업무환경인식_평균' 기울기들의 차이 값 0.3이 어디서 왔는지 대충 짐작할 수 있을 것이다.

요인에 따라 무선적으로 변할 여지가 잔존함을 말해 주는 결과이다.

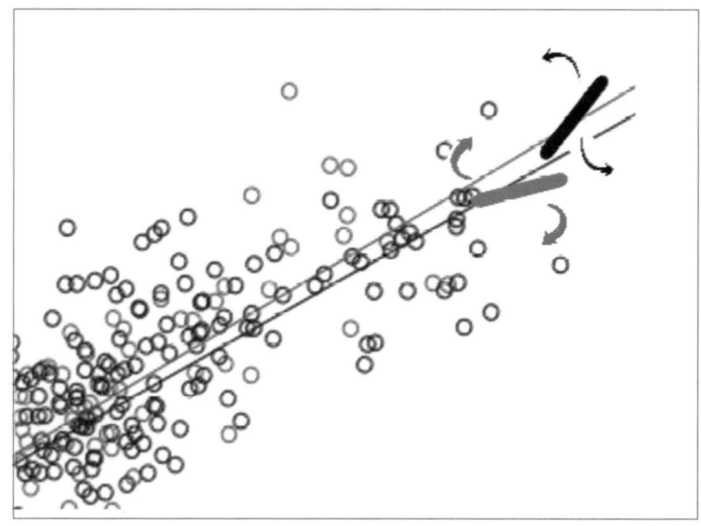

앞 그림의 화살표는 '업무환경인식_평균'과 '소진_평균'의 관계가 이번 다층분석에서는 밝히지 못한 미지의 제3의 집단 수준 요인(들)에 의해 무선적으로 바뀔 수 있음을 형상화한다. 따라서 이 예제에서 얻은 것과 같은 분석결과를 접한 연구자는 후속 연구를 통해 기울기의 무선효과가 갖는 통계적 유의성을 확실히 떨궈 줄 수 있는, 완전히 새로운 제삼의 집단 수준 변인(들)을 새롭게 발굴하여 통계모형 구축과 통계분석을 다시 할 필요성이 있다고 할 수 있다.

제 5 장

다층분석 실습: 삼수준 모형

1. 삼수준 다층분석 실습

제4장에서는 다층분석의 기본인 이수준 모형 검증을 공부하였다. 여기서 배운 내용은 횡단적, 종단적 차원의 삼수준 및 사수준 모형 검증에도 똑같이 적용할 수 있다. 제5장에서는 이 가운데 먼저 횡단적 차원의 삼수준 모형의 검증에 대해 알아보고자 한다.

1. 삼수준 다층분석 실습

1) 연구문제 및 변수의 조작적 정의

〈표 5-1〉은 제5장에서 다룰 연구문제와 그에 상응하는 연구모형 번호를 보여 준다. 제5장 예제의 시나리오는 제4장과 기본적으로 줄거리가 비슷한데, 몇 가지 차이점과 특징이 있다.

첫째, 자료를 위계적 구조를 띠는 세 개의 덩어리로 나누어 본다. 구체적으로, 복지관을 가장 고층(level-3), 각 복지관 내 하위조직[1)]을 중간층(level-2), 사회복지사를 가장 저층(level-1)의 자료 덩어리로 간주한다.

하나의 복지관에 하위조직이 여러 개 있는 경우, 복지관 안팎에서 벌어지는 현상들의 양상은 서로 다른 복지관뿐 아니라 같은 복지관 내 하위조직 간에도 다를 수 있다. 이러한 수준별 차이를 고려하여 제5장 예제에서는 관측 현상을 복지관(제1수준)-복지관 내 하위조직(제2수준)-사회복지사(제3수준)의 삼수준으로 나누어 보고자 한다. 따라서 제5장 연구문제 1번은 제4장 연구문제 1번과 같이 단순히 '사회복지사 소진이 복지관별로 다른가?'를 묻는

1) 서비스팀, 사례관리팀, 조직화팀, 운영지원팀, 지역아동센터, 어린이집, 기타 각종 부설기관 등등

〈표 5-1〉 연구문제 및 연구모형

연구문제	모형
1. 사회복지사 소진이 복지관별로 그리고 복지관 내 하위조직별로 다른가?	모형 I
2. 수평적 의사소통은 사회복지사 소진에 어떠한 영향을 미치는가? 2-1. 업무환경인식은 사회복지사 소진에 어떠한 영향을 미치는가? 2-2. 하위조직문화는 사회복지사 소진에 어떠한 영향을 미치는가? 2-3. 조직문화는 사회복지사 소진에 어떠한 영향을 미치는가?	모형 II
3. 슈퍼비전 효과성은 사회복지사의 소진에 어떠한 영향을 미치는가? 3-1. 하위조직의 슈퍼비전 효과성은 사회복지사 소진에 어떠한 영향을 미치는가? 3-2. 복지관의 슈퍼비전 효과성은 사회복지사 소진에 어떠한 영향을 미치는가?	
4. 하위조직의 슈퍼비전 효과성과 사회복지사 소진의 관계가 복지관별로 다른가?	모형 III
5. 하위조직문화는 하위조직의 슈퍼비전 효과성과 사회복지사 소진의 관계에 어떠한 영향을 미치는가?	모형 IV

데 그치지 않고 여기서 한 걸음 나아가 '사회복지사 소진이 복지관별로 그리고 복지관 내 하위조직별로 다른가?'를 묻는 데까지 확장된다.

연구문제 1번의 핵심은 종속변인의 분산이 층별로 구분되는지 살피고, 이를 토대로 삼수준 다층분석 실시의 경험적 정당화를 확보하는 데 있다. 이를 위해서는 독립변인의 투입 없이 절편의 무선효과만 살피는 것으로도 충분하다. 아무런 독립변인도 투입하지 않는(연구문제 1번에 대응되는) 모형 I과 같은 기초모형을 무조건모형이라고 부른다.

둘째, 제4장 예제에서는 수직적(비민주적) 의사소통이 소진에 미치는 영향을 살펴보았으나 제5장 예제에서는 반대로 수평적(민주적) 의사소통이 소진에 미치는 영향을 살펴본다. 그런데 수평적 의사소통이라는 현상은 개인이 느끼는 바, 하위조직 수준에서 형성된 바, 나아가 그보다 큰 복지관 수준에서 형성된 바가 다를 수 있고, 각각이 독립적으로 사회복지사 소진에 영향을 미칠 수 있다. 제5장 예제에서는 관심 현상과 관련된 이와 같은 수준별 차이를 감안하여, 복지관의 수평적 의사소통에 관한 사회복지사 개인의 인식을 '업무환경인식', 각 복지관 내 하위조직에 형성된 수평적 의사소통 문화를 '하위조직문화', 복지관 전반에 형성된 수평적 의사소통 문화를 '조직문화'로 명명하고, 각각이 사회복지사 소진에 발생시키는 독립적 효과가 어떠한지를 살피고자 한다.

수평적 의사소통이 발생시키는 효과를 세 개의 층으로 나누어 살필 예정이므로, 연구문제 2번도 세 개로 세분화된다. 구체적으로, '업무환경인식, 하위조직문화, 조직문화는 사회복지사 소진에 각기 어떠한 영향을 미치는가?'이다.

셋째, 일선 사회복지사들은 주기적, 정기적으로 상사의 슈퍼비전[2]을 받는다. 슈퍼비전은 사회복지관 운영 및 관리를 책임지는 관장이 실시하는 경우도 있지만, 각 복지관 내 하위조직의 운영과 관리를 담당하는 중간관리자, 예컨대 부장, 과장, 원장, 센터장 등도 빈번히 슈퍼비전을 한다. 당연한 얘기지만, 중간관리자가 제공하는 양질의 슈퍼비전은 일선 사회복지사들의 소진 완화에 도움을 준다. 이러한 점을 고려하여, 연구문제 3번에서는 복지관 내 하위조직을 담당하는 중간관리자가 제공하는 슈퍼비전의 효과성이 사회복지사 소진에 미치는 영향을 살피고자 한다.

그런데 중간관리자가 아무리 양질의 슈퍼비전을 제공한다고 하더라도, 이를 받아들이는 사회복지사 개인의 주관적 평가가 어떠냐에 따라 그 효과성은 천차만별일 수 있다. 또한 개인의 평가와는 별개로, 어떤 하위조직의 중간관리자는 정말로 효과적인 슈퍼비전을 제공하고(제공한다고 평가받고), 또 어떤 하위조직의 중간관리자는 그보다 덜 효과적인 슈퍼비전을 제공한다(제공한다고 평가받는다). 이는 슈퍼비전의 효과성에 대한 평가가 하위조직별로, 심지어 같은 복지관 내 다른 하위조직 간에 다를 수 있음을 함의한다. 마찬가지 맥락에서, 중간관리자가 제공하는 슈퍼비전의 효과성에 대한 전반적인 평가는 복지관 간에도 다를 수 있다.

요컨대, 슈퍼비전이 사회복지사의 소진에 미치는 영향은 세 개의 차원으로 구분하여 이해할 수 있다. 따라서 슈퍼비전의 효과성에 관심이 있는 연구자라면 응당 사회복지사 개인 수준(제1수준), 하위조직 수준(제2수준), 복지관 수준(제3수준)에서의 효과성을 따로따로 개념화하여 접근해야만 할 것이다.

여기 예제에서는 이 세 개의 효과성 중 하위조직과 복지관 수준에서 평가되는 효과성에만 초점을 맞춘다.[3] 이런 측면에서 연구문제 3번은 두 개의 하위문제로 세분화될 수 있다. 구체적으로, '하위조직의 슈퍼비전 효과성과 복지관의 슈퍼비전 효과성은 사회복지사의 소진에 각기 어떠한 영향을 미치는가?'이다.

연구문제 3번은 연구문제 2번과 함께 모형 II에서 한꺼번에 다룬다.

2) 사회복지실천현장에서 슈퍼비전(supervision)은 전문적 사회복지실천 기술과 역량을 갖춘 상급 사회복지사가 비교적 덜 준비되고 현장 경험이 부족한 하급 사회복지사에게 실천에 필요한 지식과 노하우를 전달하고 교육하는 과정으로 정의된다.

3) 개인에 의해 평가되는 효과성은 제외한다. 이는 이론적 근거와는 전혀 관련이 없고, 순전히 설명의 편의를 위한 저자의 자의적 선택이라는 점을 밝혀 두는 바이다.

넷째, A라는 복지관 안에 a, b, c, d, 네 개의 하위조직이 있으면, 각 하위조직에서 실시하는 슈퍼비전의 효과성과 사회복지사 소진의 관계는 이론적으로(서로 같은 복지관에 있는 하위조직이 아니고 마치 독립적인 조직인양) 천차만별일 수 있다. 그렇지만 현실적으로 같은 복지관에 설치돼 있는 하위조직들은 동일한 관장의 관리 감독을 받고 동일한 재단으로부터 재정지원 및 감사를 받는 등 평등한 환경에 놓여 있다. 따라서 하위조직 슈퍼비전 효과성과 사회복지사 소진의 관계는 복지관별로 일정한 패턴을 띨 확률이 높다. 이런 점을 고려하여 연구문제 4번에서는 '하위조직의 슈퍼비전 효과성과 사회복지사 소진의 관계가 복지관별로 다른가?'를 묻는다.

연구문제 4번은 모형 III에서 다룬다.

다섯째, 연구문제 4번은 복지관 수준(제3수준)의 어떤 미지의 특성 요인이 하위조직 수준(제2수준)의 특성 요인, 즉 하위조직 슈퍼비전 효과성과 상호작용하여 사회복지사의 소진에 영향을 미칠 가능성을 탐색한다. 따라서 그다음 연구문제 5번에서는 하위조직의 슈퍼비전 효과성과 상호작용할 것으로 예상되는 복지관 수준의 특성 요인을 특정하여 층위 간 상호작용항을 만들고 조절효과를 검증하는 것이 논리적으로 맞는 순서일 것이다.

그렇지만 여기 예제에서는 층간 상호작용효과를 살피기보다 층 내(within-level) 상호작용효과를 살피고자 한다. 연구자들은 보통 층위 간 상호작용효과에 더 많은 관심을 가지는데, 여기서 상대적으로 덜 주목받는 층 내 상호작용효과를 살피는 까닭은 특별한 이유는 없고, 순전히 독자들에게 이런 것도 할 수 있다는 것을 보여 주기 위한 목적 때문임을 밝혀 두는 바이다.

예제에서는 제2수준 요인인 하위조직 슈퍼비전 효과성과 상호작용하여 사회복지사 소진에 영향을 미칠 것으로 예상되는 또 다른 제2수준 요인으로 수평적 의사소통과 관련된 하위조직 문화를 지정한다. 이는 하위조직 수준에서 양질의 슈퍼비전을 제공하면 사회복지사 소진이 완화되는데, 하위조직 수준의 의사소통 문화가 수평적일수록 그 완화 정도가 커질 수 있다는 가능성을 탐색하는 것이다. 따라서 연구문제 5번은 다음과 같이 정리될 수 있다. '하위조직문화는 하위조직 슈퍼비전 효과성과 사회복지사 소진의 관계에 어떠한 영향을 미치는가?'

연구문제 5번은 모형 IV에서 다룬다.

실습을 위하여 예제파일 〈제5장 사회복지사 소진.sav〉를 불러온다. 파일을 열고 **변수 보기**와 **데이터 보기** 창을 각각 눌러 데이터의 생김새를 파악한 다음 간단한 기술분석을 해 보면, 해당 파일은 160개의 제3수준(사회복지관) 사례, 516개의 제2수준(하위조직) 사례, 그리고 9,196명의 제1수준(사회복지사) 사례, 모두 세 개의 층으로 구성된 횡단적 다층자료임을 알 수 있다.

독자들의 이해를 돕기 위해 예제파일에 포함된 변인들에 대한 상세 설명을 〈표 5-2〉에 요약, 정리하였다.

〈표 5-2〉 변수측정 및 구성

변인명	수준	설명	값/범위	측정 수준
복지관_id	복지관 (제3수준)	복지관 일련번호(160개)	1~160	명목
하위조직_id	하위조직 (제2수준)	하위조직 일련번호(516개)	1~516	명목
하위조직_Rid		각 복지관 내 하위조직 일련번호. **순위변수 생성**[4] 기능을 이용하여 기존 '하위조직_id'에 일련번호를 다시 부여했기 때문에 _id 대신 _Rid라는 접미사를 붙임[5]	1~29	명목
소진	개인 (제1수준)	사회복지사 소진 점수	481~775	비율
업무환경인식		복지관의 수평적 의사소통 문화에 대한 개인 수준에서의 평가	1: 수평적 의사소통 ○ 0: 수평적 의사소통 ×	명목 (이항)
하위조직문화	하위조직 (제2수준)	복지관의 수평적 의사소통 문화에 대한 하위조직 수준에서의 평가. **데이터 통합**[6] 기능을 이용하여 '업무환경인식'을 하위조직별로 평균 낸 값. 이 값이 클수록 복지관의 의사소통 방식이 수평적이라고 생각하는 사회복지사가 해당 하위조직에 많다는 뜻임	0.00~1.00	비율
조직문화	복지관 (제3수준)	복지관의 수평적 의사소통에 대한 복지관 수준에서의 평가. **데이터 통합**[7] 기능을 이용하여 '업무환경인식'을 복지관별로 평균 낸 값. 이 값이 클수록 복지관의 의사소통이 수평적이라고 생각하는 사회복지사가 해당 복지관에 많다는 뜻임	0.00~1.00	비율
슈퍼비전_하위조직효과	하위조직 (제2수준)	슈퍼비전의 효과성에 대한 하위조직 수준에서의 평가. 표준화 점수. 이 값이 클수록 슈퍼비전이 효과적이라고 생각하는 사회복지사들이 해당 하위조직에 많다는 뜻임	-3.05~2.64	비율

슈퍼비전_복지관효과	복지관 (제3수준)	슈퍼비전의 효과성에 대한 복지관 수준에서의 평가. **데이터 통합**[8] 기능을 이용하여 '슈퍼비전_하위조직효과'를 복지관별로 평균 낸 값. 이 값이 클수록 슈퍼비전이 효과적이라고 생각하는 사회복지사들이 해당 복지관에 많다는 뜻임	−1.55~0.99	비율
gm업무환경인식	개인 (제1수준)	복지관의 수평적 의사소통에 대한 개인 수준에서의 평가. **변수 계산**[9] 기능을 이용하여 '업무환경인식'을 전체평균중심화한 값	0.59: 수평적 의사소통 ○ −0.41: 수평적 의사소통 ×	명목 (이항)
gm하위조직문화	하위조직 (제2수준)	복지관의 수평적 의사소통에 대한 하위조직 수준에서의 평가. **변수 계산**[10] 기능을 이용하여 '하위조직'을 전체평균중심화한 값	−0.41~0.59	비율
gm조직문화	복지관 (제3수준)	복지관의 수평적 의사소통에 대한 복지관 수준에서의 평가. **변수 계산**[11] 기능을 이용하여 '조직문화'를 전체평균중심화한 값	−0.41~0.59	비율
gm슈퍼비전_하위조직효과	하위조직 (제2수준)	슈퍼비전의 효과성에 대한 하위조직 수준에서의 평가. **변수 계산**[12] 기능을 이용하여 '슈퍼비전_하위조직효과'를 전체평균중심화한 값	−3.06~2.62	비율
gm슈퍼비전_복지관효과	복지관 (제3수준)	슈퍼비전의 효과성에 대한 복지관 수준에서의 평가. **변수 계산**[13] 기능을 이용하여 '슈퍼비전_복지관효과'를 전체평균중심화한 값	−1.57~0.97	비율

4) 변환 → 순위변수 생성 → '하위조직_id'를 변수로, '복지관_id'를 증가폭으로 이동 → 등순위 옵션에서 유일한 값에 대한 연속적 순위 선택 → 확인

5) '하위조직_id'가 있음에도 '하위조직_Rid'를 만들어서 쓰는 이유는, 첫째, 각 복지관에 몇 개의 하위조직이 있는지 데이터 보기 창에서 실제로 눈으로 확인하면 편리하기 때문이고, 둘째, '하위조직_id'를 넣고 모형을 돌리는 것보다 '하위조직_Rid'를 넣고 모형을 돌리면 분석의 실행시간(running time)이 크게 짧아지는 장점이 있기 때문이다.

6) 데이터 → 데이터 통합 → '업무환경인식'을 변수 요약으로, '하위조직_id'를 구분변수로 이동 → 확인 → 변인명을 '하위조직문화'로 수정

7) 데이터 → 데이터 통합 → '업무환경인식'을 변수 요약으로, '복지관_id'를 구분변수로 이동 → 확인 → 변인명을 '조직문화'로 수정

8) 데이터 → 데이터 통합 → '슈퍼비전_하위조직효과'를 변수 요약으로, '복지관_id'를 구분변수로 이동 → 확인 → 변인명을 '슈퍼비전_복지관효과'로 수정

9) 변환 → 변수 계산 → 목표변수 박스에 'gm업무환경인식' 기입 → 왼쪽 변인 목록에서 '업무환경인식' 선택하여 숫자표현식으로 옮긴 후 −0.41 입력('업무환경인식' 평균=0.41) → 확인

10) 변환 → 변수 계산 → 목표변수 박스에 'gm하위조직문화' 기입 → 왼쪽 변인 목록에서 '하위조직문화' 선택하여 숫자표현식으로 옮긴 후 −0.41 입력('하위조직문화' 평균=0.41) → 확인

11) 변환 → 변수 계산 → 목표변수 박스에 'gm조직문화' 기입 → 왼쪽 변인 목록에서 '조직문화' 선택하여 숫자표현

변수가 여러 개이고, 각각의 조작적 정의가 복잡해서 표가 다소 난잡하게 보일 수 있는데, 제5장 예제 연습에 필요한 변인은 실질적으로 〈표 5-2〉에서 색으로 하이라이트 처리한 '복지관_id', '하위조직_id', '소진', '업무환경인식', '슈퍼비전_하위조직효과' 다섯 개에 불과하다. 나머지는 모두 SPSS의 데이터 통합[14]과 변수 계산[15), 16)] 기능을 활용해 이 다섯 개 변인을

식으로 옮긴 후 −0.41 입력('조직문화' 평균=0.41) → 확인

12) 변환 → 변수 계산 → 목표변수 박스에 'gm슈퍼비전_하위조직효과' 기입 → 왼쪽 변인 목록에서 '슈퍼비전_하위조직효과' 선택하여 숫자표현식으로 옮긴 후 −0.0153 입력('슈퍼비전_하위조직효과' 평균=0.0153) → 확인

13) 변환 → 변수 계산 → 목표변수 박스에 'gm슈퍼비전_복지관효과' 기입 → 왼쪽 변인 목록에서 '슈퍼비전_복지관효과' 선택하여 숫자표현식으로 옮긴 후 −0.0155 입력('슈퍼비전_복지관효과' 평균=0.0155) → 확인

14) 데이터 통합 기능을 이용해 만든 세 개 변인('하위조직문화', '조직문화', '슈퍼비전_복지관효과')의 통계적 유의성이 확인되면 이는 구성효과의 존재를 입증하는 증거로 활용될 수 있다. 구성효과(compositional effect)란 특별한 속성을 지닌 개인들이 하나의 집단에 몰려 있음으로써 발생하는 집단 수준의 특별한 효과로 정의된다. 예컨대, 자신이 속한 복지관의 의사소통이 수평적이라고 인식하는 사회복지사들이 많이 몰려 있는 하위조직에서는 '하위조직문화' 값이 큰 것으로 나올 텐데, 이는 해당 하위조직이 본질적으로 혹은 역사적으로 수평적 의사소통 문화를 지녔기 때문이 아닌, 의사소통이 수평적이라고 생각하는 사회복지사들이 단순히 많이 집중돼 있음에 따른 결과로 이해할 수 있다. 전자와 같은 경우를 맥락효과(contextual effect), 후자와 같은 경우를 구성효과라고 부른다. 여기 예제에서는 '업무환경인식'이라는 개인 수준 변인을 토대로 데이터 통합 기능을 이용해 '하위조직문화', '조직문화'를 만들었다. 이 두 생성변인은 집단의 고유한 속성을 나타내지 않는다. 단순히 특정 속성을 지닌 개인들이 많이 몰려 있음을 보여 주는 지표일 뿐이다. 따라서 구성효과를 보여 주는 변인이라고 볼 수 있다.

15) 이름 앞에 gm이라는 접두사가 붙은 변인들이 여러 개 있는데, 이것들은 모두 원래의 값들을 전체평균중심화(grand mean-centering)한 변인들이다. 이렇게 전체평균중심화를 하면, 해당 변인이 0 값을 갖는 상황(=전체평균)이 어떤 상황인지를 구체적으로 그릴 수 있으며, 이에 따른 종속변인의 의미를 해석하는 일도 수월해지게 된다. 예컨대, '업무환경인식'=0은 수평적 의사소통에 대한 개별 사회복지사의 인식 점수가 말 그대로 0인 경우를 가리킨다. 그런데 인식 점수가 0인 경우는 이론적으로는 가능할지 모르지만 현실적으로는 좀처럼 발생하기 어려운 상황을 묘사한다. 따라서 좀 더 현실적인 의미를 갖는 점수로 치환하기 위해서는 이를 전체평균중심화해 주는 것이 좋다. 예컨대, '업무환경인식'을 전체평균중심화한 'gm업무환경인식'이 0이면, 이는 수평적 의사소통에 대한 개별 사회복지사의 인식 점수가 160개 복지관을 대상으로 뽑아낸 인식 점수 평균값과 같다는 것을 의미한다. 따라서 그에 상응하는 종속변인 값이 가령 10이라면, 이는 수평적 의사소통에 대한 인식 점수가 160개 복지관 인식 점수 평균값과 같은 사회복지사의 소진 점수는 10이라는 것을 의미하게 된다. 이처럼 전체평균중심화를 하면, 해당 변인이 0값을 갖는 것(=전체평균)의 의미와 그와 관련하여 종속변인이 의미하는 바(=독립변인이 전체평균일 때 예상되는 종속변인의 값)를 해석하는 일이 매우 편리해진다. 따라서 이러한 분석적 이점을 고려하여, 여기 예제에서는 모든 분석을 gm이라는 접두사가 붙은 변인만을 대상으로 실시할 것임을 밝혀 두는 바이다.

16) 평균중심화에는 전체평균중심화법 말고도 집단평균중심화(group mean-centering)법이 있다. 둘의 차이점은, 전자가 개별 관측치에서 전체 집단평균을 빼는 방식으로 자료를 중심화하는 반면, 후자는 개별 관측치에서 해당 관측치가 속한 집단의 평균을 빼는 방식으로 자료를 중심화한다는 점이다. 여기 예제에서는 집단평균중심화한 변인은 고려하지 않기로 한다. 전체평균중심화를 하면 집단에 소속된 개인 간 차이가 보정

재구성해 낸 생성변인일 뿐이다.

다층분석의 데이터 클리닝에 좀 더 능숙하길 원하는 독자는 이 다섯 개 변인을 제외한 나머지 생성변인을 전부 삭제한 후, 각주 4)부터 13)까지의 절차를 그대로 따라서 필요한 변인들을 직접 만들어 볼 것을 추천한다.

2) 삼수준 모형의 설정

〈식 5-1〉은 복지관 k 내 하위조직 j 소속 사회복지사 i의 '소진' 점수(소진$_{ijk}$)에 관한 제1수준 통계모형을 나타낸다. 참고로 다층분석의 삼수준 연구모형에서 제1, 2, 3수준 고정효과 계수는 통상 π, β, γ로 표시한다.

$$\text{소진}_{ijk} = \pi_{0jk} + \sum_{p=1}^{P} \pi_{Pjk}\alpha_{Pjk} + \epsilon_{ijk} \qquad \cdots\cdots \text{〈식 5-1〉}$$

〈식 5-1〉에서 π_{0jk}는 절편, α_{Pjk}는 복지관 k 내 하위조직 j 소속 사회복지사 i의 '소진' 점수에 영향을 미치는 제1수준 변인($p=1, \cdots, P$), π_{Pjk}는 α_{Pjk}에 대응되는 제1수준 회기계수, ϵ_{ijk}는 제1수준 잔차를 각각 의미한다. ϵ_{ijk}는 N(0, 1)을 가정한다.

〈식 5-2〉는 복지관 k 내 하위조직 j 소속 사회복지사들의 '소진' 점수에 관한 제2수준 통계 모형을 나타낸다.

$$\pi_{pjk} = \beta_{p0k} + \sum_{q=1}^{Q_p} \beta_{pqk}X_{qjk} + r_{pjk} \qquad \cdots\cdots \text{〈식 5-2〉}$$

〈식 5-2〉에서 β_{p0k}는 절편, X_{qjk}는 복지관 k 내 하위조직 j 소속 사회복지사들의 '소진' 점수에 영향을 미치는 제2수준 변인($q=1, \cdots, Q_p$), β_{pqk}는 X_{qjk}에 대응되는 제2수준 회기계수, r_{pjk}는 제2수준 무선효과를 각각 의미한다.

〈식 5-2〉는 세 개의 덩어리로 구성된다. 따라서 제1수준 회기계수(π_{pjk})는 연구목적이나

되는(adjusted) 이점이 있는 데 반해, 집단평균중심화를 하면 그러한 보정이 이루어지지 않기 때문이다. 다층분석 분야에서는 집단에 관심을 갖는 특별한 목적이 있지 않는 한 보통은 전체평균중심화를 택하는 것이 일반적인 접근방식이다.

의도에 따라 제2수준 변인의 고정 또는 무선효과에 대한 고려 없이 그냥 하나의 값으로 고정된 것으로 설정할 수 있고(즉, $\pi_{pjk}=\beta_{p0k}$), 아니면 제2수준 변인(들)의 효과를 고려하되 이를 고정효과로만 설정하거나(〈식 5-2〉에서 r_{pjk}만 제외) 무선효과까지 포함하는 것으로 설정하는 등(〈식 5-2〉에서 r_{pjk}까지 전부 포함) 몇 가지 형태로 변형이 가능하다.

한편, 제2수준 무선효과(들)의 공분산 행렬 차원은 제2수준 모형에서 설정한 무선효과의 개수를 고려하여 결정한다.

마지막으로 〈식 5-3〉은 복지관 k 소속 사회복지사들의 '소진' 점수에 관한 제3수준의 통계 모형을 나타낸다.

$$\beta_{pqk}=\gamma_{pq0}+\sum_{c=1}^{Cpq}\gamma_{pqc}W_{ck}+\mu_{pqk} \qquad \cdots\cdots \text{〈식 5-3〉}$$

〈식 5-3〉에서 γ_{pq0}는 절편, W_{ck}는 복지관 k 소속 사회복지사들의 '소진'에 영향을 미치는 제3수준 변인들($c=1, \cdots, C_{pq}$), γ_{pqc}는 W_{ck}에 대응되는 제3수준 회기계수, μ_{pqk}는 제3수준 무선효과를 각각 나타낸다.

제2수준 회기계수(β_{pqk})는 연구목적이나 의도에 따라 제3수준 변인의 고정 또는 무선효과에 대한 고려 없이 그냥 하나의 값으로 고정된 것으로 설정할 수 있고(즉, $\beta_{pqk}=\gamma_{pq0}$), 아니면 제3수준 변인(들)의 효과를 고려하되 이를 고정효과로만 설정하거나(〈식 5-3〉에서 μ_{pqk}만 제외), 무선효과까지 포함하는 것으로 설정하는 등(〈식 5-3〉에서 μ_{pqk} 포함) 몇 가지 형태로 변형이 가능하다.

제3수준 무선효과(들)의 공분산 행렬 차원 역시 제3수준 모형에서 설정한 무선효과 개수를 고려하여 결정한다.

3) 단계별 모형 구축 및 검증

(1) 모형 I

다층분석의 첫 단계는 어떠한 독립변인도 투입하지 않은 무조건 모형, 즉 기초모형을 구축하는 일이다. 어떠한 변인도 투입하지 않으므로 종속변인의 총분산은 설명되지 않은 부분, 즉 오차항으로만 오롯이 구성된다. 그런데 여기서는 사회복지사의 '소진'을 개인뿐 아니라 하위조직, 나아가 복지관 수준에서도 변이하는 것으로 가정한다(연구문제 1번: '사회복지사 소진이 복지관별로 그리고 복지관 내 하위조직별로 다른가?'). 따라서 종속변인 '소진'의 총분산은 세 개의 오차항으로 구성되는 것으로 회기식을 세울 수 있다.

앞선 〈식 5-1〉, 〈식 5-2〉, 〈식 5-3〉을 활용하여 복지관 k 내 하위조직 j 소속 사회복지사 i의 '소진'(소진$_{ijk}$)에 관한 제1, 2, 3수준 통계모형을 쓰면 순서대로 다음과 같다.

$$\text{소진}_{ijk} = \pi_{0jk} + \epsilon_{ijk} \quad \cdots\cdots \langle \text{식 5-4} \rangle$$

$$\pi_{0jk} = \beta_{00k} + r_{0jk} \quad \cdots\cdots \langle \text{식 5-5} \rangle$$

$$\beta_{00k} = \gamma_{000} + \mu_{00k} \quad \cdots\cdots \langle \text{식 5-6} \rangle$$

〈식 5-4〉에서 ϵ_{ijk}는 제1수준 오차항, 〈식 5-5〉에서 γ_{0jk}는 제2수준 오차항, 〈식 5-6〉에서 μ_{00k}는 제3수준 오차항을 각각 나타낸다. 그리고 〈식 5-6〉에서 γ_{000}는 고정절편으로, 모든 복지관을 대상으로 계산된 '소진'의 전체평균(grand mean)을 나타낸다.

〈식 5-5〉와 〈식 5-6〉을 〈식 5-4〉에 대입해 넣으면 모형 I의 최종 통계모형은 다음과 같이 정리된다.

$$\text{소진}_{ijk} = \gamma_{000} + \mu_{00k} + \gamma_{0jk} + \epsilon_{ijk} \quad \cdots\cdots \langle \text{식 5-7} \rangle$$

모형 I에서 확인해야 할 가장 중요한 사항은 종속변인의 총분산($\mu_{00k} + \gamma_{0jk} + \epsilon_{ijk}$) 가운데 제3수준에서 변이하는 부분($\mu_{00k}$)과 제2수준에서 변이하는 부분($\gamma_{0jk}$)이 차지하는 비중의 계산, 즉 층별 ICC[17]를 구하고, 그 결과를 토대로 다층분석 실시의 경험적 정당화를 찾는 것이다.

---

17) 제3수준 ICC $\rho 3 = \dfrac{\sigma^2_{\text{제3수준}}}{\sigma^2_{\text{제1수준}} + \sigma^2_{\text{제2수준}} + \sigma^2_{\text{제3수준}}}$

제2수준 ICC $\rho 2 = \dfrac{\sigma^2_{\text{제2수준}}}{\sigma^2_{\text{제1수준}} + \sigma^2_{\text{제2수준}} + \sigma^2_{\text{제3수준}}}$

제1수준 ICC $\rho 1 = \dfrac{\sigma^2_{\text{제1수준}}}{\sigma^2_{\text{제1수준}} + \sigma^2_{\text{제2수준}} + \sigma^2_{\text{제3수준}}}$

통계모형을 정리하였으니 이제 자료를 모형에 적합시켜 보자. 예제파일 〈제5장 사회복지사 소진.sav〉를 열어 **분석** 메뉴에서 **혼합 모형**을 선택하고 드롭다운 메뉴가 뜨면 **선형**을 선택한다.

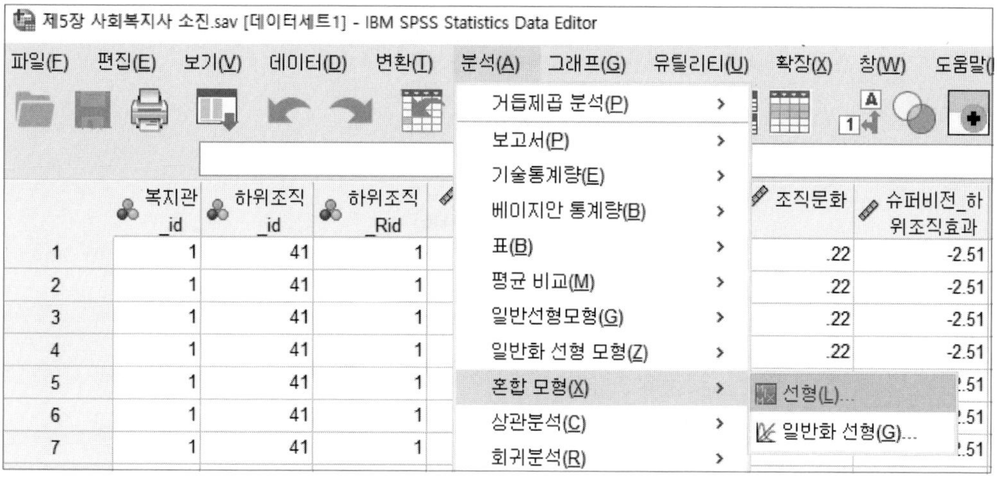

선형 혼합 모형: 개체 및 반복 지정 창이 뜨면,

ㄱ: 왼쪽의 변인 목록 박스에서 '복지관_id'와 '하위조직_Rid'를 선택해 오른쪽의 **개체**[18] 박스로 옮기고

ㄴ: **계속**을 누른다.

18) 개체란 무선효과를 발생시키는 독립적인 관측 대상을 가리킨다. 여기 예제에서는 복지관과 복지관 내 하위조직이 그러한 대상이다.

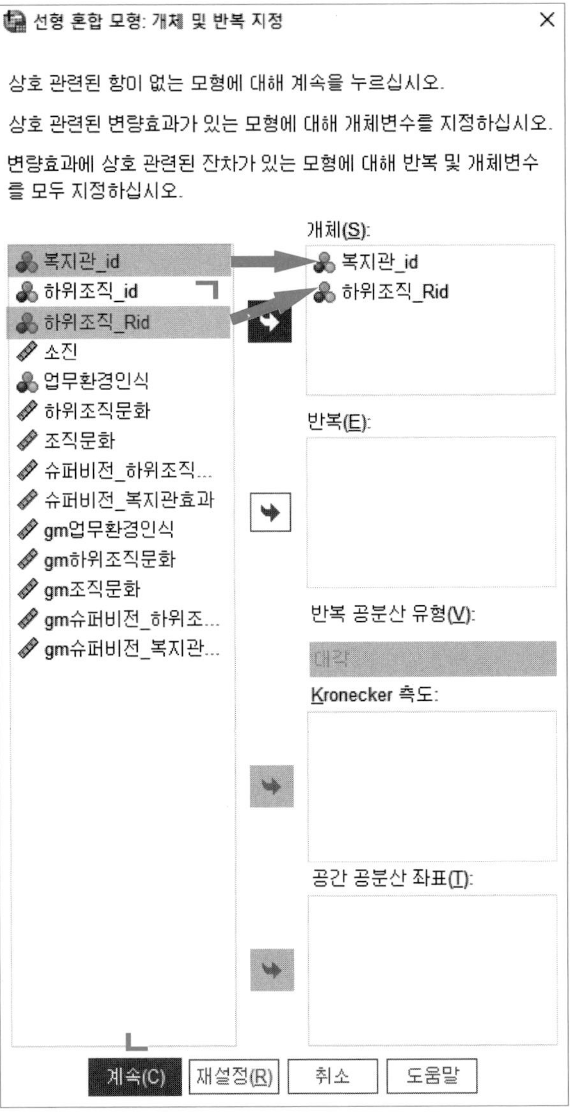
선형 혼합 모형: 개체 및 반복 지정
상호 관련된 항이 없는 모형에 대해 계속을 누르십시오.
상호 관련된 변량효과가 있는 모형에 대해 개체변수를 지정하십시오.
변량효과에 상호 관련된 잔차가 있는 모형에 대해 반복 및 개체변수를 모두 지정하십시오.
개체(S):
복지관_id
하위조직_id
하위조직_Rid
소진
업무환경인식
하위조직문화
조직문화
슈퍼비전_하위조직...
슈퍼비전_복지관효과
gm업무환경인식
gm하위조직문화
gm조직문화
gm슈퍼비전_하위조...
gm슈퍼비전_복지관...
복지관_id
하위조직_Rid
반복(E):
반복 공분산 유형(V):
대각
Kronecker 측도:
공간 공분산 좌표(T):
계속(C)
재설정(R)
취소
도움말

이어서 **선형 혼합 모형** 창이 뜨면,

ㄱ: 왼쪽의 변인 목록 박스에서 '소진'을 선택해 오른쪽의 **종속변수** 박스로 옮기고

ㄴ: **변량**을 누른다.

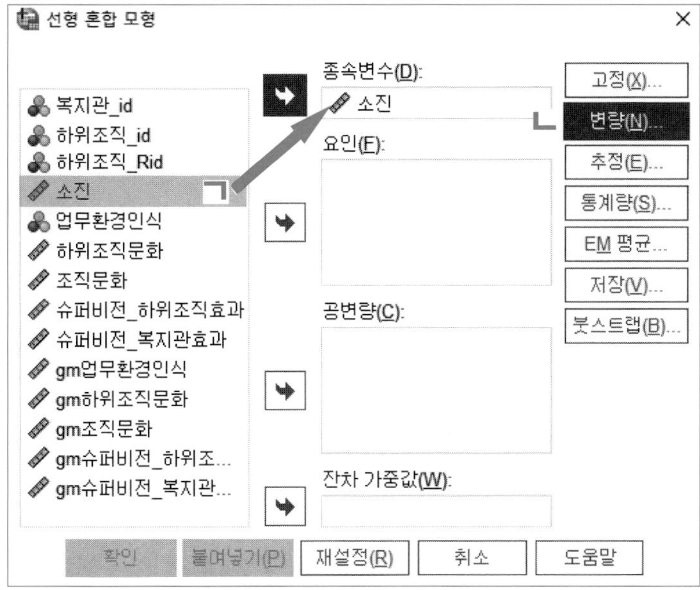

선형 혼합 모형: 변량효과 1/1 창이 뜨면, 먼저 분산성분이 디폴트 공분산 유형으로 선택된 것을 확인한 후,

ㄱ: 변량효과에서 절편 포함을 체크하고,

ㄴ: 개체 집단의 개체 박스 내 '복지관_id'를 선택해 오른쪽 조합 박스로 옮긴다.[19)]

ㄷ: 상단 오른쪽의 다음 단추를 누른다.

19) 종속변인('소진')의 무선절편을 제3수준(복지관 수준)에서 추정하라는 명령이다.

선형 혼합 모형: 변량효과 2/2 창이 뜨면, 먼저 분산성분이 디폴트 공분산 유형으로 선택된 것을 확인한 후,

ㄱ: 변량효과에서 절편 포함을 체크하고,

ㄴ: 개체 집단의 개체 박스 내 '복지관_id'와 '하위조직_Rid'를 선택하여 오른쪽 조합 박스로 옮긴다.[20]

ㄷ: 하단의 계속을 누른다.

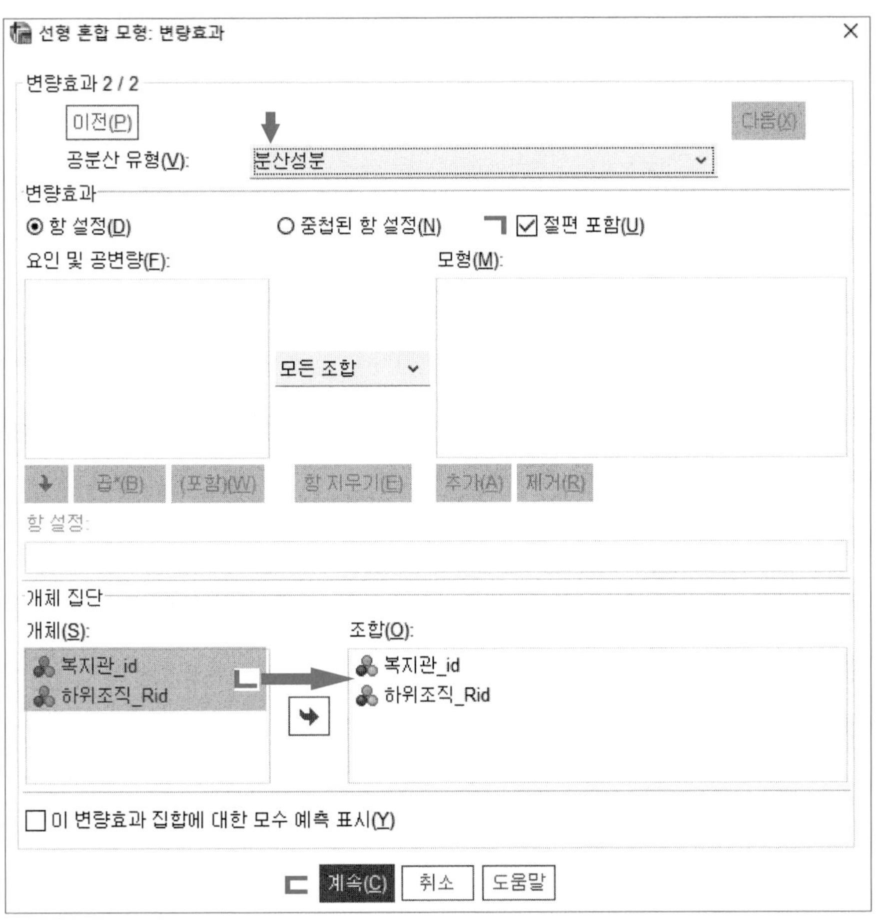

20) 종속변인('소진')의 무선절편을 제2수준(하위조직 수준)에서 추정하라는 명령이다.

앞의 선형 혼합 모형 창이 다시 나타난다. 이때 추정을 누르면,

ㄱ: 선형 혼합 모형: 추정 창이 뜨는데, 상단의 방법에서 최대우도[21), 22)]옵션을 표시한 후

ㄴ: 나머지 옵션은 그대로 놔둔 채 계속을 누른다.

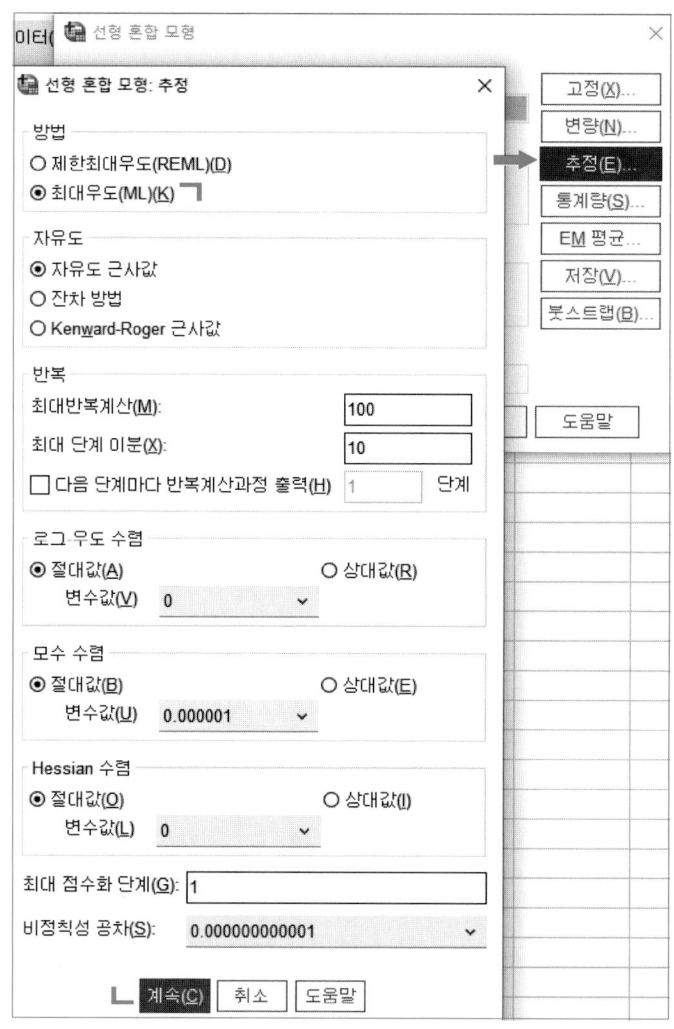

21) 제4장 예제에서는 제한최대우도를 선택했지만 제5장 예제에서는 최대우도를 선택한다. 최대우도는 회기계수와 분산 요소를 모두 포함하여 우도를 최대화하는 모형추정법이고, 제한최대우도는 분산 요소만 포함하여 우도를 최대화하는 모형추정법이다. 그런 만큼, 제한최대우도법이 최대우도법에 비해 훨씬 느슨한 추정 방식이라고 할 수 있다. 다만 상위수준 사례가 충분히 많을 때(통상, 30개 이상)는 결괏값에 있어 양자의 차이는 거의 없다고 본다.

22) 만약 연쇄적 모형 간 적합도를 비교하는 것이 연구목적 중 하나라면, 제한최대우도법은 피하고 최대우도법을 사용하도록 한다. 여기 예제에서는 연쇄적 모형 간 적합도를 비교할 예정이므로 최대우도법을 선택한다.

앞의 선형 혼합 모형 창이 다시 나타난다. 이때 통계량을 누르면,

ㄱ: 선형 혼합 모형: 통계량 창이 뜨는데, 여기서 고정 효과에 대한 모수 추정값, 공분산 모수 검정, 변량효과 공분산을 차례로 체크한 후

ㄴ: 계속을 누른다.

ㄷ: 다시 맨 처음의 선형 혼합 모형 창이 뜨는데, 모든 설정이 완료되었으므로 곧바로 확인을 클릭한다.

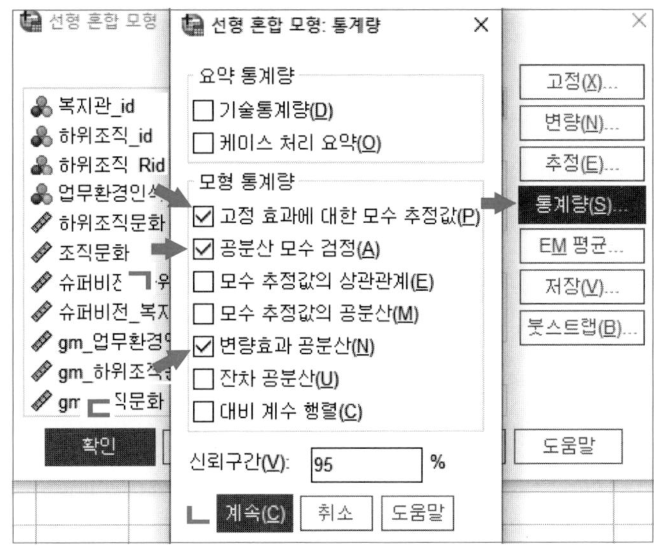

출력결과 창을 열면 혼합 모형 분석 결과를 볼 수 있다.

먼저 모형차원 결과를 보면, 절편의 고정효과 한 개, 절편의 제3수준 무선효과 한 개, 절편의 제2수준 무선효과 한 개, 그리고 제1수준 잔차 한 개로, 추정 대상 모수가 네 개인 것을 알 수 있다. 그다음 −2LL, AIC, BIC 등 모형적합도 지표들이 나오는데, 이에 대해서는 뒤에서 다루도록 하겠다.

〈표 5-3〉은 기초모형이자 무조건모형인 모형 I의 고정효과 추정치를 보여 준다. 표에 따르면, 고정절편의 추정값(γ_{000}), 즉 160개 복지관을 대상으로 계산한 '소진'의 전체평균(grand mean)은 595.519로 나온다.[23]

---

23) 여기서 유의해야 할 부분은 고정절편을 계산할 때 사용된 분석단위는 사회복지관이지 사회복지사가 아니라는 점이다. 분석단위를 9,196명 사회복지사로 잡으면 '소진' 점수 평균은 597.66으로 살짝 다르게 도출된다. 사회복지사 개인을 대상으로 '소진' 평균을 구하려면, 분석 → 기술통계량 → 기술통계 → 왼쪽 변인 목록에

〈표 5-3〉 고정효과 추정값

모수	추정값	표준오차	자유도	t	유의확률	95% 신뢰구간	
						하한	상한
절편	595.519060	1.265436	157.782	470.604	.000	593.019680	598.018440

다음으로 〈표 5-4〉는 모형 I의 분산성분 추출 결과를 보여 준다. 표에 따르면, 종속변인 '소진'의 총분산($\sigma^2_{제1수준}+\sigma^2_{제2수준}+\sigma^2_{제3수준}$)은 1654.998(1333.278+191.495+130.225)이고, 이 가운데 복지관별, 하위조직별, 사회복지사 개인별 차이에 기인하는 부분이 차지하는 비중은 각각 11.6%(제3수준 ICC), 7.9%(제2수준 ICC), 80.6%(제1수준 ICC)이다.

ICC의 분할점은 통상 0.05이다. 따라서 여기서 구한 ICC, 특히 제3수준과 제2수준 ICC를 토대로 판단하면, 사회복지사 '소진'을 설명하는 데 있어 사회복지사 개인별 차이뿐 아니라 복지관별 및 하위조직별 차이를 고려하는 것은 의미가 있고 또 필요한 일임을 알 수 있다.

이와 더불어, 종속변인의 총분산 중 복지관별 및 하위조직별 차이에 기인하는 부분, 즉 절편의 제3수준(μ_{00k}) 및 제2수준 무선효과(r_{0jk})가 모두 통계적으로 유의미하였다(각각, Wald Z=6.811, p=0.000, Wald Z=8.203, p=0.000).

ICC뿐 아니라 상위수준 무선절편의 통계적 유의성이 기준선을 넘었기 때문에 연구자는 상기 분석결과에 의거하여 삼수준 다층분석을 실시하는 데 문제가 없다는 결론을 도출할 수 있다. 이는 사회복지사 '소진'이 하위조직별로 그리고 복지관별로 다른지 묻는 연구문제 1번에 대해 '그렇다'라고 답할 수 있는 경험적 증거를 확보한 것이다.

〈표 5-4〉 공분산 모수 추정값

모수		추정값	표준오차	Wald Z	유의확률	95% 신뢰구간	
						하한	상한
잔차		1333.278	20.836	63.987	.000	1293.058	1374.748
절편(개체=복지관_id)	분산	191.495	28.113	6.811	.000	143.607	255.339
절편(개체=복지관_id ×하위조직_Rid)	분산	130.225	15.875	8.203	.000	102.548	165.372

서 '소진'을 선택해 오른쪽 변인 박스로 옮기고 확인을 클릭한다.

(2) 모형 II

모형 I에서 삼수준 다층분석 실시에 대한 경험적 증거를 확보하였으므로, 다음 모형 II에서는 사회복지사 '소진'에 영향을 미치는 요인으로 수평적 의사소통과 슈퍼비전 효과성을 특정하고, 각각이 수준별로 어떠한 효과를 발생시키는지를 살펴본다.

모형 II에서는 연구문제 2번과 3번을 함께 다룬다. 구체적으로, 연구문제 2번에서는 'gm업무환경인식'(수평적 의사소통 관련 제1수준 독립변인), 'gm하위조직문화'(수평적 의사소통 관련 제2수준 독립변인), 'gm조직문화'(수평적 의사소통 관련 제3수준 독립변인)가 각각 사회복지사 '소진'에 발생시키는 효과가 어떠한지를, 연구문제 3번에서는 'gm슈퍼비전_하위조직효과'(슈퍼비전 효과성 관련 제2수준 독립변인)와 'gm슈퍼비전_복지관효과'(슈퍼비전 효과성 관련 제3수준 독립변인)가 각각 사회복지사 '소진'에 발생시키는 효과가 어떠한지를 점검한다.

먼저 〈식 5-4〉에 근거하여 'gm업무환경인식'이 복지관 k 내 하위조직 j 소속 사회복지사 i의 '소진'($소진_{ijk}$)에 미치는 영향에 관한 제1수준 통계식을 쓰면 다음과 같다.

$$소진_{ijk} = \pi_{0jk} + \pi_{1jk} gm업무환경인식_{ijk} + \epsilon_{ijk}$$ …… 〈식 5-8〉

다음으로 〈식 5-5〉에 근거하여 'gm하위조직문화'와 'gm슈퍼비전_하위조직효과'가 복지관 k 내 하위조직 j 소속 사회복지사들의 '소진'에 미치는 영향에 관한 제2수준 통계식을 쓰면 다음과 같다.

$$\pi_{0jk} = \beta_{00k} + \beta_{01k} gm하위조직문화_{jk} + \beta_{02k} gm슈퍼비전\_하위조직효과_{jk} + r_{0jk}$$ …… 〈식 5-9〉

한편, 모형 II에서는 제2수준 독립변인 투입에 따라 제1수준 변인 'gm업무환경인식'이 층위 간에 영향을 받는 상황을 가정하지 않는다. 또한 'gm업무환경인식'이 상위수준에서 변이하지 않고 고정된 하나의 값만 갖는 것으로 간주한다. 따라서 'gm업무환경인식'의 회기계수(π_{1jk})에는 β_{10k}만 고정모수 형태[24]로 포함되고, 무선모수인 r_{1jk}는 제외된다.

$$\pi_{1jk} = \beta_{10k}$$ …… 〈식 5-10〉

24) 바로 밑에 〈식 5-12〉에서 $\beta_{10k} = \gamma_{100}$으로 고정한다.

마지막으로 〈식 5-6〉에 근거하여 'gm조직문화'와 'gm슈퍼비전_복지관효과'가 복지관 k 소속 사회복지사들의 '소진'에 미치는 영향에 관한 제3수준 통계식을 쓰면 다음과 같다.

$$\beta_{00k} = \gamma_{000} + \gamma_{001} gm\text{조직문화}_k + \gamma_{002} gm\text{슈퍼비전\_복지관효과}_k + \mu_{00k}$$

…… 〈식 5-11〉

한편, 모형 II에서는 제3수준 독립변인 투입에 따라 제1수준 변인 'gm업무환경인식' 및 제2수준 변인 'gm하위조직문화'와 'gm슈퍼비전_하위조직효과'가 층위 간에 영향을 받는 상황을 가정하지 않는다. 또한 이 변인들이 상위수준에서 변이하지 않고 고정된 하나의 값만 갖는 것으로 간주한다. 따라서 각 변인의 회기계수에는 절편 부분만 고정모수 형태로 포함되고, 무선모수는 제외된다.

$$\beta_{10k} = \gamma_{100}$$
$$\beta_{01k} = \gamma_{010}$$
$$\beta_{02k} = \gamma_{020}$$

…… 〈식 5-12〉

〈식 5-9〉, 〈식 5-10〉, 〈식 5-11〉, 〈식 5-12〉를 〈식 5-8〉에 대입해 넣으면, 모형 II의 최종 통계모형은 다음과 같이 정리된다.

$$\begin{aligned}\text{소진}_{ijk} = \gamma_{000} &+ \gamma_{100} gm\text{업무환경인식}_{ijk} \\ &+ \gamma_{010} gm\text{하위조직문화}_{jk} + \gamma_{020} gm\text{슈퍼비전\_하위조직효과}_{jk} \\ &+ \gamma_{001} gm\text{조직문화}_k + \gamma_{002} gm\text{슈퍼비전\_복지관효과}_k \\ &+ \mu_{00k} + r_{0jk} + \epsilon_{ijk}\end{aligned}$$

…… 〈식 5-13〉

〈식 5-13〉에 따르면, 모형 II의 추정 대상 모수는 고정효과 여섯 개, 무선효과 두 개, 잔차 한 개로, 모두 아홉 개이다.

통계모형을 정리하였으니 이제 자료를 모형에 적합시켜 보자. 예제파일 〈제5장 사회복지사 소진.sav〉를 다시 열어 분석 메뉴에서 혼합 모형을 선택하고 드롭다운 메뉴가 뜨면 선형을 선택한다.

제5장 사회복지사 소진.sav [데이터세트1] - IBM SPSS Statistics Data Editor

파일(F) 편집(E) 보기(V) 데이터(D) 변환(T) 분석(A) 그래프(G) 유틸리티(U) 확장(X) 창(W) 도움말(

거듭제곱 분석(P)
보고서(P)
기술통계량(E)
베이지안 통계량(B)
표(B)
평균 비교(M)
일반선형모형(G)
일반화 선형 모형(Z)
혼합 모형(X)
상관분석(C)
회귀분석(R)

선형(L)...
일반화 선형(G)...

	복지관_id	하위조직_id	하위조직_Rid	조직문화	슈퍼비전_하위조직효과
1	1	41	1	.22	-2.51
2	1	41	1	.22	-2.51
3	1	41	1	.22	-2.51
4	1	41	1	.22	-2.51
5	1	41	1		.51
6	1	41	1		.51
7	1	41	1		.51

선형 혼합 모형: 개체 및 반복 지정 창이 뜨면 이전 설정을 그대로 놓아둔 상태에서, ㄱ: 계속을 누른다.

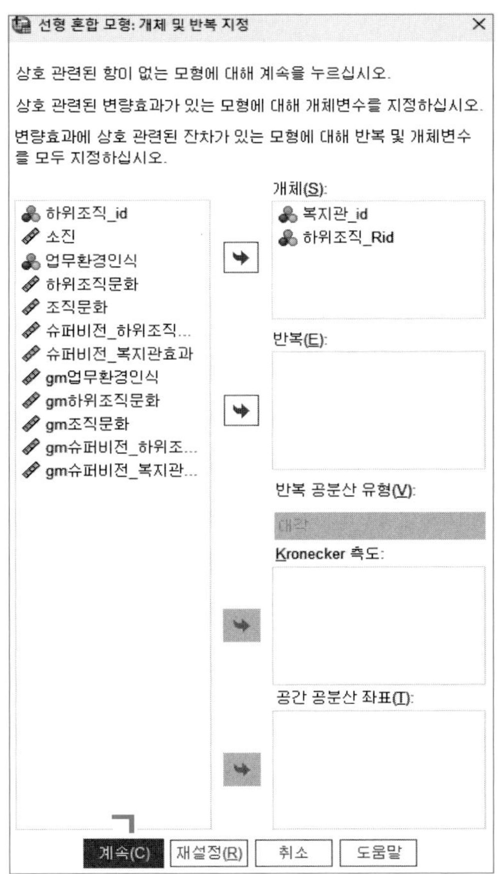

선형 혼합 모형 창이 뜨면 이전의 설정을 그대로 놓아둔 상태에서,

ㄱ: 왼쪽의 변인 목록 박스에서 'gm업무환경인식', 'gm하위조직문화', 'gm조직문화', 'gm슈퍼비전_하위조직효과', 'gm슈퍼비전_복지관효과'를 선택해 오른쪽의 **공변량** 칸으로 옮기고,

ㄴ: **고정**을 클릭한다.

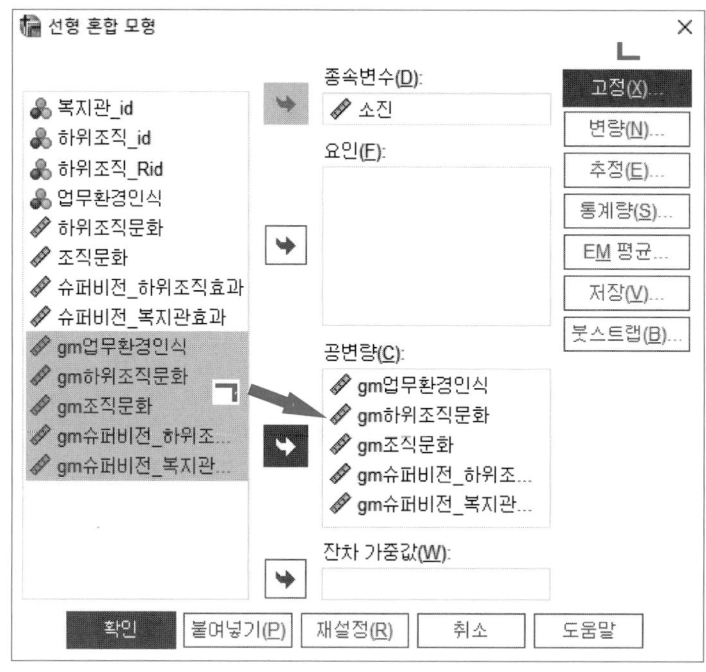

선형 혼합 모형: 고정 효과 창이 뜨면 맨 아래 왼쪽에 **절편 포함**이 디폴트로 표시된 것을 확인한 후,

ㄱ: 왼쪽의 **요인 및 공변량** 박스에서 'gm업무환경인식', 'gm하위조직문화', 'gm조직문화', 'gm슈퍼비전_하위조직효과', 'gm슈퍼비전_복지관효과'를 클릭하고,

ㄴ: 가운데 **모든 조합**을 눌러서 드롭다운 메뉴가 떨어지면 **주효과**를 선택한 다음

ㄷ: 오른쪽 **모형** 박스 밑의 **추가** 버튼을 클릭한다.

ㄹ: ㄱ에서 선택한 변인들이 모두 **모형** 박스로 옮겨진 것을 확인한 후 **계속**을 클릭한다.

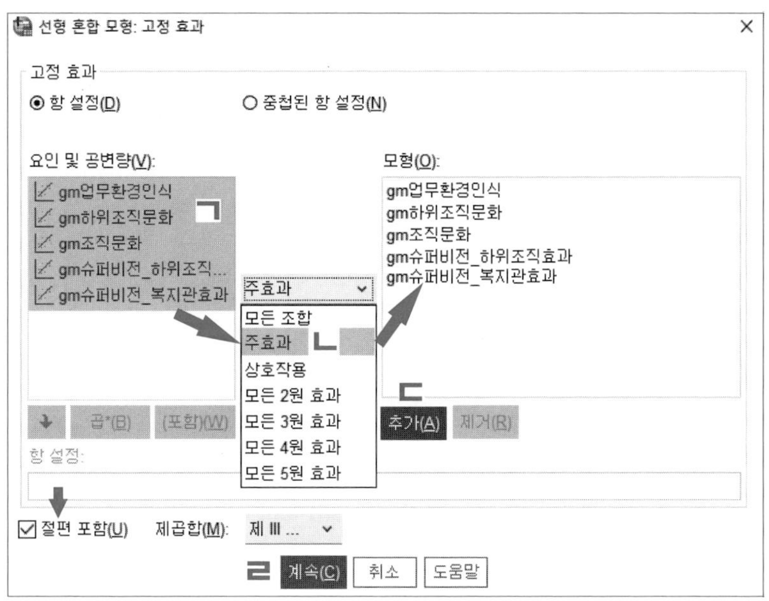

앞의 선형 혼합 모형 창이 다시 나타난다. 통계량 내 옵션은 이전 설정을 그대로 유지한 상태에서,

ㄱ: 확인을 누른다.

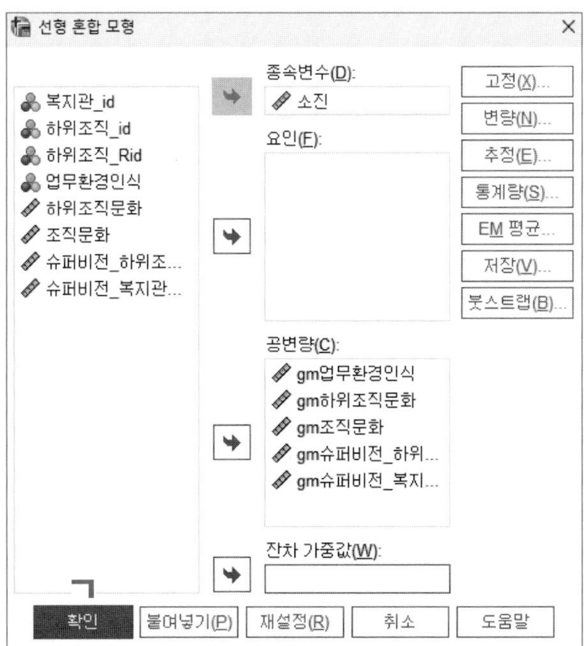

출력결과 창을 열면 혼합 모형 분석 결과를 볼 수 있다. 모형 차원 표를 보면 추정 대상이 되는 모수가 통계모형에서 설정한 대로 아홉 개이고, 정보기준 표를 보면 −2LL 등 모형적합도 지표가 제시된 것을 확인할 수 있다. 특이사항이 없으므로 바로 고정효과 검증 결과로 넘어간다.

〈표 5−5〉는 모형 II에서의 고정효과 추정값들을 보여 준다. 각 추정값에 대한 해석은 다음과 같다.

〈표 5-5〉 고정효과 추정값

모수	추정값	표준오차	자유도	t	유의확률	95% 신뢰구간	
						하한	상한
절편	596.742372	.741423	148.020	804.861	.000	595.277230	598.207513
gm업무환경인식	−14.533519	.861592	8841.429	−16.868	.000	−16.222439	−12.844599
gm하위조직문화	−11.072598	3.471651	1759.121	−3.189	.001	−17.881594	−4.263602
gm조직문화	−31.137671	4.564877	436.869	−6.821	.000	−40.109521	−22.165820
gm슈퍼비전_하위조직효과	−7.571058	.619427	656.308	−12.223	.000	−8.787356	−6.354760
gm슈퍼비전_복지관효과	−7.448295	1.963428	208.719	−3.794	.000	−11.318987	−3.577603

첫째, 'gm업무환경인식'의 추정값은 −14.534이다(p=0.000). 이는 복지관의 수평적 의사소통에 대해 평균적 인식을 가진 사회복지사('gm업무환경인식'=0)에 비해 그보다 한 단위 높은 인식 수준을 가진 사회복지사('gm업무환경인식'=1)의 '소진'이 평균 14.534점 낮다는 뜻이다. 이는 복지관의 수평적 의사소통에 대한 개인의 긍정적 인식이 해당 사회복지사의 소진을 완화하는 효과를 발생시킴을 시사한다.

둘째, 'gm하위조직문화'의 추정값은 −11.073이다(p=0.001). 이는 복지관의 의사소통 문화를 수평적이라고 인식하는 사회복지사들이 평균적으로 몰려 있는 하위조직('gm하위조직문화'=0)에 비해 그보다 한 단위 더 많이 몰려 있는 하위조직('gm하위조직문화'=1) 소속 사회복지사의 '소진'이 평균 11.073점 낮다는 것을 뜻한다. 예컨대, 여기 두 명의 사회복지사가 있고 이들의 복지관 내 의사소통 수평성에 관한 개인 인식 점수가 개인적으로 완전히 똑같다고 해도, 이들이 서로 다른 하위조직에 속해 있다면 설령 같은 복지관에서 일한다고 할지라도, 둘의 소진 점수에 차이가 날 수 있다는 얘기이다. 이는 개인 수준(제1수준)과 별개로 하위조직 수준(제2수준)에 존재하는 수평적 의사소통 문화가 사회복지사 소진 완화에 독립적 효과를 발생시킬 수 있음을 시사한다.[25)]

셋째, 'gm조직문화'의 추정값은 −31.138이다(p=0.000). 이는 복지관의 의사소통 문화를 수평적이라고 인식하는 사회복지사들이 평균적으로 몰려 있는 복지관('gm조직문화'=0)에 비해 그보다 한 단위 더 많이 몰려 있는 복지관('gm조직문화'=1) 소속 사회복지사의 '소진'이 평균 31.138점 낮다는 것을 뜻한다. 예컨대, 여기 두 명의 사회복지사가 있고, 이들의 복지관 내 의사소통의 수평성에 대한 개인 인식 점수가 개인적으로 완전히 똑같고, 나아가 하위조직 수준에서 측정된 수평적 의사소통 관련 점수가 완전히 똑같다고 할지라도, 이들이 서로 다른 복지관에 소속되어 있다면 둘의 소진 점수에는 차이가 날 수 있다는 얘기이다. 이는 개인 수준(제1수준)이나 하위조직 수준(제2수준)과는 별개로 복지관 수준(제3수준)에 존재하는 수평적 의사소통 문화가 사회복지사 소진 완화에 독립적 효과를 발생시킬 수 있음을 시사한다.

넷째, 'gm슈퍼비전_하위조직효과'의 추정값은 −7.571이다(p=0.000). 이는 평균적인 질의 슈퍼비전을 제공하는 하위조직('gm슈퍼비전_하위조직효과'=0)에 비해 그보다 한 단위 양질의 슈퍼비전을 제공하는 하위조직('gm슈퍼비전_하위조직효과'=1) 소속 사회복지사의 '소진'이 평균 7.571점 낮다는 것을 뜻한다. 예컨대, 여기 두 명의 사회복지사가 있고, 이들의 슈퍼비전 효과성에 대한 평가 점수가 개인적으로 완전히 똑같다고 해도, 이들이 만약 서로 다른 하위조직에 소속되어 있다면, 설령 같은 복지관에서 일한다고 할지라도 둘의 소진 점수에는 차이가 날 수 있다는 얘기이다. 이는 슈퍼비전 효과성이라는 현상은 개인 수준(제1수준)에서뿐 아니라 하위조직 수준(제2수준)에도 존재하며, 이는 사회복지사 소진 완화에 뚜렷한 효과를 독립적으로 발생시킬 수 있음을 시사한다.

다섯째, 'gm슈퍼비전_복지관효과'의 추정값은 −7.448이다(p=0.000). 이는 평균적인 질의 슈퍼비전을 제공하는 복지관('gm슈퍼비전_복지관효과'=0)에 비해 그보다 한 단위 양질의 슈퍼비전을 제공하는 복지관('gm슈퍼비전_복지관효과'=1) 소속 사회복지사의 '소진'이 평균 7.448점 낮다는 것을 뜻한다. 예컨대, 여기 두 명의 사회복지사가 있고, 이들의 슈퍼비전 효과성에 대한 평가 점수가 개인적으로 완전히 똑같고, 나아가 하위조직 수준에서 측정된 슈퍼비전 효과성 관련 점수도 완전히 똑같다고 할지라도, 이들이 서로 다른 복지관에 소속되어 일한다면 둘의 소진 점수에 차이가 날 수 있다는 얘기이다. 이는 개인 수준(제1수준)에서

---

25) 개인적으로 의사소통 문화가 수평적이라고 생각하는 것과는 별개로, 그렇게 생각하는 개인들이 하위조직에 많이 몰려 있음으로써 발생하는 집단 차원의 독립적인 효과를 앞에서 구성효과라고 부른다고 하였다.

느끼는 슈퍼비전 효과성이나 하위조직 수준(제2수준)에서 존재하는 슈퍼비전 효과성과는 별개로 복지관 수준(제3수준)에 존재하는 슈퍼비전 효과성이라는 현상이 사회복지사 소진에 독립적으로 뚜렷한 효과를 발생시킬 수 있음을 시사한다.

한편, 절편의 고정효과 추정값(γ_{000})은 596.742인데, 이는 160개 사회복지관을 대상으로 계산된 '소진'의 전체평균값이다. 모형 I에서 595.519였던 고정절편 추정치가 모형 II에서 살짝 늘어난 것은 다섯 개 변인을 신규 투입한 데 따른 변화를 반영한다. 따라서 엄밀하게 말해서 모형 II에서 고정절편의 추정값은 '업무환경인식', '하위조직문화', '조직문화', '슈퍼비전_하위조직효과', '슈퍼비전_복지관효과'가 모두 0일 때 예상되는 160개 사회복지관들의 '소진' 전체평균값으로 이해해야만 한다.

〈표 5-6〉은 모형 II의 공분산 추정값들을 보여 준다. 표에 따르면, 독립변인이 미투입된 모형 I과 비교하여(〈표 5-4〉 참조), 다수의 제1, 2, 3수준 독립변인들을 한꺼번에 투입한 모형 II에서 종속변인의 분산이 층별로 현저하게 설명되어 없어져 버린 것이 눈에 띈다.

구체적으로, 제1수준 잔차는 1333.785에서 1288.362로, 제2수준 오차는 131.422에서 73.310으로, 제3수준 오차는 189.887에서 43.369로 줄었다. 이 같은 변화는 제1수준 독립변인('gm_업무환경인식')과 제2수준 독립변인('gm하위조직문화', 'gm슈퍼비전_하위조직효과') 그리고 제3수준 독립변인('gm조직문화', 'gm슈퍼비전_복지관효과')들이 합쳐서 종속변인('소진')의 총분산 중 사회복지사 개인 간 차이에 기인하는 부분(제1수준 분산)의 3.4%,[26] 하위조직 간 차이에 기인하는 부분(제2수준 분산)의 44.2%,[27] 복지관 간 차이에 기인하는 부분(제3수준 분산)의 77.2%[28]를 각각 설명해 냈음을 의미한다.[29]

26) $\frac{1288.362-1333.785}{1333.785}=-0.034$

27) $\frac{73.310-131.422}{131.422}=-0.442$

28) $\frac{43.369-189.887}{189.887}=-0.772$

29) 참고로 제4장 각주 20)에서 한 번 설명하였는데, 하위수준 변인을 모형에 투입하면 하위수준 분산과 더불어 상위수준 분산도 같이 줄어들지만(설명되지만) 그 반대는 성립하지 않는다는 것, 즉 상위수준 변인을 모형에 투입하면 해당 수준의 분산만 줄어들고 하위수준 분산은 줄어들지(설명되지) 않는다는 점을 다시 한번 강조하는 바이다. 이 말인즉슨, 가령 모형 II에다가 제3수준 독립변인 한 개를 추가 투입하면 이 변인은 제3수준의 종속변인 분산만 추가로 설명해 줄 뿐, 제1수준이나 제2수준의 종속변인 분산은 추가로 설명해 내지 못한다는 얘기이다. 연구의 목적 중 하나가 종속변인의 분산을 설명하여 없애 버리는 것인 경우, 전략적으로 하위수준의 독립변인부터 먼저 투입하고 상위수준의 독립변인은 나중에 투입할 것을 권장하는 까닭은 바로 이러한 이유 때문이다.

〈표 5-6〉 공분산 모수 추정값

모수		추정값	표준오차	Wald Z	유의확률	95% 신뢰구간	
						하한	상한
잔차		1288.362	19.974	64.501	.000	1249.802	1328.112
절편(개체=복지관_id)	분산	43.369	9.758	4.444	.000	27.903	67.408
절편(개체=복지관_id ×하위조직_Rid)	분산	73.310	11.639	6.298	.000	53.705	100.072

제1, 2, 3수준 독립변인들의 투입으로 종속변인 '소진'의 총분산 중 제1수준 분산뿐 아니라 제2 및 제3수준 분산의 상당 부분이 설명되어 없어져 버렸기 때문에 해당 층의 ICC도 감소할 것으로 예상된다. 실제로 ICC를 계산해 보면, 모형 I의 ICC는 제2수준 7.9%, 제3수준 11.6%였던 데 반해, 모형 II에서는 각각 5.2%, 3.1%로 그 값이 확연히 줄어든 것을 볼 수 있다.30), 31), 32)

ICC가 5% 내외로 떨어졌으므로 다층분석을 실시할 경험적 이유는 거의 사라졌다고 보아도 무방하다. 그렇지만 〈표 5-6〉의 Wald Z의 p 값을 보면 제2 및 제3수준 무선절편 추정값들은 둘 다 여전히 유의미하다(각각 Wald Z=6.298, p=0.000; Wald Z=4.444, p=0.000). 이는 종속변인을 설명하는 데 있어 제2 및 제3수준 독립변인들의 역할이 여전히 뭔가 남았다는 것을 시사한다. 따라서 다음에서는 상기 분석결과에 의거하여 모형 확장을 계속 시도한다.

(3) 모형 III

모형 II에서 '소진'을 설명하는 데 있어 상위수준 독립변인들의 역할이 여전히 남아 있음을 무선효과들의 유의미성을 통해 알아내었다. 이러한 분석결과는 제1수준 독립변인('gm_업무환경인식')과 종속변인('소진')의 관계가 제2수준(하위조직별로) 또는 제3수준에서(복지관별로) 다를 수 있다는 것, 나아가 제2수준 독립변인('gm하위조직문화', 'gm슈퍼비전_하위조직효과')과 종속변인('소진')의 관계가 제3수준에서(복지관별로) 다를 수 있다는 것을 시사한다.

---

30) $\frac{73.310}{1288.362+73.310+43.369}=0.052$

31) $\frac{43.369}{1288.362+73.310+43.369}=0.031$

32) ICC가 5% 내외로 떨어졌으므로 후속모형인 모형 III과 모형 IV에서는 ICC를 굳이 계산해서 제시하지 않아도 무방하다.

모형 III에서는 이와 같은 여러 가능성 가운데 특히 연구문제 4번에서 제시한 바에 따라 제2수준 독립변인('gm슈퍼비전_하위조직효과')과 종속변인('소진')의 관계가 제3수준에서 다르게 나타나는지를 살피고자 한다.33)

이를 위해 모형 II 〈식 5-12〉에서 고정효과로만 구성한 'gm슈퍼비전_하위조직효과'의 회기계수(β_{02k})를 다음과 같이 바꿔 준다.

$$\beta_{02k} = \gamma_{020} + \mu_{02k} \qquad \cdots\cdots \langle 식\ 5\text{-}14 \rangle$$

〈식 5-14〉는 제2수준 변인 'gm슈퍼비전_하위조직효과'가 하나의 값에 고정되지 않고 제3수준에서 변이한다는 것을 가정한다. 이렇게 함으로써 모형 III에서는 제2수준 독립변인의 고정효과(γ_{020})뿐 아니라 무선효과(μ_{02k})도 같이 검증하게 된다. 즉, 복지관 간 차이에 기인하는 종속변인의 분산 분(제3수준 분산) 중 제2수준 독립변인('슈퍼비전_하위조직효과')과 관련된 부분(μ_{02k}), 다시 말해 제3수준 무선기울기의 크기 및 통계적 유의성을 살필 수 있게 된다.

바뀐 내용을 반영하여 〈식 5-8〉을 다시 쓰면 모형 III은 총 열 개의 모수를 포함하는 다음의 통계모형으로 표현할 수 있다.

$$\begin{aligned} 소진_{ijk} = & \gamma_{000} + \gamma_{100}\, gm\, 업무환경인식_{ijk} \\ & + \gamma_{010}\, gm\, 하위조직문화_{jk} + \gamma_{020}\, gm\, 슈퍼비전\_하위조직효과_{jk} \\ & + \gamma_{001}\, gm\, 조직문화_{k} + \gamma_{002}\, gm\, 슈퍼비전\_복지관효과_{k} \\ & + \mu_{02k}\, gm\, 슈퍼비전\_하위조직효과_{k} + \mu_{00k} + r_{0jk} + \epsilon_{ijk} \end{aligned} \qquad \cdots\cdots \langle 식\ 5\text{-}15 \rangle$$

한편, 제3수준 공분산 유형으로 모형 I과 II에서는 분산성분(variance component)을 적용했는데, 모형 III 추정에는 비구조(unstructured)를 적용한다.34) 비구조 유형은 절편과 기울기의 분산(각각 σ_I^2, σ_S^2)뿐만 아니라 둘의 공분산(σ_{IS}^2)도 추정한다.35) 따라서 모형 III의 추정

---

33) 나머지 가능성들에 대한 검증은 독자가 직접 해 보기를 바란다.

34) 제2수준 공분산 유형에는 이전과 같은 분산성분을 그대로 사용한다. 제2수준에는 무선기울기가 없고 무선절편 하나만 있기 때문이다.

35) $\begin{bmatrix} \sigma_I^2 & \sigma_{IS}^2 \\ \sigma_{IS}^2 & \sigma_S^2 \end{bmatrix}$

대상 모수는 <식 5-15>상으로는 열 개이지만, 실제 결과에는 열한 개로 출력될 것이다.

분석 메뉴로 가서 혼합 모형을 선택하고 드롭다운 메뉴가 뜨면 선형을 선택한다.

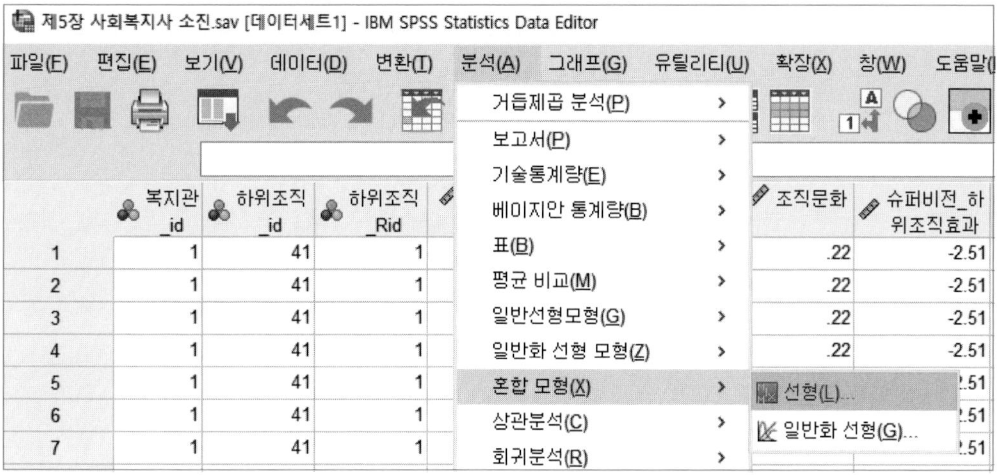

제5장 사회복지사 소진.sav [데이터세트1] - IBM SPSS Statistics Data Editor

파일(F) 편집(E) 보기(V) 데이터(D) 변환(T) 분석(A) 그래프(G) 유틸리티(U) 확장(X) 창(W) 도움말

거듭제곱 분석(P)
보고서(P)
기술통계량(E)
베이지안 통계량(B)
표(B)
평균 비교(M)
일반선형모형(G)
일반화 선형 모형(Z)
혼합 모형(X)
상관분석(C)
회귀분석(R)

선형(L)...
일반화 선형(G)...

선형 혼합 모형: 개체 및 반복 지정 창이 뜨면, 모형 II의 설정을 그대로 놓아둔 상태에서, ㄱ: 계속을 누른다.

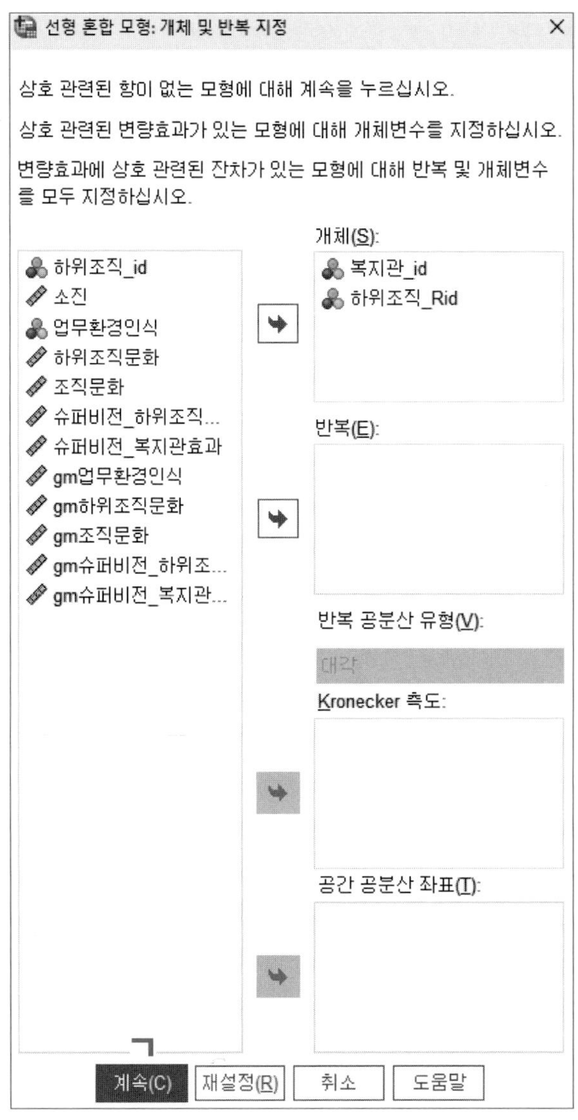

선형 혼합 모형 창이 뜨면, 이전의 설정을 그대로 놓아둔 상태에서,

ㄱ: **변량**을 누른다.

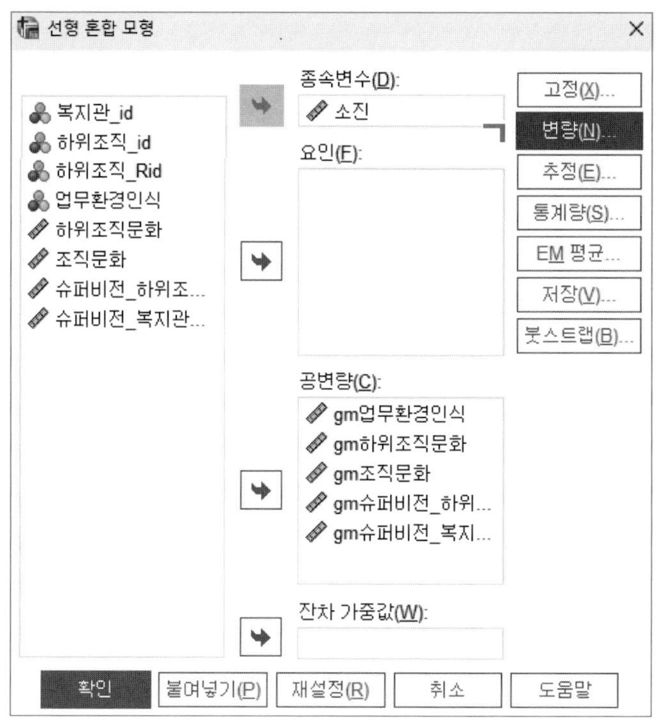

모형 II 검증 시 설정한 사항들을 건드리지 않았다면 **선형 혼합 모형: 변량효과 2/2** 창이 먼저 뜰 것이다. 2/2 창은 제2수준 무선효과 설정과 관련되는데, 여기서는 제3수준 무선효과를 재설정하고자 하므로

ㄱ: **이전** 버튼을 누른다.

ㄴ: **변량효과 1/2** 창이 뜨면, 공분산 유형을 **분산성분**에서 **비구조적**으로 바꿔 준다.

ㄷ: **변량효과**에 **절편 포함**이 그대로 잘 표시돼 있는지 확인한 후, 왼쪽의 **요인 및 공변량**에서 'gm슈퍼비전_하위조직효과'를 클릭한다.

ㄹ: 가운데 드롭다운 메뉴에서 **주효과**를 선택한 다음,

ㅁ: 오른쪽 **모형** 박스 밑의 **추가** 버튼을 클릭한다.

ㅂ: 'gm슈퍼비전_하위조직효과'가 **모형** 박스로 옮겨진 것을 확인하고, **개체 집단의 조합**에 '복지관_id'가 그대로 잘 선택되어 있음을 확인한 후, **계속**을 클릭한다.

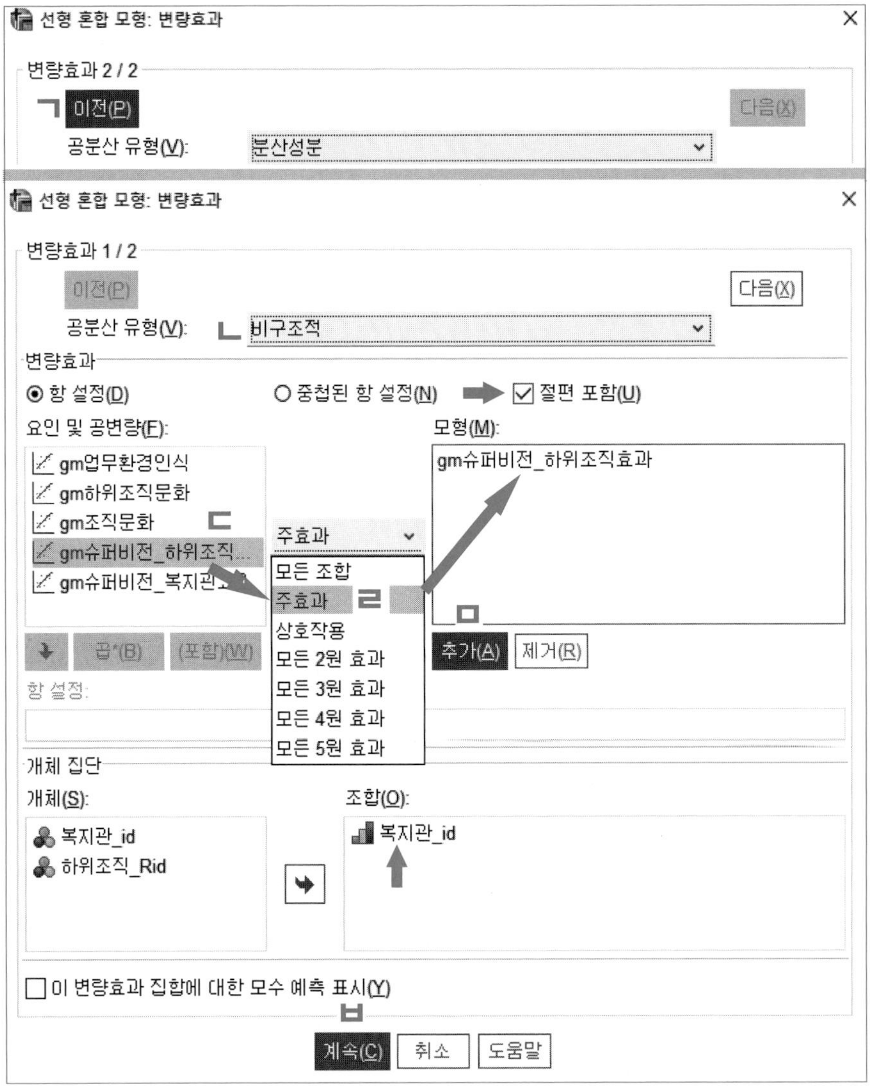

선형 혼합 모형: 변량효과

변량효과 2 / 2

ㄱ 이전(P) 다음(X)

공분산 유형(V): 분산성분

선형 혼합 모형: 변량효과

변량효과 1 / 2

이전(P) 다음(X)

공분산 유형(V): ㄴ 비구조적

변량효과

항 설정(D) 중첩된 항 설정(N) 절편 포함(U)

요인 및 공변량(F):

gm업무환경인식

gm하위조직문화

gm조직문화 ㄷ

gm슈퍼비전_하위조직...

gm슈퍼비전_복지관...

주효과

모든 조합

주효과 ㄹ

상호작용

모든 2원 효과

모든 3원 효과

모든 4원 효과

모든 5원 효과

모형(M):

gm슈퍼비전_하위조직효과

ㅁ

곱*(B) (포함)(W) 추가(A) 제거(R)

항 설정:

개체 집단

개체(S):

복지관_id

하위조직_Rid

조합(O):

복지관_id

이 변량효과 집합에 대한 모수 예측 표시(Y)

ㅂ

계속(C) 취소 도움말

앞의 선형 혼합 모형 창이 다시 나타난다. 이전 설정을 그대로 유지한 상태에서,
ㄱ: 확인을 누른다.

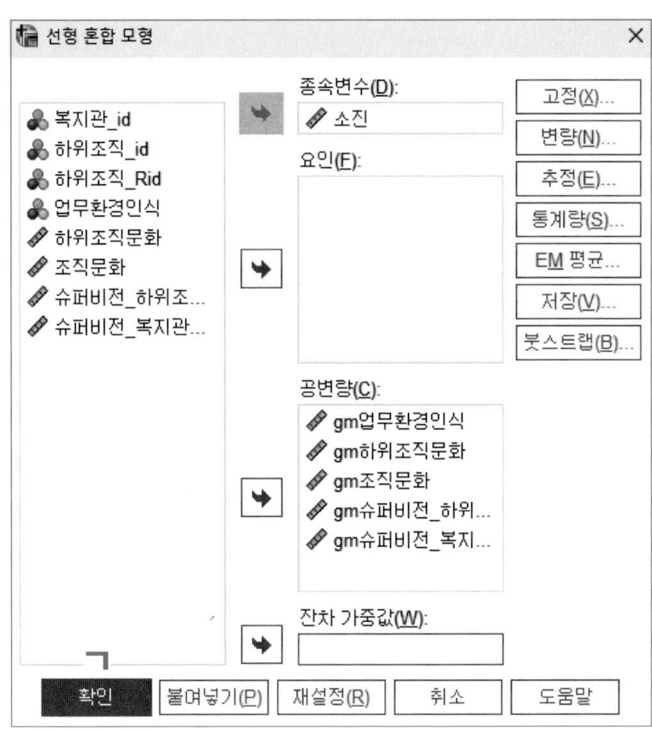

출력결과 창을 열어 혼합 모형 분석 결과를 확인한다. 먼저 모형 차원에 관한 〈표 5-7〉에서 추정 대상 모수가 총 열한 개인 것을 볼 수 있다. 〈식 5-15〉에서는 추정 대상 모수가 열 개였는데 실제로는 열한 개로 도출된 까닭은 무선효과 추정에 비구조 공분산 유형을 선택하여 적용하였기 때문이다. 비구조 공분산은 무선절편과 무선기울기의 공분산도 추정한다(각주 35) 참조).

〈표 5-7〉 모형 차원

		수준 수	공분산 구조	모수의 수	개체 변수
고정효과	절편	1		1	
	gm업무환경인식	1		1	
	gm하위조직문화	1		1	
	gm조직문화	1		1	
	gm슈퍼비전_하위조직효과	1		1	
	gm슈퍼비전_복지관효과	1		1	
변량효과	절편+gm슈퍼비전_하위조직효과	2	비구조적	3	복지관_id
	절편	1	분산성분	1	복지관_id * 하위조직_Rid
잔차				1	
전체		9		11	

다음으로 고정효과 추정값을 확인한다. 모형 III의 고정효과 추정값들은 모형 II와 비교해 소수점 이하 숫자만 다를 정도로 거의 엇비슷하다. 따라서 여기서는 고정효과 값에 대한 해석은 따로 제시하지 않고 넘어간다.

모형 III의 검증 결과가 모형 II와 가장 차이가 나는 부분은 무선효과 추정값에서이다. 관련 내용은 〈표 5-8〉에 정리되어 있다.

표 내용을 구체적으로 살펴보면, 제2수준 무선절편(r_{0jk})은 통계적으로 유의미하였다(Wald Z=5.559, p=0.000). 이는 사회복지사 '소진' 점수가 제2수준에서(하위조직별로) 다르다는 것을 뜻한다. 제3수준 무선절편(μ_{00k}) 역시 통계적으로 유의미하였다(Wald Z=4.365, p=0.000). 이는 사회복지사 '소진' 점수가 제3수준에서(복지관별로) 다름을 의미한다. 참고로 〈표 5-8〉에서 제3수준 무선절편의 추정값은 UN(1,1)로 표기된 행에 제시되어 있는데, 여기서 UN은 비구조(unstructured) 공분산 유형의 축약 표기이다.

통계적으로 유의미한 제2, 3수준 무선절편과 달리, 제3수준 무선기울기(μ_{02k})는 통계적으로 유의미하지 않았다. 관련 내용은 UN(2,2)로 표기된 행에 제시되어 있다(Wald Z=0.877, p=0.381). 이는 제2수준 독립변인인 '슈퍼비전_하위조직효과'가 사회복지사 '소진'에 미치는 영향이 제3수준에서(복지관별로) 다르지 않다는 것을 뜻한다.

'슈퍼비전_하위조직효과'의 기울기가 복지관별로 다르지 않고 하나의 고정된 값을 갖는다는 분석결과는 '슈퍼비전_하위조직효과'(제2수준 변인)와 복지관 특성 요인(제3수준 변인)을 이용해 층위 간 상호작용항을 굳이 만들 필요까지는 없다는 결론으로 이어진다. 실제로 곧이어 살펴볼 연구문제 5번에서는 층위 간 상호작용효과가 아닌 층 내 상호작용효과, 구체적으로 제2수준 내 상호작용효과를 살피고 있는데, 이는 연구문제 4번에 관한 상기 분석결과를 선제적으로 고려한 사후적 반영이었다.[36]

〈표 5-8〉 공분산 모수 추정값

모수		추정값	표준오차	Wald Z	유의확률	95% 신뢰구간	
						하한	상한
잔차		1288.878	19.989	64.478	.000	1250.289	1328.658
절편+gm슈퍼비전_하위조직효과 (개체=복지관_id)	UN(1,1)	42.153	9.656	4.365	.000	26.904	66.043
	UN(2,1)	−2.826	4.886	−.578	.563	−12.403	6.751
	UN(2,2)	5.759	6.568	.877	.381	.615	53.852
절편(개체=복지관_id ×하위조직_Rid)	분산	68.701	12.359	5.559	.000	48.287	97.744

(4) 모형 IV

모형 III에서 제3수준 무선기울기(μ_{02k})의 통계적 유의성을 확보하는 데 실패하였다. 그렇지만 제3수준 무선절편(μ_{00k})과 제2수준 무선절편(r_{0jk})은 통계적으로 유의미한 것으로 나타나, 종속변인의 분산을 제3 및 제2수준에서 설명할 여지가 여전히 남아 있음을 확인하였다.

이에 모형 IV에서는 '슈퍼비전_하위조직효과'를 독립변인으로, '하위조직문화'를 조절변인으로 활용하는 층(제2수준) 내 상호작용항을 모형에 투입하여 제3수준과 제2수준에 남아 있는 종속변인의 분산, 다시 말해 복지관 및 하위조직 간 차이에 기인하는 종속변인의 분산을 좀 더 설명하고자 한다.[37]

이는 '슈퍼비전_하위조직효과'와 사회복지사 '소진'의 관계에 '하위조직문화'가 어떠한 영

36) 만약 모형 III 검증결과 '슈퍼비전_하위조직효과'의 제3수준 무선기울기가 통계적으로 유의미한 것으로 나타났다면 아마도 연구문제 5번은 현재의 형태가 아니라 그러한 무선효과를 만들어 낼 것으로 예상되는 제3수준의 요인을 특정하고 그것이 '슈퍼비전_하위조직효과'와 '소진'의 관계에 어떠한 영향을 미칠지 묻는 형태로 써졌을 것이다.

37) 앞에서 여러 차례 언급하였는데, 하위수준 변인을 모형에 투입하면 하위수준 분산과 더불어 상위수준 분산도 같이 줄어든다(설명된다). 그렇지만 그 반대는 성립하지 않는다.

향을 미치는지를 묻는 연구문제 5번에 반영되어 있다. 구체적으로, 연구문제 5번은 하위조직 수준에서 양질의 슈퍼비전을 제공할수록 사회복지사 소진이 완화되는데, 하위조직의 의사소통 문화가 수평적일수록 그 완화의 양상이 어떻게 달라지는지(더 완화되는지 아니면 덜 완화되는지) 묻는다.

제3수준과 제2수준에 남아 있는 종속변인 분산을 층(제2수준) 내 상호작용항을 통해 설명하기 위해 제2수준 통계모형을 나타내는 〈식 5-9〉의 π_{0jk}항을 다음과 같이 바꿔 준다.

$$\pi_{0jk} = \beta_{00k} + \beta_{01k} gm\text{하위조직문화}_{jk} + \beta_{02k} gm\text{슈퍼비전\_하위조직효과}_{jk} + \beta_{03k}(gm\text{하위조직문화} \times gm\text{슈퍼비전\_하위조직효과})_{jk} + r_{0jk}$$

…… 〈식 5-16〉

〈식 5-16〉의 층 내 상호작용항은 제2수준에서 고정된 값을 갖는 것으로 가정한다. 따라서 무선 변량 부분은 회기계수에서 뺀다.

$$\beta_{03k} = \gamma_{030}$$

…… 〈식 5-17〉

〈식 5-16〉과 〈식 5-17〉을 반영한 모형 IV의 최종 통계식은 다음과 같다.

$$\begin{aligned}\text{소진}_{ijk} = \gamma_{000} &+ \gamma_{100}\, gm\text{업무환경인식}_{ijk} \\ &+ \gamma_{010}\, gm\text{하위조직문화}_{jk} + \gamma_{020}\, gm\text{슈퍼비전\_하위조직효과}_{jk} \\ &+ \gamma_{030}(gm\text{하위조직문화} \times gm\text{슈퍼비전\_하위조직효과})_{jk} \\ &+ \gamma_{001}\, gm\text{조직문화}_{k} + \gamma_{002}\, gm\text{슈퍼비전\_복지관효과}_{k} \\ &+ \mu_{02k}\, gm\text{슈퍼비전\_하위조직효과}_{k} + \mu_{00k} + r_{0jk} + \epsilon_{ijk}\end{aligned}$$

…… 〈식 5-18〉

분석 메뉴로 가서 혼합 모형을 선택하고 드롭다운 메뉴가 뜨면 선형을 선택한다.

제5장 사회복지사 소진.sav [데이터세트1] - IBM SPSS Statistics Data Editor

파일(F) 편집(E) 보기(V) 데이터(D) 변환(T) 분석(A) 그래프(G) 유틸리티(U) 확장(X) 창(W) 도움말

거듭제곱 분석(P) >
보고서(P) >
기술통계량(E) >
베이지안 통계량(B) >
표(B) >
평균 비교(M) >
일반선형모형(G) >
일반화 선형 모형(Z) >
혼합 모형(X) > 선형(L)... / 일반화 선형(G)...
상관분석(C) >
회귀분석(R) >

선형 혼합 모형: 개체 및 반복 지정 창이 뜨면 이전 설정을 그대로 놓아둔 상태에서, ㄱ: 계속을 누른다.

선형 혼합 모형 창이 뜨면 이전 설정을 그대로 놓아둔 상태에서,

ㄱ: 고정을 클릭한다.

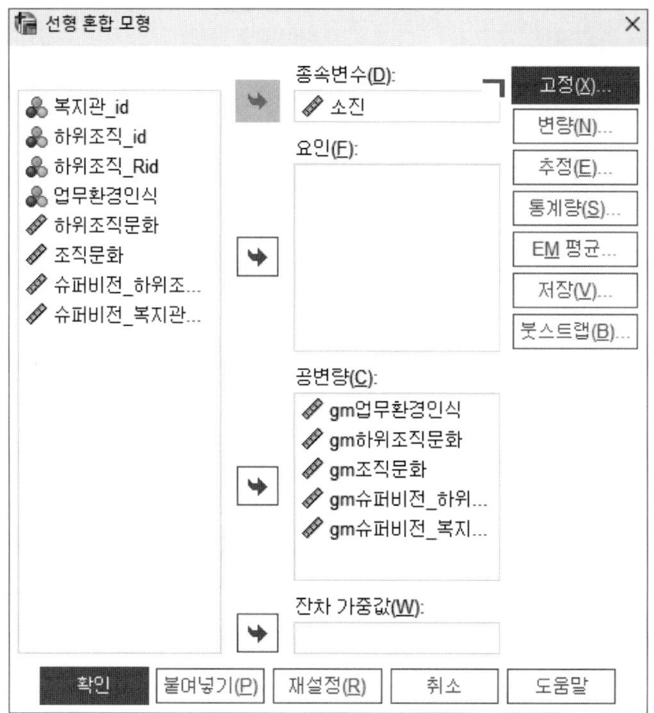

선형 혼합 모형: 고정 효과 창이 뜨면 이전 설정을 그대로 놓아둔 상태에서,

ㄱ: 고정 효과에서 항 설정을 클릭한 다음,38)

ㄴ: 요인 및 공변량에서 Ctrl 키를 누르고 'gm하위조직문화'와 'gm슈퍼비전_하위조직효과'를 동시에 선택하여 둘을 한꺼번에 하이트라이트한 후,

ㄷ: 가운데 드롭다운 메뉴에서 상호작용을 선택하고

ㄹ: 오른쪽 모형 박스 밑의 추가 버튼을 클릭한다.

ㅁ: 모형 박스 안에 'gm하위조직문화×gm슈퍼비전_하위조직효과'라는 새로운 공변인이 생성되는 것을 확인한 후 맨 아래 계속을 클릭한다.

---

38) 항 설정 대신 중첩된 항 설정을 통해서도 상호작용항을 생성할 수 있다. 이 경우 앞에 설명한 절차 대신 'gm하위조직문화' 클릭 → [↓] → [곱*(B)] → 'gm슈퍼비전_하위조직효과' 클릭 → [↓] → [추가(A)] 의 순서를 따른다.

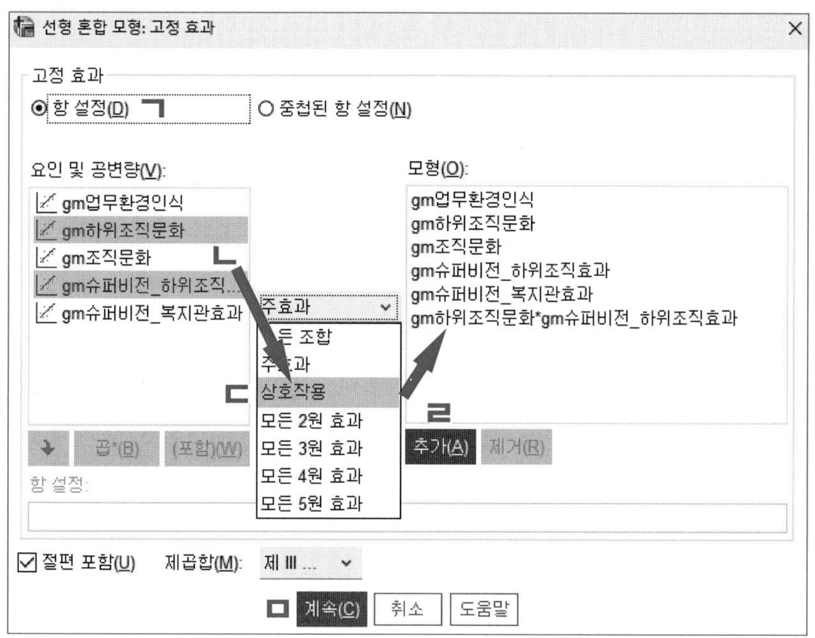

앞의 선형 혼합 모형 창이 다시 나타난다. 이전의 설정을 그대로 유지한 상태에서, ㄱ: 확인을 누른다.

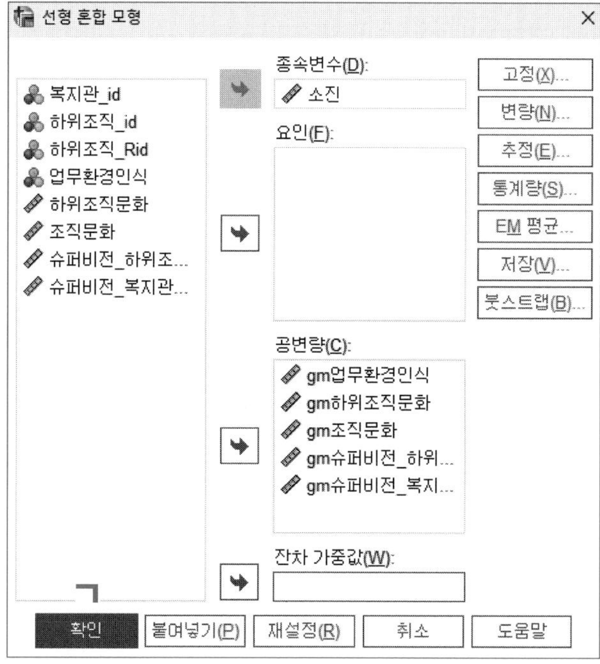

출력결과 창을 열어 혼합 모형 분석 결과를 본다. 먼저, 모형 차원 표에서 추정 대상 모수가 열두 개인 것을 확인한다. 모형 III에서는 추정 대상 모수가 열한 개였는데, 모형 IV에서는 층 내 상호작용항을 하나 추가했기 때문에 추정 대상 총 모수가 하나 늘었다. 그다음, 정보 기준 표에서 −2LL 등 모형적합도 지표들이 이것저것 제시된 것을 볼 수 있다.

〈표 5-9〉는 모형 IV의 고정효과 추정값들을 보여 준다. 모형 IV의 고정효과 추정값들은 모형 II 및 모형 III과 비교해 소수점 이하 숫자만 다를 정도로 엇비슷하다. 이는 수평적 의사소통이 개인 수준, 하위조직 수준, 복지관 수준에서 각각 독립적으로 사회복지사 소진을 완화하고, 슈퍼비전 효과성이 하위조직 수준과 복지관 수준에서 각각 독립적으로 사회복지사 소진을 완화하는 효과를 발생시킨다는 것을 뜻한다. 구체적인 해석은 거의 비슷한 결과를 보여 주는 모형 II 부분을 참고하길 바란다.

〈표 5-9〉에서 가장 눈여겨보아야 할 사항은 층 내 상호작용항(β_{03k})의 추정 결과이다. 해당 항의 고정 회기계수(γ_{030})는 −5.385로, 약한 수준이나마($\alpha < 0.10$) 통계적으로 유의하였다($p = 0.087$). 코딩을 고려했을 때 이는 다음을 의미한다. 복지관의 의사소통 문화를 수평적이라고 인식하는 사회복지사들이 평균적으로 몰려 있는 하위조직('gm하위조직문화'=0)에서 제공하는 평균보다 한 단위 양질의 슈퍼비전('gm슈퍼비전_하위조직효과'=1)은 사회복지사 '소진'을 평균 7.432점 낮추는 효과를 발생시키는 데 반해, 복지관의 의사소통 문화를 수평적이라고 인식하는 사회복지사들이 평균보다 한 단위 더 몰려 있는 하위조직('gm하위조직문화'=1)에서 제공하는 평균보다 한 단위 양질의 슈퍼비전('gm슈퍼비전_하위조직효과'=1)은 사회복지사 '소진'을 평균 12.817점[(−7.432)+(−5.385)=−12.817] 낮추는 효과를 발생시킨다.

이 같은 결과는 하위조직 수준에서 양질의 슈퍼비전을 제공하면 사회복지사의 소진이 완화되는데, 하위조직 수준의 의사소통 문화가 수평적일수록 그 완화 정도가 더욱 커진다는 것을 시사한다. 좀 더 구체적으로 말하면, 하위조직에서 제공하는 슈퍼비전의 질이 한 단위 올라갈수록 '소진'은 7.432점씩 낮아지는데, 이때 해당 하위조직의 수평적 의사소통 수준이 한 단위 높아질수록 '소진'이 평균 5.385점씩 추가로 완화된다는 것이다.

〈표 5-9〉 고정효과 추정값

모수	추정값	표준오차	자유도	t	유의확률	95% 신뢰구간	
						하한	상한
절편	596.859	.732	147.494	814.737	.000	595.410	598.306
gm업무환경인식	−14.543	.861	8837.068	−16.880	.000	−16.232	−12.854
gm하위조직문화	−10.933	3.468	1748.372	−3.152	.002	−17.735	−4.129
gm조직문화	−31.181	4.516	429.003	−6.903	.000	−40.058	−22.303
gm슈퍼비전_하위조직효과	−7.432	.677	74.918	−10.970	.000	−8.781	−6.082
gm슈퍼비전_복지관효과	−7.676	1.949	208.991	−3.937	.000	−11.520	−3.832
gm하위조직문화×gm슈퍼비전_하위조직효과	−5.385	3.137	373.263	−1.716	.087	−11.554	0.785

요약하면, 모형 IV에서 '하위조직문화'가 '슈퍼비전_하위조직효과'와 '소진'의 관계에 영향을 미친다는 점, 구체적으로 '하위조직문화'가 '슈퍼비전_하위조직효과'와 '소진'의 부적(−) 관계를 좀 더 강한 부적(−) 방향으로 몰고 간다는 사실을 입증하였다. 이로써 층 내 상호작용항을 통해 조절효과의 존재를 탐색한 연구문제 5번에 성공적으로 답하였다.

그런데 모형 IV의 공분산 모수 추정값을 보여 주는 〈표 5-10〉을 살펴보면, 모형 III과 비교해 모형 IV에서 제1수준 잔차는 1288.878에서 1288.767로, 절편의 제2수준 무선효과는 68.701에서 68.320으로, 절편의 제3수준 무선효과는 42.153에서 41.227로 거의 줄어들지

〈표 5-10〉 공분산 모수 추정값

모수		추정값	표준오차	Wald Z	유의확률	95% 신뢰구간	
						하한	상한
잔차		1288.767	19.985	64.485	.000	1250.186	1328.539
절편+gm슈퍼비전_하위조직효과 (개체=복지관_id)	UN(1,1)	41.227	9.543	4.320	.000	26.189	64.898
	UN(2,1)	−3.041	4.931	−.617	.537	−12.707	6.624
	UN(2,2)	6.201	6.535	.949	.343	.785	48.931
절편(개체=복지관_id×하위조직_Rid)	분산	68.320	12.279	5.564	.000	48.036	97.171

〈표 5-11〉 사회복지사 소진에 영향을 미치는 요인에 관한 다층분석 결과(N_1 =9,196, N_2 =516, N_3 =160)

	모형 I	모형 II	모형 III	모형 IV
절편	595.519*** (1.265)	596.742*** (0.741)	596.766*** (0.735)	596.858*** (0.733)
제1수준 고정효과				
gm업무환경인식	–	−14.534*** (0.862)	−14.542*** (0.861)	−14.543*** (0.861)
제2수준 고정효과				
gm하위조직문화	–	−11.073** (3.472)	−11.090** (3.468)	−10.932** (3.468)
gm슈퍼비전_하위조직효과	–	−7.571*** (0.619)	−7.468*** (0.673)	−7.432*** (0.677)
제3수준 고정효과				
gm조직문화	–	−31.138*** (4.565)	−31.353*** (4.532)	−31.181*** (4.517)
gm슈퍼비전_복지관효과	–	−7.448*** (1.963)	−7.617*** (1.959)	−7.676*** (1.949)
층(제2수준) 내 상호작용 고정효과				
gm하위조직문화× gm슈퍼비전_하위조직효과	–	–	–	−5.384+ (3.137)
무선효과				
gm슈퍼비전_하위조직효과 (μ_{02k})	–	–	5.759 (6.568)	6.201 (6.535)
제3수준 절편(μ_{00k})	191.490*** (28.113)	43.369*** (9.758)	42.153*** (9.656)	41.227*** (9.543)
제2수준 절편(r_{0jk})	130.225*** (15.875)	73.310*** (11.639)	68.701*** (12.359)	68.320*** (12.279)
제3수준 ICC	0.116	0.031	–	–
제2수준 ICC	0.079	0.052	–	–
모형적합도				
−2LL	92959.863	92326.831	92325.317	92322.389
AIC	92967.863	92344.831	92347.317	92346.389
BIC	92996.364	92408.957	92425.693	92431.891

+ $p<0.10$, * $p<0.05$, ** $p<0.01$, *** $p<0.001$

주1: 괄호 안은 표준오차를 나타냄.

주2: 제1수준 사회복지사, 제2수준 하위조직, 제3수준 사회복지관.

주3: 모든 변인은 전체평균중심화(grand mean-centering)함.

않았다는 게 눈에 띈다.[39] 이는 층 내 상호작용항 투입이 종속변인의 분산을 추가 설명하는 데 있어 그리 효과적이지 않을 수 있다는 가능성을 제기한다.

사실 〈표 5-10〉에서 확인한 층 내 상호작용항의 약한 설명력은 〈표 5-9〉에서 해당 항 추정값의 t 값이 -1.716으로 $\alpha=0.05$에서 통계적으로 유의미하지 않았다는 데에서 이미 입증되었다. 앞의 설명에서는 유의수준을 $\alpha=0.10$으로 끌어올려서 마치 통계적 유의성을 확보한 것처럼 서술하였으나, 이렇게 높은 유의수준 설정은 통상적인 해석 방식이 아니다. 따라서 모형 IV에서 확인한 조절효과의 존재에 대해서는 다소 유보적 입장을 갖고 해석을 하는 것이 바람직하다.

4) 모형적합도 비교

모형 IV 검증 결과, 조절효과가 존재한다는 점이 입증되었다. 그렇지만 그 효과 크기가 크지 않아 모형 IV(확장모형, full model)가 모형 III(간소화 모형, reduced model)에 비해 간명성 측면에서 그리 우수하지 않을 수 있다는 가능성이 제기되었다. 이에 다음에서는 층 내 상호작용항을 넣은 모형 IV와 넣지 않은 모형 III, 둘 중 어느 것을 최종모형(final model)으로 선택하면 좋을지 결정하는 것에 관해 알아보고자 한다.

최종모형을 선택하기 위하여 모형적합도 비교,[40] 특히 〈표 5-12〉에 제시된 여러 지표 중 $-2LL$ 변화량에 대한 χ^2 검증인 우도비 검증을 실시한다.

---

39) 기울기의 제3수준 무선효과는 5.759에서 6.201로 오히려 늘었다. 그러나 무선기울기 추정치는 애당초 통계적으로 유의하지 않았기에($p=0.343$) 큰 의미를 부여하지 않아도 무방하다.

40) 모형적합도 비교는 이전 단계 모형적합도와 비교하여 다음 단계 모형적합도가 의미 있게 개선되었는지 살피는 작업이다. 모형적합도 비교에서 영가설(H_0)은 '이전 모형과 후속 모형의 적합도에 차이가 없다'이고, 대안가설(H_a)은 '이전 모형과 후속 모형의 적합도에 차이가 있다'이다. 모형적합도가 유의미하게 개선되었는지 살피기 위해서는 먼저 비교하고자 하는 두 모형의 적합도 지표 차이와 자유도 차이를 구하고, 그다음 적합도 지표의 변화량에 대한 χ^2 검증을 실시한다. 검증 결과 $\alpha=0.05$ 수준에서 영가설이 기각되면($p<0.05$) 이전 모형에 비해 후속 모형의 적합도가 유의미하게 개선된 것이고, 반대로 영가설 기각에 실패하면($p\geq0.05$) 이전 모형에 비해 후속 모형의 적합도가 의미 있게 개선되지 않은 것이다.

〈표 5-12〉 모형적합도 지표 비교

적합도 지표	모형 III	모형 IV
$-2\times$Log Likelihood ($-$2LL)	92325.317	92322.389
Akaike Information Criterion (AIC)	92347.317	92346.389
Hurvich & Tsai Criterion (AICC)	92347.346	92346.423
Bozdogan Criterion (CAIC)	92436.693	92443.891
Beyesian Information Criterion (BIC)	92425.693	92431.891

이 예제에서는 모든 모형을 연쇄적인 형태로 수립하였다. 즉, 아무 독립변인도 없는 모형 I부터 시작해서 상호작용항을 포함하는 모형 IV까지 주요 변인들을 차근차근 하나씩 덧입혀 쌓아 올렸다. 또한 제시된 모든 모형을 추정하는 방법으로 줄곧 최대우도법을 사용하였다.[41] 따라서 모형추정 결과 얻은 각종 적합도 지표 중 $-$2LL의 변화량에 대한 χ^2 검증인 우도비 검증을 실시하는 데 아무 문제가 없다.[42] 모형 IV와 모형 III의 적합도 비교를 위한 우도비 검증 결과를 간략히 제시하면 다음과 같다.

모형 III과 모형 IV의 $-$2LL 차이($\Delta-2LL$)는 2.928(=92325.317$-$92322.389)이고, 자유도 차이(Δdf)는 1(모형 III과 모형 IV의 추정 대상 모수 각각 11개, 12개)이다. 자유도 차이(Δdf) 1과 유의수준 $\alpha=0.05$에 상응하는 χ^2 값은 3.841이다. 따라서 모형 IV와 모형 III에 차이가 없다는 영가설을 기각할 수 없다. 즉, 두 모형에 유의미한 차이는 없다.

만약 모형 간 적합도에 유의미한 차이가 없다면, 간명성 측면에서 보다 간소한 모형을 채택하는 것이 권장된다. 이 예제에서도 이와 같은 관행에 따라 층 내 상호작용을 포함한 모형

41) 최대우도법은 회기계수와 분산 성분을 모두 포함하여 표본의 공분산 구조 매트릭스와 모형의 공분산 구조 매트릭스의 차이를 최소화하는, 즉 우도 함수를 최대화하는 모형추정법이고, 제한최대우도법은 회기계수는 제외하고 분산 성분만 포함하여 우도 함수를 최대화하는 모형추정법이다. 상위수준 사례 수가 대략 30개를 넘어가면 양자의 실질적 결과 차이는 거의 없다. 그렇지만 회기계수를 제외한 제한최대우도법으로는 도출된 $-$2LL을 신뢰할 수 없기 때문에 연쇄적 모형 간 적합도 비교에 제한최대우도법을 사용하는 것은 부적절하다.

42) 연쇄적 모형 간 적합도 비교를 하고자 할 때는 우도비에 로그함수를 씌우고 여기에 2를 곱한 $-$2LL($-2\times$log likelihood)을 모형 적합도 지표로 사용한다. 우도비 검증이란 이 $-$2LL의 변화량에 대한 χ^2 검증으로 연쇄적 모형 간 적합도 비교를 하는 것을 의미한다. 그런데 우도비 검증을 실시하는 경우에는 그에 앞서 모형추정 시 반드시 최대우도법을 사용했어야만 한다. 만약 제한최대우도법을 사용하였다면 $-$2LL을 신뢰할 수 없고, 따라서 연쇄적 모형 간 적합도 비교인 우도비 검증을 실시할 수 없다. 모형추정에 제한최대우도법을 적용한 경우 또는 모형을 연쇄적으로 수립하지 않은 경우에는 $-$2LL 지표의 변화량을 살피는 우도비 검증 대신 AIC나 BIC 등 기타 지표들의 크기를 단순 비교하는 방식으로 적합도 비교를 실시한다.

IV가 아닌, 이를 제외한 모형 III을 최종모형으로 선택한다.

사실 모형 IV가 모형 III보다 월등하게 낫다고 볼 수 없는 징후들은 이미 전 단계 분석 절차에서 등장했다. 〈표 5-9〉에서 층 내 상호작용항의 추정값이 통계적으로 유의성이 약했다거나($p=0.087$), 〈표 5-10〉에서 공분산 모수 추정값들이 모형 III에 비해 크게 개선되지 않은 것 등이 그 증거이다.

제 6 장

다층분석 실습: 성장 모형

1. 종단적 다층분석 실습–첫 번째 시나리오
2. 종단적 다층분석 실습–두 번째 시나리오

제4장에서는 이수준 다층모형을, 제5장에서는 삼수준 다층모형을 공부하였다. 두 모형에 숙달하면 대부분의 다층분석을 능숙히 처리할 수 있다. 그런데 앞선 예제들에서 다룬 자료는 모두 단일 회차 측정값들로 이루어져 있다. 이러한 자료를 가진 연구자는 횡단 분석을 시도할 수 있다. 물론 횡단 분석은 다양한 분야와 주제에 유용하게 적용될 수 있다. 그렇지만 연구의 목적이 시간의 흐름에 따른 관측 대상의 변화양상을 알고자 하는 경우라면 횡단 분석은 만족스러운 결과를 보장해 주지 못한다.

연구를 하다 보면 발달적 관점에서 연구대상의 변화양상을 기록하고 그 값을 토대로 통계 모형을 구성해야만 하는 상황에 종종 접하게 된다. 이렇게 한 개체가 갖는 행태적 특성들을 여러 회차에 나누어 측정한 자료를 이용한 연구를 반복측정설계(repeated measures design: RMD) 연구라고 부른다. RMD의 가장 대표적인 예로 사전사후검증(pre and post-test)이 있다. 많은 연구자가 분석의 간편성 때문에 사전사후검증을 애용하는데, 시간의 흐름에 따른 개체의 변화양상을 보다 정확히 파악하기 위해서는 사전사후검증만으로는 불충분하다. 변화의 실제 발생 여부를 충분한 통계적 검정력(statistical power)으로 알아내기 위해서는 사전 및 사후 검사 사이에 최소 1회 이상의 데이터 측정을 설정하는 것이 바람직하다.

과거에는 여러 회차에 걸쳐 측정한 자료를 보통 반복측정 일변량 분산분석(ANOVA)이나 다변량 분산분석(MANOVA)을 이용하여 분석하였다.[1] 그러나 이 두 분석기법은 몇 가지 한계를 안고 있다. 측정 간격이 동일해야 한다는 가정, 연구대상이 무작위 및 독립적으로 표집되어야 한다는 가정, 각 측정 회차의 관측치들이 등분산이어야 한다는 가정,[2] 결측치가 없

1) 종속변인이 한 개이면 일변량(univariate), 두 개이면 다변량(multivariate)으로 부를 수 있다.

2) 반복측정 일변량 분산분석에서 이와 같은 가정을 구형도(sphericity) 가정이라고 부른다. 구형도가 위반되면 분산 계산이 왜곡되어 F값이 부풀려질 수 있다. 구형도 가정은 모클리(Mauchly)의 구형도 검증(sphericity test)으로 검증할 수 있으며, 검증 결과 구형도 가정이 충족되지 않는 것으로 확인되면 연구자는 ANOVA 대신

어야 한다는 조건, 시간의 흐름에 따른 변화가 개체 내에서만 발생하고 개체 간에는 발생하지 않는다는 가정, 시간 및 개체보다 높은 수준의 데이터 뭉침을 불허하는 자료 구조에 관한 가정 등 각종 제약사항이 바로 그것이다.

최근에는 이런 까다로운 제약조건을 피한 통계 기법들이 개발되어 연구자들의 편의를 돕고 있다. 대표적인 예가 구조방정식모형을 이용한 잠재성장분석과 선형혼합모형을 이용한 다층종단분석이다. 물론 이 책에서는 후자만 다룬다.[3)]

다층종단분석에서는 시간의 흐름에 따른 변화양상을 기본적으로 두 개의 층으로 나누어 분석한다. 구체적으로, 종속변인의 반복측정 값에 대해 이를 설명하는 시간 요인 및 시간관련 공변인(들)을 제1수준에서 분석하고, 절편과 기울기(=변화율=성장률)의 비고정적(무선적) 변이를 제2수준에서 분석한다. 기울기의 무선 변이를 설명하는 제2수준 독립변인으로는 보통 개체특성 관련 요인(들)(예: 성별, 프로그램 참여 여부, 실험 처치 여부 등)을 많이 활용한다.

이뿐만 아니라 다층종단분석에서는 무선효과와 고정효과를 동시에 추정할 수 있다. 또한 주석 2)에서 언급한 구형도 가정이 설사 충족되지 않더라도, 다양한 제1수준 공분산 구조(예: 대각, 이질, 비구조 등등)를 모형추정에 적절하게 바꿔 가며 유연하게 적용할 수 있는 옵션을 제공하여 연구자의 숨통을 틔워 준다. 이와 더불어 전체 측정 회차 중 몇 개 회차에서 결측치가 있더라도 비교적 강고한 결과치를 산출해 낸다. 결측치가 있어도 괜찮은 결과를 보장하는 것은 큰 장점인데, 왜냐하면 종단분석을 하다 보면 중도 탈락 패널로 말미암아 연구자가 연구의 내적 타당도를 방어하는 데 상당히 애를 먹는 경우가 종종 발생하기 때문이다. 이 외에도 다층종단분석은 자료의 층 구조를 제3수준, 나아가 제4수준으로까지 넓힐 수 있어 연구자에게 자유도를 부여한다.

이렇게 장점이 많은 다층종단분석 기법을 장착한 연구자는 다음과 같은 질문을 던질 수 있다. 첫째, 시간의 흐름[4)]에 따라 종속변인[5)]이 변화하는가? 만약 그렇다면 변화의 궤적, 즉 변화율(=성장률)[6)]은 어떠한가? 직선적인가 아니면 곡선적[7)]인가?[8)] 둘째, 시간의 흐름에 따

MANOVA를 선택하거나 아니면 다층분석으로 선회할 수 있다(Armstrong, 2017).

3) 분산분석이 일변량(ANOVA)과 다변량(MANOVA)으로 나뉘듯, 다층종단분석 역시 일변량과 다변량으로 나뉜다. 이 책에서는 일단 일변량만 다룬다. 종속변인이 두 개 이상인 경우를 분석하는 다변량 다층종단분석은 이 책의 제2판에서 다룰 것을 약속한다.

4) 당연한 얘기지만 시간의 흐름, 즉 시간의 변화는 일관적이어야만 한다. 가령 1회차 관측을 하고 만 하루(a day)가 지나 2회차 관측을 했다면, 3회차 관측 역시 만 하루가 지난 시점에 하는 것이 마땅하다.

5) 앞서 언급했다시피 이 책에서는 종속변인이 한 개인 일변량 예제만을 다룬다.

른 종속변인의 변화는 개체별로 다른가?[9] 만약 그렇다면 어떠한 개체특성 요인[10]이 그와 같은 차이에 영향을 미치는가?

제6장에서는 이러한 연구문제를 기본 바탕으로 성장 모형에 관한 두 개의 시나리오를 가정하여 각각에 대한 다층종단분석을 연습해 보도록 한다.

 1. 종단적 다층분석 실습-첫 번째 시나리오

1) 연구문제 및 변수의 조작적 정의

첫 번째 시나리오는 총 3회에 걸쳐 측정한 사회복지사 스트레스 점수의 종단적 변화양상을 가정한다. 구체적으로, 사회복지사 스트레스가 시간의 흐름에 따라 변하는지(연구문제 2번), 만약 변한다면 그 궤적이 어떠한지(연구문제 3번)를 묻는다. 또한 변화 궤적에 사회복지사 개인차가 존재하는지(연구문제 4번), 만약 존재한다면 어떠한 요인이 그와 같은 개인차에 영향을 미치는지(연구문제 5번) 묻는다. 여기서는 변화 궤적에 영향을 미치는 개인 특성 요인으로 자택에서 직장까지 출근하는 데 한 시간 이상 걸리는지 여부('장시간통근', 연구문제

---

6) 변화율(change rate) 또는 성장률(growth rate)이란 총 t번의 측정 회차 동안 종속변인이 평균적으로 변화한 정도를 가리킨다.

7) 가장 흔한 변화율 형태는 선형(linear)이다. 변화율이 선형이라는 것은 첫 번째 측정부터 t번째 측정까지 매 등간격 반복측정 회차에서 종속변인이 일정하게 변화한다(늘어나거나 줄어든다)는 것을 뜻한다. 그렇지만 종속변인이 항상 일정한 비율로 변화(+성장 또는 −성장)하는 것은 아니다. 때로 2차 곡선 또는 3차 곡선 형태로 변화하기도 한다. 즉, 선형적인 성장률이 가속(accelerating) 성장할 수도 있고 감속(decelerating) 성장할 수도 있다. 다층종단분석을 위한 선형혼합모형에 선형적인 성장률을 나타내는 시간(α) 변인 외 선형적 성장률의 증감 정도를 나타내는 시간제곱(α^2) 혹은 시간세제곱(α^3) 변인을 넣으면 모형의 예측력이 훨씬 개선되는 경우가 종종 있다. 2차 또는 3차 곡선을 변화율에 반영해야 하는지 여부는 산포도를 그려 판단하기도 하고 −2LL 등 모형적합도의 개선 정도를 보고 판단하기도 한다.

8) 이 역시 당연한 얘기지만 2차 곡선적 변화를 포착하려면 측정 회차는 최소 3회가 되어야만 하고, 3차 곡선적 변화를 포착하려면 측정 회차는 최소 4회는 되어야만 한다.

9) 차차 설명하겠지만 변화율이 개체별로 다른지 묻는 것은 변화율의 고정적 효과 외에 무선적 효과가 있는지 묻는 것과 같다고 이해하면 된다.

10) 개체특성 요인(between-subjects factor)이란 성별, 프로그램 참여 여부, 실험 처치 여부 등과 같은 제2수준의 시불변요인(time-invariant at level-2)을 가리킨다. 조사대상 기간에 시간적으로 변화해서는 안 되고 고정된 값을 갖는 무엇이다. 이 개체특성 요인을 모형에 투입함으로써 연구자는 고정적 변화율에 낀 무선적 변이 정도를 추정할 수 있으며, 종속변인의 변화 궤적에 대한 이해를 높일 수 있다.

5-1번)와 복리후생[11]에 대한 만족감('복리후생만족', 연구문제 5-2번)을 특정한다.

참고로 연구문제 1번에서는 사회복지사 스트레스에 개인차가 존재하는지를 묻는다. 연구문제 1번은 내용적으로 종단적 속성을 파헤치는 질문이 아니다. 따라서 왜 굳이 맨 처음 연구문제로 설정했는지 의아할 수 있다. 이에 대해서는 다층분석을 해야만 하는 실증적 증거를 찾기 위한 목적 때문이라고 답할 수 있다. 종속변인인 사회복지사 스트레스 자체에 개인차가 없다면 굳이 제1, 2수준을 나누어 보는 다층분석을 실시할 필요가 없다. 수준을 나누지 않고 종단분석을 하는 RM-ANOVA 실시만으로도 족하다. 즉, 연구문제 1번에서 다층분석 실시의 경험적 정당화를 확보한 후, 연구문제 2번에서부터 본격적으로 종단분석을 실시하기 위한 전략적 목적 때문에 종단분석과 무관한 연구문제 1번을 선두에 위치시켰다고 이해하면 된다.

〈표 6-1〉은 첫 번째 예제에서 다룰 연구문제와 그에 상응하는 연구모형을 보여 준다.

〈표 6-1〉 연구문제 및 연구모형

연구문제	모형
1. 사회복지사 스트레스에 개인차가 존재하는가? 2. 시간의 변화에 따라 사회복지사 스트레스가 변화하는가? 3. 만약 변화한다면 그 궤적은 어떠한가? 선형적인가 비선형적인가?	모형 I
4. 스트레스 변화 궤적[12]에 개인차가 존재하는가?	모형 II
5. 어떠한 개인 특성 요인이 사회복지사 스트레스 변화 궤적에 영향을 미치는가? 5-1. 장시간통근이 스트레스 변화 궤적에 영향을 미치는가? 5-2. 복리후생에 대한 만족감이 스트레스 변화 궤적에 영향을 미치는가?	모형 III

실습에는 예제파일 〈제6장 사회복지사 스트레스.sav〉를 사용한다. 파일을 불러와 **변수 보기**와 **데이터 보기** 창을 각각 눌러 데이터의 생김새를 파악한 다음 간단한 기술분석을 해 보면, 해당 파일은 515개 사회복지관(제3수준)에 소속된 8,670명 사회복지사(제2수준)를 대상으로 총 3회 측정한 스트레스 점수(제1수준)[13]를 수평적 형태로 담고 있다는 것을 알 수 있다.

---

11) 직원의 사기를 앙양하고 애사심을 높이며 동기부여를 통한 생산성 증대를 꾀하는 임금 이외의 제 간접 급부를 말한다.

12) 여기서 변화 궤적이란 선형적 변화 궤적을 의미한다. 선형적 변화율만 보고 비선형적 변화율은 안 보는 이유는 다음에서 곧 설명하겠다.

13) 수평적 구조의 데이터세트에서 '스트레스1', '스트레스2', '스트레스3'은 모두 제2수준 개인 특성 요인으로 다뤄진다. 수직적 구조의 데이터세트로 파일을 구조변환(Varstocases)해야 비로소 '스트레스'는 제1수준 개인

〈표 6-2〉는 〈제6장 사회복지사 스트레스.sav〉에 담긴 변인의 상세 설명을 보여 준다.

〈표 6-2〉 변수측정 및 구성

변인명	수준	설명	값/범위	측정수준
복지관_id	복지관 (제3수준)	복지관 일련번호(515개)	1~515	명목
복지사_id	개인 (제2수준)	사회복지사 일련번호(8,670명)	1~8670	명목
복지사_ 복지관별id		각 복지관 내 사회복지사 일련번호[14]	1~46	명목
스트레스1		개별 복지사 스트레스 점수(1회차 측정값)	24.35~99.99	비율
스트레스2		개별 복지사 스트레스 점수(2회차 측정값)	26.64~99.99	비율
스트레스3		개별 복지사 스트레스 점수(3회차 측정값)	25.29~99.98	비율
장시간통근		자택에서 직장까지 출근하는 데 1시간 이상 소요되는지 여부	0: 장시간통근 × 1: 장시간통근 ○	명목 (이항)
복리후생만족		복지관으로부터 제공받는 임금 외 제 급부에 대한 만족도. 표준화 점수	−2.41~1.87	비율

2) 데이터의 구조변환

앞에서 〈제6장 사회복지사 스트레스.sav〉에는 사회복지관(제3수준) 515개와 사회복지사(제2수준) 8,670명의 스트레스를 총 3회 측정한 값들(제1수준)이 담겨 있다고 하였다. 그러면서 파일에 담긴 데이터세트가 수평적 배열 구조를 띤다고 하였다. 여기서 수평적이라 함은 행에 515개 사회복지관 소속 8,670명 사회복지사가 사례로서 나열되고, 열에는 변인이 나열되며, 행과 열이 만나는 셀에는 각 사례(사회복지사 개인)를 대상으로 기록된 변인들의 관측치가 차례대로 기입돼 있음을 뜻한다.

그런데 SPSS에서 다층종단분석을 실시하는 경우 데이터가 이처럼 수평적으로 배열돼 있으면 분석을 진행할 수 없다. SPSS는 프로그램 설계상 데이터가 수직적으로 입력되어 있을

내 특성 요인으로 조작적으로 정의될 수 있다.

14) '복지사_복지관별id' 변수는 다음과 같은 방법으로 생성할 수 있다. 변환 → 순위변수 생성 → '복지관_id'를 증가폭 박스로, '복지사_id'를 변수 박스로 이동 → 등순위 옵션을 클릭하여 유일한 값에 대한 연속적 순위 선택 → 계속 → 확인 → 변수보기 창에서 새로 생성된 변수명을 '복지사_복지관별id'로, 척도 유형을 명목으로 변경한다.

것을 요구한다. 여기서 수직적이라 함은 시변인을 대상으로 반복측정된 값들이 열이 아닌 행의 위치에 놓여 있는 상태를 가리킨다. 즉, 반복측정의 시도 하나하나를 변수가 아닌 개별 사례로 간주하는 데이터를 우리는 수직적으로 배열된 데이터라고 일컫는다. SPSS에서 다층종단분석을 하려면 이렇게 수직적 구조를 띠는 데이터세트를 이용해야만 한다.

현재 〈제6장 사회복지사 스트레스.sav〉에 담겨 있는 데이터세트는 수평적 배열 구조를 띤다. 이렇게 해서는 SPSS에서 다층종단분석을 실시할 수 없다. 따라서 SPSS의 구조변환(Varstocases) 명령어를 이용하여 데이터의 배열을 수평에서 수직 구조로 바꿔 주는 작업을 실시하도록 한다.

예제파일 〈제6장 사회복지사 스트레스.sav〉를 열어 **데이터** 메뉴에서 **구조변환**을 선택한다.

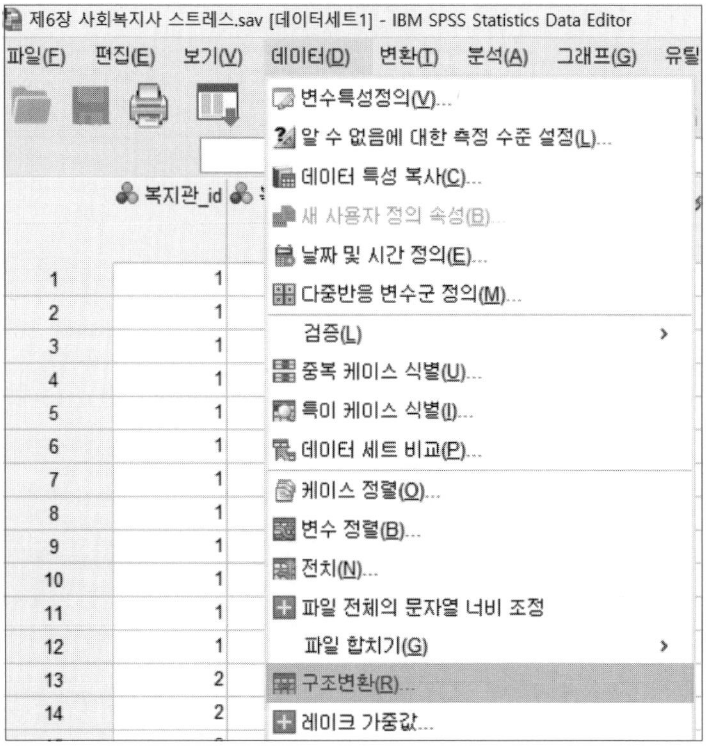

데이터 구조변환 마법사 시작 창이 뜨면,

ㄱ: 선택한 변수를 케이스로 구조변환을 클릭하고

ㄴ: 다음을 누른다.

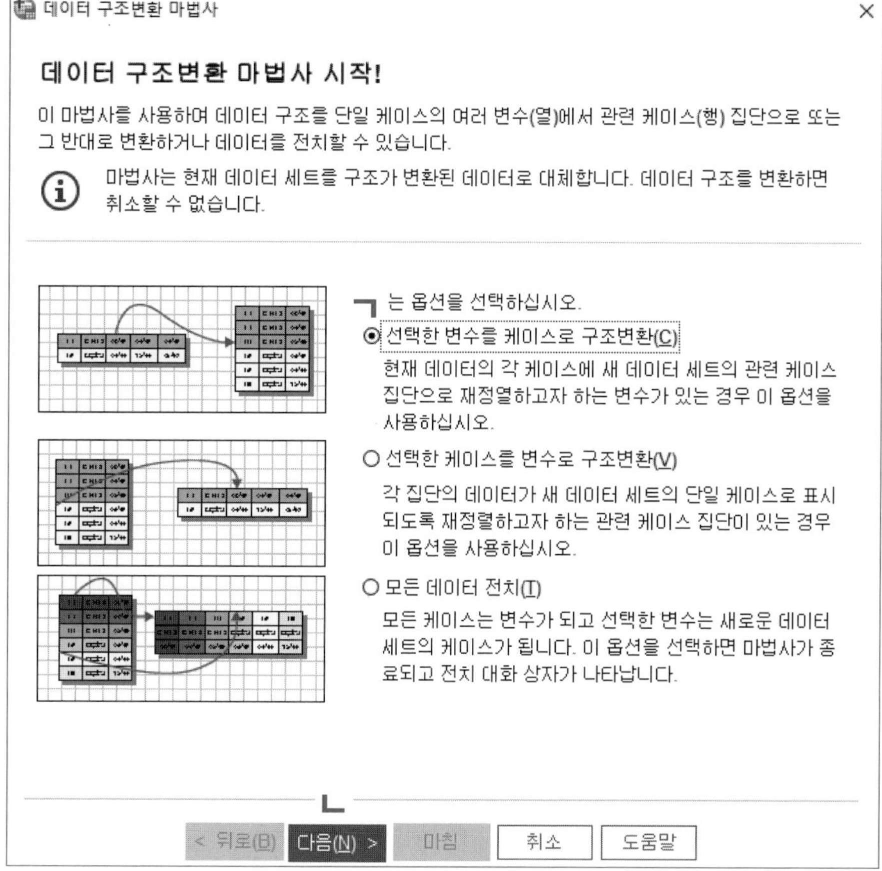

데이터 구조변환 마법사 2단계 창이 뜨면,

ㄱ: 구조를 변환하고자 하는 변수 집단 수 선택에서 한 개[15]를 클릭하고

ㄴ: 다음을 누른다.

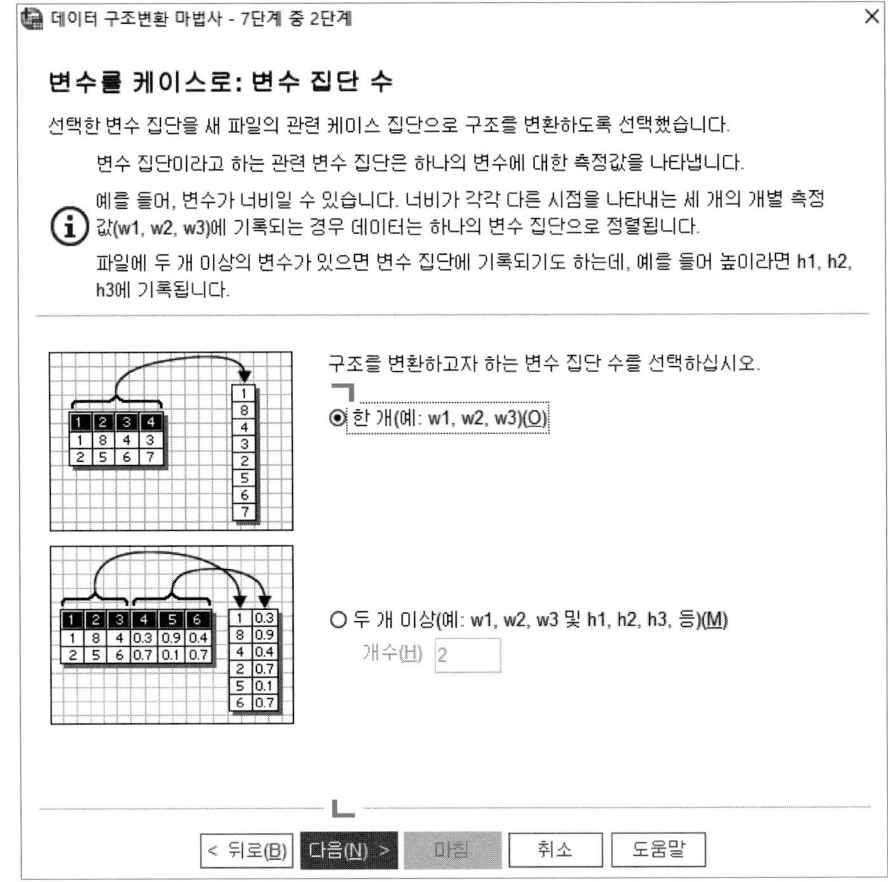

15) 데이터세트 안에 시변인이 하나면 한 개를 선택하고, 둘 이상이면 두 개 이상을 선택한 후 개수를 써 준다. 지금 다루고 있는 예제파일 데이터세트에는 시변인이 하나(스트레스1, 2, 3을 합친 스트레스 변인)만 있으므로 한 개를 선택한다.

데이터 구조변환 마법사 3단계 창이 뜨면,

ㄱ: 케이스 집단 식별에서 케이스 번호 사용을 그대로 놓아두고 식별변인 이름으로 '복지사_id2'를 써넣는다.16)

ㄴ: 전치될 변수의 목표변수 이름을 디폴트 명칭인 trans에서 '스트레스'로 바꿔 준다.

ㄷ: 왼쪽 변인 목록 박스에서 '스트레스1', '스트레스2', '스트레스3'을 선택해 오른쪽의 전치될 변수 박스 안으로 옮긴다.

ㄹ: 고정 변수는 그대로 놓아두고 다음을 누른다.

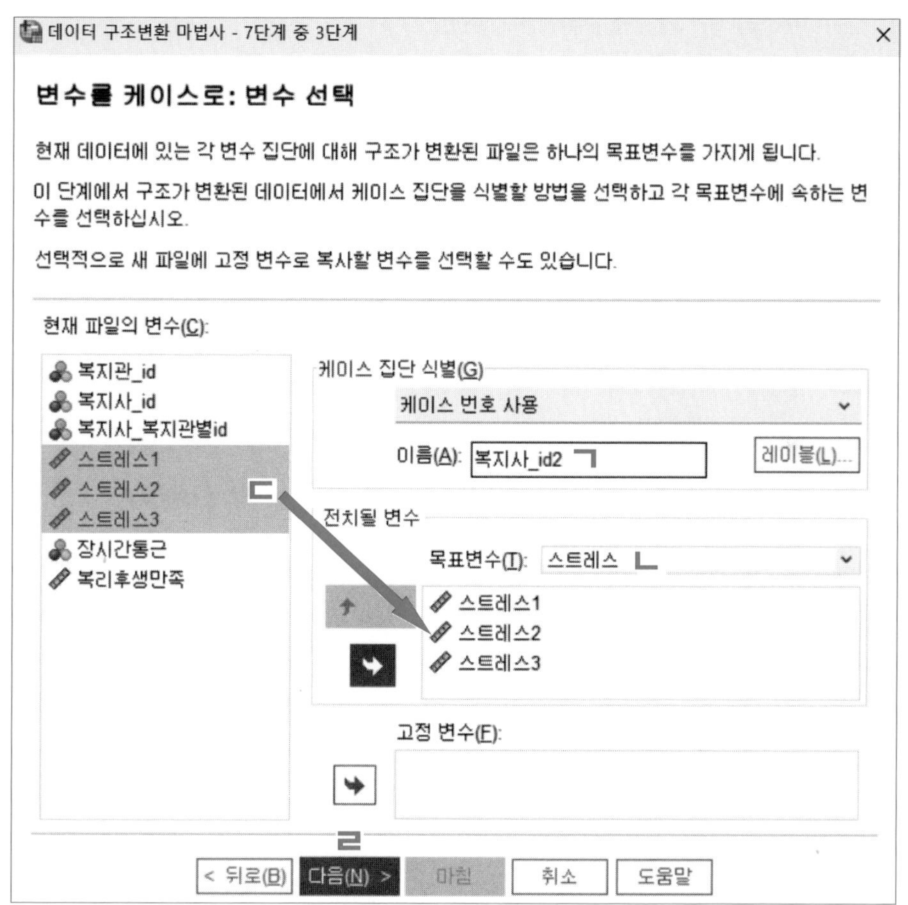

16) 현재 데이터세트에서는 사례(case)를 식별하는 변인으로 '복지사_id'를 사용하고 있는데, 구조변환이 끝난 이후 만들어질 새로운 데이터세트에서는 이 기존의 사례 식별변인 '복지사_id'의 이름을 '복지사_id2'로 바꾸라는 명령이다.

데이터 구조변환 마법사 4단계 창이 뜨면,

ㄱ: 작성하고자 하는 지수 변수 수 선택에서 한 개[17]를 클릭하고

ㄴ: 다음을 누른다.

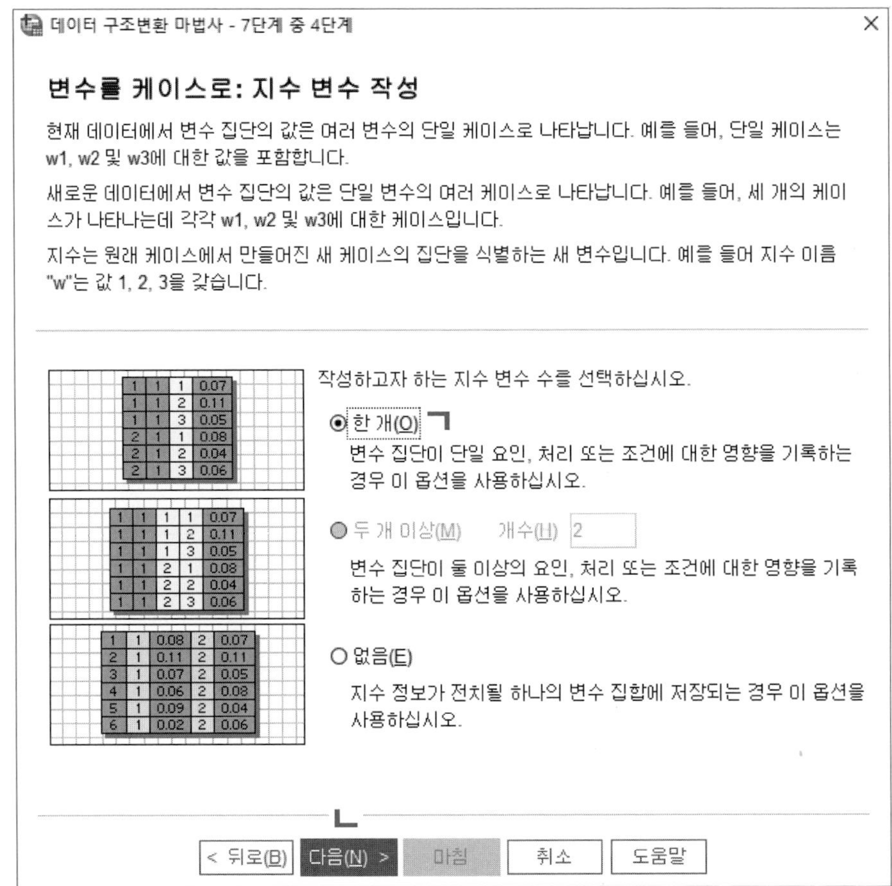

17) 지수(index)는 구조변환이 끝난 이후 만들어질 새로운 데이터세트에서 행(row), 즉 사례(case)를 식별하는 조건을 뜻한다. 구조변환된 데이터세트 내 사례는 각 개체를 대상으로 한 관측 시도로서, 다층종단분석에서 사례를 식별하는 조건은 모든 개체에 동일하게 적용되는 시간이라는 요인 하나뿐이다. 시간은 개체마다 동일하게 흐른다. 즉, 시간은 하나만 존재할 뿐이며 둘 이상 있을 수 없다. 따라서 여기서는 지수변수의 개수를 한 개로 정한다.

데이터 구조변환 마법사 5단계 창이 뜨면,

ㄱ: 원하는 지수 값 유형에서 순차 번호[18]를 선택하고

ㄴ: 지수 변수 이름 및 레이블 편집에서 디폴트로 '지수1'이 뜬 것을 그대로 놓아둔 후, 다음을 누른다.

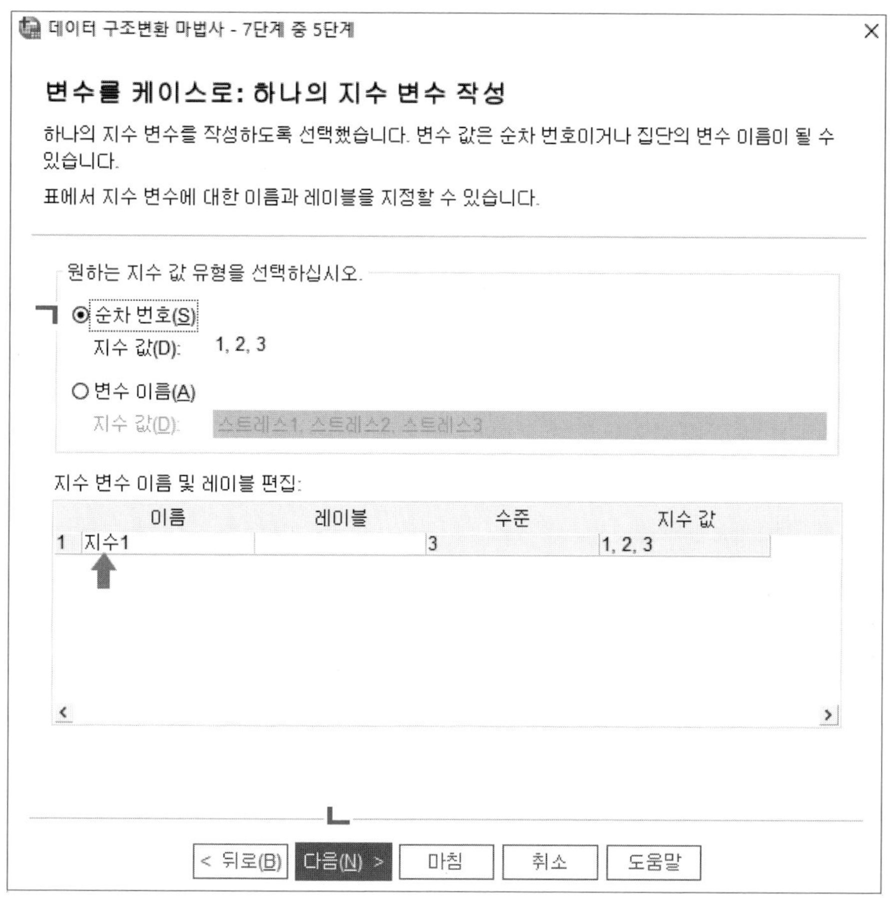

18) 시간이 1, 2, 3, …으로 순차적으로 흐르도록 설정하라는 명령이다.

데이터 구조변환 마법사 6단계 창이 뜨면,

ㄱ: 선택되지 않은 변수 처리에서 고정 변수로 유지 및 처리 그리고 시스템 결측값 또는 공백값에서 새 파일에 케이스 작성이 디폴트로 설정된 것을 확인한 후, 굳이 7단계로 넘어갈 것 없이 곧바로 마침을 누른다.

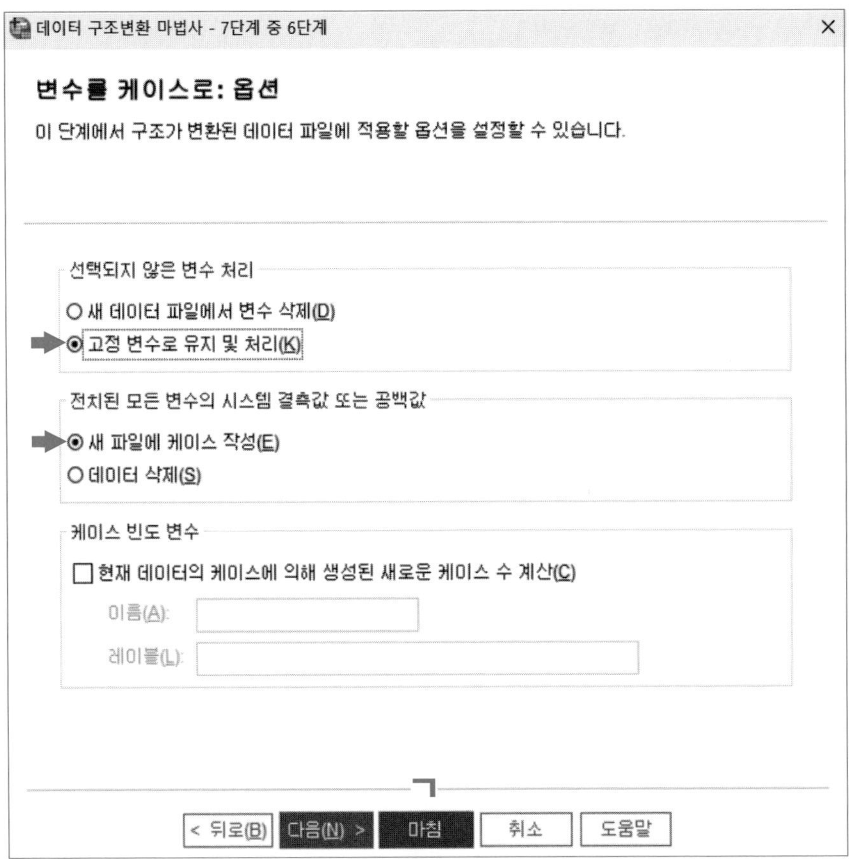

작은 알림창이 뜨는데, 무시하고 확인을 누른다.

데이터 보기 탭을 클릭하여 데이터 창을 열면, 개별 사회복지사의 일련번호를 나타내는 신규 식별변인인 '복지사_id2'가 새로 생성되었고, 각 사회복지사를 대상으로 한 관측 시도의 식별 조건으로서 시간 속성을 지닌 '지수1' 변인도 새로 생성된 것을 볼 수 있다.

이전 데이터세트에서 사례(사회복지사) 식별변인으로 사용되었던 '복지사_id'는 이제 새로운 데이터세트에서는 쓸모가 없다. 따라서 새로운 데이터세트에 남아 있는 '복지사_id'를 삭제하고, 새로운 데이터세트에서의 신규 사례(사회복지사) 식별변인인 '복지사_id2'의 명칭을 '복지사_id'로 바꿔치기해 준다.

구조변환 전 데이터세트와 비교했을 때 구조변환 이후 데이터세트에 생긴 가장 큰 변화는, 기존에 수평적으로 기입돼 있던 '스트레스1', '스트레스2', '스트레스3'의 관측값들이 '스트레스'라는 새로운 단일 시변인('스트레스')으로 묶여 사례 형태로 수직적으로 기입되었다는 점이다. 이에 원래 N=8,670이었던 사례 수는 N=26,010으로 세 배 늘었다.

다음 단계로 넘어가기 전에, 구조변환 이후 만들어진 새로운 데이터세트를 새로운 이름의 파일에 넣어 저장해 준다.

ㄱ: 메뉴에서 **파일 → 다른 이름으로 저장**을 차례로 누른 다음,

ㄴ: 새로운 파일명으로 〈제6장 사회복지사 스트레스 종단.sav〉를 적은 후,

ㄷ: **저장**을 눌러 적절한 폴더에 구조변환이 완료된 데이터세트를 보관한다.

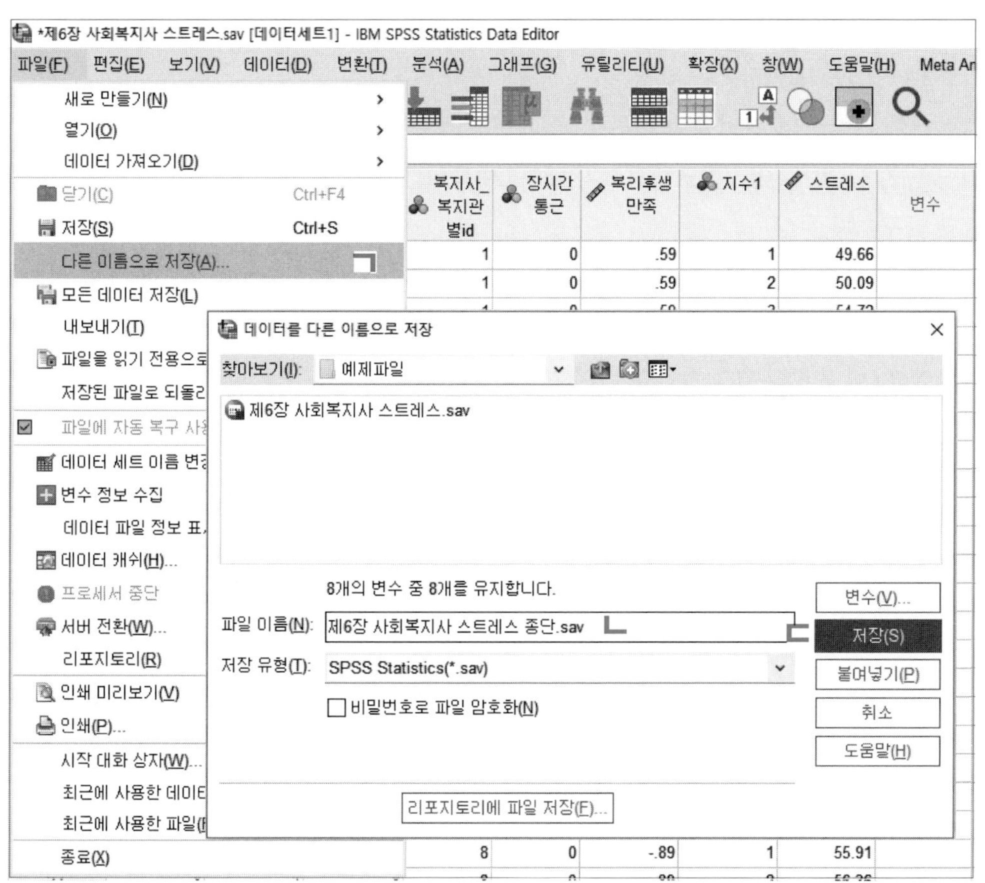

3) 시간 변인의 생성

앞서 데이터 구조변환 시, **데이터 구조변환 마법사 5단계**에서 **원하는 지수 값 유형으로 순차 번호를 선택**하고 지수 변수명으로 '지수1'을 설정하였다. 이는 개별 사례(사회복지사)를 대상으로 종속변인('스트레스')을 관찰한 총 세 번의 시도 중 첫 번째 시도에 1, 두 번째 시도에 2, 세 번째 시도에 3의 값을 각각 부여하라는 명령이다. 이런 측면에서 '지수1'은 시간의 흐름을 반영하는 시간 변인으로 이해할 수 있다.

그런데 시간 변인을 좀 더 편하고 의미 있게 해석하기 위해서는 코딩 시작점을 1보다는 0으로 설정하는 것이 좋다. 시간의 시작점을 0으로 잡으면 아무런 처치나 개입이 없을 때, 즉 종속변인('스트레스')에 대한 각종 독립변인의 영향력이 전혀 없는 연구 개시 시점(또는 개시 이전 시점)에서 예상되는 종속변인의 평균, 즉 초깃값(initial value, 절편)을 한 번에 쉽게 구할 수 있다. 반면, 1로 잡으면 시간이 이미 한 단위 흘러간 상태이고 이때는 이미 각종 처치나 개입이 이루어진 상태이므로 종속변인의 초깃값을 구하고자 한다면 번거롭게 별도의 계산을 해 주어야만 한다.

이러한 해석상의 편의를 고려하여, 여기서도 구조변환할 때 만들어진 '지수1'의 디폴트 코딩 1, 2, 3을 0, 1, 2로 리코딩하고자 한다. 덧붙여, 리코딩하는 김에 변인명도 아예 '시간'으로 바꾸고자 한다.

한편, 앞서 연구문제와 연구모형 설정 과정에서 시간이 흐름에 따라 스트레스가 선형적으로만 증가(또는 감소)하는 것이 아니라 2차 곡선적으로도 증가(또는 감소)할 수 있음을 가정하였다. 이러한 부분을 고려하여 선형적인 '시간' 변인(코딩: 0, 1, 2) 외에 '시간제곱' 변인(코딩: 0, 1, 4)도 새롭게 생성하고자 한다.

앞에서 새롭게 만든 〈제6장 사회복지사 스트레스 종단.sav〉를 열어 **변환** 메뉴에서 **다른 변수로 코딩변경**을 선택한다.

창이 뜨면,

ㄱ: 왼쪽 변인 목록에서 '지수1'을 클릭하고 화살표를 눌러 오른쪽의 입력변수 → 출력변수 칸에 옮겨 넣는다.

ㄴ: 출력변수의 이름 칸에 '시간'을 써 주고

ㄷ: 변경을 누른다.

ㄹ: 기존값 및 새로운 값을 클릭한다.

창이 뜨면,

ㄱ: 기존값의 값에 기존 '지수1' 변인의 코딩인 1을 써 주고

ㄴ: 새로운 값의 값에 0을 써 준 후

ㄷ: 추가를 누른다. 오른쪽 박스를 보면 '지수1' 변인의 1이 '시간' 변인에서 0으로 리코드되는 것을 볼 수 있다(1 → 0).

ㄹ: ㄱ~ㄷ의 작업을 반복하여 2는 1로, 3은 2로 리코드한 후, 작업이 끝나면 맨 밑에 계속을 누른다.

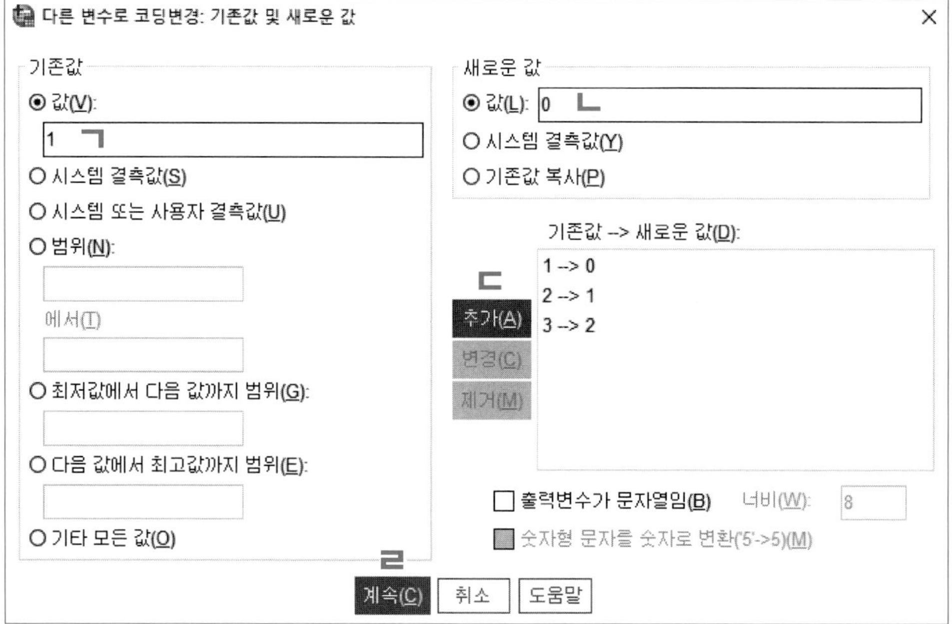

이전 창으로 돌아와서 확인을 클릭한다.

변수 보기 창을 열면 마지막에 '시간' 변수가 새롭게 생성된 것을 확인할 수 있다. 소수점이하자리를 2에서 0으로 바꾸고, 척도를 명목형에서 순서형으로 바꿔 준다.

다시 변환 메뉴로 가서 다른 변수로 코딩변경을 선택한다.

창이 뜨면,

ㄱ: 이전에 설정한 내용을 지우기 위해 재설정을 클릭한다.

ㄴ: 왼쪽 변인 목록에서 '시간'을 클릭하고 화살표를 눌러 오른쪽의 입력변수 → 출력변수 칸에 옮겨 넣는다.

ㄷ: 출력변수의 이름 칸에 '시간제곱'을 써 주고

ㄹ: 변경을 누른다.

ㅁ: 기존값 및 새로운 값을 클릭한다.

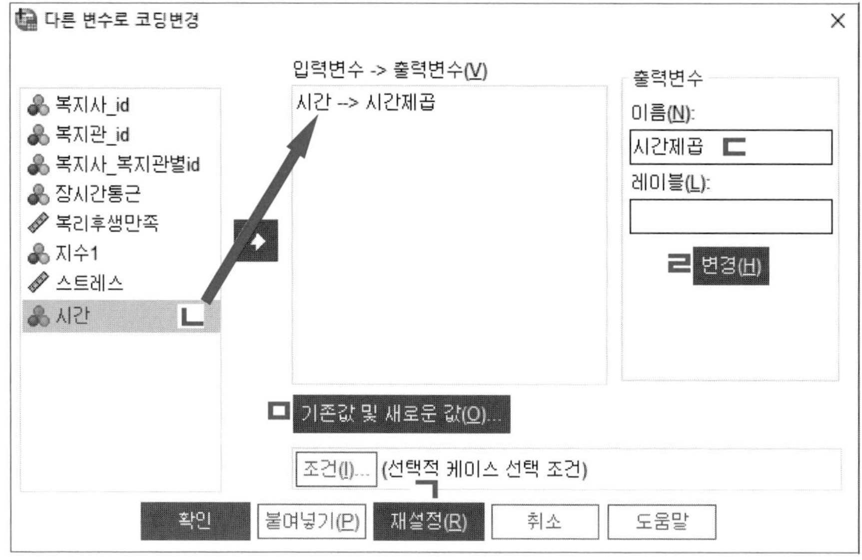

창이 뜨면,

ㄱ: 기존값의 값에 기존 '시간' 변인의 코딩인 0을 써 주고

ㄴ: 새로운 값의 값에 0을 써 준 후

ㄷ: 추가를 누른다. 오른쪽 박스를 보면 '시간' 변인의 0이 '시간제곱' 변인에서 0으로 리코드되는 것을 볼 수 있다(0 → 0).

ㄹ: ㄱ ~ ㄷ의 작업을 반복하여 1은 1로, 2는 4로 리코드한 후, 작업이 끝나면 맨 밑에 계속을 누른다.

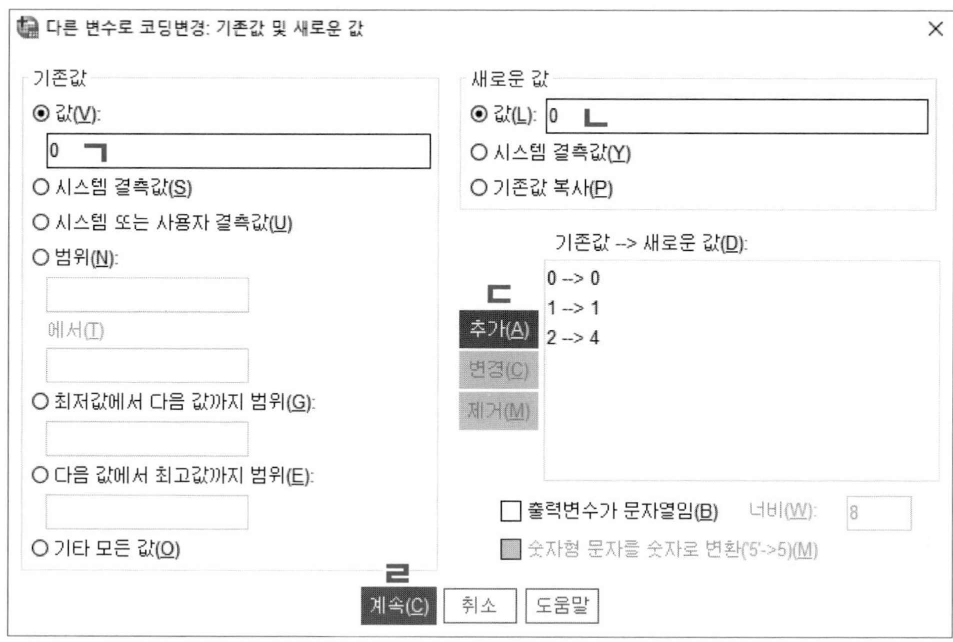

이전 창으로 돌아와서 확인을 클릭한다.

변수 보기 창을 열면 마지막에 '시간제곱' 변인이 새롭게 생성된 것을 확인할 수 있다. 소수점이하자리를 2에서 0으로 바꾸고, 측도를 명목형에서 순서형으로 바꿔 준다.

작업이 끝났으면 변경된 내용을 〈제6장 사회복지사 스트레스 종단.sav〉에 저장한다.

4) 시간 변인의 코딩 이슈

(1) 등간격 반복측정 시간 변인의 다양한 코딩법

앞에서 '시간'과 '시간제곱'을 만들면서 그 코딩값을 각각 0, 1, 2와 0, 1, 4로 잡아 주었다. 이렇게 시간의 시작 시점을 0으로 잡아 주면, 아무런 처치나 개입을 하지 않았을 때, 즉 종속변인에 대한 각종 독립변인의 영향력이 전혀 없는 연구 개시 시점(또는 연구 개시 이전 시점)에서 예상되는 종속변인의 평균, 즉 초깃값을 한 번에 쉽게 구할 수 있고, 그것이 의미하는 바가 무엇인지도 직관적으로 알아챌 수 있다.

그런데 연구를 하다 보면 때로 시간의 시작 시점이 아닌 종료 시점을 0으로 잡아 주는 것이 필요하기도 하다. 즉, 모든 처치나 개입이 완료된 연구 종료 시점에서 예상되는 종속변인의 평균을 알아내는 것이 중요할 때도 있다. 이러한 경우 '시간' 변인의 코딩은 −2, −1, 0으로, '시간제곱'은 −4, −1, 0으로 잡아 준다. 시간의 종료 시점을 0으로 잡으면, '시간'=0에 해당하는 종속변인의 값(=절편)은 모든 처치나 개입이 완료된 연구 종료 시점에서 예상되는 종속변인 평균, 즉 최종값(final value)이 된다.

(2) 등간격 반복측정 시간 변인의 직교코딩

한편, 연구를 하다 보면 시간의 흐름에 따른 종속변인의 선형적 변화 정도만 파악하는 것으로 충분한 때도 있지만, 지금 다루고 있는 예제에서와 마찬가지로 간혹 비선형적 변화 정도도 동시에 파악하는 것이 이론적으로나 실증적으로 필요할 때가 있다. 이러한 경우 '시간' 변인 외에 '시간제곱' 변인을 생성하여 모형에 투입할 수 있다. 심지어 '시간세제곱' 변인을 생성하여 모형에 투입하는 것도 가능하다.[19)]

그런데 변화의 궤적을 정의하는 과정에서 무작정 '시간', '시간제곱', '시간세제곱' 변인을 만들고 이것들을 하나의 모형에 동시에 투입하면 다중공선성 문제가 발생할 수 있다. 다중

19) 종속변인의 관측 시점별 평균을 도표(SPSS의 선형차트 옵션)에 찍어 보고, 그 결과 종속변인의 시간적 변화 양상이 선형적으로 나타났으면 '시간' 변인만 투입하고, 2차 곡선적으로 나타났으면 '시간' 변인 외 '시간제곱' 변인도 투입하며, 3차 곡선적으로 나타났으면 여기에 '시간세제곱' 변인을 추가해 투입할 수 있다.

공선성은 모형추정 결과를 신뢰할 수 없게 만들므로 반드시 해결해야만 한다.

측정 간격이 일정한 두 시간관련 변인 간 높은 상관도와 그에 따른 다중공선성 문제를 해결하는 방법으로 통계학자들은 직교코딩을 제안한다. 직교코딩은 어떤 한 변인이 갖는 속성값들을 전부 더했을 때 그 합이 0으로 도출되게 만드는 코딩 변환 방식이다. 일종의 평균 중심화로 이해하면 된다. 제2장 3. 시간 변인의 코딩에서 이에 대해 자세히 설명하였다.

시간관련 변인을 직교코딩하면, 해당 시간 변인의 '0' 값은 시간의 시작 시점 또는 종료 시점이 아닌, 시간의 평균 시점, 다시 말해 평균적인 관측 시점을 가리키게 된다. 여기 예제에서는 종속변인을 총 3회 측정하였으므로 평균적인 관측 시점은 2회차 측정 시점을 뜻한다. 만약 총 4회 측정하였다면 2회차와 3회차 측정의 중간 시점(2.5회차)을, 만약 총 5회 측정하였다면 3회차 시점을 뜻한다.

만약 총 아홉 차례에 걸쳐 어떤 현상, 가령 생활만족도를 측정하였고, 이때 시간을 직교코딩하였다면 시간이 0일 때는 5회차 관측 시점을 가리킨다. 5회차 시점의 생활만족도 점수가 만약 10점이고 시간 변인의 회기계수가 +7.5라면, 분석결과는 다음과 같이 서술한다. 평균적인 관측 시점(5회차)에서 예상되는 생활만족도 점수는 평균 10점이다. 평균적인 관측 시점(5회차)에서 그다음 관측 시점(6회차)으로 시간이 한 단위 증가할 때 다른 모든 독립변인을 통제한 상태에서 생활만족도는 평균 7.5점 증가한다.

〈표 6-3〉은 측정 회차가 3회부터 10회인 경우 시간 변인의 직교코딩에 관한 사항을 보여준다.

〈표 6-3〉 등간격 반복측정 자료에 대한 직교코딩 계수

k	구분	1	2	3	4	5	6	7	8	9	10
3	1차	−1	0	1							
	2차	1	−2	1							
4	1차	−3	−1	1	3						
	2차	1	−1	−1	1						
	3차	−1	3	−3	1						
5	1차	−2	−1	0	1	2					
	2차	2	−1	−2	−1	2					
	3차	−1	2	0	−2	1					
	4차	1	−4	6	−4	1					

6	1차	−5	−3	−1	1	3	5				
	2차	5	−1	−4	−4	−1	5				
	3차	−5	7	4	−4	−7	5				
	4차	1	−3	2	2	−3	1				
7	1차	−3	−2	−1	0	1	2	3			
	2차	5	0	−3	−4	−3	0	5			
	3차	−1	1	1	0	−1	−1	1			
	4차	3	−7	1	6	1	−7	3			
8	1차	−7	−5	−3	−1	1	3	5	7		
	2차	7	1	−3	−5	−5	−3	1	7		
	3차	−7	5	7	3	−3	−7	−5	7		
	4차	7	−13	−3	9	9	−3	−13	7		
9	1차	−4	−3	−2	−1	0	1	2	3	4	
	2차	28	7	−8	−17	−20	−17	−8	7	28	
	3차	−14	7	13	9	0	−9	−13	−7	14	
	4차	14	−21	−11	9	18	9	−11	−21	14	
10	1차	−9	−7	−5	−3	−1	1	3	5	7	9
	2차	6	2	−1	−3	−4	−4	−3	−1	2	6
	3차	−42	14	35	31	12	−12	−31	−35	−14	42
	4차	18	−22	−17	3	18	18	3	−17	−22	18

출처: Guilford & Frunchter (1978).

여기 예제의 경우 측정 회차가 총 3회이다. 따라서 〈표 6-3〉을 참조하여, 선형적 '시간' 변인의 코딩을 0, 1, 2에서 −1, 0, 1로, 비선형적(2차 곡선) '시간제곱' 변인의 코딩을 0, 1, 4에서 1, −2, 1로 리코딩해 준다. 리코딩 작업은 바로 앞에서 시간관련 변인들의 리코딩 시 수행한 것과 비슷하게, **변환** 메뉴로 가서 **다른 변수로 코딩변경**을 선택하여 실행한다.

기존의 '시간'은 '시간직교'로, 기존의 '시간제곱'은 '시간제곱직교'로 이름을 달리하여 코딩 변경을 완료해 준다. 이어지는 실습에서는 직교코딩을 완료한 시간관련 변인들을 사용할 예정이니, 여기서 반드시 리코딩 작업을 수행, 완료하도록 한다.

작업이 끝났으면 변경된 내용을 〈제6장 사회복지사 스트레스 종단.sav〉에 **저장**한다.

(3) 시간 변인의 비등간격 비율코딩

앞서 '시간' 변인을 코딩할 때 시간의 증가 폭을 0에서 1, 1에서 2, 2에서 3, 이런 식으로 1씩 일정하게 올라가게끔 잡아 주었다. 이렇게 하면 각 시간 구간에서 발생하는 종속변인의 선형적 변화 정도(증가율)를 쉽게 계산할 수 있다.

이는 '시간제곱' 변인에도 마찬가지로 적용되는 바이다. 앞의 예제에서 '시간제곱' 변인의 코딩을 0, 1, 4로 잡음으로써 제곱 단위로 일정하게 올라가게 설정하였다. 이렇게 하면 각 시간 구간(0 → 1, 1 → 2, 2 → 3, …)에서 발생하는 종속변인의 비선형적(여기서는 2차 곡선) 변화 정도를 쉽게 추정할 수 있다.

그런데 통계모형은 간단할수록 좋다. 따라서 모형추정 결과 '시간'과 '시간제곱'이 동시에 통계적으로 유의미한 것으로 확인되었다면, 모형의 간명성 제고라는 측면에서 시간의 선형적 효과와 2차 곡선적 효과를 합쳐 하나의 시간 변인에 반영하고, 단일 시간 변인만 포함한 연구모형을 최종모형으로 결정하는 식으로 '시간' 변인을 리코딩하는 것을 권장한다. 즉, 시간 변인의 차수를 비선형적 1차로 바꾸는 것을 권장한다.

선형적 시간 변인과 비선형적 시간제곱 변인을 합쳐 하나의 비선형적 시간 변인(차수 1)을 만들기 위해서는 먼저 모형에 투입하는 단일 '시간' 변인의 초깃값을 0, 최종값을 1로 코딩해 준다. 그다음, 관심 현상을 총 k번을 측정한 경우 $(k-2)$번의 측정 회차에 대응하는 종속변인의 값(들)이 시간 변인과 2차 곡선의 관계를 가지도록 0~1의 범위에서 '시간' 변인의 속성값(들)을 적절하게 리코딩한다. 즉, 동일했던 측정 간격을 다르게 조정해 준다. 여기서는 총 3회 측정했으므로, '시간' 변인의 코딩을 원래의 등간격, 즉 $t=0, 1, 2$에서 비(非)등간격 비율로 리코딩해 준다. 이렇게 시간을 0과 1 사이 어딘가 위치한 값들로 비등간격 비율로 코딩하면, 시간의 흐름에 따른(0 → 1) 종속변인의 변화를 조사대상 전 기간에 걸친 변화, 즉 전반적인 경향(trend)의 관점에서 파악할 수 있다.

좀 더 구체적으로, 가령 관심 현상을 총 세 번 측정했고, 모형추정 결과 시간의 변화에 따른 종속변인의 변화가 측정 초반에는 가팔랐다가 후반에 완만해지는 패턴으로 확인되었다면, '시간' 변인의 코딩을 원래의 $t=0, 1, 2$에서 $t'=0, 0.7, 1$로 리코딩해 주는 식이다. 만약 관심 현상을 총 세 번 측정했고, 모형추정 결과 시간의 변화에 따른 종속변인의 변화가 측정 초반에는 완만했다가 후반에 가팔라지는 패턴으로 확인되었다면, '시간' 변인의 코딩을 원래의 $t=0, 1, 2$에서 $t'=0, 0.3, 1$로 리코딩해 준다. 이렇게 하면 하나의 회기식 안에 '시간'과 '시간제곱'을 동시에 추정해야 할 필요가 사라지고, 회기식에는 비선형적 '시간' 변인(1차수)

하나만 남길 수 있게 되어 모형의 간명성을 제고할 길이 열린다.

여기서 한 가지 고려해야 할 사항은, '시간' 변인의 속성(t)값을 0과 1 사이에서 어떻게 리코드할 것이냐, 즉 어떻게 그 간격을 조정할 것이냐의 문제이다. 예컨대, 앞에서 $t=0.7$로 코딩을 한 경우, 0.7이 0.8이나 0.6보다 종속변인의 변화 경향을 좀 더 정확히 보여 준다는 것을 어떻게 증명하냐는 문제가 제기된다.

안타깝게도 그 값을 필수적으로 알려 주는 잠재성장 모형에 입각한 구조방정식과 달리, 다층성장 모형에 입각한 종단분석에서는 이에 대한 뚜렷한 해답은 없다. 무식하게 들릴 수 있지만 다층종단분석에서는 이전 단계의 모형검증 결과에서 얻은 '시간'과 '시간제곱' 변인의 고정기울기 추정값들을 토대로 시간과 종속변인의 2차 곡선적 관계가 점차 증가하는지(+) 혹은 점차 감소하는지(−) 패턴을 파악한 후, 모형에 '시간' 변인의 리코딩 t 값을 하나씩 집어넣어 가면서 각각의 AIC, BIC 지수들을 계산하여 비교하고, 이를 토대로 가장 준수한 적합도를 보이는 모형의 t 값을 선택하는, 다소 수동적인 반복 작업을 해 주는 것 외에 뚜렷하게 '시간' 변인의 속성(t)값을 선택하는 방법은 없다. 이에 대해서는 뒤에서 예제를 통해 좀 더 자세히 설명하겠다.

5) 다층종단분석을 위한 성장 모형 구축 및 검증

(1) 성장 모형의 통계식

앞 단계에서 수평적으로 배열된 자료의 구조를 수직적으로 바꾸어 주었다. 그리고 시간 관련 변인들의 속성값도 리코드하여 각각 '시간직교'와 '시간제곱직교'라는 새로운 변인명으로 파일에 저장하였다.[20)]

자료의 배열 구조와 시간관련 변인의 리코딩을 모두 마쳤으니, 이제 다층종단분석을 위한 기본적인 준비는 끝냈다. 이제 분석의 기본이 되는 제1수준 성장 모형을 설정할 차례이다.

개별 사회복지사(i)를 대상으로 t회차에 측정한 '스트레스' 점수를 스트레스$_{ti}$라고 했을 때, 스트레스$_{ti}$는 일정한 변화(=성장) 궤적과 오차의 함수로 정의될 수 있다. 그리고 이 일

20) 애초 모형에는 '시간'과 '시간제곱' 변인을 동시에 투입하여 시간의 흐름에 따른 종속변인('스트레스')의 비선형적 변화를 포착해 낼 예정이었는데, 다중공선성 문제가 염려되어 직교코딩한 '시간직교'와 '시간제곱직교'를 대신 모형에 투입하는 것으로 계획을 변경하였음을 다시 한번 밝히는 바이다. '시간직교'와 '시간제곱직교'의 리코딩 과정은 그림으로 설명하지 않았으니, 만약 앞에서 리코딩을 하지 않은 독자가 있다면 다음 단계로 넘어가기에 앞서 필히 해당 변인의 리코딩을 직접 완료하고 파일(〈제6장 사회복지사 스트레스 종단.sav〉)에 저장해 두길 바란다.

정한 변화 궤적은 측정 횟수가 총 k회라고 했을 때 $(k-1)$ 차의 고차 다항식으로 표현될 수 있다. 여기 예제에서는 '스트레스'를 총 3회 측정하였다. 그러므로 제1수준 성장 모형은 최대 2차 다항식으로까지 표현될 수 있다.

스트레스$_{ti}$에 관한 제1수준 성장 모형을 등식으로 정리하면 다음과 같다.

$$\text{스트레스}_{ti} = \pi_{0i} + \pi_{1i}a_{ti} + \pi_{2i}a_{ti}^2 + \epsilon_{ti} \qquad \cdots\cdots \langle \text{식 } 6\text{-}1 \rangle$$

〈식 6-1〉에서 π_{0i}는 절편으로, 개별 사회복지사(i)에게서 얻은 모든 회차 스트레스 관측치들을 평균 낸 값이다. 즉, 측정 회차와 관련 없이 특정 사회복지사를 대상으로 얻은 모든 스트레스 관측치의 평균으로, 여기에는 시간의 효과가 반영되어 있지 않다.[21), 22)] π_{1i}는 제1수준 시변 독립변인 시간(α)의 기울기로, 시간의 한 단위 증가에 따른 사회복지사(i) 스트레스 점수의 선형적인 평균 증감 정도(=선형적 변화율)를 나타낸다. π_{2i}는 시간제곱(α^2)의 기울기로, 시간의 한 단위 증가에 따른 사회복지사(i) 스트레스 점수의 2차 곡선적인 평균 증감 정도(=2차 곡선적 변화율)를 나타낸다. 다른 맥락에서 π_{2i}는 선형적 변화율(π_{1i})의 변화 정도(가속 또는 감속)로 이해할 수도 있다. 마지막으로 ϵ_{ti}는 오차항으로, 개별 사회복지사(i)를 대상으로 t회차에 측정한 스트레스 예측값에 낀 분산을 나타낸다. 즉, ϵ_{ti}는 종속변인 '스트레스'의 총분산 중 절편 및 기타 독립변인에 의해 설명된 분산을 제외하고 남은 부분과 같다.

(2) 제1수준 공분산 구조

실측값과 예측값의 차이를 반영하는 성장 모형 내 ϵ_{ti}는 제1수준에서 설명되지 않고 남은 종속변인의 분산 분이다. 따라서 모형을 추정하는 과정에서 연구자는 그 분포에 대해 일정한 가정을 해야만 한다. 가장 기본이 되는 가정은 평균 0을 중심으로 잔차가 정규 분포를 그리며 측정 회차별로 분산이 동일하다는 것[$\epsilon_{ti} \sim \mathrm{N}(0,\ \sigma_\epsilon^2)$]인데, 다층종단분석에서는 반복측

---

21) 모든 회차라는 것은 뒤집어 말해 회차 무관을 뜻하고, 회차 무관이란 시간 개념을 고려하지 않는다는 것을 뜻한다. 시간 개념을 고려하지 않는다는 것은 통계모형상으로 시간이 0일 때를 말한다. 시간이 0일 때란 시간 변인이 y축과 맞닥뜨리는 시점을 뜻한다. 따라서 일반적인 코딩을 고려하면 종단분석에서 절편(π_{0i})은 통상 종속변인의 초깃값을 의미하는 것으로 이해할 수 있다.

22) 다만 여기 예제에서는 0, 1, 2로 코딩된 '시간' 대신 −1, 0, 1로 코딩된 '시간직교' 변인을 사용한다. 따라서 절편은 종속변인의 1회차(초기) 측정의 평균이 아닌, 2회차(평균적인 관측 시점, 3회 관측 중 평균 시점은 2회차) 측정 평균으로 이해해야만 함에 주의한다.

정 데이터 간 관계가 워낙 복잡하여 이 기본 가정의 위배를 허용하는 다양한 가정을 추가로 설정하곤 한다(Kwok, West, & Green, 2007; Wolfinger, 1996).

반복측정 데이터를 다루는 다층종단분석에서 활용하는 가장 간단한 제1수준 오차항 구조 가정은 척도화 항등(scaled identity)이다. 척도화 항등은 측정 회차별 잔차의 분산(σ^2)이 같고 이들 사이에 상관관계가 없음을 전제한다. 따라서 척도화 항등 행렬에는 〈식 6-2〉와 같이 추정 모수가 단 하나(σ^2)만 들어간다.

$$\sigma^2\begin{bmatrix}1\,0\,0\\0\,1\,0\\0\,0\,1\end{bmatrix} \quad \cdots\cdots \text{〈식 6-2〉}$$

반복측정 횟수가 많지 않고[23] 회차별 관측값 간 상관성을 밝히는 것이 연구의 주목적이 아니라면, 제1수준(개체 내) 오차항 구조로 척도화 항등을 사용하는 데 큰 문제는 없다. 그러나 척도화 항등은 신뢰할 만한 모형추정 결과를 담보하지 않는다. 반복측정 자료는 대부분 측정 회차별 관측치 간 상관도가 어느 정도 있기 때문이다. 특히 측정 시점이 가까울수록 상관성은 높게 나타난다. 따라서 척도화 항등 이외의 공분산 구조를 적용해야만 할 때가 비교적 흔하다.

잔차의 분산에 대한 가정으로 많이 쓰이는 또 다른 공분산 구조로 복합대칭(compound symmetry)과 대각(diagonal)이 있다. 복합대칭은 측정 회차별 잔차의 분산(σ^2)이 같고 이들 간의 공분산(σ_c)이 있으면서 이들이 같음을 전제한다(〈식 6-3〉).[24] 이와 대조적으로 대각은 측정 회차별 잔차의 분산이 다르고 이들의 상관도가 0임을 전제한다(〈식 6-4〉).

$$\begin{bmatrix}\sigma_\epsilon^2\,\sigma_c\,\sigma_c\\\sigma_c\,\sigma_\epsilon^2\,\sigma_c\\\sigma_c\,\sigma_c\,\sigma_\epsilon^2\end{bmatrix} \quad \cdots\cdots \text{〈식 6-3〉}$$

$$\begin{bmatrix}\sigma_1^2 & 0 & 0\\0 & \sigma_2^2 & 0\\0 & 0 & \sigma_3^2\end{bmatrix} \quad \cdots\cdots \text{〈식 6-4〉}$$

23) 경험칙상 반복측정 횟수는 3회 또는 4회이다.

24) 이를 구형도(sphericity) 가정이라고 한다. 즉, 복합대칭은 구형도 가정이 충족되는 경우 활용하는 제1수준 공분산 구조 유형이다.

앞서 말했다시피 반복측정 자료는 상호 상관도가 높을 수 있다. 그런데 척도화 항등, 복합대칭, 대각은 모두 회차별 자료 간 상관도를 반영하지 않는다. 이와 대조적으로 자기회귀(autoregressive)는 측정 회차별 잔차의 분산(σ^2)이 같고 공분산 간 상관도가 있으며 특히 측정 회차가 가까울수록 그 강도가 세다는 것을 전제한다(〈식 6–5〉). 상관도는 인접한 두 개의 측정 데이터 간 상관관계를 나타내는 자기회기계수 로(ρ)로 표현하며($|\rho| \leq 1$), 자료의 측정 회차 간 거리가 멀어질수록 그 크기는 작아진다(ρ^2, ρ^3, …).

$$\sigma^2 \begin{bmatrix} 1 & \rho & \rho^2 \\ \rho & 1 & \rho \\ \rho^2 & \rho & 1 \end{bmatrix} \quad \cdots\cdots \text{〈식 6–5〉}$$

자기회귀는 측정 회차별 등분산을 가정하지만 때로 그 분산의 크기가 다를 수 있다. 자기회기 이질(heterogeneous autoregressive)은 측정 회차별 잔차의 분산(σ^2)이 다르고 공분산 간 상관도가 측정 회차가 가까울수록 강하다는 것을 전제한다(〈식 6–6〉).

$$\begin{bmatrix} \sigma_1^2 & \sigma_2\sigma_1\rho & \sigma_3\sigma_1\rho^2 \\ \sigma_2\sigma_1\rho & \sigma_2^2 & \sigma_3\sigma_2\rho \\ \sigma_3\sigma_1\rho^2 & \sigma_3\sigma_2\rho & \sigma_3^2 \end{bmatrix} \quad \cdots\cdots \text{〈식 6–6〉}$$

한편, 자기회귀 이질과 대조적으로, 비구조(unstructured) 공분산 구조는 각 측정 회차별 잔차의 분산(σ^2)도 다르고 공분산도 상관성 없이 서로 다르다는 것을 전제한다(〈식 6–7〉). 비구조는 반복측정 횟수가 5를 넘는 경우에는 해석이 곤란할 만큼 복잡한 결과를 도출할 수 있어 사용에 주의가 요구된다.

$$\begin{bmatrix} \sigma_1^2 & \sigma_{21} & \sigma_{31} \\ \sigma_{21} & \sigma_2^2 & \sigma_{32} \\ \sigma_{31} & \sigma_{32} & \sigma_3^2 \end{bmatrix} \quad \cdots\cdots \text{〈식 6–7〉}$$

앞에서 살펴본 척도화 항동, 복합대칭, 대각, 자기회기, 자기회기 이질, 비구조 외에도 제1수준 오차항 추정에 활용될 수 있는 공분산 구조는 많고 다양하다. 핵심은 간단한 형태를 띠면서도 주어진 자료를 가장 잘 표현해 낼 수 있는 간명한 공분산 구조 유형을 찾아 활용해야 한다는 점이다.

그렇다면 최적의 공분산 구조를 어떻게 찾아낼 수 있을까? 여기에는 어떤 확정적인 해결책이 있지는 않다. 자료에 대한 철저한 사전분석과 이해를 바탕으로, 적합할 것으로 예상되는 공분산 구조를 몇 개 골라 시험적으로 적용해 보고, 그 가운데 가장 좋은 모형 적합도(AIC, BIC 등)를 산출하는 유형을 최종적으로 선택하는 것이 그나마 현실적인 해결책이라고 말할 수 있을 뿐이다(Heck et al., 2013).

물론 자료를 민감하게 반영하는 비구조 같은 복잡한 공분산 구조를 처음부터 선택하여 분석을 진행할 수는 있다. 그러나 공분산 구조는 복잡할수록 모형 수렴 실패 가능성이 커진다. 따라서 무턱대고 처음부터 고차원적인 공분산 구조를 선택하는 것은 그리 현명한 접근이 아니다.

(3) 모형 I

횡단적인 다층분석에서는 기초모형(무조건모형)에서 절편의 무선효과 크기 및 유의성을 짚는 것만으로 족하다. 그런데 여기 예제에서는 종단분석 사례를 다룬다. 그러므로 절편의 무선효과만 살피는 것은 부족하며, 시간관련 변인들의 고정효과를 무선절편과 함께 다룸으로써 기초모형에서 다층분석과 종단분석 실시의 경험적 정당화를 동시에 확보하는 것이 추천된다.[25]

이러한 점을 고려하여, 기초모형이자 무조건모형인 모형 I에서는 연구문제 1번('사회복지사의 스트레스에 개인차가 존재하는가?')과 더불어 연구문제 2번('시간의 변화에 따라 사회복지사의 스트레스가 변화하는가?') 및 3번('만약 변화한다면 그 궤적은 어떠한가? 선형적인가 비선형인가?')을 한꺼번에 다루고자 한다.

개별 사회복지사(i)를 대상으로 t회차에 측정한 '스트레스' 값인 $스트레스_{ti}$의 제1수준 성장 모형 등식을 앞에서 〈식 6-1〉로 정리하였다. 여기서 개별 사회복지사(i)를 대상으로 얻은 모든 시점[26] 스트레스 관측치들의 평균(π_{0i})은 절편으로서, 이 절편은 모든 사회복지사의 모든 시점 스트레스 관측치들의 평균(β_{00})[27]에서 개별 사회복지사(i)의 모든 시점 스

25) 간단히 말해, 종단분석인데 기초모형에서 종단분석인 티를 전혀 안 내면 이상하니, 기초모형에서 티를 좀 내자는 얘기이다.

26) 앞에서도 언급했지만, 모든 시점이란 회차 무관을 의미한다. 시간의 개념이 반영되지 않은 상태, 즉 시간이 0인 상황으로 이해하면 된다. 시간이 0일 때란 통계모형상 시간 변인이 y축과 맞닥뜨리는 시점으로, 이때의 Y 값이 바로 절편이다.

27) 시간이 0, 1, 2로 코딩되었다면 β_{00}은 최초 관측 시점의 스트레스 평균(스트레스 초깃값)을 의미한다. 그런

트레스 관측치들의 평균(β_{0i})이 벗어난 정도(μ_{0i})로 나누어 볼 수 있다. 즉, 절편의 고정효과와 무선효과로 나누어 볼 수 있다.

$$\pi_{0i} = \beta_{00} + \mu_{0i} \qquad \cdots\cdots \langle 식\ 6\text{-}8 \rangle$$

한편, 〈식 6-1〉에는 시간관련 변인들이 두 개 포함되어 있다. 하나는 선형적, 다른 하나는 비선형적 변화를 반영할 목적으로 포함되었는데, 시간관련 변인 두 개가 하나의 모형에 동시에 투입됨으로써 발생할 수 있는 다중공선성 문제를 염려하여 본래의 변인을 직교코딩한 '시간직교'와 '시간제곱직교'를 대신 투입하기로 하였다.

모형 I에서는 이 두 시간관련 변인들의 고정효과만 살피기로 한다. 즉, 시간의 흐름에 따라 '스트레스'가 직선적으로 변하는지 아니면 2차 곡선적으로 변하는지만 살펴 개체 내부적 차이만 확인하고, '스트레스' 변화 궤적에 개인차가 있는지는 확인하지 않기로 한다. 시간변인의 무선효과는 연구문제 4번에 답하는 모형 II에서 살피기로 한다.

$$\pi_{1i} = \beta_{10} \qquad \cdots\cdots \langle 식\ 6\text{-}9 \rangle$$

$$\pi_{2i} = \beta_{20} \qquad \cdots\cdots \langle 식\ 6\text{-}10 \rangle$$

〈식 6-9〉는 '시간직교'(α)의 기울기(π_{1i}), 즉 시간의 한 단위 증가에 따른 개별 사회복지사(i) '스트레스'의 선형적인 평균 증감 수준을 모든 사회복지사의 평균 증감 수준(β_{10})에 고정하였다는 것을 의미한다. 마찬가지로, 〈식 6-10〉은 '시간제곱직교'(α^2)의 기울기(π_{2i}), 즉 시간의 한 단위 증가에 따른 개별 사회복지사(i) '스트레스'의 2차 곡선적인 평균 증감 수준을 모든 사회복지사의 평균 증감 수준(β_{10})에 고정하였다는 것을 의미한다.

선형적이든 비선형적이든 모든 사회복지사의 평균에 고정했다는 것은 시간관련 변인들이 발생시키는 효과에 사회복지사 간 개인차가 없도록 조치하였다는 것, 다시 말해 시간관련 변인들의 기울기를 오로지 고정기울기 측면에서만 살피고 무선기울기 측면에서는 살피지 않겠다는 것을 뜻한다.

〈식 6-8〉, 〈식 6-9〉, 〈식 6-10〉을 맨 처음의 기본 성장 모형인 〈식 6-1〉에 대입해 넣으면 모형 I의 통계식은 다음과 같이 최종적으로 정리된다.

데 여기 예제에서는 −1, 0, 1로 코딩된 '시간직교' 변인을 사용할 것이다. 따라서 β_{00}은 세 번의 측정 시도 중 평균적인 시점, 즉 2회차에서 관측한 스트레스의 평균을 의미한다.

$$스트레스_{ti} = \beta_{00} + \beta_{10}시간직교_{ti} + \beta_{20}시간제곱직교_{ti} + \mu_{0i} + \epsilon_{ti}$$

…… 〈식 6-11〉

통계모형 정리를 마쳤으므로 이제 모형을 자료에 적합시켜 보자. 모형검증을 위한 공분산 구조 유형으로 제1, 제2수준 모두 **척도화 항등**[28]을 선택하여 적용한다.

앞에서 '시간직교'(α)와 '시간제곱직교'(α^2)의 리코딩 작업을 마친 후 저장해 둔 예제파일 〈제6장 사회복지사 스트레스 종단.sav〉를 불러온다. 파일이 열리면 **분석** 메뉴에서 **혼합 모형**을 선택한다. 드롭다운 메뉴가 뜨면 **선형**을 선택한다.

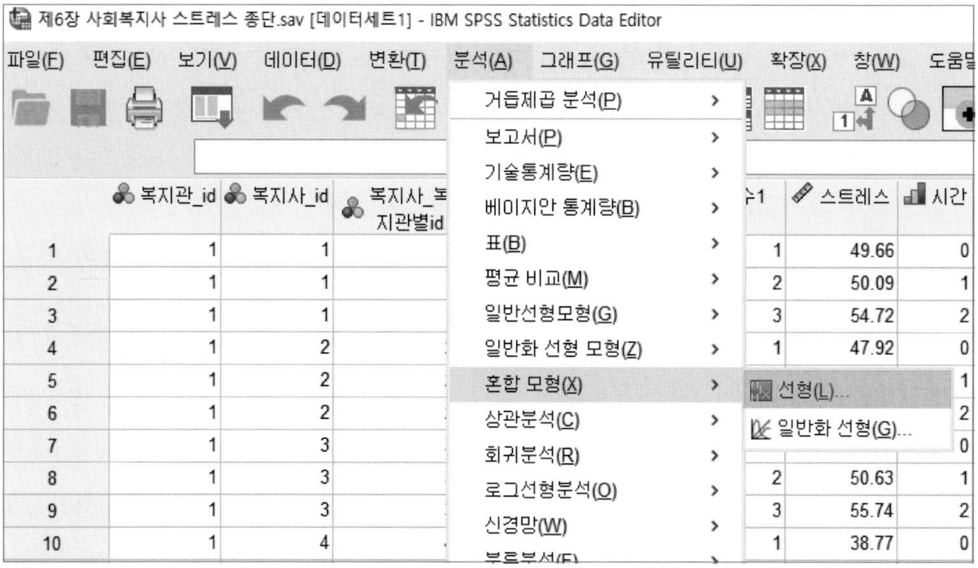

제6장 사회복지사 스트레스 종단.sav [데이터세트1] - IBM SPSS Statistics Data Editor

파일(F) 편집(E) 보기(V) 데이터(D) 변환(T) 분석(A) 그래프(G) 유틸리티(U) 확장(X) 창(W) 도움말

거듭제곱 분석(P) / 보고서(P) / 기술통계량(E) / 베이지안 통계량(B) / 표(B) / 평균 비교(M) / 일반선형모형(G) / 일반화 선형 모형(Z) / 혼합 모형(X) / 상관분석(C) / 회귀분석(R) / 로그선형분석(O) / 신경망(W) / 분류분석(F)

혼합 모형(X) > 선형(L)... / 일반화 선형(G)...

	복지관_id	복지사_id	복지사_복지관별id	…1	스트레스	시간
1	1	1		1	49.66	0
2	1	1		2	50.09	1
3	1	1		3	54.72	2
4	1	2		1	47.92	0
5	1	2				1
6	1	2				2
7	1	3				0
8	1	3		2	50.63	1
9	1	3		3	55.74	2
10	1	4		1	38.77	0

선형 혼합 모형: 개체 및 반복 지정 창이 뜨면,

ㄱ: 왼쪽의 변인 목록 박스에서 '복지사_id'를 선택해 오른쪽의 **개체**[29] 박스로 옮기고

28) 제1수준 오차항[개체 내 차이(시변요인)에 기인하는 종속변인의 미설명 분산 분]과 제2수준 오차항[개체 간 차이(시불변요인)에 기인하는 종속변인의 미설명 분산 분]을 추정하는 방식으로 척도화 항등을 선택한다. 기초모형 단계에서는 보통 가장 간단한 구조를 띠는 척도화 항등 유형을 선택해 적용하는 것이 일반적이다. 이후 차차 가장 좋은 모형적합도를 보이는 복잡한 공분산 구조 유형을 선별해 적용할 수 있다.

29) 개체란 무선효과를 발생시키는 독립적인 관측 대상을 가리킨다. 여기 예제에서는 개별 사회복지사가 그러한 관측 대상이다.

ㄴ: 마찬가지로 왼쪽 변인 목록 박스에서 '지수1'을 선택해 오른쪽의 **반복**[30] 박스로 옮긴다.

ㄷ: 곧바로 **반복 공분산 유형**의 드롭다운 메뉴가 활성화되는데, 여기서 **척도화 항등**을 선택한 후

ㄹ: **계속**을 누른다.

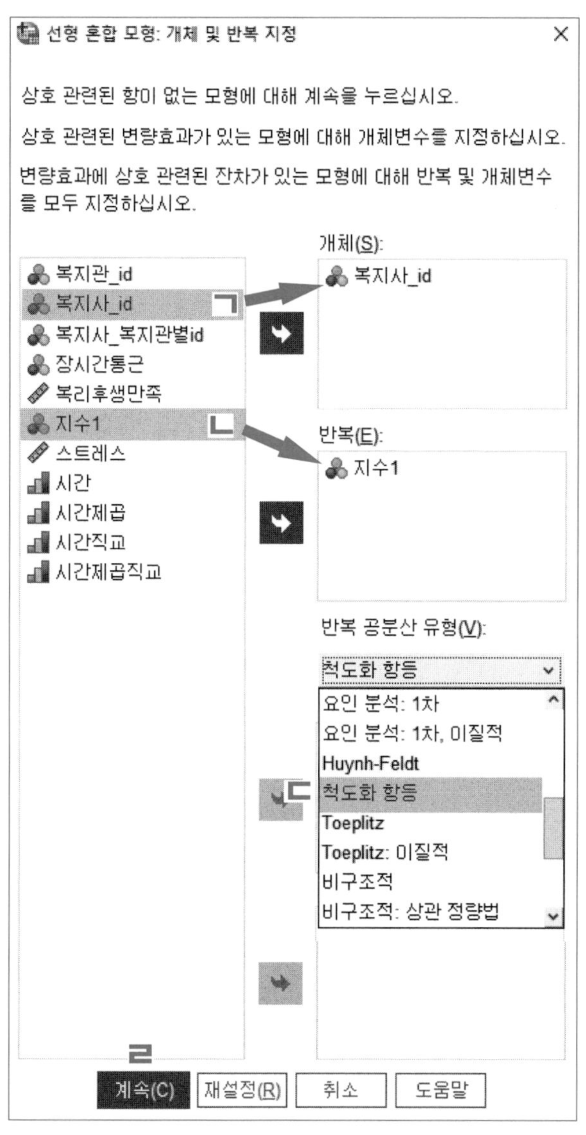

30) 반복 박스에 측정 회차 정보를 담고 있는 '지수1'을 옮겨 넣음으로써 SPSS에 종단분석을 하겠다는 메시지를 입력한다.

선형 혼합 모형 창이 뜨면,

ㄱ: 왼쪽의 변인 목록 박스에서 '스트레스'를 선택해 오른쪽의 **종속변수** 쪽으로 옮기고,

ㄴ: 마찬가지로 왼쪽 변인 목록 박스에서 '시간직교'와 '시간제곱직교'를 선택해[31] 오른쪽 **공변량**[32] 박스로 옮긴다.

ㄷ: 오른쪽 상단의 **고정**을 누른다.

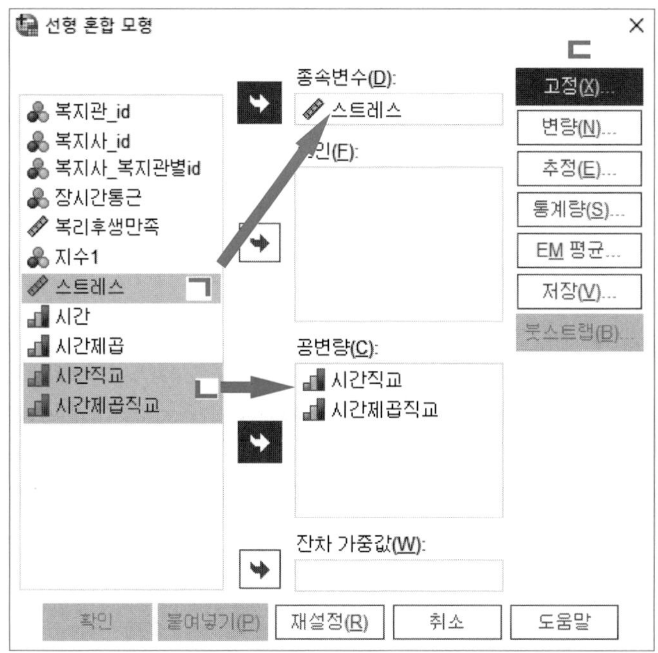

31) 여러 번 얘기했지만, 본래의 '시간'과 '시간제곱' 변인을 함께 모형에 투입하면 다중공선성 문제가 대두되므로 선제적으로 이를 해결한 직교코딩이 완료된 시간 변인들을 대신 투입한다.

32) '시간직교'와 '시간제곱직교' 변인은 측정수준이 서열이므로 엄밀히 말해 요인으로 다루는 것이 맞지만, 연속변수로서의 속성도 함께 지니므로 여기서는 공변량으로 다룬다. 공변량으로 다루는 것이 추후 결과 해석에도 용이하다.

선형 혼합 모형: 고정 효과 창이 뜨면,

ㄱ: 고정 효과에서 항 설정을 클릭하고,

ㄴ: 요인 및 공변량에서 '시간직교'와 '시간제곱직교'를 선택한 상태에서

ㄷ: 중간 부분의 드롭다운 메뉴를 떨어뜨려 주효과를 선택한 후

ㄹ: 추가를 눌러 준다.

ㅁ: 모형 박스 안으로 '시간직교'와 '시간제곱직교'가 이동한 것을 확인한 후, 맨 아래 계속을 누른다.

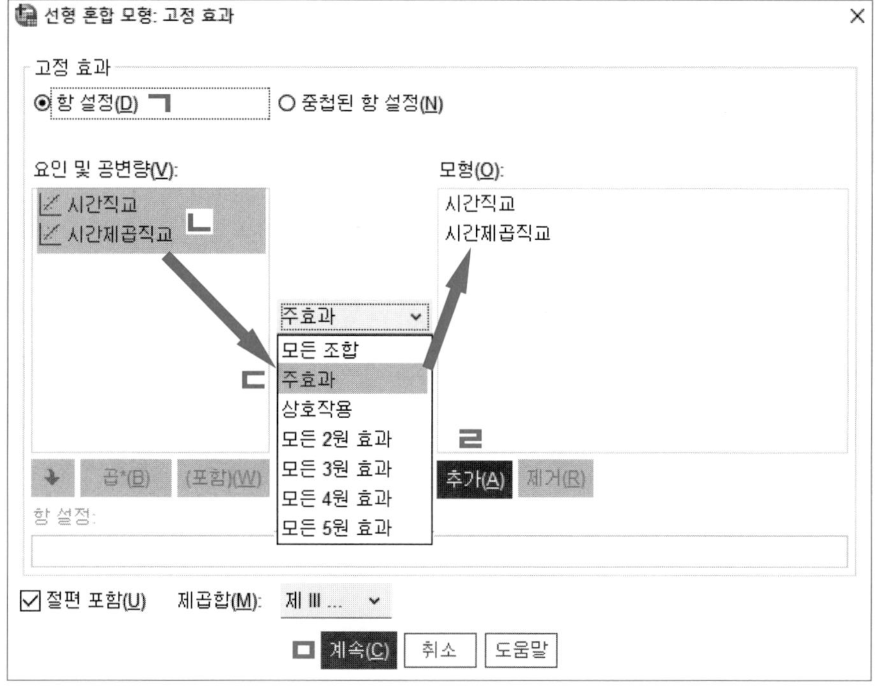

다시 선형 혼합 모형 창으로 돌아오면,

ㄱ: 변량을 눌러 준다.

선형 혼합 모형: 변량효과 창이 뜨면,

ㄱ: 변량효과의 공분산 유형으로 척도화 항등을 선택하고

ㄴ: 변량효과에서 절편 포함[33])을 체크한다.

ㄷ: 개체 집단의 개체 박스에 들어 있는 '복지사_id'를 오른쪽 조합 박스로 옮긴다.[34])

ㄹ: 계속을 누른다.

---

33) 절편(π_{0i})의 구성에 무선효과(μ_{0i})를 추가하라는 명령이다.

34) 절편에 무선효과를 발생시키는 상위수준의 분석단위로 '복지사_id'를 사용하라는 명령이다.

앞의 선형 혼합 모형 창이 다시 나타난다. 이때,

ㄱ: 추정을 누른다.

ㄴ: 선형 혼합 모형: 추정 창이 뜨면, 방법에서 디폴트로 표시되어 있는 제한최대우도 옵션을 확인한 후

ㄷ: 나머지 옵션은 그대로 놔둔 채 계속을 누른다.

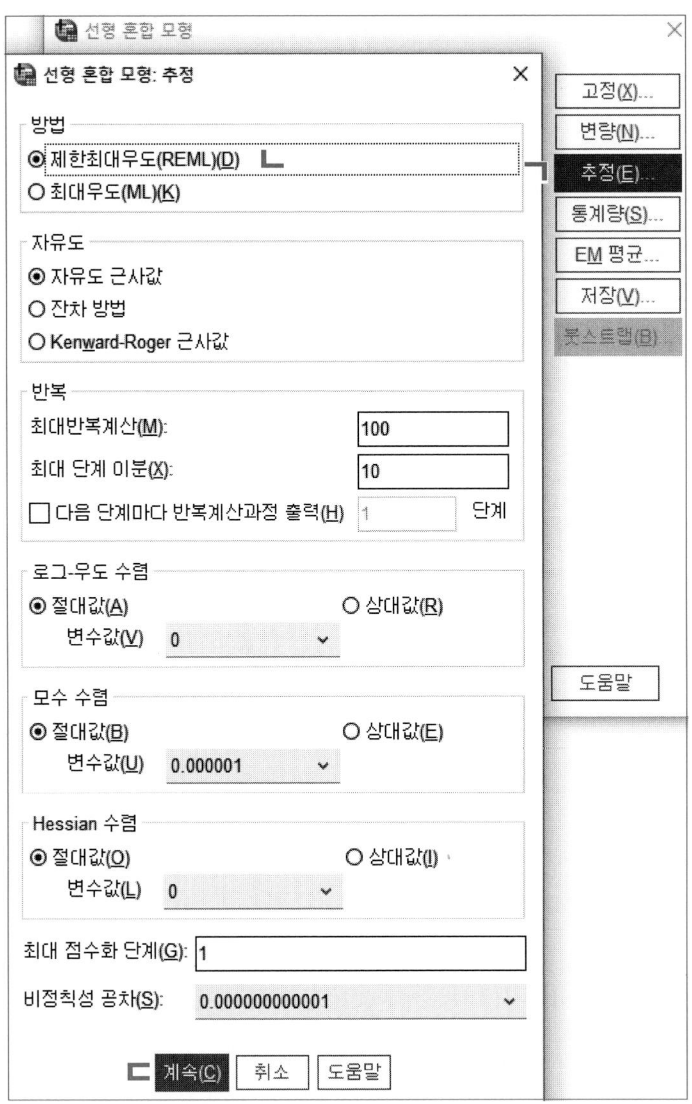
선형 혼합 모형
선형 혼합 모형: 추정
방법
제한최대우도(REML)(D)
최대우도(ML)(K)
자유도
자유도 근사값
잔차 방법
Kenward-Roger 근사값
반복
최대반복계산(M):
100
최대 단계 이분(X):
10
다음 단계마다 반복계산과정 출력(H)
1
단계
로그-우도 수렴
절대값(A)
상대값(R)
변수값(V)
0
모수 수렴
절대값(B)
상대값(E)
변수값(U)
0.000001
Hessian 수렴
절대값(O)
상대값(I)
변수값(L)
0
최대 점수화 단계(G):
1
비정칙성 공차(S):
0.000000000001
계속(C)
취소
도움말
고정(X)...
변량(N)...
추정(E)...
통계량(S)...
EM 평균...
저장(V)...
붓스트랩(B)...
도움말

앞의 선형 혼합 모형 창이 다시 나타난다. 이때,

ㄱ: 통계량을 누른다.

ㄴ: 선형 혼합 모형: 통계량 창이 뜨면, 모형 통계량에서 고정 효과에 대한 모수 추정값, 공분산 모수 검정, 변량효과 공분산을 차례로 체크한 후,

ㄷ: 계속을 누른다.

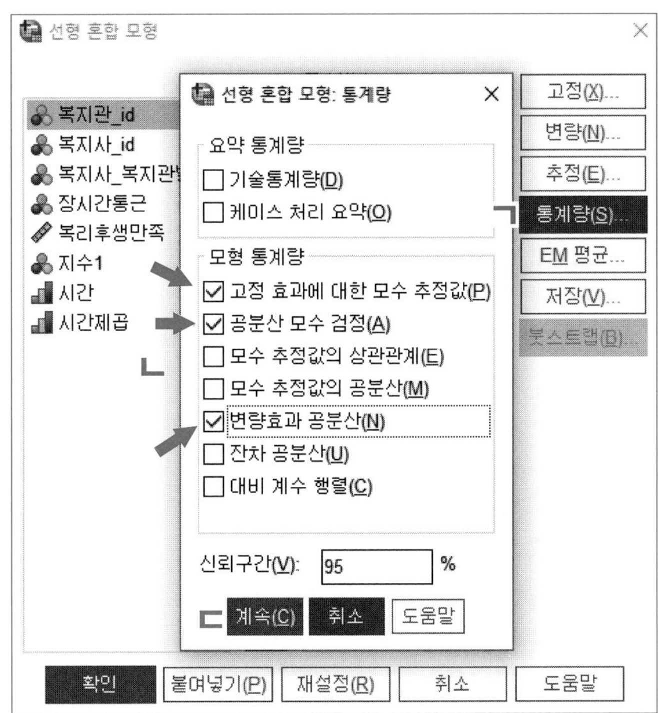

앞의 선형 혼합 모형 창이 다시 나타난다. 모든 설정이 완료되었으므로,

ㄱ: 확인을 누른다.

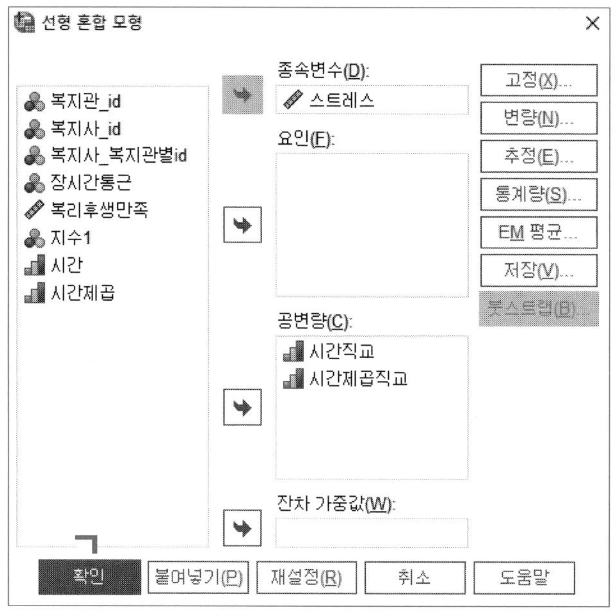

출력결과 창을 열면 혼합 모형 분석 결과를 볼 수 있다.

〈표 6-4〉는 모형 I의 고정효과 추정값들을 보여 준다. 표에 따르면, 모든 사회복지사의 모든 시점 '스트레스' 값들의 평균, 엄밀히 말하여 평균적인 관측 시점(2회차 관측 시점)에서의 사회복지사 평균 '스트레스' 점수는 52.94점이다.[35], [36]

또한 시간이 평균적인 측정 시점(즉, 2회차)에서 그다음 측정 시점(즉, 3회차)으로 한 단위 변할 때 사회복지사의 '스트레스'는 평균 4.1498점[4.2311−0.0813=4.1498] 증가한다. 만약 시간이 이보다 한 단위 더 늘면?[37] 사회복지사의 '스트레스'는 평균 8.1370점[(2×4.2311)−(4×0.0813)=8.4622−0.3252=8.1370] 증가한다. 시간이 한 단위 또 변하면? '스트레스'는 평균 11.9616점[(3×4.2311)−(9×0.0813)=12.6933−0.7317=11.9616] 증가한다. 또 한 단위 변하면?

---

35) 시점 무관이란 개념적으로 시간적 측면을 고려하지 않는다는 것을 말하며, 통계모형상으로는 시간이 0일 때를 말한다. 그래서 종단분석에서 통상 절편은 초깃값을 가리킨다. 그런데 여기서는 0, 1, 2로 코딩된 '시간' 대신 −1, 0, 1로 코딩된 '시간직교'를 썼다. 따라서 절편은 초깃값이 아닌 평균적인 관측 시점, 즉 3회차 중 2회차 시점의 평균 스트레스 값을 나타내는 것으로 이해할 수 있다.

36) 따라서 엄밀하게 말하면 52.94라는 점수는 관측 시점과 무관한 사회복지사 평균 '스트레스' 점수라기보다는 평균적인 관측 시점(2회차 시점)에서 예상되는 사회복지사들의 평균 '스트레스' 점수이다. 시점 무관이라고 했다가 2회차 시점이라고 하니 약간 이상하게 들릴 수 있지만, 코딩에 따른 해석상의 문제로 생각하고 넘어가자.

37) 여기 예제에서는 관측을 총 3회밖에 하지 않았다. 그러므로 4회 이상 관측값에 대한 예상은 관찰하지 않은 것에 대한 일반화로서, 통계학적으로는 그리 권장되지 않는 외삽(extrapolation)이란 점을 미리 밝혀 둔다.

스트레스는 평균 15.6236점[(4×4.2311)−(16×0.0813)=16.9244−1.3008=15.6236] 증가한다. 이 패턴을 자세히 보면 알겠지만, '스트레스'의 변화율은 초반에 가파르게 상승하지만(4.2311 → 8.4622 → 12.6933 → 16.9244), 시간이 흐르면서 그 정도가 차츰 감속하는 양상(−0.0813 → −0.3252 → −0.7317 → −1.3008)을 나타낸다. 이 같은 결론을 도출하는 데 사용된 '시간직교'와 '시간직교제곱'은 둘 다 통계적으로 유의미하였다('시간직교'의 t=71.816, p=0.000, '시간제곱직교'의 t=−2.391, p=0.017).[38)]

〈표 6-4〉 고정효과 추정값

모수	추정값	표준오차	자유도	t	유의확률	95% 신뢰구간	
						하한	상한
절편	52.944653	.080754	8669.000	655.630	.000	52.786356	53.102950
시간직교	4.231045	.058915	17338.000	71.816	.000	4.115566	4.346524
시간제곱직교	−.081333	.034015	17338.000	−2.391	.017	−.148005	−.014661

〈표 6-5〉는 종속변인의 미설명 분산이 모형 I의 제1수준과 제2수준에 각기 얼마나 남았는지를 보여 준다. 표에 따르면 제1수준 잔차, 즉 개체 내 차이(시변요인)에 기인하는 종속변인의 미설명 분산 추정치는 60.187이고, 제2수준 오차, 즉 개체 간 차이(시불변요인)에 기인하는 종속변인의 미설명 분산 추정치는 36.477이다. 후자를 특히 무선절편(μ_{0i})이라고 부르는데, 이 무선절편이 통계적으로 유의하였고(Wald Z=41.198, p=0.000), 종속변인의 총분산에서 그 추정치가 차지하는 비중이 기준값 5%를 훌쩍 상회하는 무려 37.7%[39)]에 달하였다.

이 결과는 사회복지사들의 '스트레스' 점수에 개인 특성 차이에서 기인하는 변이가 상당량 존재한다는 사실을 말해 준다. 중요한 것은, 이 같은 결과를 바탕으로 연구자는 종속변인 분산을 제1, 제2수준으로 나누어 보는 다층분석 실시를 경험적으로 정당화할 수 있다는 점이다.

---

38) 만약 선형적인 '시간직교'만 통계적으로 유의하고 비선형적인 '시간제곱직교'는 통계적으로 유의미하지 않게 나왔다면? 다음 연구모형에서는 '시간제곱직교'는 제외하고 '시간직교'만 투입한 채 연구를 진행하는 것이 추천된다. 그렇지만 여기 예제에서는 연구모형을 수립하기 이전에 미리 도표를 그려서 주어진 종단 데이터가 시간을 x축으로 2차 곡선의 형태로 표현될 수 있다는 것을 이미 충분히 예측한 상태에서 분석을 진행하였다. 따라서 '시간제곱직교'가 유의미하지 않게 나올 가능성은 처음부터 적었음을 밝혀 두는 바이다. 이는 연구모형이나 가설을 수립하기 이전에 약간의 데이터마이닝(data mining)을 하는 게 필수적이라는 것을 뜻하기도 한다. 물론 엄밀하게 말해 연구방법론상으로 데이터마이닝은 해서는 안 되지만 말이다.

39) $\frac{36.477}{60.187+36.477}=0.377$

〈표 6-5〉 공분산 모수 추정값

모수		추정값	표준오차	Wald Z	유의확률	95% 신뢰구간	
						하한	상한
반복측도	분산	60.186500	.646420	93.107	.000	58.932783	61.466888
절편(개체=복지사_id)	분산	36.476541	.885389	41.198	.000	34.781843	38.253812

(4) 모형 II

모형 I 추정 결과를 통해 연구자는 사회복지사 스트레스가 시간의 흐름에 따라 변화하며(연구문제 2번 답), 그 궤적은 선형적 측면과 2차 곡선적 측면을 동시에 지닌다는 점을 확인하였다(연구문제 3번 답). 또한 사회복지사 스트레스에는 개인차가 존재한다는 사실도 확인하였다(연구문제 1번 답).

따라서 다음 모형에서는 시간의 흐름에 따른 사회복지사 스트레스의 변화 수준, 즉 스트레스 변화 궤적에 개인차가 존재하는지를 살펴보는 것이 자연스러운 논리 전개일 것이다. 모형 II에 매칭된 연구문제 4번이 '사회복지사 스트레스 변화 궤적에 개인차가 존재하는가?'를 묻는 것은 이러한 논리를 반영한다.

시간관련 변인들, 즉 '시간직교'(α)와 '시간제곱직교'(α^2)의 기울기(각각 π_{1i}, π_{2i})가 제2수준에서 개인 간 차이를 나타내며 변이한다는 것을 등식으로 표현하면 다음과 같다.

$$\pi_{1i} = \beta_{10} + \mu_{1i} \qquad \cdots\cdots \text{〈식 6-12〉}$$

$$\pi_{2i} = \beta_{20} + \mu_{2i} \qquad \cdots\cdots \text{〈식 6-13〉}$$

〈식 6-12〉는 '시간직교'(α)의 기울기(π_{1i}), 즉 시간의 한 단위 증가에 따른 개별 사회복지사(i) 스트레스의 선형적인 평균 증감 수준이 모든 사회복지사의 평균 증감 수준(β_{10})과 그로부터 해당 사회복지사(i)가 벗어난 정도(μ_{1i})로 구성된다는 것을 보여 준다. 마찬가지로, 〈식 6-13〉은 '시간제곱직교'(α^2)의 기울기(π_{2i}), 즉 시간의 한 단위 증가에 따른 개별 사회복지사(i) 스트레스의 2차 곡선적인 평균 증감 수준이 모든 사회복지사의 평균 증감 수준(β_{20})과 그로부터 해당 사회복지사(i)가 벗어난 정도(μ_{2i})로 구성된다는 것을 보여 준다.

그렇다면 '시간직교' 기울기 〈식 6-12〉와 '시간제곱직교' 기울기 〈식 6-13〉을 절편 〈식 6-8〉과 함께 기본 성장 모형 〈식 6-1〉에 그대로 대입해 넣기만 하면 될까? 아니다. 이 책의 제2장 2. 다층분석을 위한 성장 모형 구축의 방법론적 전략에서 이미 언급한 적이 있는

데, 다층종단분석에서 무선효과를 나타내는 제2수준 오차항($\mu_{1i}, \mu_{2i}, \cdots$)은 회기식에 아무런 제한 없이 막 넣을 수 있는 것이 아니다.

관련 통계이론에 따르면 하나의 회기식에는 종속변인을 관측한 총횟수(k)에서 1을 뺀 ($k-1$)개만큼의 무선효과 모수만을 집어넣을 수 있다(Heck et al., 2013). 가령 종속변인을 4회 측정하였다면 (4−1)=3, 즉 세 개의 무선효과 모수만 회기식에 넣을 수 있고, 그 이상은 넣을 수 없다.

여기 예제에서는 종속변인 '스트레스'를 총 3회 측정했다. 따라서 회기식에는 무선효과 모수를 오로지 두 개만 넣을 수 있다. 그런데 모형 I에서 무선절편(μ_{0i})을 회기식에 집어넣어 한 개의 무선효과 모수 카드를 이미 사용하였다. 따라서 모형 II에는 무선효과 모수를 사용할 카드가 하나밖에 남지 않았다.

이렇게 선형적 시간 기울기와 2차 곡선적 시간제곱 기울기 중 한쪽만 택해 무선효과를 부여해야 하는 상황에 맞닥뜨린 경우, 특별한 해법이 있는 것은 아니다. 그렇지만 사전분석 결과 도표상으로 아주 강력한 2차 곡선적 형태가 감지되지 않은 이상, 선형적 시간 기울기에 무선효과를 부여하는 것이 일반적인 해결책이다. 여기서도 이러한 관행[40]에 따라 시간(α) 변인에만 무선효과(μ_{1i})를 부여하여 모형 II의 통계식을 정리하고자 한다.[41]

이를 위해 '시간직교' 기울기(고정과 무선 기울기 둘 다) 〈식 6−12〉와 '시간제곱직교' 기울기(고정 기울기만) 〈식 6−10〉을 절편(고정과 무선 절편 둘 다) 〈식 6−8〉과 함께 기본 성장 모형인 〈식 6−1〉에 대입해 넣으면 모형 II의 통계식은 다음과 같이 정리된다.

$$\text{스트레스}_{ti} = \beta_{00} + \beta_{10}\text{시간직교}_{ti} + \beta_{20}\text{시간제곱직교}_{ti} + \mu_{1i}\text{시간직교}_{ti} + \mu_{0i} + \epsilon_{ti} \quad \cdots\cdots \text{〈식 6-14〉}$$

통계모형 정리를 마쳤으므로 이제 모형을 자료에 적합시켜 보자. 모형검증을 위한 공분산 구조 유형으로 제1수준에는 **대각**, 제2수준에는 **비구조**를 선택하여 적용한다.[42]

40) 관행이라고는 했지만, 사전분석을 여러 각도에서 미리 철저하게 해 보고, 선형적 변화율과 2차 곡선적 변화율 중 어느 것에 무선효과를 부여하는 것이 더 좋을지 결정할 것을 권장한다. 물론 만약 측정 회차가 4회 이상이라면 둘 중 무엇을 선택할지 고민할 필요 없이 둘 다에게 무선효과를 부여하는 식으로 다소 쉽게 대처할 수 있다.

41) 따라서 '스트레스 변화 궤적에 개인차가 존재하는가?'를 묻는 연구문제 4번에서 스트레스 변화 궤적이란 결국 엄밀히 말하면 스트레스의 선형적 변화 궤적을 의미한다고 이해하면 적절하다.

42) 앞서 말했다시피 공분산 구조 유형을 선정하는 데 어떤 특별한 비법이 있지는 않다. 그저 수준별로 다양한

앞에서 작업하던 예제파일 〈제6장 사회복지사 스트레스 종단.sav〉를 불러온다. 파일을 열어 분석 메뉴에서 **혼합 모형**을 선택한 후, 드롭다운 메뉴가 뜨면 **선형**을 선택한다.

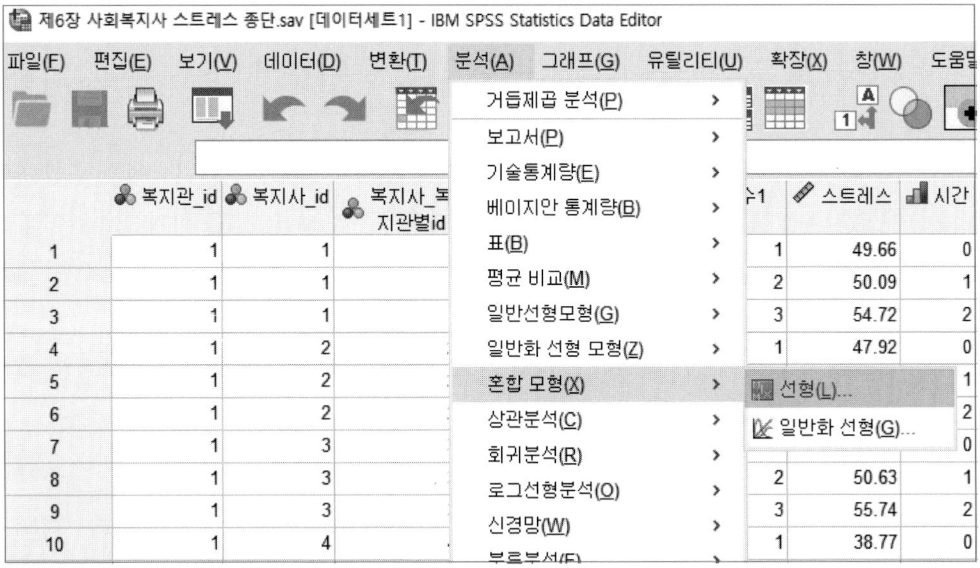

선형 혼합 모형: 개체 및 반복 지정 창이 뜨면 이전 설정 사항들은 그대로 놓아둔 상태에서,

ㄱ: **반복 공분산 유형**에서 드롭다운 메뉴를 떨어뜨려 이전에 선택한 **척도화 항등**을 **대각**으로 바꿔 준 후,

ㄴ: **계속**을 누른다.

유형을 시도해 보고 가장 좋은 모형적합도를 도출하는 조합을 선택하는 방법밖에 없다.

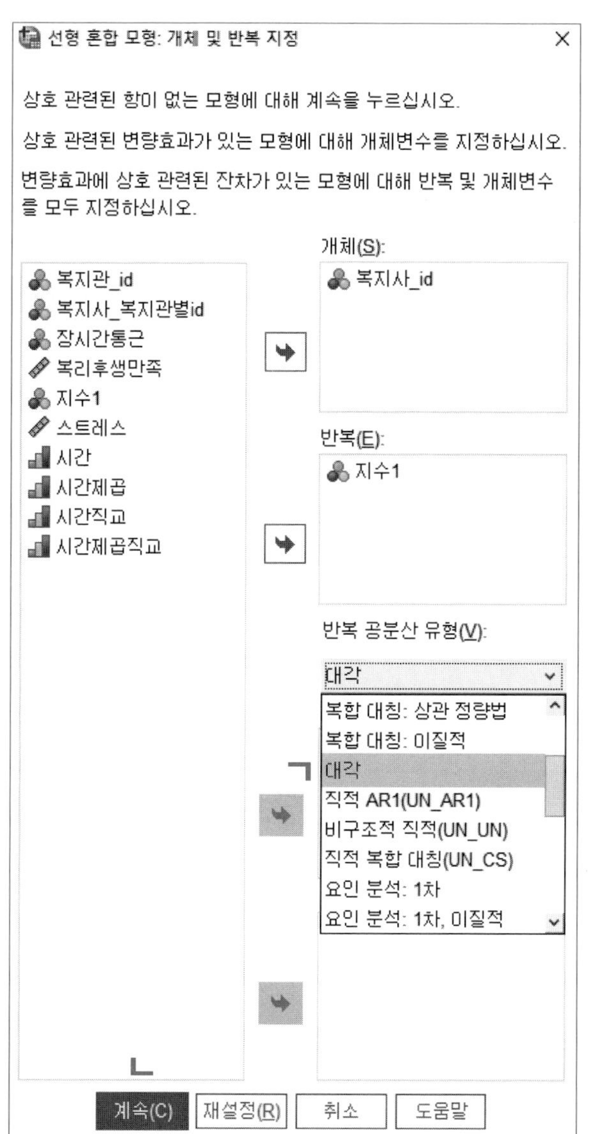
선형 혼합 모형: 개체 및 반복 지정
상호 관련된 항이 없는 모형에 대해 계속을 누르십시오.
상호 관련된 변량효과가 있는 모형에 대해 개체변수를 지정하십시오.
변량효과에 상호 관련된 잔차가 있는 모형에 대해 반복 및 개체변수를 모두 지정하십시오.
개체(S):
복지사_id
복지관_id
복지사_복지관별id
장시간통근
복리후생만족
지수1
스트레스
시간
시간제곱
시간직교
시간제곱직교
반복(E):
지수1
반복 공분산 유형(V):
대각
복합 대칭: 상관 정량법
복합 대칭: 이질적
대각
직적 AR1(UN_AR1)
비구조적 직적(UN_UN)
직적 복합 대칭(UN_CS)
요인 분석: 1차
요인 분석: 1차, 이질적
계속(C)
재설정(R)
취소
도움말

선형 혼합 모형 창이 뜨면,

ㄱ: 변량 단추를 누른다.

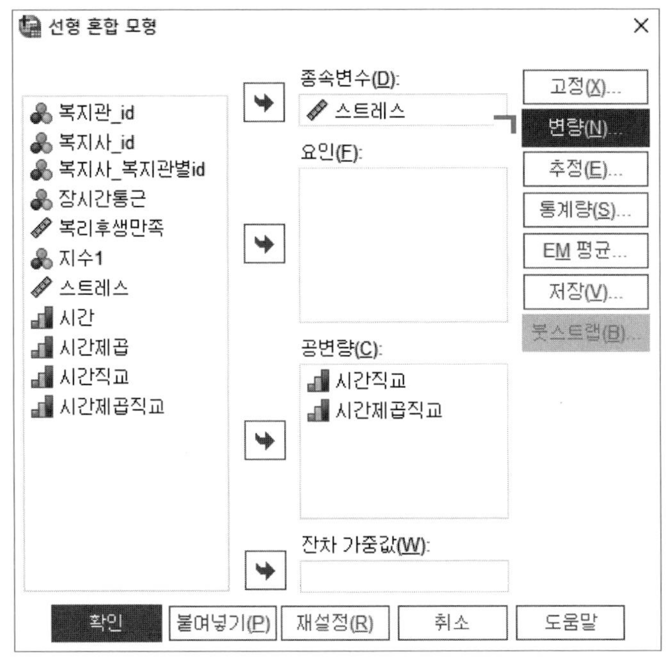

선형 혼합 모형: 변량효과 창이 뜨면,

ㄱ: 변량효과의 공분산 유형으로 비구조적을 선택하고

ㄴ: 요인 및 공변량 박스에서 '시간직교'를 하이라이트한 상태에서

ㄷ: 가운데 드롭다운 메뉴를 떨어뜨려 주효과를 선택한 다음

ㄹ: 추가를 누른다.

ㅁ: 나머지 설정은 그대로 두고 계속을 누른다.

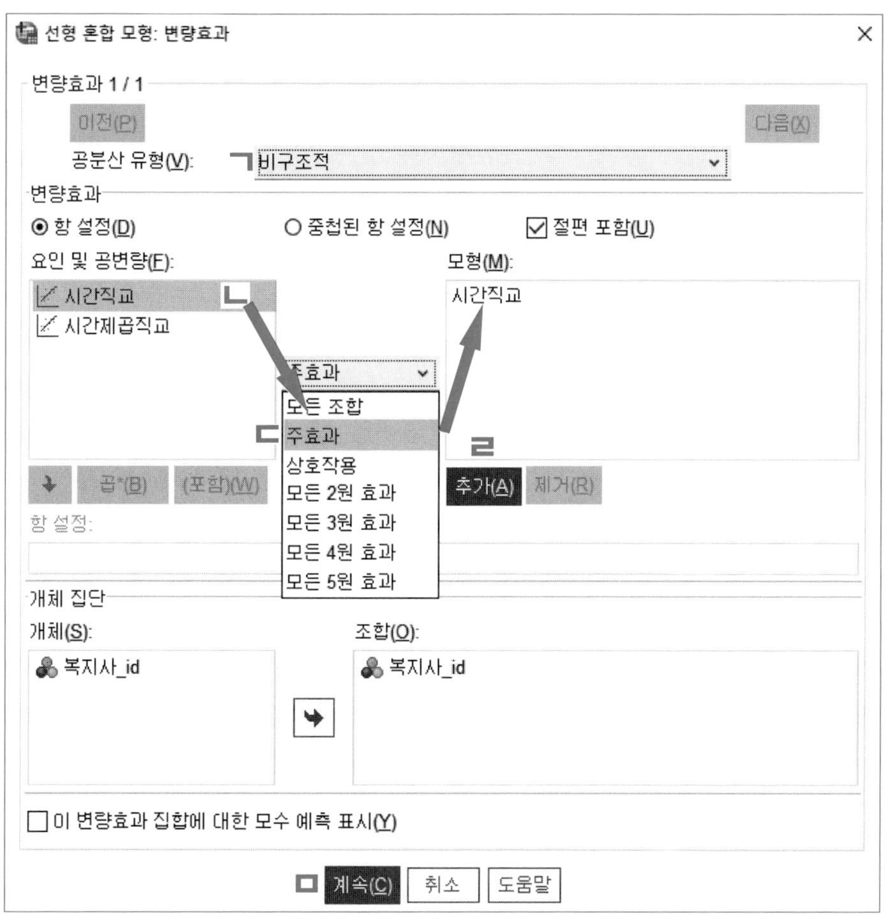

앞의 선형 혼합 모형 창이 다시 나타난다. 모든 설정이 완료되었으므로,
ㄱ: 확인을 누른다.

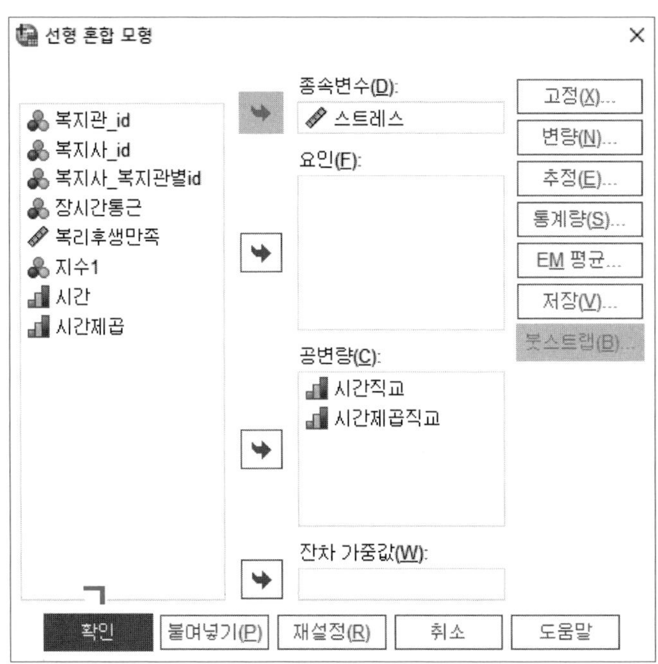

출력결과 창을 열면 혼합 모형 분석 결과를 볼 수 있다.

〈표 6-6〉은 모형 II의 고정효과 추정값을 보여 준다. 이 값들은 〈표 6-4〉에 나온 모형 I의 추정값들과 거의 차이가 없다. 기존 모형에다 '시간직교'의 무선효과 하나만 추가하여 추정을 했기 때문에 고정효과 값에는 거의 변화가 없다.

〈표 6-6〉 고정효과 추정값

모수	추정값	표준오차	자유도	t	유의확률	95% 신뢰구간	
						하한	상한
절편	52.944653	.081198	8479.146	652.040	.000	52.785484	53.103821
시간직교	4.231045	.059495	11578.152	71.116	.000	4.114425	4.347665
시간제곱직교	−.081333	.033496	10682.937	−2.428	.015	−.146991	−.015675

〈표 6-7〉은 모형 II의 오차항 추정 결과를 보여 준다. 모형 I과 비교했을 때(〈표 6-5〉 참조) 두드러지는 차이점은 제1수준 잔차가 각 측정 회차별로 추정되어 제시되었다는 점이다. 이는 제1수준 공분산 구조 유형으로 대각을 선택한 데 따른 결과이다. 대각은 각 측정 회차별 잔차의 분산이 다르고 이들의 상관도가 0임을 전제한다. 따라서 〈표 6-7〉과 같이 제1수준 잔차가 세 개로 추정되어 나온다.

〈표 6-7〉 공분산 모수 추정값

모수		추정값	표준오차	Wald Z	유의확률	95% 신뢰구간	
						하한	상한
반복측도	Var: [지수1=1]	63.584	2.026	31.385	.000	59.734	67.681
	Var: [지수1=2]	58.779	1.158	50.756	.000	56.552	61.093
	Var: [지수1=3]	35.619	1.980	17.987	.000	31.942	39.720
절편+시간직교 (개체=복지사_id)	UN(1,1)	38.985	.946	41.216	.000	37.175	40.884
	UN(2,1)	7.881	.610	12.926	.000	6.686	9.076
	UN(2,2)	7.526	.964	7.805	.000	5.855	9.675

한편, 모형 II에서는 제2수준 항으로 무선절편(μ_{0i})과 '시간직교'(α)의 무선기울기(μ_{1i}) 두 개를 설정하였고, 이들을 추정하기 위한 제2수준 공분산 구조 유형으로 추정 대상 항의 분산이 상이하고 이들 간 공분산도 상호 무관함을 전제하는 비구조를 선택하여 적용하였다. 따라서 무선효과에 대한 비구조 공분산 행렬은 다음과 같이 표현될 수 있다.

$$\begin{bmatrix} \sigma_I^2 & \sigma_{IS}^2 \\ \sigma_{IS}^2 & \sigma_S^2 \end{bmatrix} \qquad \cdots\cdots \langle 식\ 6\text{-}15\rangle$$

〈식 6-15〉에서 σ_I^2는 무선절편(μ_{0i})의 분산을, σ_S^2은 '시간직교'의 무선기울기(μ_{1i}) 분산을, σ_{IS}^2은 무선절편과 무선기울기의 공분산을 각각 나타낸다. 이렇게 추정 대상 모수가 세 개이므로 제2수준 오차의 개수는 〈표 6-7〉에서 볼 수 있는 것과 같이 세 개이다. 표에서 UN(1,1)은 이 세 개의 제2수준 오차 중 σ_I^2를, UN(2,2)은 σ_S^2을, UN(2,1)은 σ_{IS}^2을 각각 표시한다.

이를 좀 더 구체적으로 살펴보면, 먼저 무선절편(μ_{0i})의 분산(σ_I^2)은 38.985로 통계적으로 유의하였고(Wald Z=41.216, p=0.000), 무선기울기(μ_{1i})의 분산(σ_S^2)은 7.526으로 이 역시 통계적으로 유의하였다(Wald Z=7.805, p=0.000). 이러한 결과는 절편과 제1수준 '시간직교' 기울기에 개인 간 차이에 기인하는 제2수준 분산, 다시 말해 사회복지사 개인 특성 요인으로 설명이 가능한 분산이 상당량 껴 있음을 시사한다.

이와 같은 모형 II 추정 결과를 바탕으로 연구자는 시간의 흐름에 따른 사회복지사 '스트레스'의 선형적 변화율에 개인차가 있다는 결론을 내릴 수 있다. 나아가 '스트레스'의 선형적 변화 궤적에 차이를 만들어 내는 사회복지사 개인 특성 요인이 무엇인지 알아볼 필요가 있다는 주장의 논리적 근거를 확보할 수 있다.

참고 공분산 구조 유형의 선택

앞에서 다층분석의 공분산 구조 유형 선택에는 어떤 특별한 방법이 있는 것은 아니고 — 다소 무모해 보일 수 있지만 — 일단 가장 간단한 유형을 우선 골라 적용하고 이후 차차 더 나은 모형적합도를 나타내는 복잡한 공분산 구조 유형을 선택해 적용하는 것이 최선의 방법이라고 설명하였다. 이렇게 설명한 후, 모형 II 검증 시 가장 좋은 모형적합도를 보이는 공분산 구조 조합으로 '제1수준 대각-제2수준 비구조'를 제시하면서 해당 조합을 모형추정에 활용하였다. 다음은 이와 같은 결론에 도달하기 전에 시도한 그 밖의 다양한 공분산 구조 조합의 모형적합도 결과를 비교 정리한 것이다. 모형 II에서 사용한 공분산 구조 유형 조합은 〈표 6-8〉 모형e에 해당한다.

〈표 6-8〉 공분산 구조 유형의 선택

구분	공분산 구조 유형 조합			AIC**	추정대상 모수(개)
	제1수준	–	제2수준		
모형a	척도화 항등	–	척도화 항등	190533.236	5
모형b	척도화 항등	–	비구조	189290.450	7
모형c	대각	–	대각	189295.751	8
모형d*	1차자기회귀	–	대각	189323.606	7
모형e	대각	–	비구조	189125.699	9

* 수렴 실패

** 연쇄적 모형 간 적합도 비교에는 우도비 검증(-2LL 변화량 카이검증)을 실시한다. 그런데 여기 예제에서는 모수 추정법으로 최대우도법이 아닌 제한최대우도법을 사용했으므로 모형 I과 II가 사실상 연쇄적 형태를 띰에도 불구하고 우도비 검증을 실시할 수 없다. 그래서 비연쇄적 모형 간 적합도 비교에 쓰이는 대안적 지표인 AIC 값을 살펴보았다.

(5) 모형 III

모형 II 추정 결과를 토대로 시간의 흐름에 따른 '스트레스'의 증가율, 특히 선형적 증가율이 사회복지사 개인별로 다르다는 사실을 알아내었다. 따라서 논리적으로 다음 수순은 어떠한 시불변 개인 특성 요인이 이와 같은 차이를 일으키는지 알아내는 것이 될 것이다(연구문제 5번).

모형 III에서는 다양한 시불변 개인 특성 요인 가운데 '장시간통근'과 '복리후생만족'을 특정하고 이 두 요인이 '스트레스' 변화 궤적에 미치는 영향을 살피고자 한다(연구문제 5-1번 및 5-2번).

연구문제 5-1번과 5-2번을 가설 형태로 재진술하면, '장시간통근(C1)은 사회복지사 스트레스(Y)의 선형적 변화율(X)에 영향을 미칠 것이다'와 '복리후생만족(C2)은 사회복지사 스트레스(Y)의 선형적 변화율(X)에 영향을 미칠 것이다'로 각각 표현할 수 있다.

종속변인(Y)과 제1수준 시변요인, 즉 시간(X)의 관계가 제2수준 시불변 개인 특성 요인(C1, C2)에 따라 달라질 수 있다는 위 가설을 검증하기 위해서는 층위 간 상호작용항이 필요하다. 이를 위해 절편(π_{0i}) 〈식 6-8〉과 '시간직교' 기울기(π_{1i}) 〈식 6-12〉를 다음과 같이 재설정한다.

$$\pi_{0i} = \beta_{00} + \beta_{01}\text{장시간통근}_i + \beta_{02}\text{복리후생만족}_i + \mu_{0i} \quad \cdots\cdots \text{〈식 6-16〉}$$

$$\pi_{1i} = \beta_{10} + \beta_{11}\text{장시간통근}_i + \beta_{12}\text{복리후생만족}_i + \mu_{1i} \quad \cdots\cdots \text{〈식 6-17〉}$$

〈식 6-16〉과 〈식 6-17〉을 〈식 6-10〉과 함께 기본 성장 모형 〈식 6-1〉에 대입해 넣고 정리하면, 최종모형인 모형 III의 통계식은 다음과 같이 정리된다.

$$\begin{aligned}\text{스트레스}_{ti} = {} & \beta_{00} + \beta_{01}\text{장시간통근}_i + \beta_{02}\text{복리후생만족}_i \\ & + \beta_{10}\text{시간직교}_{ti} + \beta_{20}\text{시간제곱직교}_{ti} \\ & + \beta_{11}(\text{장시간통근}_i \times \text{시간직교}_{ti}) + \beta_{12}(\text{복리후생만족}_i \times \text{시간직교}_{ti}) \\ & + \mu_{1i}\text{시간직교}_{ti} + \mu_{0i} + \epsilon_{ti} \quad \cdots\cdots \text{〈식 6-18〉}\end{aligned}$$

〈식 6-18〉에서 β_{01}과 β_{02}는 '장시간통근'과 '복리후생만족'이 모든 사회복지사의 '스트레스'에 발생시키는 평균적인 고정효과를 각각 나타낸다. β_{10}과 β_{20}은 '시간직교'와 '시간제곱직교'가 모든 사회복지사의 '스트레스'에 발생시키는 평균적인 고정효과, 좀 더 구체적으로 말해서 시간의 선형적 변화율과 비선형적(2차 곡선적) 변화율을 각각 나타낸다. β_{11}과 β_{12}는 '장시간통근'과 '복리후생만족'이 모든 사회복지사의 선형적 '스트레스' 변화 궤적(β_{10})에 발생시키는 평균적인 고정효과, 즉 '시간직교'와 '장시간통근'의 고정적인 층위 간 상호작용 효과 및 '시간직교'와 '복리후생만족'의 고정적인 층위 간 상호작용 효과를 각각 나타낸다. μ_{1i}은 모든 사회복지사의 '스트레스' 변화 궤적(β_{10})에서 개별 사회복지사가 벗어난 정도를, μ_{0i}은 모든 사회복지사의 '스트레스' 평균 점수(β_{00})에서 개별 사회복지사가 벗어난 정도를 나타낸다. 마지막으로 ϵ_{ti}는 개별 사회복지사를 대상으로 얻은 모든 시점 '스트레스' 평균값($\beta_{00}+\mu_{0i}$)에서 t회차에 측정한 값(스트레스$_{ti}$)이 벗어난 정도를 나타낸다.

통계모형 정리를 마쳤으므로 이제 모형을 자료에 적합시켜 보자. 모형검증을 위한 공분산 구조 유형으로 이전 모형과 똑같이 제1수준에는 대각, 제2수준에는 비구조를 선택하여 적용한다.

〈제6장 사회복지사 스트레스 종단.sav〉를 불러와 분석 메뉴에서 혼합 모형을 선택한다. 드롭다운 메뉴가 뜨면 선형을 선택한다.

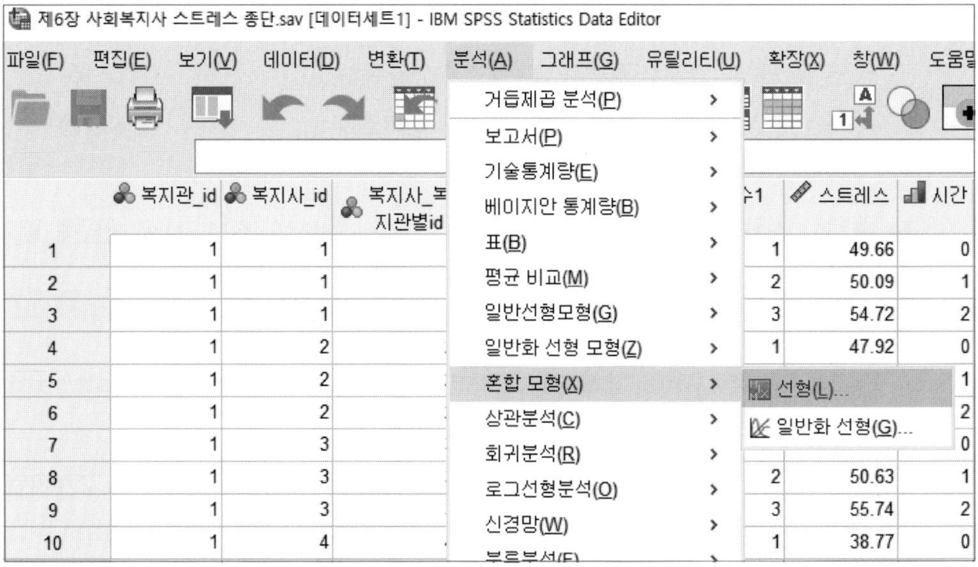

선형 혼합 모형: 개체 및 반복 지정 창이 뜨면, 이전 설정을 그대로 놓아둔 상태에서
ㄱ: 계속을 누른다.

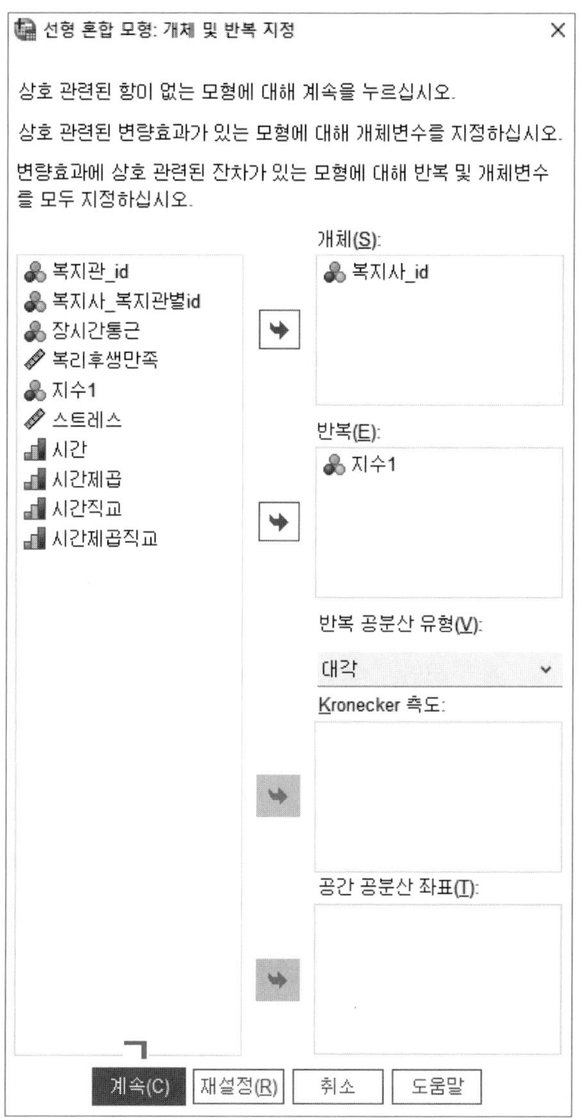

선형 혼합 모형 창이 뜨면,
ㄱ: 왼쪽의 변인 목록 박스에서 '장시간통근'과 '복리후생만족'을 선택하여 오른쪽 하단의 공변량 박스로 옮기고
ㄴ: 고정을 누른다.

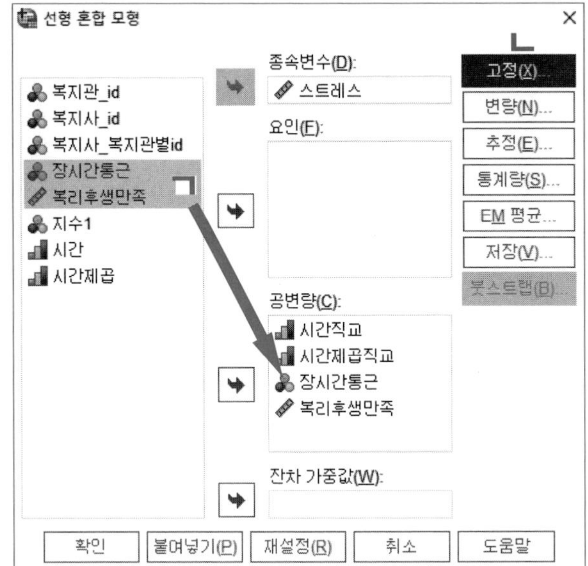

선형 혼합 모형: 고정 효과 창이 뜨면,

ㄱ: 왼쪽의 요인 및 공변량 박스에서 '장시간통근'과 '복리후생만족'을 선택한 다음

ㄴ: 가운데 드롭다운 메뉴를 떨어뜨려 주효과를 선택한 후

ㄷ: 추가 버튼을 눌러 오른쪽 모형 박스로 옮긴다.

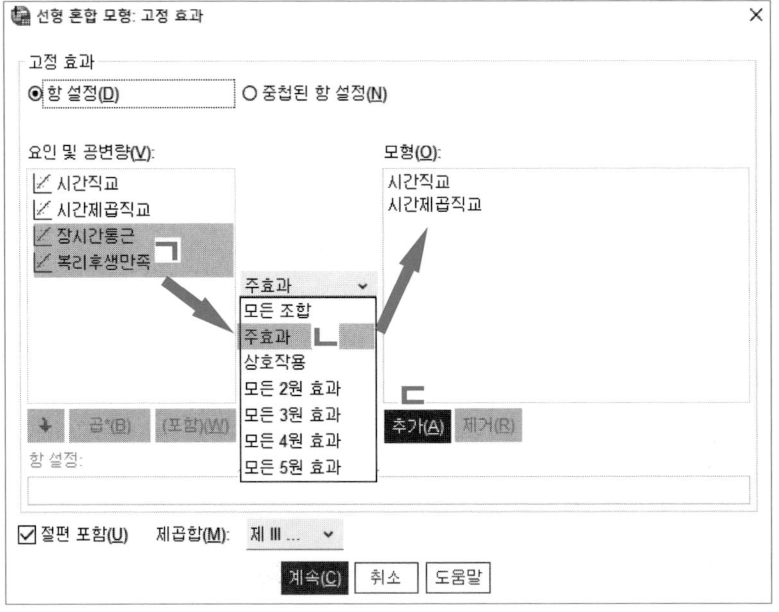

계속해서,

ㄱ: 왼쪽의 **요인 및 공변량** 박스에서 Ctrl 키를 누르고 '시간직교'와 '장시간통근'을 동시에 하이라이트한 다음

ㄴ: 가운데 드롭다운 메뉴를 떨어뜨려 **상호작용**을 선택한 후

ㄷ: **추가** 버튼을 눌러 오른쪽 **모형** 박스로 옮긴다.

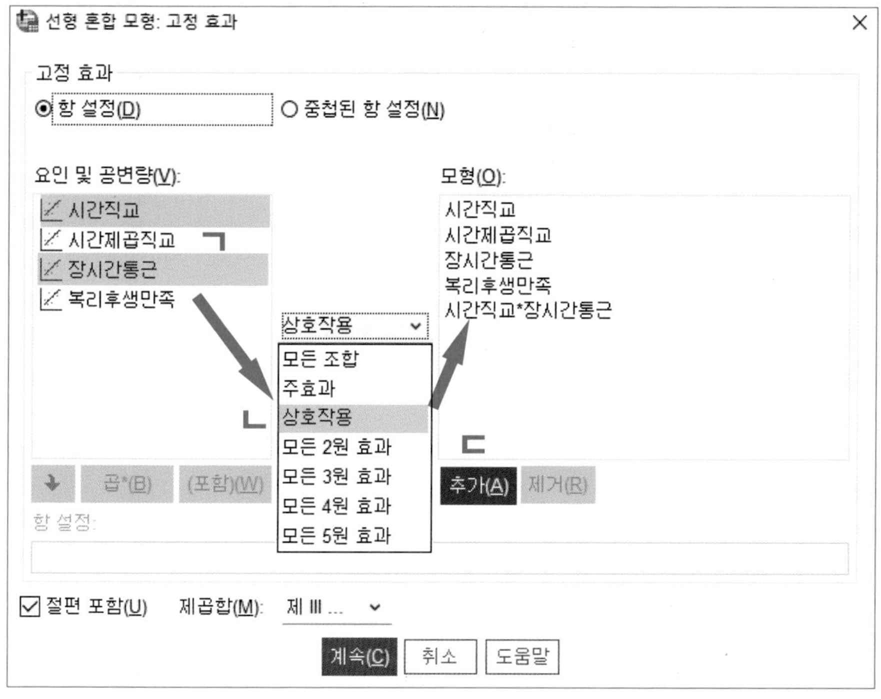

두 번째 조절변인 '복리후생만족'에 대해서도 마찬가지 작업을 진행한다.

ㄱ: 왼쪽의 **요인 및 공변량** 박스에서 Ctrl 키를 누르고 '시간직교'와 '복리후생만족'을 동시에 하이라이트한 다음

ㄴ: 가운데 드롭다운 메뉴를 떨어뜨려 **상호작용**을 선택한 후

ㄷ: **추가** 버튼을 눌러 오른쪽 **모형** 박스로 옮긴다.

ㄹ: **계속**을 누른다.

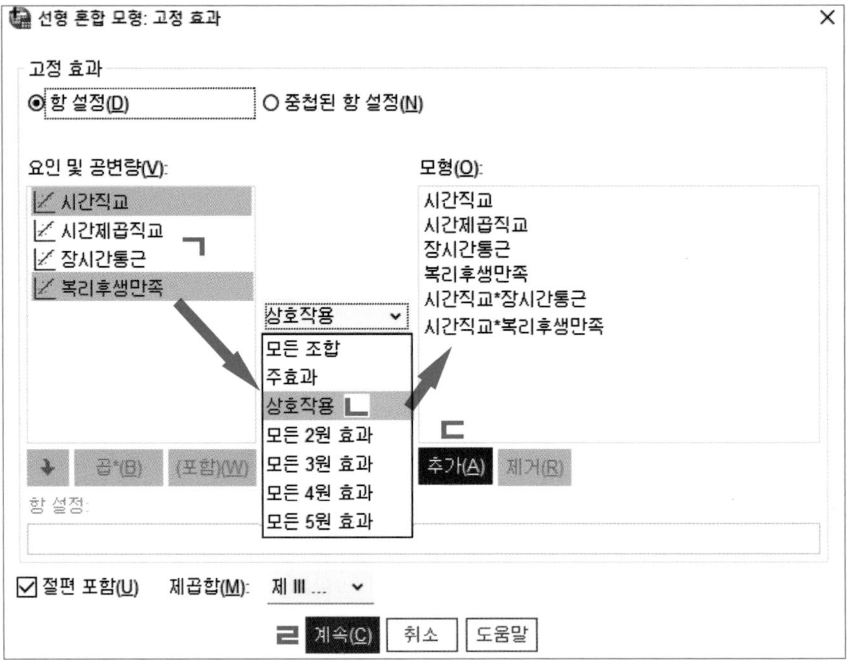

선형 혼합 모형 창으로 돌아와서,

ㄱ: 확인을 누른다.

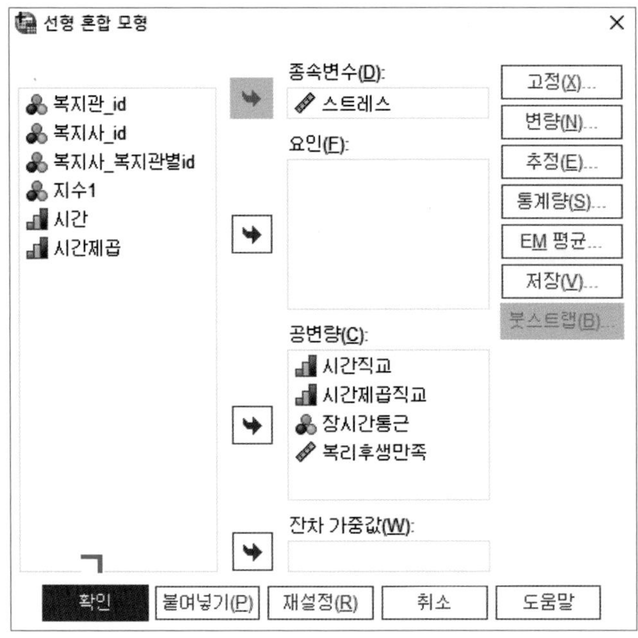

출력결과 창을 열면 **혼합 모형 분석** 결과를 볼 수 있다.

〈표 6-9〉는 모형 III의 구성과 모수의 개수를 보여 준다. 고정효과 모수의 경우 '절편', '시간직교', '시간제곱직교', '장시간통근', '복리후생만족', '시간직교×장시간통근', '시간직교×복리후생만족' 각 한 개씩 총 일곱 개가 추정되었다. 제2수준 무선효과 모수의 경우 공분산 구조가 비구조로 선택됐기 때문에 절편과 기울기('시간직교')의 분산 및 절편과 기울기의 공분산이 각자 따로 추정되어 총 세 개의 모수가 제2수준에서 추정되었다. 제1수준 반복효과 모수의 경우 공분산 구조로 대각이 선택되었기 때문에 각 측정 회차마다 오차항이 한 개씩 추정되어 총 세 개의 모수가 추정되었다. 그래서 전체 추정 대상 모수는 모두 13개이다.

〈표 6-9〉 모형 차원

		수준 수	공분산 구조	모수의 수	개체 변수	개체의 수
고정효과	절편	1		1		
	시간직교	1		1		
	시간제곱직교	1		1		
	장시간통근	1		1		
	복리후생만족	1		1		
	시간직교×장시간통근	1		1		
	시간직교×복리후생만족	1		1		
변량효과	절편+시간직교	2	비구조적	3	복지사_id	
반복 효과	지수1	3	대각	3	복지사_id	8670
	전체	12		13		

〈표 6-10〉은 모형 III의 고정효과 추정값들을 보여 준다. 표에 따르면, 사회복지사의 평균 '스트레스'는 49.672점이다. 이 점수는 '장시간통근'과 '복리후생만족'의 투입이 감안된 조정값으로서, 구체적으로 장시간통근을 하지 않고('장시간통근'=0) 복지관의 복리후생에 대해 평균적으로 만족하는('복리후생만족'=0) 사회복지사의 '스트레스' 점수로 이해하면 된다.

'시간직교'와 '시간제곱직교'의 고정효과(각각 β_{10}, β_{20})는 이전 모형과 결과 해석에 큰 차이가 없으므로 넘어가겠다.

다음으로 모형 III에서 새로 투입한 두 개 조절변인의 고정효과를 살펴보면, 먼저 '장시간통근'은 $\beta_{01}=5.944$로 통계적으로 유의하였다. 이는 장시간통근을 하지 않는 사회복지사

('장시간통근'=0)에 비해 장시간통근을 하는 사회복지사('장시간통근'=1)의 '스트레스'가 평균 5.944점 높고 그 차이는 통계적으로 의미 있음을 말해 준다. 이와 대조적으로 '복리후생만족'은 $\beta_{02}=0.074$로 통계적으로 유의하지 않았다. 이는 복지관의 복리후생에 대해 평균적으로 만족하는 사회복지사('복리후생만족'=0)에 비해 그보다 한 단위 높은 만족감을 보이는 사회복지사('복리후생만족'=1)의 '스트레스'는 평균 0.074점 높으나 그 차이는 통계적으로 의미 있지 않음을 말해 준다.

모형 III에서 가장 눈여겨보아야 할 결과는 층위 간 상호작용항의 고정효과이다. 그러나 그 전에 확인해야 할 사항이 하나 있다. 모형 II에서 확인한 '스트레스'의 선형적 변화율(β_{10})의 개인차(μ_{1i}), 다른 말로 '시간직교' 기울기의 무선효과 크기 및 통계적 유의성이 모형 III에서도 여전히 유지되는가가 바로 그것이다.

관련 내용은 모형 III의 오차항 추정 결과를 요약한 〈표 6-11〉의 맨 마지막 줄에서 확인할 수 있다. 표에 따르면 '시간직교'의 무선기울기는 통계적으로 유의미한 것으로 나타난다($\mu_{1i}=7.465$, $p<0.001$). 이러한 분석결과를 바탕으로 연구자는 사회복지사 '스트레스'의 변화 궤적, 즉 '스트레스'의 선형적 변화율에 개인차가 있다는 모형 II의 결론을 모형 III에서도 재확인, 재도출할 수 있다.

〈표 6-10〉 고정효과 추정값

모수	추정값	표준오차	자유도	t	유의확률	95% 신뢰구간	
						하한	상한
절편	49.672	.111	8701.861	447.802	.000	49.455	49.890
시간직교	2.307	.086	8795.556	26.693	.000	2.138	2.477
시간제곱직교	-.081	.033	8669.000	-2.485	.013	-.145	-.017
장시간통근	5.944	.149	8667.000	39.838	.000	5.652	6.237
복리후생만족	.074	.0945	8667.000	.784	.433	-.112	.260
시간직교×장시간통근	3.508	.116	8667.000	30.324	.000	3.281	3.735
시간직교×복리후생만족	-.154	.074	8667.000	-2.090	.037	-.298	-.010

〈표 6-11〉 공분산 모수 추정값

모수		추정값	표준오차	Wald Z	유의확률	95% 신뢰구간 하한	95% 신뢰구간 상한
반복측도	Var: [지수1=1]	61.399	2.004	30.641	.000	57.595	65.456
	Var: [지수1=2]	61.448	1.155	53.158	.000	59.224	63.756
	Var: [지수1=3]	27.124	1.727	15.708	.000	23.942	30.729
절편+시간직교 (개체=복지사_id)	UN(1,1)	31.503	.831	37.906	.000	29.915	33.174
	UN(2,1)	4.159	.566	7.343	.000	3.049	5.269
	UN(2,2)	7.465	.873	8.547	.000	5.935	9.389

모형 III에서는 사회복지사의 '스트레스' 변화 궤적에 개인차를 발생시키는 유력한 시불변 개인 특성 요인으로 '장시간통근'과 '복리후생만족'을 꼽았다. 정말로 그러할까? 이에 대한 답은 층위 간 상호작용항의 추정 결과를 토대로 답할 수 있다.

먼저 '시간직교×장시간통근'은 통계적으로 유의하였다($\beta_{11}=3.508$, $p<0.001$). 이는 장시간통근을 하지 않는 사회복지사('장시간통근'=0)의 경우 평균적인 측정 시점에서 그다음 시점으로 시간이 한 단위 증가할 때('시간직교'=0 → 1) '스트레스'가 평균 2.307점($\beta_{10}=2.307$) 증가한 데 반하여, 장시간통근을 하는 사회복지사('장시간통근'=1)의 경우 평균적인 측정 시점에서 그다음 시점으로 시간이 한 단위 증가할 때('시간직교'=0 → 1) '스트레스'가 평균 5.815점($\beta_{10}+\beta_{11}=2.307+3.508=5.815$) 증가하였고 이 둘의 차이는 의미 있음을 말해 주는 결과이다. 이러한 분석결과를 토대로 연구자는 장시간통근을 하면 그렇지 않은 경우에 비해 사회복지사의 '스트레스' 증가율이 더욱 치솟는다는 결론을 도출할 수 있다.

다음으로 '시간직교×복리후생만족'도 강하지는 않았지만 $\alpha=0.05$에서 통계적으로는 유의미하였다($\beta_{12}=-0.154$, $p<0.05$). 이는 복지관의 복리후생에 대해 평균적인 만족감을 보이는 사회복지사('복리후생만족'=0)의 경우 평균적인 측정 시점에서 그다음 시점으로 시간이 한 단위 증가할 때('시간직교'=0 → 1) '스트레스'가 평균 2.307점($\beta_{10}=2.307$) 증가한 데 비해, 그보다 한 단위 높은 만족감을 보이는 사회복지사('복리후생만족'=1)의 경우 평균적인 측정 시점에서 그다음 시점으로 시간이 한 단위 증가할 때('시간직교'=0 → 1) '스트레스'가 평균 2.153점[$\beta_{10}+\beta_{12}=2.307+(-0.154)=2.153$] 증가하였고 이 둘의 차이는 의미 있는 차이임을 말해 주는 결과이다. 이러한 분석결과를 토대로 연구자는 복지관의 복리후생에 대해 만족할수록 사회복지사 스트레스의 증가율이 둔화한다는 결론을 도출할 수 있다.[43)]

요약하면, 장시간통근과 복리후생에 대한 만족감은 사회복지사 '스트레스'의 선형적 변화(증가) 궤적에 영향을 미치는 시불변 개인 특성 요인이라는 사실을 우리는 모형 III 추정 결과를 통해 확인할 수 있다.

이렇게 모형 III에서는 사회복지사 '스트레스'의 선형적 변화 궤적에 개인차를 발생시키는 요인 두 개를 특정하고 그 유효성을 입증하는 데 성공하였다. 그렇지만 안타깝게도 이 두 개의 개인 특성 요인만으로 종속변인에 대한 우리의 이해가 충분했다고 결론짓고 논의를 마무리하기는 어려울 것 같다.[44] 종속변인의 총분산 중 개체 간 차이에 기인하는 종속변인의 미설명 분산 분이 여전히 통계적으로 유의미하게 남은 것으로 확인되었기 때문이다. 〈표 6-11〉의 무선절편(μ_{0i} =31.503, p <0.001)과 무선기울기(μ_{1i} =7.465, p <0.001) 추정값이 이를 증명한다.

상당량의 무선효과가 여전히 유의미하게 존재하는 만큼, 후속 연구에서는 꼼꼼한 문헌검토를 통해 '장시간통근', '복리후생만족' 외 제삼의 유력 시불변 개인 특성 요인(들)을 발굴하고, 발굴한 요인(들)을 연구모형에 추가 투입하여 모형 III에서 확인한 무선효과의 통계적 유의성이 특히 어떤 요인(들)을 투입했을 때 사라져 없어지는가를 명확히 파악해야만 할 것이다.

(6) 변화 궤적의 도표화

모형 III에서 장시간통근을 하지 않는 경우에 비하여 장시간통근을 하면 사회복지사 '스트레스'의 선형적 변화(증가) 궤적이 더 가팔라진다는 사실을 확인하였다. 이렇게 '장시간통근'과 같이 조절변인이 이항적(dichotomous) 속성을 띠는 경우, 연구자는 도표를 통해 분석 결과를 좀 더 또렷하게 시각화하여 제시할 수 있다. 다음에서는 조절변인이 이항형인 경우 종속변인의 변화 궤적을 그림으로 나타내는 연습을 해 보고자 한다.

앞에서 작업을 마친 예제파일 〈제6장 사회복지사 스트레스 종단.sav〉를 불러와서 **그래프** 메뉴에서 **레거시 대화 상자**를 선택한다.

---

43) '복리후생만족'은 그 자체로는 통계적으로 유의미하지 않았다(β_{02} =0.074, p =0.433). 이렇게 그 자체로는 통계적으로 유의미하지 않으나 상호작용항에서는 유의미한 조절변인을 순수조절변인이라고 부른다. 그 자체로 유의미하고 상호작용항 역시 유의미한 조절변인은 유사조절변인이라고 부른다(Sharma et al., 1981).

44) '장시간통근'과 '복리후생만족'이 전혀 의미가 없는 요인이라는 말이 아니다. 두 요인은 나름의 의미를 갖지만 종속변인을 완벽히 설명해 줄 정도로 강력한 영향력을 발생시키지는 않는다는 얘기이다.

ㄱ: 드롭다운 메뉴가 뜨면 선형 차트를 선택하고,

ㄴ: 선형 차트 창이 뜨면 다중을 클릭한 후,

ㄷ: 정의를 누른다.

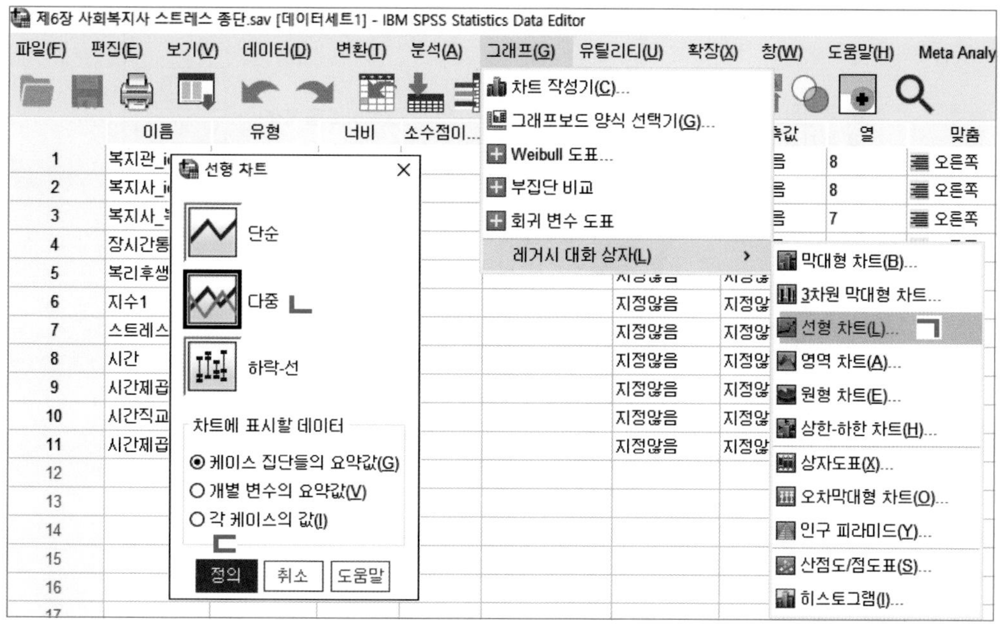

다중 선 차트 정의: 케이스 집단들의 요약값 창이 뜨면,

ㄱ: 왼쪽의 변인 목록 박스에서 '스트레스'를 하이라이트하고

ㄴ: 오른쪽 선 표시에서 기타 통계량을 클릭한다.

ㄷ: 화살표를 눌러 '스트레스'를 오른쪽 변수 칸으로 옮긴다. 통계량으로 평균(MEAN)이 디폴트 설정되어 있다.

ㄹ: 다음으로 왼쪽의 변인 박스에서 '시간'45)을 하이라이트하고

ㅁ: 화살표를 눌러 오른쪽 범주축 칸으로 옮긴다.

---

45) 앞서 연구모형 I, II, III을 추정할 때는 다중공선성 문제를 해결하기 위해 −1, 0, 1로 코딩한 '시간직교' 변수를 활용하였다. 그러나 단순히 도표를 통해 종속변수의 변화 추이를 제시할 때는 굳이 직교코딩한 변수를 사용할 필요가 없다. 따라서 여기서는 0, 1, 2로 코딩한 원래의 시간 변수인 '시간'을 x축 변인으로 사용하였다. 코딩이 다르게 된 시간 변수를 사용했으므로 절편도 앞선 연구모형들의 절편값과 살짝 다르게 나온다는 점에 유념해서 그림을 해석해야만 한다. 만약 절편값이 다르게 나오는 것이 눈에 거슬린다면, 아예 x축 변인으로 '시간직교'를 쓰도록 한다.

ㅂ: 다음으로 왼쪽의 변인 박스에서 '장시간통근'을 하이라이트하고

ㅅ: 화살표를 눌러 오른쪽 선 기준변수 칸으로 옮긴다.

ㅇ: 확인을 클릭한다.

출력결과 창을 열어 그래프를 확인한다.[46] 다음 그림의 파란색 실선은 장시간통근을 하지 않는 집단, 초록색 실선은 장시간통근을 하는 집단의 '스트레스' 평균 점수 변화 추이를 보여준다. 그림을 통해 우리는 장시간통근을 하는 사회복지사는 그렇지 않은 사회복지사에 비해 더 높은 '스트레스' 초깃값과 더 가파른 '스트레스' 변화율을 나타낸다는 점을 알 수 있다.

이처럼 결과의 도표화는 시간의 흐름에 따른 종속변수의 변화양상을 제3요인(조절변인)의 속성값별로 나누어 보는 것이 핵심인 다층종단분석의 조절효과 분석을 독자들에게 더욱 효과적으로 제시할 수 있다는 이점이 있다.

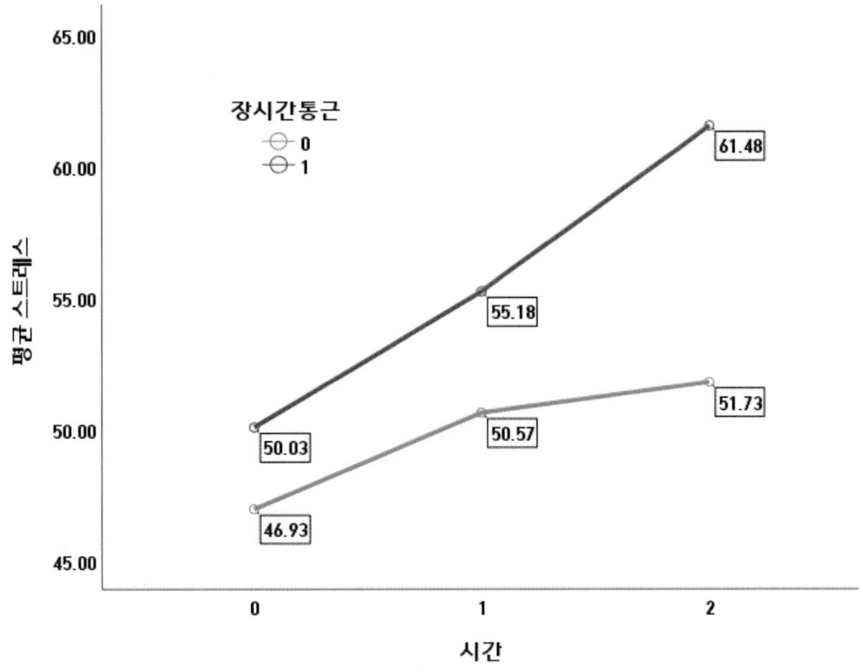

(7) 시간 변인 하나로 합치기

연구모형은 복잡하더라도 모든 분석을 마친 후 맨 마지막에 제시하는 최종모형은 간명할수록 좋다. 만약 연구모형 추정 결과 시간(α)과 시간제곱(α^2) 변인이 동시에 통계적으로 유의미한 것으로 확인되었다면, 모형의 간명성 제고라는 측면에서 시간의 측정 코딩을 기존 등간격에서 비등간격 비율로 달리 조정함으로써, 즉 시간의 선형적 효과와 2차 곡선적 효과

46) 출력된 그래프의 모양, 글씨, 범례 등을 바꾸고 싶다거나 선 그래프 위에 결괏값을 집어넣고 싶다면 도표를 더블클릭하여 도표 편집기를 띄워 적절하게 수정한다.

를 합침으로써 모형 안에 하나의 비선형적 시간 변인(차수 1)만 남기는 방법을 검토해 봄 직하다(Heck et al., 2013).

선형적 시간 변인과 비선형적 시간제곱 변인을 포함한 2차 식 모형을 비선형적 시간 변인 하나만 포함한 1차 식으로 바꾸기 위해 우선 시간 변인의 초깃값을 0, 최종값을 1로 코딩한다. 그다음, 시간 변인의 속성값을 $t=0\sim1$의 범위에서 적절하게 리코드해 준다. 가령 시간의 흐름에 따라 종속변인의 값이 급격하게 증가하다가 갈수록 완만해지는 패턴을 나타내는 감속 자료를 갖고 분석하는 경우라면 $t=0$, 0.6, 1 또는 $t=0$, 0.8, 1로 리코드해 주고, 반대로 초반에는 완만히 증가하다가 갈수록 급격히 증가하는 패턴을 나타내는 가속 자료를 갖고 분석하는 경우라면 $t=0$, 0.2, 1 또는 $t=0$, 0.4, 1로 리코드해 주는 식이다. 이렇게 시간을 0과 1 사이 어딘가 위치한 값들로 비등간격 비율로서 코딩하면, 시간의 흐름에 따른 (0 → 1) 종속변인의 변화를 조사대상 전 기간에 걸친 변화, 즉 전반적 경향(trend)의 관점에서 파악할 수 있다.

여기서 문제가 되는 것은 t의 적절한 간격과 값이 무엇이냐 하는 것이다. 이와 관련해서는 특별한 해법이 있지는 않다. 그저 이전 단계의 연구모형 검증 결과에서 얻은 고정기울기 추정값들을 토대로 시간과 종속변인의 2차 곡선적 관계가 점차 가속하는지(+) 혹은 점차 감속하는지(−) 패턴을 파악한 후, 모형에 예상되는 리코딩 값들을 다소 무작위적으로 정해[47] 하나씩 집어넣어 가면서 각각의 AIC, BIC 지수들을 계산하여 비교하고, 이를 토대로 가장 준수한 적합도를 보이는 모형의 t값을 선택하는 기계적인 반복 작업을 해 주는 수밖에 없다. 이는 적절한 값을 곧바로 알려 주는 구조방정식모형의 잠재성장분석과 대조적이다(McArdle & Anderson, 1990).

여기 예제에서는 여러 번의 시도를 통해 0, 0.529, 1로 t를 코딩하는 것이 가장 작은 AIC, 즉 가장 좋은 모형적합도를 도출한다는 사실을 알아내었다.

앞에서 작업을 마친 예제파일 〈제6장 사회복지사 스트레스 종단.sav〉를 불러와 **변환** 메뉴에서 **다른 변수로 코딩변경**을 선택한다.

---

47) t의 중간값으로 0.2, 0.4, 0.6, 0.8. 0.9 등을 무작위로 집어넣어 보았다.

제6장 사회복지사 스트레스 종단.sav [데이터세트1] - IBM SPSS Statistics Data Editor
파일(F) 편집(E) 보기(V) 데이터(D) 변환(T) 분석(A) 그래프(G) 유틸리티(U) 확장(
변수 계산(C)...
Programmability 변환...
케이스 내의 값 빈도(O)...
값 이동(F)...
같은 변수로 코딩변경(S)...
다른 변수로 코딩변경(R)...
자동 코딩변경(A)...
더미변수 작성
시각적 구간화(B)...
최적 구간화(I)...
모형화를 위한 데이터 준비(P)
순위변수 생성(K)...

	이름	유형
1	복지관_id	숫자
2	복지사_id	숫자
3	복지사_복...	숫자
4	장시간통근	숫자
5	복리후생만족	숫자
6	지수1	숫자
7	스트레스	숫자
8	시간	숫자
9	시간제곱	숫자
10	시간직교	숫자
11	시간제곱직교	숫자

창이 뜨면,

ㄱ: 왼쪽 변인 목록에서 '시간'을 클릭하고 화살표를 눌러 오른쪽의 입력변수 → 출력변수 칸에 옮겨 넣는다.

ㄴ: 출력변수의 이름 칸에 '단일시간_비선형'이라고 써 주고

ㄷ: 변경을 누른다.

ㄹ: 기존값 및 새로운 값을 클릭한다.

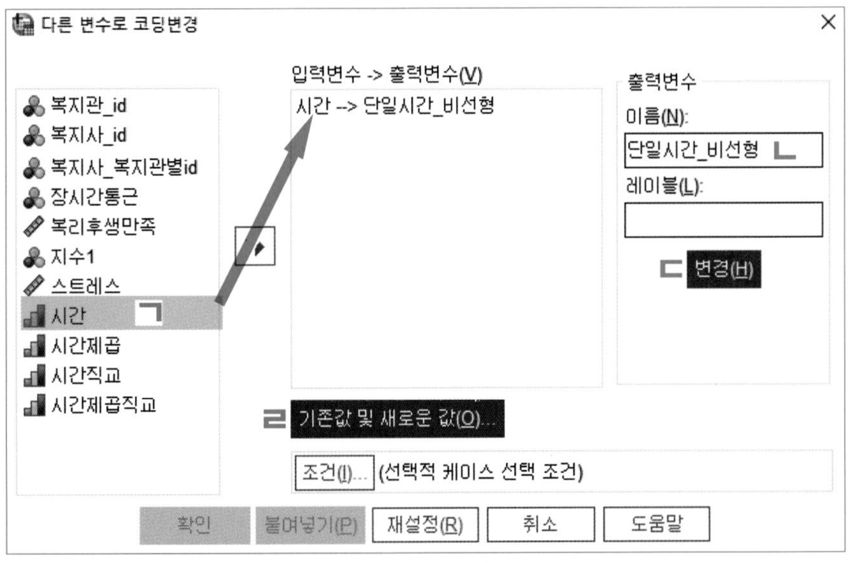

창이 뜨면,

ㄱ: **기존값**의 **값**에 기존 '시간' 변인의 코딩인 0을 써 주고

ㄴ: **새로운 값**의 **값**에 0을 써 준 후

ㄷ: **추가**를 누른다. 오른쪽 박스를 보면 '시간' 변인의 0이 '단일시간_비선형' 변인에서 0으로 리코드되는 것을 볼 수 있다(0 → 0).

ㄹ: ㄱ~ㄷ의 작업을 반복하여 1은 0.529로, 2는 1로 리코딩한다.

ㅁ: 작업이 끝나면 맨 밑에 **계속**을 누른다.

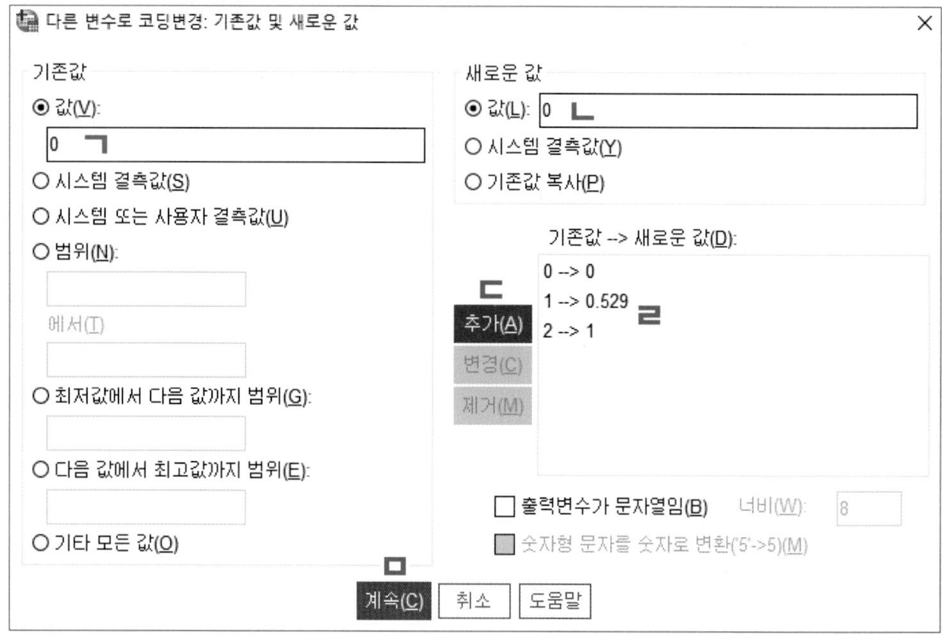

이전 창으로 돌아와서 **확인**을 클릭한다.

변수 보기 창을 열면 마지막에 '단일시간_비선형' 변수가 새롭게 생성된 것을 확인할 수 있다.

기존 모형에서 두 개로 나눠 살핀 시간관련 변인들을 하나로 합쳤으므로, 이제 하나로 합친 '단일시간_비선형' 변인을 갖고서 똑같은 분석을 실시해 본다. 분석 절차는 연구모형 III과 완전히 같고, 다만 '시간직교'와 '시간직교제곱' 대신 '단일시간_비선형'을 모형에 투입한다는 것만 다를 뿐이다.48)

〈표 6-12〉와 〈표 6-13〉은 '단일시간_비선형'을 투입한 모형의 추정 결과를 보여 준다. 각각 모형 III의 〈표 6-10〉 및 〈표 6-11〉과 대비되는데, 결과 측면에서 둘은 크게 다를 바

48) 그림 설명을 안 하는 대신 다음에 관련 명령문을 제공한다.

```
MIXED 스트레스 WITH 장시간통근 복리후생만족 단일시간_비선형
  /CRITERIA=DFMETHOD(SATTERTHWAITE) CIN(95) MXITER(100) MXSTEP(10) SCORING(1)
   SINGULAR(0.000000000001) HCONVERGE(0, ABSOLUTE) LCONVERGE(0, ABSOLUTE) PCONVERGE
   (0.000001, ABSOLUTE)
  /FIXED=장시간통근 복리후생만족 단일시간_비선형 장시간통근*단일시간_비선형
  복리후생만족*단일시간_비선형 | SSTYPE(3)
  /METHOD=REML
  /PRINT=G  SOLUTION TESTCOV
  /RANDOM=INTERCEPT 단일시간_비선형 | SUBJECT(복지사_id) COVTYPE(UN)
  /REPEATED=지수1 | SUBJECT(복지사_id) COVTYPE(DIAG).
```

없다.[49]

간명한 연구모형을 원한다면, 연구자는 이처럼 선형적 시간 변인과 비선형적 시간제곱 변인을 포함한 2차 다항식 종단적 연구모형을 비선형적 시간 변인 한 개만 포함한 1차 다항식(또는 단항식) 연구모형으로 바꾸고, 논문 분석 절 마지막 부분에서 해당 모형을 최종모형으로 제시할 수 있다.

〈표 6-12〉 고정효과 추정값

모수	추정값	표준오차	자유도	t	유의확률	95% 신뢰구간	
						하한	상한
절편	47.300	.145	8667.00	325.943	.000	47.015	47.584
장시간통근	2.406	.196	8667.00	12.302	.000	2.022	2.789
복리후생만족	.231	.124	8667.00	1.856	.063	−.013	.475
단일시간_비선형	4.637	.173	8667.00	26.861	.000	4.298	4.975
장시간통근×단일시간_비선형	6.976	.233	8667.00	29.989	.000	6.520	7.432
복리후생만족×단일시간_비선형	−.308	.148	8667.00	−2.084	.037	−.598	−.0183

〈표 6-13〉 공분산 모수 추정값

모수		추정값	표준오차	Wald Z	유의확률	95% 신뢰구간	
						하한	상한
반복측도	Var: [지수1=1]	61.090	2.107	28.993	.000	57.097	65.363
	Var: [지수1=2]	61.343	1.153	53.212	.000	59.125	63.645
	Var: [지수1=3]	28.489	1.633	17.450	.000	25.463	31.876
절편+단일시간_비선형 (개체=복지사_id)	UN(1,1)	30.968	1.943	15.934	.000	27.384	35.022
	UN(2,1)	−6.917	2.154	−3.211	.001	−11.139	−2.695
	UN(2,2)	28.798	3.506	8.214	.000	22.685	36.559

49) 단, '복리후생만족'의 경우 〈표 6-10〉에서는 완연하게 통계적으로 유의미하지 않았는데($p < 0.433$), 〈표 6-12〉에서는 약한 수준에서 통계적으로 유의미했다($p < 0.063$)는 차이점은 있다. 그러나 일반적인 기준($\alpha = 0.05$)에서는 여전히 통계적으로 유의하지 않다.

2. 종단적 다층분석 실습-두 번째 시나리오

1) 연구문제 및 변수의 조작적 정의

성장 모형에 관한 두 번째 시나리오는 총 4회에 걸쳐 반복 측정한 사회복지사 업무만족도에 관한 실험 상황을 가정한다. 여기서 실험이란, 첫째, 사회복지사들을 무작위 표집하여 통제집단(대조군, N_1 =30)과 실험집단(실험군, N_2 =25)에 무작위 할당(RA)하고, 둘째, 각 집단의 업무만족도 초깃값을 사전 측정(O_1)한 다음, 셋째, 실험집단 쪽에만 사회복지사 스트레스 완화프로그램 이수라는 실험 처치(X)를 가한 후, 넷째, 각 집단에 속한 사회복지사들의 업무만족도 변화양상을 3회 사후 반복측정(O_2, O_3, O_4)하여 스트레스 완화프로그램 참여가 사회복지사 업무만족도 제고에 종단적 효과가 있는지 살피는 프로그램 효과성 검증 조사를 가리킨다.

RA	O_1		O_2	O_3	O_4
RA	O_1	X	O_2	O_3	O_4

실험에서 묻는 연구문제는 〈표 6-14〉와 같다.

〈표 6-14〉 연구문제

연구문제
1. 사회복지사 업무만족도에 개인차가 존재하는가? 2. 시간의 변화에 따라 사회복지사 업무만족도가 변화하는가? 3. 만약 변화한다면 그 궤적은 어떠한가? 선형적인가 비선형적인가? 4. 업무만족도 변화 궤적에 개인차가 존재하는가? 5. 스트레스 완화프로그램 이수는 사회복지사 업무만족도 변화 궤적에 어떠한 영향을 미치는가?

실습에는 예제파일 〈제6장 사회복지사 업무만족도 종단.sav〉를 사용한다. 파일을 열고 **변수 보기**와 **데이터 보기** 창을 각각 눌러 데이터의 생김새를 파악한 다음 간단한 기술분석을 해 보면, 해당 파일에는 스트레스 완화프로그램을 이수하지 않은 통제집단 소속 사회복지사 30명, 프로그램을 이수한 실험집단 소속 사회복지사 25명, 총 55명의 사회복지사 업무만

족도 관련 설문 결과가 담겨 있고, 데이터세트는 구조변환(Varstocases)이 완료되어 수직적 구조[50]를 띠고 있다는 것을 알 수 있다. 〈표 6-15〉는 〈제6장 사회복지사 업무만족도 종단.sav〉에 담긴 변인들의 상세 정보를 보여 준다.

〈표 6-15〉 변수측정 및 구성

변인명	수준	설명	값/범위	측정수준
복지사_id	개인 (제2수준)	사회복지사 일련번호(55명)	1~55	명목
프로그램이수		스트레스 완화프로그램 이수 여부. 실험설계 연구에서 처치(treatment)를 뜻함. 미이수는 통제(미처치)집단, 이수는 실험(처치)집단에 소속되었음을 의미	0: 미이수(통제집단) 1: 이수(실험집단)	명목 (이항)
업무만족도	개인 내 (제1수준)	사회복지사로서 자신이 맡은 업무에 대한 만족도 점수	52.3~85.6	비율
시간		사회복지사 업무만족도를 4회차 측정했음을 보여 주는 시간 변인. 1회차는 처치(프로그램이수) 이전 시간을, 2, 3, 4회차는 처치 이후 시간을 의미	0: 1회차, 1: 2회차 2: 3회차, 3: 4회차	서열

2) 사전분석

실증적 연구를 수행했다는 것은 먼저 철저한 문헌조사를 통해 관련 이론 및 선행연구 결과를 토대로 연구모형을 수립하고, 그다음 이 연구모형을 데이터에 맞춰 보아 양자의 적합도(fit)를 가늠하는 연역적 모형 검증 절차를 밟았다는 것을 뜻한다. 그러나 실제 연구를 수행하다 보면 이와 같은 과정을 밟기보다, 주어진 데이터를 토대로 가능한 다양한 연구모형을 이것저것 도출하여 가장 좋은 적합도를 보여 주는 모형을 선택한 다음, 해당 연구모형을 논리적으로 뒷받침하는 관련 이론 및 선행연구 결과를 사후적으로 찾는 정반대 귀납 절차를 밟는 경우가 적지 않다. 후자를 데이터마이닝(data mining)이라고 부르는데, 이 책의 목적은 학술적 엄격성보다 분석의 효율성을 가르치는 데 있다. 이러한 목적을 고려하여 다음에서는—학계에서는 그리 권장되지 않는—순전히 데이터마이닝의 관점에서 다층종단분석 방식으로 실험설계 데이터를 분석하는 방법을 설명하고자 한다.

---

50) 따라서 표본 크기는 N=220(55명×4회=220)이다.

우선 연구문제 1번('사회복지사 업무만족도에 개인차가 존재하는가?')과 2번['시간(α)의 변화에 따라 사회복지사 업무만족도가 변화하는가?']에 답하기 위해, 개별 사회복지사(i)를 대상으로 t회차에 측정한 '업무만족도' 값인 업무만족도$_{ti}$의 제1수준 기본 성장 모형을 등식으로 표현하면 다음과 같다.

$$업무만족도_{ti} = \pi_{0i} + \pi_{1i}시간_{ti} + \epsilon_{ti}$$ …… 〈식 6-19〉

종속변인을 총 4회 측정했으므로($0 \le t \le 3$) 제1수준 기본 성장 모형의 차수는 최대 3차까지 설정할 수 있다. 그러나 데이터마이닝 초기 단계에서는 가능한 한 저차수로 모형을 구축하고, 고차수 모형으로의 확장은 되도록 분석 중반부 이후부터 추진하는 것을 추천한다. 여기서는 선형(1차수) 성장 모형 구축에서부터 시작한다.

연구문제 1번은 절편(π_{0i})에 고정효과뿐 아니라 무선효과가 유의미하게 존재하는지를, 연구문제 2번은 시간(α)의 선형적 기울기(π_{1i})에 고정효과가 유의미하게 존재하는지를 각각 묻는다. 따라서 절편과 시간 변인의 기울기의 통계식은 다음과 같이 쓸 수 있다.

$$\pi_{0i} = \beta_{00} + \mu_{0i}$$ …… 〈식 6-20〉

$$\pi_{1i} = \beta_{10}$$ …… 〈식 6-21〉

절편에 관한 〈식 6-20〉과 기울기에 관한 〈식 6-21〉을 제1수준 기본 성장 모형 〈식 6-19〉에 대입해 넣으면, 업무만족도$_{ti}$의 통계식은 다음과 같이 정리될 수 있다.

$$업무만족도_{ti} = \beta_{00} + \beta_{10}시간_{ti} + \mu_{0i} + \epsilon_{ti}$$ …… 〈식 6-22〉

이제 이 통계모형을 검증해 보자. 예제파일 〈제6장 사회복지사 업무만족도 종단.sav〉를 열어 분석 메뉴에서 **혼합 모형**을 선택한다. 드롭다운 메뉴가 뜨면 **선형**을 선택한다.

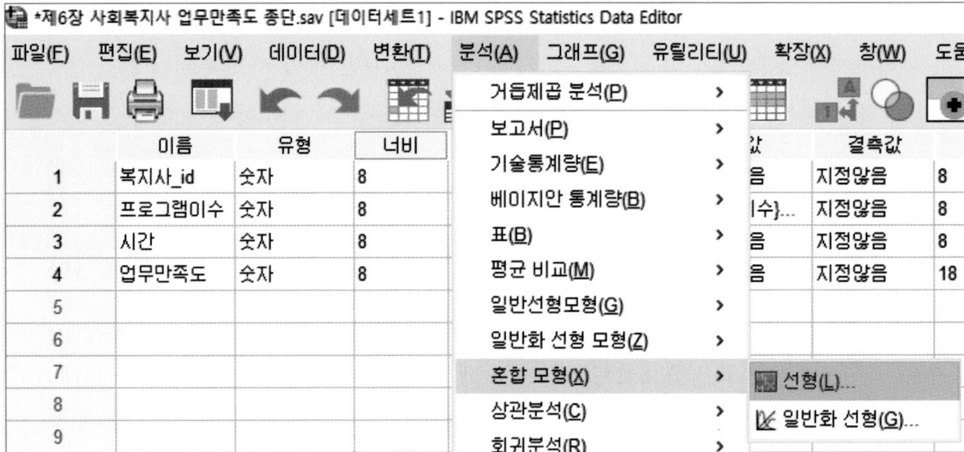

선형 혼합 모형: 개체 및 반복 지정 창이 뜨면,

ㄱ: 왼쪽 변인 목록 박스에서 '복지사_id'를 선택해 오른쪽의 개체 박스로 옮기고

ㄴ: 왼쪽 변인 목록 박스에서 '시간'을 선택해 오른쪽의 반복 박스로 옮긴다.

ㄷ: 곧바로 반복 공분산 유형의 드롭다운 메뉴가 활성화되는데, 여기서 척도화 항등을 선택한 후

ㄹ: 계속을 누른다.

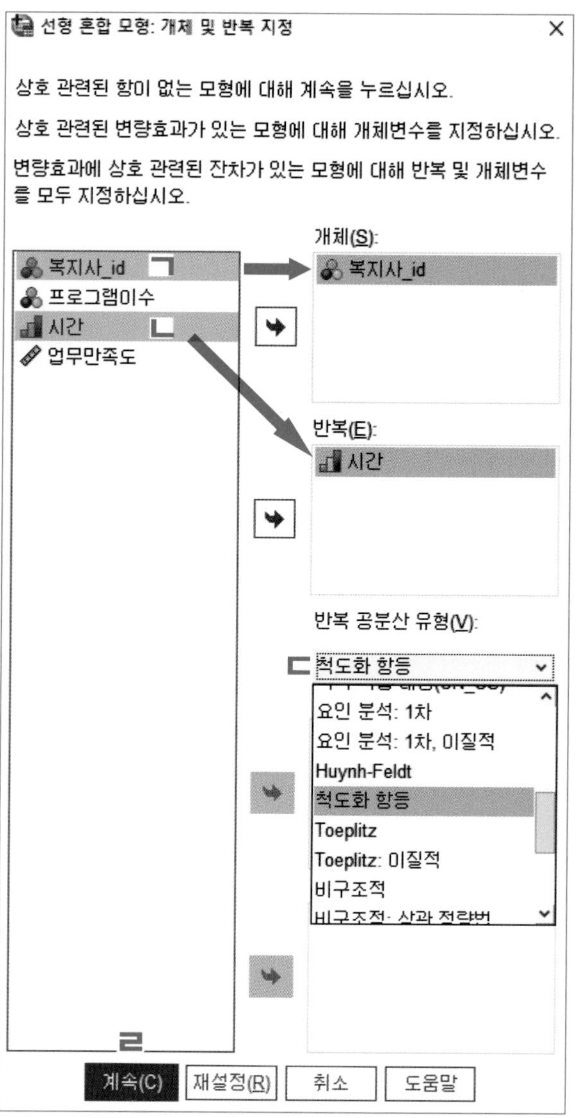

선형 혼합 모형: 개체 및 반복 지정
상호 관련된 항이 없는 모형에 대해 계속을 누르십시오.
상호 관련된 변량효과가 있는 모형에 대해 개체변수를 지정하십시오.
변량효과에 상호 관련된 잔차가 있는 모형에 대해 반복 및 개체변수를 모두 지정하십시오.
ㄱ
ㄴ
ㄷ
ㄹ
복지사_id
프로그램이수
시간
업무만족도
개체(S):
복지사_id
반복(E):
시간
반복 공분산 유형(V):
척도화 항등
요인 분석: 1차
요인 분석: 1차, 이질적
Huynh-Feldt
척도화 항등
Toeplitz
Toeplitz: 이질적
비구조적
계속(C)
재설정(R)
취소
도움말

선형 혼합 모형 창이 뜨면,

ㄱ: 왼쪽 변인 목록 박스에서 '업무만족도'를 선택해 오른쪽의 **종속변수** 쪽으로 옮기고,

ㄴ: 왼쪽 변인 목록 박스에서 '시간'을 선택해 오른쪽 **공변량** 박스로 옮긴다.

ㄷ: 오른쪽의 **고정**을 누른다.

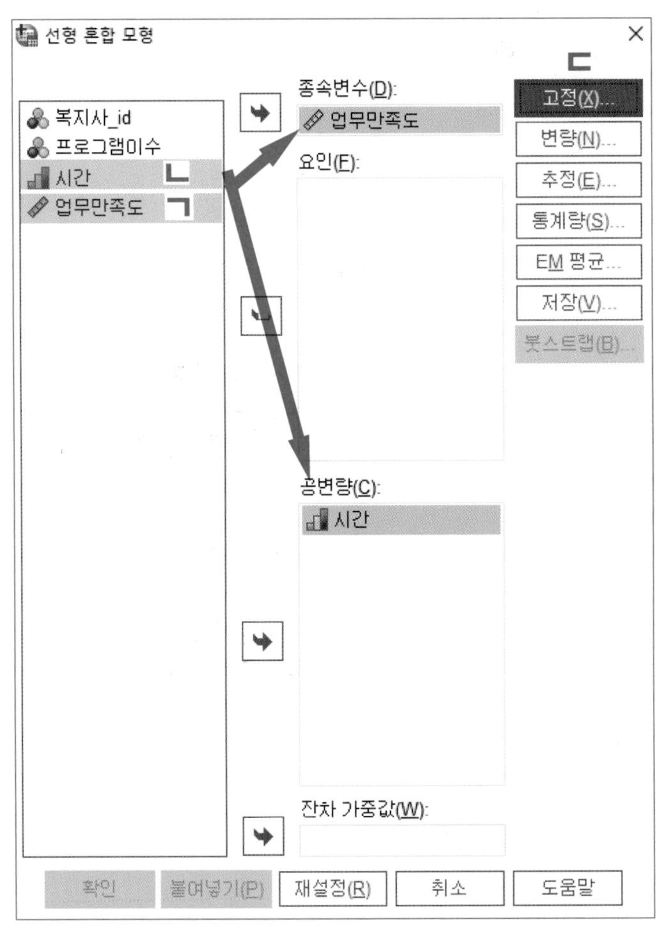

선형 혼합 모형: 고정 효과 창이 뜨면,

ㄱ: 요인 및 공변량에서 '시간'을 선택한 상태에서

ㄴ: 중간 부분의 드롭다운 메뉴를 떨어뜨려 주효과를 선택한 후

ㄷ: 추가를 누른다.

ㄹ: 모형 박스 안으로 '시간'이 옮겨진 것을 확인한 후, 맨 아래 계속을 누른다.

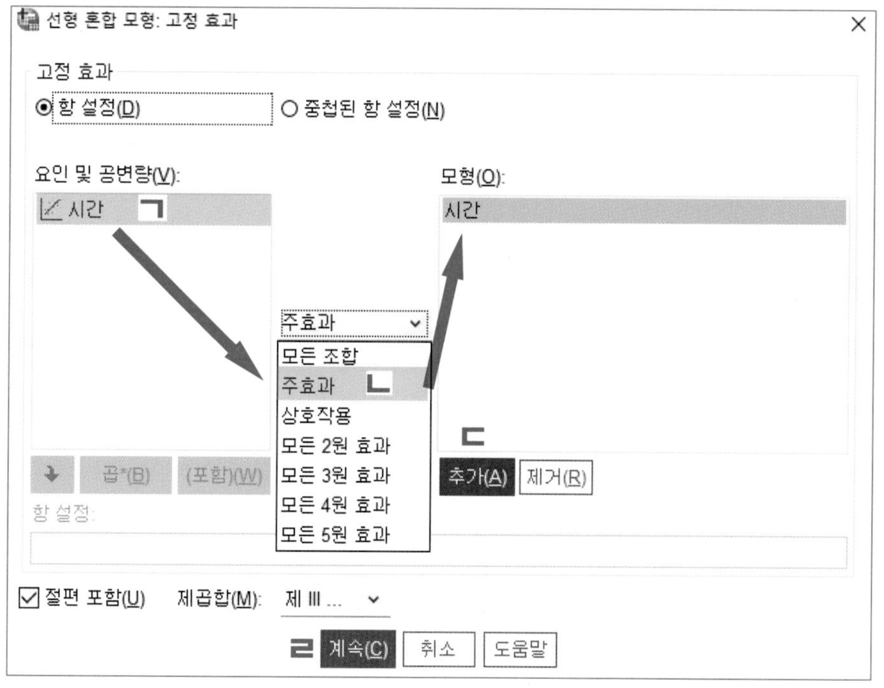

다시 선형 혼합 모형 창으로 돌아오면,

ㄱ: 변량 단추를 눌러 준다.

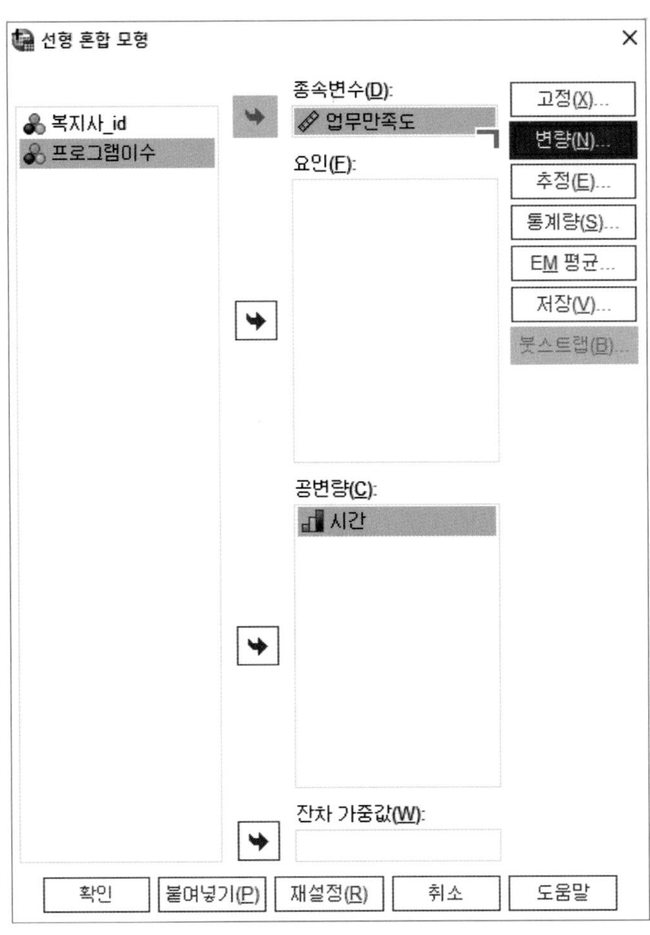

선형 혼합 모형: 변량효과 창이 뜨면,

ㄱ: 변량효과의 공분산 유형으로 척도화 항등을 선택하고

ㄴ: 변량효과에서 절편 포함을 체크한다.

ㄷ: 개체 집단의 개체 박스에 들어 있는 '복지사_id'를 오른쪽 조합 박스로 옮긴다.

ㄹ: 계속을 누른다.

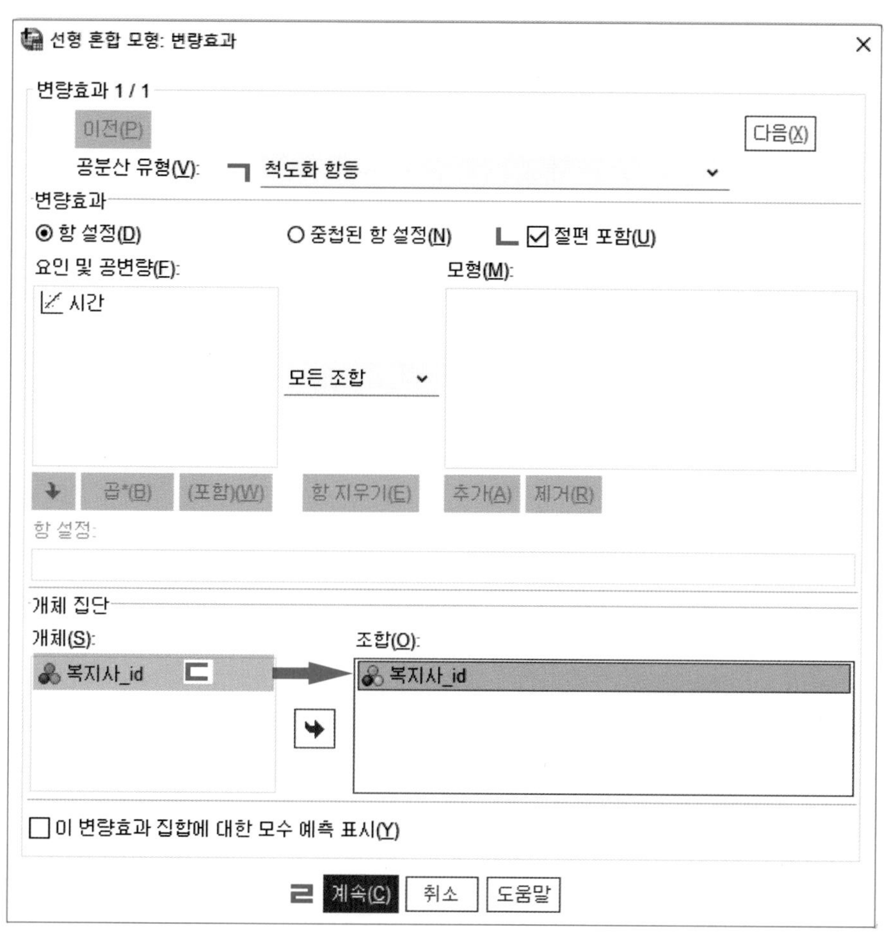

앞의 선형 혼합 모형 창이 다시 나타난다. 이때 추정을 눌러 방법으로 제한최대우도가 디폴트로 표시된 것을 확인하고 창을 닫는다. 그다음, 통계량을 눌러 고정 효과에 대한 모수 추정값, 공분산 모수 검정, 변량효과 공분산을 차례로 체크한 후, 계속을 누른다.

앞의 선형 혼합 모형 창이 다시 나타난다. 모든 설정이 완료되었으므로,

ㄱ: 확인을 누른다.

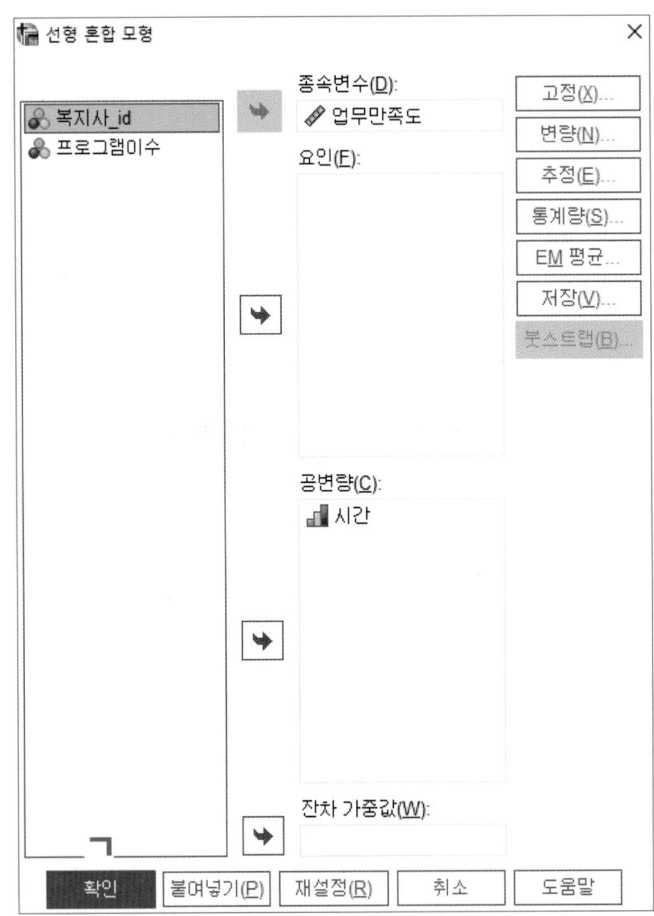

출력결과 창을 열면 혼합 모형 분석 결과를 볼 수 있다.

먼저 절편의 무선효과는 통계적으로 유의하였다(μ_{0i} =10.79, p =0.000, 〈표 6-17〉 참조). 따라서 사회복지사 '업무만족도'에 개인차가 있는지를 묻는 연구문제 1번에 대해 '그렇다'라고 답할 수 있다. 참고로 종속변수의 총분산에서 사회복지사 개인 특성 차이에 기인하는 분산이 차지하는 비중(ICC)은 약 65.5%에 달하였다.[51]

다음으로 절편의 고정효과(β_{00})는 61.07점으로 추정되었다(〈표 6-16〉 참조). 이는 실험

51) $\frac{10.787161}{5.681635+10.787161}=0.655006$

처치와 무관하게, 즉 스트레스 완화프로그램을 이수했든 이수하지 않았든 관계없이 모든 사회복지사의 '업무만족도' 초깃값, 다시 말해 최초 관측 시점에서 '업무만족도'의 전체평균이 61.07점임을 의미한다.

'시간'의 고정효과 역시 통계적으로 유의하였다(β_{10}=2.95, p=0.000). 이는 실험 처치와 무관하게, 즉 스트레스 완화프로그램을 이수했든 이수하지 않았든 관계없이 시간이 한 단위 증가하면 사회복지사의 '업무만족도'가 평균 2.95점씩 증가함을 의미한다. 따라서 '시간'이 사회복지사의 '업무만족도'에 영향을 미치는지 묻는 연구문제 2번에 대해 '그렇다'고 답할 수 있다.

〈표 6-16〉 고정효과 추정값

모수	추정값	표준오차	자유도	t	유의확률	95% 신뢰구간	
						하한	상한
절편	61.067096	.518114	77.863	117.864	.000	60.035582	62.098610
시간	2.953193	.143738	164	20.546	.000	2.669378	3.237007

〈표 6-17〉 공분산 모수 추정값

모수		추정값	표준오차	Wald Z	유의확률	95% 신뢰구간	
						하한	상한
반복측도	분산	5.681635	.627432	9.055	.000	4.575872	7.054607
절편(개체=복지사_id)	분산	10.787161	2.354578	4.581	.000	7.032509	16.546420

연구문제 1번과 2번에 긍정적으로 답할 수 있었으니 내친김에 변화 궤적의 형태를 묻는 연구문제 3번으로 진행해도 괜찮을까? 아니다. 걸리는 것이 하나 있다.

'시간'의 변화에 따라 사회복지사 '업무만족도'의 변화양상을 보여 주는 [그림 6-1]을 보면 그 이유를 알 수 있다. 그림에서 '업무만족도'의 종단적 변화 추이는 선형적이지 않고 비선형적이며, 비선형 중에서도 특히 뚜렷하지는 않더라도 대략 3차 곡선의 형태를 띤다는 점이 눈에 띈다. 이는 '시간'의 효과를 통제집단과 실험집단으로 나누어 보는 [그림 6-2]에서도 확인할 수 있다.

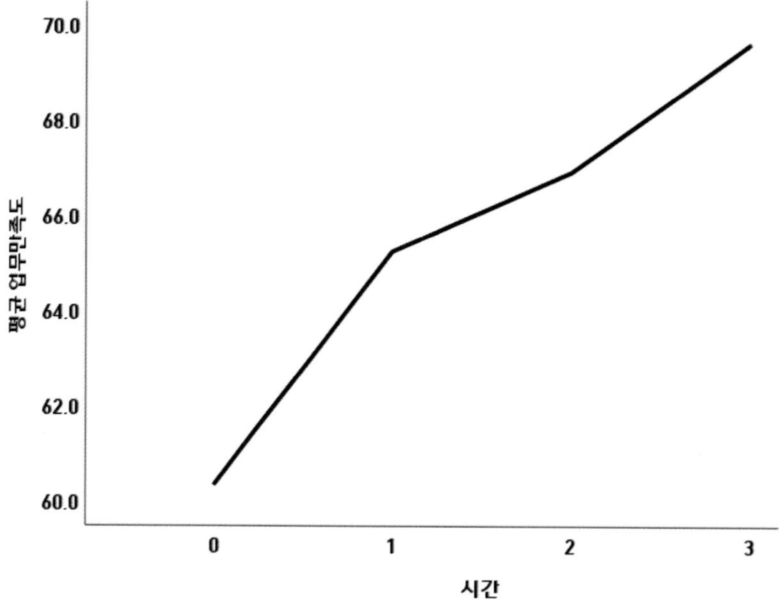

[그림 6-1] 사회복지사 업무만족도의 종단적 변화

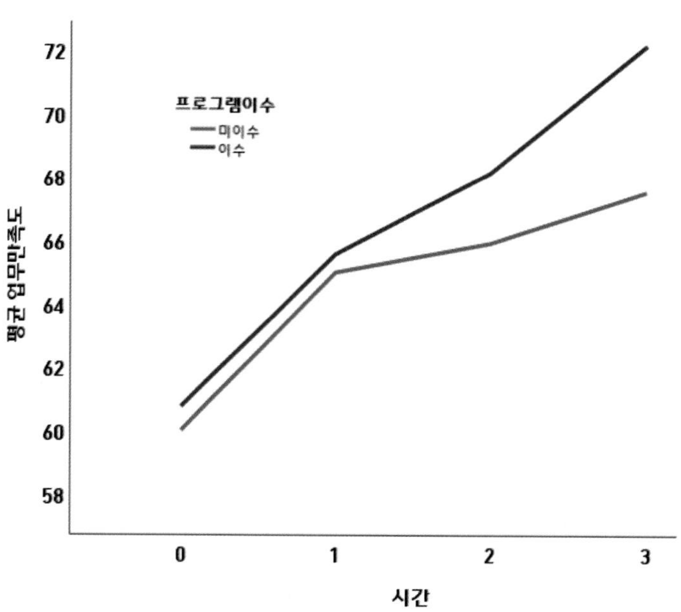

[그림 6-2] 스트레스 완화프로그램 이수 여부에 따른 사회복지사 업무만족도의 종단적 변화

결국 시간의 흐름에 따라 '업무만족도'가 선형적 형태를 띠며 변할 것이라고 가정한 앞선 연구모형은 데이터와 그리 부합하지 않는다고 말할 수 있다. 따라서 '업무만족도'의 변화 궤적이 직선적인지 아니면 곡선적인지 묻는 연구문제 3번에 대한 답은 일단 보류하도록 한다.

데이터와 연구모형의 적합도를 높이기 위해서는 연구모형 안에 '시간' 변인 외에 '시간제곱'과 '시간세제곱' 변인을 추가로 투입하는 조치가 필요하다. 이를 위해 0, 1, 2, 3으로 코딩된 '시간'을 제곱하여 0, 1, 4, 9로 코딩된 '시간제곱'을 만들고, 그다음 0, 1, 8, 27로 코딩된 '시간세제곱'을 만든다.

그런데 앞에서 설명했다시피 같은 속성을 공유하는 여러 개의 시간관련 변인들을 하나의 모형에 한꺼번에 투입하면 모형추정 시 다중공선성 문제가 필연적으로 발생한다. 이를 해결하기 위해서는 직교코딩을 통해 시간관련 변인들을 일종의 평균중심화해 주는 작업이 요구된다.

직교코딩은 〈표 6-3〉을 참고한다. 표를 보면 총 4회 반복 측정한 자료를 직교코딩하는 경우 '시간'은 −3, −1, 1, 3으로, '시간제곱'은 1, −1, −1, 1로, '시간세제곱'은 −1, 3, −3, 1로 리코드하라고 나온다. 이 지침에 따라 기존 변인들을 리코드해 준다. 새로운 변인명은 기존 변인명 뒤에 '직교'라는 접미어를 붙여서 구분한다.

여기서는 지면 절약을 위해 시간관련 변인들의 리코딩 작업 과정은 설명하지 않겠다. 대신 리코딩 작업을 마친 〈제6장 사회복지사 업무만족도 종단_시간관련변인 추가.sav〉를 제공하니, 다음 실습부터는 이 새로운 예제파일을 사용하기를 바란다.

'시간직교', '시간제곱직교', '시간세제곱직교'를 포함한 새로운 $업무만족도_{ti}$의 통계식은 다음과 같다.

$$\begin{aligned} 업무만족도_{ti} &= \beta_{00} + \beta_{10}시간직교_{ti} + \beta_{20}시간제곱직교_{ti} \\ &+ \beta_{30}시간세제곱직교_{ti} + \mu_{0i} + \epsilon_{ti} \end{aligned} \quad \cdots\cdots \text{〈식 6-23〉}$$

이제 이 통계모형을 검증해 보자. 예제파일 〈제6장 사회복지사 업무만족도 종단_시간관련변인 추가.sav〉를 열어 **분석** 메뉴에서 **혼합 모형**을 선택한다. 드롭다운 메뉴가 뜨면 **선형**을 선택한다.

선형 혼합 모형: 개체 및 반복 지정 창이 뜨면,

ㄱ: 왼쪽 변인 목록 박스에서 '복지사_id'를 선택해 오른쪽의 **개체** 박스로 옮기고

ㄴ: 왼쪽 변인 목록 박스에서 '시간'을 선택해 오른쪽의 **반복** 박스로 옮긴다.

ㄷ: 곧바로 **반복 공분산 유형**의 드롭다운 메뉴가 활성화되는데, 여기서 **척도화 항등**을 선택한 후

ㄹ: **계속**을 누른다.

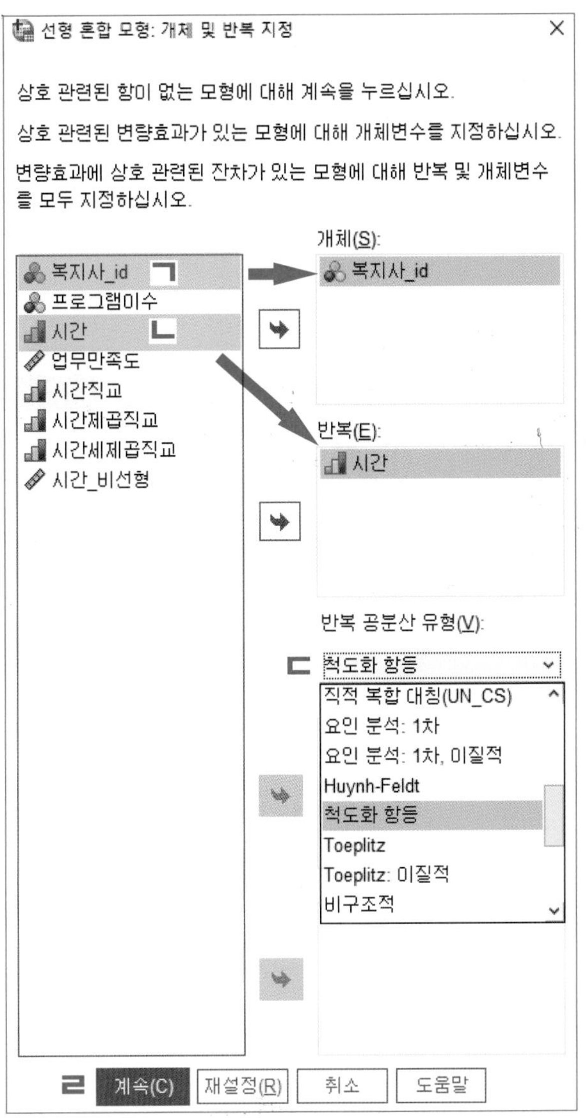

선형 혼합 모형: 개체 및 반복 지정
상호 관련된 항이 없는 모형에 대해 계속을 누르십시오.
상호 관련된 변량효과가 있는 모형에 대해 개체변수를 지정하십시오.
변량효과에 상호 관련된 잔차가 있는 모형에 대해 반복 및 개체변수를 모두 지정하십시오.
개체(S):
복지사_id
프로그램이수
시간
업무만족도
시간직교
시간제곱직교
시간세제곱직교
시간_비선형
ㄱ
ㄴ
반복(E):
반복 공분산 유형(V):
ㄷ
척도화 항등
직적 복합 대칭(UN_CS)
요인 분석: 1차
요인 분석: 1차, 이질적
Huynh-Feldt
Toeplitz
Toeplitz: 이질적
비구조적
ㄹ
계속(C)
재설정(R)
취소
도움말

선형 혼합 모형 창이 뜨면,

ㄱ: 왼쪽 변인 목록 박스에서 '업무만족도'를 선택해 오른쪽의 **종속변수** 쪽으로 옮기고,

ㄴ: 왼쪽 변인 목록 박스에서 '시간직교', '시간제곱직교', '시간세제곱직교'를 선택해 오른쪽 **공변량** 박스로 옮긴다.

ㄷ: 오른쪽의 **고정**을 누른다.

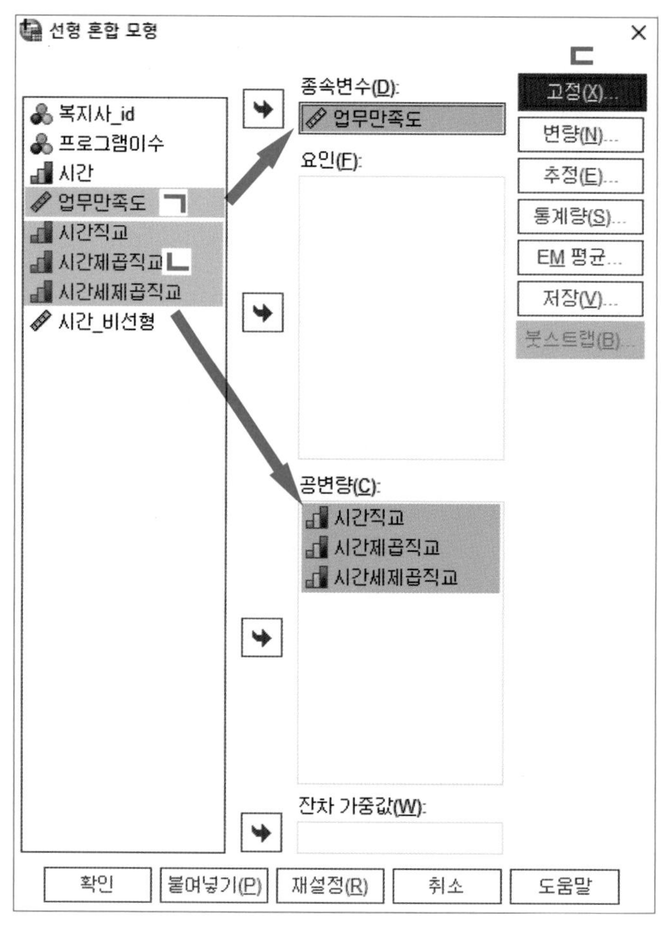

선형 혼합 모형: 고정 효과 창이 뜨면,

ㄱ: 요인 및 공변량에서 '시간직교', '시간제곱직교', '시간세제곱직교'를 선택한 상태에서

ㄴ: 중간 부분의 드롭다운 메뉴를 떨어뜨려 주효과를 선택한 후

ㄷ: 추가를 누른다.

ㄹ: 모형 박스 안으로 '시간직교', '시간제곱직교', '시간세제곱직교'가 옮겨진 것을 확인한 후, 맨 아래 계속을 누른다.

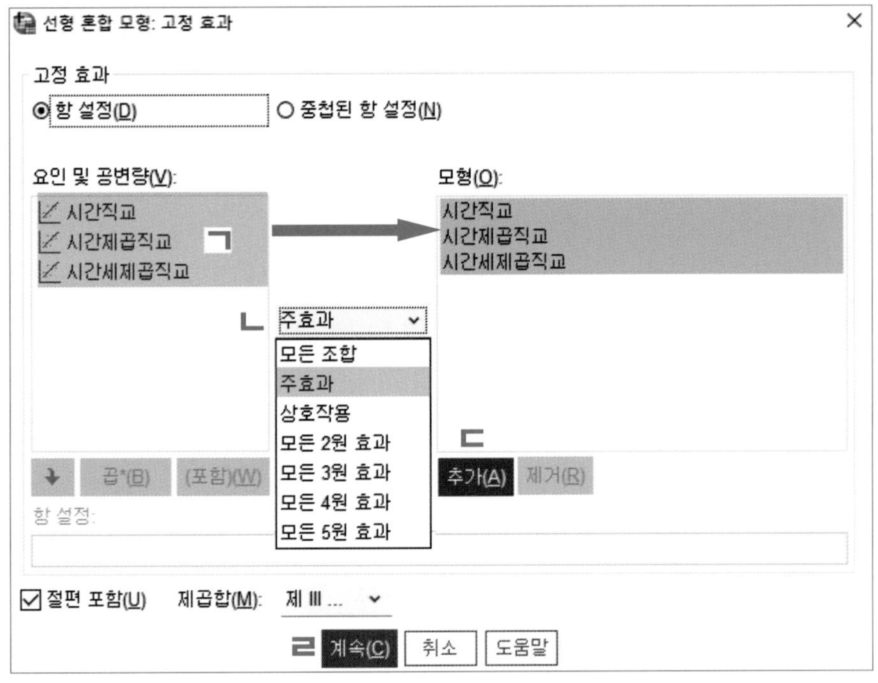

다시 선형 혼합 모형 창으로 돌아오면,

ㄱ: 변량 단추를 눌러 준다.

선형 혼합 모형: 변량효과 창이 뜨면,

ㄱ: 변량효과의 공분산 유형으로 척도화 항등을 선택하고

ㄴ: 변량효과에서 절편 포함을 체크한다.

ㄷ: 개체 집단의 개체 박스에 들어 있는 '복지사_id'를 오른쪽 조합 박스로 옮긴다.

ㄹ: 계속을 누른다.

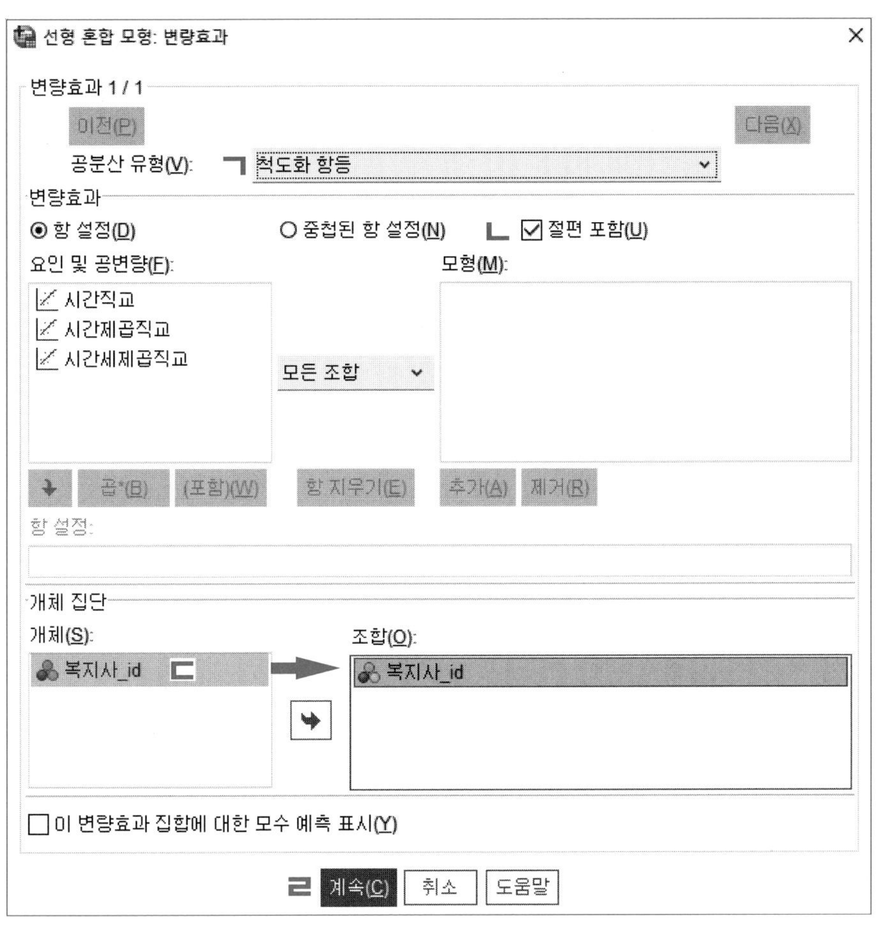

앞의 선형 혼합 모형 창이 다시 나타난다. 이때 추정을 눌러 방법으로 제한최대우도가 디폴트로 표시된 것을 확인하고 창을 닫는다. 그다음, 통계량을 눌러 고정 효과에 대한 모수 추정값, 공분산 모수 검정, 변량효과 공분산을 차례로 체크한 후, 계속을 누른다.

앞의 선형 혼합 모형 창이 다시 나타난다. 모든 설정이 완료되었으므로,

ㄱ: 확인을 누른다.

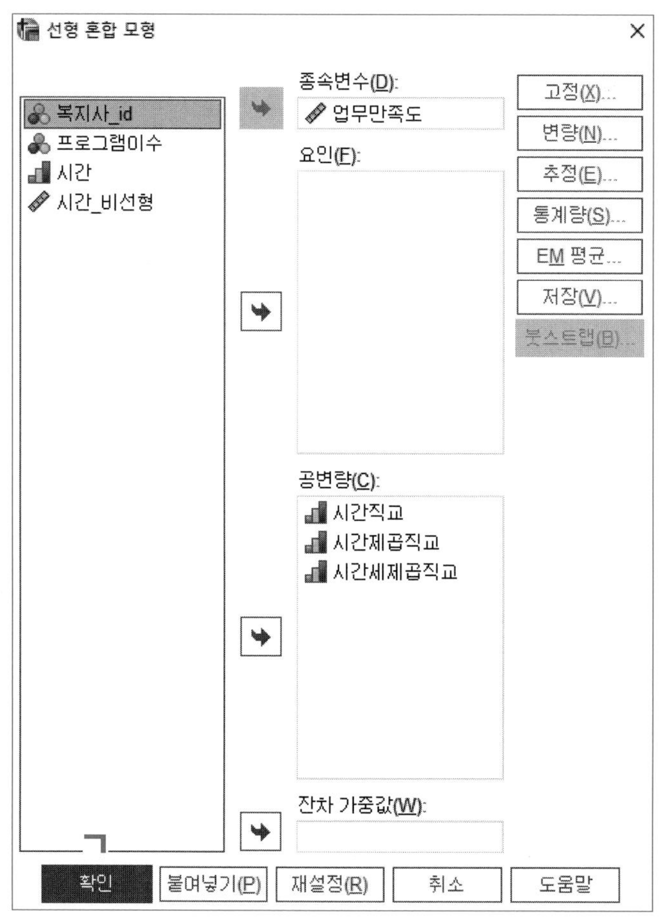

출력결과 창을 열면 혼합 모형 분석 결과를 볼 수 있다.

무선효과에 대한 분석결과는 앞선 모형과 크게 다르지 않다. 구체적으로, 절편의 무선효과가 통계적으로 유의미하였다($\mu_{0i}=10.95$, $p=0.000$, 〈표 6-19〉 참조). 이는 사회복지사의 '업무만족도'에 개인차가 있는지 묻는 연구문제 1번에 대해 '그렇다'고 답할 수 있는 근거가 된다.

그렇지만 고정효과에 대한 분석결과는 앞선 모형과 다소 차이가 있다(〈표 6-18〉 참조). 이는 '시간직교', '시간제곱직교', '시간세제곱직교' 등 직교코딩한 시간관련 변인들을 모형에 투입한 데 따른 당연한 결과이다.

고정효과 추정 결과의 의미를 구체적으로 살펴보면, 먼저 실험 처치와 무관하게, 즉 스트레스 완화프로그램을 이수했든 이수하지 않았든 관계없이 모든 사회복지사의 모든 시점 '업무만족도' 값의 평균, 다시 말해 관측 시점 무관 모든 사회복지사의 '업무만족도' 전체평균(β_{00})은 65.50점이었다.[52]

또한 '시간직교'(β_{10}), '시간제곱직교'(β_{20}), '시간세제곱직교'(β_{30})가 모두 통계적으로 유의미하였다. 구체적으로, 실험 처치와 무관하게, 즉 스트레스 완화프로그램을 이수했든 이수하지 않았든 관계없이 모든 사회복지사의 '업무만족도'는 최초 측정 시점에서 평균 60.3039점[65.4969+(1.4766×(−3))+(−0.5495×1)+(0.2137×(−1))]이었고, 두 번째 측정 시점에서 평균 65.2109점[65.4969+(1.4766×(−1))+(−0.5495×(−1))+(0.2137×3)]이었으며, 세 번째 측정 시점에서 평균 66.8819점[65.4969+(1.4766×1)+(−0.5495×(−1))+(0.2137×(−3))]이었고, 최종 측정 시점에서 평균 69.5909점[65.4969+(1.4766×3)+(−0.5495×1)+(0.2137×1)]이었다. 이는 '업무만족도'에 발생시키는 시간의 효과가 직선적이지만은 않고 비선형적이기도 하다는 것, 특히 그 변화 궤적은 초반에는 가파르게 상승하다가 이후 완만해지고 그 뒤 다시 치솟는 유의미한 3차 곡선의 패턴이라는 것을 말해 준다.

이와 같은 분석결과를 토대로 '시간'이 사회복지사의 '업무만족도'에 영향을 미치는지 묻는 연구문제 2번에 대해 연구자는 '그렇다'라고, 그리고 '업무만족도'의 변화 궤적을 묻는 연구문제 3번에 대해 '업무만족도는 3차 곡선의 비선형 형태를 띠며 증가한다'고 답할 수 있다.

〈표 6-18〉 고정효과 추정값

모수	추정값	표준오차	자유도	t	유의확률	95% 신뢰구간	
						하한	상한
절편	65.496885	.471122	54	139.023	.000	64.552343	66.441427
시간직교	1.476596	.067633	162.000	21.833	.000	1.343041	1.610152
시간제곱직교	−.549479	.151232	162.000	−3.633	.000	−.848118	−.250839
시간세제곱직교	.213714	.067633	162.000	3.160	.002	.080158	.347270

52) 시점 무관이란 개념적으로 시간적 속성을 고려하지 않는다는 것을 말하며, 통계모형상으로는 시간이 0일 때를 말한다. 그래서 종단분석에서 통상 절편은 초깃값을 가리킨다. 그런데 여기서는 0, 1, 2, 3으로 코딩된 '시간' 대신 −3, −1, 1, 3으로 코딩된 '시간직교'를 썼다. 따라서 절편은 초깃값이 아닌 평균 관측 시점, 즉 총 4회의 측정 회차 중 2회차와 3회차 측정 중간 시점(2.5회차 측정 시점)의 모든 사회복지사 평균 '업무만족도' 값을 의미한다.

〈표 6-19〉 공분산 모수 추정값

모수		추정값	표준오차	Wald Z	유의확률	95% 신뢰구간	
						하한	상한
반복측도	분산	5.031625	.559069	9.000	.000	4.046973	6.255849
절편(개체=복지사_id)	분산	10.949663	2.353502	4.652	.000	7.185301	16.686166

그렇다면 이렇게 3차에 달하는 고차 다항식으로 모형을 구성한 채 다음 연구문제 4번으로 나아가도 괜찮을까? 여기서는 그렇지 않다고 말하고자 한다. 왜냐하면 미묘한 문제가 하나 걸려 있어서이다. 이는 바로 앞의 연구모형에서 시간관련 변인들을 직교코딩하였다는 점과 연관된다.

앞의 [그림 6-2]에서 확인했듯이 통제집단과 실험집단은 1회차 관측 시점에서 매우 엇비슷한 '업무만족도' 점수를 보인다. 유사한 '업무만족도' 점수는 2회차 관측 시점까지 유지되다가 3회차에서부터 어그러지기 시작한다. 마지막 4회차 관측 시점에 이르면 두 집단 간 '업무만족도' 격차는 꽤 커진다. 여기서 주안점은, 이 같은 격차는 실험 처치(X)의 효과인 동시에 시간 자체의 효과이기도 하다는 사실이다.

그런데 이 연구모형을 추정한 결과 도출된 절편의 고정효과(β_{00})는 65.50이었다. 이 값은 엄밀히 말해서 1회차 시점에서 예상되는 초깃값이 아닌, 전체 네 번의 측정 회차 중 2회차와 3회차 중간 시점, 즉 2.5회차 관측 시점에서 기대되는 '업무만족도'의 전체평균 점수이다. 따라서 시간의 자체적인 효과에 의해 이미 격차가 벌어지기 시작한 시점(2.5회차 관측 시점)을 x축의 0으로 잡고 그에 대응되는 y축상의 절편 값을 구하는 앞의 연구모형은 실험 처치(X) 이전에는 실제로 엇비슷한 수준에 있던 양 집단의 초깃값에 대한 이해와 해석을 헷갈리게 할 여지가 크다.

이러한 사전분석 결과들을 종합적으로 고려하여 여기 예제에서는 다소 문제의 소지가 있는 3차 다항식이 아닌, 1차 다항식으로 시간관련 변인을 구성하여 연구모형을 수립하기로 결정하였다.

3) 연구모형 수립과 가설 검증

(1) 시간 변인 코딩하기

[그림 6-1]과 [그림 6-2]에서 확인했듯이 사회복지사 '업무만족도'는 통제집단이든 실험

집단이든 모두 관측 시점 초반부에는 급속히 상승하다가 중반부에 완만해지고 후반부에 다시 치솟는 3차 곡선 형태를 띠며 변화한다. 따라서 시간관련 변인을 여러 개가 아닌 단 하나만 설정하기로 하였다면, 시간이 발생시키는 비선형적 효과를 분명히 드러내기 위해 시간의 시작점을 0, 끝점을 1로 정하고 나머지 값들을 그사이 어딘가로 부여하는 비등간격 비율 코딩 방식을 적용해야만 한다.

다양한 방식으로 시간 속성값들을 지정할 수 있는데, 여기서는 기존의 0, 1, 2, 3으로 코딩되어 있던 '시간' 변인을 t=0, 0.5, 0.7, 1로 리코딩하여 시간의 변화에 따라 종속변인이 초반에는 급격히 증가하다가 이후 완만해지고 다시 급격히 증가하는 3차 곡선 형태를 반영하도록 코딩한다.[53)]

리코딩을 직접 해 보길 원하는 독자는 **다른 변수로 코딩변경** 메뉴를 통해 원래의 '시간' 변인을 각자 리코드해 보기 바란다. 그 외 독자는 앞서 제공한 리코딩이 완료된 예제파일 〈제6장 사회복지사 업무만족도 종단_시간관련변인 추가.sav〉를 사용하도록 한다.

새롭게 리코딩된 시간관련 변인의 이름은 '시간_비선형'이다.

(2) 연구모형 수립 및 가설 검증

성장 모형을 토대로 다층종단분석을 실시하고자 하는 경우, 첫 번째 예제에서 했던 대로 연구모형을 세 개 만들어 검증하는 것이 권장된다. 구체적으로, 연구모형 I에서는 무선절편과 시간의 고정기울기를, 연구모형 II에서는 시간의 무선기울기를, 그리고 마지막 연구모형 III에서는 시간과 시불변 조절변인 간 층위 간 상호작용효과를 각각 살피는 것이 가장 효율적인 분석과 결과분석 방식이다. 그렇지만 여기서는 이와 같은 단계별 모형 구축과 검증은 독자의 몫으로 남기고, 지면 할애 차원에서 최종모형이라 할 수 있는 연구모형 III으로 곧바로 넘어가도록 하겠다.

참고로 연구모형 구축에 앞서, 여기 예제에서 다루는 연구문제들을 가설의 형태로 재진술하면 다음과 같다.

[가설 1] 사회복지사 업무만족도에는 개인차가 있을 것이다.

[가설 2] 시간은 사회복지사 업무만족도에 정적 영향을 미칠 것이다.

---

53) 시간 속성값을 계속 바꿔 가면서 모형추정을 이리저리 반복하다 보면, t=0, 0.5, 0.7, 1로 코딩했을 때의 모형적합도보다 더 좋은 적합도 값이 언젠가는 나올 것이다. 여기서는 이러한 최적의 모형적합도 값을 도출해 내는 t의 코딩을 독자의 몫으로 남긴다.

[가설 3] 사회복지사 업무만족도 증가 궤적은 비선형적(3차 곡선) 형태를 띨 것이다.

[가설 4] 사회복지사 업무만족도 증가 궤적에는 개인차가 있을 것이다.

[가설 5] 스트레스 완화프로그램 이수는 사회복지사 업무만족도 증가 궤적에 정적 영향을 미칠 것이다.

이 가설들의 검증에 사용할 제1수준 기본 성장 모형은 다음과 같다.

$$\text{업무만족도}_{ti} = \pi_{0i} + \pi_{1i}\text{시간\_비선형}_{ti} + \epsilon_{ti} \qquad \cdots\cdots \langle \text{식 6-24} \rangle$$

이 성장 모형은 단계별 구축을 건너뛴 최종 연구모형이다. 따라서 '시간_비선형'의 기울기(π_{1i})에 고정효과(β_{10})와 더불어 무선효과(μ_{1i})도 함께 달아 준다. 아울러, 제2수준의 실험처치(X) 요인이자 조절변인인 '프로그램이수'를 모형에 투입하고, 절편과 '시간_비선형' 기울기가 제2수준 '프로그램이수' 변인 투입에 의해 곧바로 영향을 받도록 식을 구성한다.

$$\pi_{0i} = \beta_{00} + \beta_{01}\text{프로그램이수}_{i} + \mu_{0i} \qquad \cdots\cdots \langle \text{식 6-25} \rangle$$

$$\pi_{1i} = \beta_{10} + \beta_{11}\text{프로그램이수}_{i} + \mu_{1i} \qquad \cdots\cdots \langle \text{식 6-26} \rangle$$

절편 〈식 6-25〉와 기울기 〈식 6-26〉을 기본 성장 모형 〈식 6-24〉에 대입해 넣으면, 업무만족도$_{ti}$의 통계식은 다음과 같이 정리될 수 있다.

$$\begin{aligned}\text{업무만족도}_{ti} = {} & \beta_{00} + \beta_{01}\text{프로그램이수}_{i} + \beta_{10}\text{시간\_비선형}_{ti} \\ & + \beta_{11}(\text{시간\_비선형} \times \text{프로그램이수})_{i} \\ & + \mu_{1i}\text{시간\_비선형}_{ti} + \mu_{0i} + \epsilon_{ti} \qquad \cdots\cdots \langle \text{식 6-27} \rangle\end{aligned}$$

이제 이 통계모형을 검증해 보자. 예제파일 〈제6장 사회복지사 업무만족도 종단_시간관련변인 추가.sav〉를 열어 **분석** 메뉴에서 **혼합 모형**을 선택한다. 드롭다운 메뉴가 뜨면 **선형**을 선택한다.

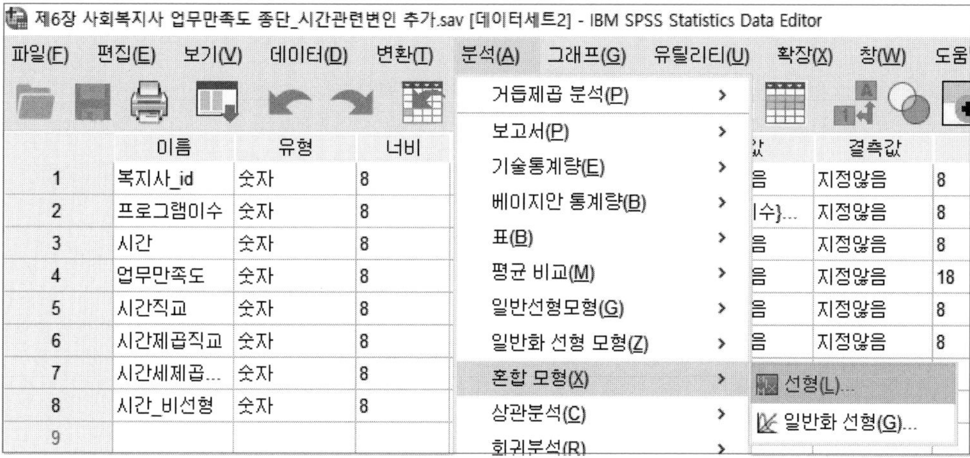

선형 혼합 모형: 개체 및 반복 지정 창이 뜨면,

ㄱ: 맨 아래 재설정을 눌러서 이전 설정을 초기화한다.

ㄴ: 왼쪽 변인 목록 박스에서 '복지사_id'를 선택해 오른쪽의 개체 박스로 옮기고

ㄷ: 왼쪽 변인 목록 박스에서 '시간'을 선택해 오른쪽의 반복 박스로 옮긴다.

ㄹ: 곧바로 반복 공분산 유형의 드롭다운 메뉴가 활성화되는데, 대각을 선택한 후[54]

ㅁ: 계속을 누른다.

54) 다양한 공분산 구조를 시도한 끝에 가장 좋은 모형적합도를 보이는 공분산 구조 조합(제1수준–제2수준)은 대각–대각임을 사후적으로 확인하였다.

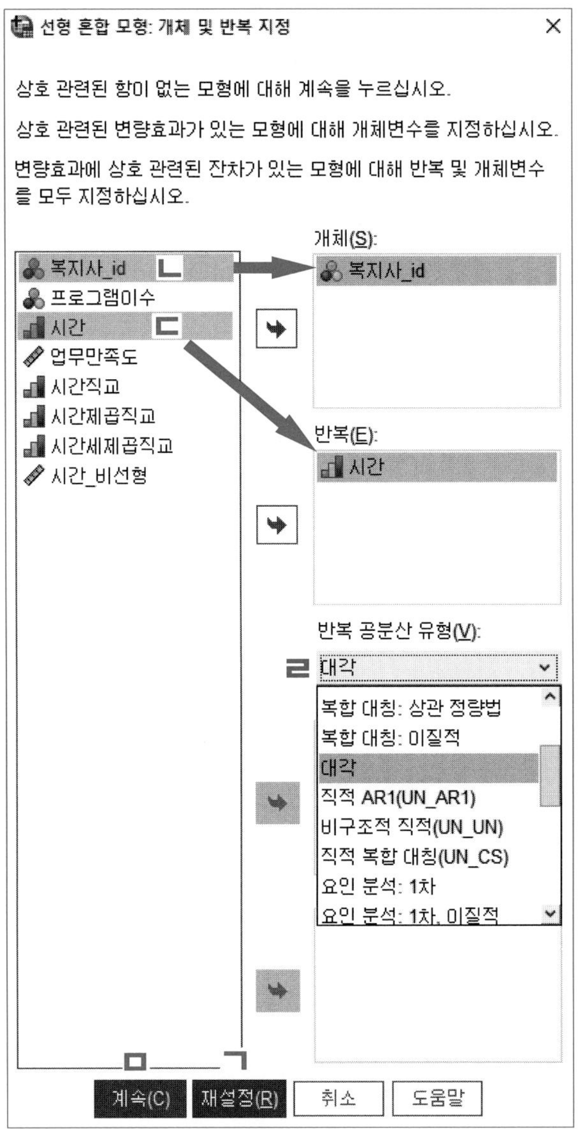
선형 혼합 모형: 개체 및 반복 지정
상호 관련된 항이 없는 모형에 대해 계속을 누르십시오.
상호 관련된 변량효과가 있는 모형에 대해 개체변수를 지정하십시오.
변량효과에 상호 관련된 잔차가 있는 모형에 대해 반복 및 개체변수를 모두 지정하십시오.
복지사_id
ㄴ
프로그램이수
시간
ㄷ
업무만족도
시간직교
시간제곱직교
시간세제곱직교
시간_비선형
개체(S):
복지사_id
반복(E):
시간
반복 공분산 유형(V):
ㄹ
대각
복합 대칭: 상관 정량법
복합 대칭: 이질적
대각
직적 AR1(UN_AR1)
비구조적 직적(UN_UN)
직적 복합 대칭(UN_CS)
요인 분석: 1차
요인 분석: 1차, 이질적
ㅁ
ㄱ
계속(C)
재설정(R)
취소
도움말

선형 혼합 모형 창이 뜨면,

ㄱ: 왼쪽 변인 목록 박스에서 '업무만족도'를 선택해 오른쪽의 **종속변수** 쪽으로 옮기고,

ㄴ: 왼쪽 변인 목록 박스에서 '프로그램이수'와 '시간_비선형'을 선택해 오른쪽 **공변량** 박스로 옮긴다.

ㄷ: 오른쪽의 **고정**을 누른다.

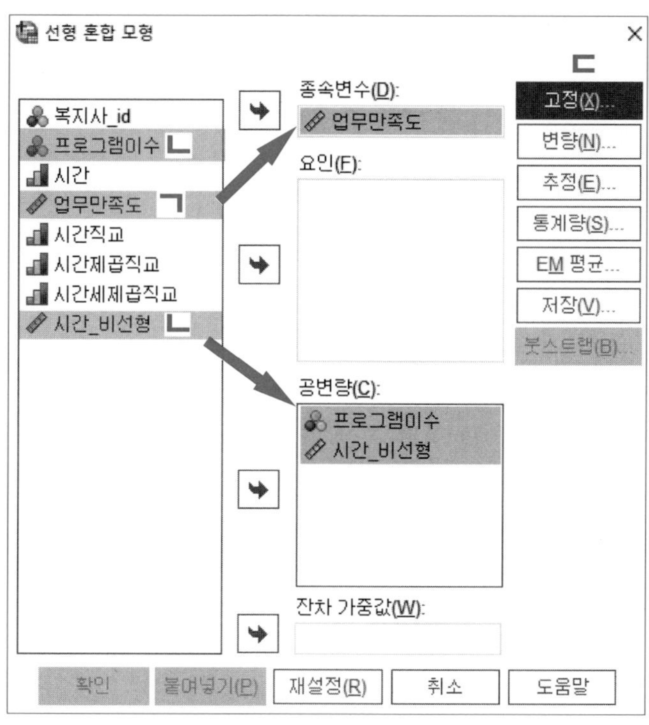

선형 혼합 모형: 고정 효과 창이 뜨면,

ㄱ: 요인 및 공변량에서 '프로그램이수'와 '시간_비선형'을 동시에 하이라이트한 상태에서

ㄴ: 중간 부분의 드롭다운 메뉴를 떨어뜨려 주효과를 선택한 후

ㄷ: 추가를 누른다.

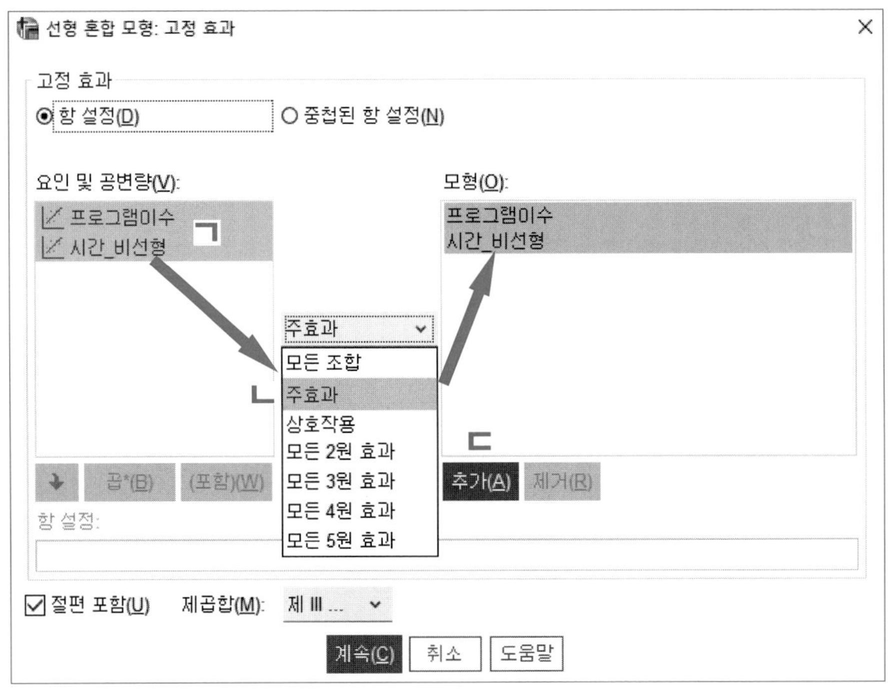

계속해서,

ㄱ: **요인 및 공변량**에서 '프로그램이수'와 '시간_비선형'을 동시에 하이라이트한 상태에서

ㄴ: 중간 부분의 드롭다운 메뉴를 떨어뜨려 **상호작용**을 선택한 후

ㄷ: **추가**를 누른다.

ㄹ: **모형** 박스 안에 '프로그램이수×시간_비선형'이 만들어져 있는 것을 확인한 후, 맨 아래 **계속**을 누른다.

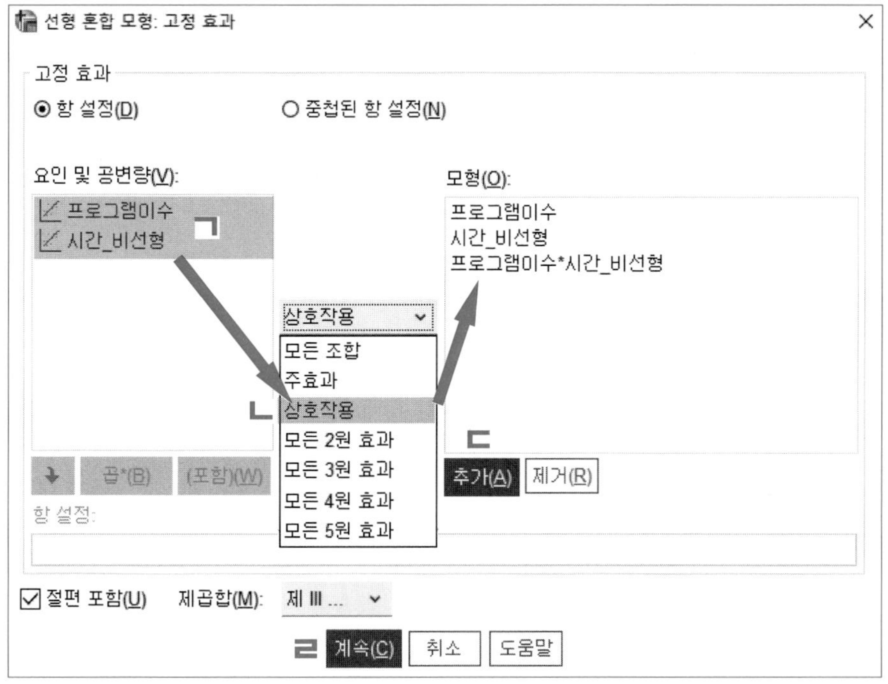

다시 선형 혼합 모형 창으로 돌아오면,

ㄱ: 변량 단추를 눌러 준다.

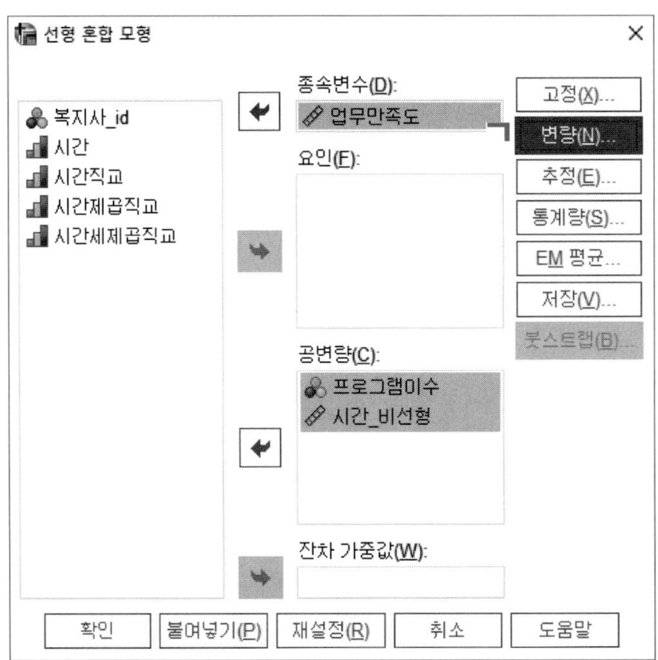

선형 혼합 모형: 변량효과 창이 뜨면,

ㄱ: 변량효과의 공분산 유형으로 대각을 선택하고

ㄴ: 변량효과에서 절편 포함을 체크한다.

ㄷ: 요인 및 공변량 박스 안의 '시간_비선형'을 하이라이트한 다음,

ㄹ: 추가를 눌러 오른쪽 모형 박스로 옮긴다.

ㅁ: 개체 집단의 개체 박스에 들어 있는 '복지사_id'를 오른쪽 조합 박스로 옮긴다.

ㅂ: 계속을 누른다.

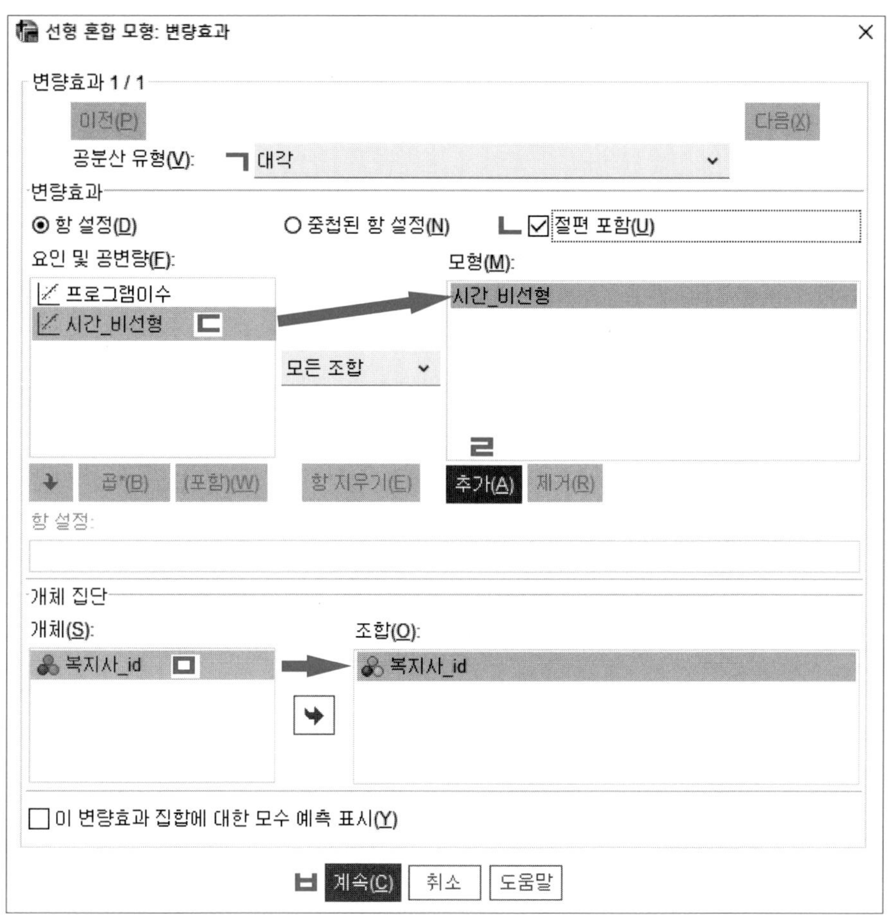
선형 혼합 모형: 변량효과
변량효과 1 / 1
이전(P)
다음(X)
공분산 유형(V):
ㄱ
대각
변량효과
항 설정(D)
중첩된 항 설정(N)
ㄴ
절편 포함(U)
요인 및 공변량(F):
프로그램이수
시간_비선형
ㄷ
모든 조합
모형(M):
시간_비선형
ㄹ
곱*(B)
(포함)(W)
항 지우기(E)
추가(A)
제거(R)
항 설정:
개체 집단
개체(S):
복지사_id
ㅁ
조합(O):
복지사_id
이 변량효과 집합에 대한 모수 예측 표시(Y)
ㅂ
계속(C)
취소
도움말

앞의 선형 혼합 모형 창이 다시 나타난다. 이때 추정을 눌러 방법으로 제한최대우도가 디폴트로 표시된 것을 확인하고 창을 닫는다. 그다음, 통계량을 눌러 고정 효과에 대한 모수 추정값, 공분산 모수 검정, 변량효과 공분산을 차례로 체크한 후, 계속을 누른다.

앞의 선형 혼합 모형 창이 다시 나타난다. 모든 설정이 완료되었으므로,

ㄱ: 확인을 누른다.

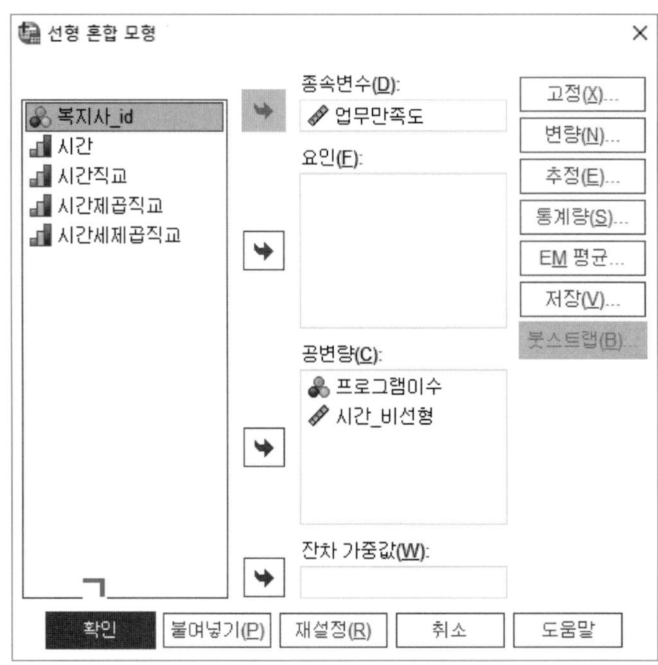

출력결과 창을 열면 혼합 모형 분석 결과를 볼 수 있다.

〈표 6-20〉은 고정효과 추정값들을 보여 준다. 먼저 절편의 고정효과(β_{00})는 60.206이었다. 이 값은 스트레스 완화프로그램을 이수하지 않은 통제집단 소속 사회복지사들('프로그램이수'=0)을 대상으로 첫 회차('시간_비선형'=0)에 측정한 '업무만족도' 값, 즉 프로그램 미이수 사회복지사들의 '업무만족도' 초기 전체평균 점수를 나타낸다.

다음으로 시간은 그 자체로 사회복지사들의 '업무만족도'를 올리는 효과를 발생시켰다. 구체적으로, 실험 처치와 무관하게, 즉 스트레스 완화프로그램을 이수했든 이수하지 않았든 관계없이 모든 사회복지사의 '업무만족도'는 '시간_비선형'이 한 단위 증가할 때, 다시 말해 시간이 최초 측정 시점에서 최종 측정 시점으로 변할 때('시간_비선형'=0 → 1) 평균 7.907점 올랐고,[55] 이 증가율은 유의미하였다(β_{10}=7.907, p=0.000). 시간은 양 집단에 동일하게 효

른다. 따라서 양 집단의 최종값은 초깃값으로부터 7.907점만큼 동일하게 높다. 즉, 시간의 효과에 국한해서 보면 양 집단의 '업무만족도' 초깃값은 60.206으로 같고, 최종값은 68.113으로 같다.

반면, 스트레스 완화프로그램 이수는 그 자체로 사회복지사들의 '업무만족도'를 올리는 효과를 발생시키지 않았다. 구체적으로, 스트레스 완화프로그램을 이수하지 않은 사회복지사들('프로그램이수'=0)에 비해 이수한 사회복지사들('프로그램이수'=1)의 '업무만족도'는 평균 0.322점 높았으나 이는 통계적으로 유의미한 차이가 아니었다(β_{01}=0.322, t=0.331, p=0.742). 즉, 시간의 효과를 고려하지 않고 실험 처치(X)에만 국한해서 보면, 스트레스 완화프로그램을 이수한 데 따른 부수적 효과는 사실상 없었던 셈이다.

그렇지만 스트레스 완화프로그램 이수 이력은 시간이 흐르면서 결과적으로 사회복지사들의 '업무만족도'를 높이는 효과를 발생시켰다. 이러한 종단적 효과는 층위 간 상호작용항인 '프로그램이수×시간_비선형' 추정치에서 확인할 수 있다. 구체적으로, 시간이 한 단위 증가할 때, 즉 시간이 최초 측정 시점에서 최종 측정 시점으로 변할 때('시간_비선형'=0 → 1) 통제집단 사회복지사들의 '업무만족도'는 60.206(β_{00})에서 68.113으로 평균 7.907(β_{10}=7.907)점 증가한 데 비하여, 실험집단 사회복지사들의 '업무만족도'는 60.528($\beta_{00}+\beta_{01}$=60.206+0.322)에서 71.578로 평균 11.050($\beta_{10}+\beta_{11}$=7.907+3.143=11.050)점 증가하였다. 여기서 주안점은, 시간의 흐름과 연동된 통제집단과 실험집단 간 '평균만족도' 점수 차이, 즉 층위 간 상호작용 효과 분(β_{11}=3.143)이 통계적으로 유의미하였다는 점이다(t=3.145, p=0.003).

〈표 6-20〉 고정효과 추정값

모수	추정값	표준오차	자유도	t	유의확률	95% 신뢰구간	
						하한	상한
절편	60.206	.655	50.555	91.885	.000	58.890	61.522
프로그램이수	.322	.972	50.555	.331	.742	−1.630	2.273
시간_비선형	7.907	.674	47.201	11.735	.000	6.552	9.263
프로그램이수×시간_비선형	3.143	.999	47.201	3.145	.003	1.132	5.153

55) 전체 조사대상 기간(4회차 측정 기간) 중 '업무만족도'가 7.907점 올랐다는 얘기이다.

〈표 6-21〉은 제1, 2수준 오차항들의 추정 결과를 보여 준다. 표에서 무선절편(μ_{0i}=11.411)과 무선기울기(μ_{1i}=9.596)가 모두 통계적으로 유의미하게 나오는데, 이는 사회복지사들의 '업무만족도' 점수를 설명, 예측하는 데 있어 이들의 제2수준 개인 특성 요인을 활용할 여지가 아직 많이 남았다는 것을 말해 준다.

〈표 6-21〉 공분산 모수 추정값

모수		추정값	표준오차	Wald Z	유의확률	95% 신뢰구간	
						하한	상한
반복측도	Var: [시간=0]	1.637	1.405	1.165	.244	.304	8.805
	Var: [시간=1]	3.148	.817	3.852	.000	1.893	5.236
	Var: [시간=2]	1.672	.608	2.751	.006	.820	3.409
	Var: [시간=3]	3.441	1.180	2.915	.004	1.757	6.741
절편+시간_비선형 (개체=복지사_id)	Var: 절편	11.411	3.082	3.702	.000	6.721	19.376
	Var: 시간_비선형	9.596	2.929	3.276	.001	5.275	17.456

어떠한 제2수준 개인 특성 요인이 종속변인의 분산을 추가로 의미 있게 설명해 줄지는 후속 연구를 통해 밝혀낼 일이다. 그렇지만 최소한 이 예제의 분석결과를 통해 우리는 다양한 제2수준 개인 특성 요인 가운데 스트레스 완화프로그램 이수라는 실험 처치(X)가 사회복지사 '업무만족도'의 종단적 변화양상을 설명, 예측하는 데 도움을 주는 유력한 요인이라는 사실을 입증하였다. 이는 사회복지사의 업무만족감을 제고하고 이들의 스트레스를 완화하기 위해—단기적으로는 아닐 수 있지만 장기적으로—복지관 차원의 개입과 인적자원 관리 노력이 필요하다는 주장의 논리적 근거로 활용될 수 있다.

4) 기타사항

(1) 시간 변인의 대안적 코딩

앞에서 '시간'을 t=0, 1, 2, 3으로 코딩하는 것을 가장 기본적인 시간관련 변인에 대한 코딩법으로 제시하였다. 그런데 이 방법은 시간과 종속변인의 비선형적 관계를 온전히 보여 주지 못한다는 한계를 지닌다. 그래서 시간, 시간제곱, 시간세제곱 변인을 생성한 후 각각을 직교코딩한 '시간직교', '시간제곱직교', '시간세제곱직교'를 활용하는 대안적인 코딩법을 제시하였다. 그렇지만 이 방법 역시 모형추정 결과 얻게 된 절편이 통제집단과 실험집단의 초깃값을 직관적으로 온전하게 보여 주지 못한다는 문제를 보인다. 이에 종속변인의 변화를 최초 측정 시점(시간=0)과 최종 측정 시점(시간=1) 사이에서 발생하는 변화, 즉 전체 조사대상 기간 내 전반적 경향(trend)의 관점에서 보는 새로운 대안적 코딩법을 제시하고 이를 모형 수립과 가설 검증에 활용하였다.

시간관련 변인들의 코딩에는 이렇게 다양한 방법이 적용될 수 있다. 다음에서는 아직 설명하지 못한 방법을 하나 더 소개하고자 한다. 이 코딩법의 핵심은 앞에서 검토하다가 폐기한 선형적 '시간' 변인을 재사용하되 이를 연속형 변수가 아닌 범주형 변수로 처리한다는 데 있다. 즉, 다음 그림에서 볼 수 있듯 $t=0, 1, 2, 3$으로 코딩된 선형적 '시간' 변인을 **공변량**이 아닌 **요인**으로 간주하여 모형을 구성한다는 얘기이다.

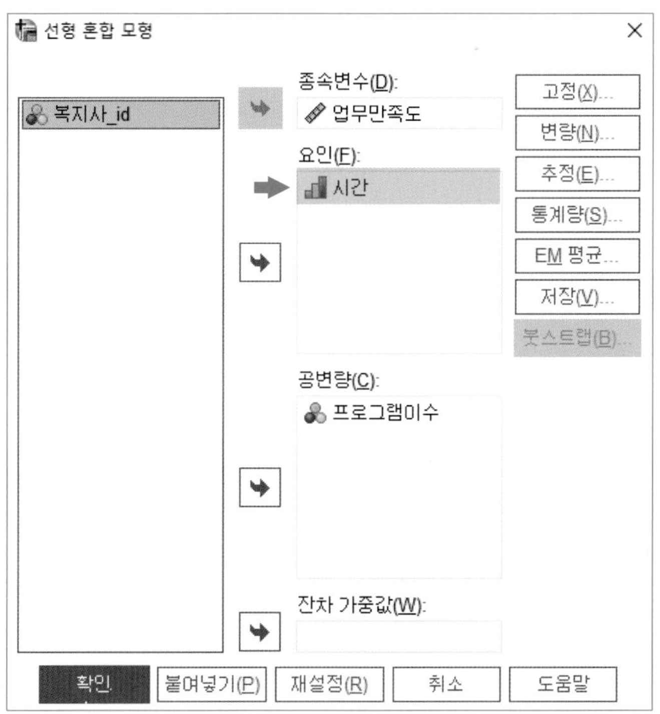

〈표 6-22〉는 '시간'을 **요인**으로 간주하여 구성한 새로운 연구모형의 고정효과 추정값들을 보여 준다.

여기서 한 가지 유념해야 할 사항은, SPSS의 선형혼합모형 프로시저는 요인으로 처리된 범주형 변수의 맨 마지막 범주를 참조집단(reference group)으로 간주한다는 점이다. 이는

SPSS의 디폴트 설정으로 사용자가 임의로 바꿀 수 없는 부분이다. 아무튼 가장 큰 숫자로 표기된 맨 마지막 범주가 참조집단이므로, '시간'의 마지막 범주인 3, 즉 4회차 관측 시점을 기준으로 〈표 6-22〉에 나온 고정효과 추정값들을 해석해야만 한다.

〈표 6-22〉 고정효과 추정값

모수	추정값	표준오차	자유도	t	유의확률	95% 신뢰구간	
						하한	상한
절편	67.490	.657	334.479	102.791	.000	66.198	68.782
[시간=0]	−7.529	.657	334.480	−11.466	.000	−8.820	−6.237
[시간=1]	−2.540	.657	334.480	−3.869	.000	−3.832	−1.248
[시간=2]	−1.617	.657	334.480	−2.462	.014	−2.908	−.325
[시간=3]	0^b	0	.	.	.	.	.
프로그램이수	4.622	.974	334.479	4.746	.000	2.706	6.538
[시간=0]×프로그램이수	−3.868	.974	334.480	−3.972	.000	−5.784	−1.953
[시간=1]×프로그램이수	−4.048	.974	334.480	−4.157	.000	−5.964	−2.132
[시간=2]×프로그램이수	−2.403	.974	334.480	−2.468	.014	−4.319	−.488
[시간=3]×프로그램이수	0^b	0	.	.	.	.	.

'시간'을 요인으로 처리한 경우, 절편(β_{00} =67.490)은 '업무만족도'의 초깃값이 아닌 최종값이 된다. 즉, 67.490이라는 값은 맨 마지막 시점('시간'=3)에서 측정한 스트레스 완화프로그램 미이수 사회복지사('프로그램이수'=0, 통제집단)의 '업무만족도' 전체평균 점수를 나타낸다. 그렇다면 맨 마지막 시점('시간'=3)에서 측정한 스트레스 완화프로그램 이수 사회복지사('프로그램이수'=1, 실험집단)의 '업무만족도' 전체평균 점수는? 72.112점(67.490+4.622)이다.

한편, 범주형 변수로 처리된 '시간' 변인의 회기계수는 맨 마지막 관측 시점에서 측정한 '업무만족도' 최종값과 비교해 각 관측 시점에서 측정한 '업무만족도' 점수가 얼마나 차이가 나는지 보여 주는 지표가 된다. 예컨대, 맨 처음 시점('시간'=0)에서 측정한 통제집단 소속 사회복지사의 '업무만족도' 평균 점수는 59.961점(67.490−7.529)이다. 이는 같은 조건하 맨 마지막 관측 시점에서 측정한 '업무만족도' 최종값(67.490)과 비교해 7.529점만큼 낮은 셈인데, 〈표 6-22〉에 따르면 그 차이는 통계적으로 유의미한 것으로 나타난다(t=−11.466, p=

0.000).

나머지 범주에 대해서도 마찬가지 해석을 할 수 있다. 구체적으로, 두 번째 시점('시간'=1)에서 측정한 통제집단 소속 사회복지사의 '업무만족도' 평균 점수는 64.950점(67.490-2.540), 세 번째 시점('시간'=2)에서 측정한 통제집단 소속 사회복지사의 '업무만족도' 평균 점수는 65.873점(67.490-1.617)이고, 각 시점에서 측정한 통제집단 소속 사회복지사들의 '업무만족도' 평균 점수와 최종 시점의 '업무만족도' 간 차이는 유의미하다. 다만 최종 시점(4회차)을 제외한 1~3회차 측정 회차에서 관측된 점수들 간의 상호 비교는 불가능하다. 모든 비교는 참조집단을 기준으로만 할 수 있다.

이렇게 통제집단 소속 사회복지사들의 '업무만족도' 점수(Y)를 관측 시점(X)별로 계산하고 그 결과를 도표에 찍어 보면, '업무만족도'는 '시간'이 0에서 1로 변할 때 급속히 직선적으로 오르다가 1에서 2로 변할 때 완만히 직선적으로 오르고 2에서 3으로 변할 때 다시 급속히 직선적으로 치솟아, 전체적으로 3차 곡선의 형태를 띠며 변화한다는 것을 확인할 수 있다.

스트레스 완화프로그램을 이수한 실험집단 소속 사회복지사들의 '업무만족도' 값에 대해서도 마찬가지 계산과 해석을 할 수 있다. 구체적으로, 맨 처음 시점('시간'=0)에서 측정한 실험집단 소속 사회복지사의 '업무만족도' 평균 점수는 60.715점(67.490-7.529+4.622-3.868), 두 번째 시점('시간'=1)에서 측정한 실험집단 소속 사회복지사의 '업무만족도' 평균 점수는 65.524점(67.490-2.540+4.622-4.048), 세 번째 시점('시간'=2)에서 측정한 실험집단 소속 사회복지사의 '업무만족도' 평균 점수는 68.092점(67.490-1.617+4.622-2.403)이며, 각 시점에서 측정한 실험집단 소속 사회복지사들의 '업무만족도' 평균 점수와 최종 시점의 '업무만족도' 점수 72.112점(67.490+4.622) 간 차이는 모두 유의미하게 다르다.

실험집단 소속 사회복지사들의 '업무만족도' 점수를 y축에, '시간'을 x축에 놓고 도표를 그려 보면 이 역시 마찬가지로 3차 곡선의 패턴을 그리며 변화한다는 것을 확인할 수 있다. 다만 그 변화 궤적은 통제집단의 그것보다 전반적으로 더 위쪽 지점에서, 더 급속하게 치솟는 패턴을 그린다는 게 차이점이다.

이처럼 '시간' 변인을 요인으로 간주하여 연구모형을 수립, 추정한 결과는 앞서 '시간_비선형' 변인을 사용한 결과와 내용상 크게 다를 바가 없다.[56]

---

56) 그럼에도 앞에서 '시간'을 요인으로 활용한 사례를 적절한 연구모형으로 제시하지 않고 검토 중간에 폐기한 까닭은, 실제 분석을 돌려 보니까 모형이 좀처럼 수렴되지 않아, 즉 모형을 수렴시키는 제1, 2수준 공분산 구조 유형의 조합을 찾는 데 실패하여 〈표 6-22〉의 결과를 신뢰할 수 없다는 결론에 도달했기 때문이다. 모형 수렴 측면에서 범주형 변인보다 연속형 변인이 좀 더 유리한 결과를 가져다주는 것 같다.

(2) 통제변인 투입 시점

제6장에서 다룬 두 개의 시나리오에서는 통제변인에 관해 아무 언급을 하지 않았다. 그렇지만 연구를 하다 보면 여러 개의 통제변인을 설정하고 이를 모형에 투입해야만 신뢰할 만한 분석결과를 얻는 경우가 흔하다. 통제변인을 포함하지 않은 연구모형은 다양한 교란변인(confounding variables)에 의해 왜곡된 결과를 산출할 위험을 지닌다.

그렇다면 통제변인들은 언제 투입하는 것이 좋을까? 이와 관련해서는 어떤 확실한 가이드라인이 있는 것은 아니다. 통제변인의 투입 시기는 연구자의 판단에 따르는 재량사항일 뿐이다. 그렇지만 모형 구축의 단계별, 전략적 접근방식을 감안하건대, 가설을 편하게 검증하길 원하고 분석결과를 되도록 깔끔하고 보기 좋게 제시하길 원한다면, 분석 초기 단계보다는 맨 마지막 단계에서 통제변인들을 투입할 것을 개인적으로 권장한다.

분석 초기 단계에서는 종속변인에 개인차가 있는지, 시간의 흐름에 따라 종속변인이 변화하는지, 변화한다면 그 궤적의 형태는 어떠한지(모형 I), 변화 궤적에 개인차가 있는지(모형 II), 종속변인의 변화 궤적이 제3의 개인 특성 요인에 따라 달라지는지(모형 III)를 차례로 살피고, 연구모형별 수립 가설들의 채택 또는 기각 여부를 우선적으로 결정하도록 한다. 통제변인들은 주요 가설들에 대한 검증 작업이 모두 끝난 다음, 따로 최종모형(모형 IV)을 만들고 여기에 한꺼번에 투입하여 검증하도록 한다. 만약 통제변인들을 새롭게 투입함에도 불구하고 앞에서 검증한 연구가설들이 여전히 유효한 것으로 판명되면, 연구결과의 타당성과 신뢰도는 더욱 올라갈 것이다. 이렇게 하면 연구결과를 독자들에게 더욱 효과적으로 전달, 이해시킬 수 있다.

(3) 결과표 작성

종단적 다층분석을 계획하여 실시하는 것만큼이나, 분석 이후 그 결과를 일목요연하게 정리하여 독자에게 효과적으로 제시하는 것 역시 중요한 일이다. 〈표 6-23〉은 다층 성장 모형을 이용해 종단분석을 수행한 한 학술지 논문의 결과요약표로서(김태연, 2023: 24), 복잡한 다층종단분석 결과를 요약, 제시하는 범례로 사용하면 좋을 것 같아 발췌, 제시한다.

〈표 6-23〉 기혼 여성의 우울감 영향요인에 관한 다층성장모형 추정결과

		모형 Ⅰ	모형 Ⅱ	모형 Ⅲ	모형 Ⅳ
고정효과					
절편		5.000^{***} (0.132)	4.999^{***} (0.126)	4.949^{***} (0.119)	5.279^{***} (0.413)
제1수준 (시변 요인)	시간	0.744^{***} (0.074)	0.750^{***} (0.077)	0.767^{***} (0.074)	0.769^{***} (0.074)
층위 간 상호작용항	시간×일-가정 양립 어려움 인식	–	–	0.764^{***} (0.075)	0.764^{***} (0.074)
제2수준 (시불변 요인)	일-가정 양립 어려움 인식	–	–	1.356^{***} (0.120)	1.241^{***} (0.116)
	연령	–	–	–	0.665^{***} (0.182)
	학력	–	–	–	-0.514^{***} (0.136)
	빈곤	–	–	–	2.525^{***} (0.264)
	경제활동	–	–	–	-0.688^{**} (0.205)
	가구원 수	–	–	–	-0.510^{***} (0.122)
	만성질환	–	–	–	0.741^{**} (0.231)
	자녀양육	–	–	–	1.066^{**} (0.310)
무선효과					
절편		26.143^{***} (0.984)	23.794^{***} (0.987)	19.853^{***} (1.705)	16.732^{***} (1.607)
시간		–	3.167^{***} (0.402)	1.931^{*} (0.856)	1.217 (0.911)
공분산 구조					
제1수준		항등	항등	대각	대각
제2수준		항등	대각	비구조	비구조
급내상관 및 모형적합도					
급내상관계수		0.442	–		
−2LL		61739.261	61667.768	60047.832	59462.432

$^{*}p<0.05$, $^{**}p<0.01$, $^{***}p<0.001$

주: 괄호 안의 숫자들은 표준오차임.

비구조 공분산 구조의 (절편×시간기울기) 공분산 추정값은 표에 미포함함.

제 7 장

다층분석 실습: 성장 모형 응용

1. 종단적 다층분석 실습 응용–세 번째 시나리오
2. 종단적 다층분석 실습 응용–네 번째 시나리오
3. 종단적 다층분석 실습 응용–다섯 번째 시나리오

제6장에서는 시간의 변화에 따라 개체에 발생하는 변화를 살피는 성장 모형을 공부하였다. 이 성장 모형은 기본적으로 이수준 모형으로, 제1수준에서는 개체 내적으로 변이하는 반복측정 시변요인(들)이 종속변인에 미치는 영향을, 제2수준에서는 개체 간에 변이하는 고정적 시불변요인(들)이 종속변인에 미치는 영향을 검증하도록 설계되었다.

그런데 다층종단분석에 활용되는 성장 모형이 반드시 이수준에만 국한되는 것은 아니다. 연구 목적과 가용 자료의 구조에 따라 삼수준 혹은 사수준으로까지 확장될 수 있다. 개체들(제2수준)이 속한 소집단(제3수준) 특성이 종속변인에 미치는 영향을 살피는 경우, 소집단(제3수준)들이 속한 대집단(제4수준) 특성이 종속변인에 미치는 영향을 살피는 경우 등이 확장된 성장 모형 사용을 검토할 수 있을 때이다.

이뿐만 아니라 성장 모형에 투입되는 시변요인이 오로지 시간만 있는 것은 아니다. 시간 외에도 시간적 속성을 띠는 다양한 시변요인이 있을 수 있다. 이들은 선행연구 결과와 이론이 가리키는 바에 따라 얼마든지 몇 개든 시간 요인과 더불어 성장 모형에 투입될 수 있다.

제7장에서는 이러한 다양한 상황을 고려하여 제6장에서 살핀 기본 성장 모형을 변용하여 다층종단분석을 실시할 수 있는 세 가지 확장된 시나리오 상황을 가정하고 각각을 상술하고자 한다. 제6장의 첫 번째와 두 번째 시나리오에 이은 제7장의 세 번째 시나리오는 삼수준 성장 모형에 기반을 둔 다층종단분석이고, 네 번째 시나리오는 회귀 불연속 설계(regression discontinuity design)를 활용한 다층종단분석이며, 다섯 번째 시나리오는 하나의 모형에서 두 개 이상의 서로 다른 변화 궤적을 살피는 분할 성장 모형(piecewise growth model)에 대한 다층종단분석이다.

 1. 종단적 다층분석 실습 응용-세 번째 시나리오

1) 모형 수립 시 시변요인의 투입 여부 결정

세 번째 시나리오는 전국 50개 시군구 노인요양병원을 분석 단위로, 11회(10년)에 걸쳐 측정한 입원환자들의 6개월 이내 퇴원율[1]과 그 종단적 변화양상을 조사한다.

분석을 위한 성장 모형은 삼수준으로 설정한다. 구체적으로, 제1수준에서는 시간을 비롯해 다양한 반복측정(11회) 시변요인이 입원환자의 6개월 이내 퇴원율의 종단적 변화에 미치는 영향을 살피고, 제2수준과 제3수준에서는 다양한 병원 수준 및 지자체 수준의 시불변요인들이 입원환자의 6개월 이내 퇴원율의 종단적 변화에 미치는 영향을 각기 살핀다.

제6장 예제에서는 종속변인에 영향을 미치는 시변요인으로 오로지 시간만을 다루었다. 그러나 시변요인에는 시간만 있는 것이 아니다. 이론적으로 각 개체가 갖는 속성값은 그것이 무엇이든 시간이 흐르면 계속 변화하기 마련이다. 소득, 학력, 종교, 혼인상태 등 보통의 연구에서 흔히 다루는 인구사회학적 요인 모두 매년 그 값이 조금씩 변동한다는 점을 상기하면 이 말이 의미하는 바를 쉽게 이해할 수 있을 것이다.

물론 값이 고정되어 바뀌지 않는 시불변요인이 전혀 없는 것은 아니다. 성별이 대표적인 예이다. 가령 1회차 측정에서 남자였다가 2회차에서 여자였다가 다시 3회차에서 남자로 변하는 일은 상상할 수 없다. 그렇지만 이는 정말 예외적인 경우이고, 실제로는 개체의 속성값은 그것이 무엇이 되었든 시간이 흐르면 조금씩 변하는 것이 당연하다.

그렇지만 다른 한편으로, 모든 종단연구가 주요 변인들을 시변 형태로만 사용하는 것은 또 아니다. 대부분의 종단연구는 연구 목적에 따라 일부 중요한 독립변인만 선택적으로 시변 처리하고, 그 외 상대적으로 덜 중요한 독립변인이나 통제변인들은 시불변으로 처리한다. 즉, 실제로는 시간의 흐름에 따라 변화하더라도 연구모형상으로는 고정된 값을 갖는 변인으로 간주하고 분석을 진행할 때도 많다.

예컨대, 제6장 첫 번째 예제에서 우리는 '복리후생만족'을 시불변요인으로 설정하고 그에 맞춰 '복리후생만족'을 성장 모형 내 제2수준 요인으로 투입, 처리하였다. 이렇게 한 까닭은 복지관의 복리후생에 대한 사회복지사의 만족감이 시간의 흐름에 따라 사회복지사 개인 내적으로 변화하는 성격을 띠기보다, 시간의 흐름과 무관하게 개별 사회복지사들을 구분 짓

---

1) 전원을 하지 않는 조건에서, 퇴원율은 다른 말로 입원환자의 6개월 내 지역사회 복귀율이라고도 한다.

는 개체 특성 요인으로서의 성격을 더 짙게 띤다는 학술적 판단을 연구자가 내렸기 때문이다. 이는 뒤집어 말하면, 만약 선행연구와 관련 이론을 검토한 결과 '복리후생만족'이 시간적 속성을 좀 더 강하게 지닌 변인으로 판단되었다면, 연구자는 복지관의 복리후생에 대한 사회복지사의 만족감을 제2수준 시불변요인이 아닌 제1수준 시변요인으로 투입, 처리할 수도 있었다는 것을 뜻한다. 물론 제6장 예제에서 우리는 그렇게 하지 않았다. 나름의 판단을 근거로, 조사대상 전 기간(3회차 측정 기간)에 걸쳐 하나의 고정된 값을 갖는 제2수준 시불변요인으로 해당 변인을 처리하였다.

이 논의를 정리하면, 결국 어떤 한 변인이 제1수준 시변요인(개체 내부적 특성 요인)으로 활용되느냐 아니면 제2수준 혹은 그보다 상위수준 시불변요인(개체 간 특성 요인)으로 활용되느냐는 연구 목적과 가용 자료 구조에 따라 결정될 연구자 재량사항이라고 할 수 있다.

제7장 예제에서는 앞선 제6장 예제와 달리 시간 외 다양한 변인을 시변요인으로 활용하고자 한다. 이는 이론적 이유에 기인한 재량적 판단인데, 이를 상세히 설명하는 것은 통계방법론에 관한 이 책의 목적에서 벗어나는 것이므로 생략하도록 한다. 다만 제1수준 성장 모형에 시간 외 다양한 시변요인을 투입해 모형을 추정할 수 있다는 점만 재차 강조하고 다음 주제로 넘어가도록 한다.

2) 연구문제 및 변수의 조작적 정의

제7장 첫 번째 예제에서 다룰 연구문제와 그에 상응하는 연구모형을 정리하면 〈표 7-1〉과 같다.

〈표 7-1〉 연구문제 및 연구모형

연구문제	모형
1. 퇴원율은 노인요양병원별로 다른가? 2. 퇴원율은 시군구별로 다른가? 3. 시간의 변화에 따라 퇴원율은 변화하는가? 변화한다면 그 궤적은 선형적인가?	모형 I
4. 퇴원율의 선형적 변화 궤적은 노인요양병원별로 다른가? 5. 퇴원율의 선형적 변화 궤적은 시군구별로 다른가?	모형 II

6. 시간의 변화에 따라 변화하는 노인요양병원의 특성 요인 중 퇴원율에 영향을 미치는 요인은 무엇인가? 6-1. 시간의 변화에 따라 변화하는 민간의료보험 미가입 환자 비율(입원환자 중)이 퇴원율에 영향을 미치는가? 6-2. 시간의 변화에 따라 변화하는 병원비가 퇴원율에 영향을 미치는가?	모형 III
7. 노인요양병원의 특성 요인 중 퇴원율의 선형적 변화 궤적에 영향을 미치는 요인은 무엇인가? 7-1. 도구적 일상생활 수행능력(IADL) 상위 25% 이내 환자 비율(입원환자 중)이 퇴원율의 선형적 변화 궤적에 영향을 미치는가? 7-2. 전문의 비율(전체 의료인 중)이 퇴원율의 선형적 변화 궤적에 영향을 미치는가?	모형 IV
8. 시군구 특성 요인 중 퇴원율의 선형적 변화 궤적에 영향을 미치는 요인은 무엇인가? 8-1. 노인맞춤형돌봄서비스 이용률이 퇴원율의 선형적 변화 궤적에 영향을 미치는가? 8-2. 양호기관(동네의원 중) 비율이 퇴원율의 선형적 변화 궤적에 영향을 미치는가?	모형 V

연구문제 1번과 2번은 입원환자의 6개월 이내 퇴원율('퇴원율')이 노인요양병원 및 시군구별로 다른지를 각각 묻는다. 두 문제는 모형 I의 제2수준 및 제3수준 무선절편의 유의성을 확인함으로써 답할 수 있다. 연구문제 1번과 2번은 종단분석과 직접적으로 상관은 없지만, 다층분석을 경험적으로 정당화할 수 있는 근거 제시 차원에서 반드시 먼저 짚고 넘어가야 할 질문이다.

연구문제 3번은 시간의 흐름에 따라 입원환자의 6개월 이내 퇴원율이 변화하는지를 묻는다. 즉, '시간'이 '퇴원율'에 미치는 영향 관계가 어떠한지를 살핀다. 이는 모형 II '시간' 변인의 고정기울기, 즉 '퇴원율'의 변화율(=성장률)의 유의성을 확인함으로써 답할 수 있다.[2)]

연구문제 4번과 5번은 앞선 연구문제 3번을 긍정적으로 해결했다는 전제하에, '퇴원율' 변화 궤적에 개체 차이가 존재하는지를 묻는다. 여기서 개체란 노인요양병원과 시군구를 가리킨다. 따라서 연구문제 4번과 5번은 '퇴원율'의 선형적 변화율이 노인요양병원(제2수준) 및 시군구(제3수준)별로 다른지 묻는 것과 같다고 이해하면 된다. 두 문제는 모형 III 내 '시간' 기울기의 제2수준 및 제3수준 무선효과가 유의미한지를 확인함으로써 답할 수 있다.

연구문제 6번부터는 '퇴원율'에 영향을 미치는 제1수준 시변요인으로 '시간' 외 요인들이

2) 여기 예제에서는 '퇴원율' 변화 궤적의 선형성만을 살피고 2차 곡선적 변화양상은 살피지 않는다. 이는 모형 수립 전에 실시한 사전분석 결과([그림 7-1], [그림 7-2] 참조), '시간'과 '퇴원율' 간에 비선형적 관계가 거의 발견되지 않은 데 따른 조치이다. 또한 조사대상 기간 동안 관측을 열한 번이나 했기 때문에 2차 또는 3차 곡선과 같은 비선형적 관계를 반영하는 시간관련 변인(들)을 투입하면 결과 해석이 지나치게 복잡해질 수 있다는 우려를 반영한 조치이기도 하다.

등장하기 시작한다. 구체적으로, 연구문제 6번은 '퇴원율'에 영향을 미치는 노인요양병원의 다양한 특성 요인 중 시간적으로 변화하는 요인이 무엇인지를 묻는다. 여기 예제에서는 입원환자 중 민간의료보험 미가입 환자가 차지하는 비율('무보험')과 환자에게 부과되는 1인당 평균 병원비('병원비')를 매 측정 회차별 값이 달라지는, 노인요양병원 내부적으로 변이하는 제1수준 시변요인으로 특정하여 모형에 투입한다.

연구문제 7번은 연구문제 4번의 팔로우업 차원으로서, '퇴원율'의 변화 궤적에 차이를 만드는 노인요양병원의 특성 요인, 즉 제2수준 개체 요인이 무엇인지를 묻는다. 여기 예제에서는 입원환자 중 도구적 일상생활 수행능력(IADL) 상위 25% 내 환자의 비율('일상자립')과 병원에 근무하는 전체 의료인 중 전문의 자격증 소지자가 차지하는 비율('전문의')을 노인요양병원의 특성 요인으로 특정해 모형에 투입한다. 이 두 요인은 제2수준 시불변요인으로서 '시간'과 상호작용하는 조절변인으로 활용된다.

마지막 연구문제 8번은 연구문제 5번의 팔로우업 차원으로서, '퇴원율'의 변화 궤적에 차이를 만들어 내는 시군구 특성 요인, 즉 제3수준 개체 요인이 무엇인지를 묻는다. 여기 예제에서는 해당 시군구 내 노인인구 천 명당 노인맞춤형돌봄서비스를 이용하는 비율('서비스이용')과 해당 시군구 내 개원한 일차의료기관 중 건강보험심사평가원이 의료의 질이 높은 이른바 양호기관으로 평가한 동네의원이 차지하는 비율('양호기관')을 시군구 특성 요인으로 특정해 모형에 투입한다. 이 두 요인은 제3수준 시불변요인으로서 '시간'과 상호작용하는 조절변인으로 활용된다.

실습에는 예제파일 〈제7장 노인요양병원 퇴원율.sav〉를 활용한다. 파일을 열고 **변수 보기**와 **데이터 보기** 창을 각각 눌러 데이터의 생김새를 파악한 다음 간단한 기술분석을 해 보면, 해당 파일은 50개 시군구(제3수준)에 소재한 649개 노인요양병원(제2수준)을 대상으로 11회(10년)에 걸쳐 측정한 병원별 퇴원율(제1수준) 데이터 7,054개[3]를 수직적 형태[4]로 담고 있다.

〈표 7-2〉는 〈제7장 노인요양병원 퇴원율.sav〉에 담긴 변인들에 관한 상세 설명을 보여준다.

---

3) 앞에서도 몇 차례 언급한 적이 있지만, 다층분석은 RM-ANOVA와 달리 결측값이 다소 있어도 모형 가정을 위배했다고 보지 않는다. 따라서 수직적 형태로 구조변환이 완료된 예제파일 내 데이터세트에 7,139(649×11)보다 적은 사례 수가 담겨 있다고 해서 문제가 되지는 않는다. 이 예제에서는 85개의 사례가 결측 누락되어 총 7,054개의 사례가 제1수준 시변 데이터로 들어가 있다.

4) 독자들의 편의를 위해 미리 구조변환(Varstocases)을 마친 파일을 제공하였다.

〈표 7-2〉 변수측정 및 구성

변인명	수준	설명	값/범위	측정 수준
병원_id	병원 (제2수준)	병원 일련번호(649개)	1~2237	명목
병원_ 시군구별id		시군구별 병원 일련번호	1~46	명목
시군구_id	시군구 (제3수준)	시군구 일련번호(50개)	1~56	명목
퇴원율	병원 내 (제1수준)	노인요양병원별 입원환자의 6개월 이내 퇴원율	0.00~1.00	비율
시간		'퇴원율'을 11회차(10년) 측정했음을 보여 주는 등간격 불연속 시변인	0, 1, 2, 3, 4, 5, 6, 7, 8, 9, 10	서열
시간_비율		'시간' 변인을 0과 1 범위에서 등간격 불연속 값을 갖는 시변인으로 변환한 결과	0.0, 0.1, 0.2, 0.3, 0.4, 0.5, 0.6, 0.7, 0.8, 0.9, 1.0	비율
무보험		입원환자 중 민간의료보험 미가입자 비율. 표준화 점수	−5.69~1.67	비율
병원비		환자 1인당 평균 병원비. 표준화 점수	−1.57~1.64	비율
일상자립	병원 (제2수준)	입원환자 중 도구적 일상생활 수행능력(IADL) 검사 결과 상위 25% 이내 환자의 비율. 표준화 점수	−2.30~2.94	비율
전문의		의료인 중 전문의 자격증 소지자 비율. 표준화 점수	−3.56~1.83	비율
서비스이용	시군구 (제3수준)	시군구 내 노인인구 천 명당 지난 1년간 노인맞춤형돌봄서비스를 이용한 적이 있는 자 비율. 표준화 점수	−2.76~1.55	비율
양호기관		시군구 내 개원 일차의료기관 중 건강보험심사평가원이 양호기관으로 평가, 등록한 동네의원 비율. 표준화 점수	−2.41~1.87	비율

〈표 7-2〉에서 제1수준(병원 내)으로 표기된 변인은 시변인이라는 것을, 제2수준(병원) 및 제3수준(시군구)으로 표기된 변인은 시불변요인이라는 것을 가리킨다.

한편, 11회의 측정 회차를 나타내는 시변인 '시간' 외에 '시간_비율'이라는 또 다른 시간관련 변인을 생성하여 제시하였는데, 이는 추후 모형추정 결과 해석 시 편의성 제고 차원에서 추가해 사용하는 것으로 이해해 주길 바란다. 즉, '시간'이 0에서 1, 1에서 2, 2에서 3, 이런 식으로 한 단위씩 늘 때 '퇴원율'의 변화양상을 보는 것도 의미가 있지만, 여기 예제에서는 시간이 최초 측정 시점에서 최종 측정 시점으로 변할 때 '퇴원율'이 어떻게 변화하는지 보는 것, 다시 말해 조사대상 전 기간에 걸친 '퇴원율'의 변화양상을 경향(trend)의 관점에서 보는 것이 더 의미가 있다고 판단하여 '시간'이 아닌 '시간_비율'을 사용할 것이라는 얘기이다.

[그림 7-1]은 노인요양병원 '퇴원율'의 종단적 변화양상을 시군구별 뭉침 현상을 고려하지 않고 전체로 아울러서 도표로 그려 낸 결과이다. 그림에서 노인요양병원 입원환자의 6개월 이내 '퇴원율'은 1회차 측정 때에는 평균 41.9%였다가 마지막 11회차 측정 때에는 평균 45.4%로, 10년간—다소간의 등락에도 불구하고—꾸준히 증가하여 조사대상 전 기간에 걸쳐 총 3.5%포인트 증가하였다는 것을 확인할 수 있다.

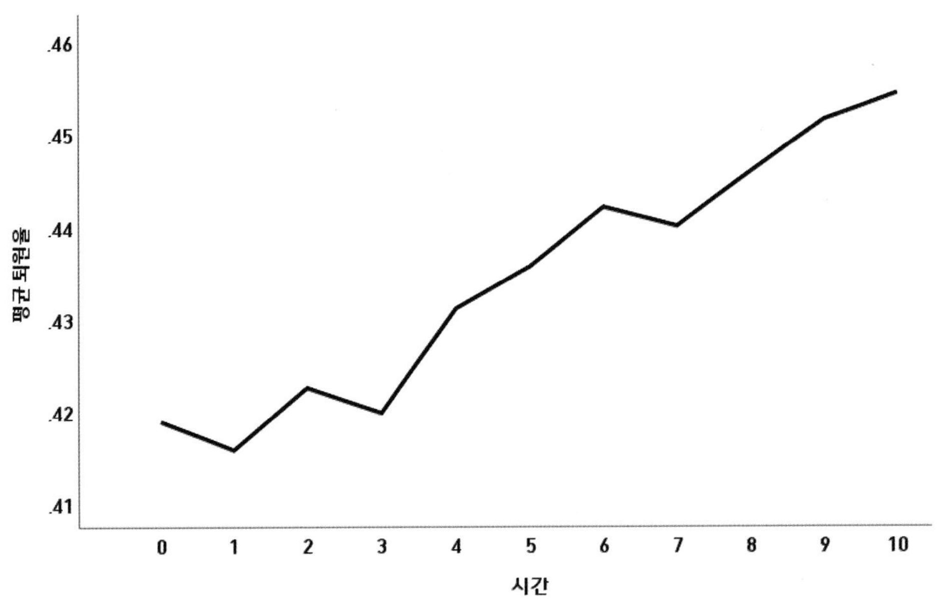

[그림 7-1] 노인요양병원 퇴원율의 종단적 변화

[그림 7-2]는 여덟 개 시군구(16번부터 23번까지의 '시군구')[5] 내 노인요양병원 '퇴원율'의 종단적 변화양상을 선형 도표[6]로 그려 낸 결과이다. 그림의 파란색 실선(16번 시군구)은 시간이 흐르면서 '퇴원율'이 전체적으로 낮아진 것(초깃값 37.4% → 최종값 34.8%)을, 맨 위 빨간

5) 데이터 → 케이스 선택 → 조건을 만족하는 케이스 클릭 → '시군구'≥16 and '시군구'≤23

6) 그래프 → 레거시 대화 상자 → 선형차트 → 다중 → '퇴원율'을 변수로 옮겨 평균(MEAN) 계산 → '시간'을 범주축으로, '시군구_id'를 선 기준변수로 각각 이동

색 실선(19번 시군구)은 조사대상 전 기간에 걸쳐 다른 병원 사례보다 현저히 높은 '퇴원율'(초깃값 60.7%, 최종값 65.7%)을 나타냈음을 보여 준다. 이렇게 병원별로 '퇴원율' 수준이나 증감 패턴에 다소간의 차이가 있으나, 전반적으로 개별 노인요양병원의 퇴원율 변화 궤적은 시간의 흐름에 따라 증가하는 패턴을 나타낸다는 것만큼은 그림을 통해 분명히 알 수 있다.

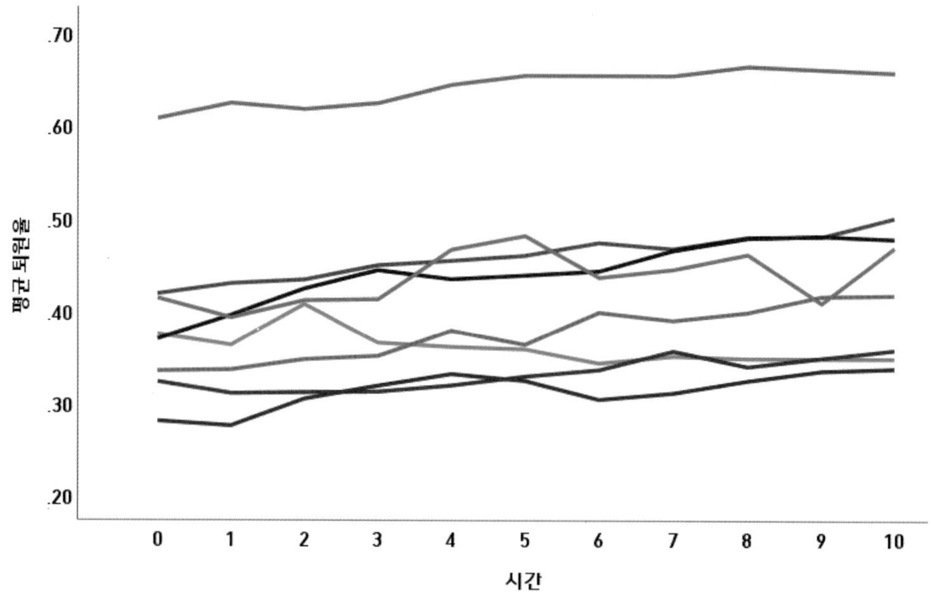

[그림 7-2] 여덟 개 시군구 소재 노인요양병원 퇴원율의 종단적 변화

3) 다층종단분석을 위한 성장 모형 구축 및 검증

(1) 성장 모형의 통계식

① 제1수준

다음에서는 다층종단분석 실시를 위한 성장 모형을 설정한다. 성장 모형, 특히 성장 모형의 제1수준에 해당하는 부분은 특정 시점에서 예상되는 각 개체(여기서는 개별 노인요양병원)의 행태를 요약적으로 보여 준다.

구체적으로, 특정 시군구(j)에 소재한 특정 노인요양병원(i)을 대상으로 t회차에 측정한 '퇴원율' 값을 퇴원율$_{tij}$이라고 했을 때, 퇴원율$_{tij}$은 해당 노인요양병원의 일정한 변화(=성장) 궤적과 오차의 함수로 정의될 수 있고, 특히 변화 궤적은 자유도 P의 다항식으로 표현될 수 있다. 따라서 제1수준 성장 모형을 등식으로 정리하면 다음과 같다.

$$퇴원율_{tij} = \pi_{0ij} + \pi_{1ij}a_{tij} + \pi_{2i}a_{tij}^{2} + \ldots\ldots + \pi_{pij}\alpha_{tij}^{P} + \epsilon_{tij} \quad \cdots\cdots \langle 식\ 7\text{-}1 \rangle$$

〈식 7−1〉에서 π_{0ij}는 절편으로, 특정 시군구(j) 소재 특정 노인요양병원(i)에게서 얻은 모든 회차(=회차 무관) '퇴원율' 값들의 평균을 나타낸다. 절편에는 시간의 효과가 반영되어 있지 않다. 따라서 만약 변수 코딩 시 시간(α)=0을 측정 최초 시점을 의미하는 것으로 조작적으로 정의하였다면, 절편은 '퇴원율'의 초깃값을 의미하게 된다.

α_{tij}는 시변인을 가리킨다. 시변인은 α_{tij} 외에도 필요에 따라 여러 개를 추가 투입할 수 있다. 여기 예제에서는 기본적인 시간 변인을 나타내는 '시간_비율'과 더불어 '무보험'과 '병원비'를 제1수준 시변요인 α로 투입한다.

π_{pij}는 시변인 α_{tij}의 한 단위 증가에 따른 특정 시군구(j) 내 특정 노인요양병원(i) '퇴원율'의 변화 정도, 즉 자유도 P의 변화 궤적 또는 변화율을 나타낸다($p=1, 2, 3, \cdots, P$).

성장 모형에는 선형적 변화 궤적 외에 2차 곡선적 변화 궤적, 3차적 곡선적 변화 궤적 등을 나타내는 모수를 여러 개(P개) 포함해 넣을 수 있다. 그렇지만 모형의 차수가 1차에서 2차, 2차에서 3차, 3차에서 4차로 올라갈수록 결괏값을 해석하는 일이 까다로워진다. 따라서 여기 예제에서는 결괏값에 대한 해석의 편의 및 사전분석 결과 등을 종합적으로 고려하여 기본 성장 모형의 통계식을 〈식 7−2〉와 같이 1차로 제한한다.

$$퇴원율_{tij} = \pi_{0ij} + \pi_{1ij}a_{tij} + \epsilon_{tij} \quad \cdots\cdots \langle 식\ 7\text{-}2 \rangle$$

ϵ_{tij}는 오차항으로, 특정 시군구(j) 내 특정 노인요양병원(i)을 대상으로 t회차에 측정한 '퇴원율' 예측값에 낀 종속변인의 미설명 분산 분을 나타낸다. 즉, ϵ_{tij}는 종속변인 '퇴원율'의 총분산 중 시변인(들)이 설명한 분산을 제외하고 남은 부분으로서, 추정 후에는 잔차라고 부른다.

ϵ_{tij}는 기본적으로 상호 독립적이며 평균 0을 중심으로 정규 분포를 그리면서 각 측정 회차에서 동일한 분산을 갖는 것으로 가정된다[$\epsilon_{tij} \sim N(0, \sigma_{\epsilon}^{2})$]. 그러나 다층종단분석에서는 반복측정 데이터 간 관계가 복잡한 관계로 다소 엄격한 이 기본 가정을 푸는 조건들을 추가로 집어넣는 경우가 대부분이다(예: 자기회기 등).

② 제2수준

제1수준 성장 모형에서 노인요양병원의 '퇴원율'을 성장 모수인 절편(초깃값)과 기울기(변화율) 그리고 그 밖(오차항) 등 크게 세 덩이로 나누어 보았다. 그런데 제1수준 절편과 기울기는 노인요양병원 간 차이를 나타내는 제2수준 시불변요인에 의해 영향을 받을 수 있다. 여기 예제에서는 제1수준 성장 모형 절편과 기울기에 영향을 미치는 제2수준 시불변요인으로 '일상자립'과 '전문의'를 특정한다.

제2수준 성장 모형을 등식으로 나타내면 다음과 같다.

$$\pi_{pij} = \beta_{p0j} + \sum_{q=1}^{Qp} \beta_{pq} X_{qij} + \gamma_{pij} \qquad \cdots\cdots \langle 식\ 7\text{-}3 \rangle$$

〈식 7-3〉에서 X_{qij}는 '일상자립', '전문의' 같은 제2수준 시불변 독립변인을, β_{pq}는 X_{qij}가 모형 내 p번째 성장 모수(π_{pij})에 발생시키는 고정적 효과를, γ_{pij}는 제2수준 무선효과의 행렬을 각각 나타낸다.

그런데 앞에서 이 예제의 성장 모형 차수를 1차로 제한한다고 하였다(P=1). 따라서 사실상 제2수준 성장 모형은 π_{0ij}와 π_{1ij}, 총 두 개 부분으로 이루어지게 된다. 이 두 부분을 등식으로 표현하면 다음과 같다.

$$\pi_{0ij} = \beta_{00j} + \sum_{q=1}^{2} \beta_{0q} X_{qij} + \gamma_{0ij} \qquad \cdots\cdots \langle 식\ 7\text{-}4 \rangle$$

$$\pi_{1ij} = \beta_{10j} + \sum_{q=1}^{2} \beta_{1q} X_{qij} + \gamma_{1ij} \qquad \cdots\cdots \langle 식\ 7\text{-}5 \rangle$$

한편, 제2수준 성장 모형에는 $(P+1)$개의 무선효과 행렬이 포함된다. 여기 예제의 경우 $P=1$이므로 절편에 하나(γ_{0ij}), 시간의 선형 기울기에 하나(γ_{1ij}), 총 두 개의 제2수준 무선효과 행렬이 모형에 포함된다.

그런데 제2수준 무선효과가 모형에 정확히 몇 개 들어가느냐는 어떠한 공분산 구조 유형을 선택하느냐에 따라 달라지는 문제이다. 예컨대, 만약 비교적 단순한 구조를 띠는 대각(diagonal)을 선택한다면 제2수준 무선효과는 절편과 시간의 선형 기울기에 각 하나씩, 총 두 개가 모형에 들어가고, 만약 가장 복잡한 비구조(unstructured)를 선택한다면 $(P+1)\times(P$

+1)개, 총 2×2=4개의 무선효과가 모형에 들어가는 식이다.

③ 제3수준

마찬가지 논리를 적용하여 제3수준 성장 모형을 다음과 같이 정리할 수 있다.

$$\beta_{pqj} = \gamma_{pq0} + \sum_{s=1}^{Spq} \gamma_{pqs} W_{sj} + \mu_{pqj} \qquad \cdots\cdots \langle 식\ 7\text{-}6 \rangle$$

〈식 7–6〉에서 W_{sj}는 '서비스이용', '양호기관' 같은 시군구 특성 관련 제3수준 시불변 독립변인을, γ_{pqs}는 W_{sj}가 모형 내 p번째 성장 모수(β_{pqj})에 발생시키는 고정적 효과를, μ_{pqj}는 제3수준 무선효과의 행렬7)을 각각 가리킨다.

그런데 이 예제에서는 $P=1$로 정하였다. 또한 제3수준 시불변 독립변인들이 제2수준 시불변 독립변인들과 맺는 관계는 일정한 것으로 가정한다($q=0$). 그러므로 사실상 제3수준 성장 모형은 β_{00j}와 β_{10j}, 총 두 개 부분으로 이루어진다고 볼 수 있다.

$$\beta_{00j} = \gamma_{000} + \sum_{s=1}^{2} \gamma_{00s} W_j + \mu_{00j} \qquad \cdots\cdots \langle 식\ 7\text{-}7 \rangle$$

$$\beta_{10j} = \gamma_{100} + \sum_{s=1}^{2} \gamma_{10s} W_j + \mu_{10j} \qquad \cdots\cdots \langle 식\ 7\text{-}8 \rangle$$

(2) 제1수준 공분산 구조

제1수준 성장 모형의 ϵ_{tij}는 오차항으로, 특정 측정 회차에서 특정 개체의 행태를 예측했을 때의 값(예측치)과 실측치의 차이를 나타낸다.

모형추정 이후에는 흔히 잔차라고 부르는 ϵ_{tij}는 상호 독립적이며 평균 0을 중심으로 정규 분포를 그리면서 각 측정 회차에서 동일한 분산을 갖는 것으로 가정된다[$\epsilon_{tij} \sim N(0, \sigma_\epsilon^2)$]. 그런데 이 가정은 지나치게 단순하여 현실적으로 충족하기 어렵다. 따라서 다층종단분석에서는 이 가정의 위반을 허용하는 다양한 추가 조건을 달아 오차항을 추정한다.

SPSS의 다층분석 프로시저인 **혼합모형**은 반복측정 데이터의 오차항 추정을 위해 대각을

---

7) 제2수준 모형에서와 마찬가지로, 모형에 무선효과가 정확하게 몇 개 들어가는지는 어떠한 제3수준 공분산 구조 유형을 선택하느냐에 따라 결정된다.

디폴트 공분산 구조 유형으로 제시한다. 대각은 측정 회차별 잔차의 분산이 이질적이고 이들 간 상관도가 0임을 가정한다. 대각 구조의 행렬[8]은 다음과 같다.

$$\begin{bmatrix} \sigma_1^2 & 0 & 0 & 0 \\ 0 & \sigma_2^2 & 0 & 0 \\ 0 & 0 & \sigma_3^2 & 0 \\ 0 & 0 & 0 & \sigma_4^2 \end{bmatrix}$$ …… 〈식 7-9〉

반복측정 데이터의 오차항 추정에 사용되는 또 다른 흔한 잔차 구조 가정은 복합대칭(compound symmetry)이다. 복합대칭은 측정 회차별 잔차의 분산(σ^2)이 동질적이고 이들 간 공분산(σ_c)이 있으면서 이들 역시 서로 동질적임을 전제한다(〈식 6-3〉 참조).[9] 복합대칭은 구형성 가정을 충족하는데, 이와는 정반대 성격을 갖는 잔차 구조 가정인 비구조(unstructured)도 있다. 비구조는 측정 회차별 잔차의 분산이 이질적이고 이들 간 공분산도 이질적임을 전제한다. 제1수준 오차항 추정에는 비구조를 사용하는 것이 현실적으로 어렵다. 각 측정 회차마다 서로 다른 분산과 공분산들이 쏟아져 나와 해석이 거의 불가능하기 때문이다. 단, 앞선 제6장에서 그랬던 것처럼 제2수준이나 제3수준에서 무선효과가 2개나 3개 정도일 때는 비구조를 사용해도 해석하는 데 큰 무리가 없다.

반복측정 데이터를 분석할 때 사용하는 또 다른 흔한 잔차 구조 가정은 자기회기(autoregressive)이다. 자기회기는 측정 회차별 잔차 간에 공분산이 존재하고, 특히 측정 회차가 가까운 잔차 간 공분산의 경우 측정 회차가 먼 잔차 간 공분산에 비해 상관도가 더욱 클 것이라고 믿을 만한 근거가 자료에서 발견될 때 사용하면 효과를 볼 수 있는 구조 유형이다. 자기회기는 두 가지 종류가 있는데, 하나는 측정 회차별 잔차의 분산(σ^2)이 동질적임을 전제하는 1차 자기회기 동질, 다른 하나는 측정 회차별 잔차의 분산(σ^2)이 이질적임을 전제하는 1차 자기회기 이질이다. 물론 측정 회차가 가까울수록 공분산 간 상관도(ρ)가 강하다는 것은 둘의 공통 전제이다. 다음은 1차 자기회기 동질의 행렬을 예시한다($|\rho| \leq 1$).

8) 여기서 다루는 예제의 경우 측정 회차가 총 11회에 달한다. 따라서 실제로는 잔차의 분산도 11개이다. 그렇지만 설명의 편의를 위해 다음에서는 측정 회차가 4회, 즉 잔차의 분산이 네 개인 것으로 상황을 단순화하여 설명을 이어 가겠다.

9) 이를 구형도(sphericity) 가정이라고 한다.

$$\sigma^2\begin{bmatrix}1 & \rho & \rho^2 & \rho^3\\ \rho & 1 & \rho & \rho^2\\ \rho^2 & \rho & 1 & \rho\\ \rho^3 & \rho^2 & \rho & 1\end{bmatrix}$$ ...... 〈식 7-10〉

이 예제에서는 가장 좋은 모형적합도를 나타내는 공분산 구조 유형 조합이 무엇인지 모형별로 사전에 다양하게 시도해 보았다. 분석결과, 가장 좋은 모형적합도를 나타낸 공분산 구조 유형 조합은 모형 I의 경우 제1－제2－제3수준별로 1차 자기회기 동질－척도화 항등－척도화 항등이었고, 모형 II부터 모형 V까지의 경우 1차 자기회기 동질－대각－대각으로 확인되어, 반복측정 데이터와 관련된 오차항 추정에는 모든 모형에서 1차 자기회기 동질을 사용하는 것이 낫다는 결론에 도달하였다.

(3) 모형 I

모형 I에서는 '퇴원율'이 노인요양병원 및 시군구별로 다른지(연구문제 1번 및 2번), 그리고 시간의 변화에 따라 '퇴원율'이 선형적으로 변화하는지(연구문제 3번)를 묻는다.

세 개의 연구문제 중 종단분석과 직접 관련된 것은 연구문제 3번이다. 연구문제 1번과 2번은 다층분석의 경험적 정당화를 위해 우선적으로 답해야 하는 질문들이다.

ICC(급내상관계수)는 다층분석을 정당화하는 데 쓰이는 가장 기본적인 지표이다.[10] 수준별 ICC는 다음 공식을 이용하여 계산할 수 있다. 통상 종속변인 분산의 5% 이상이 상위수준의 요인에 의해 설명될 수 있으면 다층분석은 정당화되는 것으로 본다.

$$\text{제3수준 ICC } \rho3 = \frac{\sigma^2_{\text{제3수준}}}{\sigma^2_{\text{제1수준}} + \sigma^2_{\text{제2수준}} + \sigma^2_{\text{제3수준}}}$$

$$\text{제2수준 ICC } \rho2 = \frac{\sigma^2_{\text{제2수준}}}{\sigma^2_{\text{제1수준}} + \sigma^2_{\text{제2수준}} + \sigma^2_{\text{제3수준}}}$$

$$\text{제1수준 ICC } \rho1 = \frac{\sigma^2_{\text{제1수준}}}{\sigma^2_{\text{제1수준}} + \sigma^2_{\text{제2수준}} + \sigma^2_{\text{제3수준}}}$$

10) ICC 계산 작업은 보통 무조건모형에서 진행한다. 그러나 여기 예제에서는 완전 무조건모형이 아닌, 시간관련 변인을 추가한 기저모형인 모형 I에서 ICC를 계산한다.

연구문제 1번, 2번, 3번에 답하기 위해 먼저 모형 I을 성장 모형 형태로 설정한다. 성장 모형은 기본적으로 제1수준에서부터 시작한다. 제1수준 성장 모형은 앞에서 살펴본 〈식 7-2〉와 같다.

$$퇴원율_{tij} = \pi_{0ij} + \pi_{1ij}시간\_비율_{tij} + \epsilon_{tij} \quad \cdots\cdots 〈식\ 7\text{-}2a〉$$

〈식 7-2〉를 살짝 수정한 〈식 7-2a〉에서, 퇴원율$_{tij}$은 특정 시군구(j) 내 특정 노인요양병원(i)을 대상으로 t회차에 측정한 '퇴원율' 값, π_{0ij}는 절편, π_{1ij}는 '시간_비율'(α)의 변화[11]에 따른 특정 시군구(j) 내 특정 노인요양병원(i)의 '퇴원율'의 선형적 변화율, ϵ_{tij}는 오차항을 각각 가리킨다.

제1수준 성장 모형은 제2수준 요인에 의해 영향을 받을 수 있다. 그런데 아직 제2수준 요인을 구체적으로 특정하지는 않았다. 그러므로 성장 모형의 제2수준에 해당하는 부분은 다음과 같이 간략하게 설정할 수 있다.

$$\pi_{0ij} = \beta_{00j} + \gamma_{0ij} \quad \cdots\cdots 〈식\ 7\text{-}11〉$$

$$\pi_{1ij} = \beta_{10j} \quad \cdots\cdots 〈식\ 7\text{-}12〉$$

〈식 7-11〉에서 β_{00j}는 특정 시군구(j) 내 모든 노인요양병원의 모든 시점(=시점 무관) '퇴원율' 값들의 평균(=고정절편), γ_{0ij}는 특정 시군구(j) 내 특정 노인요양병원(i)의 모든 시점(=시점 무관) '퇴원율' 값들의 평균(β_{0ij})이 β_{00j}로부터 벗어나는 정도(γ_{0ij})(=무선절편)를 각각 나타낸다.

〈식 7-12〉에서 β_{10j}는 '시간_비율'(α) 기울기(π_{1ij})의 제2수준 부분으로서, 이 식이 의미하는 바는 '시간_비율'의 한 단위 증가($0 \rightarrow 1$)에 따른 특정 시군구(j) 내 특정 노인요양병원(i) '퇴원율'의 선형적 평균 증감 수준을 특정 시군구(j) 내 모든 노인요양병원의 평균 수준(β_{10j})에 고정하였다는 것이다(=고정기울기). β_{10j}로부터 특정 시군구(j) 내 특정 노인요양병

11) 앞에서 해석의 편의를 위해 0, 1, 2, …로 코딩된 '시간'이 아닌, 0과 1의 범위를 갖는 '시간_비율'을 시간 변인으로 활용할 것이라고 하였다. 따라서 '시간' 대신 '시간_비율'을 사용하면, 시간의 변화란 조사대상 기간의 첫 관측 시점에서 곧바로 맨 마지막 관측 시점으로 시간이 옮겨 간다는 것을 뜻하게 된다. 이는 '퇴원율'의 변화를 조사대상 전체 기간에 걸쳐 살피되, 특히 초깃값과 최종값에 초점을 맞춰 그 변화양상을 살펴보겠다는 것을 함의한다.

원(i) '퇴원율'의 선형적 평균 증감 수준이 벗어나는 정도(γ_{10j})(=무선기울기)는 모형 I단계에서는 아직 점검하지 않는다. 이것은 다음 모형 II에서 점검한다.

마찬가지 논리를 적용하여 제3수준 성장 모형을 설정할 수 있다.

$$\beta_{00j} = \gamma_{000} + \mu_{00j} \quad \cdots\cdots \langle 식\ 7\text{-}13 \rangle$$

$$\beta_{10j} = \gamma_{100} \quad \cdots\cdots \langle 식\ 7\text{-}14 \rangle$$

〈식 7-13〉에서 γ_{000}은 모든 시군구 내 모든 노인요양병원의 모든 시점(=시점 무관) '퇴원율' 값들의 평균[12](=고정절편), μ_{00j}는 특정 시군구(j) 내 모든 노인요양병원의 모든 시점(=시점 무관) '퇴원율' 값들의 평균(β_{00j})이 γ_{000}으로부터 벗어난 정도(γ_{0ij})(=무선절편)를 각각 나타낸다.

〈식 7-14〉에서 γ_{100}은 '시간_비율'(α) 기울기(π_{1ij})의 제3수준 부분으로서, 이 식이 의미하는 바는 '시간_비율'의 한 단위 증가($0 \rightarrow 1$)에 따른 특정 시군구(j) 내 모든 노인요양병원 '퇴원율'의 선형적 평균 증감 수준을 모든 시군구 내 모든 노인요양병원의 평균 수준(γ_{100})에 고정하였다는 것이다(=고정기울기). 특정 시군구(j) 내 모든 노인요양병원 '퇴원율'의 선형적 평균 증감 수준이 γ_{100}으로부터 벗어나는 정도(μ_{10j})(=무선기울기)는 모형 I단계에서는 아직 점검하지 않는다. 이는 다음 모형 II에서 점검한다.

〈식 7-13〉, 〈식 7-14〉를 〈식 7-11〉, 〈식 7-12〉에 대입하고, 그 결과를 〈식 7-2a〉에 다시 대입해 넣으면, 기초모형이라 할 수 있는 모형 I의 통계식은 다음과 같이 정리된다.

$$\begin{aligned} 퇴원율_{tij} &= \gamma_{000} + \gamma_{100}시간\_비율_{tij} \\ &\quad + \mu_{00j} + \gamma_{0ij} + \epsilon_{tij} \end{aligned} \quad \cdots\cdots \langle 식\ 7\text{-}15 \rangle$$

이제 모형 I을 검증한다. 모형 검증을 위한 공분산 구조 유형 조합으로는 제1-제2-제3수준별로 1차 자기회기 동질-척도화 항등-척도화 항등을 각각 선택하여 적용한다.[13]

실습을 위해 예제파일 〈제7장 노인요양병원 퇴원율.sav〉를 다시 열어 **분석** 메뉴에서 **혼합 모형**을 선택한다. 드롭다운 메뉴가 뜨면 **선형**을 선택한다.

12) 시군구를 대상으로 계산된 '퇴원율'의 전체평균(grand mean)이다.

13) 따라서 추정 대상 모수는 고정효과 두 개(절편과 기울기 각 한 개), 제3수준 무선절편 한 개, 제2수준 무선절편 한 개, 제1수준 오차항 두 개(잔차 분산, 공분산 간 상관계수 각 한 개)로 모두 여섯 개이다.

선형 혼합 모형: 개체 및 반복 지정 창이 뜨면,

ㄱ: 왼쪽의 변인 목록 박스에서 '병원_시군구별id'와 '시군구_id'를 선택해 오른쪽의 개체 박스로 옮기고

ㄴ: 마찬가지로 왼쪽 변인 목록 박스에서 '시간'을 선택해 오른쪽의 반복 박스로 옮긴다.

ㄷ: 곧바로 반복 공분산 유형의 드롭다운 메뉴가 활성화되는데, 여기서 AR(1)[14]을 선택한 후

ㄹ: 계속을 누른다.

14) 1차 자기회기 동질을 말한다.

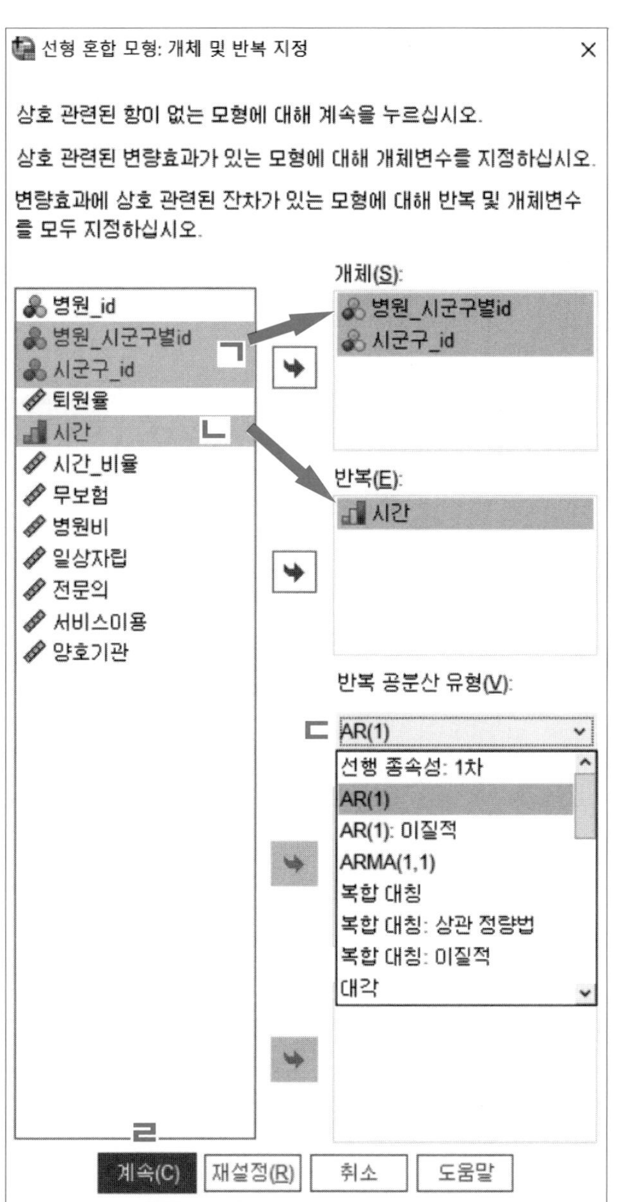
선형 혼합 모형: 개체 및 반복 지정
상호 관련된 항이 없는 모형에 대해 계속을 누르십시오.
상호 관련된 변량효과가 있는 모형에 대해 개체변수를 지정하십시오.
변량효과에 상호 관련된 잔차가 있는 모형에 대해 반복 및 개체변수를 모두 지정하십시오.
개체(S):
병원_시군구별id
시군구_id
반복(E):
시간
병원_id
병원_시군구별id
시군구_id
퇴원율
시간
시간_비율
무보험
병원비
일상자립
전문의
서비스이용
양호기관
ㄱ
ㄴ
ㄷ
ㄹ
반복 공분산 유형(V):
AR(1)
선행 종속성: 1차
AR(1)
AR(1): 이질적
ARMA(1,1)
복합 대칭
복합 대칭: 상관 정량법
복합 대칭: 이질적
대각
계속(C)
재설정(R)
취소
도움말

선형 혼합 모형 창이 뜨면,

ㄱ: 왼쪽의 변인 목록 박스에서 '퇴원율'을 선택해 오른쪽의 **종속변수** 쪽으로 옮기고,

ㄴ: 마찬가지로 왼쪽 변인 목록 박스에서 '시간_비율'을 선택해 오른쪽 **공변량** 박스로 옮긴다.

ㄷ: 오른쪽 상단의 고정을 누른다.

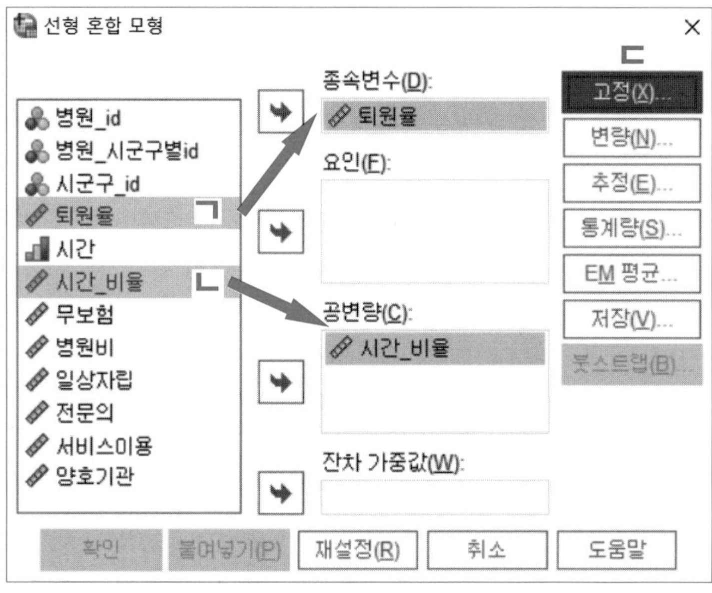

선형 혼합 모형: 고정 효과 창이 뜨면, 창 좌측 하단에 **절편 포함**이 디폴트로 표시된 것을 확인한 후,

ㄱ: **요인 및 공변량**에서 '시간_비율'을 선택한 상태에서

ㄴ: 오른쪽 **모형** 밑의 **추가**를 누른다.

ㄷ: '시간_비율'이 **모형** 박스 안으로 이동한 것을 확인한 후, 맨 아래 **계속**을 누른다.

다시 선형 혼합 모형 창으로 돌아오면,

ㄱ: 변량을 눌러 준다.

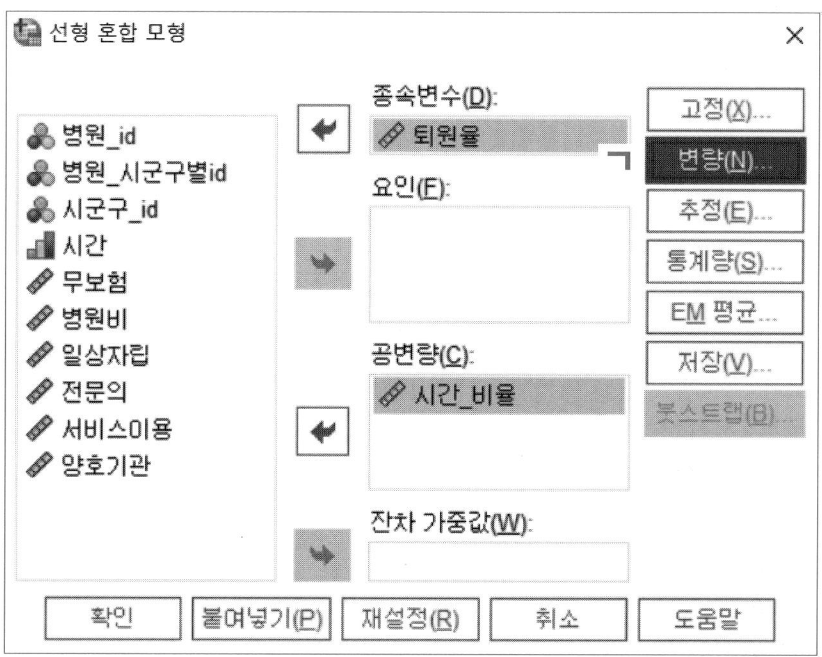

선형 혼합 모형: 변량효과 창이 뜨면,

ㄱ: 변량효과의 공분산 유형으로 척도화 항등을 선택하고

ㄴ: 변량효과에서 절편 포함을 체크한다.

ㄷ: 개체 집단의 개체 박스에 들어 있는 '시군구_id'를 오른쪽 조합 박스로 옮긴다.15)

ㄹ: 오른쪽 상단의 다음 버튼이 활성화되면 버튼을 누른다.

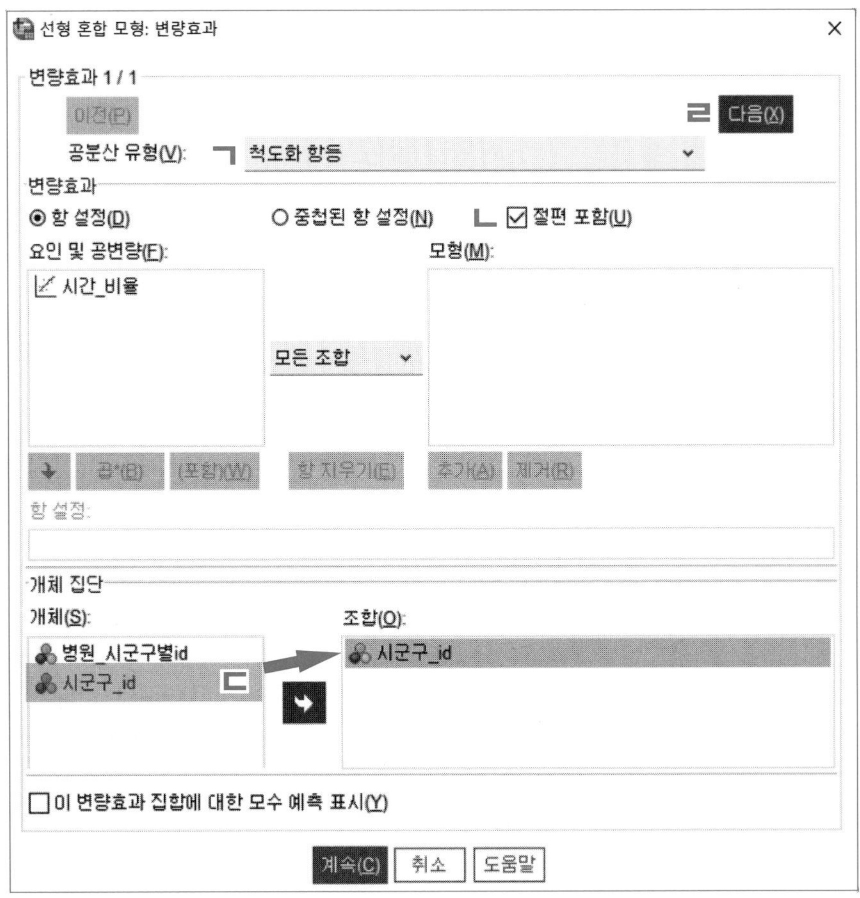

선형 혼합 모형: 변량효과의 변량효과 2/2 창이 뜨면,16)

ㄱ: 변량효과의 공분산 유형으로 척도화 항등을 선택하고

---

15) 절편에 무선효과를 발생시키는 상위수준의 분석단위로 제3수준인 '시군구_id'를 사용하라는 명령이다.

16) 지금 막 연 변량효과 2/2 창은 제2수준 무선효과에 관한 명령어를 집어넣는 부분이다. 제3수준 무선효과에 관한 명령어를 담은 바로 전 단계의 변량효과 1/2 창으로 다시 돌아가려면 창 왼쪽 상단의 이전 버튼을 누른다.

ㄴ: 변량효과에서 절편 포함을 체크한다.

ㄷ: 개체 집단의 개체 박스에 들어 있는 '병원_시군구별id'와 '시군구_id'를 차례로 오른쪽 조합 박스로 옮긴다.[17]

ㄹ: 계속을 누른다.

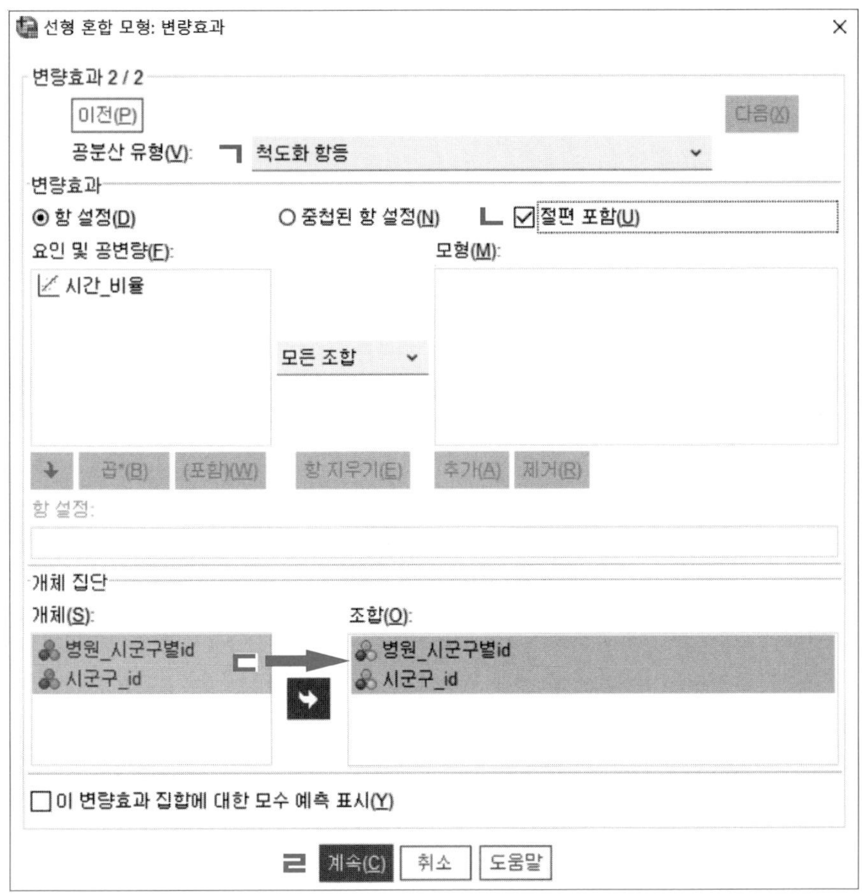

앞의 선형 혼합 모형 창이 다시 나타난다.

ㄱ: 추정을 누른다.

---

17) 절편에 무선효과를 발생시키는 상위수준의 분석단위로 제2수준인 '병원_시군구별id'를 사용하라는 명령어이다. 그런데 기본적으로 이 모형은 삼수준 데이터를 기반으로 한다. 따라서 제2수준 무선효과를 살피기 위해서는 반드시 제2수준 개체 식별 변수인 '병원_시군구별id'와 함께 제3수준 개체 식별 변수인 '시군구_id'를 SPSS 명령어에 조합 형태로 집어넣어 주어야만 한다.

ㄴ: 선형 혼합 모형: 추정 창이 뜨면, 방법에서 디폴트로 표시된 제한최대우도 옵션을 확인한 후

ㄷ: 나머지 옵션은 그대로 놔둔 채 계속을 누른다.

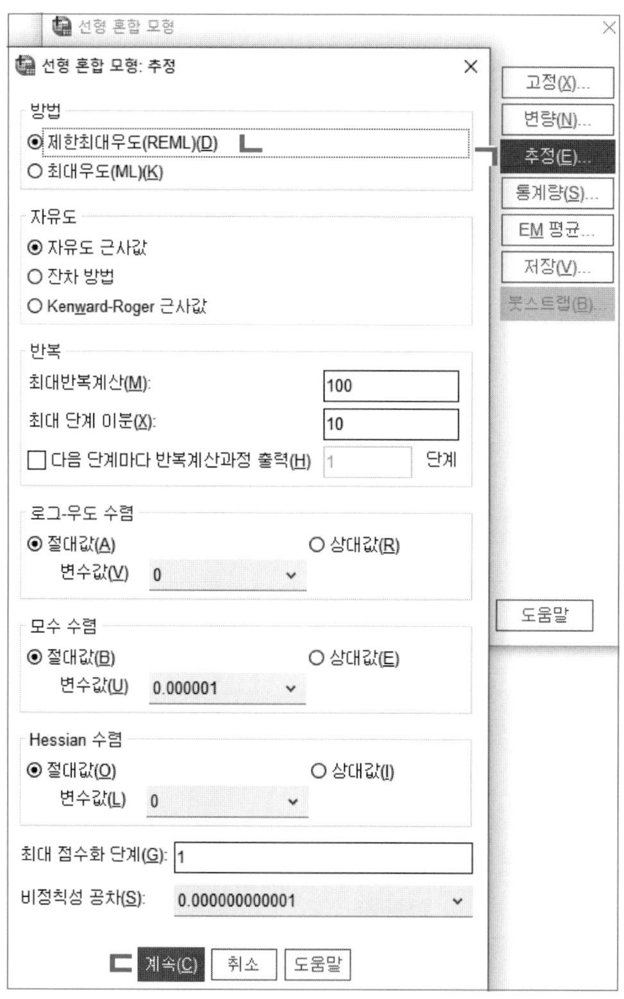

앞의 선형 혼합 모형 창이 다시 나타난다. 이때,

ㄱ: 통계량을 누른다.

ㄴ: 선형 혼합 모형: 통계량 창이 뜨면, 모형 통계량에서 고정 효과에 대한 모수 추정값, 공분산 모수 검정, 변량효과 공분산을 차례로 체크한 후

ㄷ: 계속을 누른다.

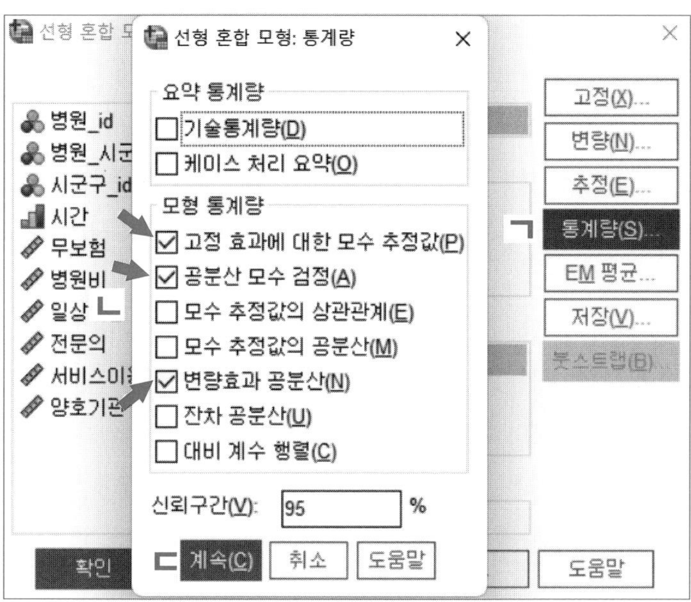

앞의 선형 혼합 모형 창이 다시 나타난다. 모든 설정이 완료되었으므로,

ㄱ: 확인을 누른다.

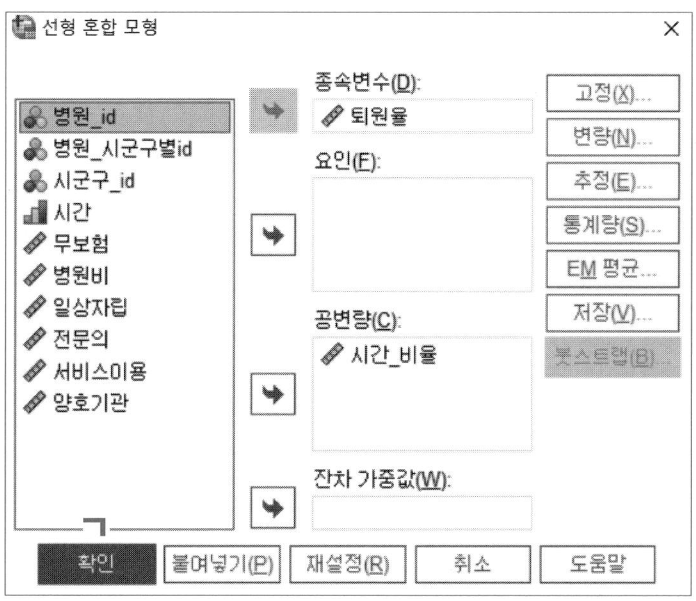

출력결과 창을 열면 혼합 모형 분석 결과를 볼 수 있다.

〈표 7-3〉은 모형 I의 고정효과 추정 결과를 보여 준다. 표에서 절편(γ_{000})은 모든 시군구 내 모든 노인요양병원의 시점 무관 '퇴원율' 값의 평균을 나타낸다. 그런데 시점 무관이란 모형 I의 설정상 '시간_비율'이 0일 때, 즉 최초 관측 시점을 가리킨다. 따라서 〈표 7-3〉에서 고정절편(γ_{000})은 사실상 모든 시군구 내 모든 노인요인병원의 '퇴원율' 초깃값을 의미한다. 달리 말하면, 모든 시군구를 대상으로 계산된 전체평균으로서의 '퇴원율' 초깃값은 41.2%이다.

한편, 시간이 한 단위 증가할 때('시간_비율'=0 → 1) 모든 시군구 내 모든 노인요양병원의 '퇴원율'은 평균 3.9% 증가하였고 이는 유의한 변화였다('시간_비율'=0.038588, p=0.000). 그런데 '시간_비율'=1이란 모형 I의 설정상 마지막 관측 시점을 가리킨다. 따라서 전체평균으로서의 '퇴원율' 초깃값은 41.2%, 최종값은 45.0%가 된다. 즉, 조사대상 기간인 지난 10년간 모든 시군구 내 모든 노인요양병원의 '퇴원율'은 41.2%에서 45.0%로 약 3.9%포인트 현저히 증가하였다.

〈표 7-3〉 고정효과 추정치

모수	추정값	표준오차	자유도	t	유의확률	95% 신뢰구간	
						하한	상한
절편	.411647	.010227	49.658	40.252	.000	.391103	.432192
시간_비율	.038588	.003107	1392.018	12.421	.000	.032494	.044683

〈표 7-4〉는 모형 I 오차항들의 추정 결과를 보여 준다. 표를 통해 '퇴원율' 총분산의 약 13.8%[18)]가 제3수준인 시군구 층에, 약 70.2%[19)]가 제2수준인 노인요양병원 층에, 약 16.0%[20)]가 제1수준인 노인요양병원 내부 층에 각각 존재한다는 것을 알 수 있다. 상위수준 ICC가 기준치 0.05를 상회하므로 다층분석 실시는 경험적으로 정당화된다.

한편, 제1수준 오차항 추정 시 공분산 구조 유형으로 1차 자기회기 동질을 선택하였기 때문에 〈표 7-4〉에는 공분산 간 상관도(ρ, rho)가 추정되어 나온다. ρ는 전체 조사대상 기간

18) 제3수준 ICC $\rho 3 = \frac{0.003256}{0.003256+0.016551+0.003781} = 0.138036$

19) 제2수준 ICC $\rho 2 = \frac{0.016551}{0.003256+0.016551+0.003781} = 0.70167$

20) 제1수준 ICC $\rho 1 = \frac{0.003781}{0.003256+0.016551+0.003781} = 0.160293$

중 두 개의 연속적 측정 시점 사이에 존재하는 공분산 간 상관도를 가리키며, 여기서는 그 값이 0.473236으로 통계적으로 유의하였다(p=0.000).

〈표 7-4〉 공분산 모수 추정치

모수		추정값	표준오차	Wald Z	유의확률	95% 신뢰구간	
						하한	상한
반복측도	AR1 대각	.003781	.000102	37.242	.000	.003587	.003985
	AR1 rho	.473236	.014216	33.288	.000	.444903	.500623
절편(개체=시군구_id)	분산	.003256	.001001	3.254	.001	.001783	.005947
절편(개체=병원_시군구별id +시군구_id)	분산	.016551	.001003	16.504	.000	.014698	.018638

요약하면, 모형 I 추정 결과 '퇴원율', 정확해 말해 '퇴원율' 초기 전체평균은 시군구(제3수준)별로 그리고 노인요양병원(제2수준)별로 다르다는 것을 확인하였다(연구문제 1번과 2번 답 완료). 또한 시간의 변화에 따라 '퇴원율'은 뚜렷이 증가하며 그 궤적은 선형적임을 확인하였다(연구문제 3번 답 완료). 이로써 다층종단분석을 위한 기본적인 사항들을 점검 완료하였고 모형 II 검증을 진행하여도 무방함을 입증하였다.

(4) 모형 II

모형 II에서는 앞서 확인한 '퇴원율'의 선형적 변화 궤적, 즉 '시간_비율'의 기울기가 노인요양병원별로 다른지(연구문제 4번) 그리고 시군구별로 다른지(연구문제 5번)를 점검한다. 즉, '시간_비율' 기울기의 무선효과가 통계적으로 유의미한지를 살핀다.

연구문제 4번과 5번에 답하기 위해 '시간_변인'의 제1수준 기울기에 제2수준 및 제3수준 무선효과를 차례로 추가한다. 이를 위해 기존의 〈식 7-12〉와 〈식 7-14〉를 다음과 같이 수정한다.

$$\pi_{1ij} = \beta_{10j} + \gamma_{1ij} \qquad \cdots\cdots \langle 식\ 7\text{-}16 \rangle$$

$$\beta_{10j} = \gamma_{100} + \mu_{10j} \qquad \cdots\cdots \langle 식\ 7\text{-}17 \rangle$$

〈식 7-16〉은 π_{1ij}, 즉 '시간_비율'의 한 단위 증가(0 → 1)에 따른 특정 시군구(j) 내 특정 노인요양병원(i) '퇴원율'의 평균적인 선형 증감 수준, 즉 '시간_비율'의 제1수준 기울기를 나타낸다. 여기서 γ_{1ij}는 기울기의 제2수준 무선효과 부분으로(=제2수준 무선기울기), 특정 시군구(j) 내 모든 노인요양병원 '퇴원율'의 평균적인 선형 증감 수준(β_{10j})으로부터 특정 시군구(j) 내 특정 노인요양병원(i)이 벗어나는 정도를 나타낸다.

〈식 7-17〉은 β_{10j}, 즉 '시간_비율'의 한 단위 증가(0 → 1)에 따른 특정 시군구(j) 내 모든 노인요양병원 '퇴원율'의 평균적인 선형 증감 수준, 즉 '시간_비율'의 제2수준 기울기를 나타낸다. 여기서 μ_{10j}는 기울기의 제3수준 무선효과 부분으로(=제3수준 무선기울기), 모든 시군구 내 모든 노인요양병원 '퇴원율'의 평균적인 선형 증감 수준(γ_{100})으로부터 특정 시군구(j) 내 모든 노인요양병원이 벗어나는 정도를 나타낸다.

〈식 7-13〉을 〈식 7-11〉에, 〈식 7-17〉을 〈식 7-16〉에 각각 대입하고, 그 결과를 〈식 7-2a〉에 다시 대입해 넣으면, 모형 II에 해당하는 통계식은 다음과 같이 정리된다.

$$\begin{aligned} \text{퇴원율}_{tij} = &\ \gamma_{000} + \gamma_{100}\text{시간\_비율}_{tij} \\ &+ \mu_{10j}\text{시간\_비율}_{tij} + \gamma_{1ij}\text{시간\_비율}_{tij} \\ &+ \mu_{00j} + \gamma_{0ij} + \epsilon_{tij} \end{aligned} \qquad \cdots\cdots \text{〈식 7-18〉}$$

통계식 정리를 마쳤으므로 이제 모형 II를 검증한다. 모형 검증을 위한 공분산 구조 유형 조합으로는 제1-제2-제3수준별로 1차 자기회기 동질-대각-대각을 각각 선택하여 적용한다.[21]

실습을 위해 예제파일 〈제7장 노인요양병원 퇴원율.sav〉를 다시 열어 분석 메뉴에서 **혼합 모형**을 선택한다. 드롭다운 메뉴가 뜨면 **선형**을 선택한다.

---

21) 따라서 추정 대상 모수는 고정효과 두 개(절편과 기울기 각 한 개), 제3수준 무선효과 두 개(절편과 기울기 각 한 개), 제2수준 무선효과 두 개(절편과 기울기 각 한 개), 제1수준 오차항 두 개(잔차 분산, 공분산 간 상관계수 각 한 개)로 모두 여덟 개이다.

제7장 노인요양병원 퇴원율.sav [데이터세트1] - IBM SPSS Statistics Data Editor

파일(F) 편집(E) 보기(V) 데이터(D) 변환(T) 분석(A) 그래프(G) 유틸리티(U) 확장(X) 창(W) 도움

	이름	유형	너비
1	병원_id	숫자	11
2	병원_시군...	숫자	11
3	시군구_id	숫자	11
4	퇴원율	숫자	11
5	시간	숫자	11
6	시간_비율	숫자	11
7	무보험	숫자	11
8	병원비	숫자	11
9	일상자립	숫자	11
10	전문의	숫자	11
11	서비스이용	숫자	11
12	양호기관	숫자	11

거듭제곱 분석(P) >
보고서(P) >
기술통계량(E) >
베이지안 통계량(B) >
표(B) >
평균 비교(M) >
일반선형모형(G) >
일반화 선형 모형(Z) >
혼합 모형(X) > 선형(L)... / 일반화 선형(G)...
상관분석(C) >
회귀분석(R) >
로그선형분석(O) >
신경망(W) >
분류분석(F) >

선형 혼합 모형: 개체 및 반복 지정 창이 뜨면, 이전 설정을 유지한 상태에서 하단의 계속을 누른다.

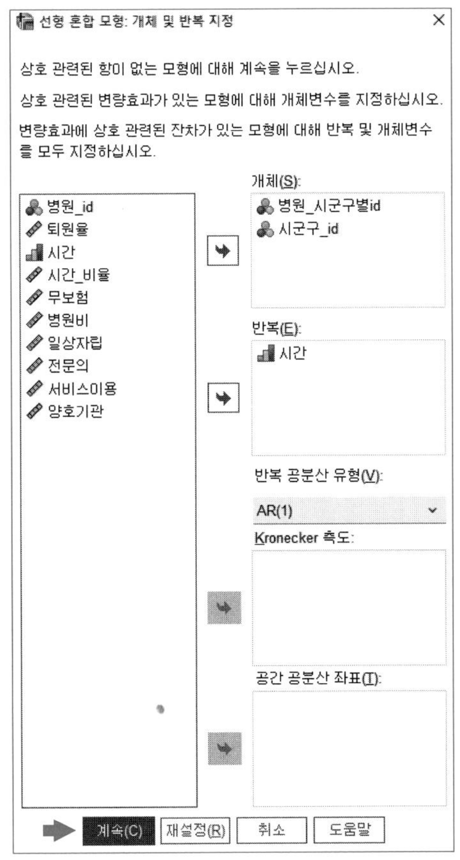

선형 혼합 모형 창이 뜨면, 이전 설정을 유지한 상태에서 우측의 **변량**을 눌러 준다.

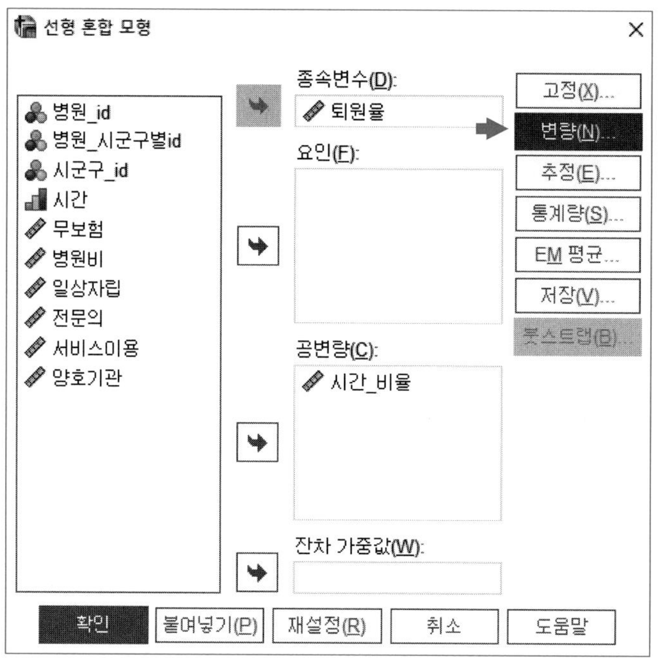

선형 혼합 모형: 변량효과의 변량효과 2/2 창이 뜨면, 이전 설정을 유지한 상태에서

ㄱ: 앞에서 척도화 항등으로 설정한 **변량효과의 공분산 유형**을 대각으로 바꿔 준다.

ㄴ: **요인 및 공변량** 박스에 들어 있는 '시간_비율'을 클릭하고

ㄷ: **추가** 버튼을 눌러 **모형** 박스로 옮긴다.

ㄹ: 제2수준 무선효과 설정을 우선 마쳤으니, 이제 제3수준 무선효과 설정을 위해 이전 버튼을 누른다.

선형 혼합 모형: 변량효과의 변량효과 1/2 창이 뜨면, 이전 설정을 유지한 상태에서

ㄱ: 앞에서 척도화 항등으로 설정한 변량효과의 공분산 유형을 대각으로 바꿔 준다.

ㄴ: 요인 및 공변량 박스에 들어 있는 '시간_비율'을 클릭하고

ㄷ: 추가 버튼을 눌러 모형 박스로 옮긴다.

ㄹ: 하단의 계속을 누른다.

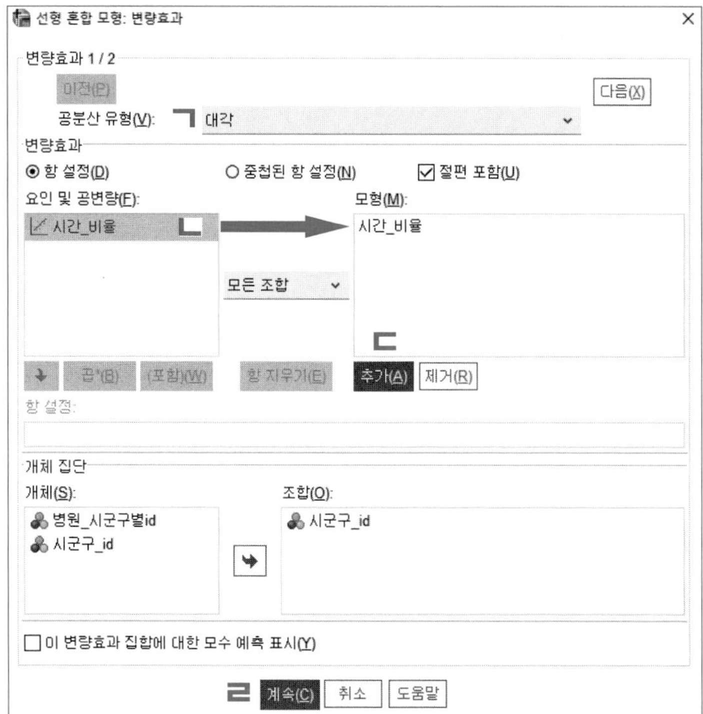

앞의 선형 혼합 모형 창이 다시 나타난다. 모든 설정이 완료되었으므로, ㄱ: 확인을 누른다.

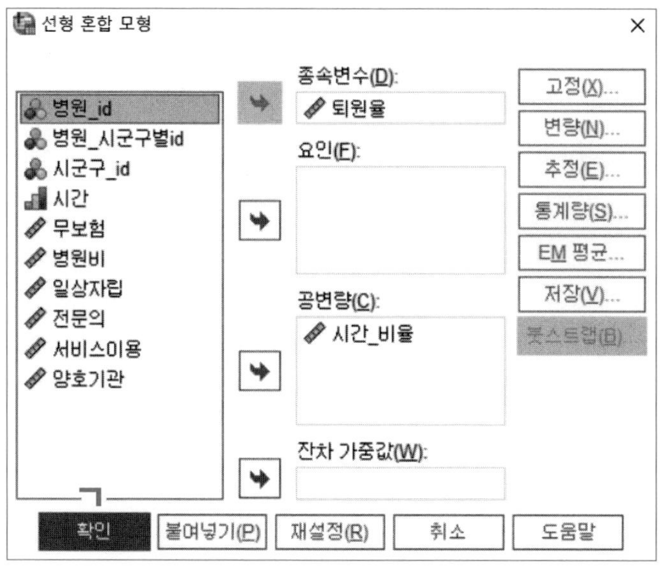

출력결과 창을 열면 혼합 모형 분석 결과를 볼 수 있다.

우선 모형 II의 고정효과 추정값은 모형 I과 비교해 거의 차이가 없다. 별다른 변화가 없으므로 고정효과에 대한 해석은 건너뛰고, 무선효과에 대한 해석으로 바로 넘어간다.

〈표 7-5〉는 모형 II의 무선효과 추정치들을 보여 준다. 먼저 제2수준 무선절편(γ_{0ij})은 0.016으로 통계적으로 유의하였고(p=0.000), 제3수준 무선절편(μ_{00j})은 0.003으로 이 역시 통계적으로 유의하였다(p=0.001). 이 같은 결과는 모형 I 연구문제 1번과 2번에서 이미 확인한 바로, '퇴원율'의 초깃값이 노인요양병원과 시군구별로 현저히 다르다는 것을 다시 한 번 입증한다.

중요하면서도 새로운 발견은 '시간_비율'의 무선기울기 추정치에 있다. 먼저 '시간_비율'의 제2수준 무선효과(γ_{1ij})는 0.005로 통계적으로 유의하였다(p=0.000). 이는 '퇴원율'의 선형적 변화율(성장률)이 노인요양병원별로 현저히 다름을 입증하는 결과이다. 이로써 '퇴원율'의 선형적 변화 궤적이 노인요양병원별로 다른지 묻는 연구문제 4번에 대해 우리는 '그렇다'고 답할 수 있는 근거를 확보하였다.

〈표 7-5〉 공분산 모수 추정치

모수		추정값	표준오차	Wald Z	유의확률	95% 신뢰구간	
						하한	상한
반복측도	AR1 대각	.003	0.000	37.747	.000	.003	.003
	AR1 rho	.287	.018	16.071	.000	.252	.322
절편+시간_비율 (개체=시군구_id)	Var: 절편	.003	.001	3.206	.001	.002	.005
	Var: 시간_비율	.000	.000	1.331	.183	.000	.002
절편+시간_비율 (개체=병원_시군구별id +시군구_id)	Var: 절편	.016	.001	16.357	.000	.014	.018
	Var: 시간_비율	.005	.001	9.860	.000	.004	.007

'시간_비율'의 제3수준 무선효과(μ_{10j})의 경우에는 다소 설명이 요구된다. 왜냐하면 추정치(0.000363)에 대한 Wald Z 검정의 유의확률이 α=0.05를 넘겼기 때문이다(p=0.183). 그런데 분산(variance)의 추정치는 음(−)의 값을 나타낼 수 없다. 따라서 분산 추정치에 대한 Wald Z 검정 결과는 단측 검정 형태로 해석해야만 한다. 그러나 SPSS의 혼합모형 옵션 사용 시 출력되는 Wald Z 검정은 양측 검정 형태로 결과를 보여 준다. 따라서 엄밀하게 따지면 출력된 유의확률을 2로 나눈 값을 실제 유의확률로 보아야만 한다. 물론 이렇게 해도 유의

확률은 $p=0.0915$로 여전히 $\alpha=0.05$를 크게 상회한다. 그렇지만 시군구 표본 크기가 N=50밖에 되지 않는다는 점을 감안하면, $p=0.0915$는 관대한 유의수준인 $\alpha=0.10$ 기준을 적용했을 시, 약하지만 어느 정도 유의미한 수치라고 볼 여지가 있다.

정리하면, '시간_비율'의 제3수준 무선효과 추정 결과는 '퇴원율'의 선형적 변화 궤적이 시군구별로 다른지 묻는 연구문제 5번에 대해 '아마도 그럴 것이다'라고 답할 수 있는 약한 근거가 된다. 이 같은 근거를 토대로 우리는 '퇴원율'의 선형적 변화율(성장률)이 시군구별로 다르다는 결론을 잠정적으로 그리고 조심스럽게 내릴 수 있다.

(5) 모형 III

모형 III에서는 시간의 흐름을 대변하는 '시간_비율' 외에 두 개의 시변 독립변인을 추가 투입하여 '퇴원율'에 미치는 영향을 살핀다. 추가 투입할 제1수준 시변 독립변인은 11번(10년)에 걸쳐 측정한 노인요양병원의 특성 요인으로, 구체적으로 각 노인병원 전체 입원환자 중 민간의료보험 미가입 환자 비율('무보험')과 환자 1인당 평균 병원비('병원비')이다.

제1수준 시변 독립변인의 추가 투입에 따라, 기존 제1수준 성장 모형(〈식 7-2a〉)을 다음과 같이 다시 쓴다.

$$\text{퇴원율}_{tij} = \pi_{0ij} + \pi_{1ij}\text{시간\_비율}_{tij} + \pi_{2ij}\text{무보험}_{tij} + \pi_{3ij}\text{병원비}_{tij} + \epsilon_{tij}$$

…… 〈식 7-19〉

〈식 7-19〉에서 퇴원율$_{tij}$은 특정 시군구(j) 내 특정 노인요양병원(i)을 대상으로 t회차에 측정한 '퇴원율' 값, π_{0ij}는 절편, π_{1ij}는 '시간_비율'의 변화에 따른 특정 시군구(j) 내 특정 노인요양병원(i) '퇴원율'의 선형적 변화율, π_{2ij}와 π_{3ij}는 시간의 변화에 따라 변화하는 '무보험'과 '병원비'가 '퇴원율'에 발생시키는 효과, ϵ_{tij}는 오차항을 각각 가리킨다.

제2수준과 제3수준 성장 모형은 기존의 것을 그대로 가져다 쓴다. 다만 다음과 같이 '무보험'과 '병원비'의 고정효과만 살피는 부분을 추가하는 정도의 수정만 해 준다.

$$\pi_{2ij} = \beta_{20j} = \gamma_{200}$$ …… 〈식 7-20〉

$$\pi_{3ij} = \beta_{30j} = \gamma_{300}$$ …… 〈식 7-21〉

〈식 7−13〉을 〈식 7−11〉에, 〈식 7−17〉을 〈식 7−16〉에 각각 대입하고, 그 결과를 〈식 7−20〉 및 〈식 7−21〉과 함께 〈식 7−19〉에 다시 대입해 넣으면, 모형 III에 해당하는 통계식은 다음과 같이 정리된다.

$$\begin{aligned}\text{퇴원율}_{tij} &= \gamma_{000} + \gamma_{100}\text{시간\_비율}_{tij} + \gamma_{200}\text{무보험}_{tij} + \gamma_{300}\text{병원비}_{tij} \\ &+ \mu_{10j}\text{시간\_비율}_{tij} + \gamma_{1ij}\text{시간\_비율}_{tij} \\ &+ \mu_{00j} + \gamma_{0ij} + \epsilon_{tij} \qquad \cdots\cdots \langle\text{식 } 7\text{-}22\rangle\end{aligned}$$

통계식 정리를 마쳤으므로 이제 모형 III을 검증한다. 모형 검증을 위한 공분산 구조 유형 조합으로는 제1−제2−제3수준별로 1차 자기회기 동질−대각−대각을 각각 선택하여 적용한다.[22)]

실습을 위해 예제파일 〈제7장 노인요양병원 퇴원율.sav〉를 다시 열어 분석 메뉴에서 혼합 모형을 선택한다. 드롭다운 메뉴가 뜨면 선형을 선택한다.

22) 따라서 추정 대상 모수는 앞선 모형 II보다 두 개('무보험'과 '병원비'의 고정효과 각 한 개씩 추가) 많은 10개이다.

선형 혼합 모형: 개체 및 반복 지정 창이 뜨면, 이전 설정을 유지한 상태에서 하단의 계속을 누른다.

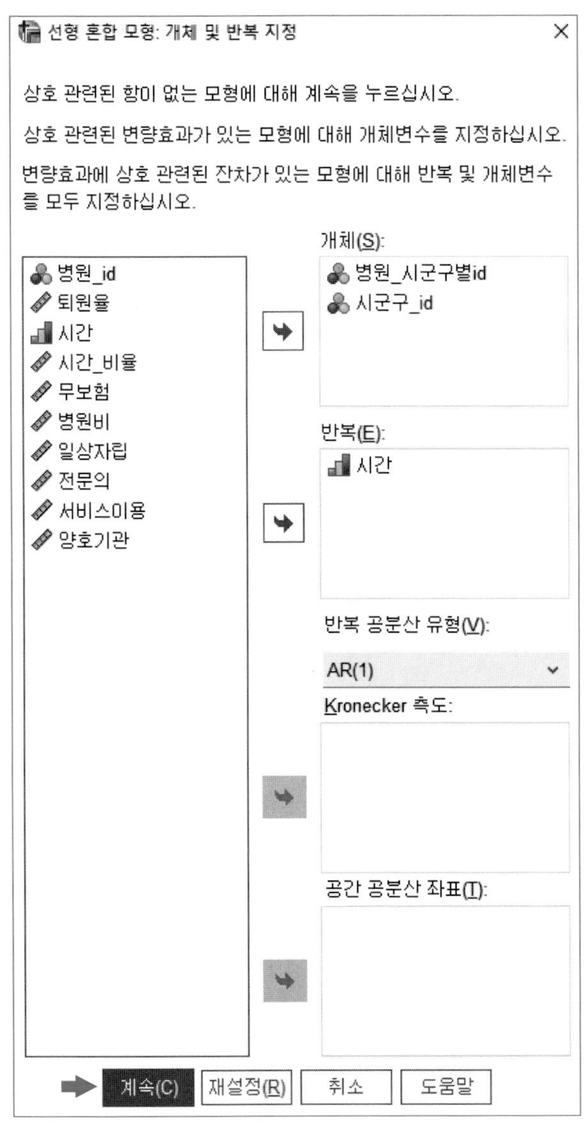

선형 혼합 모형 창이 뜨면,

ㄱ: 좌측의 변인 목록 박스에서 '무보험'과 '병원비'를 클릭하여 우측 **공변량** 박스로 옮겨 준다.

ㄴ: 우측 상단의 **고정** 버튼을 누른다.

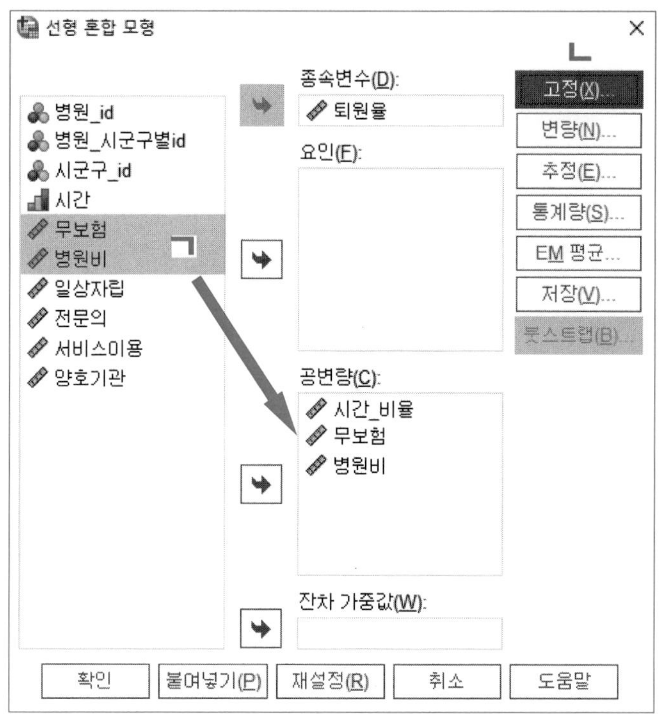

선형 혼합 모형: 고정 효과 창이 뜨면,

ㄱ: 좌측의 **요인 및 공변량** 박스에 있는 '무보험'과 '병원비'를 하이라이트한 상태에서

ㄴ: 중앙의 드롭다운 메뉴를 떨어뜨려 **주효과**를 선택한 다음

ㄷ: **추가** 버튼을 눌러 **모형** 박스로 옮긴다.

ㄹ: 하단의 **계속** 버튼을 누른다.

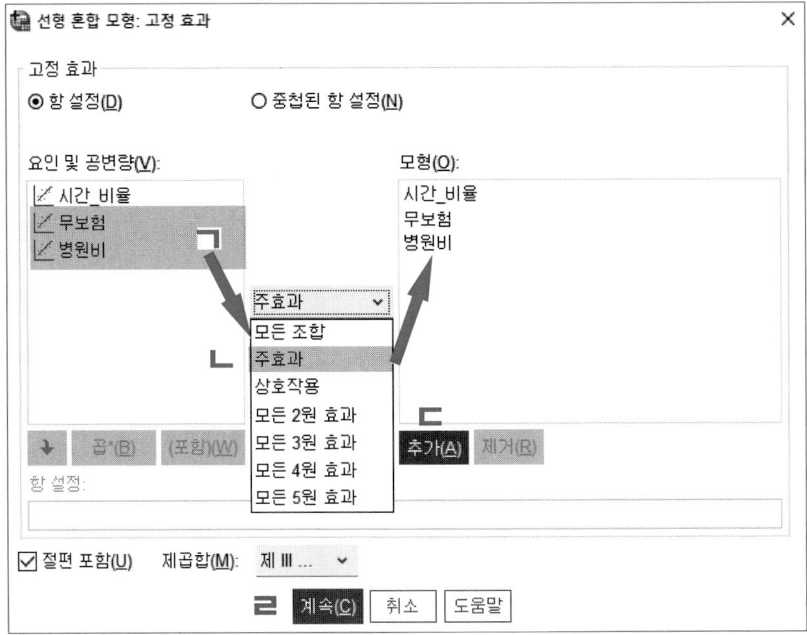

앞의 선형 혼합 모형 창이 다시 나타난다. 모든 설정이 완료되었으므로,
ㄱ: 확인을 누른다.

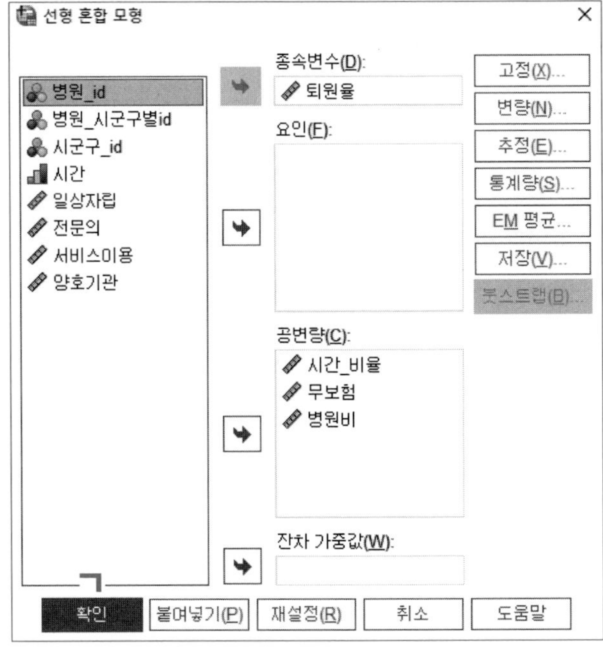

출력결과 창을 열면 혼합 모형 분석 결과를 볼 수 있다.

〈표 7-6〉은 고정효과 추정 결과를 보여 준다. 표에서 절편의 고정효과(γ_{000})는 0.469이다. 이는 모든 시군구 내 모든 노인요양병원의 '퇴원율' 초기 전체평균이 46.9%라는 것을 뜻한다.

모형 I과 II에서 41.2%였던 '퇴원율' 초기 전체평균이 모형 III에서 46.9%로 5.7%포인트 증가한 것은 '무보험'과 '병원비'를 신규 투입한 데 따른 변화이다. 따라서 엄밀히 말하면 절편(γ_{000})은 단순히 모든 시군구 내 모든 노인요양병원의 '퇴원율' 초깃값을 의미하는 것이 아닌, 모든 시군구 내 노인요양병원 중 민간의료보험 미가입 환자 비율이 평균이고('무보험'=0) 환자 1인당 병원비가 평균('병원비'=0)인 병원의 '퇴원율' 초깃값을 의미한다.

'시간_비율'의 고정효과(γ_{100})는 0.016으로 통계적으로 유의하였다(p=0.003). 이는 시간이 한 단위 증가할 때('시간_비율'=0 → 1) '퇴원율'이 평균 1.6% 증가한다는 것으로, 좀 더 구체적으로 설명하면 최초 관측 시점에서 '퇴원율'이 46.9%였던 노인요양병원의 경우 조사대상 전 기간인 10년이 흘러 마지막 관측 시점에 다다르면 '퇴원율'이 48.5%에 달한다는 것 그리고 이 1.6%포인트만큼의 변화는 현저한 증가라는 것을 의미한다.[23)]

〈표 7-6〉 고정효과 추정치

모수	추정값	표준오차	자유도	t	유의확률	95% 신뢰구간	
						하한	상한
절편	.469222	.011242	98.626	41.737	.000	.446913	.491530
시간_비율	.016363	.005343	59.168	3.063	.003	.005672	.027053
무보험	.001577	.000886	5693.474	1.779	.075	−.000161	.003314
병원비	.049447	.005335	5044.319	9.269	.000	.038988	.059906

'병원비'의 고정효과(γ_{300})는 0.049로 통계적으로 유의하였다(p=0.000). 이는 기타 변인을 통제한 상태에서, 시간의 흐름에 따라 노인요양병원 환자 1인당 병원비가 평균에서 한 단위 증가하면('병원비'=0 → 1) '퇴원율'이 4.9% 증가하며 이는 현저한 변화라는 것을 말한다.

'병원비'가 '퇴원율'에 미치는 효과는 '시간_비율'이 '퇴원율'에 미치는 효과와 따로 떼서 생

23) 앞선 모형 I과 II에서 '시간_비율'의 고정효과는 0.039였다. 따라서 이전 모형과 비교해 결괏값에 차이가 비교적 큰데, 이는 시간적 속성을 가진 제1수준 독립변인 '무보험'과 '병원비'를 추가 투입한 데 따른 결과로 이해할 수 있다.

각할 수 없다. 둘 다 시변요인이기 때문이다. 그러나 시간 자체가 발생시키는 효과와 시간의 변화에 따른 개체의 특성 변화가 발생시키는 효과는 이론적으로는 구분이 가능하다. 따라서 만약 시간 자체의 효과를 개념적으로 통제할 수만 있다면, 시간의 변화에 따른 환자 1인당 병원비의 한 단위 증가('병원비'=0 → 1)가 모든 시군구 내 노인요양병원 중 민간의료보험 미가입 환자 비율이 평균적인('무보험'=0) 병원의 '퇴원율' 초깃값('시간_비율'=0)에 발생시키는 효과는 46.9%에서 51.8%(0.469+0.049=0.518)로 4.9%만큼이라고 말할 수 있다. 다시 한번 강조하지만, 이 4.9%란 수치는 시간 자체가 발생시키는 효과와 별개로 발생한(이론적으로만 상정 가능한) 결과이다.

'무보험'의 고정효과(γ_{200})는 0.002로 통계적으로 약한 수준에서 유의하였다($\alpha<0.10$). 이는 기타 변인을 통제한 상태에서, 시간의 흐름에 따라 노인요양병원의 입원환자 중 민간의료보험 미가입 환자 비율이 평균에서 한 단위 증가하면('무보험'=0 → 1) '퇴원율'은 0.2% 증가하며 이는 약하지만 분명한 성장이라는 것을 말해 준다. 여기서도 마찬가지로 0.2%란 수치는 시간 자체가 발생시키는 효과와 별개로 생성된—이론적 차원에서만 상정할 수 있는—결과로 이해해야만 한다.

요약하면, 모형 III 추정 결과를 토대로 우리는 시간의 변화에 따라 노인요양병원의 개체 특성이 변화하면 퇴원율도 변화한다는 사실을 알게 되었다. 구체적으로, 시간이 흘러 노인요양병원의 입원환자 중 민간의료보험 미가입 환자 비율이 늘면 퇴원율이 증가한다는 것을(연구문제 6-1 답변 완료), 그리고 시간이 흘러 환자 1인당 병원비가 늘면 퇴원율이 증가한다는 사실(연구문제 6-2 답변 완료)을 확인하였다.

〈표 7-7〉은 모형 III의 오차항 추정 결과를 보여 준다. 결과는 모형 II와 거의 같다. 즉, 절편의 제2수준(γ_{0ij}) 및 제3수준(μ_{00j}) 무선효과가 모두 통계적으로 유의하였고($\alpha<0.01$), '시간_비율' 기울기의 제2수준 무선효과(γ_{1ij})가 유의하였으며($\alpha<0.001$) 제3수준 무선효과(μ_{10j})도 $\alpha=0.10$에서 약하게나마 유의하였다. 이는 '퇴원율'의 초깃값(=절편)과 선형적 변화율(=기울기)이 노인요양병원별 및 시군구별로 현저히 다름을 뜻한다.

〈표 7-7〉 공분산 모수 추정치

모수		추정값	표준오차	Wald Z	유의확률	95% 신뢰구간	
						하한	상한
반복측도	AR1 대각	.003	0.000	38.123	.000	.003	.003
	AR1 rho	.276	.018	15.391	.000	.240	.310
절편+시간_비율 (개체=시군구id)	Var: 절편	.003	.001	3.143	.002	.001	.005
	Var: 시간_비율	.000	.000	1.419	.156	0.000	.001
절편+시간_비율 (개체=병원_시군구별id +시군구_id)	Var: 절편	.015	.001	16.276	.000	.014	.017
	Var: 시간_비율	.005	.001	10.076	.000	.004	.007

준비한 제1수준 시변요인들을 투입했음에도 불구하고 종속변인의 무선 분산이 제대로 설명되지 않았으므로, 다음 수순은 다양한 제2수준 시불변 독립변인들을 활용하여 '퇴원율'의 초깃값과 선형적 변화율에 낀 무선 분산을 설명하는 작업이 될 것이다. 이 작업은 다음 모형 IV(와 그다음 모형 V)에서 착수한다.

(6) 모형 IV

모형 III의 추정 결과를 토대로 우리는 성장 모형의 핵심 모수인 절편('퇴원율'의 초깃값)과 기울기('퇴원율'의 선형적 변화율)가 하나의 고정된 값을 가짐과 동시에 개체 간에 서로 다른 값을 가질 수 있다는 사실, 즉 개체 간에 차이가 있을 수 있다는 사실을 알아내었다. 여기서 개체란 노인요양병원(제2수준)과 시군구(제3수준)를 가리킨다.

모형 IV에서는 이 중 노인요양병원에 초점을 맞춰, 병원의 특성 요인(제2수준 시불변 독립변인)이 절편과 기울기에 낀 제2수준 무선 분산(종속변인의 총분산 중 노인요양병원 간 특성 차이에 기인하는 부분)을 얼마나 효과적으로 설명해 주고 없애 줄 수 있는지를 살펴보고자 한다.

여기 예제에서는 노인요양병원의 특성 요인으로 두 개의 변인을 특정한다. 하나는 입원 환자 중 도구적 일상생활 수행능력(IADL) 검사 결과 상위 25% 내 환자의 비율을 나타내는 '일상자립', 다른 하나는 병원에 근무 중인 의료인 중 전문의 자격증을 소지한 의료인의 비율을 나타내는 '전문의'이다. 둘 다 표준점수화된 것이다.

제1수준 성장 모수에 영향을 미칠 수 있는 제2수준 시불변 독립변인 '일상자립'과 '전문의'를 투입함에 따라 기존의 제2수준 성장 모형(〈식 7-11〉, 〈식 7-16〉)은 다음과 같이 다시 쓸 수 있다.

$$\pi_{0ij} = \beta_{00j} + \beta_{01}\text{일상자립}_{ij} + \beta_{02}\text{전문의}_{ij} + \gamma_{0ij} \quad \cdots\cdots \langle\text{식 7-23}\rangle$$

$$\pi_{1ij} = \beta_{10j} + \beta_{11}\text{일상자립}_{ij} + \beta_{12}\text{전문의}_{ij} + \gamma_{1ij} \quad \cdots\cdots \langle\text{식 7-24}\rangle$$

또한 제3수준 성장 모형은 다음과 같이 쓸 수 있다.

$$\beta_{01j} = \gamma_{010} \quad \cdots\cdots \langle\text{식 7-25}\rangle$$

$$\beta_{02j} = \gamma_{020} \quad \cdots\cdots \langle\text{식 7-26}\rangle$$

$$\beta_{11j} = \gamma_{110} \quad \cdots\cdots \langle\text{식 7-27}\rangle$$

$$\beta_{12j} = \gamma_{120} \quad \cdots\cdots \langle\text{식 7-28}\rangle$$

〈식 7-25〉부터 〈식 7-28〉을 〈식 7-13〉, 〈식 7-17〉과 함께 〈식 7-23〉과 〈식 7-24〉에 대입하고, 그 결과를 〈식 7-20〉, 〈식 7-21〉과 함께 〈식 7-19〉에 대입하면, 모형 IV에 해당하는 통계식은 다음과 같이 정리된다.

$$\begin{aligned}\text{퇴원율}_{tij} = {} & \gamma_{000} + \gamma_{100}\text{시간\_비율}_{tij} + \gamma_{200}\text{무보험}_{tij} + \gamma_{300}\text{병원비}_{tij} \\ & + \gamma_{010}\text{일상자립}_{ij} + \gamma_{020}\text{전문의}_{ij} \\ & + \gamma_{110}(\text{시간\_비율}_{tij} \times \text{일상자립}_{ij}) + \gamma_{120}(\text{시간\_비율}_{tij} \times \text{전문의}_{ij}) \\ & + \mu_{10j}\text{시간\_비율}_{tij} + \gamma_{1ij}\text{시간\_비율}_{tij} \\ & + \mu_{00j} + \gamma_{0ij} + \epsilon_{tij} \quad \cdots\cdots \langle\text{식 7-29}\rangle\end{aligned}$$

〈식 7-29〉에서 특히 눈여겨보아야 할 부분은 '시간_비율'이 '일상자립', '전문의'와 각각 곱해짐에 따라 두 개의 층위 간 상호작용항이 생성되었다는 점이다. 새로 만들어진 상호작용항은 제1수준 시변인 독립변인인 '시간_비율'이 '퇴원율'에 발생시키는 효과가 제2수준 시불변 독립변인 '일상자립'과 '전문의'에 의해 각각 어떻게 차별적으로 달라는지 살피는 데 사용된다. 다시 말하면, '시간_비율' 기울기('퇴원율'의 선형적 변화율)에 낀 제2수준 무선 분산을 설명하는 데 활용된다. 따라서 엄밀하게 말해 '일상자립'과 '전문의'는 독립변인이라기보다는 조절변인이다.

통계식 정리를 마쳤으므로 이제 모형 IV를 검증한다. 모형 검증을 위한 공분산 구조 유형 조합으로는 제1-제2-제3수준별로 1차 자기회기 동질-대각-대각을 각각 선택하여 적용한다.[24)]

실습파일('제7장 노인요양병원 퇴원율.sav')을 다시 열어 분석 메뉴에서 혼합 모형을 선택한다. 드롭다운 메뉴가 뜨면 선형을 선택한다.

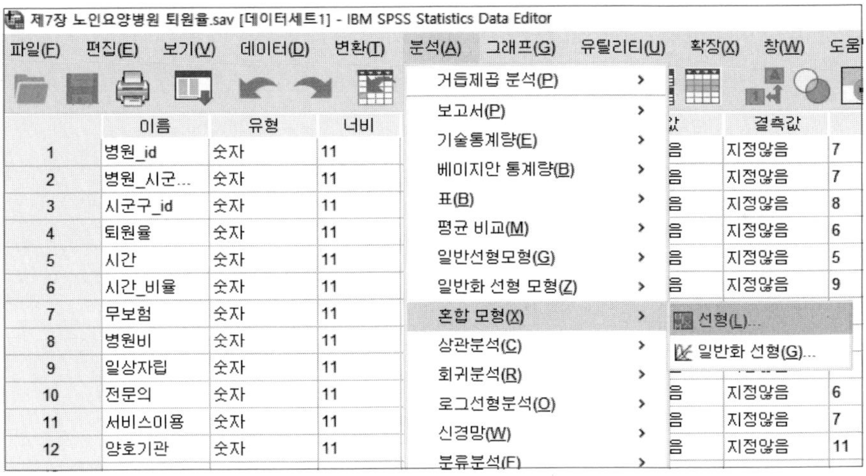

---

24) 따라서 추정 대상 모수는 앞선 모형 III보다 네 개('일상자립'과 '전문의'의 독립적 고정효과 각 한 개 및 '시간_비율'과의 층위 간 상호작용항 고정효과 각 한 개씩) 많은 14개이다.

선형 혼합 모형: 개체 및 반복 지정 창이 뜨면, 이전 설정을 유지한 상태에서 하단의 계속을 누른다.

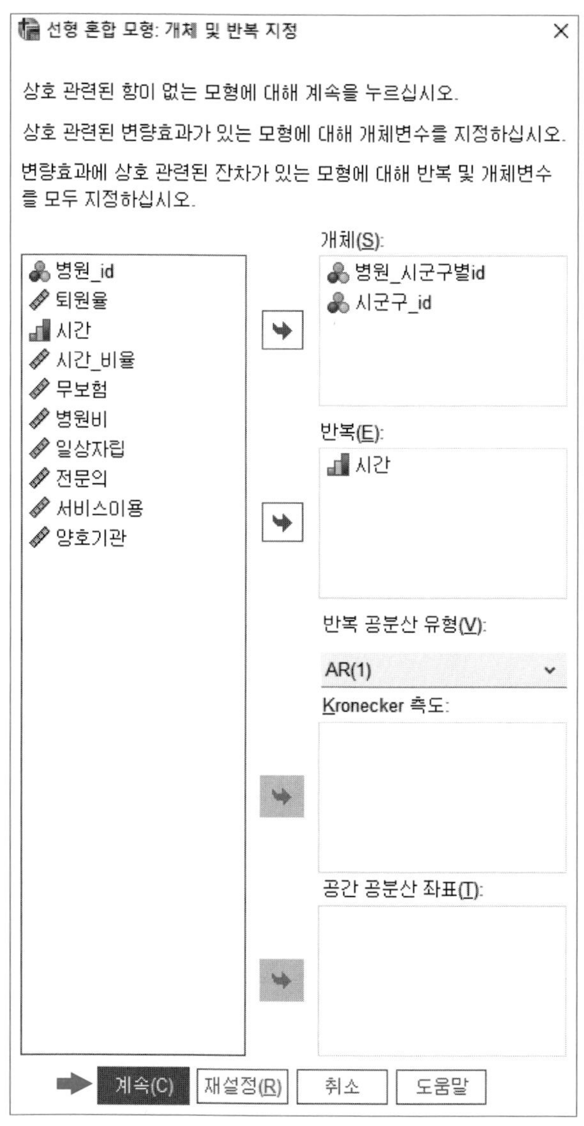

선형 혼합 모형 창이 뜨면,

ㄱ: 좌측의 변인 목록 박스에서 '일상자립'과 '전문의'를 클릭하여 우측의 **공변량** 박스로 옮긴 후

ㄴ: 우측 상단의 **고정** 버튼을 누른다.

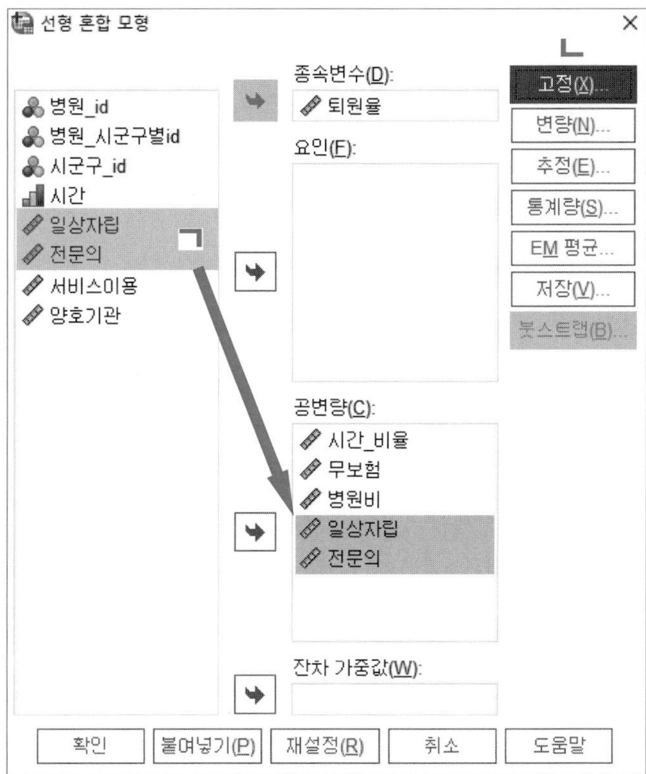

선형 혼합 모형: 고정 효과 창이 뜨면,

ㄱ: 좌측의 요인 및 공변량 박스에 있는 '일상자립'과 '전문의'를 하이라이트한 상태에서

ㄴ: 중앙의 드롭다운 메뉴를 떨어뜨려 주효과를 선택한 다음

ㄷ: 추가 버튼을 눌러 모형 박스로 옮긴다.

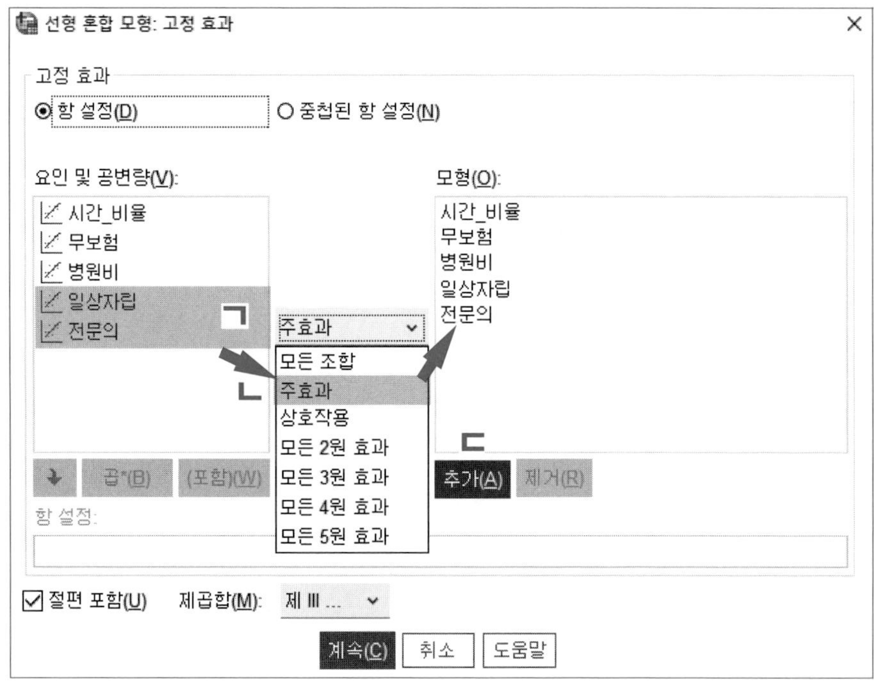

계속해서,

ㄱ: 요인 및 공변량에서 '시간_비율'과 '일상자립'을 동시에 하이라이트한 상태에서

ㄴ: 중간 부분의 드롭다운 메뉴를 떨어뜨려 상호작용을 선택한 후

ㄷ: 추가를 누른다.

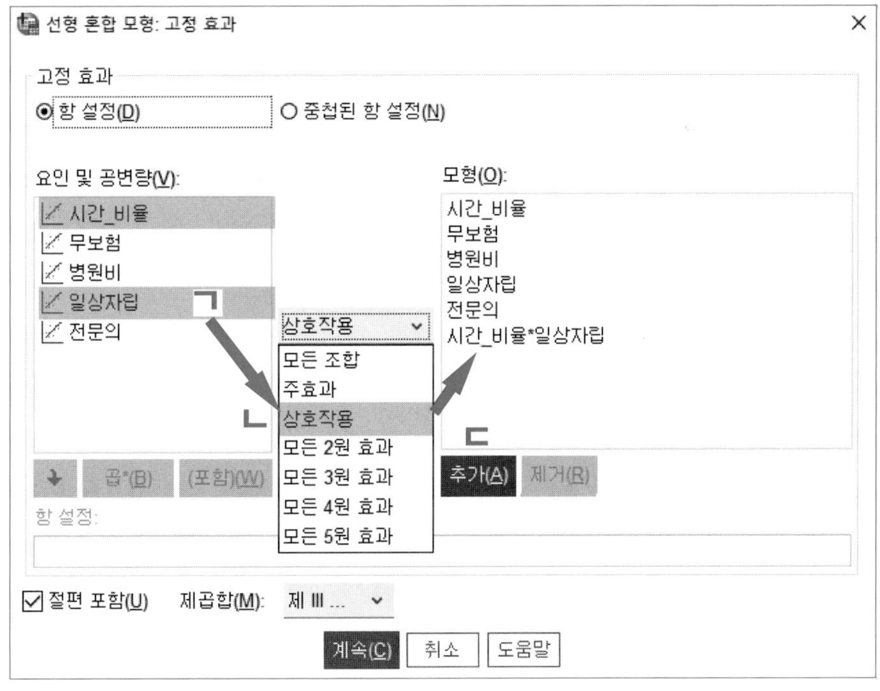

계속해서,

ㄱ: **요인 및 공변량**에서 '시간_비율'과 '전문의'를 동시에 하이라이트한 상태에서

ㄴ: 중간 부분의 드롭다운 메뉴를 떨어뜨려 **상호작용**을 선택한 후

ㄷ: **추가**를 누른다.

ㄹ: **모형** 박스 안에 '시간_비율×일상자립'과 '시간_비율×전문의'가 만들어져 있는 것을 확인한 후, 맨 아래 **계속**을 누른다.

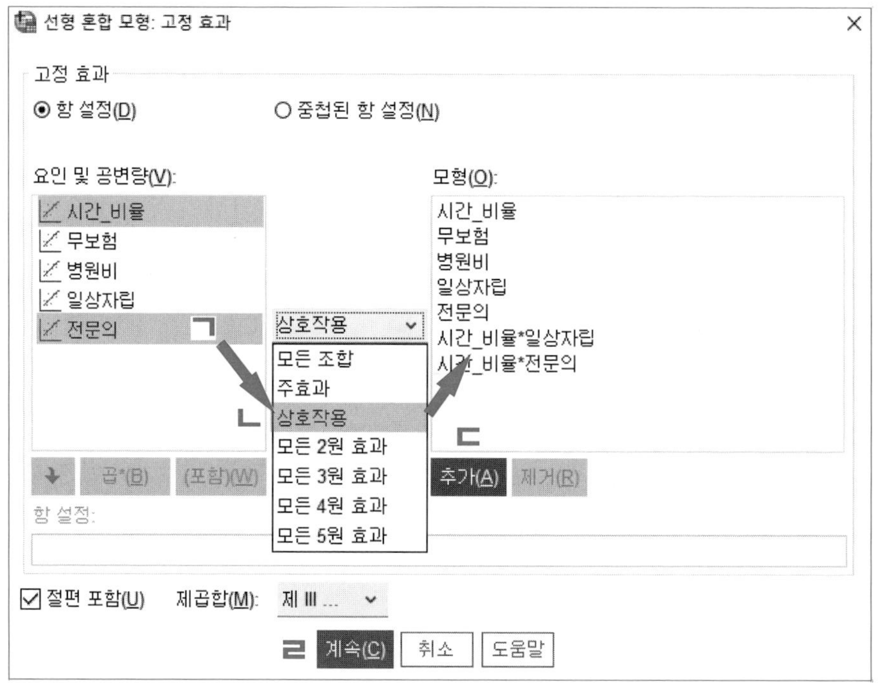

앞의 선형 혼합 모형 창이 다시 나타난다. 모든 설정이 완료되었으므로,

ㄱ: 확인을 누른다.

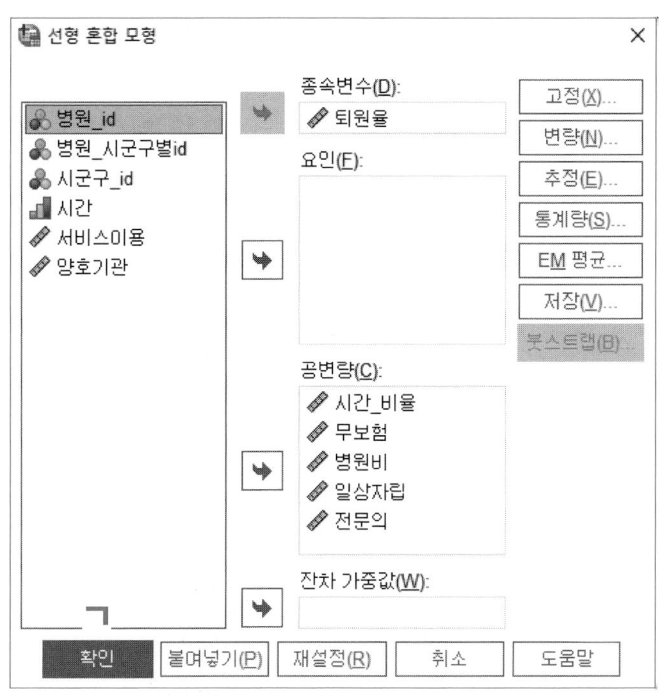

출력결과 창을 열면 혼합 모형 분석 결과를 볼 수 있다.

〈표 7-8〉은 고정효과 추정 결과를 보여 준다. 표를 보면, '일상자립'과 '전문의' 투입에 따라 절편 추정치가 앞선 모형 III에 비해 살짝 늘어난 것을 볼 수 있다(γ_{000}=0.471). 이 고정절편은 '퇴원율'의 초기 전체평균(47.1%)을 의미하는데, 엄밀하게 말하면 모든 시군구 내 노인요양병원 중 민간의료보험 미가입 환자 비율이 평균이고('무보험'=0) 환자 1인당 병원비도 평균이며('병원비'=0), 여기에 더해 입원환자 중 민간의료보험 미가입 환자 비율이 평균이고('일상자립'=0) 전문의 자격증 소지 의료인 비율도 평균('전문의'=0)인 병원의 '퇴원율' 초기 전체평균을 의미하는 것으로 이해하면 정확하다.

'시간_비율'의 기울기, 즉 '퇴원율'의 선형적 변화율(성장률)도 모형 IV에서 다소 늘었다(γ_{100}=0.019, p=0.001). 이는 최초 관측 시점에서 퇴원율이 47.1%였던 노인요양병원의 경우 최종 관측 시점에서 49.0%가 되며, 11년간 이 1.9%만큼의 증가분은 다른 변인의 효과를 통제한, 시간 자체의 오롯한 효과라는 것을 말해 준다.

〈표 7-8〉 고정효과 추정치

모수	추정값	표준오차	자유도	t	유의확률	95% 신뢰구간	
						하한	상한
절편	.471458	.011201	95.332	42.091	.000	.449223	.493694
시간_비율	.018580	.005362	59.405	3.465	.001	.007852	.029308
무보험	.001709	.000891	5653.871	1.918	.055	.000000	.003455
병원비	.044280	.005209	5104.566	8.501	.000	.034068	.054492
일상자립	.096981	.005322	690.473	18.224	.000	.086532	.107429
전문의	.035875	.004279	707.478	8.385	.000	.027474	.044275
시간_비율×일상자립	.005841	.004860	683.760	1.202	.230	−.003701	.015382
시간_비율×전문의	.019532	.003792	549.920	5.150	.000	.012083	.026981

모형 III에서 유의하였던 제1수준 시변 독립변인 '무보험'과 '병원비'는 모형 IV에서도 계속 통계적으로 유의미하였다(γ_{200}=0.002, p=0.055; γ_{300}=0.044, p=0.000). 구체적으로, 기타 변인을 통제한 상태에서, 시간의 흐름에 따라 노인요양병원의 입원환자 중 민간의료보험 미가입 환자 비율이 평균에서 한 단위 증가하면('무보험'=0 → 1) '퇴원율'은 0.2% 증가하였고, 시간의 흐름에 따라 노인요양병원 환자 1인당 병원비가 평균에서 한 단위 증가하면('병원비'=0 → 1) '퇴원율'은 4.4% 증가하였다. 다만 '무보험'의 유의확률은 p=0.055로 α= 0.10 수준에서 약하게 유의미했다는 것은 해석에 주의를 요할 부분이다.

모형 IV에서 새로 투입된 제2수준 시불변 독립(조절)변인 '일상자립'과 '전문의'는 통계적으로 강하게 유의미하였다(γ_{010}=0.097, p=0.000; γ_{020}=0.036, p=0.000). 구체적으로, 기타 변인을 통제한 상태에서, 입원환자 중 도구적 일상생활 수행능력(IADL) 검사 결과 상위 25% 내 환자 비율이 평균에서 한 단위 증가할 때('일상자립'=0 → 1) '퇴원율'은 9.7% 증가하였고, 병원에 근무 중인 의료인 중 전문의 자격증을 소지한 의료인 비율이 평균에서 한 단위 증가할 때('전문의'=0 → 1) '퇴원율'은 3.6% 증가하였다.

모형 IV에서 가장 중요한 부분은 제2수준 시불변 조절변인 '일상자립'과 '전문의'의 투입으로 제1수준 '시간_비율'의 기울기, 즉 '퇴원율'의 선형적 변화율에 어떠한 변화가 생겼는지 확인하는 것이다. 이에 대한 답은 〈표 7-8〉의 하단 상호작용항 추정 결과에 제시돼 있다.

우선 '시간_비율×일상자립'은 통계적으로 유의하지 않았다(γ_{110}=0.006, p=0.230). 이에 따라 '시간_비율'이 '퇴원율'에 발생시키는 정적 효과는 '일상자립'의 수준에 따라 달라지지 않음을 확인하였다.

그러나 '시간_비율×전문의'는 통계적으로 유의하였다(γ_{120}=0.020, p=0.000). 구체적으로, 기타 변인을 통제했을 때, 전문의 자격증 소지 의료인 비율이 평균인 병원('전문의'=0)에서는 전체 조사대상 기간('시간_비율'=0 → 1) 중 '퇴원율'이 47.1%에서 49.0%로 1.9%포인트 증가한 데 반해(γ_{100}=0.019), 전문의 자격증 소지 의료인 비율이 평균보다 한 단위 높은 병원('전문의'=1)에서는 전체 조사대상 기간('시간_비율'=0 → 1) 중 '퇴원율'이 47.1%에서 51.0%로 3.9%로 현저히 증가하여($\gamma_{100}+\gamma_{120}$=0.019+0.020=0.039), 전문의 비율이 높을수록 '퇴원율'의 증가 궤적(선형적 성장률)이 더 가파르게 올라간다는 사실을 확인하였다.

상기 분석결과를 토대로, '퇴원율'의 선형적 변화 궤적에 영향을 미치는 노인요양병원의 특성 요인이 무엇인지 묻는 연구문제 7번에 대해 우리는 도구적 일상생활 수행능력(IADL) 검사 결과 상위 25% 이내 환자 비율은 별다른 영향을 미치지 않지만(연구문제 7-1번 답 완료) 전문의 비율은 유의한 영향[25]을 미친다고(연구문제 7-2번 답 완료) 답할 실증적 증거를 갖추게 되었다. 이 같은 연구결과는 '전문의'가 제1수준 시변 독립변인인 '시간_비율'과 종속변인인 '퇴원율'의 관계에 추가적인 정적 효과를 발생시키는 유의미한 제2수준 시불변 조절변인[26]이라는 점을 말해 준다.

〈표 7-9〉는 모형 IV의 오차항 추정 결과를 보여 준다. 표를 보면, 제2수준 절편(γ_{0ij})과 '시간_비율' 기울기(γ_{1ij})의 Wald Z가 모형 III에 비해 다소 작아진 것을 확인할 수 있다. 이는 제2수준 시불변요인인 '일상자립'과 '전문의' 투입에 따라 종속변인의 분산 중 일부가 설명되어 없어진 데 따른 결과이다. 그러나 종속변인 분산의 일부가 설명되었을지라도 제2수준 절편과 기울기는 모두 통계적 유의성을 잃지 않고 $\alpha<0.001$에서 여전히 유의미하였다. 이는 '퇴원율'의 초깃값과 선형적 변화율(성장률)이 노인요양병원별로 현저히 다르다는 것을 보여 주는 결과이다. 따라서 종속변인을 제대로 그리고 충분히 설명하려면 후속 모형에서 '일상자립'이나 '전문의' 외에 또 다른 제2수준 시불변요인을 추가로 발굴, 투입해야 하는 상황이라고 말할 수 있다.

한편, 제3수준 절편(μ_{00j})과 '시간_비율' 기울기(μ_{10j})의 Wald Z는 모형 III에 비해 오히려 다소 커졌다. 이는 곧이곧대로 받아들이면 '일상자립'과 '전문의' 투입으로 오히려 종속변인

25) 정확하게 말하면, 증가 궤적을 더욱 가파르게 올리는 영향이다.

26) 그 자체로 유의미하면서 상호작용항도 유의미한 '전문의' 같은 조절변인을 특히 유사(quasi)조절변인이라고 부른다.

의 분산이 이전 모형보다 덜 설명되는 상황이 발생한 것이라고 할 수 있다.27) 그러나 앞에서도 얘기했듯이 제3수준 무선효과의 불안정한 추정 결과는 제3수준 표본의 크기가 겨우 N=50으로 상당히 작은 데에서 비롯된 것일 수 있다. 따라서 이 결과에 큰 의미를 부여하지는 않고자 한다. 여기서 중요한 것은 제3수준 무선효과의 Wald Z가 커진 것에 있다기보다, 이전 모형 III과 마찬가지로 제3수준 무선효과가 여전히 통계적 유의성을 잃지 않고 유지한다는 점, 즉 '퇴원율'의 초깃값과 선형적 변화율(성장률)이 시군구별로 현저하게 다르다는 점이다. 따라서 이러한 제3수준의 현저한 다름을 제대로 그리고 충분히 설명하기 위해 후속 모형에서 좀 더 강력한 제3수준 또는 제2수준 시불변요인을 발굴, 투입할 필요가 있다.

〈표 7-9〉 공분산 모수 추정치

모수		추정값	표준오차	Wald Z	유의확률	95% 신뢰구간	
						하한	상한
반복측도	AR1 대각	.003	0.000	34.766	.000	.003	.003
	AR1 rho	.305	.019	16.093	.000	.267	.341
절편+시간_비율 (개체=시군구_id)	Var: 절편	.003	.001	3.858	.000	.002	.006
	Var: 시간_비율	.000	.000	1.731	.083	.000	.001
절편+시간_비율 (개체=병원_시군구별id +시군구_id)	Var: 절편	.007	.001	14.969	.000	.006	.008
	Var: 시간_비율	.004	.001	8.146	.000	.003	.005

(7) 모형 V

모형 IV에서는 제2수준 시불변 조절변인으로 '일상자립'과 '전문의'를 특정하고 이것이 '퇴원율'의 선형적 변화율에 각각 어떠한 영향을 미치는지 살펴보았다. 분석결과, 두 요인 중 '전문의'만이 '퇴원율'의 선형적 변화율(변화 궤적)에 유의한 영향을 미치는 조절변인이라는 사실을 확인하였다.

모형 IV에서 제2수준 시불변요인 '전문의'가 층위 간 상호작용효과를 발생시킨다는 점을 확인하긴 하였으나, 무선효과 분석결과 '퇴원율'의 선형적 변화율에 낀 무선 분산이 제대로 그리고 충분히 설명되지는 않고 있다는 사실도 함께 확인하였다.

27) 하위수준의 변인 투입은 상위수준 분산을 설명해 줄 수 있다. 그러나 그 반대의 경우는 성립하지 않는다. 즉, 상위수준 변인 투입으로 하위수준 분산을 설명할 수는 없다.

이에 다음 모형 V에서는 제3수준 개체특성 시불변 조절변인으로 시군구 내 노인인구 천 명당 노인맞춤형돌봄서비스를 이용하는 비율('서비스이용')과 시군구 내 일차의료기관 중 건강보험심사평가원이 의료의 질이 높은 양호기관으로 평가한 동네의원의 비율('양호기관')을 특정하고 이것이 '퇴원율'의 선형적 변화율에 각각 어떠한 영향을 미치는지 살피고자 한다. 다시 한번 강조하는데, 이러한 시도는 모두 '퇴원율'에 낀 종속변인의 무선 분산을 설명, 제거하기 위함이다.

제3수준 시불변 조절변인인 '서비스이용'과 '양호기관'을 새로 투입함에 따라 기존의 제3수준 성장 모형(〈식 7-13〉과 〈식 7-17〉)은 다음과 같이 다시 쓸 수 있다.

$$\beta_{00j} = \gamma_{000} + \gamma_{001}\text{서비스이용}_j + \gamma_{002}\text{양호기관}_j + \mu_{00j} \qquad \cdots\cdots \text{〈식 7-30〉}$$

$$\beta_{10j} = \gamma_{100} + \gamma_{101}\text{서비스이용}_j + \gamma_{102}\text{양호기관}_j + \mu_{10j} \qquad \cdots\cdots \text{〈식 7-31〉}$$

〈식 7-25〉부터 〈식 7-28〉을 〈식 7-30〉, 〈식 7-31〉과 함께 〈식 7-23〉과 〈식 7-24〉에 대입하고, 그 결과를 〈식 7-20〉, 〈식 7-21〉과 함께 〈식 7-19〉에 대입하면, 모형 V에 해당하는 통계식은 다음과 같이 정리된다.

$$\begin{aligned}\text{퇴원율}_{tij} = \ & \gamma_{000} + \gamma_{100}\text{시간\_비율}_{tij} + \gamma_{200}\text{무보험}_{tij} + \gamma_{300}\text{병원비}_{tij} \\ & + \gamma_{010}\text{일상자립}_{ij} + \gamma_{020}\text{전문의}_{ij} \\ & + \gamma_{001}\text{서비스이용}_j + \gamma_{002}\text{양호기관}_j \\ & + \gamma_{110}(\text{시간\_비율}_{tij} \times \text{일상자립}_{ij}) + \gamma_{120}(\text{시간\_비율}_{tij} \times \text{전문의}_{ij}) \\ & + \gamma_{101}(\text{시간\_비율}_{tij} \times \text{서비스이용}_j) + \gamma_{102}(\text{시간\_비율}_{tij} \times \text{양호기관}_j) \\ & + \mu_{10j}\text{시간\_비율}_{tij} + \gamma_{1ij}\text{시간\_비율}_{tij} \\ & + \mu_{00j} + \gamma_{0ij} + \epsilon_{tij} \qquad \cdots\cdots \text{〈식 7-32〉}\end{aligned}$$

통계식 정리를 마쳤으므로 이제 모형 V를 검증한다. 모형 검증을 위한 공분산 구조 유형 조합으로는 제1-제2-제3수준별로 1차 자기회기 동질-대각-대각을 선택하여 적용한다.[28)]

---

28) 따라서 추정 대상 모수는 앞선 모형 IV보다 네 개('서비스이용'과 '양호기관'의 독립적 고정효과 각 한 개 및 '시간_비율'과의 층위 간 상호작용항 고정효과 각 한 개씩) 많은 18개이다.

예제파일 〈제7장 노인요양병원 퇴원율.sav〉를 다시 열어 **분석** 메뉴에서 **혼합 모형**을 선택한다. 드롭다운 메뉴가 뜨면 **선형**을 선택한다.

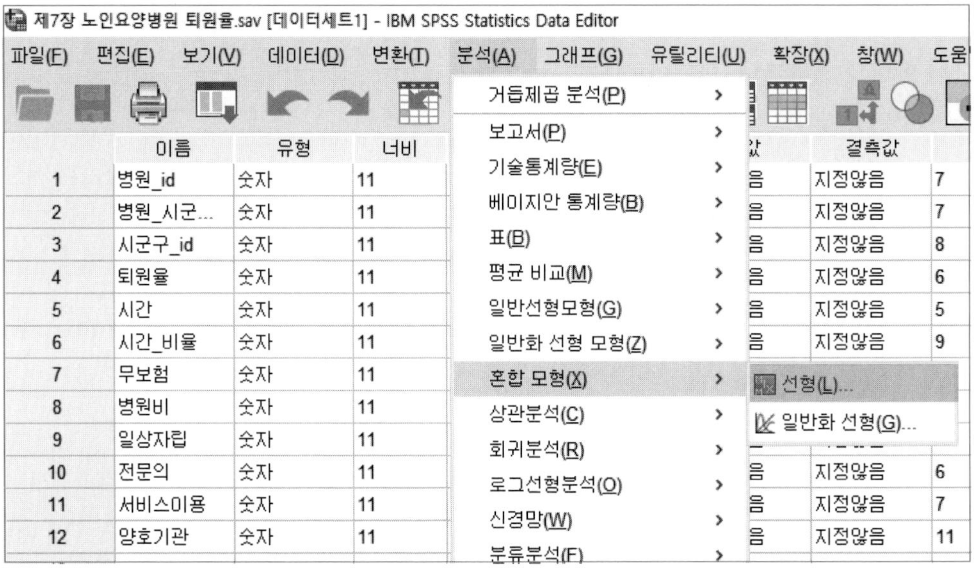

제7장 노인요양병원 퇴원율.sav [데이터세트1] - IBM SPSS Statistics Data Editor

파일(F) 편집(E) 보기(V) 데이터(D) 변환(T) 분석(A) 그래프(G) 유틸리티(U) 확장(X) 창(W) 도움

	이름	유형	너비
1	병원_id	숫자	11
2	병원_시군...	숫자	11
3	시군구_id	숫자	11
4	퇴원율	숫자	11
5	시간	숫자	11
6	시간_비율	숫자	11
7	무보험	숫자	11
8	병원비	숫자	11
9	일상자립	숫자	11
10	전문의	숫자	11
11	서비스이용	숫자	11
12	양호기관	숫자	11

거듭제곱 분석(P) >
보고서(P) >
기술통계량(E) >
베이지안 통계량(B) >
표(B) >
평균 비교(M) >
일반선형모형(G) >
일반화 선형 모형(Z) >
혼합 모형(X) > 선형(L)... / 일반화 선형(G)...
상관분석(C) >
회귀분석(R) >
로그선형분석(O) >
신경망(W) >
분류분석(F) >

선형 혼합 모형: 개체 및 반복 지정 창이 뜨면, 이전 설정을 유지한 상태에서 하단의 **계속**을 누른다.

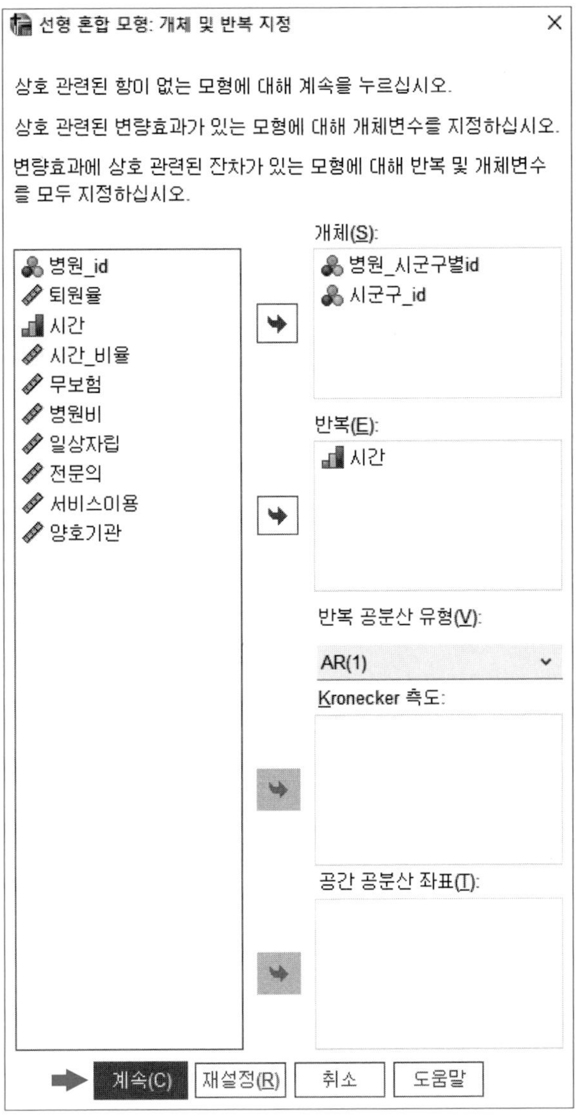
선형 혼합 모형: 개체 및 반복 지정
상호 관련된 항이 없는 모형에 대해 계속을 누르십시오.
상호 관련된 변량효과가 있는 모형에 대해 개체변수를 지정하십시오.
변량효과에 상호 관련된 잔차가 있는 모형에 대해 반복 및 개체변수를 모두 지정하십시오.
병원_id
퇴원율
시간
시간_비율
무보험
병원비
일상자립
전문의
서비스이용
양호기관
개체(S):
병원_시군구별id
시군구_id
반복(E):
시간
반복 공분산 유형(V):
AR(1)
Kronecker 측도:
공간 공분산 좌표(T):
계속(C)
재설정(R)
취소
도움말

선형 혼합 모형 창이 뜨면,

ㄱ: 좌측의 변인 목록 박스에서 '서비스이용'과 '양호기관'을 클릭하여 우측의 **공변량** 박스로 옮긴 후

ㄴ: 우측 상단의 **고정** 버튼을 누른다.

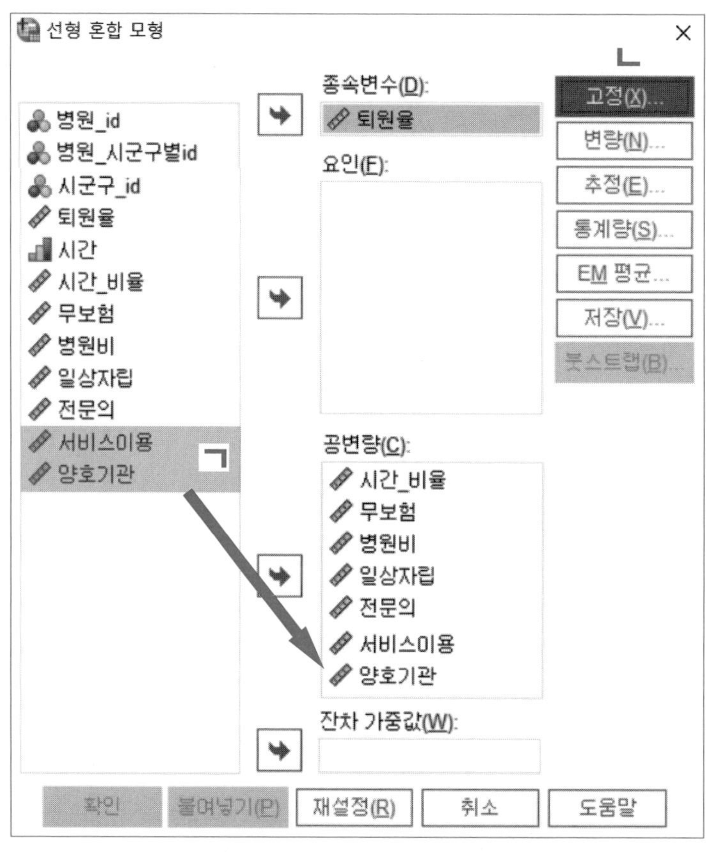

선형 혼합 모형: 고정 효과 창이 뜨면,

ㄱ: 좌측의 요인 및 공변량 박스에 있는 '서비스이용'과 '양호기관'을 하이라이트한 상태에서

ㄴ: 중앙의 드롭다운 메뉴를 떨어뜨려 주효과를 선택한 다음

ㄷ: 추가 버튼을 눌러 모형 박스로 옮긴다.

계속해서,

ㄱ: 요인 및 공변량에서 '시간_비율'과 '서비스이용'을 동시에 하이라이트한 상태에서

ㄴ: 중간 부분의 드롭다운 메뉴를 떨어뜨려 **상호작용**을 선택한 후

ㄷ: 추가를 누른다.

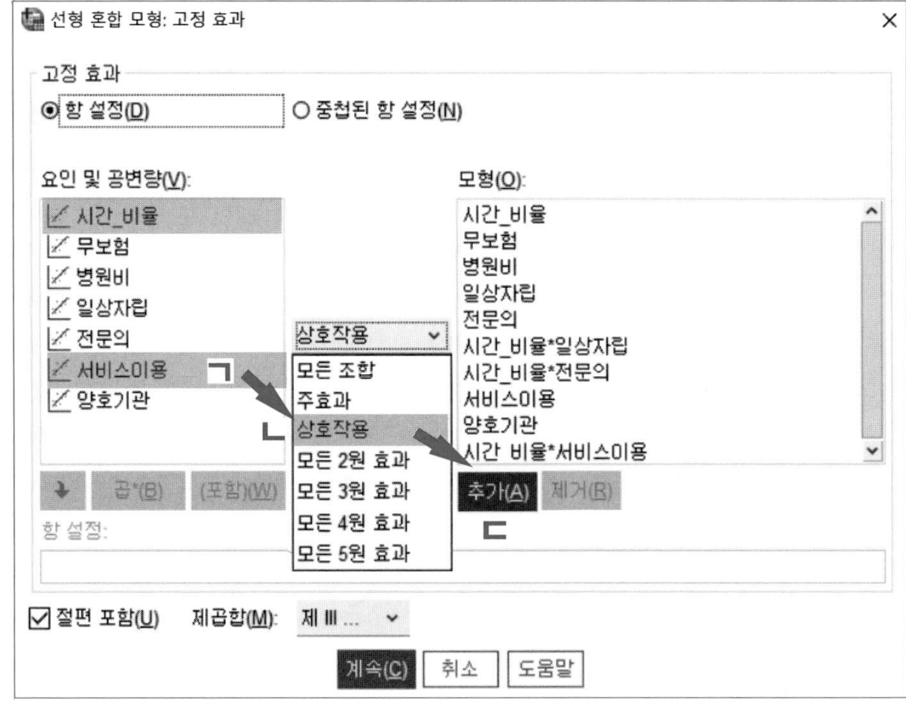

계속해서,

ㄱ: **요인 및 공변량**에서 '시간_비율'과 '양호기관'을 동시에 하이라이트한 상태에서

ㄴ: 중간 부분의 드롭다운 메뉴를 떨어뜨려 **상호작용**을 선택한 후

ㄷ: **추가**를 누른다.

ㄹ: **모형** 박스 안에 '시간_비율×서비스이용'과 '시간_비율×양호기관'이 만들어져 있는 것을 확인한 후, 맨 아래 **계속**을 누른다.

앞의 선형 혼합 모형 창이 다시 나타난다. 모든 설정이 완료되었으므로,

ㄱ: 확인을 누른다.

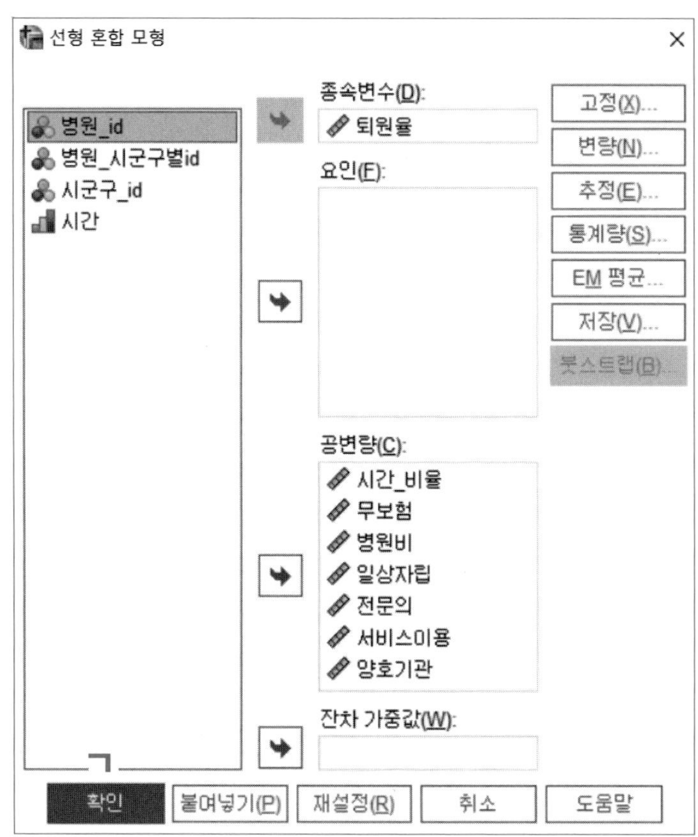

출력결과 창을 열면 혼합 모형 분석 결과를 볼 수 있다.

〈표 7-10〉은 고정효과 추정 결과를 보여 준다. 표를 보면, '서비스이용'과 '양호기관' 투입에 따라 앞선 모형 IV에 비해 고정절편의 크기가 살짝 늘어난 것을 볼 수 있다(γ_{000}= 0.475). 모형 V에서의 고정절편은 '퇴원율'의 초기 전체평균(47.5%)으로, 정확하게 말하면 모든 시군구 내 노인요양병원 중 민간의료보험 미가입 환자 비율, 환자 1인당 병원비, 입원 환자 중 민간의료보험 미가입 환자 비율, 의료인 중 전문의 비율이 평균('무보험'=0, 병원비' =0, '일상자립'=0, '전문의'=0)이고, 여기에 덧붙여 시군구 내 노인맞춤형돌봄서비스 이용률과 심평원으로부터 양호기관으로 인정받은 동네의원 비율이 평균('서비스이용'=0, '양호기관' =0)인 병원의 '퇴원율' 초깃값을 나타낸다.

〈표 7-10〉 고정효과 추정치

모수	추정값	표준오차	자유도	t	유의확률	95% 신뢰구간	
						하한	상한
절편	.474826	.008319	166.959	57.074	.000	.458401	.491251
시간_비율	.019992	.004980	60.234	4.015	.000	.010032	.029953
무보험	.001906	.000893	5655.894	2.136	.033	.000156	.003656
병원비	.042679	.005214	5100.035	8.186	.000	.032458	.052899
일상자립	.094338	.005190	707.405	18.178	.000	.084149	.104527
전문의	.036590	.004084	653.623	8.960	.000	.028571	.044609
시간_비율×일상자립	.005200	.004828	671.231	1.077	.282	−.004280	.014680
시간_비율×전문의	.019891	.003751	514.186	5.303	.000	.012522	.027260
서비스이용	.043603	.005558	46.191	7.846	.000	.032417	.054788
양호기관	.020425	.005572	49.395	3.666	.001	.009231	.031619
시간_비율×서비스이용	.010973	.004261	40.280	2.575	.014	.002364	.019583
시간_비율×양호기관	−.001596	.004290	39.421	−.372	.712	−.010271	.007079

'시간_비율'의 기울기, 즉 '퇴원율'의 변화율(성장률)도 모형 IV에 비해 다소 늘었다(γ_{100} = 0.020, p =0.000). 이는 최초 관측 시점에서 퇴원율이 47.5%였던 노인요양병원의 경우 최종 관측 시점에서 퇴원율이 49.5%가 되며, 이 2.0%만큼의 증가분은 다른 변인의 효과를 통제한, 시간 자체의 오롯한 효과라는 것을 말해 준다.

모형 IV에서 유의하였던 제1수준 시변 독립변인 '무보험'과 '병원비'는 모형 V에서도 계속 통계적으로 유의하였다(γ_{200}=0.002, p =0.033; γ_{300}=0.043, p =0.000). 구체적으로, 기타 변인을 통제한 상태에서, 시간의 흐름에 따라 노인요양병원의 입원환자 중 민간의료보험 미가입 환자 비율이 평균에서 한 단위 증가하면('무보험'=0 → 1) '퇴원율'은 0.2% 증가하였고, 시간의 흐름에 따라 노인요양병원 환자 1인당 병원비가 평균에서 한 단위 증가하면('병원비'= 0 → 1) '퇴원율'은 4.3% 증가하였다.

모형 IV에서 유의하였던 제2수준 시불변 조절변인 '일상자립'과 '전문의' 역시 모형 V에서 계속 통계적으로 유의하였다(γ_{010}=0.094, p =0.000; γ_{020}=0.037, p =0.000). 구체적으로, 기타 변인을 통제한 상태에서, 입원환자 중 도구적 일상생활 수행능력(IADL) 검사 결과 상위 25% 내 환자 비율이 평균에서 한 단위 증가할 때('일상자립'=0 → 1) '퇴원율'은 9.4% 증가하였고,

병원에 근무 중인 의료인 중 전문의 자격증을 소지한 의료인 비율이 평균에서 한 단위 증가할 때('전문의'=0 → 1) '퇴원율'은 3.7% 증가하였다.

모형 IV에서 처음 살핀 층위 간 상호작용항도 모형 V에서 큰 변화 없이 비슷한 결과를 보였다. 구체적으로 '시간_비율×일상자립'은 통계적으로 유의하지 않았고(γ_{110}=0.005, p=0.282), '시간_비율×전문의'는 통계적으로 유의하였다(γ_{120}=0.020, p=0.000). 이는 '시간_비율'이 '퇴원율'에 발생시키는 정적인 선형 효과, 즉 시간의 변화에 따른 '퇴원율'의 선형적 증가 궤적은 '일상자립'의 수준에 따라 달라지지 않지만 '전문의' 수준에 따라서는 달라진다는 것, 좀 더 구체적으로 병원 내 전문의 비율이 올라갈수록 증가 궤적이 더 가팔라짐을 의미하는 결과이다.

모형 V에서 새로 투입한 제3수준 시불변 조절변인 '서비스이용'과 '양호기관'은 통계적으로 유의미하였다(γ_{001}=0.044, p=0.000; γ_{002}=0.020, p=0.001). 구체적으로, 소속 시군구의 노인맞춤형돌봄서비스 이용률이 평균에서 한 단위 증가할 때('서비스이용'=0 → 1) 해당 병원의 '퇴원율'은 4.4% 증가하였고, 소속 시군구 내 개원한 병원 중 심평원으로부터 양호기관으로 인정받은 동네의원 비율이 평균에서 한 단위 증가할 때('양호기관'=0 → 1) 해당 병원의 '퇴원율'은 2.0% 증가하였다.

모형 V에서 가장 중요한 부분은 제3수준 시불변 조절변인 '서비스이용'과 '양호기관' 투입으로 제1수준 '시간_비율'의 기울기, 즉 '퇴원율'의 선형적 변화율에 어떠한 변화가 생겼는지 확인하는 데 있다. 이에 대한 답은 〈표 7-10〉의 하단 상호작용항 추정 결과에 제시돼 있다.

우선 '시간_비율×양호기관'은 통계적으로 유의하지 않았다(γ_{102}=−0.002, p=0.712). 이에 따라 '시간_비율'이 '퇴원율'에 발생시키는 정적 효과는 '양호기관'의 수준에 따라 달라지지 않는다는 사실을 확인하였다.

그러나 '시간_비율×서비스이용'은 통계적으로 유의하였다(γ_{101}=0.011, p=0.014). 구체적으로, 기타 변인을 통제했을 때, 소속 시군구의 노인맞춤형돌봄서비스 이용률이 전체 시군구 평균인 병원('서비스이용'=0)에서는 전체 조사대상 기간('시간_비율'=0 → 1) 중 '퇴원율'이 47.5%에서 49.5%로 2.0% 포인트 증가한 데 그쳤지만(γ_{100}=0.020), 소속 시군구의 노인맞춤형돌봄서비스 이용률이 전체 시군구 평균보다 한 단위 높은 병원('서비스이용'=1)의 경우 전체 조사대상 기간('시간_비율'=0 → 1) 중 '퇴원율'이 47.5%에서 50.6%로 3.1%로 현저히 증가하여($\gamma_{100}+\gamma_{101}$=0.020+0.011=0.031), 소속 시군구의 노인맞춤형돌봄서비스 이용률이 높을수록 해당 시군구 내 노인요양병원의 '퇴원율' 증가 궤적(선형적 성장률)이 더 가파르게 올라간다는 사실을 확인하였다.

상기 분석결과를 토대로, '퇴원율'의 선형적 변화 궤적에 영향을 미치는 시군구 특성 요인이 무엇인지 묻는 연구문제 8번에 대해, 우리는 심평원으로부터 인정받은 양호기관 개원 비율은 별다른 영향을 미치지 않는 데 반하여(연구문제 8-2번 답 완료) 노인맞춤형돌봄서비스 이용률은 유의한 영향[29]을 미친다고(연구문제 8-1번 답 완료) 답할 실증적 증거를 갖추게 되었다. 이 같은 연구결과는 '서비스이용'이 제1수준 시변 독립변인인 '시간_비율'과 종속변인인 '퇴원율'의 관계에 추가적인 정적 효과를 발생시키는 유의미한 제3수준 시불변 조절변인이라는 것을 시사한다.

〈표 7-11〉은 모형 V의 오차항 추정 결과를 보여 준다. 표에서 절편의 제2수준 및 제3수준 무선효과는 여전히 통계적 유의성을 잃지 않고 있음을 알 수 있다(γ_{0ij}=0.001, p=0.009=0.018/2; μ_{00j}=0.007, p=0.000). 이는 '퇴원율'의 초깃값이 노인요양병원별 및 시군구별로 현저하게 다르다는 것을 말해 주는 결과로, 모형 IV와 모형 V에서 다양한 제2수준 및 제3수준 시불변 개체특성 요인을 투입하였음에도 종속변인이 여전히 효과적으로 설명되지 못하는 상황이라고 할 수 있다.

'시간_비율' 기울기의 제2수준 무선효과 역시 여전히 통계적으로 유의하였다(γ_{1ij}=0.004, p=0.000). 이는 '퇴원율'의 선형적 변화율(성장률)이 노인요양병원별로 현저하게 다름을 보여 주는 결과로, 마찬가지로 모형 IV에서 다양한 제2수준 시불변 개체특성 요인을 투입하였음에도 종속변인이 여전히 효과적으로 설명되지 않고 있는 상황을 보여 준다.

그러나 불행 중 다행(?)으로 '시간_비율' 기울기의 제3수준 무선효과는 모형 V에 이르러 드디어 통계적 유의성을 상실하였다(μ_{10j}=0.000, p=0.1035=0.207/2). 이는 모형 V에서 '서비스이용'을 새로 투입함으로써 '퇴원율'의 선형적 변화율(성장률)에 존재하던 시군구별 차이가 모두 설명되어 없어져 버렸음을 보여 주는 결과이다. 모형 V의 구성이 종속변인을 설명하는 데 어느 정도 효과를 보였다는 뜻이다.

요약하면, '서비스이용'은 '퇴원율' 변화 궤적에 존재하는 시군구별 차이를 상당 부분 의미있게 설명해 준다. 그렇지만 '퇴원율' 초깃값에 존재하는 노인요양병원 및 시군구별 차이, 그리고 '퇴원율' 변화 궤적에 존재하는 노인요양병원별 차이는 여전히 충분히, 제대로 설명되지 않고 있다. 따라서 후속 연구에서는 좀 더 철저한 선행연구 결과분석과 문헌 검토를 바탕으로 여기서 제시한 연구모형 I~V보다 한층 발전된 모형을 수립하여 통계 검증 과정을 거쳐야만 할 것이다.

---

29) 정확하게 말하면, 증가 궤적을 더욱 가파르게 올리는 영향이다.

〈표 7-11〉 공분산 모수 추정치

모수		추정값	표준오차	Wald Z	유의확률	95% 신뢰구간	
						하한	상한
반복측도	AR1 대각	.003	.000	34.100	.000	.003	.003
	AR1 rho	.311	.019	16.266	.000	.273	.348
절편+시간_비율 (개체=시군구_id)	Var: 절편	.001	.000	2.368	.018	.000	.002
	Var: 시간_비율	.000	.000	1.263	.207	.000	.001
절편+시간_비율 (개체=병원_시군구별id +시군구_id)	Var: 절편	.007	.001	14.954	.000	.006	.008
	Var: 시간_비율	.004	.001	7.985	.000	.003	.005

2. 종단적 다층분석 실습 응용-네 번째 시나리오

1) 회귀불연속설계

다층종단분석 실습을 위한 네 번째 시나리오는, 노인장기요양인정 신청 이후 등급 판정에 따른 요양급여수급(제1수준 독립변인)이 수급 가구와 비수급 가구의 여가비 지출에 미치는 영향을 살피고, 이때 지역(자치구) 내 문화시설 및 여가시설의 개수(제2수준 조절변인)가 수급 가구의 여가비 지출을 가중하는 요인으로 작용하는지 짚어 보는 상황을 가정한다.

네 번째 시나리오는 노인장기요양보험이라는 정책이 얼마나 효과적인지 알아보는 데 목적이 있다. 이러한 목적을 달성하기 위해 가장 바람직한 조사설계는 당연히 실험이다. 그러나 사회과학에서는 순수한 실험적 상황의 조성을 기대하기 어렵다. 실험이 내적 타당도를 갖추기 위해서는 어떤 처치를 가하기 전, 실험집단과 통제집단이 동등한 집단임을 입증하는 노력, 구체적으로 무작위표집과 무작위할당이라는 일련의 과정을 거쳐야 하는데, 사회과학에서는 이를 실행에 옮기는 것이 거의 불가능하기 때문이다(Rubin & Babbie, 2016: 272).

예컨대, 신체와 정신건강이 일정 수준 이하인 65세 이상 노인을 무작위 모집하여 누군가는 실험집단에, 다른 누군가는 통제집단에 무작위 할당한 후, 실험집단 노인에게만 장기요양급여를 제공할 수는 없는 노릇이다. 통제집단에 할당된 노인들이 장기요양급여를 절실하게 요하는 상황인데도 급여를 제한한다면 이는 윤리적으로 문제일 뿐 아니라 실정법 위반의 소지도 있기 때문이다.

따라서 사회과학에서 정책평가를 할 때는 많은 경우 준(quasi)실험설계 방식을 이용한다. 다양한 준실험설계 방식이 있는데, 그중 하나가 회귀불연속이다. 회귀불연속설계는 실험집단과 비교집단을 구분하는 계량적 자격 기준에 관한 정보를 연구자가 명확하게 사전에 확보하고 있을 때, 그 기준에 해당하는 점수, 즉 배정점(assigning point) 또는 임곗값(cutoff point)을 사용하여 회귀선의 단절이 일어나는 양상을 파악하여 특정 처치(treatment)가 애초 의도한 효과를 발생시켰는지 알아보는 연구에 적합한 방법론이다(이석민, 장효진, 2015).

예컨대, 장학금이 학생의 삶의 만족도에 미치는 영향을 평가하는 예를 가정해 보자. 장학금을 받기 위해서는 학업성적이 명확하게 80점을 넘어야만 한다. 여기서 중요한 조건은 학업성적 이외에 장학금 수령을 결정짓는 요인이 따로 없어야 하고, 연구자는 장학금 수령 선정 기준에 대해 분명하고 정확한 정보를 갖고 있어야 한다는 점이다. 이러한 조건이 충족될 때 연구자는 비로소 두 집단의 동질성을 가정할 수 있다.

기타 요인이 없다면 학업성적 80점을 임계점으로 잡고 그 이상 점수를 받은 학생은 실험집단에, 그 미만 점수를 받은 학생은 비교집단에 할당할 수 있다. 여기서 유념해야 할 점은 실험집단과 비교집단으로의 할당이 연구자 자의에 의해 일어나는 것이 아니라 장학금 제도가 원래 그렇게 만들어졌기 때문에 일어나는 자연스러운 배정이라는 점이다. 의도적으로 누구는 실험집단에, 다른 누구는 통제집단에 할당하는 진짜 통제적 실험이 아니기 때문에 우리는 회귀불연속을 준실험설계로 규정한다.

실험집단에 배정된 학생들은 향후 1년간 장학금을 받고, 비교집단에 배정된 학생들은 동일 기간 내 아무것도 받지 못한다. 그다음, 1년이 지난 시점에 다시 각 집단의 학생들을 찾아가 삶의 만족도가 어떠한지를 조사한다. 실험집단에 속한 학생들의 삶의 만족도가 비교집단에 비해 뚜렷하게 높은 것으로 확인되면, 우리는 장학금이라는 준실험적 처치가 학생들의 삶의 만족을 제고하는 데 분명한 인과적 효과를 발생시켰다고 결론 내릴 수 있다.

회귀불연속설계와 관련해 몇 가지 알아 두어야 할 사항이 있다. 첫째, 만약 배정변인(예: 학업성적)과 결과변인(예: 삶의 만족)의 관계 및 배정변인과 독립변인(예: 장학금)의 관계가 정확하게 모형에 반영되면, 회귀불연속설계는 처치 효과에 관한 인과 분석에서 불편추정치를 도출해 낼 수 있다. 반대로 만약 부정확하게 반영되면, 처치 효과에는 편의가 낄 수 있다. 부정확한 모델링의 예로는 배정변인과 결과변인 간 비선형적 관계의 존재, 배정변인과 처치(독립변수)의 교호에 따른 임곗값 전후 배정변인의 효과 변화 등을 생각해 볼 수 있다(권현정, 2018).

회귀불연속설계는 원칙적으로 처치 효과를 설명해 줄 수 있는 각종 인구사회학적 배경 변인을 통제할 필요가 없다는 장점이 있다. 이는 연구대상을 실험집단과 비교집단으로 나누는 배정기준이 명확하게 알려져 있고 연구자는 이에 관한 사전 정보를 바탕으로 준실험을 진행한 것이기에 처치의 효과가 모형에 이미 충분히 반영됐기 때문으로 설명할 수 있다. 물론 처치 효과의 강건성을 재확인하기 위해 다양한 인구사회학적 배경 변인을 모형에 투입하여 분석을 돌리는 것은 얼마든지 가능하고, 또 허용된다.

회귀불연속설계를 둘러싼 가장 큰 논쟁거리는, 만약 실험집단과 비교집단으로 연구대상을 나눈 잘 알려진 배정기준 이외의 기준(예: 자기선택 또는 배정기준을 통과했음에도 의도적으로 실험집단이 아닌 비교집단에 남기로 결정한 연구대상의 존재 등)이 존재하고 이것이 실제 배정에 상당한 영향력을 끼쳤다면, 결과의 내적 타당성은 의문시될 수 있다는 점이다. 처치에 알려진 배정기준 외 요인이 작동한 경우를 퍼지 불연속(fuzzy discontinuity)이라고 부르며, 이렇게 처치 여부가 배정기준에 따라 명확하게 정해져 있지 아니하고 확률로 불확실하게 주어져 있는 사례를 다루는 회귀불연속설계를 퍼지회귀불연속설계라고 부른다(김해동, 조하현, 2020).

회귀불연속설계에서 처치 효과는 임곗값 인근에서 가장 분명하게 식별된다. 이는 만약 임곗값에서 앞뒤로 멀리 떨어진 사례들을 비교하면, 처치의 효과가 정말 처치(독립변인) 때문에 발생한 것인지 아니면 그 밖의 요인, 즉 교란변인에 의한 것인지 분명치 않아질 위험성이 커진다는 것을 뜻한다. 따라서 이와 같은 문제를 해결하기 위해 연구자는 아예 임곗값 인근의 사례들만 제한적으로 활용하여 인과 효과를 추정하거나,[30] 아니면 전체 사례를 다 활용하되 다양한 통제변인을 모형에 선제적으로 투입하여 혹시 모를 교란변인의 효과를 통제하는 방식을 사용할 수 있다.[31]

일반적으로 회귀불연속설계는 다음 세 가지 가정이 충족될 때 불편추정치를 도출하는 것으로 알려져 있다.

첫째, 연구대상의 배정은 잘 알려져 있고 확정적인 기준[32]에 따라 이루어져야만 한다. 통

30) 이렇게 임곗값 근방의 표본만을 활용하여 인과 효과를 추정하는 방법을 순수하게 관측된 데이터로 구성된 표본만을 활용하여 분석한다는 측면에서 회귀불연속설계의 비모수적 추정법이라고 부른다. 비모수적 추정법은 임곗값 근방에 대역폭(bandwidth)을 설정하고 해당 대역폭 내 표본만을 대상으로 인과 효과를 추정한다. 인과 효과 추정을 위해 각 표본에 가중치를 부여하는데, 가중치 부여 함수로는 삼각 커넬 함수(triangular kernel function)를 흔히 사용한다(Imbens & Kalyanaraman, 2012).

31) 이렇게 임곗값보다 앞뒤로 훨씬 멀리 떨어진 사례의 결괏값을 예측하는 분석 방식을 회귀불연속설계의 모수적 추정법이라고 부른다(Bloom, 2012).

상 회귀불연속설계는 추정치의 비편의성 측면에서 다른 준실험 방식보다 더 우수한 결과를 제공한다고 여겨진다. 그럼에도 정책평가 분야에서 잘 사용되지 않는 까닭은 처치집단과 비교집단을 구분하는 명백하고 적절한 배정변인을 찾기가 상당히 어렵다는 현실적인 이유 때문이다.

둘째, 배정기준과 독립변인 및 결과변인의 관계가 정확하게 모델링되어야만 한다. 이 가정은 특히 모수적 추정법을 활용하는 회귀불연속설계에서 반드시 충족되어야만 하는데, 구체적으로 배정변인(예: 학업성적)의 고차 효과(예: 학업성적^2, 학업성적^3) 및 배정변인과 처치(예: 장학금), 즉 독립변인 간 상호작용 효과를 모형에 반영함으로써 가정의 충족 여부를 검증할 수 있다. 만약 고차항의 효과가 유의미한 것으로 나타난다면 이는 배정변인과 결과변인 간에 비선형적 관계가 놓여 있다는 것을 의미하고, 만약 배정변인과 독립변인 간 상호작용 효과가 유의미한 것으로 나타난다면 이는 배정변인이 결과변수에 미치는 효과가 임곗값 위아래로 다르다는 것, 따라서 이 역시 배정변인과 결과변인 간 비선형적 관계가 놓여 있다는 것을 의미한다. 만약 고차항이나 상호작용항이 유의미한 것으로 확인되면, 당연히 이것들을 모형에 포함해야만 한다. 의심스러운 경우 과소보다 과잉적합(overfitting)하는 것이 언제든 안전하다.

셋째, 배정변인 외 처치 여부를 결정짓는 요인이 따로 없어야만 한다. 이 가정은 동일 결과를 여러 회차에 걸쳐 반복 측정함으로써, 그리고 임곗값보다 높은 점수를 기록한 연구대상이 애초 계획한 실험집단이 아닌 비교집단에 배정된 사례, 반대로 임곗값보다 낮은 점수를 기록한 연구대상이 애초 계획한 비교집단이 아닌 실험집단에 배정된 사례가 얼마나 되는지를 살펴봄으로써 충족 여부를 검증할 수 있다.

2) 연구문제 및 변수의 조작적 정의

다음 예제에서는 노인장기요양인정 신청 이후 등급 판정에 따른 요양급여수급이 수급 가구와 비수급 가구의 여가비 지출에 미치는 영향을 살피고, 이때 자치구 내 문화시설 및 여가시설의 개수가 수급 가구의 여가비 지출을 가중하는 요인으로 작용하는지 짚어 보는 상황을 가정한다. 예제에서 다룰 연구문제와 그에 상응하는 연구모형을 정리하면 〈표 7-12〉와 같다.

32) 장기요양인정 신청 후 요양급여를 수급하기 위해서는 장기요양인정점수가 최소 45점 이상이어야만 한다(5등급 기준). 따라서 이 예제에서는 잘 알려져 있고 확정적인 기준에 따라 실험집단과 비교집단을 나누고 있다고 말할 수 있다.

예제에서 가장 중하게 다루어질 연구문제는 3번, 4번, 6번이다. 나머지(연구문제 1번, 2번, 5번)는 실제 논문 작성 시에는 표에서 제외하고 서술하여도 무방하다.[33)]

〈표 7-12〉 연구문제 및 연구모형

연구문제	모형
1. 노인가구 여가비 지출은 자치구별로 다른가? 2. 장기요양인정점수는 노인가구 여가비 지출에 어떠한 영향을 미치는가? 3. 장기요양급여수급은 노인가구 여가비 지출에 어떠한 영향을 미치는가? 4. 장기요양급여수급이 노인가구 여가비 지출에 미치는 영향은 자치구별로 다른가?	모형 I
5. 자치구 내 여가시설은 노인가구 여가비 지출에 어떠한 영향을 미치는가? 5-1. 자치구 내 문화시설 수는 노인가구 여가비 지출에 어떠한 영향을 미치는가? 5-2. 자치구 내 체육시설 수는 노인가구 여가비 지출에 어떠한 영향을 미치는가? 6. 자치구 내 여가시설은 장기요양급여수급과 노인가구 여가비 지출의 관계에 어떠한 영향을 미치는가? 6-1. 자치구 내 문화시설 수는 장기요양급여수급과 노인가구 여가비 지출의 관계에 어떠한 영향을 미치는가? 6-2. 자치구 내 체육시설 수는 장기요양급여수급과 노인가구 여가비 지출의 관계에 어떠한 영향을 미치는가?	모형 II

연구문제 1번은 노인가구 여가비 지출이 자치구별로 다른지를 묻는다. 이는 모형 I 무선절편의 유의성을 확인함으로써 답할 수 있다.

연구문제 1번은 다층분석 실시를 정당화하는 경험적 증거의 확보라는 측면에서 반드시 짚고 넘어가야만 하는 질문이다. 이 질문에 만족스러운 답변을 내놓지 못한다면 다층분석을 실시할 명분이 없으며, 이 경우 제2수준 변인(자치구 내 문화시설 및 체육시설의 숫자)이 노인가구의 여가비 지출에 미치는 영향을 살피는 연구문제 5번과 6번은 불필요한 질문이 되고 만다. 굳이 다층분석을 안 해도 된다.

연구문제 2번은 장기요양인정점수가 노인가구의 여가비 지출에 어떠한 영향을 미치는지를 묻는다. 장기요양인정점수는 여기 예제에서 배정변인(assigning variable)으로 활용된다. 예제에서는 5등급 기준점수인 44점을 배정점(임곗값)으로,[34)] 장기요양인정점수가 45점 이

33) 관련 내용을 분석하지 않아도 된다는 얘기가 아니다. 분석 자체는 반드시 해야만 한다. 다만 주요 관심 주제가 아니니까 굳이 연구문제나 연구가설화시켜서 하이라이트할 필요까지는 없다는 의미이다.

34) 노인장기요양보험제도에서는 장기요양인정점수 95점 이상을 1등급, 75점 이상 95점 미만을 2등급, 60점 이상 75점 미만을 3등급, 51점 이상 60점 미만을 4등급, 45점 이상 51점 미만(치매환자)을 5등급으로 정한다.

상인 자를 가구원으로 둔 가구를 장기요양급여수급가구로, 44점 이하인 자를 가구원으로 둔 가구를 장기요양급여 미수급가구로 구분한다.

수급권을 인정받은 자는 이후 특별한 상황 변화가 없는 한 「노인복지법」, 「노인장기요양보험법」 등 관련 국가법령이 정하는 바에 따라 다양한 장기요양급여를 수급한다. 반면, 수급권을 인정받지 못한 자는 '등급외자'로 분류되어 관련 혜택을 받지 못한다. 이는 장기요양급여수급 여부가 일종의 실험 처치(독립변인)와 유사한 효과를 발생시킨다는 것을 뜻한다. 따라서 여기 예제에서는 장기요양인정점수 44점을 기준으로 연구대상을 실험집단(수급가구)과 비교집단(미수급가구)으로 구분, 할당한다.[35)]

연구문제 3번은 장기요양급여수급이라는 준실험적 처치(독립변인, 정책 수혜)가 노인가구의 여가비 지출에 어떠한 영향을 미치는지를 묻는다. 연구문제 3번은 본 예제에서 가장 중요한 질문이다. 만약 이 질문에 만족스럽게 답할 수 없다면, 우리는 노인장기요양보험제도가 애초 의도한 정책 의도(노인가구의 여가활동 활성화)를 달성하지 못했다는, 즉 정책 효과가 없다는 결론을 내릴 수 있다.

연구문제 4번은 장기요양급여수급이 노인가구의 여가비 지출에 미치는 영향, 즉 준실험적 처치(정책 수혜) 효과가 자치구별로 다른지를 묻는다. 만약 처치 효과가 자치구별로 다르지 않다고 확인되면, 연구문제 5번과 6번, 특히 6번은 물어보나 마나 한 문제가 되어 버린다. 그러나 만약 다른 것으로 확인되면, 이에 영향을 미치는 제2수준 자치구 특성 요인이 무엇인지를 추가 조사할 필요가 있다. 연구문제 6번은 이를 묻는 문제이다.

한편, 연구문제 2번의 장기요양인정점수(배정변인)와 연구문제 3번 및 4번의 장기요양급여수급(독립변인, 처치)은 모두 노인가구 수준에서 실행되고 측정된다. 즉, 분석단위가 가구이다. 그런데 연구문제 5번과 6번은 자치구 내 여가시설 설치 상황, 구체적으로 문화시설과 체육시설의 개수가 노인가구 여가비 지출에 어떠한 영향을 미치는지를 묻는다. 따라서 여기서는 분석단위가 가구가 아닌 자치구가 된다. 이는 이 예제에서 사용하는 자료가 제1수준의 가구 데이터와 제2수준의 자치구 데이터, 두 개의 층으로 나뉘어 있음을 말해 준다.

연구문제 5-1번과 5-2번은 자치구 단위의 제2수준 독립변인인 여가시설 설치 현황, 구체적으로 문화시설 개수와 체육시설 개수가 노인가구 여가비 지출에 어떠한 영향을 미치는지를 묻는다. 그런데 사실 연구문제 5번은 그 자체로서 중요해서 질문 목록에 포함되었다기보다, 제2수준 독립변인인 여가시설이 제1수준 독립변인인 장기요양급여수급과 어떻게 상

35) 의도적으로 할당한 것이 아니라 배정기준에 따라 자연스럽게 할당된 것이므로 준실험설계라고 부른다.

호작용하여 노인가구의 여가비 지출에 영향을 미치는지를 알기 위한 목적으로, 즉 연구문제 6번을 답하기 위한 사전 질문 격으로 포함된 성격이 짙다. 이는 다른 한편으로, 문화시설

〈표 7-13〉 변수측정 및 구성

변인명	수준	설명	값/범위	측정 수준
자치구_id	자치구 (제2수준)	자치구 일련번호(53개)	1~53	명목
가구주_id	가구 (제1수준)	노인가구 일련번호(4,591개)	1~4591	명목
장기요양인정_원점수		노인의 심신 상태를 다양한 각도에서 조사하고, 조사 결과에 따른 요양 필요도를 서비스 시간 개념으로 환산해 산출한 점수. 여기서 '원점수'란 조사원의 최초 인정조사 후, 장기요양등급판정위원회 최종 심의를 거친 인정점수를 의미하는 것으로 조작적으로 정의함	33~56	비율
장기요양인정점수		장기요양급여수급을 위한 최소한의 자격(5등급) 점수(cutoff point)는 45점임. 44점을 받으면 치매환자가 아닌 한 등급외자가 됨. 여기서는 모형추정 이후 해석의 편의를 위해 등급외자가 되는 44점을 배정점(assigning point)으로 잡아 원점수를 중심화(centering)한 결과를 장기요양인정점수로 조작적으로 정의함(…, 42 → −2, 43 → −1, 44 → 0, 45 → 1, 46 → 2, …)	−11~12	비율
장기요양급여수급		장기요양인정점수 1점(원점수 45점)부터 장기요양급여를 수급받음(처치에 노출됨). 따라서 1점 이상이면 실험집단(실험군), 0점 이하이면 비교집단(대조군)에 할당됨	0: 비교집단 1: 실험집단	명목
여가비		노인가구가 여가활동에 지출하는 월평균 금액(단위: 천원)	56.11~85.60	비율
문화시설수	자치구 (제2수준)	자치구 내 문화시설 개수. 표준화 점수	−2.67~3.40	비율
체육시설수		자치구 내 체육시설 개수. 표준화 점수	−1.11~2.16	비율
장기요양인정점수2	가구 (제1수준)	장기요양인정점수 제곱값	0~144	비율
장기요양인정점수3		장기요양인정점수 세제곱값	−1331~1728	비율

개수와 체육시설 개수 같은 자치구 내 여가시설 관련 변인은 독립변인이 아닌 조절변인이라는 것을 말해 주기도 한다.

연구문제 6번에 만족스럽게 답할 수 있다면, 우리는 자치구 내에 설치된 여가시설(제2수준 환경적 요인)이 장기요양급여수급(제1수준 가구 요인)이라는 준실험적 처치(정책 수혜)와 노인가구 여가비 지출(제1수준 가구 요인)의 관계에 미치는 영향의 양상에 대해 좀 더 많은 것을 알게 될 것이다.

실습에는 예제파일 〈제7장 장기요양급여수급과 여가비 지출.sav〉를 활용한다. 파일을 열고 **변수 보기**와 **데이터 보기** 창을 각각 눌러 데이터의 생김새를 파악한 다음 간단한 기술분석을 해 보면, 해당 파일은 전국 53개 자치구 내 여가시설에 관한 제2수준 데이터와 함께, 4,591개 노인가구의 장기요양 및 여가비 관련 제1수준 데이터를 담고 있음을 알 수 있다. 자치구별 노인가구 개수 최솟값은 4이고, 최댓값은 222이다. 장기요양급여수급 실험집단 소속 노인가구는 2,424(52.8%)개, 미수급 비교집단 소속 노인가구는 2,167(47.2%)개이다.

〈표 7-13〉은 〈제7장 장기요양급여수급과 여가비 지출.sav〉에 담긴 변인들에 대한 상세 설명을 보여 준다.

3) 회귀불연속설계 모형의 구축 및 검증

(1) 비선형적 처치 효과 감지를 위한 사전분석

앞서 회귀불연속설계의 주요 가정 중 하나로 배정변인, 독립변인, 종속변인의 관계가 정확하게 모델링되어야 한다는 점을 제시하였다. 그러면서 이 가정의 충족 여부를 검증하려면 배정변인의 고차 효과 및 배정변인과 독립변인의 상호작용 효과를 모형에 반영하고 해당 항이 통계적으로 유의한지 짚어 보는 절차를 거쳐야만 한다고 하였다. 이는 처치 효과의 비편의 추정을 위해 꼭 필요한 조치이다.

여기 예제에서 배정변인, 독립변인, 종속변인은 각각 '장기요양인정점수', '장기요양급여수급', '여가비'이다. 따라서 배정변인이 발생시키는 고차 효과를 잡아내기 위해 모형에 배정변인을 제곱한 '장기요양인정점수2'와 세제곱한 '장기요양인정점수3'을 투입하는 한편, 배정변인과 독립변인 간 상호작용 효과를 잡아내기 위해 모형에 둘을 곱한 '장기요양인정점수×장기요양급여수급'을 생성해 투입하는 것이 요구된다.

그런데 사전분석 결과, '장기요양인정점수2', 장기요양인정점수3', '장기요양인정점수×장기요양급여수급'은 모두 통계적으로 유의하지 않았다. 이는 처치 효과에 비선형성이 존재하지 않음을 시사하는 결과이다.

통계적으로 유의하지 않은 항을 모형에 굳이 집어넣을 필요는 없다(Shadish, Cook, & Campbell, 2002). 따라서 여기 예제에서는 세 개 항을 전부 미포함한 상태에서 회귀불연속 분석을 진행할 것임을 미리 밝혀 둔다.

(2) 모형 I

다음은 통계적으로 유의하지 않은 '장기요양인정점수2', 장기요양인정점수3', 그리고 '장기요양인정점수×장기요양급여수급'을 제외하고 쓴, 노인가구의 여가활동 지출비에 관한 제1수준 통계모형 식이다.

$$여가비_{ij} = \beta_{0j} + \beta_{1j}장기요양인정점수_{ij} + \beta_{2j}장기요양급여수급_{ij} + \epsilon_{ij}$$

…… 〈식 7-33〉

이 식에서 여가비$_{ij}$는 자치구 j에 거주하는 노인가구 i의 월평균 '여가비'이다. 절편(β_{0j})은 인정점수 44점을 받아('장기요양인정점수'=0) 장기요양급여 미수급자로 판정받은 노인을 가구원으로 둔 가구('장기요양급여수급'=0) 중 자치구 j에 거주하는 모든 노인가구의 평균적인 월평균 '여가비'이다. 쉽게 말해, 비교집단(대조군)에 할당된 자치구 j 거주 노인가구 중 가장 높은 장기요양인정점수를 받은 가구들의 평균적인 월평균 '여가비'를 의미한다. 회기계수 β_{1j}와 β_{2j}는 각각 '장기요양인정점수'와 '장기요양급여수급'이 자치구 j에 거주하는 모든 노인가구의 월평균 '여가비'에 발생시키는 효과를 나타낸다.

그런데 제1수준(가구)에서 설정된 〈식 7-33〉의 절편과 독립변인 '장기요양급여수급'의 기울기 값은 제2수준(자치구)에서 각각 무선적으로 변이할 수 있다. 이를 반영하여, 노인가구의 여가활동 지출비에 관한 제2수준 통계모형 식을 쓰면 다음과 같다.

$$\beta_{0j} = \gamma_{00} + \mu_{0j}$$ …… 〈식 7-34〉

$$\beta_{2j} = \gamma_{20} + \mu_{2j}$$ …… 〈식 7-35〉

이 식에서 γ_{00}은 비교집단(대조군)에 할당된 노인가구 중 가장 높은 '장기요양인정점수'를 받은 가구들의 평균적인 월평균 여가비를 나타내고, μ_{0j}는 γ_{00}으로부터 비교집단(대조군)에 할당된 자치구 j 거주 노인가구 중 가장 높은 '장기요양인정점수'를 받은 가구들의 평균적인 월평균 여가비(γ_{0j})가 벗어나는 정도를 나타낸다. 따라서 μ_{0j}는 자치구 간 차이에 기인하는 종속변인의 분산 분을 나타낸다고 이해할 수 있다.

γ_{20}은 '장기요양급여수급'이 모든 노인가구의 월평균 '여가비'에 발생시키는 평균적인 효과를 나타내고, μ_{2j}는 γ_{20}으로부터 자치구 j 거주 노인가구의 평균적인 월평균 여가비(γ_{2j})가 벗어나는 정도를 나타낸다. 따라서 μ_{2j}는 자치구 간 차이에 기인하는 종속변인의 분산 분을 나타낸다고 이해할 수 있다.

절편(β_{0j})과 독립변인 '장기요양급여수급'(β_{2j})은 제2수준에서 변이할 수 있도록 허용하지만, 배정변인 '장기요양인정점수'(β_{1j})는 제2수준에서 변이하지 않고 제1수준에서 하나의 값(γ_{10})을 갖는 것으로 고정한다. γ_{10}은 '장기요양인정점수'가 모든 노인가구의 월평균 '여가비'에 발생시키는 평균적인 효과를 나타낸다.

$$\beta_{1j} = \gamma_{10} \qquad \cdots\cdots \langle 식\ 7\text{-}36 \rangle$$

〈식 7-34〉, 〈식 7-35〉, 〈식 7-36〉을 〈식 7-33〉에 대입하면, 모형 I의 최종 통계식은 다음과 같이 정리할 수 있다.

$$\begin{aligned} 여가비_{ij} &= \gamma_{00} + \gamma_{10}장기요양인정점수_{ij} + \gamma_{20}장기요양급여수급_{ij} \\ &+ \mu_{2j}장기요양급여수급_{ij} + \mu_{0j} + \epsilon_{ij} \end{aligned} \qquad \cdots\cdots \langle 식\ 7\text{-}37 \rangle$$

통계식 정리를 마쳤으므로 이제 모형 I을 검증한다. 모형 검증을 위한 제2수준 공분산 구조 유형으로는 비구조를 선택해 적용한다. 비구조는 절편과 독립변인 기울기의 제2수준 무선 분산과 더불어 절편과 독립변인 기울기의 상호작용에 낀 제2수준 공분산도 추정한다.[36]

실습을 위해 예제파일 〈제7장 장기요양급여수급과 여가비 지출.sav〉를 열어 분석 메뉴에서 혼합 모형을 선택한다. 드롭다운 메뉴가 뜨면 선형을 선택한다.

36) 따라서 모형 I의 추정 대상 모수는 고정효과 세 개(절편, 배정변인 기울기, 독립변인 기울기 각 한 개씩), 무선효과 세 개(절편, 독립변인 기울기, 절편과 독립변인 기울기 간 상호작용 각 한 개씩), 제1수준 오차항 한 개로, 총 일곱 개이다.

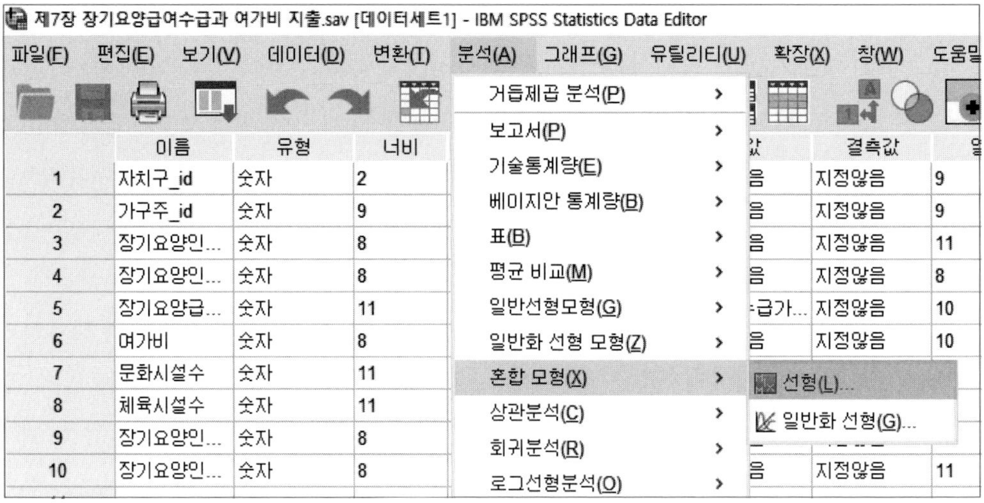

선형 혼합 모형: 개체 및 반복 지정 창이 뜨면,

ㄱ: 왼쪽의 변인 목록 박스에서 '자치구_id'를 선택하여 오른쪽의 개체 박스로 옮긴 후

ㄴ: 계속을 누른다.

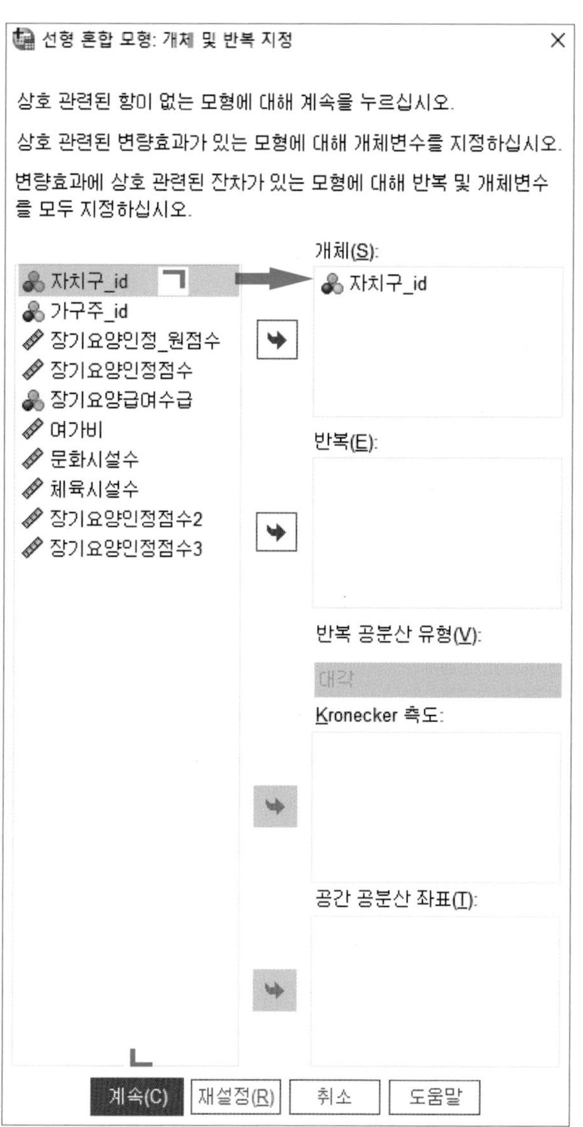
선형 혼합 모형: 개체 및 반복 지정
상호 관련된 항이 없는 모형에 대해 계속을 누르십시오.
상호 관련된 변량효과가 있는 모형에 대해 개체변수를 지정하십시오.
변량효과에 상호 관련된 잔차가 있는 모형에 대해 반복 및 개체변수를 모두 지정하십시오.
자치구_id
가구주_id
장기요양인정_원점수
장기요양인정점수
장기요양급여수급
여가비
문화시설수
체육시설수
장기요양인정점수2
장기요양인정점수3
개체(S):
자치구_id
반복(E):
반복 공분산 유형(V):
대각
Kronecker 측도:
공간 공분산 좌표(T):
계속(C)
재설정(R)
취소
도움말

선형 혼합 모형 창이 뜨면,

ㄱ: 왼쪽의 변인 목록 박스에서 '여가비'를 선택해 오른쪽의 **종속변수** 쪽으로 옮기고,

ㄴ: 마찬가지로 왼쪽 변인 목록 박스에서 '장기요양인정점수'와 '장기요양급여수급'을 선택해 오른쪽 **공변량** 박스로 옮긴다.

ㄷ: 오른쪽 상단의 **고정**을 누른다.

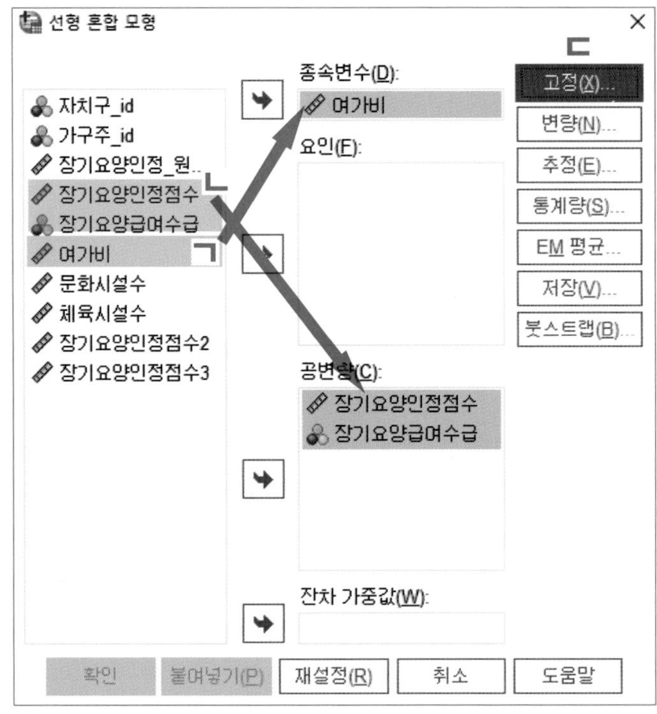

선형 혼합 모형: 고정 효과 창이 뜨면,

ㄱ: 요인 및 공변량에서 '장기요양인정점수'와 '장기요양급여수급'을 동시에 하이라이트한 상태에서

ㄴ: 가운데 드롭다운 메뉴를 떨어뜨려 **주효과**를 선택한 후

ㄷ: **추가**를 누른다.

ㄹ: 모형 박스 안으로 '장기요양인정점수'와 '장기요양급여수급'이 옮겨진 것을 확인한 후, 맨 아래 **계속**을 누른다.

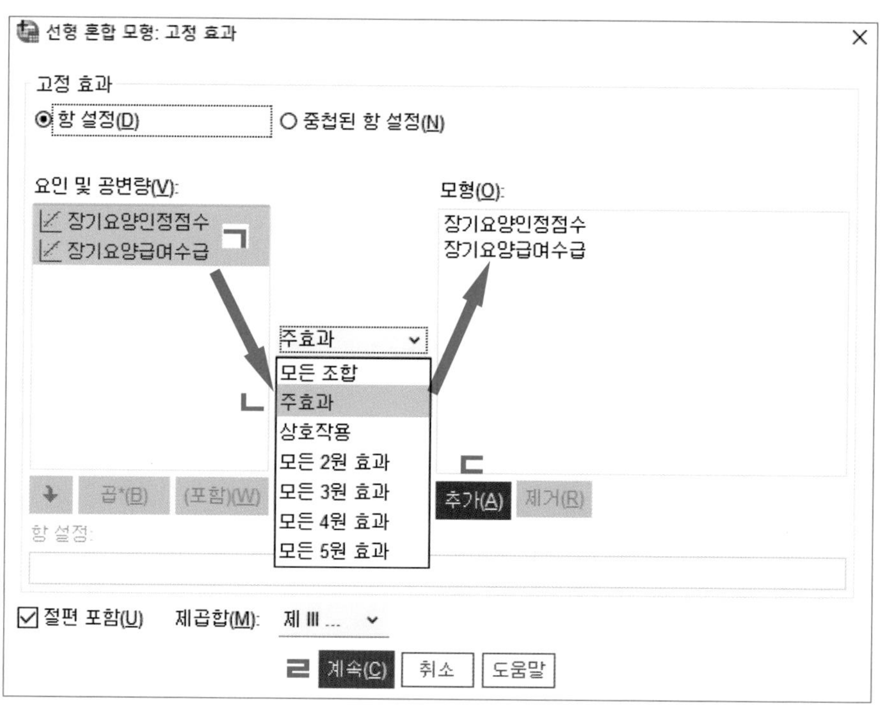

다시 선형 혼합 모형 창으로 돌아오면,

ㄱ: 변량을 눌러 준다.

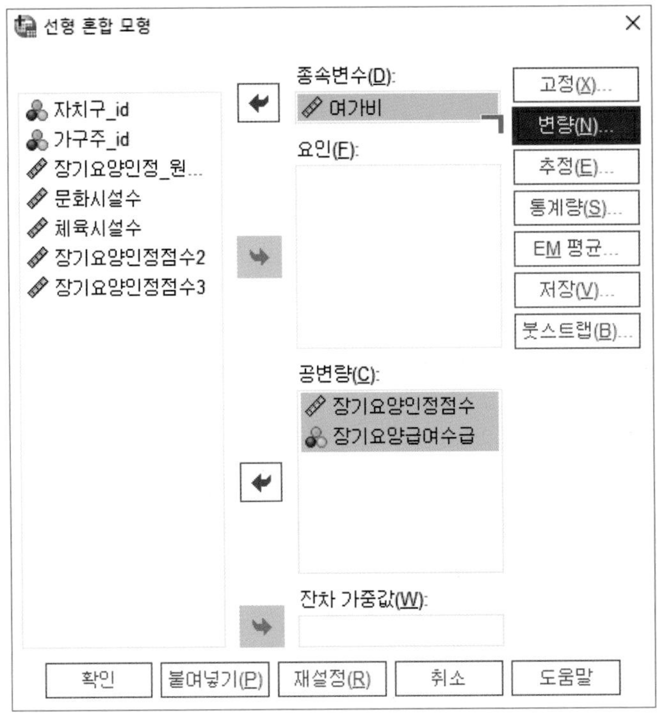

선형 혼합 모형: 변량효과 창이 뜨면,

ㄱ: 변량효과의 공분산 유형으로 비구조적을 선택하고

ㄴ: 변량효과에서 절편 포함을 체크한다.

ㄷ: 요인 및 공변량 박스에 들어 있는 '장기요양급여수급'을 클릭하고

ㄹ: 추가 버튼을 눌러 모형 박스로 옮긴다.

ㅁ: 그다음, 개체 집단의 개체 박스에 들어 있는 '자치구_id'를 오른쪽 조합 박스로 옮긴다.

ㅂ: 계속을 누른다.

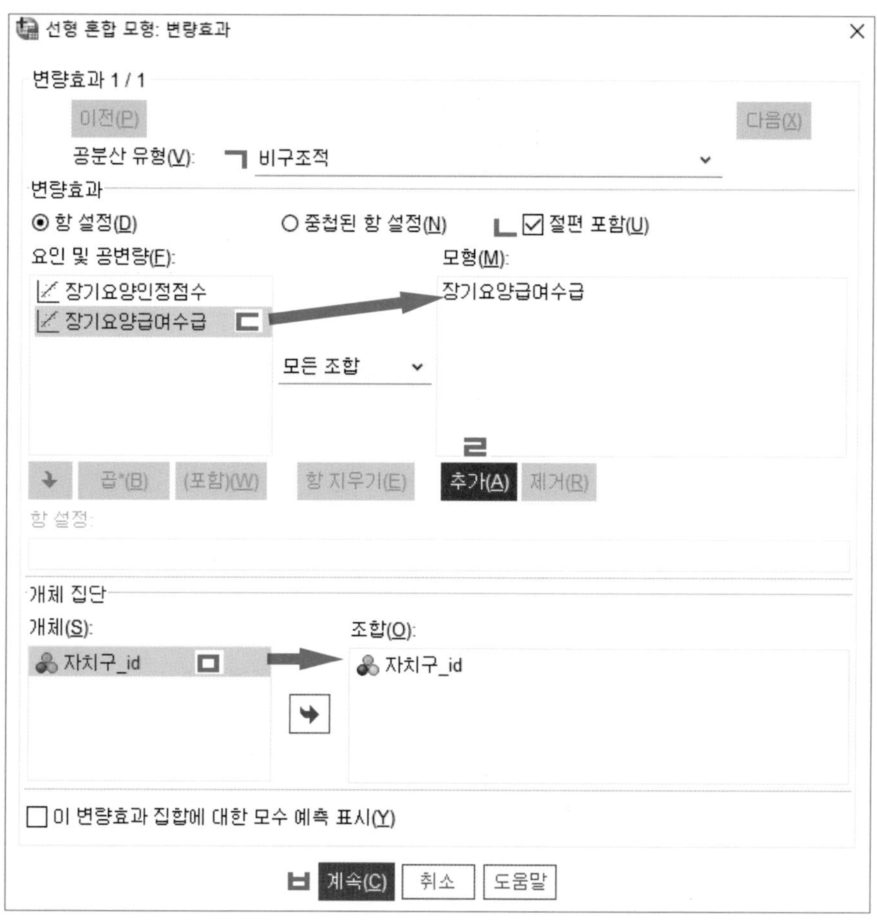

앞의 선형 혼합 모형 창이 다시 나타난다.

ㄱ: 추정을 누르면 선형 혼합 모형: 추정 창이 뜬다.

ㄴ: 방법에서 디폴트로 표시된 제한최대우도 옵션을 확인한 후,

ㄷ: 나머지 옵션은 그대로 놔둔 채 계속을 누른다.

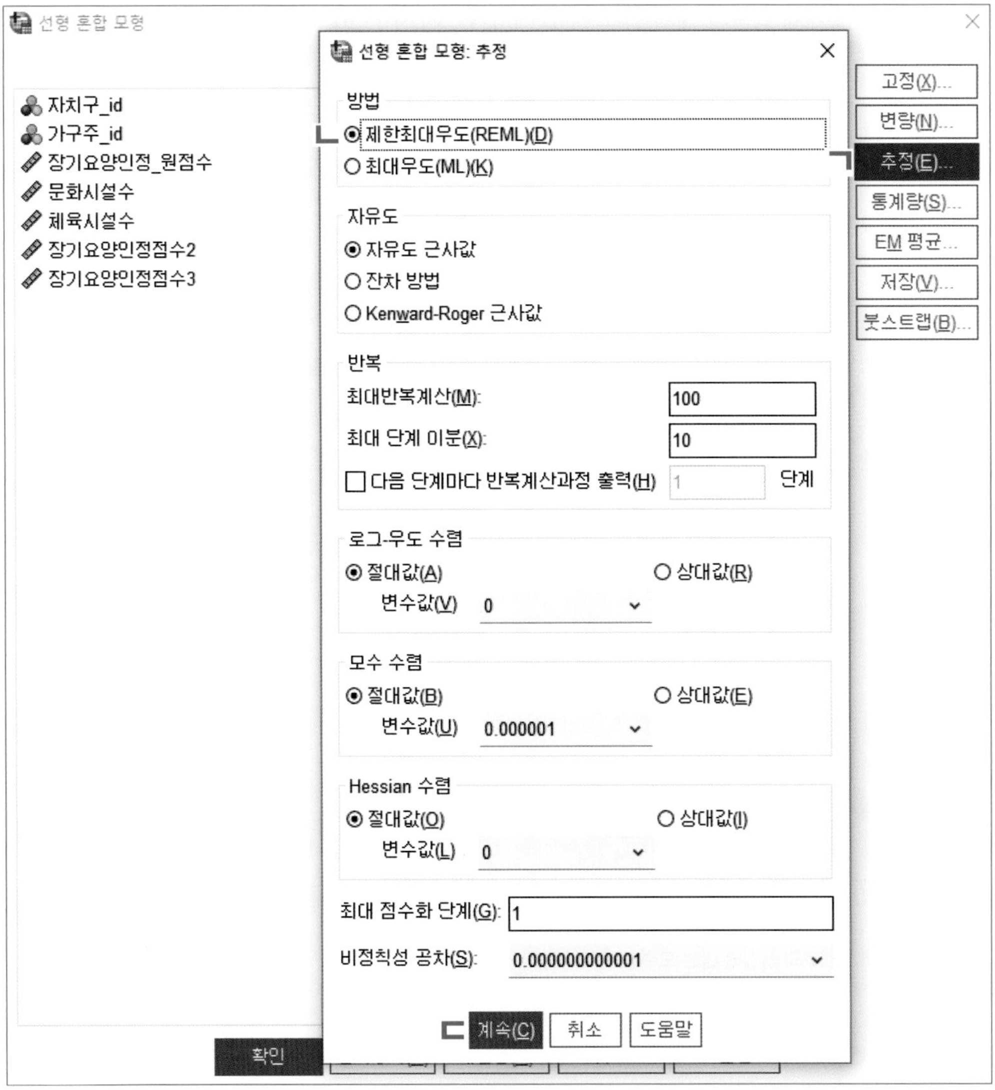

선형 혼합 모형

자치구_id
가구주_id
장기요양인정_원점수
문화시설수
체육시설수
장기요양인정점수2
장기요양인정점수3

고정(X)...
변량(N)...
추정(E)...
통계량(S)...
EM 평균...
저장(V)...
붓스트랩(B)...

확인

선형 혼합 모형: 추정

방법
ㄴ ◉ 제한최대우도(REML)(D)
○ 최대우도(ML)(K)

자유도
◉ 자유도 근사값
○ 잔차 방법
○ Kenward-Roger 근사값

반복
최대반복계산(M): 100
최대 단계 이분(X): 10
☐ 다음 단계마다 반복계산과정 출력(H) 1 단계

로그-우도 수렴
◉ 절대값(A) ○ 상대값(R)
변수값(V) 0

모수 수렴
◉ 절대값(B) ○ 상대값(E)
변수값(U) 0.000001

Hessian 수렴
◉ 절대값(O) ○ 상대값(I)
변수값(L) 0

최대 점수화 단계(G): 1
비정칙성 공차(S): 0.000000000001

ㄷ 계속(C) 취소 도움말

앞의 선형 혼합 모형 창이 다시 나타난다. 이때,

ㄱ: 통계량을 누른다.

ㄴ: 선형 혼합 모형: 통계량 창이 뜨면, 모형 통계량에서 고정 효과에 대한 모수 추정값, 공분산 모수 검정, 변량효과 공분산을 차례로 체크한 후,

ㄷ: 계속을 누른다.

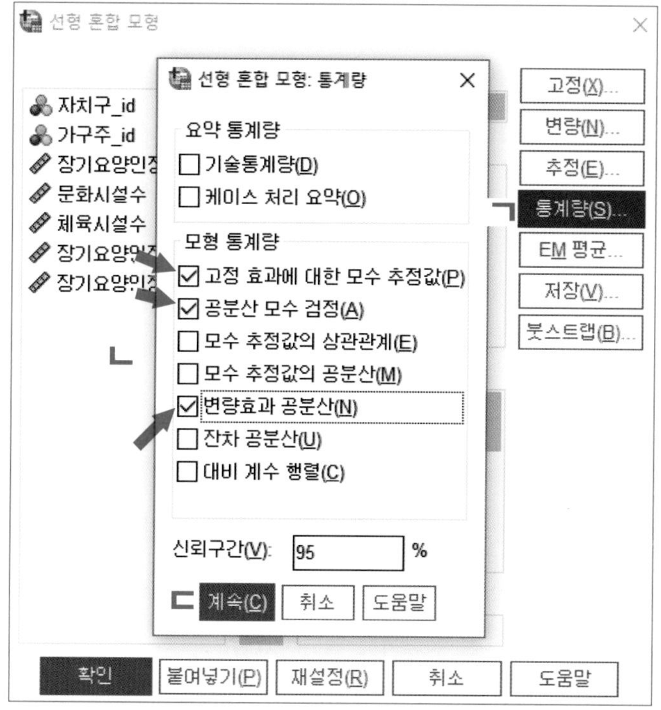

앞의 선형 혼합 모형 창이 다시 나타난다. 모든 설정이 완료되었으므로,

ㄱ: 확인을 누른다.

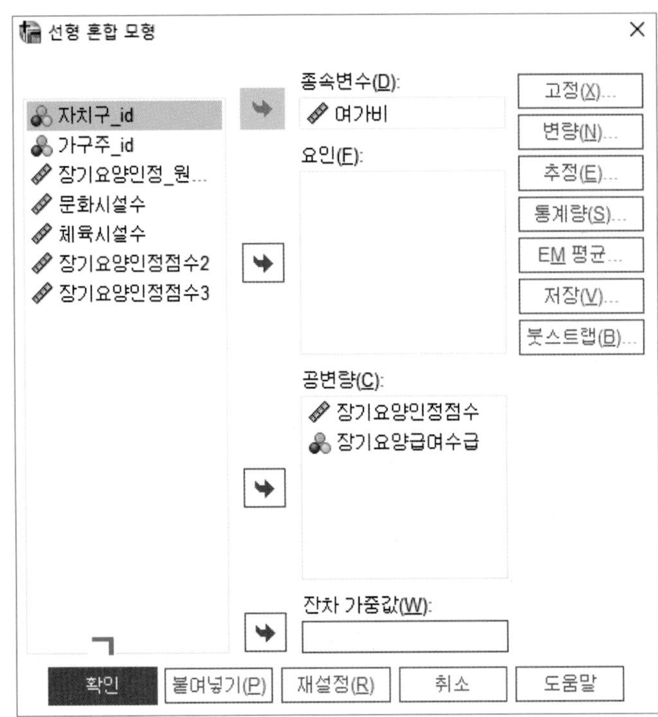

출력결과 창을 열면 혼합 모형 분석 결과를 볼 수 있다.

〈표 7-14〉는 모형 I의 고정효과 추정 결과를 보여 준다. 표에서 절편(γ_{00}=67.18)은 비교집단에 할당된 노인가구('장기요양급여수급'=0) 중 가장 높은 '장기요양인정점수'(0점, '장기요양인정_원점수'=44점)를 받은 가구들의 평균적인 월평균 '여가비'를 의미한다. 단위가 천 원이므로 비교집단에 할당된 노인가구 중 가장 높은 '장기요양인정점수'를 받은 노인가구들의 월평균 여가활동 지출금액은 매달 6만 7천 원가량이라고 할 수 있다.

배정변인인 '장기요양인정점수'는 그 자체로 모든 노인가구의 '여가비'에 정적인 영향을 미쳤다(γ_{10}=0.047, p=0.004). 독립변인인 '장기요양급여수급'도 그 자체로 모든 노인가구의 '여가비'에 정적 효과를 발생시켰다(γ_{20}=0.471, p=0.049). 처치, 즉 장기요양급여수급이라는 준실험적 조건은 그 자체로 노인가구의 월평균 '여가비'를 4백7십 원 늘리는 효과를 발생시켰으며, 이는 통계적으로 유의미한 차이라고 할 수 있다.

〈표 7-14〉 고정효과 추정치

모수	추정값	표준오차	자유도	t	유의확률	95% 신뢰구간	
						하한	상한
절편	67.181761	.212573	76.299	316.041	.000	66.758412	67.605110
장기요양인정점수	.046543	.016113	4540.936	2.889	.004	.014953	.078132
장기요양급여수급	.471012	.238171	397.711	1.978	.049	.002779	.939244

다음 그림은 '장기요양인정_원점수'를 x축으로, y축에 월평균 여가 지출비 예상 금액을 도표화한 것이다. 그림은 '장기요양인정_원점수' 44점과 45점 사이에서 월평균 여가비 예상 값에 뚜렷한 단절이 존재함을 보여 준다.

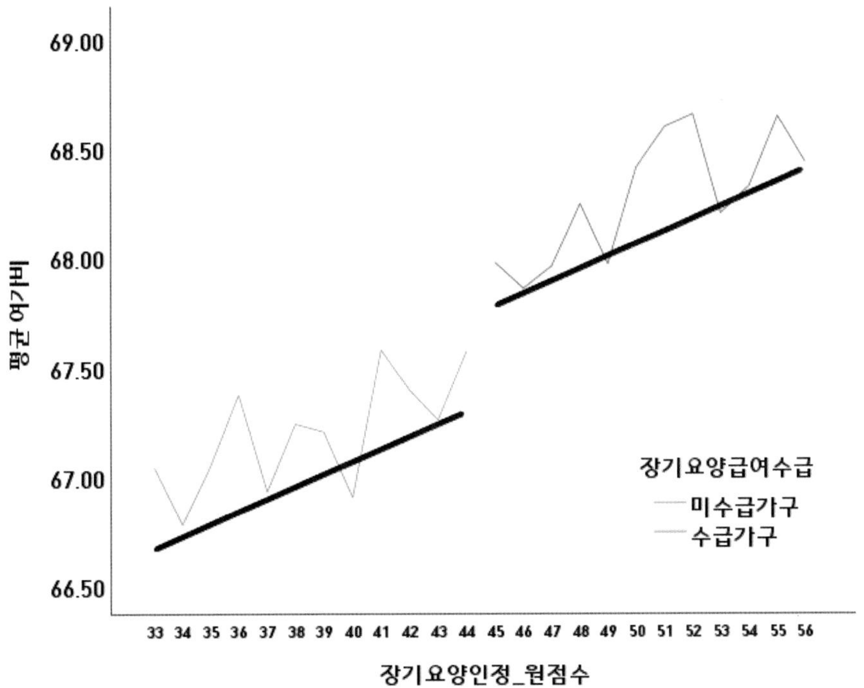

구체적으로, 장기요양급여 미수급 집단(비교집단)에 할당된 노인가구 중 가장 높은 '장기요양인정_원점수'(44점)를 받은 노인가구들의 월평균 여가활동 지출금액은 매달 6만 7천 1백8십 원인 데 반하여(γ_{00}=67.181), 장기요양급여수급 집단(실험집단)에 할당된 노인가구 중 가장 낮은 '장기요양인정_원점수'(45점)를 받은 노인가구들의 월평균 여가활동 지출금액

은 매달 6만 7천6백9십 원($\gamma_{00}+\gamma_{10}+\gamma_{20}=67.181+0.047+0.471=67.699$)으로, 약 5백2십 원 많았다. 5백2십 원 중 독립변인이 발생시키는 순수한 처치 효과, 즉 장기요양급여수급에 따른 '여가비' 증가분은 4백7십 원이었다($\gamma_{20}=0.471$).

〈표 7-15〉는 모형 I의 오차항 추정 결과를 보여 준다. 표에서 무선절편 추정치는 노인가구의 '여가비'가 자치구별로 유의하게 다르다는 것을 보여 준다($\mu_{0j}=1.481$, $p=0.000$). 이러한 분석결과는 노인가구의 평균적인 월평균 '여가비'를 설명하는 데 있어 자치구 특성 요인을 고려할 필요가 있음을 시사한다.

이와 더불어 〈표 7-15〉는 장기요양급여수급이라는 준실험적 처치(독립변인, 정책 효과)가 노인가구의 '여가비' 지출에 미치는 영향이 미약하게나마 자치구별로 유의미하게 다르다는 점도 보여 준다($\mu_{2j}=0.254$, $p=0.109/2=0.055<0.10$). 이는 노인장기요양보험이 노인가구의 평균적인 월평균 '여가비'에 미치는 정책 효과를 좀 더 면밀하게 살피기 위해 자치구 특성 요인을 투입할 필요가 있음을 시사하는 결과이다. 만약 추가 분석결과 투입된 자치구 간 차이 요인이 유의미한 것으로 밝혀지면, 해당 요인은 노인장기요양보험의 급여정책 효과를 가중하는 자치구 수준의 정적 조절변인이라고 결론 내릴 수 있을 것이다. 과연 그러한지는 모형 II에서 확인한다.

〈표 7-15〉 공분산 모수 추정치

모수		추정값	표준오차	Wald Z	유의확률	95% 신뢰구간	
						하한	상한
잔차		13.390713	.282096	47.469	.000	12.849073	13.955185
절편+장기요양급여수급 (개체=자치구_id)	UN(1,1)	1.480644	.365880	4.047	.000	.912245	2.403199
	UN(2,1)	.061797	.172566	.358	.720	−.276425	.400020
	UN(2,2)	.254299	.158592	1.603	.109	.074903	.863357

참고로 〈표 7-15〉에서 절편과 '장기요양급여수급' 간 상호작용에 대한 무선효과 추정치는 0.0618로 통계적으로 의미가 없다고 나온다($p=0.720$). 이는 '여가비'의 초깃값이 작으면 선형적 증가율도 작고, 초깃값이 크면 선형적 증가율도 크다는 것을 뜻하는 결과이다. 만약 이 값이 유의하였다면 정반대 해석, 즉 '여가비'의 초깃값이 작으면 선형적 증가율이 크고, 초깃값이 크면 선형적 증가율이 작다는 해석을 내릴 수 있다.

(3) 모형 II

모형 I 추정 결과, 노인가구의 특성 요인 외에 자치구 특성 요인이 노인가구의 평균적 '여가비' 및 '장기요양급여수급'이 '여가비'에 발생시키는 준실험적 효과에 관해 설명해 줄 여지가 있다는 것을 알아내었다. 이에 모형 II에서는 자치구의 여가시설 설치 현황, 구체적으로 자치구에 설치된 문화시설 개수('문화시설수')와 체육시설 개수('체육시설수')를 자치구 특성 요인으로 특정하고, 이 각각의 제2수준 조절변인이 '여가비'와 '장기요양급여수급'에 미치는 영향이 어떠한지를 살펴보고자 한다.

이를 위해 〈식 7-34〉와 〈식 7-35〉를 다음과 같이 수정해 준다.

$$\beta_{0j} = \gamma_{00} + \gamma_{01}\text{문화시설수}_j + \gamma_{02}\text{체육시설수}_j + \mu_{0j} \qquad \cdots\cdots \langle\text{식 } 7\text{-}38\rangle$$

$$\beta_{2j} = \gamma_{20} + \gamma_{21}\text{문화시설수}_j + \gamma_{22}\text{체육시설수}_j + \mu_{2j} \qquad \cdots\cdots \langle\text{식 } 7\text{-}39\rangle$$

〈식 7-36〉, 〈식 7-38〉, 〈식 7-39〉를 〈식 7-33〉에 대입하면, 모형 II의 최종 통계식은 다음과 같이 정리할 수 있다.

$$\begin{aligned}\text{여가비}_{ij} = \gamma_{00} &+ \gamma_{10}\text{장기요양인정점수}_{ij} + \gamma_{20}\text{장기요양급여수급}_{ij} \\ &+ \gamma_{01}\text{문화시설수}_j + \gamma_{02}\text{체육시설수}_j \\ &+ \gamma_{21}(\text{장기요양급여수급}_{ij} \times \text{문화시설수}_j) \\ &+ \gamma_{22}(\text{장기요양급여수급}_{ij} \times \text{체육시설수}_j) \\ &+ \mu_{2j}\text{장기요양급여수급}_{ij} + \mu_{0j} + \epsilon_{ij} \qquad \cdots\cdots \langle\text{식 } 7\text{-}40\rangle\end{aligned}$$

통계식 정리를 마쳤으므로 이제 모형 II를 검증한다. 모형 검증을 위한 제2수준 공분산 구조 유형으로는 모형 I에서와 마찬가지로 비구조를 선택하여 적용한다.[37]

37) 따라서 모형 II의 추정 대상 모수는 고정효과 일곱 개(절편, 배정변인 기울기, 독립변인 기울기, 조절변인 두 개의 기울기, 층위 간 상호작용항 각 한 개씩), 무선효과 세 개(절편, 독립변인 기울기, 절편과 독립변인 기울기 간 상호작용 각 한 개씩), 제1수준 오차항 한 개로, 총 11개이다.

실습을 위해 예제파일 〈제7장 장기요양급여수급과 여가비 지출.sav〉를 다시 열어 **분석** 메뉴에서 **혼합 모형**을 선택한다. 드롭다운 메뉴가 뜨면 **선형**을 선택한다.

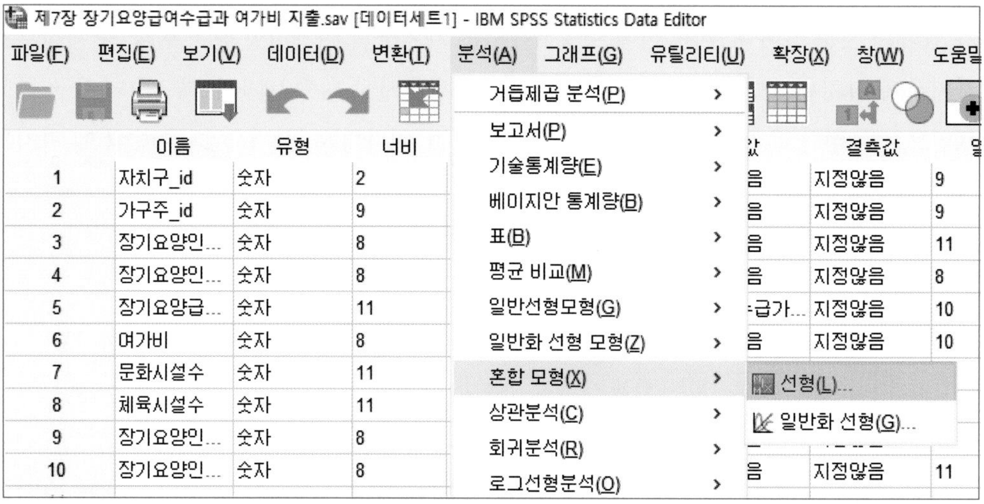

선형 혼합 모형: 개체 및 반복 지정 창이 뜨면, 이전 설정을 유지한 상태에서 하단의 **계속**을 누른다.

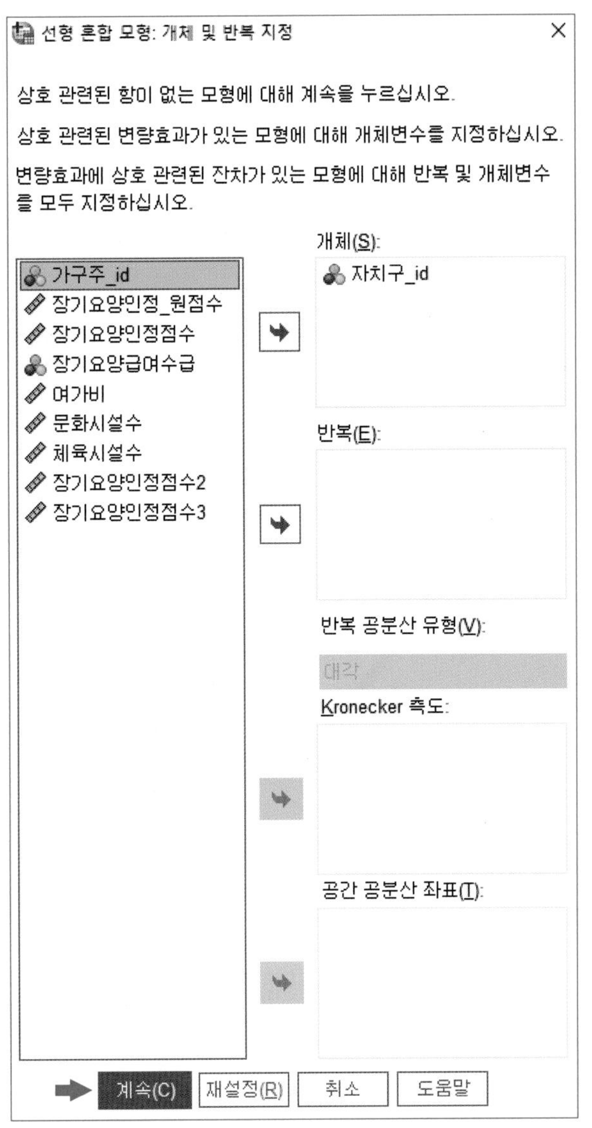
선형 혼합 모형: 개체 및 반복 지정
상호 관련된 항이 없는 모형에 대해 계속을 누르십시오.
상호 관련된 변량효과가 있는 모형에 대해 개체변수를 지정하십시오.
변량효과에 상호 관련된 잔차가 있는 모형에 대해 반복 및 개체변수를 모두 지정하십시오.
가구주_id
장기요양인정_원점수
장기요양인정점수
장기요양급여수급
여가비
문화시설수
체육시설수
장기요양인정점수2
장기요양인정점수3
개체(S):
자치구_id
반복(E):
반복 공분산 유형(V):
대각
Kronecker 측도:
공간 공분산 좌표(T):
계속(C)
재설정(R)
취소
도움말

선형 혼합 모형 창이 뜨면,

ㄱ: 좌측의 변인 목록 박스에서 '문화시설수'와 '체육시설수'를 클릭하여

ㄴ: 우측의 공변량 박스로 옮겨 준다.

ㄷ: 우측 상단의 고정 버튼을 누른다.

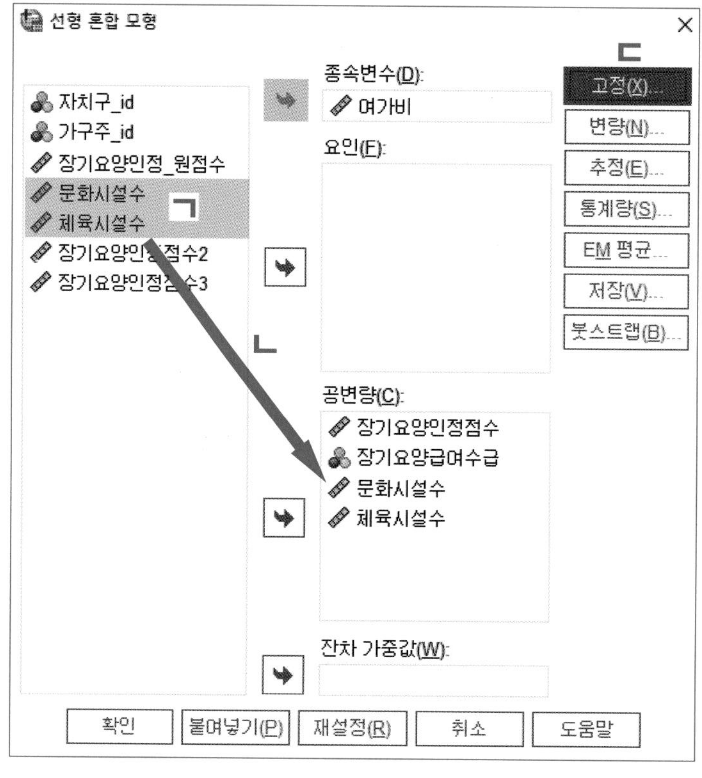

선형 혼합 모형: 고정 효과 창이 뜨면,

ㄱ: 좌측의 요인 및 공변량 박스의 '문화시설수'와 '체육시설수'를 하이라이트한 상태에서

ㄴ: 중앙의 드롭다운 메뉴를 떨어뜨려 주효과를 선택한 다음

ㄷ: 추가 버튼을 눌러 모형 박스로 옮긴다.

계속해서,

ㄱ: **요인 및 공변량**에서 '장기요양급여수급'과 '문화시설수'를 동시에 하이라이트한 상태에서

ㄴ: 중간 부분의 드롭다운 메뉴를 떨어뜨려 **상호작용**을 선택한 후

ㄷ: **추가**를 누른다.

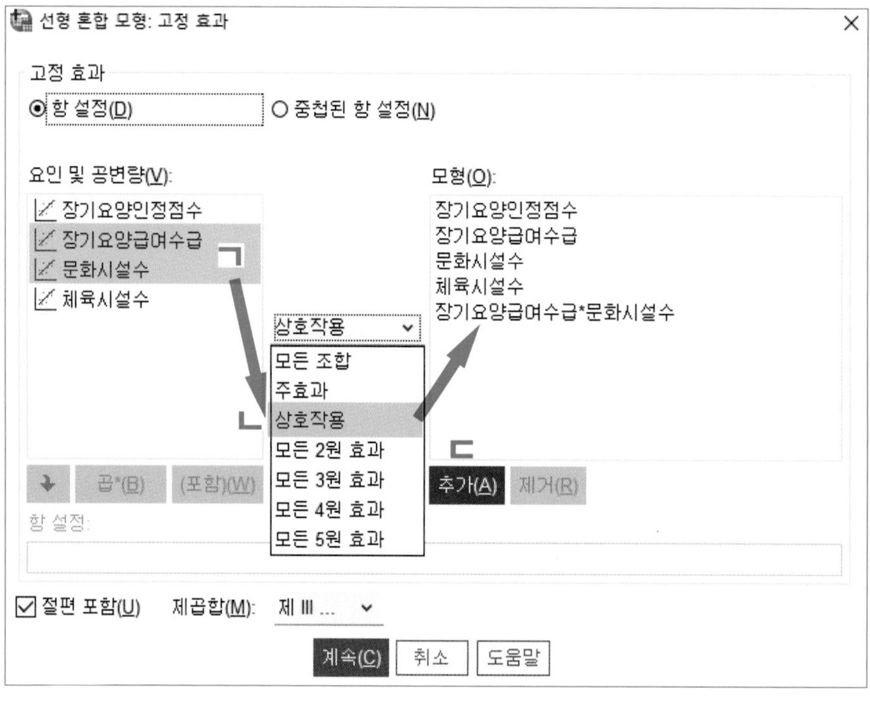

계속해서,

ㄱ: **요인 및 공변량**에서 '장기요양급여수급'과 '체육시설수'를 동시에 하이라이트한 상태에서

ㄴ: 중간 부분의 드롭다운 메뉴를 떨어뜨려 **상호작용**을 선택한 후

ㄷ: **추가**를 누른다.

ㄹ: **모형** 박스 안에 '장기요양급여수급×문화시설수'와 '장기요양급여수급×체육시설수'가 만들어져 있는 것을 확인한 후, 맨 아래 **계속**을 누른다.

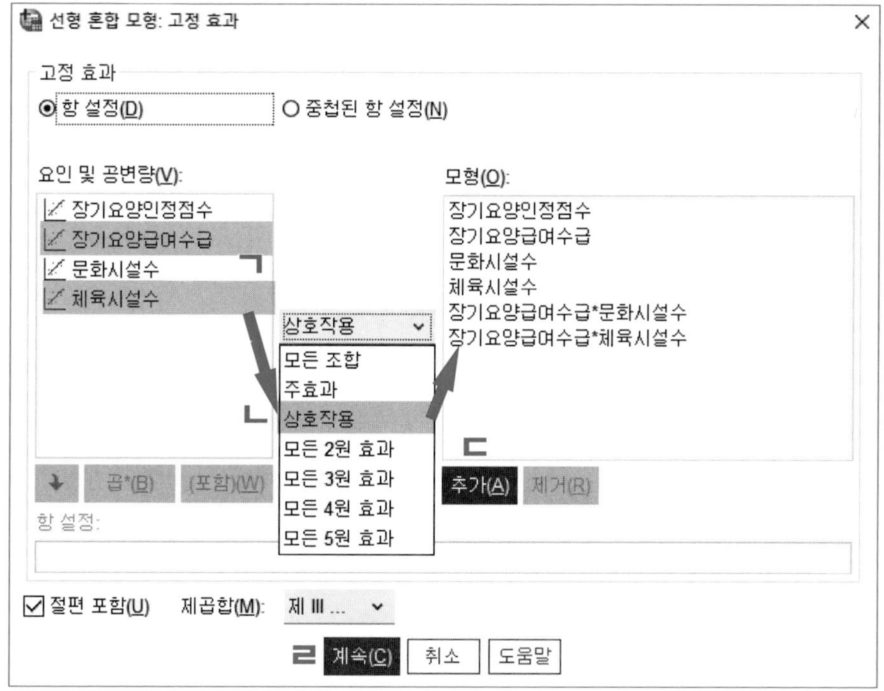

앞의 선형 혼합 모형 창이 다시 나타난다. 그 외 설정은 모형 I과 다를 바가 없으므로, ㄱ: 확인을 누른다.

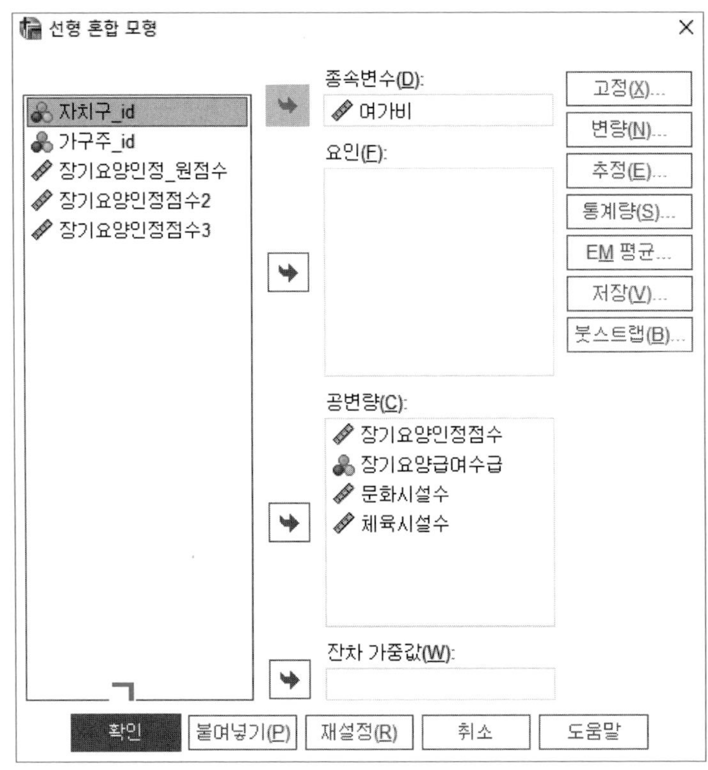

출력결과 창을 열면 혼합 모형 분석 결과를 볼 수 있다.

〈표 7-16〉은 고정효과 추정 결과를 보여 준다. 표에서 절편, '장기요양인정점수', '장기요양급여수급' 등의 결괏값이 모형 I과 그리 차이가 없다는 점을 볼 수 있다. 다만 이러한 값들을 해석할 때 '문화시설수'와 '체육시설수'를 통제한 상태에서 해석을 해야 한다는 점은 주의해야 한다. 예컨대, 절편의 경우 단순히 비교집단에 할당된 노인가구 중 가장 높은 '장기요양인정점수'를 받은 노인가구들의 월평균 '여가비'를 의미한다고 해석해서는 안 되고, 문화 · 체육시설 개수가 자치구 평균값을 보이는 자치구에 거주하는 노인가구 중 비교집단에 할당된 노인가구, 그중에서도 가장 높은 '장기요양인정점수'를 받은 노인가구들의 월평균 '여가비'를 의미하는 것으로 해석해야만 할 것이다.

〈표 7-16〉 고정효과 추정치

모수	추정값	표준오차	자유도	t	유의확률	95% 신뢰구간	
						하한	상한
절편	67.192	.168	85.023	400.185	.000	66.858	67.526
장기요양인정점수	.046	.016	4544.787	2.865	.004	.015	.078
장기요양급여수급	.491	.241	360.340	2.042	.042	.018	.964
문화시설수	.342	.148	62.980	2.316	.024	.047	.637
체육시설수	−1.564	.242	45.706	−6.466	.000	−2.051	−1.077
장기요양급여수급×문화시설수	.054	.152	68.353	.356	.723	−.249	.358
장기요양급여수급×체육시설수	−.076	.236	43.662	−.320	.751	−.552	.401

〈표 7-16〉에서 눈여겨보아야 할 부분은 제2수준 조절변인과 관련된 결괏값이다. 먼저 '문화시설수'와 '체육시설수'가 각각 통계적으로 유의하였다(γ_{01}=0.342, p=0.024; γ_{02}=−1.564, p=0.000). 이는 자치구 내 문화시설 개수가 평균에서 한 단위 늘면('문화시설수'=0 → 1) 노인가구의 월평균 '여가비'가 3백4십 원 증가하고, 체육시설 개수가 평균에서 한 단위 늘면('체육시설수'=0 → 1) 월평균 '여가비'가 1천5백6십 원 감소하며, 이와 같은 증감은 모두 통계적으로 유의하다는 것을 나타낸다. 이 같은 결과는—좀 더 자세히 살펴보고 그 이유를 면밀하게 짚어 봐야겠지만—아마도 문화시설은 시설 유료 사용료 때문에 여가비 지출 증가로 이어지지만, 체육시설은 무료로 이용할 수 있는 것들이 많아 여가비 지출을 오히려 떨어뜨리고 대신 다른 형태의 지출(예: 생활비, 주거비 등)을 올리는 효과를 발생시킨 결과로 이해할 수 있지 않을까 추측해 본다.

다음으로, 층위 간 상호작용항인 '장기요양급여수급×문화시설수'와 '장기요양급여수급×체육시설수'는 둘 다 통계적으로 유의하지 않았다. 즉, 조절효과는 없는 것으로 확인되었다.

그런데 조절효과를 확인 못했다고 해서 당황할 필요는 없다. 이는 장기요양급여의 수급이 노인가구의 여가활동 지출액에 미치는 효과(준실험적인 처치 효과)가 자치구 내 여가시설 설치 현황과 상관이 없다는 것을 뜻하는, 연구자에게는 오히려 더욱 유리하게 해석될 만한 결과일 수 있기 때문이다. 자치구 내 여건이 어떠하든, 그와 상관없이 장기요양보험이 제공하는 혜택은 노인가구의 여가활동을 촉진하는 정책 효과를 지역별 편차 없이 일정하고 균일하게 발생시킨다는 점을 확인시켜 주었다는 측면에서, 조절효과를 발견하지 못한 이 분석결과는—애초 생각했던 바와는 다를 수 있지만—상당히 긍정적으로 읽힐 수 있는 여지가 크다. 사실 어떤 정책의 효과를 살펴볼 때 지역별 편차가 없다는 것, 지역별로 고르게 효과를 발생시키고 있다는 것은 해당 정책이 꽤 강건하게 수립되었다는 것을 뜻한다는 측면에서 권장되는 결과이기도 하다.

〈표 7-17〉은 모형 II의 오차항 추정 결과를 보여 준다. 분석결과는 모형 I과 큰 차이가 없다. 즉, 모형 I에서와 마찬가지로 노인가구(제1수준) 특성 요인 외에 자치구(제2수준) 특성 요인이 노인가구의 평균적 '여가비' 및 '장기요양급여수급'이 '여가비'에 미치는 준실험적 효과에 관해 설명해 줄 여지가 있음을 모형 II의 추정 결과도 똑같이 보여 주고 있다. 이는 '문화시설수'와 '체육시설수' 등 자치구 여가시설 현황과 관련된 제2수준 요인을 모형 II에서 투입했음에도 불구하고, 종속변인의 총분산 중 자치구 간 차이에 기인하는 부분(제2수준 무선 분산)이 여전히 설명되지 못하고 남아 있음을 뜻하는 결과이다. 따라서 연구자는 좀 더 꼼꼼하고 광범위한 문헌 검토를 통해 '문화시설수'나 '체육시설수' 외 다른 여가시설 현황 관련 제2수준 요인을 발굴하여 새로운 모형을 구축하고, 새롭게 발굴한 제2수준 요인(들)이 유의미한 조절변인으로 기능하는지 밝히는 데 초점을 맞춘 후속 분석 작업에 돌입해야만 할 것이다.

〈표 7-17〉 공분산 모수 추정치

모수		추정값	표준오차	Wald Z	유의확률	95% 신뢰구간	
						하한	상한
잔차		13.401487	.282478	47.443	.000	12.859120	13.966730
절편+장기요양급여수급 (개체=자치구_id)	UN(1,1)	.615796	.200602	3.070	.002	.325198	1.166072
	UN(2,1)	−.024364	.135524	−.180	.857	−.289986	.241257
	UN(2,2)	.279058	.173970	1.604	.109	.082232	.946997

3. 종단적 다층분석 실습 응용-다섯 번째 시나리오

1) 분할 성장 모형과 단순 시계열 설계

(1) 분할 성장 모형

연구를 하다 보면 관심을 갖고 들여다보는 어떤 현상(Y)이 특정 사건이나 시점(예: 정책의 도입)을 기준으로 이전과 전혀 다른 변화(또는 발달 · 성장) 궤적을 나타내는 경우를 접할 때가 있다. 시계열 데이터(time-series data)를 다룰 때 이러한 경우를 특히 더 잘 접하게 되는데, 이 같은 상황에서 연구자는 분할 성장 모형(piecewise growth model) 적용을 검토할 수 있다.

분할 성장 모형은 변화 양상이 비선형이거나 비연속적인 반복측정 데이터를 분석할 때 사용하면 효과를 볼 수 있는 통계모형이다. 분할 성장 모형은 하나의 곡선 궤적을 다수의 선형 궤적으로 쪼개어 나타낼 수 있고, 각 궤적의 절편이 급등하거나 반대로 급감(elevation)하는 현상을 모형에 반영할 수 있다는 장점을 가진다. 분할 성장 모형에서는 이와 같은 비선형적이고 비연속적인 변화 양상을 나타내는 반복측정 데이터를 분석하기 위하여 특정 사건이나 시점과 관련된 변화함수를 여러 단계로 구분하여 구성한다. 그래서 혹자는 분할함수 성장 모형을 다단계 성장 모형(multiphase growth model) 등의 이름으로 부르기도 한다(안소영, 신현우, 이청아, 홍세희, 2020).

분할 성장 모형은 특정 사건이나 시점을 기준으로 절편(초기치) 또는 변화율(기울기)이 달라질 것을 가정한 상태에서 모수를 추정한다. 달라질 것으로 가정하는 것의 조합에 따라 분할 성장 모형은 크게 네 가지 유형으로 구분해 볼 수 있다.

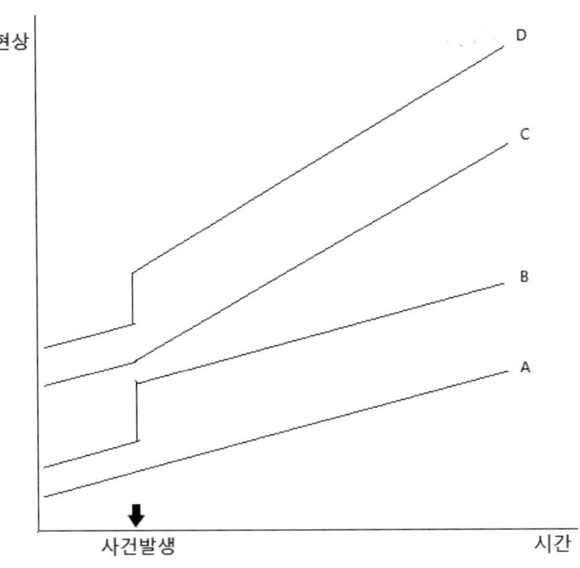

[그림 7-3] 여러 가지 분할함수 성장 곡선

[그림 7-3]에서 볼 수 있는 바와 같이 그 유형은 구체적으로, 첫째, 특정 사건의 발생 혹은 특정 시점 이후에도 이전과 달라지는 것이 아무것도 없음을 가정하는, 즉 조사대상 전 기간에 걸쳐 절편과 기울기가 일정한 상태를 유지한다고 보는 기저모형(A: baseline model), 둘째, 특정 사건의 발생 혹은 특정 시점 이후 절편은 변화하나 변화율은 변화하지 않는다고 보는 모형(B: intercept shift), 셋째, 절편은 변화하지 않고 변화율만 변화한다고 보는 모형(C: slope shift), 넷째, 절편과 변화율이 모두 변화한다고 보는 모형(D: both intercept and slope shift)으로 구분된다(홍세희, 노언경, 2010).

마지막 다섯 번째 시나리오에서 다룰 예제에서는 이 중 세 번째 모형(C), 즉 절편은 변화하지 않고 변화율만 변화한다고 보는 분할함수 성장 모형을 활용하여 분석을 진행하고자 한다.[38]

(2) 단순 시계열 설계와 내적 타당도

다섯 번째 시나리오에서는 실업급여[39] 수급자 인정기준 강화[40]라는 고용노동부의 방침

38) 분할 성장 모형에 관한 좀 더 자세한 설명은 Maerten-Rivera(2013: 249-272)를 참고하길 바란다.

39) 우리나라에서는 실직자의 구직활동과 재교육을 지원하기 위해 고용보험제도를 운영 중이다. 4대 사회보험 중 하나인 고용보험에서는 실직자에게 다양한 지원을 제공하는데, 그중 대표적인 것이 실업급여이다. 실업급여란 고용보험 가입 근로자가 실직하여 재취업 활동을 하는 기간에 소정의 급여를 지급함으로써 실업으

시행이 전국 105개 시군(市郡)의 실업급여수급자 규모에 미치는 영향을 살피는 상황을 가정한다.41)

기준 강화 방침 시행 이전과 이후로 실업급여수급자 숫자가 어떻게 바뀌는지 정확하게 파악하기 위해서는 변화의 궤적을 둘 또는 그 이상으로 쪼개 보는 분할 성장 모형을 사용하는 것이 적절하다. 구체적으로, 전국 105개 시군의 기준 강화 방침 시행 전 수급자수 변화 궤적과 시행 후 수급자수 변화 궤적으로 변화율을 둘로 쪼개 양자를 비교하여 정부의 개입이 애초 의도한 정책적 효과를 냈는지 판가름한다. 당연한 얘기지만, 개입 후 수급자 숫자가 확연하게 줄어야 정책이 의도한 효과를 달성했다고 말할 수 있을 것이다.

여기 예제에서는 고용노동부가 수급자 인정 자격을 강화하는 방침을 수립하여 시행에 들어간 시점을 기준으로, 이전 3년의 수급자 숫자 데이터와 이후 6년의 수급자 숫자 데이터를 붙여 만든 반복측정 데이터세트를 사용한다. 연구방법론상으로 이와 같은 데이터세트는 단순 시계열 설계(simple times series design)에서 나올 수 있다.

O_1	O_2	O_3	X	O_4	O_5	O_6	O_7	O_8	O_9

단순 시계열 설계를 형상화하는 앞의 표에서 O는 데이터 수집 행위, 즉 관측(observations)을, 그 오른쪽 아래의 작은 숫자는 관측 시도 회차(trials)를 나타낸다. X는 처치(treatment)를 나타내며, 여기서는 고용노동부의 수급자 인정기준 강화 방침 수립과 시행, 즉 정책 도입을 의미한다.

시계열 설계에 토대를 둔 반복측정 데이터를 다루는 경우 특별히 신경 써야 할 사항이 있다. 내적 타당도 문제가 바로 그것이다. 만약 연구자가 관심을 갖고 들여다보는 어떤 현상

로 인한 생계 불안을 극복하고 생활의 안정을 도와주며 재취업의 기회를 지원해 주는 제도로서, 크게 구직급여와 취업촉진수당으로 나뉜다.

40) 실업급여수급 자격을 인정받으려면 구직활동 노력을 증명해야만 한다. 그런데 최저임금의 최소 80%에 해당하는 급여를 받을 수 있어서 현실에서는 적지 않은 실직자들이 실제로는 장기적으로 일할 생각 없이, 가령 180일 정도만 단기 취업하고 이후 120일에 해당하는 일자만큼 급여 타기를 반복하는 제도 악용 사례도 적잖이 발생하는 상황이다.

41) 오래전부터 실업급여수급자들의 이 같은 도덕적 해이 문제가 제기되어 왔는데, 여기서는 고용노동부가 실업급여수급자 인정기준을 까다롭게 한다(예컨대, 재취업 활동 횟수를 4주 1회에서 4주 3회로 올린다든지, 어학 관련 학원 수강은 재취업 활동으로 인정하지 않는 등의 인정기준 강화)는 가상의 정부 방침 수립을 가정하고, 기준 강화 전후로 수급자 숫자의 변화 양상을 살피며, 그 결과를 토대로 정책 효과 검증 작업을 하고자 한다.

(Y)에 X라는 처치 외 제삼의 요인이 유의한 영향을 미친다면 우리는 해당 연구의 내적 타당도가 훼손됐다고 말한다.

무작위 표집 및 무작위 할당을 하지 않았다는 측면에서 시계열설계는 순수 실험설계가 아닌 준실험설계라고 볼 수 있는데, 준실험설계는 필연적으로 수반되는 내적 타당도 문제를 해결하기 위해 보통 실험집단(실험군)과 비교집단(대조군)을 둔다(Rubin & Babbie, 2016: 272). 시계열 설계 중에서는 다중 시계열 설계(multiple time series design)가 이에 해당한다. 그런데 지금 우리가 여기서 다루고 있는 예제에서 채택한 방법론인 단순 시계열 설계는 대조군을 설정하지 않는다. 따라서 내적 타당도 문제에 매우 취약하다.

단순 시계열 설계 연구에서 내적 타당도를 저해하는 요인으로 가장 많이 언급되는 것은 주로 측정도구 문제(instrumentation), 검사(testing) 및 역사(history) 이슈 등이다(서영빈, 이윤식, 2018). 먼저 측정도구 문제를 살펴보면, 9년에 걸친 시계열 조사에서 연구 초반에 사용한 측정도구와 연구 후반에 사용한 측정도구가 다를 가능성을 생각해 볼 수 있다. 만약 양자가 다르다면 심각한 문제라고 할 수 있는데, 다행히 국가통계 행정의 연속성을 감안하면 실업급여 수급자 숫자 자체를 집계하는 방식에 어떤 변화가 발생하지는 않기 때문에 측정도구 문제는 없다고 봐도 무방할 것이다.

검사 이슈는 연구대상이 최초 검사를 받고 나서 다시 같은 검사를 받을 때 최초 검사의 흔적으로 인하여 이후 검사의 결괏값이 달라지는 현상을 가리킨다. 여기 예제에 적용해서 풀어 보면, 전국 105개 시군이 1차 연도에 실업급여수급자 규모를 집계한 행위에 영향을 받음으로써 2차 연도 실업급여수급자 규모가 달리지는 현상이라고 말할 수 있다. 그런데 시군 행정단위가 올해 수급자 숫자를 집계하는 행위를 했다고 해서 그것이 차년도 수급자 숫자에 영향을 미치는 상황은 좀처럼 상상하기 어렵다. 따라서 검사 이슈가 내적 타당도를 저해할 가능성은 낮다고 볼 수 있다.[42]

마지막으로 역사 이슈는 조사대상 기간 중에 종속변인에 영향을 줄 수 있는 처치 외 사건이 발생한 상황을 의미한다. 가령 수급자 인정기준 강화 조치가 발표되어 전국적으로 시행되는 와중에 갑작스레 코로나19 같은 팬데믹이 터져 인정기준을 완화하는 조치를 취하게 되었다든지, 조사대상 시군 내 일부 고용센터에서 일하는 공무원들이 정권교체 와중에 정부의 지침을 느슨하게 적용하는 재량권을 발휘함으로써 수급 범위가 넓어져 버렸다든지 하는 등의 사례가 처치 외 사건이 발생하여 종속변인이 영향을 받은 상황이다.

42) 설사 이런 일이 벌어진다고 해도 통계적으로 보정할 길은 열려 있다. 제1수준 반복측정 데이터의 오차항 추정 시 자기회귀(autoregressive)를 선택하면 검사 요인의 작용을 통계적으로 해결할 수 있다.

역사 요인의 작용으로 연구의 내적 타당도가 훼손되는 것을 막기 위해서는 연구자가 모형 설정 단계에서부터 처치에 따른 효과가 얼마나 빠르게 나타날 것인지에 대해 분명한 태도를 취하고 그에 따라 모형추정 결과를 해석하는 것이 요구된다. 만약 모형추정 결과, 예상 시간 범위 내에서 처치에 따른 효과가 빠르게 나타났다면 역사 요인이 작용했다고 의심할 여지는 작아진다. 반대로 처치에 따른 효과가 예상한 범위를 훌쩍 넘어 나타났다면 그 지연된 시간만큼 역사 요인이 작용했다고 의심할 가능성은 커진다. 이 경우 연구결과의 내적 타당성이 훼손되는 것을 막기 어렵다.

2) 연구문제 및 변수의 조작적 정의

이번 예제에서는 고용노동부의 실업급여수급자 인정기준 강화 방침이 전국 105개 시군의 실업급여수급자 규모에 미치는 영향을 살펴본다. 예제에서 다룰 연구문제와 그에 상응하는 연구모형을 정리하면 〈표 7-18〉과 같다.

〈표 7-18〉 연구문제 및 연구모형

연구문제	모형
1. 실업급여수급자 규모는 시군별로 다른가? 2. 실업급여수급기준 강화는 실업급여수급자 규모에 어떠한 영향을 미치는가? 3. 실업급여수급기준 강화가 실업급여수급자 규모에 미치는 영향은 시군별로 다른가?	모형 I
4. 실업급여수급자 규모에 영향을 미치는 시군 특성 요인은 무엇인가? 4-1. 일자리소멸이 실업급여수급자 규모에 영향을 미치는가? 4-2. 실업률이 실업급여수급자 규모에 영향을 미치는가? 5. 실업급여수급기준 강화 이후 실업급여수급자 규모의 변화 궤적에 영향을 미치는 시군 특성 요인은 무엇인가? 5-1. 일자리소멸이 실업급여수급기준 강화 이후 실업급여수급자 규모의 변화 궤적에 영향을 미치는가? 5-2. 실업률이 실업급여수급기준 강화 이후 실업급여수급자 규모의 변화 궤적에 영향을 미치는가?	모형 II

연구문제 1번은 실업급여 수급자수가 시군별로 다른지를 묻는다. 이는 모형 I 무선절편의 유의성을 확인함으로써 답할 수 있다. 연구문제 1번은 다층분석을 경험적으로 정당화하기 위한 기초 질문으로, 이에 만족스러운 답을 얻지 못하면 다층분석을 실시할 명분이 사라진다.

연구문제 2번은 고용노동부의 실업급여수급기준 강화 방침이 실업급여수급자수에 미치는 영향이 어떠한지를 묻는다. 기준을 강화하는 조치에 따라 각 시군 지자체는 중앙정부의 방침을 즉각 실행에 옮겼을 것이므로, 방침 시행을 기점으로 수급자수는 즉시 감소할 것으로 예상된다. 여기서는 예상한 바대로 수급자수가 즉시 감소하는지 살펴보기 위하여 수급자수 변화 궤적을 하나의 변화율이 아닌, 방침 시행 전 수급자수 변화 궤적과 시행 후 수급자수 변화 궤적 등 두 개의 변화율로 나누고, 양자를 비교하는 분할 성장 분석 방식[43]을 적용함으로써 정부의 개입이 애초 의도한 정책 효과를 냈는지 판별하고자 한다.

연구문제 3번은 실업급여수급기준 강화가 실업급여수급자수에 발생시키는 효과, 즉 방침 시행 이후 수급자수 변화 궤적(감소 예상)이 시군별로 다르게 나타나는지를 묻는다. 만약 다르다면, 어떠한 시군 특성 요인이 정책 효과를 지역별로 달리 만드는 데 기여하는지 탐구하는 것이 수순이다. 이는 후속 연구문제, 특히 연구문제 5번에서 살펴볼 내용이다. 그러나 만약 다르지 않다면, 굳이 지역별 정책 효과를 달리 만드는 데 기여하는 시군 특성 요인이 무엇인지 후속 연구문제를 통해 탐구할 필요가 없다.

연구문제 4번은 실업급여수급자 규모에 영향을 미치는 시군 특성 요인이 무엇인지를 살핀다. 여기서는 시군 수준에서 일자리가 소멸하는 정도 및 시군 실업률을 유력한 후보 요인으로 설정하고 각 요인의 영향력을 살펴본다.

연구문제 5번에서는 실업급여수급기준 강화 방침 도입 이후 실업급여자 숫자에 변화(감소)가 생겼고(연구문제 2번에서 답함), 그 변화 궤적이 시군별로 다르다면(연구문제 3번에서 답함), 어떠한 시군 특성 요인이 변화 궤적에서의 지역별 차이를 초래하는 요인으로 작용하는지를 살핀다. 여기서는 연구문제 4번에서 확인한 시군 수준의 일자리 소멸과 실업률을 유력한 시군 특성 요인으로 특정한다. 일자리 소멸과 실업률은 제2수준 시불변요인이고, 방침 도입 이후 수급자 숫자의 변화 궤적, 즉 수급자 숫자 변화율과 관련된 시간 요인은 제1수준

---

43) 하나의 모형에 두 개의 변화율을 반영하기 위해서는 시간관련 변인을 두 개 설정한다. 여기서는 방침 시행 전의 수급자수 변화율과 관련된 시간관련 변인, 그리고 방침 시행 후 수급자수 변화율과 관련된 시간관련 변인을 각각 하나씩 설정한다. 그다음, 전자의 시간 변인은 그 값을 0, 1, 2, 2, 2, 2, 2, 2, 2로 코딩한다. 이렇게 하면 시간=0은 수급자수에 대한 1차 연도 관측값을, 시간=1은 수급자수에 대한 2차 연도 관측값을, 시간=2는 수급자수에 대한 3차 연도 관측값을 나타내게 된다. 4회차 이후에도 시간은 계속 2의 값을 갖는데, 이는 방침 시행 전 수급자수 변화율과 관련된 시간이 방침 시행 후에는 더 이상 흐르지 않는다는 것, 즉 수급자수는 방침 수립 이후에는 더 이상 변화 혹은 성장하지 않는다는 것을 의미한다. 마찬가지 논리로, 후자의 시간 변인은 그 값을 0, 0, 0, 1, 2, 3, 4, 5, 6으로 코딩한다. 이렇게 하면 1차 연도부터 3차 연도까지 수급자수에는 아무 변화나 성장이 포착되지 않는다. 변화나 성장은 4차 연도에서부터 포착되기 시작한다.

시변요인이므로 연구문제 5번에 답하기 위해서는 층위 간 상호작용항이 필요하다.

실습에는 예제파일 〈제7장 실업급여 수급기준 강화.sav〉를 활용한다. 파일을 열고 **변수 보기**와 **데이터 보기** 창을 각각 눌러 데이터의 생김새를 파악한 다음 간단한 기술분석을 해 보면, 해당 파일은 105개 시군(제2수준)에서 집계한 실업급여수급자 숫자(제1수준)를 총 9회(9년)에 걸쳐 측정한 데이터 945개(105×9=945)를 수직적 형태로 담고 있다는 것을 알 수 있다. 9회 데이터 중 앞의 3회는 수급기준 강화 방침 시행 이전 3년, 뒤의 6회는 시행 이후 6년의 데이터를 나타낸다.

〈표 7-19〉는 〈제7장 실업급여 수급기준 강화.sav〉에 담긴 변인들에 대한 상세 설명을 보여 준다.

〈표 7-19〉 변수측정 및 구성

변인명	수준	설명	값/범위	측정 수준
시군_id	시군 (제2수준)	시군 일련번호(105개)	1~105	명목
지수	시군 내 (제1수준)	실업급여수급자 규모를 집계한 차수. 1차 연도부터 9차 연도까지 총 아홉 번 집계	1~9	순서
수급자수		월평균 실업급여수급자 규모(단위: 명)	100~3800	비율
기준강화		실업급여수급기준 강화 방침 수립 전 시기와 수립 후 시기를 구분하는 변인	0: 방침 수립 전 1: 방침 수립 후	명목 (이항)
시간_기준강화전		실업급여수급기준 강화 방침 수립 전 시기를 나타내는 시간관련 변인. '지수'를 리코딩하여 만듦	0, 1, 2 2, 2, 2 2, 2, 2	순서
시간_기준강화후		실업급여수급기준 강화 방침 수립 후 시기를 나타내는 시간관련 변인. '지수'를 리코딩하여 만듦	0, 0, 0 1, 2, 3 4, 5, 6	순서
일자리소멸	시군 (제2수준)	조사대상 기간(9년간) 해당 시군 내 사라진 일자리가 새로 생겨난 일자리보다 많았는지(평균 일자리소멸률>0)를 보여 주는 변인	1: 사라진 일자리 더 많음 0: 사라진 일자리 더 많지 않음	명목
실업률		조사대상 기간(9년간) 해당 시군의 실업률 평균. 표준화 점수	−2.00~4.55	비율

3) 분할 성장 모형의 구축 및 검증

(1) 모형 I

모형 I은 기초모형으로서, 여기에서 주된 과업은 다층분석을 정당화하는 데 필요한 무선 절편과, 종단분석을 정당화하는 데 필요한 시간관련 변인들('시간_기준강화전', '시간_기준강화후')의 고정기울기 유의성을 확인하는 것이다.

모형 I은 절편과 두 개의 변화(성장) 궤적으로 구성된다. 그런데 앞에서 설명하였다시피 시간관련 변인들은 그 값이 0부터 시작되도록 코딩하였다. 따라서 모형 I의 절편은 초깃값, 즉 1차 연도 '수급자수'를 나타낸다고 이해할 수 있다. 나머지 두 개의 변화 궤적 중 첫 번째 '시간_기준강화전'의 회기계수는 실업급여수급기준 강화 방침 실시 전 시기(1차 연도~3차 연도, 3년간) '수급자수'의 연도별 변화 정도를, 두 번째 '시간_기준강화후'의 회기계수는 방침 실시 후 시기(4차 연도~9차 연도, 6년간) '수급자수'의 연도별 변화 정도를 각각 나타낸다.

t차 연도 i번째 시군의 '수급자수'에 관한 제1수준 통계모형은 다음과 같다.

$$\text{수급자수}_{ti} = \pi_{0i} + \pi_{1i}\text{시간\_기준강화전}_{ti} + \pi_{2i}\text{시간\_기준강화후}_{ti} + \epsilon_{ti}$$

…… 〈식 7-41〉

이 식에서 수급자수$_{ti}$는 t차 연도에 측정한 특정 시군(i)의 실업급여 '수급자수' 값으로, 이것은 특정 시군(i)을 대상으로 모든 관측 연도에 얻은 실업급여 '수급자수'들의 평균, 즉 절편(π_{0ij})과[44), 45)] 지급기준 강화 이전 시기 시간의 변화에 따른 특정 시군(i) '수급자수'의 선형적 변화율(π_{1i} ='시간_기준강화전' 기울기) 및 지급기준 강화 이후 시기 시간의 변화에 따른 특정 시군(i) '수급자수'의 선형적 변화율(π_{2i} ='시간_기준강화후' 기울기), 그리고 오차항(ϵ_{ti})으로 구성된다.

제1수준 성장 모형은 제2수준 요인에 의해 영향을 받을 수 있다. 그런데 아직 제2수준 요

---

44) '모든 관측 연도에서 얻은'이란 관측 연도 무관을 뜻한다. 그리고 관측 연도 무관이란 시간관련 변인들에 대한 이 예제의 코딩 설계상 시간이 0일 때를 뜻한다. 따라서 여기서 절편은 특정 시군(i)를 대상으로 1차 연도(시간=0)에 얻은 '수급자수' 값, 다시 말해 특정 시군(i) '수급자수'의 초깃값을 의미한다.

45) 만약 지급기준 강화 방침 실시 전 시기의 초깃값과 더불어, 방침 실시 후 시기의 초깃값도 함께 알고 싶다면 절편이 두 개 있어야만 한다. 하나의 모형에 절편을 두 개 넣고 이들을 추정하고자 한다면 다변량(multivariate) 모형을 구축해야만 한다. 그런데 다변량 다층분석은 이 책의 범위에서 벗어난 주제이다. 다변량 다층분석에 관한 내용은 이 책의 제2판에서 다룰 계획이다.

인을 구체적으로 특정한 상태가 아니다. 그러므로 성장 모형의 제2수준에 해당하는 부분은 다음과 같이 설정할 수 있다.

$$\pi_{0i} = \beta_{00} + \mu_{0i}$$ …… 〈식 7-42〉

$$\pi_{1i} = \beta_{10}$$ …… 〈식 7-43〉

$$\pi_{2i} = \beta_{20} + \mu_{2i}$$ …… 〈식 7-44〉

〈식 7-42〉에서 β_{00}은 모든 시군의 모든 시점(시점 무관)[46] '수급자수' 값들의 평균(=고정절편), μ_{0i}는 특정 시군(i)의 모든 시점(시점 무관) '수급자수' 값들의 평균(β_{0i})[47]이 β_{00}으로부터 벗어나는 정도(μ_{0i})(=무선절편)를 각각 나타낸다.

〈식 7-43〉에서 β_{10}은 '시간_기준강화전' 기울기(π_{1i})의 제2수준 부분으로서, 이 식이 의미하는 바는 '시간_기준강화전'의 한 단위 증가($0 \rightarrow 1$)에 따른 특정 시군(i) '수급자수'의 선형적 평균 증감 수준을 모든 시군의 평균 수준(β_{10})에 고정하였다는 것이다(=고정기울기). 한편, 이 예제에서는 지급기준 강화 전 시기 '수급자'의 선형적 변화율에 시군별 차이가 있는지는 애당초 관심을 두지 않았다. 따라서 무선기울기 부분은 〈식 7-43〉에 추가하지 않는다.

그러나 연구문제 3번에서 제기하였듯이, 지급기준 강화 후 시기 '수급자'의 선형적 변화율에 시군별 차이가 있는지는 이 예제의 주요 관심 사항 중 하나이다. 따라서 〈식 7-43〉과 달리 〈식 7-44〉에는 무선기울기 부분을 추가한다. 구체적으로, 시간_기준강화후'의 한 단위 증가($0 \rightarrow 1$)에 따른 특정 시군(i) '수급자수'의 선형적 평균 증감 수준(π_{2i})을 모든 시군의 평균적인 증감 수준(β_{20})과 특정 시군(i)이 그로부터 벗어나는 정도(μ_{2i})로 나누어 본다.

〈식 7-42〉, 〈식 7-43〉, 〈식 7-44〉를 〈식 7-41〉에 대입하면 기초모형인 모형 I의 통계식은 다음과 같이 정리된다.

$$\text{수급자수}_{ti} = \beta_{00} + \beta_{10}\text{시간\_지급강화전}_{ti} + \beta_{20}\text{시간\_지급강화후}_{ti} + \mu_{2i}\text{시간\_지급강화후}_{ti} + \mu_{0i} + \epsilon_{ti}$$ …… 〈식 7-45〉

---

46) 모든 시점이란 시점 무관을 뜻한다. 그런데 이 예제에서 시간관련 변인들의 코딩설계상 시점 무관이란 시간=0인 1차 연도를 의미한다. 따라서 여기서 β_{00}은 모든 시군을 대상으로 1차 연도에 얻은 '수급자수' 값, 다시 말해 모든 시군을 아우르는 '수급자수'의 초깃값(초기 전체평균)을 의미하는 것으로 이해할 수 있다.

47) β_{0i}는 이 예제의 시간관련 변인들의 코딩설계상 특정 시군(i)을 대상으로 1차 연도에 얻은 '수급자수' 값, 즉 초깃값을 의미한다.

이제 모형 I을 검증한다. 모형 검증을 위한 공분산 구조 유형으로는 제1수준의 경우 1차 자기회기 이질, 제2수준의 경우 척도화 항등을 각각 선택하여 적용한다.48)

실습을 위해 예제파일 〈제7장 실업급여 수급기준 강화.sav〉를 열어 **분석** 메뉴에서 **혼합 모형**을 선택한다. 드롭다운 메뉴가 뜨면 **선형**을 선택한다.

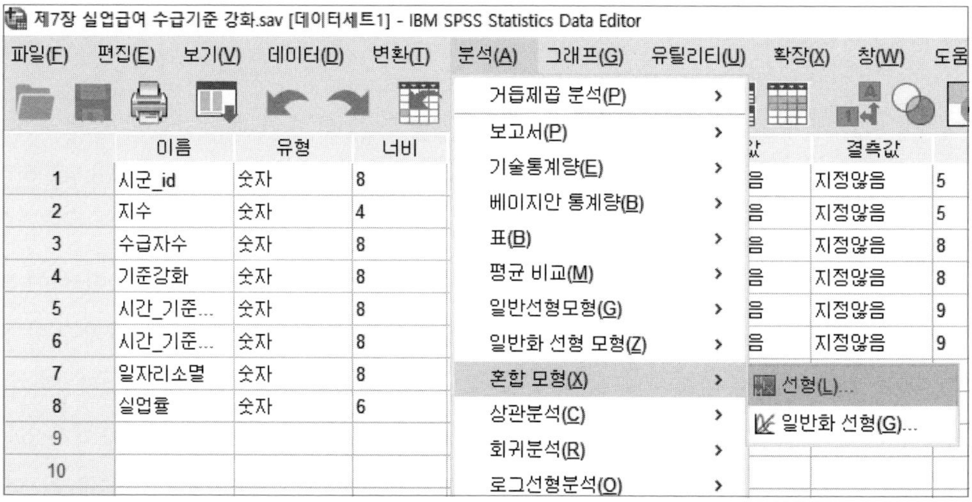

제7장 실업급여 수급기준 강화.sav [데이터세트1] - IBM SPSS Statistics Data Editor

파일(F) 편집(E) 보기(V) 데이터(D) 변환(T) 분석(A) 그래프(G) 유틸리티(U) 확장(X) 창(W) 도움

	이름	유형	너비
1	시군_id	숫자	8
2	지수	숫자	4
3	수급자수	숫자	8
4	기준강화	숫자	8
5	시간_기준...	숫자	8
6	시간_기준...	숫자	8
7	일자리소멸	숫자	8
8	실업률	숫자	6
9			
10			

거듭제곱 분석(P) >
보고서(P) >
기술통계량(E) >
베이지안 통계량(B) >
표(B) >
평균 비교(M) >
일반선형모형(G) >
일반화 선형 모형(Z) >
혼합 모형(X) > 선형(L)... / 일반화 선형(G)...
상관분석(C) >
회귀분석(R) >
로그선형분석(O) >

결측값: 지정않음

---

48) 따라서 추정 대상 모수는 고정효과 세 개(절편, '시간_지급강화전', '시간_지급강화' 기울기 각 한 개), 제2수준 무선효과 한 개(절편과 '시간_지급강화후' 기울기를 합쳐 한 개), 제1수준 오차항 열 개(잔차 분산 한 개, 자기회귀 분산 아홉 개)로 모두 14개이다.

선형 혼합 모형: 개체 및 반복 지정 창이 뜨면,

ㄱ: 왼쪽의 변인 목록 박스에서 '시군_id'를 선택하여 오른쪽의 개체 박스로 옮기고,

ㄴ: '지수'를 선택하여 오른쪽의 반복 박스로 옮긴다.

ㄷ: 반복 공분산 유형에서 드롭다운 메뉴를 떨어뜨려 AR(1): 이질적을 선택하고

ㄹ: 계속을 누른다.

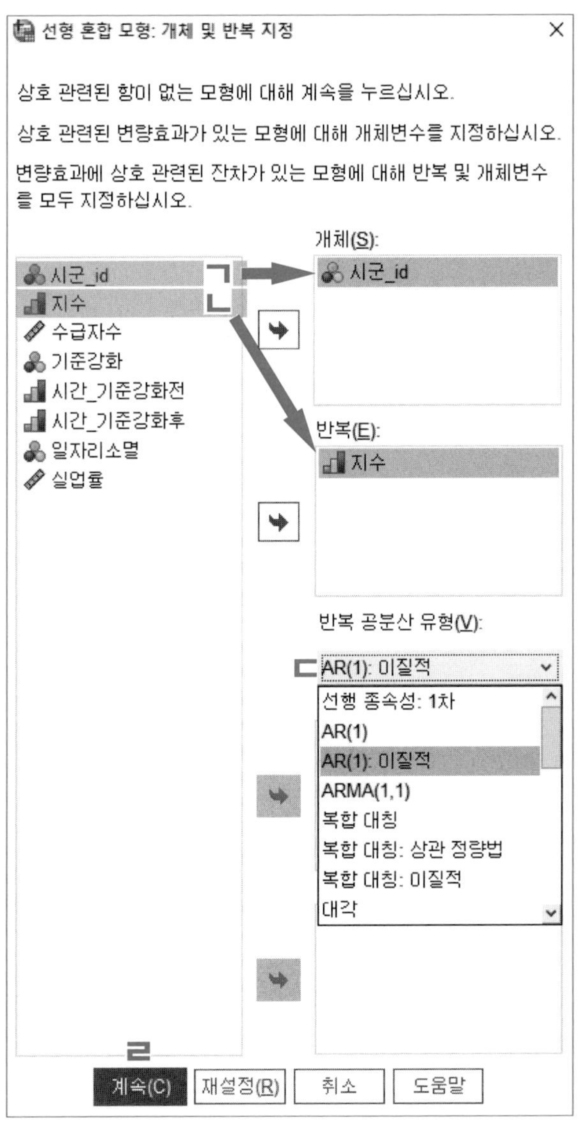

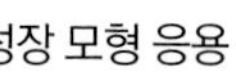

선형 혼합 모형 창이 뜨면,

ㄱ: 왼쪽의 변인 목록 박스에서 '수급자수'를 선택해 오른쪽의 **종속변수** 쪽으로 옮기고,

ㄴ: '시간_기준강화전'과 '시간_기준강화후'를 선택해 오른쪽 **공변량** 박스로 옮긴다.

ㄷ: 오른쪽 상단의 **고정**을 누른다.

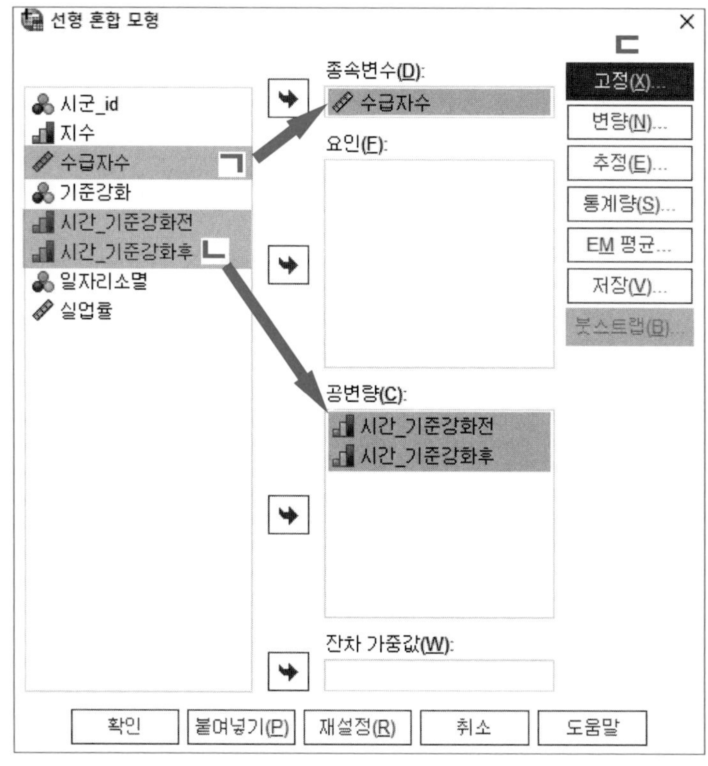

선형 혼합 모형: 고정 효과 창이 뜨면,

ㄱ: 요인 및 공변량에서 '시간_기준강화전'과 '시간_기준강화후'를 동시에 하이라이트한 상태에서

ㄴ: 가운데 드롭다운 메뉴를 떨어뜨려 주효과를 선택한 후

ㄷ: 추가를 누른다.

ㄹ: 모형 박스 안으로 '시간_기준강화전'과 '시간_기준강화후'가 옮겨진 것을 확인한 후, 맨 아래 계속을 누른다.

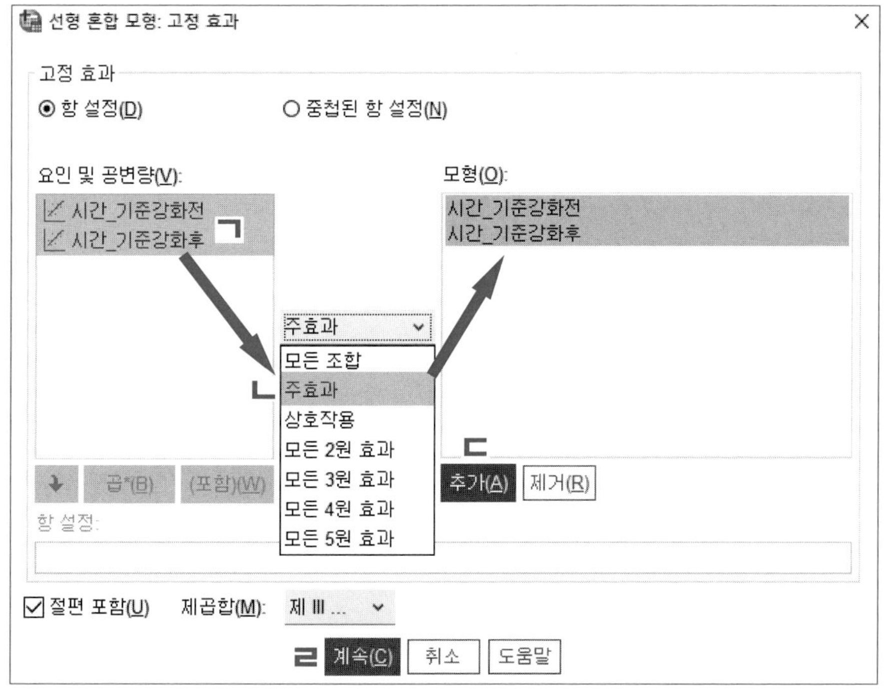

다시 선형 혼합 모형 창으로 돌아오면,

ㄱ: **변량**을 눌러 준다.

선형 혼합 모형: 변량효과 창이 뜨면,

ㄱ: 변량효과의 공분산 유형으로 척도화 항등을 선택하고

ㄴ: 변량효과에서 절편 포함을 체크한다.

ㄷ: 요인 및 공변량 박스에 들어 있는 '시간_기준강화후'를 클릭하고

ㄹ: 추가 버튼을 눌러 모형 박스로 옮긴다.

ㅁ: 그다음, 개체 집단의 개체 박스에 들어 있는 '시군_id'를 오른쪽 조합 박스로 옮긴다.

ㅂ: 계속을 누른다.

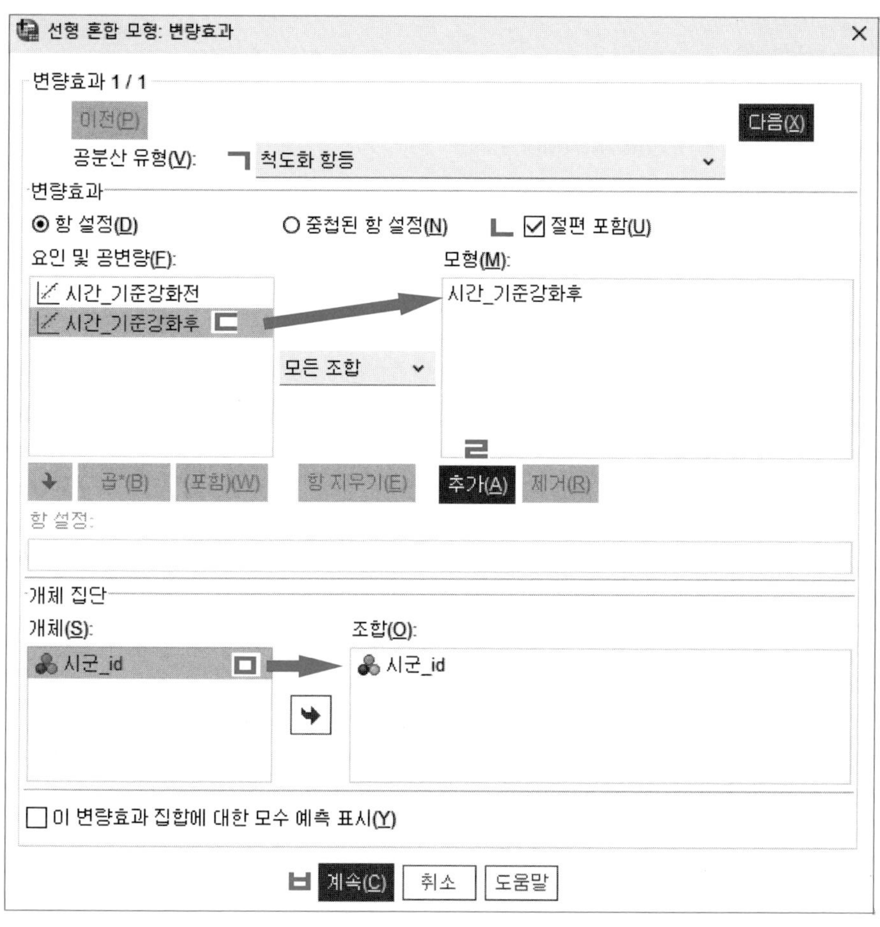

앞의 선형 혼합 모형 창이 다시 나타난다.

ㄱ: 추정을 누르면 선형 혼합 모형: 추정 창이 뜬다.

ㄴ: 방법에서 디폴트로 표시된 제한최대우도 옵션을 확인한 후,

ㄷ: 나머지 옵션은 그대로 놔둔 채 계속을 누른다.

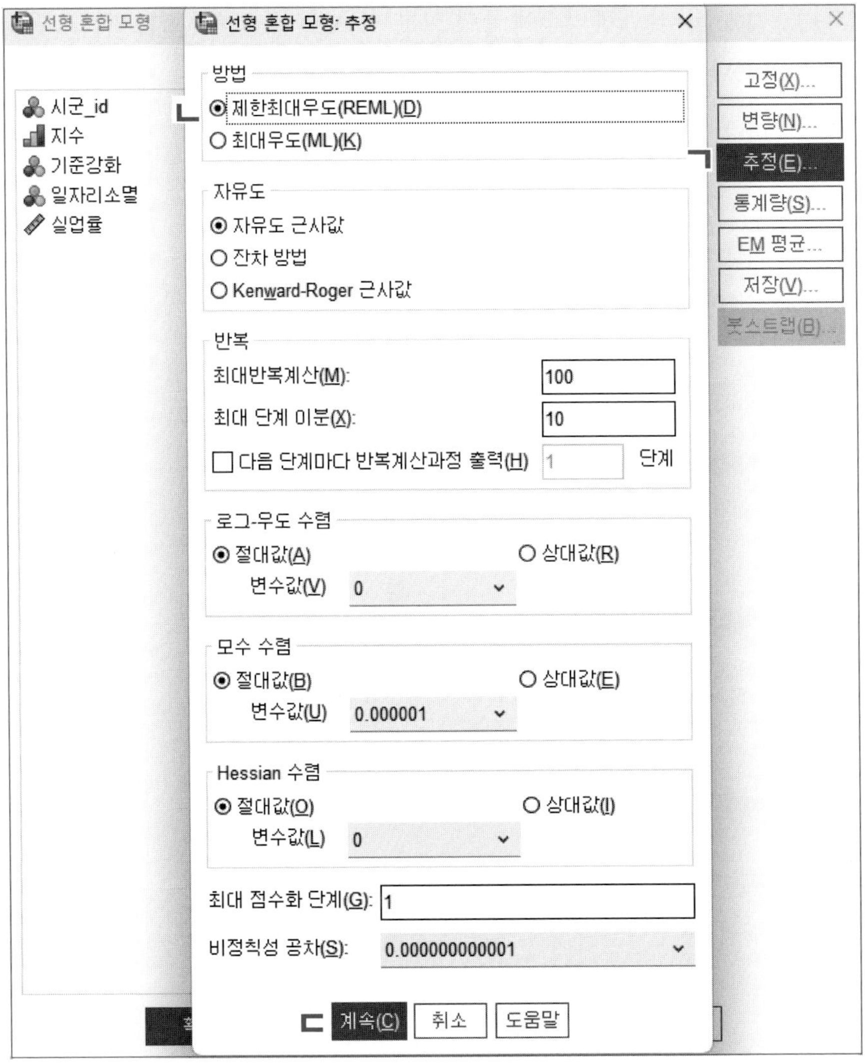

선형 혼합 모형

선형 혼합 모형: 추정

방법

ㄴ ⦿ 제한최대우도(REML)(D)

○ 최대우도(ML)(K)

자유도

⦿ 자유도 근사값

○ 잔차 방법

○ Kenward-Roger 근사값

반복

최대반복계산(M): 100

최대 단계 이분(X): 10

☐ 다음 단계마다 반복계산과정 출력(H) 1 단계

로그-우도 수렴

⦿ 절대값(A) ○ 상대값(R)

변수값(V) 0

모수 수렴

⦿ 절대값(B) ○ 상대값(E)

변수값(U) 0.000001

Hessian 수렴

⦿ 절대값(O) ○ 상대값(I)

변수값(L) 0

최대 점수화 단계(G): 1

비정칙성 공차(S): 0.000000000001

ㄷ 계속(C) 취소 도움말

시군_id

지수

기준강화

일자리소멸

실업률

고정(X)...

변량(N)...

ㄱ 추정(E)...

통계량(S)...

EM 평균...

저장(V)...

붓스트랩(B)...

앞의 선형 혼합 모형 창이 다시 나타난다. 이때,

ㄱ: 통계량을 누른다.

ㄴ: 선형 혼합 모형: 통계량 창이 뜨면, 모형 통계량에서 고정 효과에 대한 모수 추정값, 공분산 모수 검정, 변량효과 공분산을 차례로 표시한 후

ㄷ: 계속을 누른다.

ㄹ: 앞의 선형 혼합 모형 창이 다시 나타난다. 모든 설정이 완료되었으므로, 확인을 누른다.

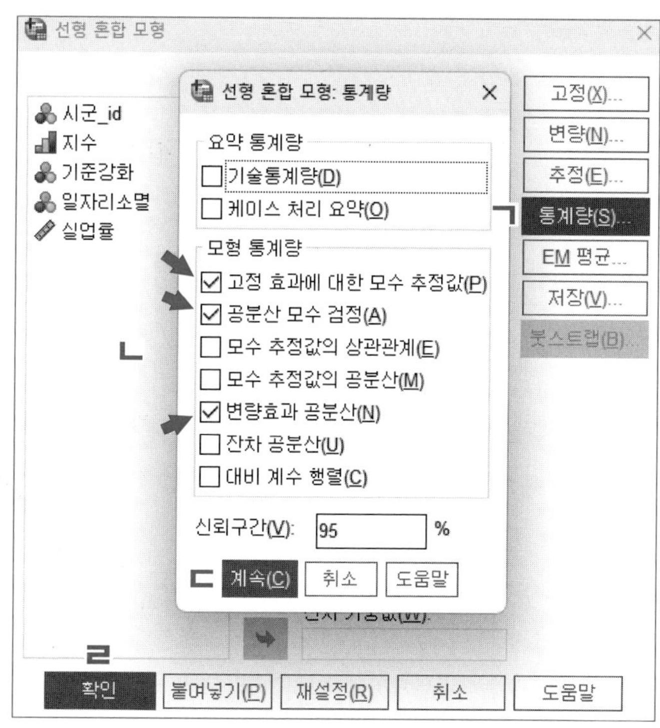

출력결과 창을 열면 혼합 모형 분석 결과를 볼 수 있다.

추정된 모수의 개수 및 모형의 적합도와 관련해서는 특이사항이 없으므로 바로 고정효과 추정치에 대한 해석으로 넘어간다. 고정효과 추정 결과는 〈표 7-20〉에 제시되어 있다. 표에서 절편의 고정효과 추정치(β_{00})는 2215.336으로 나온다. 이는 모든 조사대상인 105개 시군의 1차 연도 '수급자수'의 초기 전체평균을 나타낸다.

표에서는 '시간_기준강화전' 변인의 추정치(β_{10})가 −38.487로 음의 값을 나타내며 통계적으로 유의하지 않다는 것도 확인할 수 있다(p=0.175). 이는 지급기준 강화 방침 시행 전

시기(1차 연도~3차 연도)에 105개 시군 실업급여 '수급자수'가 월평균 약 38.5명씩, 연간으로 환산하면 평균 462명씩 매년 큰 의미 없이 감소하였음을 보여 주는 결과이다.

그러나 '시간_기준강화후'의 회기계수(β_{20})는 −60.262로 통계적으로 유의하였다(p=0.000). 이는 지급기준 강화 방침 시행 후 시기(4차 연도~9차 연도)에 105개 시군 실업급여 '수급자수'가 월평균 약 60명씩, 연간으로 환산해서 대략 평균 723명씩 매년 의미 있게 감소하였음을 보여 주는 결과이다. 분석결과는 지급기준 강화 방침 시행이 연구대상 시군에서 의도한 정책 효과를 분명히 발휘했음을 입증한다.

〈표 7-20〉 고정효과 추정치

모수	추정값	표준오차	자유도	t	유의확률	95% 신뢰구간	
						하한	상한
절편	2215.336	44.314	135.130	49.991	.000	2127.696	2302.975
시간_기준강화전	−38.487	28.287	248.325	−1.361	.175	−94.200	17.226
시간_기준강화후	−60.262	8.998	267.587	−6.697	.000	−77.977	−42.546

〈표 7-21〉은 모형 I의 오차항 추정 결과를 보여 준다. 표에서 자기회기계수 로(ρ)는 그 값이 0.168로 통계적으로 유의하였다(p=0.000). 이는 인접한 두 개 연도의 측정값 간 상관관계가 뚜렷이 존재한다는 것을 뜻한다.

또한 절편과 '시간_기준강화후'의 통합 무선효과가 유의한 것으로 나타났는데(Wald Z=4.003, p=0.000), 이는 '수급자수'의 초깃값과 지급기준 강화 방침 실시 이후 '수급자수'의 변화율(감소율)이 전국 105개 모든 시군에서 동일하지 않고 시군별로 편차가 있음을 뜻하는 결과이다. 이러한 분석결과를 토대로 연구자는 '수급자수'의 초깃값과 방침 실시 이후 '수급자수' 변화율(감소율)의 시군별 차이에 영향을 미치는 시군 특성 요인이 정확하게 무엇인지에 관해 추가 조사를 진행할 수 있다. 이 추가 조사는 다음 모형 II에서 실시한다.

〈표 7-21〉 공분산 모수 추정치

모수		추정값	표준오차	Wald Z	유의확률	95% 신뢰구간	
						하한	상한
반복측도	Var: [지수=1]	221760.929	30505.366	7.270	.000	169353.433	290386.257
	Var: [지수=2]	267932.849	36282.222	7.385	.000	205475.573	349374.918
	Var: [지수=3]	227248.849	31492.363	7.216	.000	173197.400	298168.675
	Var: [지수=4]	291972.073	40814.263	7.154	.000	222000.190	383998.282
	Var: [지수=5]	228332.393	31679.728	7.208	.000	173967.651	299686.069
	Var: [지수=6]	189872.481	27353.934	6.941	.000	143164.017	251819.975
	Var: [지수=7]	127007.988	19922.803	6.375	.000	93391.930	172724.014
	Var: [지수=8]	134750.267	22144.441	6.085	.000	97644.056	185957.396
	Var: [지수=9]	70804.948	19226.182	3.683	.000	41584.422	120558.144
	ARH1 rho	.168	.041	4.097	.000	.087	.247
절편+시간_기준강화후 (개체=시군_id)	분산	2502.163	625.031	4.003	.000	1533.518	4082.653

(2) 모형 II

모형 I 추정 결과를 토대로 우리는 '수급자수'의 초깃값과 지급기준 강화 방침 실시 이후 '수급자수'의 변화율에 영향을 미치는 제2수준 시군 특성 요인이 존재할 수 있다는 사실을 알아내었다. 모형 II에서는 이러한 제2수준 시불변 시군 특성 요인으로 '일자리소멸'과 '실업률'을 특정하고, 각각이 '수급자수'에 어떠한 영향을 미치는지 살피고자 한다. 이를 위해 모형 I에서 설정한 π_{0i}와 π_{2i}를 다음과 같이 바꿔 준다.

$$\pi_{0i} = \beta_{00} + \beta_{01}\text{일자리소멸}_i + \beta_{02}\text{실업률}_i + \mu_{0i} \qquad \cdots\cdots \langle\text{식 7-46}\rangle$$

$$\pi_{2i} = \beta_{20} + \beta_{21}\text{일자리소멸}_i + \beta_{22}\text{실업률}_i + \mu_{2i} \qquad \cdots\cdots \langle\text{식 7-47}\rangle$$

그다음, 〈식 7-46〉, 〈식 7-47〉 그리고 〈식 7-43〉을 맨 앞의 〈식 7-41〉에 대입하면, 모형 II의 최종 통계식은 다음과 같이 정리된다.

$$
\begin{aligned}
\text{수급자수}_{ti} = \beta_{00} &+ \beta_{10}\text{시간\_지급강화전}_{ti} + \beta_{20}\text{시간\_지급강화후}_{ti} \\
&+ \beta_{01}\text{일자리소멸}_{i} + \beta_{02}\text{실업률}_{i} \\
&+ \beta_{21}(\text{시간\_지급강화후}_{ti} \times \text{일자리소멸}_{i}) \\
&+ \beta_{22}(\text{시간\_지급강화후}_{ti} \times \text{실업률}_{i}) \\
&+ \mu_{0i} + \mu_{2i}\text{시간\_지급강화후}_{ti} + \epsilon_{ti} \qquad \cdots\cdots \langle \text{식 7-48} \rangle
\end{aligned}
$$

이제 모형 II를 검증한다. 모형 검증을 위한 공분산 구조 유형으로는 모형 I에서와 마찬가지로 제1수준은 1차 자기회기 이질, 제2수준은 척도화 항등을 선택하여 적용한다.[49]

예제파일 〈제7장 실업급여 수급기준 강화.sav〉를 다시 열어 분석 메뉴에서 혼합 모형을 선택한다. 드롭다운 메뉴가 뜨면 선형을 선택한다.

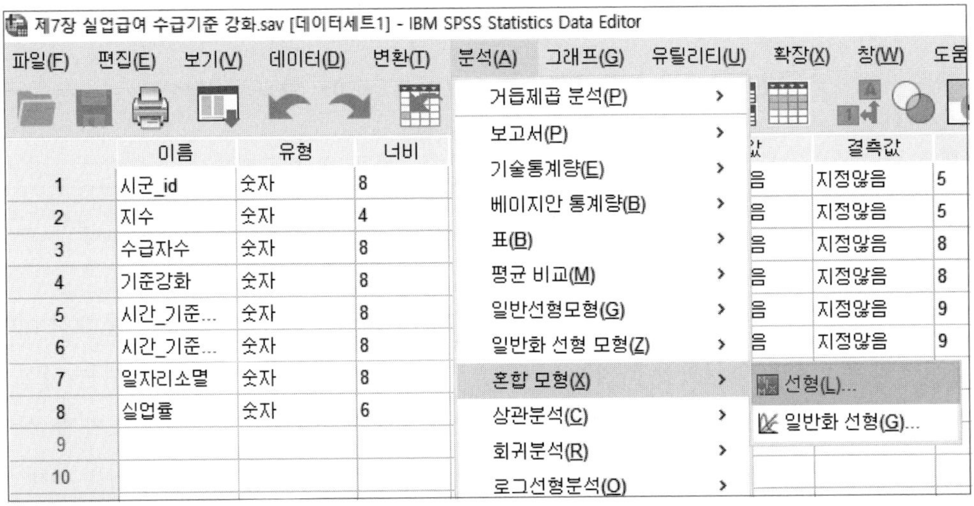

49) 따라서 추정 대상 모수는 고정효과 일곱 개(절편, '시간_지급강화전', '시간_지급강화' 기울기 각 한 개씩, '일자리소멸', '실업률' 기울기 각 한 개씩, 층위 간 상호작용항 두 개), 제2수준 무선효과 한 개(절편과 '시간_지급강화후' 기울기를 합쳐 한 개), 제1수준 오차항 열 개(잔차 분산 한 개, 자기회귀 분산 아홉 개)로 모두 18개이다.

선형 혼합 모형: 개체 및 반복 지정 창이 뜨면, 이전 설정을 유지한 상태에서 하단의 계속을 누른다.

선형 혼합 모형 창이 뜨면,

ㄱ: 좌측의 변인 목록 박스에서 '일자리소멸'과 '실업률'을 클릭하여 우측의 공변량 박스로 옮긴다.

ㄴ: 우측 상단의 고정 버튼을 누른다.

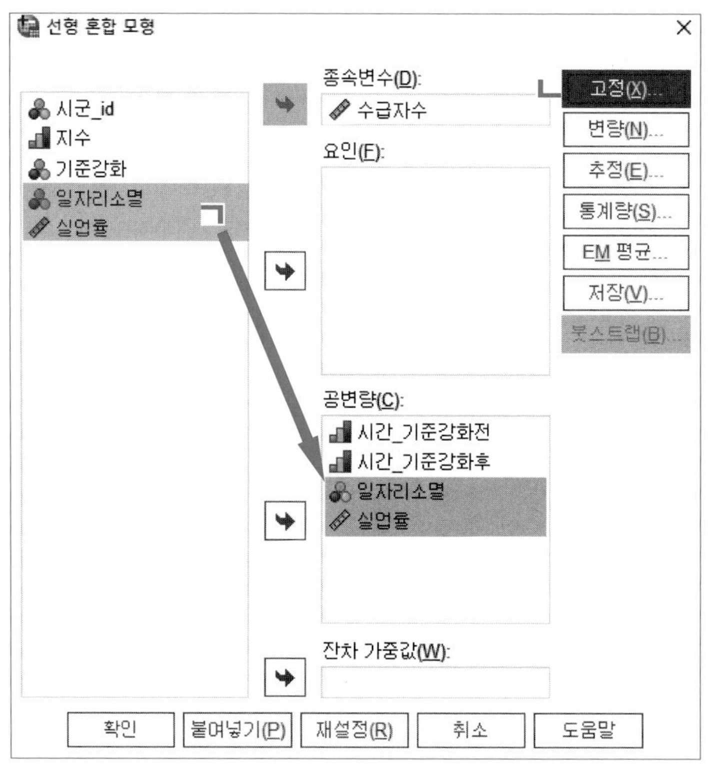

선형 혼합 모형: 고정 효과 창이 뜨면,

ㄱ: 좌측의 요인 및 공변량 박스의 '일자리소멸'과 '실업률'을 하이라이트한 상태에서

ㄴ: 중앙의 드롭다운 메뉴를 떨어뜨려 주효과를 선택한 다음

ㄷ: 추가 버튼을 눌러 모형 박스로 옮긴다.

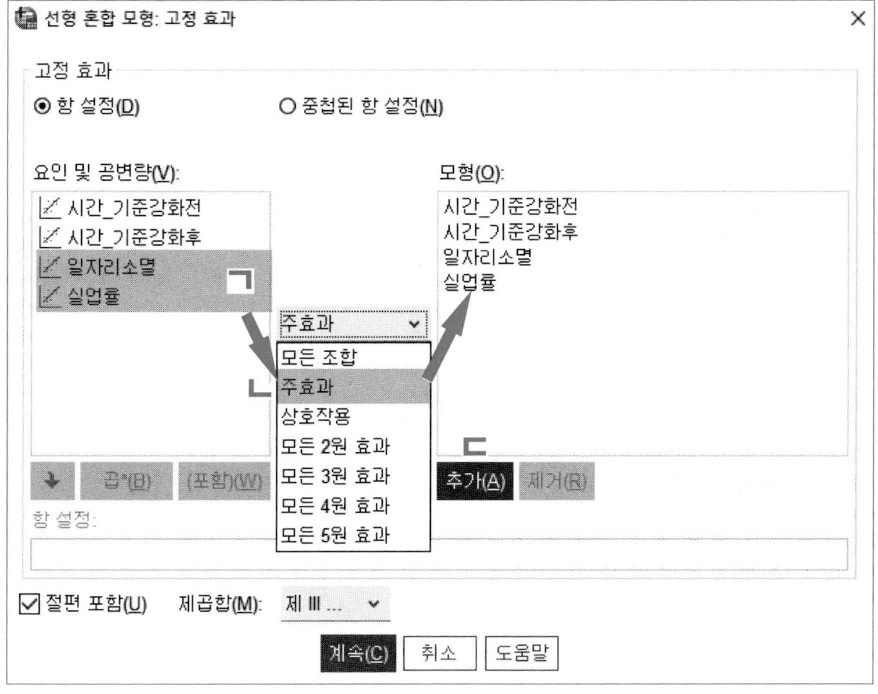

계속해서,

ㄱ: **요인 및 공변량**에서 '시간_기준강화후'와 '일자리소멸'을 동시에 하이라이트한 상태에서

ㄴ: 중간 부분의 드롭다운 메뉴를 떨어뜨려 **상호작용**을 선택한 후

ㄷ: **추가**를 누른다.

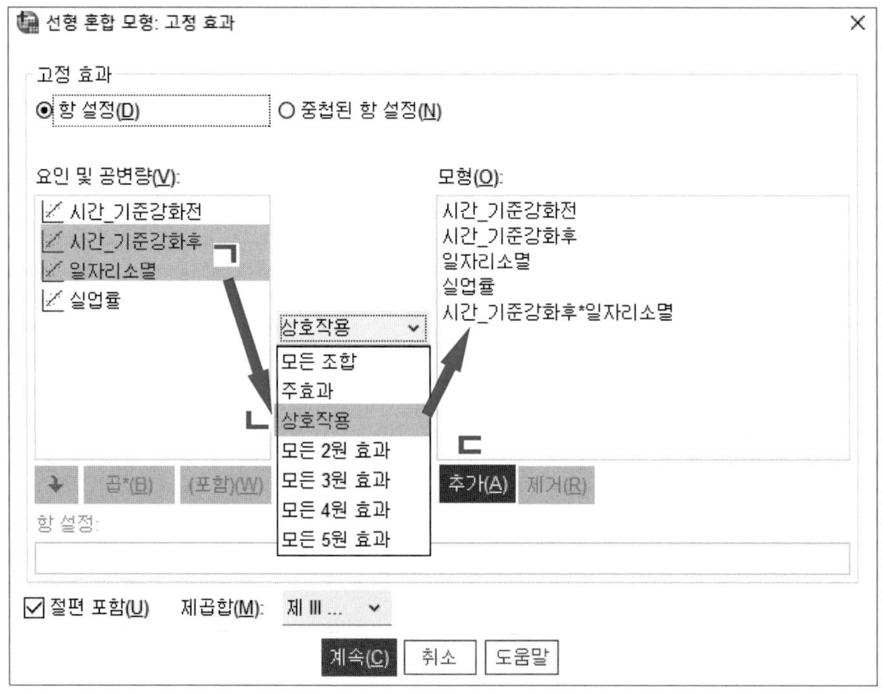

계속해서,

ㄱ: **요인 및 공변량**에서 '시간_기준강화후'와 '실업률'을 동시에 하이라이트한 상태에서

ㄴ: 중간 부분의 드롭다운 메뉴를 떨어뜨려 **상호작용**을 선택한 후

ㄷ: **추가**를 누른다.

ㄹ: **모형** 박스 안에 '시간_기준강화후×일자리소멸'과 '시간_기준강화후×실업률'이 만들어진 것을 확인한 후, 맨 아래 **계속**을 누른다.

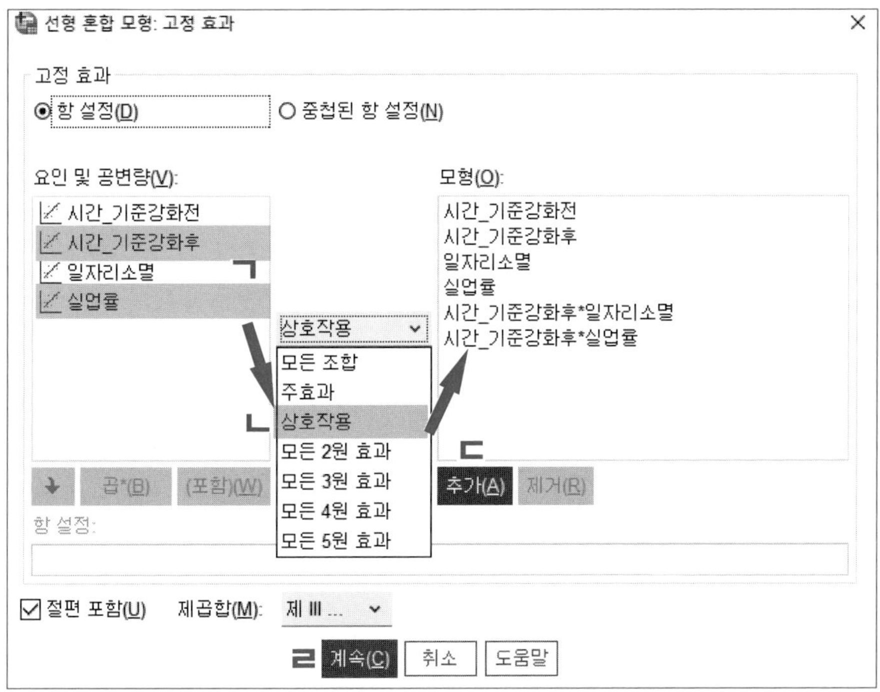

앞의 선형 혼합 모형 창이 다시 나타난다. 그 외 설정은 모형 I과 동일하므로 ㄱ: 확인을 누른다.

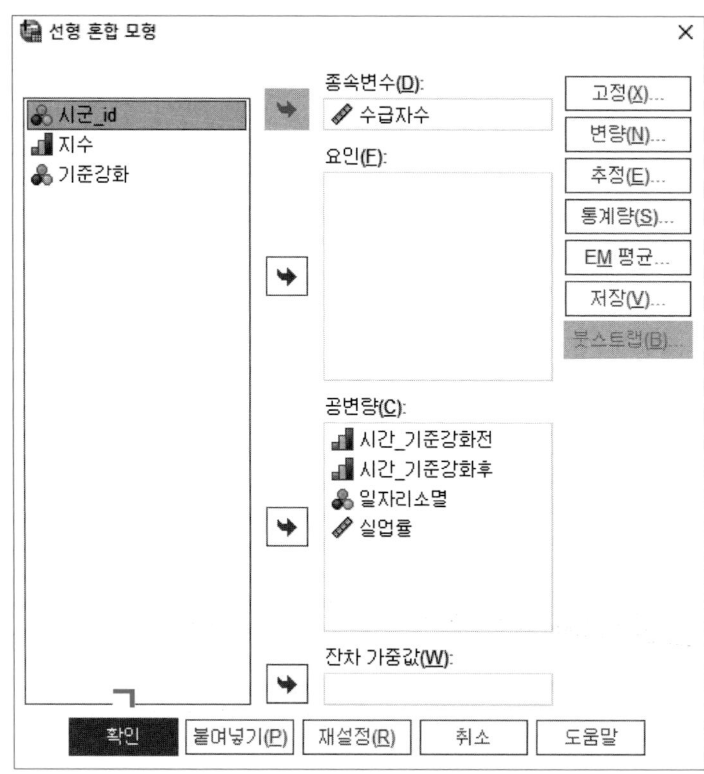

출력결과 창을 열면 혼합 모형 분석 결과를 볼 수 있다.

〈표 7-22〉는 모형 II의 고정효과 추정 결과를 보여 준다. 표에서 절편의 고정효과(β_{00})는 2209.4074로 나온다. 모형 I의 고정절편 값과 살짝 다른 것은, 제2수준 시불변요인과 층위 간 상호작용항들을 투입한 데 따른 변화로 이해할 수 있다. 고정절편의 추정치는 모든 조사 대상 105개 시군의 1차 연도 '수급자수'의 초기 전체평균이 2,209명이라는 것을 말해 준다.

'시간_기준강화전'의 고정기울기 값(β_{10})은 −39.088이고 모형 I에서처럼 통계적으로 유의하지 않았다(p=0.165). 이는 지급기준 강화 방침 시행 전 시기(1차 연도~3차 연도)에 105개 시군 실업급여 '수급자수'가 월평균 약 39.1명씩, 연간으로 환산하면 평균 469명씩 매년 큰 의미 없이 감소하였음을 말해 준다.

〈표 7-22〉 고정효과 추정치

모수	추정값	표준오차	자유도	t	유의확률	95% 신뢰구간	
						하한	상한
절편	2209.4074	45.355	146.882	48.714	.000	2119.776	2299.039
시간_기준강화전	−39.088	28.055	249.502	−1.393	.165	−94.343	16.166
시간_기준강화후	−66.910	9.590	274.312	−6.977	.000	−85.790	−48.030
일자리소멸	−18.828	68.259	235.758	−.276	.783	−153.302	115.647
실업률	64.388	20.777	235.758	3.099	.002	23.456	105.320
시간_기준강화후×일자리소멸	40.680	20.192	252.084	2.015	.045	.914	80.446
시간_기준강화후×실업률	−3.392	6.146	252.084	−.552	.581	−15.496	8.712

그러나 '시간_기준강화후'의 고정기울기 값(β_{20})은 −66.910으로 모형 I에서와 같이 통계적으로 유의하였다(p=0.000). 이는 지급기준 강화 방침 시행 후 시기(4차 연도~9차 연도)에 105개 시군 실업급여 '수급자수'가 월평균 약 66.9명씩, 연간으로 환산해서 대략 평균 803명씩 매년 의미 있게 감소하였다는 것, 다시 말하면 지급기준 강화 방침 시행이 조사대상 시군 105개에서 의도한 정책 효과를 발휘했다는 것을 명백히 보여 준다.

'일자리소멸'의 고정기울기 값(β_{01})은 −18.828이었고 통계적으로 유의하지 않았다(p=0.783). 이는 조사대상 기간(9년간) 새로 생긴 일자리가 없어진 일자리보다 많은 시군('일자리소멸'=0)에 비하여 없어진 일자리가 새로 생긴 일자리보다 많은 시군('일자리소멸'=1)에서 실업급여 '수급자수'가 19명 적었으나 이는 큰 의미를 부여하기 힘든 차이라는 것을 말해 준다.

'실업률'의 고정기울기 값(β_{02})은 64.388이었고 통계적으로 유의하였다(p=0.002). 이는 조사대상 기간(9년간) 실업률이 105개 시군 전체평균인 시군('실업률=0')에 비하여 그보다 한 단위 높은 시군('실업률'=1)에서 실업급여 '수급자수'가 64.4명 많았고 이는 의미 있는 차이임을 보여 준다. '수급자수'는 '실업률'이 한 단위 증가할 때마다 평균 64.4명 증가하므로 '실업률'이 평균보다 가령 세 단위 높다면 해당 시군의 '수급자수'는 비교 대상 시군보다 193명 많을 것으로 예상해 볼 수 있다.

한편, 층위 간 상호작용항인 '시간_기준강화후×일자리소멸'의 추정 결과(β_{21})를 살펴보면, 조사대상 기간(9년간) 새로 생긴 일자리가 없어진 일자리보다 많은 시군('일자리소멸'=0)에서는 지급기준 강화 방침 시행 후 시기(4차 연도~9차 연도)에 105개 시군 실업급여 '수급자수'가 월평균 66.9명씩 감소한 데 반하여, 조사대상 기간(9년간) 없어진 일자리가 새로 생겨난 일자리보다 많은 시군('일자리소멸'=1)에서는 지급기준 강화 방침 시행 후 시기(4차 연도~9차 연도)에 105개 시군 실업급여 '수급자수'가 월평균 26.2명(−66.910+40.680=−26.230)씩 감소하는 데 그친 것으로 나타났고, 이러한 격차, 즉 월평균 40.7명이라는 '수급자수' 차이는 의미 있는 격차로 확인되었다. 이는 일자리가 많이 만들어지는 지역보다 일자리가 덜 만들어지는—경제적으로 침체한—지역에서 정부 방침이 의도한 정책 효과(수급자 규모의 뚜렷한 감소)를 내지 못한다는 점을 시사하는 결과이다.[50]

또 다른 층위 간 상호작용항인 '시간_기준강화후×실업률'(β_{22})은 통계적으로 유의하지 않았다. 이는 정책의 효과가 시군의 실업률에 따라 다르지 않다는 것을 시사한다.

〈표 7-23〉은 모형 II의 오차항 추정 결과를 보여 준다. 추정 결과는 모형 I과 그리 다르지 않은데, 이는 모형 II에서 두 개의 제2수준 시불변 시군 특성 요인과 두 개의 층위 간 상호작용항을 추가 투입했음에도 불구하고 여전히 종속변인의 분산 중 시군 간 차이에 기인하는 부분이 효과적으로 설명되지 않고 있다는 것을 말해 주는 결과이다. 따라서 연구자는 이와 같은 분석결과에 근거하여 좀 더 철저한 문헌 검토를 실시하고, 정부방침 수립 이후 실업급여 '수급자수'의 변화(감소)를 설명해 줄 수 있는 좀 더 유력한 시군 특성 요인을 특정하여 후속 모형에 반영하는 노력을 기울일 필요가 있다.

---

50) 경제적으로 침체한 지역에서는 실업자들이 많이 생겨났을 것이고, 이들 중 상당수가 실업급여를 신청했을 것이므로, 경제적으로 활성화된 지역에 비해 침체한 지역에서 실업급여수급자수 내림세가 덜했다는 이 분석결과는 어찌 보면 당연한, 예상했던 결과라고 할 수 있다.

〈표 7-23〉 공분산 모수 추정치

모수		추정값	표준오차	Wald Z	유의확률	95% 신뢰구간	
						하한	상한
반복측도	Var: [지수=1]	215511.072	29715.688	7.252	.000	164475.753	282382.183
	Var: [지수=2]	259239.077	35245.734	7.355	.000	198596.895	338398.539
	Var: [지수=3]	232110.597	32344.808	7.176	.000	176636.038	305007.574
	Var: [지수=4]	290830.972	40677.353	7.150	.000	221098.876	382555.787
	Var: [지수=5]	225882.802	31361.699	7.203	.000	172068.689	296527.163
	Var: [지수=6]	187347.004	27015.286	6.935	.000	141222.593	248536.010
	Var: [지수=7]	122737.793	19271.444	6.369	.000	90225.333	166966.031
	Var: [지수=8]	135089.586	22098.472	6.113	.000	98034.528	186150.701
	Var: [지수=9]	72036.826	18803.209	3.831	.000	43188.894	120153.672
	ARH1 rho	.159	.041	3.878	.000	.078	.238
절편+시간_기준강화후 (개체=시군_id)	분산	2191.894	582.432	3.763	.000	1302.079	3689.790

참고문헌

권현정(2018). 장기요양재가서비스가 노동공급과 여가선호에 미치는 효과-회귀불연속설계를 이용한 일반등급과 치매등급 분석. 한국사회복지학, 70(1), 63-87.

김욱진(2015). 자원봉사: 영향요인과 파급효과. 청목.

김태연(2023). 코로나 19 전후 기혼여성의 우울에 관한 종단 연구. 한국사회복지학, 75(1), 9-32.

김해동, 조하현(2020). 회귀불연속 모형에 의한 동·하계 에너지바우처 효과 분석: 다중배정변수기법 활용. 환경정책, 28(4), 63-90.

서영빈, 이윤식(2018). 비교간여후 검증설계의 내적 타당성 제고방안에 관한 실증적 연구. 정책분석평가학회보, 28(2), 275-302.

안소영, 신현우, 이청아, 홍세희(2020). 분할함수 성장모형으로 살펴본 초기 청소년의 공동체 의식의 발달 및 시점별 학교생활 적응 효과. 조사연구, 21(2), 89-116.

이석민, 장효진(2015). 기초노령연금이 수급가구의 소득과 소비에 미친 영향: 회귀불연속설계 접근. 국정관리연구, 10(2), 117-142.

홍세희, 노언경(2010). 비연속시간 사건사 분석을 위한 분할함수 모형화 방법의 제시 및 적용. 교육평가연구, 23(4), 953-973.

Armstrong, R. A. (2017). Recommendations for analysis of repeated-measures designs: Testing and correcting for sphericity and use of manova and mixed model analysis. *Ophthalmic and Physiological Optics, 37*(5), 585-593.

Bickel, R. (2007). *Multilevel analysis for applied research: It's just regression!* Guilford Press.

Bloom, H. S. (2012). Modern regression discontinuity analysis. *Journal of Research on Educational Effectiveness, 5*(1), 43-82.

Browne, W. J., & Draper, D. (2006). A comparison of Bayesian and likelihood-based methods for fitting multilevel models. *Bayesian Analysis, 1*(3), 473-514.

Curran, P. J., & Muthén, B. O. (1999). The application of latent curve analysis to testing developmental theories in intervention research. *American Journal of Community*

Psychology, 27(4), 567–595.

Diez, R. (2002). A glossary for multilevel analysis. *Journal of Epidemiology and Community Health, 56*(8), 588–594.

Diez-Roux, A. V. (1998). Bringing context back into epidemiology: Variables and fallacies in multilevel analysis. *American Journal of Public Health, 88*(2), 216–222.

Enders, C. K., & Tofighi, D. (2007). Centering predictor variables in cross-sectional multilevel models: A new look at an old issue. *Psychological Methods, 12*(2), 121–138.

Goldstein, H., Browne, W., & Rasbash, J. (2002). Partitioning variation in multilevel models. *Understanding Statistics: Statistical Issues in Psychology, Education, and the Social Sciences, 1*(4), 223–231.

Guilford, J. P., & Frunchter, B. (1978). *Fundamental statistics in psychology and education.* McGraw-Hill.

Heck, R. H., Thomas, S. L., & Tabata, L. N. (2013). *Multilevel and longitudinal modeling with IBM SPSS.* Routledge.

Holodinsky, J. K., Austin, P. C., & Williamson, T. S. (2020). An introduction to clustered data and multilevel analyses. *Family Practice, 37*(5), 719–722.

Holt, J. K. (2008). Modeling growth using multilevel and alternative approaches. In A. A. O'Connell, & D. B. McCoach (Eds.), *Multilevel modeling of educational data* (pp. 111–159). IAP.

Hoover-Dempsey, K. V., Bassler, O. C., & Brissie, J. S. (1987). Parent involvement: Contributions of teacher efficacy, school socioeconomic status, and other school characteristics. *American Educational Research Journal, 24*(3), 417–435.

Hox, J. J. (1998). Multilevel modeling: When and why. In I. Balderjahn, R. Mathar, & M. Schader (Eds.), *Classification, data analysis, and data highways* (pp. 147–154). Springer.

Hox, J. J., & Kreft, I. G. (1994). Multilevel analysis methods. *Sociological Methods & Research, 22*(3), 283–299.

Hox, J. J., & Roberts, J. K. (2011). Multilevel analysis: Where we were and where we are. In J. J. Hox, & J. K. Roberts (Eds.), *Handbook of advanced multilevel analysis* (pp. 3–11). Routledge.

Hox, J. J., Moerbeek, M., & Van de Schoot, R. (2017). *Multilevel analysis: Techniques and applications* (3rd ed.). Routledge.

Imbens, G., & Kalyanaraman, K. (2012). Optimal bandwidth choice for the regression discontinuity estimator. *The Review of Economic Studies, 79*(3), 933–959.

Kwok, O. M., West, S. G., & Green, S. B. (2007). The impact of misspecifying the within-subject covariance structure in multiwave longitudinal multilevel models: A Monte Carlo study. *Multivariate Behavioral Research, 42*(3), 557–592.

Maerten-Rivera, J. L. (2013). A piecewise growth model using HLM 7 to examine change in teaching practices following a science teacher professional development intervention. In G. D. Garson (Ed.), *Hierarchical linear modelling: Guide and applications* (pp. 249–272). Sage.

McArdle, J. J., & Anderson, E. (1990). Latent variable growth models for research on aging. In J. E. Birren, & K. W. Schaie (Eds.), *Handbook of the psychology of aging* (3rd ed., pp. 21–44). Academic Press.

McCoach, D. B., & Kaniskan, B. (2010). Using time-varying covariates in multilevel growth models. *Frontiers in Psychology, 17.*

Paccagnella, O. (2006). Centering or not centering in multilevel models? The role of the group mean and the assessment of group effects. *Evaluation Review, 30*(1), 66–85.

Pettigrew, T. F. (2006). The advantages of multilevel approaches. *Journal of Social Issues, 62*(3), 615–620.

Peugh, J. L. (2010). A practical guide to multilevel modeling. *Journal of School Psychology, 48*(1), 85–112.

Peugh, J. L., & Enders, C. K. (2005). Using the SPSS mixed procedure to fit cross-sectional and longitudinal multilevel models. *Educational and Psychological Measurement, 65*(5), 717–741.

Pickett, K. E., & Pearl, M. (2001). Multilevel analyses of neighbourhood socioeconomic context and health outcomes: A critical review. *Journal of Epidemiology & Community Health, 55*(2), 111–122.

Qian, S. S., & Shen, Z. (2007). Ecological applications of multilevel analysis of variance. *Ecology, 88*(10), 2489–2495.

Raudenbush, S. W., & Bryk, A. S. (2002). *Hierarchical linear models: Applications and data analysis methods* (2nd ed.). Sage.

Rubin, A., & Babbie, E. R. (2016). *Empowerment series: Research methods for social work* (9th ed.). Cengage Learning.

Shadish, W. R., Cook, T. D., & Campbell, D. T. (2002). *Experimental and quasi-experimental designs for generalized causal inference.* Houghton Mifflin Harcourt.

Sharma, S., Durand, R. M., & Gur-Arie, O. (1981). Identification and analysis of moderator variables. *Journal of Marketing Research, 18*(3), 291–300.

Sinclair, B. (2011). Design and analysis of experiments in multilevel populations. In J. N. Druckman, D. P. Greene, J. H. Kuklinski, & A. Lupia (Eds.), *Cambridge handbook of experimental political science* (pp. 481–493). Cambridge University Press.

Snijders, T. A. (2005). Fixed and random effects. *Encyclopedia of Statistics in Behavioral Science, 2*, 664–665.

Snijders, T. A. (2011). Multilevel analysis. In M. Lovric (Ed.), *International encyclopedia of statistical science* (pp. 879–882). Springer.

Snijders, T. A., & Bosker, R. J. (2011). *Multilevel analysis: An introduction to basic and advanced multilevel modeling* (2nd ed.). Sage.

Van de Vijver, F. J., & Poortinga, Y. H. (2002). Structural equivalence in multilevel research. *Journal of Cross–Cultural Psychology, 33*(2), 141–156.

Vasey, M. W., & Thayer, J. F. (1987). The continuing problem of false positives in repeated measures ANOVA in psychophysiology: A multivariate solution. *Psychophysiology, 24*(4), 479–486.

Wolfinger, R. D. (1996). Heterogeneous variance: Covariance structures for repeated measures. *Journal of Agricultural, Biological, and Environmental Statistics, 1*(2), 205–230.

찾아보기

저자 소개

김욱진(Kim, Wook-Jin)

고려대학교 사회학과에서 학사를 마쳤고, 미국 시카고대학교에서 사회복지 석사와 박사 학위를 받았다. 2012년부터 서울시립대학교 사회복지학과에서 교수로 학생들을 가르치고 있다. 주요 저서로는 『자원봉사-영향요인과 파급효과』(청목출판사, 2015), 『공동체 1, 2권』(한국학술정보, 2020), 『지역사회복지론』(공동체, 2021) 등이 있다.

SPSS로 하는 다층모형분석

Multilevel Modeling Using SPSS

2023년 10월 20일 1판 1쇄 인쇄
2023년 10월 30일 1판 1쇄 발행

지은이 • 김욱진
펴낸이 • 김진환
펴낸곳 • (주) 학지사
04031 서울특별시 마포구 양화로 15길 20 마인드월드빌딩 4층
대 표 전 화 • 02)330-5114 팩스 • 02)324-2345
등 록 번 호 • 제313-2006-000265호

홈 페 이 지 • http://www.hakjisa.co.kr
인스타그램 • https://www.instagram.com/hakjisabook/

ISBN 978-89-997-2992-8 93310

정가 27,000원